高职高专规划教材

建筑装饰装修工程质量控制

李继业 主编

王淑伟 王允栋 副主编

化学工业出版社

·北京·

本书全面介绍了对抹灰工程、门窗工程、地面工程、吊顶工程、饰面工程、涂饰工程、幕墙工程、隔墙与隔断工程、裱糊与软包工程、细木工程各分项工程的材料质量控制和施工质量控制，并着重对以上各分项工程的验收标准、检验方法等进行了全面论述，同时对以上各分项工程常见的质量问题及防治措施进行了详细介绍。本书按照先进性、针对性和规范性的原则，特别突出理论与实践相结合，注重对学生技能方面的培养，具有应用性突出、可操作性强、通俗易懂等特点。

　　本书为高等院校及高职高专建筑装饰类专业的教材，也可以作为建筑装饰施工技术的培训教材，还可供建筑装饰技术人员参考。

图书在版编目（CIP）数据

　　建筑装饰装修工程质量控制/李继业主编. —北京：化学工业出版社，2011.5（2020.2重印）
　　高职高专规划教材
　　ISBN 978-7-122-10782-4

　　Ⅰ. 建…　Ⅱ. 李…　Ⅲ. 建筑装饰-工程质量-质量控制-高等职业教育-教材　Ⅳ. TU767

　　中国版本图书馆 CIP 数据核字（2011）第 043415 号

责任编辑：王文峡　　　　　　　　文字编辑：李锦侠
责任校对：宋　玮　　　　　　　　装帧设计：尹琳琳

出版发行：化学工业出版社（北京市东城区青年湖南街 13 号　邮政编码 100011）
印　　装：北京七彩永通数码快印有限公司
787mm×1092mm　1/16　印张 22　字数 588 千字　　2020 年 2 月北京第 1 版第 3 次印刷

购书咨询：010-64518888　　　　　　　售后服务：010-64518899
网　　址：http://www.cip.com.cn
凡购买本书，如有缺损质量问题，本社销售中心负责调换。

定　　价：49.00 元

前　言

随着国民经济的飞速发展和人民生活水平的不断提高，现代高质量生存的新观念已深入人心，人们逐渐开始重视生活和生存的环境。现代建筑和现代装饰对人们的生活、学习、工作环境的改善，起着极其重要的作用。

伴随着建筑市场的规范化和法制化进程，装饰装修行业将进入一个新时代，多年来已经习惯遵循和参照的装饰工程施工规范、装饰工程验收标准及装饰工程质量检验评定标准等，均已开始发生重要变化，所以，按照国家新的质量标准、施工规范，科学合理地选用建筑装饰材料和施工方法，努力提高建筑装饰业的技术水平，对于创造一个舒适、绿色环保型环境，促进建筑装饰业的健康发展，具有非常重要的意义。

本书根据国家发布的《建筑装饰装修工程质量验收规范》（GB 50210—2001）、《住宅装饰装修施工规范》（GB 50327—2001）、《民用建筑工程室内环境污染控制规范》（GB 50325—2002）、《建筑工程施工质量验收统一标准》（GB 50300—2001）、《建筑地面工程施工质量验收规范》（GB 50209—2010）等国家标准及行业标准的规定，对抹灰工程、门窗工程、地面工程、吊顶工程、饰面工程、涂饰工程、幕墙工程、隔墙与隔断工程、裱糊与软包工程、细木工程等分项工程的施工质量、验收标准、检验方法等进行了全面论述，对各分项工程常见的质量问题及防治措施进行了详细介绍。

本书是根据高等职业教育的培养目标和教学要求编写的，注重理论与实践相结合，重点在于培养学生的质量意识、实际动手能力和解决实际问题的能力，达到重点突出、应用为主、够用为度的目的。本书按照先进性、针对性和规范性的原则，注重对学生技能方面的培养，具有应用性突出、可操作性强、通俗易懂等特点，既适用于高等院校及高职高专建筑装饰类专业学生的学习，也可以作为建筑装饰施工技术的培训教材，还可以作为建筑装饰技术人员的技术参考书。

在本书的编写过程中，山东省邹平县水务局建筑设计院的工程技术人员积极参加了编写，并提供了资料，给予了很大的支持和帮助，在此表示衷心的感谢！

本书由李继业任主编，王淑伟、王允栋担任副主编，盖文梯、曲本会、王立刚、张平、王佃亮参加了编写。编写的具体分工为：李继业撰写第四章；王淑伟撰写第五章；王允栋撰写第六章；盖文梯撰写第三章；曲本会撰写第一章、第二章；王立刚撰写第七章、第十一章；张平撰写第八章、第十章；王佃亮撰写第九章、第十二章。全书由李继业规划并负责全书的统稿。

由于编者水平有限，加之资料不全、时间仓促等原因，书中的疏漏及欠妥之处在所难免。敬请有关专家、同行和广大读者提出宝贵意见。

编者
2011 年 3 月

目 录

第一章 建筑装饰装修工程质量控制概述

【提要】本章主要介绍了建筑装饰工程全面质量管理、质量认证体系、装饰工程质量管理等方面的基本概念，并且讲述了工程质量评定与验收的方法和内容。通过对本章内容的学习，重点掌握工程质量全面管理的方法，学会在实际工程中运用质量管理的具体检验和评定方法。

建筑装饰装修工程是现代建筑工程的有机组成部分，是现代建筑工程的延伸、深化和完善。由此可见，建筑装饰装修工程是"为保护建筑物的主体结构、完善建筑物的使用功能和美化建筑物，采用装饰装修材料或饰物，对建筑物的内外表面及空间进行的各种处理过程"。因此，建筑装饰装修工程的质量，必然会影响到建筑物的质量，进行严格的工程质量管理和控制，是其整个施工过程的重要任务。

第一节 工程质量控制基本知识

建筑装饰工程质量管理是施工企业管理水平与技术水平高低的综合反映，是施工企业从开始施工准备工作到工程竣工验收交付使用的全过程中，为保证和提高工程质量所进行的各项组织管理工作。其目的在于以最低的工程成本和最快的施工速度，生产出用户满意的建筑装饰产品。

一、工程质量控制的基本概念

（一）工程质量

工程质量的概念有广义和狭义之分。广义的工程质量是指工程项目的质量，它包括工程实体质量和工作质量两部分。工程实体质量又包括分项工程质量、分部工程质量和单位工程质量。工作质量又包括社会工作质量和生产过程质量两个方面。

狭义的工程质量是指工程产品质量，即工程实体质量或工程质量。其定义是："反映实体满足明确和隐含需要能力的特性的总和"。

质量的主体是"实体"。"实体"可以是产品或服务，也可以是活动或过程，组织体系和人，以及以上各项的任意组合。"明确需要"是指在标准、规范、图纸、技术要求和其他文件中已经作出的明确规定的需要；"隐含需要"是指那些被人们公认的、不言而喻的、不必再进行明确说明的需要，如住宅应满足人们最起码的居住功能，即属于"隐含需要"。"特性"是指实体特有的性质，它仅反映了实体满足需要的能力。对于硬件和流程性材料类的产品实体特性，可归纳为性能性、可信性、安全性、适应性、经济性和时间性六个方面；对于服务实体类，其特性主要包括功能性、经济性、安全性、时间性、舒适性和文明性六个方面。

（二）工程实体质量

工程实体质量在施工过程中表现为工序质量，是指施工人员在某一工作面上，借助于某些工具或施工机械，对一个或若干个劳动对象所完成的一切活动的综合。工序质量包括这些活动条件的质量和活动质量的效果。

工程实体的质量是由参与建设各方完成的工作质量和工序质量所决定的。构成施工过程的基本单位是工序，虽然工程实体的复杂程度不同，生产过程也各不一样，但完成任何一个工程产品都有一个共同特点，即都必须通过一道一道工序加工出来，而每道工序的质量好坏，最终都直接或间接地影响工程实体（产品）的质量，所以工序质量是形成工程实体质量最基本的环节。

（三）工作质量

工作质量是指参与工程项目建设的各方，为了保证工程产品质量所做的组织管理工作和各项工作的水平及完善程度。建筑装饰工程的质量是规划、勘测、设计、施工等各项工作的综合反映，而不是单纯靠质量检验检查出来的。要保证建筑装饰工程的质量，就要求参与建筑装饰工程的各方有关人员，对影响工程质量的所有因素进行控制，通过提高工作质量来保证和提高工程质量。社会工作质量主要是指在社会调查、质量回访、维修服务等方面的工作好坏；生产过程质量主要包括：管理工作质量、技术工作质量、后勤工作质量、行政工作质量等。

（四）质量控制

质量控制是指为达到质量要求所采取的作业技术和活动。质量要求需要转化为可用定性或定量的规范表示的质量特性，以便于质量控制的执行和检查。质量控制贯穿于质量形式的全过程、各环节，要排除这些环节的技术、活动偏离规范的现象，使其恢复正常，达到控制目的。

质量控制的内容是所采取的作业技术和活动。这些活动包括：①确定控制对象，如施工工序、设计过程、制造过程等；②规定控制标准，即详细说明控制对象应达到的质量要求；③制定具体的控制方法，如工艺规程；④明确所采用的检验方法，包括检验手段；⑤实际进行的工程检验；⑥说明实际与标准之间有差异的原因；⑦为解决差异而采取的行动。

二、建筑装饰工程的质量管理

（一）质量管理的概念

质量管理是指确定质量方针、目标和职责并在质量体系中通过诸如质量策划、质量控制、质量保证和质量改进使其实施的全部管理职能的所有活动。

由定义可知，质量管理是一个组织全部管理职能的一个组成部分，其职能是质量方针、质量目标和质量职责的制定与实施。质量管理是有计划、有系统的活动，为实现质量管理需要建立质量体系，而质量体系又要通过质量策划、质量控制、质量保证和质量改进等活动发挥其职能，可以说这四项活动是质量管理工作的四大支柱。

质量管理的目标是总目标的重要内容，质量目标和责任应按级分解落实，各级管理者对目标的实现负有责任。虽然质量管理是各级管理者的职责，但必须由最高管理者领导，质量管理需要全员参与并承担相应的义务和责任。

（二）工程质量的内容

由以上讲述可知，建筑装饰工程质量管理的基本概念，应该从广义上来理解，即要从全面质量管理的观点来分析。因此，建筑装饰工程的质量，不仅包括工程质量，而且还应包括工作质量和人的质量（素质）。

1. 工程质量

工程质量是指工程适合一定用途，满足使用者要求所具备的自然属性，亦称为质量特征或使用性。建筑装饰工程质量主要包括工程性能、工程寿命、可靠性、安全性和经济性五个方面。

（1）工程性能 工程性能是指产品或工程满足使用要求所具备的各种功能，具体表现为力学性能、结构性能、使用性能和外观性能。

① 力学性能 如强度、刚度、硬度、弹性、冲击韧性和防渗、抗冻、耐磨、耐热、耐酸、耐碱、耐腐蚀、防火、抗风化等性能。

② 结构性能 如结构的稳定性和牢固性、柱网布局合理性、结构的安全性、工艺设备便于拆装、维修、保养等。

③ 使用性能 如平面布置合理、居住舒适、使用方便、操作灵活等。

④ 外观性能 如建筑装饰造型新颖、美观大方、表面平整垂直、色泽鲜艳、装饰效果好等。

（2）工程寿命 工程寿命是指工程在规定的使用条件下，能正常发挥其规定功能的总工作时间，也就是工程的设计或服役年限。一般来说，工程的使用功能能稳定在设计指标以内的延续时间都有一定的限制。

（3）可靠性 工程的可靠性是指工程在规定的时间内和规定的使用条件下，完成规定功能能力的大小和程度。对于建筑装饰企业承建的工程，不仅要求在竣工验收时要达到规定的标准，而且在一定的时间内要保持应有的使用功能。

（4）安全性 工程的安全性是指工程在使用过程中的安全程度。任何建筑装饰工程都要考虑是否会造成使用或操作人员伤害事故，是否会产生公害、污染环境的可能性。如装饰工程中所用的装饰材料，对人身体健康有无危害；各类建筑物在规范规定的荷载下，是否满足强度、刚度和稳定性的要求。

（5）经济性 工程的经济性是指工程寿命周期费用（包括建成成本和使用成本）的大小。建筑装饰工程的经济性要求，一是工程造价要低，二是维修费用要少。

以上工程质量的特性，有的可以通过仪器设备测定直接量化评定，如某种材料的力学性能。但多数很难进行量化评定，只能进行定性分析，即需要通过某些检测手段，确定必要的技术参数来间接反映其质量特性。把反映工程质量特性的技术参数明确规定下来，通过有关部门形成技术文件，作为工程质量施工和验收的规范，这就是通常所说的质量标准。符合质量标准的就是合格品，反之就是不合格品。

工程质量是具有相对性的，也就是质量标准并不是一成不变的。随着科学技术的发展和进步，生产条件和环境的改善，生产和生活水平的提高，质量标准也将会不断修改和提高。另外，工程的质量等级不同，用户的需求层次不同，对工程质量的要求也不同。施工单位的施工质量，既要满足施工验收规范和质量评定标准的要求，又要满足建设单位、设计单位提出的合理要求。

2. 工作质量

工作质量是建筑装饰企业的经营管理工作、技术工作、组织工作和后勤工作等达到和提高工程质量的保证程度。工作质量可以概括为生产过程质量和社会工作质量两个方面。生产过程质量，主要指思想政治工作质量、管理工作质量、技术工作质量、后勤工作质量等，最终还要反映在工序质量上，而工序质量受到人、设备、工艺、材料和环境五个因素的影响。

社会工作质量，主要是指社会调查、质量回访、市场预测、维修服务等方面的工作质量。

工作质量和工程质量是两个不同的概念，两者既有区别又有紧密的联系。工程质量的保证和基础就是工作质量，而工程质量又是企业各方面工作质量的综合反映。工作质量不像工程质量那样直观、明显、具体，但它体现在整个施工企业的一切生产技术和经营活动中，并且通过工作效率、工作成果、工程质量和经济效益表现出来。所以，要保证和提高工程质量，不能孤立地、单纯地抓工程质量，而必须从提高工作质量入手，把工作质量作为质量管理的主要内容和工作重点。

在实际工程施工中，人们往往只重视工程质量，看不到在工程质量背后掩盖了大量的工作质量问题。仔细分析出现的各种工程质量事故，都不难得出是由于多方面工作质量欠佳而造成的结论。所以，要保证和提高工程质量，必须狠抓每项工作质量的提高。

3. 人的质量

人的质量（即人的素质）主要表现在思想政治素质、文化技术素质、业务管理素质和身体素质等几个方面。人是直接参与工程建设的组织者、指挥者和操作者，人的素质高低，不仅关系到工程质量的好坏，而且关系到企业的腾飞发展和生死存亡。

邓小平同志指出："人才问题是个战略问题，是决定我们命运的问题。"人是世间第一可宝贵的，人可以创造一切，人才是一切财富中最宝贵的，是强国之本、创业之源。自改革开放以来，我国在建筑装饰行业实行了工程招标投标制度，无数事实充分证明，企业的竞争实力，主要取决于施工企业人的素质高低。

（三）工程质量管理的重要性

"百年大计、质量第一"，质量管理工作已经越来越为人们所重视，施工企业领导清醒地认识到：高质量的产品和服务是市场竞争的有效手段，是争取用户、占领市场和发展企业的根本保证。但是，在建筑装饰工程质量管理方面，与国际先进水平相比，我国的质量管理水平仍有很大差距。

随着全球经济一体化进程的加快，特别是加入世界贸易组织以后，必将给我国建筑装饰业带来空前的发展机遇。近几年，我国大多数施工企业通过 ISO 9000 体系认证，标志着对工程质量管理的认识和实施提高到了一个更高的层次。因此，从发展战略的高度来认识工程质量，工程质量已关系到国家的命运、民族的未来，工程质量管理的水平已关系到行业的兴衰、企业的命运。

工程项目投资比较大，各种资源（材料、能源、人工等）消耗多，与工程项目的重要性和在生产、生活中发挥的巨大作用相辅相成。如果工程质量差，不但不能发挥应有的效用，而且会因质量、安全等问题影响国计民生和社会环境的安全。工程项目的一次性特点决定了工程项目只见成功不能失败，工程质量达不到要求，不但关系到工程的适用性，而且还关系到人民生命财产的安全和社会安定。所以在建筑装配工程施工过程中，加强质量管理，确保国家和人民生命财产安全是施工项目的头等大事。

建筑装饰工程质量的优劣，也直接影响国家经济建设速度。建筑装饰工程施工质量差本身就是最大的浪费，低劣质量的工程一方面需要大幅度增加维修的费用，另一方面还将给用户增加使用过程中的维修、改造费用。有时还会带来工程的停工、效率降低等间接损失。因此，质量问题直接影响着我国经济建设的速度。

三、建筑装饰工程质量管理发展

质量管理是企业管理的有机组成部分，质量管理的发展也随着企业管理的发展而发展，其产生、形成、发展和日益完善的过程大体经历了三大阶段。

（一）质量检验阶段

质量检验阶段是质量管理发展的最初阶段，在 20 世纪 20～40 年代。这一阶段的质量管理，实质上就是把检验与生产分开，成立专门的检验部门，负责产品质量的检验，用检验的方法进行质量管理。这个时期的质量管理只能控制产品验收时的质量，主要是起到事后把关检查、剔除废品的作用，以保证产品质量合格。它的管理效能有限，是一种消极的质量管理方法，它不能预防生产过程中不合格品和废品的产生，同时会使产品的生产成本增加，按现在的观点来看，它只是质量检验从经验走向科学。

（二）统计质量管理阶段

统计质量管理阶段是质量管理发展的第二阶段，时间在 20 世纪 40～50 年代，第二次世界大战期间，由于军需品质量检验大多属于破坏检验，不可能进行事后检验，于是，采用"预防缺陷"的理论，对保证产品质量收到了较好的效果。这一阶段的质量管理，主要运用数理统计方法，从质量波动中找出规律性，消除和控制生产过程影响质量的因素，使生产过程中的每一个环节都控制在正常且比较理想的状态，从而保证最经济地生产出合格的产品。这种质量管理方法，把单纯的质量检验变成了过程管理，使质量管理从"事后"转到了"事中"，起到预防和把关相结合的作用。这种质量管理方法，由于以积极的事前预防代替消极的事后检验，因此它的科学性比质量检验阶段有了大幅度的提高。

（三）全面质量管理阶段

20 世纪 60 年代，随着科学技术的发展，特别是航天技术的发展，对安全性和可靠性的要求愈来愈高；同时，经济上的竞争也日趋激烈，人们对控制质量的认识有了升华，意识到单纯依靠统计质量管理方法已不能满足要求。

1957 年，美国质量管理专家、通用电气公司质量总经理费根堡姆（A. V. Feigenbum）博士，首先提出了较系统的"全面质量管理"的概念，并且于 1961 年出版专著《全面质量管理》。"全面质量管理"的中心意思是：数理统计方法是重要的，但不能单纯依靠它，只有将它和企业管理结合起来，才能保证产品质量。这一理论很快应用于不同行业生产企业的质量工作。他明确指出："全面质量管理是为了能够在最经济的水平上并考虑到充分满足顾客要求的条件下进行市场研究、设计、生产和服务，把企业各部门的研制质量、维持质量和提高质量的活动构成为一体的有效体系。"

20 世纪 60 年代以后，费根堡姆的全面质量管理概念逐步被世界各国所接受，并且得到广泛的运用，但在运用中各有所长。在日本称为"全公司的质量管理"（CWQC），并取得丰硕的成果。

由于质量管理越来越受到人们的重视，并且随着实践的发展，其理论也日渐丰富和成熟，于是逐渐成为一门单独的学科。在"全面质量管理"理论发展期间，美国著名的质量管理专家戴明和朱兰博士，分别提出了"十四点管理法则"和质量管理"三部曲"，对全面质量管理理论做了进一步发展。

戴明提出的"十四点管理法则"内容如下。

①企业要创造一贯的目标，以供全体投入；②随时吸收新哲学、新方法，以应付日益变化的趋势；③不要依赖检验来达到质量，应重视过程改善；④采购不能以低价的方式来进行；⑤经常且持续地改善生产及服务体系；⑥执行在职训练且不要中断；⑦强调领导的重要；⑧消除员工的恐惧感，鼓励员工提高工作效率；⑨消除部门与部门之间的障碍；⑩消除口号、传教式的训话；⑪消除数字的限额，鼓励员工创意；⑫提升并尊重员工的工作精神；⑬推动自我改善及自我启发的方案，让员工积极向上；⑭促使全公司员工参与改变以达转变，适应新环境、新挑战。

朱兰博士认为：产品质量经历了一个产生、形成和实现的过程。这一过程中的质量管理活动，根据其所要达到的目的不同，可以划分为计划（研制）、维持（控制）和改进（提高）三类活动。朱兰博士将其称为质量管理"三部曲"。

全面质量管理的特点是针对不同企业的生产条件、工作环境及工作状态等多方面因素的变化，把组织管理数理统计方法以及现代科学技术、社会心理学、行为科学等综合适用于质量管理，建立适用和完善的质量工作体系，对每一个生产环节加以管理，做到全面控制。

四、建筑装饰工程全面质量管理

(一) 全面质量管理的概念与观点

1. 全面质量管理的概念

全面质量管理（简称为 TQC 或 TQM），是指施工企业为了保证和提高产品质量，运用一整套的质量管理体系、手段和方法，所进行的全面的、系统的管理活动。它是一种科学的现代质量管理方法。

2. 全面质量管理的观点

全面质量管理继承了质量检验和统计质量控制的理论和方法，并在深度和广度方面将其向前发展一步，归纳起来，它具有以下基本观点。

(1) 质量第一的观点　"百年大计、质量第一"，是建筑装饰工程推行全面质量管理的思想基础。建筑装饰工程质量的好坏，不仅关系到国民经济的发展及人民生命财产的安全，而且直接关系到施工企业的信誉、经济效益及生存和发展。因此，牢固树立"质量第一"的观点，这是工程全面质量的核心。

(2) 用户至上的观点　"用户至上"是建筑装饰工程推行全面质量管理的精髓。国内外多数企业把用户摆在至高无上的地位，把用户称为"上帝"、"神仙"，把企业同用户的关系，比作鱼和水、作物和土壤。我国的建筑装饰企业是社会主义企业，其用户就是广大人民群众、国家和社会的各个部门，坚持用户至上的观点，企业就会蓬勃发展，背离了这个观点，企业就会失去存在的必要。

现代企业质量管理"用户至上"的观点是广义的，它包括两个含义：一是直接或间接使用建筑装饰工程的单位或个人；二是施工企业内部，在施工过程中上一道工序应对下一道工序负责，下一道工序则为上一道工序的用户。

(3) 预防为主的观点　工程质量是设计、制造出来的，而不是检验出来的。检验只能发现工程质量是否符合质量标准，不能保证工程质量。在工程施工的过程中，每个工序、每个分部、分项工程的质量，都会随时受到许多因素的影响，只要有一个因素发生变化，质量就会产生波动，不同程度地出现质量问题。全面质量管理强调将事后检验把关变成工序控制，从管质量结果变为管质量因素，防检结合，防患于未然。也就是在施工全过程中，将影响质量的因素控制起来，发现质量波动就分析原因、制定对策，这就是"预防为主"的观点。

(4) 全面管理的观点　所谓全面管理，就是突出一个"全"字，即实行全过程的管理、全企业的管理和全员的管理。

全过程的管理，就是把工程质量管理贯穿于工程的规划、设计、施工、使用的全过程，尤其在施工过程中，要贯穿于每个单位工程、分部工程、分项工程、各施工工序。全企业的管理，就是强调质量管理工作不只是质量管理部门的事情，施工企业的各个部门都要参加质量管理，都要履行自己的职能。全员的管理，就是施工企业的全体人员，包括各级领导、管理人员、技术人员、政工人员、生产工人、后勤人员等都要参加到质量管理中来，人人关心产品质量，把提高产品质量和本职工作结合起来，使工程质量管理有扎实的群众基础。

(5) 数据说话的观点　数据是实行科学管理的依据，没有数据或数据不准确，质量就无从谈起。全面质量管理强调"一切用数据说话"，是因为它是以数理统计的方法为基本手段，而数据是应用数理统计方法的基础，这是区别于传统管理方法的重要一点。它是依靠实际的数据资料，运用数理统计的方法做出正确的判断，采取有力措施，进行质量管理。

　　(6) 不断提高的观点　重视实践，坚持按照计划、实施、检查、处理的循环过程办事，经过一个循环后，对事物内在的客观规律就会有进一步的认识，从而制订出新的质量管理计划与措施，使质量管理工作及工程质量不断提高。

　　(二) 全面质量管理的任务与方法

　　1. 全面质量管理的任务

　　全面质量管理的基本任务是：建立和健全质量管理体系，通过企业经营管理的各项工作，以最低的工程成本、合理的施工工期，生产出符合设计要求并使用户满意的产品。

　　全面质量管理的具体任务，主要有以下几个方面。

　　① 完善质量管理的基础工作。主要包括开展质量教育、推行标准化、做好计量工作、搞好质量信息工作和建立质量责任制。

　　② 建立和健全质量保证体系。主要包括建立质量管理机构、制订可行的质量计划、建立质量信息反馈系统和实现质量管理业务标准化。

　　③ 确定企业的质量目标和质量计划。

　　④ 对生产过程各工序的质量进行全面控制。

　　⑤ 严格按国家有关规范标准进行质量检验工作。

　　⑥ 相信群众、发动群众，开展群众性的质量管理活动。如质量管理小组（QC 小组）活动等。

　　⑦ 建立质量回访制度。通过质量回访，总结质量管理中取得的经验和存在的问题，以便寻求改进和提高措施。

　　2. 全面质量管理的基本方法

　　全面质量管理的基本方法是循环工作法（或简称 PDCA 法）。这种方法是由美国质量管理专家戴明博士于 20 世纪 60 年代提出的，至今仍适用于建筑装饰工程的质量管理中。

　　(1) PDCA 循环工作法的基本内容　PDCA 循环工作法是把质量管理活动归纳为四个阶段，其中包括八个步骤，即计划阶段（plan）、实施阶段（do）、检查阶段（check）和处理阶段（action）。

　　① 计划阶段（plan）　在计划阶段，首先要确定质量管理的方针和目标，并提出实现这一目标的具体措施和行动计划。在计划阶段主要包括四个具体步骤。

　　第一步：分析工程质量的现状，找出存在的质量问题，以便进行针对性的调查研究。

　　第二步：分析影响工程质量的各种因素，找出在质量管理中的薄弱环节。

　　第三步：在分析影响工程质量因素的基础上，找出其中主要的影响因素，作为质量管理的重点对象。

　　第四步：针对管理的重点，制定改进质量的措施，提出行动计划并预计达到的效果。

　　在计划阶段要反复考虑下列几个问题：① 必要性（why）：为什么要有计划？② 目的（what）：计划要达到什么目的？③ 地点（where）：计划要落实到哪个部门？④ 期限（when）：计划要什么时候完成？⑤ 承担者（who）：计划具体由谁来执行？⑥ 方法（how）：执行计划的打算？

　　② 实施阶段（do）　在实施阶段中，要按照既定的措施下达任务，并按措施去执行。这也是 PDCA 循环工作法的第五个步骤。

　　③ 检查阶段（check）　在检查阶段的工作，是对措施执行的情况进行及时的检查，通过检查与原计划进行比较，找出成功的经验和失败的教训。这也是 PDCA 循环工作法的第六个步骤。

　　④ 处理阶段（action）　处理阶段，就是把检查之后的各种问题加以认真处理。这个阶段可以分为以下两个步骤，即第七步和第八步。

　　a. 对于正确的要总结经验，巩固措施，制定标准，形成制度，以便遵照执行。

　　b. 对于尚未解决的问题，转入下一个循环，再进行研究措施，制订计划，予以解决。

　　（2）PDCA 循环工作法的特点　PDCA 循环工作法在运行的过程中，具有以下明显的特点。

　　① PDCA 循环像一个不断转动的车轮，重复地不停循环；管理工作做得越扎实，循环越有效，如图 1-1 所示。

　　② PDCA 循环的组成是大环套小环，大小环均不停地转动，它们又环环相扣，如图 1-2 所示。例如，整个公司是一个大的 PDCA 循环，企业各部门又有自己的小 PDCA 循环，依次有更小的 PDCA 循环，小环在大环内转动，因而形象地表示了它们之间的内部关系。

　　③ PDCA 循环每转动一次，质量就有所提高，而不是在原来水平上的转动，每个循环所遗留的问题，再转入下一个循环中继续加以解决，如图 1-3 所示。

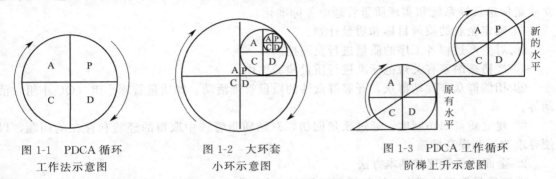

图 1-1　PDCA 循环　　　　　　图 1-2　大环套　　　　　　图 1-3　PDCA 工作循环
　　工作法示意图　　　　　　　小环示意图　　　　　　　阶梯上升示意图

　　④ PDCA 循环必须围绕着质量标准和要求来转动，并且在循环过程中把行之有效的措施和对策上升为新的标准。

（三）全面质量管理的基础工作

1. 开展质量教育

进行质量教育的目的，就是要使企业全体人员牢固树立"质量第一、用户至上"的观点，建立全面质量管理的观念，掌握进行全面质量管理的工作方法，学会使用质量管理的工具，特别是要重视对各级领导、质量管理职能干部及质量管理专职人员、基层质量管理小组成员的教育。在开展质量教育的过程中，要进行启蒙教育、普及教育和提高教育，使质量管理逐步深化。

2. 推行标准化

标准化是现代化大生产的产物。它是指材料、设备、工具、产品品种及规格的系列化，尺寸、质量、性能的统一化。标准化是质量管理的尺度和依据，质量管理是执行标准化的保证。在建筑装饰工程施工中，对质量管理起标准化作用的是：施工与验收规范、工程质量评定标准、施工操作规程及质量管理制度等。

3. 做好计量工作

测试、检验、分析等均为计量工作，这是在质量管理中的重要基础工作。没有计量工作，就谈不上执行质量标准；计量不准确，就不能判断质量是否符合标准。所以，开展质量管理，必然要做好计量工作。

做好计量工作，要明确责任制，加强技术培训，严格执行计量管理的有关规程与标准。对各种计量器具以及测试、检验仪器，必须实行科学管理，做到检测方法正确，计量器具、仪表及设备性能良好、数值准确，使误差控制在允许范围内，以充分发挥计量工作在质量管理中的作用。

4. 搞好质量信息工作

质量信息工作，是指及时收集反映产品质量和工作质量的信息、基本数据、原始记录和产品使用过程中反映出来的质量情况，以及国内外同类产品的质量动态，从而为研究、改进质量管理和提高产品质量，提供可靠的依据。

质量信息工作是质量管理的耳目。开展全面质量管理，一定要做好质量信息收集这项基础工作。其基本要求是：保证信息资料的准确性，提供的信息资料具有及时性，要全面系统地反映产品质量活动的全过程，切实地掌握影响产品质量的因素和生产经营活动的动态，对提高质量管理水平起到良好作用。

5. 建立质量责任制

建立质量责任制，就是把质量管理方面的责任和具体要求，落实到每一个部门、每一个岗位和每一个操作者，组成一个严密的质量管理工作体系。

质量管理工作体系，是指组织体系、规章制度和责任制度三者的统一体。要将企业领导、技术负责人、企业各部门、每个管理人员和施工工人的质量管理责任制度，以及与此有关的其他工作制度建立起来，不仅要求制度健全、责任明确，还要把质量责任、经济利益结合起来，以保证各项工作的顺利开展。

第二节　工程质量保证体系

近年来，随着市场经济在我国的逐步建立和完善，建筑业也得到了快速的发展。建筑业在发展的同时也暴露出许多问题。多年来的实践表明，影响工程质量的因素是多方面的，单就质量抓质量，则事倍功半，收效甚微，要提升认识，充分发挥建设单位、勘察设计单位、工程监理、政府监督机构的各自职能，将其作为参与建筑活动的一个体系进行管理，这样才能促进建筑工程质量的提高。

一、质量保证体系的概念

（一）质量保证的概念

质量保证是指企业对用户在工程质量方面作出的担保，即企业向用户保证其承建的工程在规定的期限内能满足的设计和使用功能。按照全面质量管理的观点，质量保证还包括上道工序提供的半成品保证下道工序的要求，即上道工序对下道工序实行质量担保。它充分体现了企业和用户之间的关系，即保证满足用户的质量要求，对工程的使用质量负责到底。通过质量保证，将产品的生产者和使用者密切地联系在一起，促使企业按用户要求组织生产，达到全面提高质量的目的。

用户对产品质量的要求是多方面的，它不仅指交货时的产品质量，还包括在使用期限内产品的稳定性以及生产者提供的维修服务质量等。因此，建筑装饰企业的质量保证，不仅包括建筑装饰产品交工时的质量，还包括交工后在产品使用阶段提供的维修服务质量等。

（二）质量保证体系的概念

质量保证不是生产的某一个环节的问题，它涉及企业经营管理的各项工作，需要建立一个完整的系统。所谓质量保证体系，就是企业为保证提高产品的质量，运用系统的理论和方法建立的一个有机的质量工作系统。

这个工作系统，把企业各个部门、生产经营各环节的质量管理职能组织起来，形成一个目标明确、权责分明、相互协调的整体，从而使企业的工作质量和产品质量紧密地联系起来，产品生产过程的各道工序紧密地联系在一起，生产过程与使用过程紧密地联系在一起，企业经营管理的各环节紧密联系在一起。

由于有了质量保证体系，企业便能在生产经营的各环节及时地发现和掌握产品质量问题，把质量问题消灭在发生之前，实现全面质量管理的目的。

质量保证体系是全面质量管理的核心。全面质量管理实质上就是要建立质量保证体系，并使其在生产经营中正常运转。

二、质量保证体系的内容

建立质量保证体系，必须和质量保证的内容相结合。根据建筑装饰产品的特点，建筑装饰企业的质量保证体系的内容，包括施工准备过程、施工过程和使用过程三个部分的质量保证工作。

（一）施工准备过程的质量保证

施工准备过程的质量保证，是施工过程和使用过程质量保证的基础，主要有以下内容。

① 严格审查施工图纸。为了避免设计图纸的差错给工程质量带来的影响，必须对图纸进行认真地审查。通过严格审查，及早发现图纸上的错误，采取相应的措施加以纠正，以免在施工中造成损失。

② 编制好施工组织设计。在编制施工组织设计之前，要认真分析本企业在施工过程中存在的主要问题和薄弱环节，分析工程的特点、难点和重点，有针对性地提出保证质量的具体措施，编制出切实可行的施工组织设计，以便指导施工活动。

③ 搞好技术交底工作。在下达施工任务时，必须向执行者进行全面的质量交底，使执行人员了解任务的质量特性、质量重点，做到心中有数，避免盲目行动。

④ 严格材料、构配件和其他半成品的检验工作。从原材料、构配件和半成品的进场开始，就严格把好质量关，为保证工程质量提供良好的物质基础。

⑤ 施工机械设备的检查维修工作。施工前要搞好施工机械设备的检查维修工作，使机械设备经常保持良好的技术状态，不至于因为机械设备运转不正常，而影响工程质量。

（二）施工过程的质量保证

施工过程是建筑装饰产品质量的形成过程，是控制建筑装饰产品质量的重要阶段。在这个阶段的质量保证工作，主要有以下几项。

① 加强施工工艺管理。严格按照设计图纸、施工组织设计、施工验收规范、施工操作规程进行施工，坚持质量标准，保证各分部分项工程的施工质量，从而确保整体工程质量。

② 加强施工质量的检查和验收。坚持质量检查和验收制度，按照质量标准和验收规范，对已完工的分部分项工程，特别是隐蔽工程，及时进行检查和验收。不合格的工程，一律不验收。该返工的工程必须进行返工，不留隐患。通过检查验收，促使操作人员重视质量问题，严把质量关。质量检查一般可采取群众自检、班组互检和专业检查相配合的方法。

③ 掌握工程质量的动态。通过质量统计分析，从中找出影响质量的主要原因，总结产品质量的变化规律。统计分析是全面质量管理的重要方法，是掌握质量动态的重要手段。针对质量波动的规律，采取相应的对策，防止质量事故的发生。

（三）使用过程的质量保证

建筑装饰产品的使用过程，是建筑装饰产品质量经受考验的阶段。建筑装饰企业必须保证用户在规定的使用期限内，正常地使用建筑装饰产品。在这个阶段，主要有两项质量保证工作。

① 及时回访。建筑装饰工程交付使用后，企业要组织有关人员对用户进行调查回访，认真听取用户对施工质量的意见，收集有关质量方面的资料，并对用户反馈的信息进行分析，从中发现施工质量问题，了解用户的要求，采取措施加以解决并为以后工程施工积累经验。

② 进行保修。对于因施工原因造成的质量问题，建筑装饰企业应负责无偿装修，取得

用户的信任。对于因设计原因或用户使用不当造成的质量问题，应当协助进行处理，提供必要的技术服务，保证用户的正常使用。

三、质量保证体系的建立

建立质量保证体系，是确保工程质量的重要基础和措施，主要要求做好下列几项工作。

（一）建立质量管理机构

在公司经理的领导下，建立综合性的质量管理机构。质量管理机构的主要任务是：统一组织、协调质量保证体系的活动；编制质量计划并组织实施；检查、督促各部门的质量管理职能；掌握质量保证体系活动动态，协调各环节的关系；开展质量教育，组织群众性的质量管理活动。

在建立综合性质量管理机构的同时，还应设置专门的质量检查机构，具体负责工程质量的检查工作。

（二）制订可行的质量计划

质量计划是实现质量目标和具体组织与协调质量管理活动的基本手段，也是施工企业各部门、生产经营各环节质量工作的行动纲领。施工企业的质量计划是一个完整的计划体系，既有长远的规划，又有近期的计划；既有企业的总体规划，又有各部门、各环节具体的行动计划；既有计划目标，又有实施计划的具体措施。

（三）建立质量信息反馈系统

质量信息是质量管理的根本依据，它反映了产品质量形成过程中的动态。质量管理就是根据信息反馈提出的问题，采取相应的解决措施，对产品质量形成过程实施控制。没有质量信息，也就谈不上质量管理。施工企业的质量信息主要来自两部分：一是外部信息，包括用户、原材料和构配件供应单位、协作单位、上级组织的信息；二是内部信息，包括施工工艺、各分部分项工程的质量检验结果、质量控制中的问题等。建筑装饰施工企业必须建立一整套质量信息反馈系统，准确、及时地收集、整理、分析、传递质量信息，为质量管理体系的运转提供可靠的依据。

（四）实现质量管理业务标准化

把重复出现的质量管理业务归纳整理，制定出质量管理制度，用制度去管理，实现管理业务的标准化。质量管理业务标准化主要包括：程序标准化；处理方法规范化；各岗位的业务工作条理化等。通过标准化，使企业各个部门和全体职工，都严格遵循统一制度的工作程序，协调一致地行动，从而提高工作质量，保证产品质量。

四、工程质量保证体系

为保证工程质量，我国在工程建设中逐步建立了比较系统的质量管理的三个体系，即设计施工单位的全面质量管理的保证体系、建设监理单位的质量检查体系和政府部门的质量监督体系。

（一）设计施工单位的全面质量管理保证体系

1. 质量保证的概念

质量保证是指企业对用户在工程质量方面作出的担保，即企业向用户保证其承建的工程在规定的期限内能满足的设计和使用功能。它充分体现了企业和用户之间的关系，即保证满足用户的质量要求，对工程的使用质量负责到底。

由此可见，对于建筑装饰工程质量来讲，要保证建筑装饰工程的质量，必须从加强工程的规划设计开始，并确保从施工到竣工使用全过程的质量管理。因此，质量保证是质量管理的引申和发展，它不仅包括施工企业内部各个环节、各个部门对工程质量的全面管理，从而保证最终建筑产品的质量，而且还包括规划设计和工程交工后的服务等质量管理活动。质量管理是质量保证的基础，质量保证是质量管理的目的。

2. 质量保证的作用

质量保证的作用，表现在对工程建设和施工企业内部两个方面。

对工程建设，通过质量保证体系的正常运行，在确保工程建设质量和使用后服务质量的同时，为该工程设计、施工的全过程提供建设阶段有关专业系统的质量职能正常履行及质量效果评价的全部证据，并向建设单位表明，工程是遵循合同规定的质量保证计划完成的，质量是完全满足合同规定的要求的。

对建筑企业内部，通过质量保证活动，可有效地保证工程质量，或及时发现工程质量事故征兆，防止质量事故的发生，使施工工序处于正常状态之中，进而达到降低因质量问题产生的损失，提高企业经济效益的目的。

3. 质量保证的内容

质量保证的内容，贯穿于工程建设的全过程，按照建筑工程形成的过程分类，主要包括：规划设计阶段质量保证，采购和施工准备阶段质量保证，施工阶段质量保证，使用阶段质量保证。按照专业系统不同分类，主要包括：设计质量保证，施工组织管理质量保证，物资、器材供应质量保证，建筑安装质量保证，计量及检验质量保证，质量情报工作质量保证等。

4. 质量保证的途径

质量保证的途径包括：在工程建设中的以检查为手段的质量保证，以工序管理为手段的质量保证和以开发新技术、新工艺、新材料、新工程产品（以下简称"四新"）为手段的质量保证。

（1）以检查为手段的质量保证　实质上是对照国家有关工程施工验收规范，对工程质量效果是否合格作出最终评价，也就是事后把关，但不能通过它对质量加以控制。因此，它不能从根本上保证工程质量，只不过是质量保证的一般措施和工作内容之一。

（2）以工序管理为手段的质量保证　实质上是通过对工序能力的研究，充分管理设计、施工工序，使每个环节均处于严格的控制之中，以此保证最终的质量效果。但它仅是对设计、施工中的工序进行了控制，并没有对规划和使用阶段实行有关的质量控制。

（3）以"四新"为手段的质量保证　这是对工程从规划、设计、施工和使用的全过程实行的全面质量保证。这种质量保证克服了以上两种质量保证手段的不足，可以从根本上确保工程质量，这也是目前最高级的质量保证手段。

5. 全面质量保证体系

全面质量保证体系是以保证和提高工程质量为目标，运用系统的概念和方法，把企业各部门、各环节的质量管理职能和活动合理地组织起来，形成一个有明确任务、职责权限，又互相协调、互相促进的管理网络和有机整体，使质量管理制度化、标准化，从而生产出高质量的建筑产品。

工程实践证明，只有建立全面质量保证体系，并使其正常实施和运行，才能使建设单位、设计单位和施工单位，在风险、成本和利润三个方面达到最佳状态。我国的工程质量保证体系一般由思想保证、组织保证和工作保证三个子体系组成。

（1）思想保证子体系　思想保证子体系就是参加工程建设的规划、勘测、设计和施工人员要有浓厚的质量意识，牢固树立"质量第一、用户第一"的思想，并全面掌握全面质量管理的基本思想、基本观点和基本方法，这是建立质量保证体系的前提和基础。

（2）组织保证子体系　组织保证子体系就是工程建设质量管理的组织系统和工程形成过程中有关的组织机构系统。这个子体系 要求管理系统各层次中的专业技术管理部门，都要有专职负责的职能机构和人员。在施工现场，施工企业要设置兼职或专职的质量检验与控制人员，担负起相应的质量保证职责，以形成质量管理网络；在施工过程中，建设单位委托建设监理单位进行工程质量的监督、检查和指导，以确保组织的落实和正常活动的开展。

（3）工作保证子体系　工作保证子体系就是参与工程建设规划、设计、施工的各部门、各环节、各质量形成过程的工作质量的综合。这个子体系若以工程产品形成过程来划分，可分为勘测设计过程质量保证子体系、施工过程质量保证子体系、辅助生产过程质量保证子体系、使用过程质量保证子体系等。

勘测设计过程质量保证子体系是工作保证子体系的重要组成部分，它和施工过程质量保证子体系一样，直接影响着工程形成的质量。这两者相比，施工过程质量保证子体系又是其核心和基础，是构成工作保证子体系的主要子体系，它又由"质量把关——质量检验"和"质量预防——工序管理"两个方面组成。

（二）建设监理单位的质量检查体系

工程项目实行建设监理制度，这是我国在建设领域管理体制改革中推行的一项科学管理制度。建设监理单位受业主的委托，在监理合同授权范围内，依据国家的法律、规范、标准和工程建设合同文件，对工程建设进行监督和管理。

在工程项目建设的实施阶段，监理工程师既要参加施工招标投标，又要对工程建设进行监督和检查，但主要的是实施对工程施工阶段的监理工作。在施工阶段，监理人员不仅要进行合同管理、信息管理、进度控制和投资控制，而且对施工全过程中各道工序进行严格的质量控制。国家明文规定，凡进入施工现场的机械设备和原材料，必须经过监理人员检验合格后才可使用；每道施工工序都必须按批准的程序和工艺施工，必须经施工企业的"三检"（初检、复检、终检），并经监理人员检查论证合格，方可进入下道工序；工程的其他部位或关键工序，施工企业必须在监理人员到场的情况下才能施工；所有的单位工程、分部工程、分项工程，必须由监理人员参加验收。

由以上可以看出，监理人员在工程建设中，将工程施工全过程的各工作环节的质量都严格地置于监理人员的控制之下，现场监理工程师拥有"质量否决权"。经过多年的监理实践，监理人员对工程质量的检查认证，已有一套完整的组织机构、工作制度、工作程序和工作方法，构成了工程项目建设的质量检查体系，对保证工程质量起到了关键性的作用。

（三）政府部门的工程质量监督体系

我国于1984年，部分省、自治区、直辖市和国务院有关部门，各自相继制定了质量监督条款，建立了质量监督机构，开展了质量监督工作。国务院［1984］123号文件《关于改革建筑业和地区建设管理体制若干问题的暂行规定》中明确指出：工程质量监督机构是各级政府的职能部门，代表其政府部门行使工程质量监督权，按照"监督、促进、帮助"的原则，积极支持、指导建设、设计、施工单位的质量管理工作，但不能代替各单位原有的质量管理职能。

各级工程质量监督体系，主要由各级工程质量监督站代表政府行使职能，对工程建设实施第三方的强制性监督，其工作具有一定的强制性。其基本工作内容有：对施工队伍资质审查、施工中控制结构的质量、竣工后核验工程质量等级、参与处理工程事故、协助政府进行优质工程审查等。

第三节　工程质量评定与验收

目前，我国进行建筑装饰工程质量检验评定，子分部工程及分项工程主要是按照中华人民共和国国家标准《建筑装饰装修工程质量验收规范》（GB 50210—2001）的规定；分部工程主要按照《建筑工程施工质量验收统一标准》（GB 50300—2001）的规定进行。标准中阐明了该标准的适用范围；规定了建筑工程质量检验评定的方法、内容和质量标准；质量检验评定的划分和等级；质量检验评定的程序和组织。在标准中也规定了建筑工程的分项工程、分部工程和单位工程的划分方法，这些规定也适用于建筑装饰工程。

验收标准的主要质量指标和内容，是根据国家颁发的建筑安装工程施工及验收规范等编制的。因此，在进行装饰工程质量检验评定时，应同时执行与之相关的国家标准，如《钢结构工程施工及验收规范》、《木结构工程施工及验收规范》、《建筑地面工程施工及验收规范》等；装饰工程施工中涉及部分水、电、风的项目，还应执行《采暖与卫生工程施工及验收规范》、《通风与空调工程施工及验收规范》、《电气装置安装工程低压电气施工及验收规范》、《电气装置安装工程电气照明装置施工及验收规范》和《电气装置安装工程 1kV 及以下配线工程施工及验收规范》等。除了施工及验收规范外，国家还颁发了各种设计规范、规程、规定、标准及国家材料质量标准等有关技术标准，这些技术标准与施工及验收规范密切相关，形成互补，都是在工程质量评定与验收中不可缺少的技术标准。

由于建筑装饰材料发展迅猛，装饰施工技术发展很快，一些新材料、新技术、新工艺在以往颁发的规范中未有评定和验收标准。因此，应当根据发展情况不断地进行补充和更新。如国家建设部颁布的《住宅室内装饰装修管理办法》（建设部令 ［2002］第 110 号）、《住宅装饰装修工程施工规范》（GB 50327—2001）、《民用建筑工程室内环境污染控制规范》（GB 50325—2001）、《建筑地面工程施工质量验收规范》（GB 50209—2002）、《建筑装饰装修工程质量验收规范》（GB 50210—2001）等。

一、分项、分部、单位工程的划分

一个建筑装饰工程，从施工准备工作开始到竣工交付使用，必须经过若干工序、若干工种的配合施工；一个建筑装饰工程质量的好坏，取决于每一道施工工序、各施工工种的操作水平和管理水平。为了便于质量管理和控制，便于检查验收，在实际施工的过程中，把装饰工程项目划分为若干个分项工程、分部工程和单位工程。

（一）分项工程的划分

建筑装饰工程分项工程的划分，可以按其主要工种划分，也可以按施工顺序和所使用的不同材料来划分。例如，木工工种的木门窗制作工程、木门窗安装工程；油漆工工种的混色油漆工程、墙面涂料工程；抹灰工工种的墙面抹灰工程、墙面贴瓷砖工程等。

装饰工程的分项工程，原则上对楼房按楼层划分，单层建筑按变形缝划分。如果一层中的面积较大，在主体结构施工时已经分段，也可在按楼层的基础上，再按段进行划分，以便于质量控制。每完成一层（段），验收评定一层（段），以便及时发现问题及时修理，如能按楼层划分的，尽可能按楼层划分，对于一些小的项目或按楼层划分有困难的项目，也可以不按楼层划分，但在一个单位工程中应尽可能一致。所以，参加装饰工程评定分项工程的个数较多，也可能在评定一个分项工程时，同名称的分项工程很多。例如，有一个三层楼装修，每层分为三段，装饰主要施工项目有贴瓷砖分项工程、贴壁纸分项工程等，各层至少应评定3次，整个工程的每个分项工程至少要评定9次。

（二）分部工程的划分

按照《建筑工程质量验收统一标准》（GB 50300—2001）的规定，建筑工程按主要部位划分为：地基与基础、主体结构、建筑装饰装修、建筑屋面、建筑给排水及采暖、建筑电气、智能建筑、通风与空调系统和电梯共9个分部工程。在建筑装饰装修工程中，主要涉及地面、抹灰、门窗、吊顶、轻质隔墙、饰面板（砖）、幕墙、涂饰、裱糊与软包、细部等子分部工程。

建筑装饰工程各分部工程及所含的主要分项工程，如表1-1所列。

表 1-1　建筑装饰工程各分部工程及所含的主要分项工程

序号	子分部工程	包含的分项工程
1	抹灰工程	主要包括一般抹灰、装饰抹灰、清水砌体勾缝
2	门窗工程	包括木门窗制作与安装、金属门窗安装、塑料门窗安装、特种门的安装和门窗玻璃的安装
3	吊顶工程	主要包括暗龙骨吊顶和明龙骨吊顶两种
4	轻质隔墙工程	主要包括板材隔墙、骨架隔墙、活动隔墙和玻璃隔墙
5	饰面板(砖)工程	各种材料的面层(如混凝土、砂浆、砖、大理石、预制板、塑料板、瓷砖、地毯、竹地板、木地板、复合地板等)
6	幕墙工程	主要包括饰面板安装和饰面砖粘贴
7	涂饰工程	主要包括玻璃幕墙、金属幕墙和石材幕墙
8	裱糊与软包工程	主要包括裱糊和软包
9	细部工程	主要包括柜橱制作与安装,窗帘盒、窗台板和暖气罩的制作与安装,门窗套的制作与安装,护栏和扶手的制作与安装,花饰的制作与安装

以上分部工程中所含主要分项工程,在目前来讲还是比较适用的,但是,随着新材料、新技术、新工艺的不断涌现,很可能不会全部适用。在实际运用中可以参考《建筑工程质量验收统一标准》(GB 50300—2001)、《建筑地面工程施工质量验收规范》(GB 50209—2002)等进行检验和评定。

（三）装饰工程涉及水、电、风等安装工程

在装饰工程施工中,不可避免涉及一部分建筑设备安装工程,如卫生间的给水管道安装;给水管道附件及卫生器具给水配件安装;排水管道安装;卫生器具安装等。在电气工程中涉及部分配管及管内穿线;槽板配线;低压电气安装;电气照明器具及配电箱（盘）安装等。在通风与空调工程中,涉及金属风管制作;部件安装;风管及部件安装;风管及设备保温等。

建筑设备安装的分部工程是按专业来划分的,一般划分为建筑给排水及采暖工程、建筑电气工程、通风与空调工程和电梯安装工程。

（四）单位工程的划分

建筑装饰工程的单位工程由装饰工程和建筑设备工程共同组成。装饰工程一般涉及 4 个分部工程,设备安装工程一般涉及 3 个分部工程。不论工作量大小都可以作为一个分部工程参与单位工程的评定,也有的单位工程不一定全部包括这些分部工程。

二、装饰分项工程质量的检验评定

（一）分项工程质量检验评定内容

分项工程质量检验评定的内容,主要包括主控项目、一般项目和允许偏差项目三部分。

1. 主控项目

主控项目是必须达到的要求,是保证工程安全或使用功能的重要项目。在规范中一般用"必须"或"严禁"这类词语来表示,主控项目是评定该工程项目达到合格或优良都必须达到的质量指标。

主控项目包括:重要材料、配件、成品、半成品、设备性能及附件的材质、技术性能等;装饰所焊接、砌筑结构的刚度、强度和稳定性等;在装饰工程中所用的主要材料、门窗等;幕墙工程的钢架焊接必须符合设计要求,裱糊壁纸必须粘贴牢固,无翘边、空鼓、褶皱等缺陷。

2. 一般项目

一般项目是保证工程安全或使用性能的基本要求,在规范中采用了"应"和"不应"这样的词语来表示。基本项目对使用安全、使用功能、美观都有较大的影响,因此,"一般项目"在装饰工程中,与"主控项目"相比同等重要,同样是评定分项工程"合格"或"优良"质量等级的重要条件。

一般项目的主要内容包括：允许有一定偏差的项目，但又不宜纳入允许偏差范围的，放在一般项目中，用数据规定出"优良"、"合格"的标准；对不能确定的偏差值，而允许出现一定缺陷的项目，以缺陷数目来区分一些无法定量而采取定性的项目。

3. 允许偏差项目

允许偏差项目是分项工程检验项目中规定有允许偏差范围的项目。检验时允许有少数检测点的实测值略微超过允许偏差值，以其所占比例作为区分分项工程合格和优良的等级的条件之一，允许偏差项目的允许偏差值的确定是根据制定规范时，当时的各种技术条件、施工机具设备条件、工人技术水平，结合使用功能、观感质量等的影响程度，而定出的一定允许偏差范围。由于近十几年来装饰施工机具不断改进，各种手持电动工具的普及，以及新技术、新工艺的应用，满足规范允许偏差值比较容易，在进行高级建筑装饰工程施工质量评定时，最好适当增加检测点的个数，并对允许偏差值严格控制。

允许偏差值项目包括的主要内容有：有正负偏差要求的值，允许偏差值直接注明数字，不标明符号；要求大于或小于某一数值或在一定范围内的数值，采用相对比例值确定偏差值。

（二）分项工程的质量等级标准

建筑装饰工程分项工程的质量等级，分为"合格"和"优良"两个。

1. 合格

① 保证项目必须符合相应质量评定标准的规定。

② 基本项目抽检处（件）应符合相应质量评定标准的合格规定。

③ 允许偏差项目在抽检的点数中，建筑装饰工程有70%及其以上，建筑设备安装工程有80%及其以上的实测值，在相应质量检验评定标准的允许偏差范围内。

2. 优良

① 保证项目必须符合相应质量检验评定标准的规定。

② 基本项目每项抽检处（件）的质量，均应符合相应质量检验评定标准的合格规定，其中50%及其以上的处（件）符合优良规定，该项目即为优良；优良的项目数目应占检验项数的50%以上。

③ 在允许偏差项目抽检的点数中，有90%及其以上的实测值，均应在质量检验评定标准的允许偏差范围内。

三、装饰分部工程质量的检验评定

（一）分部工程的质量等级标准

装饰分部工程的质量等级，与分项工程质量评定相同，分为"合格"和"优良"两个等级。

1. 合格

分部工程中所包含的全部分项工程质量必须全部合格。

2. 优良

分部工程中所包含的全部分项工程质量必须全部合格，其中有50%及其以上为优良，且指定的主要分项工程为优良（建筑设备安装工程中，必须含指定的主要分项工程）。

分部工程的质量等级是由其所包含的分项工程的质量等级通过统计来确定的。

（二）分部工程质量评定方法

分部工程的基本评定方法是用统计方法进行评定的，每个分项工程都必须达到合格标准后，才能进行分部工程质量评定。所包含分项工程的质量全部合格，分部工程才能评定为合格；在分项工程质量全部合格的基础上，分项工程有50%及其以上达到优良指标，分部工程的质量才能评为优良。在运用统计方法评定分部工程质量的同时，要注意指定的主要分项工程必须达到优良，这些分项工程要重点检查质量评定情况，特别是保证项目必须达到合格标准，基本项目的质量应达到优良标准规定。

分部工程的质量等级确认，应由相当于施工队一级（项目经理部）的技术负责人组织评定，专职质量检查员核定。在进行质量等级核定时，质量检查人员应到施工现场实地对施工项目进行认真检查，检查的主要内容如下。

① 各分项工程的划分是否正确，不同的划分方法，其分项工程的个数不同，分部工程质量评定的结果不一致。

② 检查各分项工程的保证项目评定是否正确，主要装饰材料的原始材料质量合格证明资料是否齐全有效，应该进行检测、复试的结果是否符合有关规范要求。

③ 有关施工记录、预检记录是否齐全，签证是否齐全有效。

④ 现场检查情况。对现场分项工程按规定进行抽样检查或全数检查，采用目测（适用于检查墙面的平整、顶棚的平顺、线条的顺直、色泽的均匀、装饰图案的清晰等，为确定装饰效果和缺陷的轻重程度，按规定进行正视、斜视和不等距离的观察等）；手感（适用于检测油漆表面是否光滑、油漆刷浆工程是否掉粉，检查饰面、饰物安装的牢固性）；听声音（适用于判定饰面基层及面层是否有空鼓、脱层等，镶贴是否牢固，采用小锤轻击等方法听声音来判断）；查资料（对照有关规定设计图纸、产品合格证、材料试验报告或测试记录等检验是否按图施工，材料质量是否相符、合格）；实测量（利用工具采取靠、吊、照、套等手段，对实物进行检测并与目测手感相结合，得到相应的数据）等一系列手段与方法，检查有没有与质量保证资料不符合的地方，检查基本项目有没有达不到符合标准规定的地方，有没有不该出现裂缝而出现裂缝、变形、损伤的地方，如果出现问题必须先行处理，达到合格后重新复检、核定质量等级。

四、装饰单位工程质量的综合评定

（一）装饰单位工程质量综合评定的方法

建筑装饰单位工程的质量综合评定的方法与建筑工程相同，是由分部工程质量等级统计汇总，以及直接反映单位工程使用安全和使用功能的质量保证资料核查和观感质量评定三部分组成的，有时还要结合当地建筑主管部门的具体规定评定。

1. 分部工程质量等级统计汇总

进行分部工程质量等级汇总的目的是突出工程质量控制，把分项工程质量的检验评定作为保证分部工程和单位工程质量的基础。分项工程质量达到合格后才能进行下道工序，这样分部分项工程质量才有保障，各分部工程质量有保证，单位工程的质量自然就有了保证。分部工程质量评定汇总时，应注意装饰分部和主体分部工程等级必须达到优良，并注意是否有定为合格的分项，均符合要求才能计算分部工程项数的优良率。

2. 质量保证资料核查

质量保证资料核查的目的是强调装饰工程中主体结构、设备性能、使用功能方面主要技术性能的检验。虽然每个分项工程都规定了保证项目，并提出了具体的性能要求，在分项工程质量检验评定中，对主要技术性能进行了检验，但由于它的局限性，对一些主要技术性能不能全面、系统地评定。因此，需要通过检查单位工程的质量保证资料，对主要技术性能进行系统的、全面的检验评定。如一个歌剧院对声音的混响时间要求比较严格，只有在表面装饰全部完成，排椅、座位安装完毕后，才能进行数据测试和调整。另外，对一个单位工程全面进行技术资料核查检验，还可以防止局部出现错误或漏项。

质量保证资料对一个分项工程来讲，只有符合或不符合要求，不分等级。对一个装饰工程，就是检查所要求的技术资料是否基本齐全。所谓基本齐全，主要是看其所具有资料能否反映出主体结构是否安全和主要使用功能是否达到设计要求。

在质量保证资料核查内容上，各地区均有相应的规定，主要是核查质量保证资料是否齐全，内容与标准是否一致，质量保证资料是否具有权威性，质量保证资料的提供时间是否与施工进度同步。

3. 观感质量评定

观感质地评定是在工程全部竣工后进行的一项重要评定工作，它是全面评价一个单位工程的外观及使用功能质量，并不是单纯的外观检查，而是实地对工程进行一次宏观的全面的检查，同时也是对分项工程、分部工程的一次核查，由于装饰具有时效性，有的分项工程在施工后立即进行验评可能不会出现问题，但经过一段时间（特别是经过冬季或雨季，北方冬季干燥，雨季空气潮湿），当时不会出现的问题以后可能会出现。

具体检查方法如下。

(1) 确定检查数量　室内装饰工程按有代表性的自然间抽查10%（包括附属间及厅道等），室外和屋面要求全数检查（指各类不同做法的各种房间，如饭店客房改造的标准间、套间、服务员室、公共卫生间、走道、电梯厅、餐厅、咖啡厅、商场及体育娱乐服务设施用房等）。检查点或房间的选择方法，应采取随机抽样的方法进行，一般在检查之前，在平面图上定出抽查房间的部位，按既定说明逐间进行检查。选点应注意照顾到代表性，同时突击重点。原则上是不同类型的房间均应检查，室外全数检查，采用分若干个点进行检查的方法。一般室外墙面项目按长度每10m左右选一个点，通常选8~10个点，如"一字形"排列。建筑前后大墙面上各4个点，两侧山墙上各1个点，每个点一般为一个开间或3m左右。

(2) 确定检查项目　以建筑装饰工程外观的可见项目为检查项目，根据各部位对工程质量的影响程度，所占工作量或工程量大小等综合考虑和给出标准分值。实际检查时，每个工程的具体项目都不一样，因此，首先要按照所检查工程的实际情况，确定检查项目，有些项目中包括几个分项或几种做法，不便于全面评定，此时可根据工程量大小进行标准分值的再分配，分别进行评定。

(3) 进行检验评定　首先，确定每一检查点或房间的质量等级并做好记录，检查组成员要对每一检查点或房间经过协商共同评定质量等级，其质量指标可对应分项工程项目标准规定，对选取的检查点逐项进行评定。其次，统计评定项目等级并在等级栏填写分值，在预先确定的检查点或房间都检查完之后，进行统计评定项目的评定等级工作。先检查记录各点或房间都必须达到合格等级或优良等级，然后统计达到优良点或房间的数据，当检查点或房间全部达到合格，其中优良点或房间的数量占检查处（件）20%以下的为四级，打分为标准分的70%；有20%~49%的处（件）达到质量检验评定的优良标准者，评为三级，打分为标准分的80%；有50%~79%的处（件）达到质量检验评定的优良标准者，评为二级，打分为标准分的90%；有80%的处（件）达到质量检验评定的优良标准者，评为一级，打分为标准分的100%；如果有一处（件）达不到"合格"的规定，该项目定为五级，打零分。

(4) 计算得分率　得分率计算公式为：得分率＝实得分÷应得分×100%。将所查项目的标准分相加或将表中该工程没有项目的标准分去掉，得出所查项目标准分的总和，即为该单位工程观感质量评分的应得分；将所查项目各评定等级所得分值进行统计，然后将评定的等级得分进行汇总，即为该单位工程观感质量评分的实得分。

将得分率与单位工程质量等级标准得分率相对照，看该单位工程属于哪个质量等级，再看这个质量等级是否满足合同要求的质量等级，满足合同要求便可验收签认；否则应分析原因，找出影响因素进行处理。

考虑到观感评分受评定人员技术水平、经验等主观因素影响较大，质量观感评定由三人以上共同进行。最后将以上验收结果填入单位工程质量综合评定表。

（二）单位工程检验评定等级

装饰单位工程质量检验评定的等级，可分为"合格"和"优良"。

1. 合格

单位工程所包含的分部工程均应全部合格；其质量保证资料应基本齐全；观感质量的评定得分率达到70%及其以上。

2. 优良

单位工程所包含的分部工程质量应全部合格，其中有50%及其以上为优良，建筑工程必须含主体结构和装饰分项工程。对于以建筑设备安装工程为主的单位工程，其指定的分部工程必须全部优良；其质量保证资料应基本齐全；观感质量的评定得分率达到85%及其以上。

五、建筑装饰工程质量验收

（一）工程质量的验收

工程质量的验收是按照工程合同规定的质量等级，遵循现行的质量检验评定标准，采用相应的手段，对工程分阶段进行质量的认可。一般可分为隐蔽工程验收、分项工程验收、分部工程验收和单位工程竣工验收。

1. 隐蔽工程验收

隐蔽工程是指那些在施工过程中，上一道工序的工作结束，被下一道工序所掩盖，再也无法复查的部位。如柱基础、钢筋混凝土中的钢筋、防水工程的内部、地下管线等。因此，对于这些工程，在下一道工序施工以前，质量管理人员就应及时请现场监理人员按照设计要求和施工规范，采用一定必要的检查工具，对其进行检查与验收。如果符合设计要求及施工规范规定，应及时签署隐蔽工程记录手续，以便进行下一道工序的施工。同时，将隐蔽工程记录交承包单位归入技术档案，作为单位工程竣工验收的技术资料；如不符合有关规定，监理人员应以书面形式告诉承包单位，并限期处理，处理符合要求后，监理人员再进行隐蔽工程的验收与签证。

隐蔽工程的验收工作，通常是结合施工过程中的质量控制实测资料、正常的质量检查工作及必要的测试手段来进行的，对于重要部位的质量控制，可用摄影以备查考。

2. 分项工程的验收

对于重要的分项工程，由监理工程师按照工程合同的质量等级要求，根据该分项工程施工的实际情况，参照前述的质量检验评定标准进行验收。

在分项工程验收中，必须严格按有关验收规范选择检查点数，然后计算出检验项目和实测项目的合格或优良百分比，最后确定出该分项工程的质量等级，从而确定能否验收。

3. 分部工程验收

在分项工程验收的基础上，根据各分项工程质量验收结论，参照分部工程质量标准，便可得出该分部工程的质量等级，以此可决定是否可以验收。

另外，对单位或分部土建工程完工后转交安装工程施工前，或其他中间过程，均应进行中间验收。承包单位得到监理工程师中间验收认可的凭证后，才能继续施工。

4. 单位工程验收

在分项工程和分部工程验收的基础上，通过对分项、分部工程质量等级的统计推断，再结合直接反映单位工程结构及性能质量的质量保证资料核查和单位工程观感质量评判，便可系统地核查结构是否安全，是否达到设计要求；结合观感等直观检查，对整个单位工程的外观及使用功能等方面质量作出全面的综合评定，从而决定是否达到工程合同所要求的质量等级，进而决定能否验收。

（二）质量验收的程序及组织

1. 生产者自我检查是检验评定和验收的基础

《建筑安装工程质量检验评定统一标准》规定，分项工程质量应在班组自检的基础上，由单位工程质量负责人组织有关人员进行评定，专职质量检查员核定。根据规范要求，结合目前大多数装饰公司的实际情况，要求施工的工人班组在施工过程中严格按工艺规程和施工规范进行施工操作，并且边操作班组长边检查，发现问题及时纠正。这种检查人们常称为自检、互检。在班组长自检合格的基础上由项目负责人组织工长、班组长对分项工程进行质量评定，然后由专职质量检查员按规范标准进行核定；达到合格及其以上标准时，组织下道工序施工的班组进行交接检查接收。

自检、互检是班组在分项工程或分部工程交接（分项完工或中间交工验收）时，由班组先进行自我检查；也可以是分包单位在交给总包单位之前，由分包单位先进行的检查；可以是某个装饰工程完工前由项目负责人组织本项目各专业有关人员（或各分包单位）参加的质量检查；还可以是装饰工程交工前由企业质量部门、技术部门组织的有部分外单位参加的（如业主监理单位）预验收。对装饰工程观感和使用功能等方面出现的问题或遗留问题应及时作出记录，及时安排有关工种进行处理。经实践证明，只要真正做好"三检制"，层层严格把关就能保证项目达到标准要求。

2. 检验评定和验收组织及程序

（1）质量检验评定与核定人员的规定　《建筑安装工程质量检验评定统一标准》规定，分项工程和分部工程质量检查评定后的核定由专职质量检查员进行。当评定等级与核定等级不一致时，应以专职质量检查员核定的质量等级为准。这里所指的专职质量检查员，不是由项目经理在项目班子里随便指定一个管施工质量的人，专职质量检查员应是具有一定专业技术和施工经验，经建设主管部门培训考核后取得质量检查员岗位证书，并在施工现场从事质量管理工作的人员，他所进行的核定是代表装饰企业内部质量部门对该部分的质量验收的。

（2）检验评定组织　建筑装饰工程检验评定组织者，按照《建筑安装工程质量检验评定统一标准》规定，分项工程和分部工程质量等级由单位工程负责人（项目经理），或相当于施工队一级（项目经理部）的技术负责人组织评定，专职质检员核定。单位工程质量等级由装饰企业技术负责人组织，企业技术质量部门、单位工程负责人、项目经理、分包单位、相当于施工队一级（项目经理部）的技术负责人等参加评定，质量监督站或主管部门核定质量等级。

当单位工程是由几个分包单位施工时，其总包单位对工程质量全面负责，各分包单位应按相应质量检查评定标准的规定，检验评定所承包范围内的分项工程和分部工程的质量等级，并将评定结果及资料交总包单位。

复习思考题

1. 什么是工程质量管理？工程质量主要包括哪些内容？

2. 质量管理的发展经历了哪几个阶段？

3. 什么是全面质量管理？全面质量管理具有哪些基本观点？

4. 全面质量管理的任务和基本方法有哪些？需要做好哪些基础工作？

5. 什么是质量保证体系？装饰工程质量保证体系主要包括哪些内容？

6. 建立质量保证体系主要应做好哪些工作？

7. 质量认证有哪些程序？

8. 分项工程、分部工程和单位工程检验评定的内容是什么？

9. 建筑装饰工程质量验收的组织与程序是什么？

第二章 抹灰工程质量控制

【提要】 本章主要介绍了抹灰工程中常用材料的质量控制、施工过程中的质量控制、工程验收质量控制、抹灰工程质量问题与防治措施。通过对以上内容的学习，基本掌握抹灰工程在材料、施工和验收方面的质量控制内容、方法和重点，为确保抹灰工程质量打下良好基础。

抹灰工程是建筑工程中不可缺少的项目，也是工业与民用建筑工程的重要组成部分。抹灰既可以增强建筑物防潮、保温、隔热的性能，改善人们的居住和工作条件，同时又能对建筑物主体起到美化、保护和延长使用寿命的作用。

抹灰工程按照工程部位不同，可分为地面抹灰工程、墙面抹灰工程和顶棚抹灰工程；按照装饰效果和材料不同，可分为一般抹灰工程、装饰抹灰工程和清水墙勾缝工程。

第一节 抹灰常用材料的质量控制

为了使抹灰层与基层黏结牢固，防止开裂和起鼓，确保抹灰工程质量，抹灰一般都分层涂抹，即分为底层、中层和面层。不同类型的抹灰工程，对其所用材料的质量要求是不同的。

一、一般抹灰的材料质量控制

一般抹灰工程常用的材料主要有：水泥、砂子、磨细石灰粉、石灰膏、纸筋、麻刀和膨胀珍珠岩等。对它们的质量控制应符合表 2-1 中的要求。

二、装饰抹灰的材料质量控制

装饰抹灰是指利用材料的特点和工艺处理，使抹面具有不同的质感、纹理及色泽效果的抹灰类型和施工方式。装饰抹灰饰面种类很多，目前装饰工程中常用的主要有水刷石、斩假石、干黏石、假面砖等。装饰抹灰饰面若处理得当、制作精细，其抹灰层既能保持抹灰的相同功能，又可取得独特的装饰艺术效果。

装饰抹灰工程常用的材料，根据装饰抹灰的种类不同，所用的材料也有所区别。对所用材料的质量控制应符合表 2-2 中的要求。

表 2-1　一般抹灰工程对常用材料的要求

材料名称	对材料的质量要求
水泥	水泥必须有出厂合格证和质量检验证明，标明进场的批量，并按品种、强度等级、出厂日期分别进行堆放，保持处于干燥状态。如遇水泥强度等级不明或出厂日期超过 3 个月及受潮结块等情况，应经试验鉴定，并按试验鉴定的结果确定是否使用。不同品种的水泥不得混合使用。水泥进场后，应对水泥的强度和安定性进行复验，不合格的水泥不得用于工程。水泥的其他技术指标应当符合国家标准《通用硅酸盐水泥》(GB 175—2007/XG1—2009)的要求
砂子	抹灰宜采用中砂(平均粒径为 0.35～0.50mm)，也可以将粗砂(平均粒径大于或等于 0.50mm)与中砂按一定比例混合掺用，尽可能少用细砂(平均粒径为 0.25～0.35mm)，更不宜使用特细砂(平均粒径小于 0.25mm)。砂子在使用前必须按要求过筛，不得含有杂质。其技术指标应符合国家标准《建筑用砂》(GB/T 14684—2001)的要求
磨细石灰粉	磨细石灰粉的细度应通过 0.125mm 的方孔筛，累计筛余量不大于 13%。使用前用水浸泡使其充分熟化，熟化的时间不得少于 3d。磨细石灰粉浸泡方法：提前备好较大的容器，均匀地往容器中撒一层生石灰粉，浇一层水，然后再撒一层生石灰粉，再浇一层水，依次进行。当达到容器的 2/3 时，容器内放满水，让石灰粉在容器中熟化
石灰膏	石灰膏应用块状生石灰淋制，淋制时必须用孔径不大于 3mm 的筛子过滤，并贮存在沉淀池中。熟化时间，常温下不少于 15d；用于罩面灰时，不应少于 30d。在沉淀池中的石灰膏应加以保护，防止其污染、干燥和冻结。使用时，石灰膏内不得含有未熟化的颗粒和其他杂质。抹灰用的石灰膏也可用生石灰粉代替，其细度应通过 0.125mm 孔径的筛孔。用于罩面灰时，其熟化的时间不应少于 3d
麻刀	麻刀主要的作用是提高抹灰层的牢固度，防止抹灰出现龟裂。所用的麻刀必须柔韧干燥，不腐朽，不含杂质，麻丝长度为 2～3cm，用前 4～5d 将其敲打松散，并用石灰膏调好，麻刀灰的配比为：石灰膏∶麻刀=100∶1
纸筋	纸筋的主要作用是防止出现龟裂，提高抹灰层的耐久性。当采用白纸筋或草纸筋施工时，使用前要用洁净水浸泡，时间不得少于 3 周，并将其捣烂成糊状，达到洁净、细腻的要求。用于罩面时，宜采用机械碾磨细腻，也可制成纸浆。要求稻草、麦秆应坚韧、干燥、不含杂质，长度不得大于 30mm，稻草、麦秆还应经石灰浆浸泡处理
膨胀珍珠岩	抹灰用的膨胀珍珠岩应具有密度小、热导率低、承压能力高等优点，宜采用Ⅱ类粒径混合级配，即密度控制在 80～150kg/m³，粒径小于 0～6mm 的不大于 8%，常温热导率为 0.052～0.064W/(m·K)，含水率小于 2%

表 2-2　装饰抹灰工程对常用材料的要求

项目名称	材料名称	对材料的质量要求
水刷石抹灰材料	水泥	水泥宜选用强度等级不低于 32.5 的普通硅酸盐水泥或矿渣硅酸盐水泥，其技术指标应符合国家标准《通用硅酸盐水泥》(GB 175—2007/XG1—2009)的要求。水泥应当是同批产品，颜色应当一致，贮存期超过 3 个月的不能使用
	砂子	砂子宜选用洁净的中砂，使用前应用 5mm 的筛孔过筛，其技术指标应符合国家标准《建筑用砂》(GB/T 14684—2001)的要求，含泥量不得大于 3%
	石子	石子宜选用颗粒坚硬的石英石，不含针片状和其他有害物质，石子的粒径为 4～8mm，其他技术指标应符合《建筑卵石、碎石》(GB/T 14685—2001)的要求，如果采用彩色石子，应分类堆放
	石粒浆配合比	水泥石粒浆的配合比，依据石粒粒径的大小而定，大体上是按体积比为：水泥∶大八厘石粒(粒径 8mm)∶中八厘石粒(粒径 6mm)∶小八厘石粒(粒径 4mm)=1∶1∶1.25∶1.5，稠度为 5～7cm。如果饰面采用多种彩色石子级配，事先将石子淘洗干净待用，再按统一比例掺量先搅拌均匀
斩假石抹灰材料	水泥	水泥宜选用强度等级不低于 32.5 的普通硅酸盐水泥或矿渣硅酸盐水泥，其技术指标应符合国家标准《通用硅酸盐水泥》(GB 175—2007/XG1—2009)的要求。所用水泥应是同一批号、同一厂家、同一颜色
	骨料	所用集料(石子、玻璃、粒砂等)应当颗粒坚硬、色泽一致、不含杂质，使用前应按要求过筛、洗净、晾干，并要防止污染
	色粉	有颜色的墙面，应选用耐碱、耐光的矿物颜料，并与水泥一次干拌均匀，过筛后装袋备用、并要特别注意防潮、防污染
干黏石抹灰材料	水泥	水泥宜选用强度等级不低于 32.5 的普通硅酸盐水泥，其技术指标应符合国家标准《通用硅酸盐水泥》(GB 175—2007/XG1—2009)的要求，过期的水泥不得使用
	石子	石子的粒径以较小为好，但也不宜过小或过大，太小容易脱落泛浆，过大则需要增加黏结层厚度，一般以 3～5mm 为宜。使用时，应将石子认真进行淘洗、选择，晾晒后堆放在干净的房间内或装袋予以分类贮存备用
	砂子	砂子最好是采用中砂或粗砂与中砂混合掺用，但不得用细砂和特细砂。使用前应用 5mm 的筛孔过筛，砂子技术指标应符合国家标准《建筑用砂》(GB/T 14684—2001)的要求，含泥量不得大于 3%
	石灰膏	石灰膏应用块状生石灰淋制，淋制时必须用孔径不大于 3mm 的筛子过滤，并贮存在沉淀池中，合格的石灰膏中不得含有未熟化的颗粒。石灰膏应控制含量，一般灰膏的掺量为水泥用量的 (1/2)～(1/3)。如果用量过大，会降低面层砂浆的强度

续表

项目名称	材料名称	对材料的质量要求
干黏石抹灰材料	颜料粉	原则上应选用矿物质的颜料粉,如铬黄、铬绿、氧化铁红、氧化铁黄、黑炭、黑铅粉等。不论选用何种颜料粉,进场后都要经过试验。颜料粉的品种、资源、数量要一次进足,在干黏石装饰抹灰工程施工中,千万要记住这一点,否则无法保证色调一致
	兑色灰	美术干黏石的色调能否达到均匀一致,主要在于色灰兑得是否准确。具体做法是:按照样板比兑色灰。兑色灰每次要保持规定的数量,或者一种色泽,防止中途多次兑色灰,容易造成色泽不一致。兑色灰时,要使用大灰槽子,将称好的水泥及色粉投入,用人工或机械拌和均匀,过筛后装入水泥袋子,并注明色灰品种,封好进库待用
假面砖抹灰材料	水泥	水泥宜选用强度等级不低于 32.5 的普通硅酸盐水泥,其技术指标应符合国家标准《通用硅酸盐水泥》(GB 175—2007/XG1—2009)的要求,过期的水泥不得使用
	砂子	砂子宜采用中砂或粗砂与中砂混合掺用,使用前应用 5mm 的筛孔过筛,砂子的技术指标应符合国家标准《建筑用砂》(GB/T 14684—2001)的要求,含泥量不得大于 3%
	颜料	宜采用矿物质颜料,使用时按设计要求和工程用量,将颜料备足,与水泥一次性拌和均匀,过筛后装入袋中,贮存时应避免受潮

三、清水砌体勾缝材料质量控制

清水砌体也称清水墙,用砖与砂浆砌好后,墙面不做任何处理,勾缝是在清水墙的砖缝处用水泥浆封闭,一是更加美观,二是增加强度。清水砌体对勾缝材料的质量控制,应符合表 2-3 中的要求。

表 2-3　清水砌体对常用材料的要求

材料名称	对材料的质量要求
水泥	水泥宜选用强度等级不低于 32.5 的普通硅酸盐水泥或矿渣硅酸盐水泥,其技术指标应符合国家标准《通用硅酸盐水泥》(GB 175—2007/XG1—2009)的要求。应选择同一品种、同一强度等级、同一厂家生产的水泥。 水泥进场后应对产品名称、强度等级、生产许可证编号、生产厂家、出厂编号、执行标准、生产日期等进行检查登记,并对其强度等级和安定性进行复验,合格后才能使用
砂子	砂子宜采用过筛细砂,其技术指标应符合国家标准《建筑用砂》(GB/T 14684—2001)的要求
磨细生石灰粉	磨细石灰粉的细度应通过 0.125mm 的方孔筛,累计筛余量不大于 13%,不得含有杂质和颗粒。使用前用水浸泡使其充分熟化,熟化的时间不得少于 7d
石灰膏	石灰膏应用块状生石灰淋制,淋制时必须用孔径不大于 3mm 的筛子过滤,并贮存在沉淀池中,合格的石灰膏中不得含有未熟化的颗粒和杂质,熟化时间不少于 30d
颜料	应采用矿物质颜料,使用时按设计要求和工程用量,将颜料备足,与水泥一次性拌和均匀,计量配比要准确,并做好样板(块),过筛后装入袋中,贮存时应避免受潮

第二节　抹灰工程施工质量控制

抹灰工程是建筑工程的重要组成部分,其施工质量的好坏不仅直接影响着一个工程装修的效果,而且还影响工程的施工进度和工程造价,甚至还会影响建筑物的使用功能和使用年限,因此,在建筑工程的施工过程中,千万不要忽视这一分项工程的施工质量控制,要确保抹灰工程质量施工一次到位,达到合格验收标准。

一、一般抹灰的施工质量控制

(一)一般抹灰质量预控要点

① 建筑主体结构必须经过相关单位(建设单位、设计单位、施工单位、监理单位、质量监督单位)检验合格,并按规定办理验收手续。

② 抹灰前应认真检查门窗框安装位置是否正确,需埋设的接线盒、配电箱、管线、管

道套管等是否固定牢固。连接处缝隙应用 1：3 的水泥砂浆或 1：1：6 的水泥混合砂浆分层嵌塞密实；如果缝隙过大，可在砂浆中掺入少量麻刀嵌塞，将其填塞密实。

③ 将混凝土过梁、梁垫、圈梁、混凝土柱、梁等表面凸出部分剔平，将蜂窝、麻面、露筋、疏松部分剔到实处，再用胶黏性素水泥浆或界面剂涂刷表面。然后用 1：3 的水泥砂浆分层抹平。脚手眼和废弃的孔洞应堵严，窗台砖应补齐，墙与楼板、梁底等交接处应用斜砖砌严补齐。

④ 对抹灰基层表面上的油渍、灰尘、污垢等应清除干净。

⑤ 配电箱、消火栓等背后裸露部分，应加钉钢丝网固定牢固，并涂刷一层界面剂，钢丝网与最小边搭接尺寸不应小于 100mm。

⑥ 在抹灰前屋面防水工程最好提前完成，以防止降雨污染和影响抹灰。如果无法完成防水及上一层地面需要进行抹灰时，必须有可靠的防水措施。

⑦ 在正式进行抹灰前，施工人员应首先熟悉图纸、设计说明及其他文件，制订完善的施工方案，做好样板间，经检验达到要求标准后方可正式施工。

⑧ 外墙抹灰施工要提前按安全操作规范搭设好外脚手架，脚手架要离开墙面 20～25cm 以利于操作。为保证减少抹灰的接槎，使抹灰面达到平整，外脚手架宜铺设三步板，以满足抹灰的施工要求。

⑨ 为保证抹灰面不出现接缝和色差，严禁使用单排脚手架，同时也不得在墙面上预留临时孔洞等。

⑩ 在抹灰开始之前，应对建筑整体进行表面垂直度、平整度检查，在建筑物的大角两面、阳台、窗台等两侧吊垂直，弹出抹灰层的控制线，以作为抹灰的依据。

（二）一般抹灰施工控制要点

① 抹灰应在基体或基层的质量检验合格后，经批准方可进行施工。木结构、砖石结构和混凝土结构等相接处基体表面的抹灰，应先铺钉金属网并绷紧牢固。金属网与各基体的搭接宽度不应小于 100mm。当金属网作抹灰的基体时，必须将其钉牢固、钉平。如果接头在骨架的主筋上，不得有翘曲现象。

② 在正式抹灰前对基体或基层要浇水湿润，进行浇水湿润是为了确保灰砂浆与基层表面黏结牢固，防止抹灰层出现空鼓、裂缝、脱落等质量通病。

③ 对阴阳角进行找方，即对墙体四角进行规方，弹出准线、墙裙和踢脚板线。阴阳角找方不仅关系到墙面抹灰的质量好坏，而且对地面铺砖装饰的房间非常重要。对于面积较小的房间，可以一面墙作为基线，用方尺规方即可。对于面积较大的房间，要在地面上先弹出十字线作为墙角抹灰准线，在离墙角 10cm 左右处，用线锤进行吊直，在墙上弹一立线，再按十字线及墙面平整度向里反弹，弹出墙角抹灰准线，并弹出墙裙线或踢脚板线。

④ 在正式大面积抹灰前，室内墙面、柱面的阳角和门窗洞口的阳角要做护角，因为这些地方最容易受到碰撞而损坏，所以对护角强度有特别的要求。如设计无规定时，可用 1：2 的水泥砂浆做暗护角，其高度不低于 2m，每侧宽度不小于 50mm。其具体做法是：根据灰饼厚度抹灰，然后黏好八字靠尺，并找方吊直，用 1：2 的水泥砂浆分层抹平，待砂浆稍干后，再用水泥浆和捋角器捋出小圆角。

⑤ 涂抹水泥砂浆每层的厚度宜为 5～7mm，涂抹石灰砂浆和水泥混合砂浆每层厚度宜为 7～9mm。面层抹灰经过赶干压实后的厚度，麻刀石灰不得大于 3mm，纸筋石灰、石膏灰不得大于 2mm。

⑥ 卫生间、厨房间等潮湿环境的墙体采用水泥砂浆面层时，应将底子灰表面扫毛或划出纹道，面层应注意接槎一定要平整，表面压光不得少于两遍，罩面后次日要进行洒水

养护。

⑦ 在抹灰施工过程中，踢脚线等处的留槎要平整顺直，靠尺要靠在线上，用铁抹子切齐，并进行修边清理，以达到踢脚与墙面接槎平顺、线直。

⑧ 对于板条、金属网顶棚和墙面的抹灰，应当符合下列规定。

a. 底层和中层宜用麻刀石灰砂浆或纸筋石灰砂浆，各层应当分层成活，每层厚度控制在 3～6mm。

b. 底层砂浆应压入板条缝或网眼中，使砂浆与板条、金属网牢固结合。

c. 顶棚的高级抹灰，应加钉长 350～450mm 的麻束，间距为 400mm，交错布置，分数遍按放射状梳理抹进中层砂浆内；待前一层达到 7～8 成干后，方可再抹下一层砂浆。

⑨ 当采用罩面石膏灰时，应当符合下列规定。

a. 罩面石膏灰应掺入适量的石膏缓凝剂，具体掺量应由试验确定，一般控制石膏灰在 15～30min 内达到凝结。

b. 在正式进行罩面石膏灰抹灰前，基层的质量应符合设计要求，且已经干燥、反白。

c. 在抹罩面石膏灰前，基层应浇水湿润。罩面灰应分层连续涂抹，表面应赶平、修整、压光，达到装饰的要求。

d. 石膏罩面灰凝结速度较快，为确保施工质量，应当随拌随用，并用铁抹子抹光。

e. 石膏罩面灰不得涂抹在水泥砂浆或水泥混合砂浆的基层上。

⑩ 室外抹灰工程的施工，一般应按自上而下的顺序进行。高层建筑采取一定措施后，可以分段进行。

⑪ 平整光滑的混凝土表面，如果设计无具体要求，可以不进行抹灰，用刮腻子处理。

二、装饰抹灰的施工质量控制

（一）装饰抹灰质量预控要点

1. 水刷石抹灰质量预控要点

① 水刷石抹灰工程的施工图、设计说明及其他设计文件已完成，并向有关施工人员进行技术交底，明确工程质量要求和验收标准。

② 为保证抹灰工程的质量，抹灰的主体结构应经过相关单位（如建设单位、设计单位、施工单位、监理单位和质量监督单位等）组织检验合格。

③ 抹灰前按照施工要求搭好双排外脚手架或桥式脚手架，如果采用吊篮脚手架，必须满足安装要求，架子距墙面 20～25cm，以保证操作方便。墙面不应留有临时孔洞，脚手架必须经安全部门验收合格后方可开始抹灰。

④ 抹灰前应检查门窗框安装位置是否正确、固定是否牢固，并用 1∶3 的水泥砂浆将门窗口缝堵塞严密，对抹灰墙面预留孔洞和预埋穿管等已处理完毕。

⑤ 将混凝土过梁、梁垫、圈梁、混凝土柱、梁等表面凸出部分剔平，将蜂窝、麻面、露筋、疏松部分剔到实处，然后用 1∶3 的水泥砂浆分层抹平。

⑥ 抹灰基层表面的油渍、灰尘、污垢等应清除干净，墙面应提前均匀浇水湿透。

2. 干黏石抹灰质量预控要点

① 抹灰的主体结构应经过相关单位（如建设单位、设计单位、施工单位、监理单位和质量监督单位等）组织检验合格。

② 抹灰前按照施工要求搭好双排外脚手架或桥式脚手架，如果采用吊篮脚手架，必须满足安装要求，架子距墙面 20～25cm，以保证操作方便。操作面脚手板宜满铺，距离墙面空当处应放接落石子的小筛子。

③ 门窗框的位置应正确，安装应牢固，并已采取相应保护措施。预留孔洞、预埋件等的位置尺寸符合设计要求。

④ 墙面基层以及混凝土过梁、梁垫、圈梁、混凝土柱、梁等表面凸出部分剔平，表面已处理完毕，坑凹部分已按要求补平。

⑤ 抹灰正式施工前，首先应根据要求做好施工样板，并经过相关部门检验合格。

3. 斩假石抹灰质量预控要点

① 抹灰的主体结构应经过相关单位（如建设单位、设计单位、施工单位、监理单位和质量监督单位等）组织检验合格。

② 在做台阶、门窗套时，门窗框应安装牢固，并按设计或规范要求将门窗口四周缝隙塞严嵌实，并做好保护工作，然后用1：3的水泥砂浆抹平。

③ 抹灰前按照施工要求搭好双排外脚手架或桥式脚手架，如果采用吊篮脚手架，必须满足安装要求，架子距墙面20～25cm，以保证操作方便。

④ 墙面基层已按要求清理干净，脚手眼、临时孔洞已堵塞好，窗台、窗套等已修补整齐，为抹灰打下良好基础。

⑤ 斩假石所用的石渣已按要求过筛，将石渣中的杂质、杂物清除干净，并洗净备足。

⑥ 根据方案确定斩假石的最佳配合比及施工方案做好样板，并经相关单位检验认可。

（二）装饰抹灰施工控制要点

1. 水刷石抹灰施工控制要点

① 清理基层抹底灰。将墙面基层上的浮土和杂物清扫干净，并提前充分洒水湿润。为使底灰与墙体黏结牢固，应先刷一遍水泥浆，随即用1：3的水泥砂浆抹底灰。

② 弹线分格，粘钉木条。底灰抹好后即进行弹线分格，要求横条大小均匀，竖条对称一致。把用水浸透的分格木条粘钉在分格线上，以防抹灰后分格条发生膨胀，影响质量。分格条要黏钉平直，接缝严密。面层做完后，应立即起出分格条；抹面层的石渣浆，面层抹灰应在底层硬化后进行，一般先薄刮一层素水泥浆，随即用钢抹子抹水泥石渣浆。

③ 及时检查，随时纠正。当抹完一块水刷石后，应及时用直尺进行检查，并按要求增补。每一分格内应从下边抹起，边抹、边拍打揉平。特别要注意阴阳角水泥石渣浆的涂抹，要拍平压光，避免出现黑边；面层开始凝固时，即用刷子蘸水刷掉，或用喷雾器喷水冲刷掉面层水泥浆至石子外露。

④ 水刷石必须分层拍平压实，石子应分布均匀、紧密，凝结前应用清水自上而下进行洗刷，并采取措施防止玷污墙面。

2. 干黏石抹灰施工控制要点

① 抹底层和中层砂浆。首先清理墙面，用水湿润，设置"标志"，涂抹"标筋"；然后用1：3的水泥砂浆打底，刮平后用木抹子压实、找平，搓粗表面。打底子灰应在第2天洒水湿润开始抹第二遍水泥砂浆中层，再刮平、压实、搓粗表面，并确保黏结层厚度均匀。若底层平整度能达到要求，设计允许也可不再做中层。

② 抹黏结层。用清水湿润中层后，开始抹黏结层。黏结层的厚度主要取决于石渣的大小。当石渣为小八厘时，黏结层的厚度为4mm；当石渣为中八厘时，黏结层的厚度为6mm；当石渣为大八厘时，黏结层的厚度为8mm。

③ 黏甩石渣。黏甩石渣的基本方法是：一手拿300mm×400mm×50mm底部钉窗纱的托盘，内装拌制好的石渣；一手拿木拍，铲上石渣向黏结层上甩，要求甩均匀，在甩时用托盘接住掉落的石渣。

④ 甩到黏结层上的石渣，要随即用铁抹子将面层石渣拍入黏结层，要求拍实拍平，用力适当。用力过大，会把灰浆拍出，造成翻浆糊面，影响墙面美观；用力过小，石子或砂黏结不牢，很容易掉粒，石渣嵌入砂浆的深度应不小于粒径的1/2。

⑤ 在常温情况下，黏石的面层施工完毕24h后，应洒水养护2～3d。在拆除分格缝木条

后，按设计要求在分格缝处做凹缝和上色处理。

　　3. 斩假石抹灰施工控制要点

　　① 抹底层灰。在清理墙面的灰尘后，先在其上面刮一遍素水泥浆，以利于基层与抹灰层黏结牢固，然后再按要求抹底层灰，底层灰表面要平整，并要进行划毛处理。

　　② 进行分格。按照设计要求弹出分格线，把用水浸透的分格木条粘钉在分格线上，以防抹灰后分格条发生膨胀，影响质量。分格条要黏钉平直，接缝严密。

　　③ 抹面层灰。底层灰抹完 24h 后，浇水养护，湿润基层，刮素水泥浆一遍，然后抹罩面灰。用木抹子先左右、后上下洒水打磨均匀，并用毛刷蘸水轻刷一遍，把接槎处的水泥埂刷掉，面层要压实抹平。如抹面层为彩色墙面，应将水泥与颜料充分拌匀，然后加入石屑拌和，要特别注意在同一个墙面上色彩的一致性。

　　④ 斩剁后的墙面要用钢丝刷顺着斩纹刷干净尘土，并在分格缝处按照设计要求做凹缝和上色。

　　⑤ 斩假石面层的施工，尚应符合下列规定：斩假石面层应确实赶平压实，这是确保施工质量的关键；在正式斩剁前应经试剁，以石子不脱落为准；在墙角、柱子等边棱处，宜横向斩剁出边条或留出窄小边条不剁。

三、清水砌体勾缝施工质量控制

　　清水砌体也称为清水墙，是指将砖与砂浆砌好后，墙体的表面不做任何处理，只是进行勾缝。勾缝是在清水墙的砖缝处用水泥浆将其封闭，一是更加美观，二是增加强度。

　　1. 清水砌体勾缝质量预控要点

　　① 砌筑清水墙的主体结构已经过相关单位（如建设单位、设计单位、施工单位、监理单位和质量监督单位等）检验合格，并已正式验收。

　　② 砌筑清水墙施工中所用的手架（或桥式架、吊篮）已按要求搭设完成，并做好防护工作，已经安全部门验收合格。

　　③ 砌筑清水墙施工中所用的材料（如砖、砌块、砂浆和颜料等）已准备齐全，其质量完全符合现行标准的要求。

　　④ 在清水墙正式施工前，应根据工程实际编制施工方案，并向施工人员进行技术交底，使操作者掌握施工方法和质量要求。

　　⑤ 检查门窗口的位置是否正确，安装是否牢固，并采取相应的保护措施。预留孔洞、预埋件等的位置尺寸应符合设计要求，门窗口与墙间的缝隙应用砂浆堵严。

　　2. 清水砌体勾缝施工控制要点

　　① 在砌筑施工中应横竖拉线检查灰缝平直，对瞎缝、游丁走缝偏大、水平灰缝不平、刮缝过浅的，应按要求逐个进行纠正。

　　② 对于缺楞掉角的砖或砌块，一般不能用于墙体表面，以免影响墙面的美观。当用于墙体内部时，应用砂浆将缺少部分补齐。

　　③ 在勾缝前，要将脚手眼堵塞。堵脚手眼的砖应与砌好的砖墙颜色、规格一致。然后清扫墙面，洒水湿润。勾缝完成后，还应再次清扫墙面。

　　④ 清水砌体采用细砂拌制勾缝砂浆时，可采用配合比为 1:1.5（或 1:1）的水泥砂浆。

　　⑤ 勾缝要压实抹光，横平竖直；十字缝处应平整，深浅一致。如设计无要求时，凹缝的深度一般为 3～5mm，不得有瞎缝。

　　⑥ 清水砌体的同一立面上，应用同批原材料，砂浆配比应正确，应使灰缝的颜色一致。

　　⑦ 施工中要督促施工单位加强自检，防止在勒脚、腰线、过梁第一皮砖及门窗砖墙侧面出现丢缝现象。

⑧ 清水砌体砌筑完成后，要对墙面进行认真洁净，在施工中应防止墙面污染。

第三节　抹灰工程验收质量控制

一、一般抹灰的验收质量控制

一般抹灰工程包括石灰砂浆、水泥砂浆、水泥混合砂浆、聚合物水泥砂浆、麻刀石灰、纸筋石灰、石膏灰等一般工程。一般抹灰工程分为普通抹灰和高级抹灰，当设计无要求时，按普通抹灰验收。一般抹灰工程质量要求及检验方法见表 2-4。

表 2-4　一般抹灰工程质量要求及检验方法

项次	项目	质量要求	检验方法
1	主控项目	抹灰前基层表面的尘土、污垢、油渍等应清除干净，并应洒水湿润。	检查施工记录
2		一般抹灰所用材料的品种和性能应符合设计要求。水泥的凝结时间和安定性复验应合格。砂浆的配合比应符合设计要求	检查产品合格证书、进场验收记录、复验报告和施工记录
3		抹灰工程应分层进行；当抹灰总厚度大于或等于 35mm 时，应采取加强措施；不同材料交接处表面的抹灰，应采取防止开裂的加强措施，当采用加强网时，加强网与各基体的搭接不应小于 100mm	检查隐蔽工程验收记录和施工记录
4		抹灰层与基层之间及各抹灰层之间必须黏结牢固，抹灰层应无脱层、空鼓，面层应无爆灰和裂缝	观察；用小锤敲击检查；检查施工记录
1	一般项目	一般抹灰工程的表面质量应符合下列规定： ①普通抹灰表面应光滑、洁净、接槎平整，分格缝应清晰； ②高级抹灰表面应光滑、洁净、颜色均匀、无抹纹，分格缝和灰线应清晰美观	观察；手摸检查
2		护角、孔洞、槽、盒周围的抹灰表面应整齐、光滑；管道后面抹灰表面应平整	观察
3		抹灰的总厚度应符合设计要求；水泥砂浆不得抹在石灰砂浆层上；罩面石膏灰不得抹在水泥砂层上	检查施工记录
4		抹灰分格缝的设置应符合设计要求，宽度和深度应均匀，表面应光滑，棱角应整齐	观察；尺量检查
5		有排水要求的部位应做滴水线（槽）；滴水线（槽）应整齐顺直；滴水线应内高外低，滴水槽的宽度和深度均不应小于 10mm	观察；尺量检查
6		一般抹灰工程的允许偏差和检验方法应符合以下规定	

检验项目	允许偏差/mm		检验方法
	普通抹灰	高级抹灰	
立面垂直度	4	3	用 2m 垂直检测尺检查
表面平整度	4	3	用 2m 靠尺和塞尺检查
阳角方正	4	3	用直角检测尺检查
分格条（缝）直线度	4	3	拉 5m 线，不足 5m 的拉通线，用钢直尺检查
墙裙、勒脚上口直线度	4	3	拉 5m 线，不足 5m 的拉通线，用钢直尺检查

注：1. 普通抹灰，本表中阳角方正可不检查。

2. 顶棚抹灰，本表中表面平整度可不检查，但应平顺。

二、装饰抹灰的验收质量控制

装饰抹灰包括水刷石、斩假石、干黏石和假面砖等。装饰抹灰工程质量要求及检验方法见表 2-5。

三、清水砌体勾缝验收质量控制

清水砌体勾缝工程包括清水砌体砂浆勾缝和原浆勾缝工程。清水砌体勾缝工程质量要求及检验方法见表 2-6。

表 2-5　装饰抹灰工程质量要求及检验方法

项次	项目	质量要求	检验方法
1	主控项目	抹灰前基层表面的尘土、污垢、油渍等应清除干净，并应洒水湿润	检查施工记录
2		一般抹灰所用材料的品种和性能应符合设计要求；水泥的凝结时间和安定性复验应合格；砂浆的配比应符合设计要求	检查产品合格证书、进场验收记录、复验报告和施工记录
3		抹灰工程应分层进行；当抹灰总厚度大于或等于 35mm 时，应采取加强措施；不同材料交接处表面的抹灰，应采取防止开裂的加强措施，当采用加强网时，加强网与各基体的搭接不应小于 100mm	检查隐蔽工程验收记录和施工记录
4		抹灰层与基层之间及各抹灰层之间必须黏结牢固，抹灰层应无脱层、空鼓，面层应无爆灰和裂缝	观察；用小锤敲击检查；检查施工记录
1	一般项目	装饰抹灰工程的表面质量应符合下列规定： ①水刷石表面应石粒清晰、分布均匀、紧密平整、色泽一致，应无掉粒和接槎痕迹； ②斩假石表面剁纹应均匀顺直、深浅一致，应无漏剁处，阳角处应横剁并留出宽窄一致的不剁边条，棱角应无损坏； ③干黏石表面应色泽一致、不露浆、不漏粘，石粒应黏结牢固、分布均匀，阳角处应无明显黑边； ④假面砖表面应平整、沟纹清晰、留缝整齐、色泽一致，应无掉角、脱皮、起砂等缺陷	观察；手摸检查
2		装饰抹灰分格条(缝)的设置应符合设计要求，宽度和深度应均匀，表面应平整光滑，棱角应整齐	观察
3		有排水要求的部位应做滴水线(槽)；滴水线(槽)应整齐顺直；滴水线应内高外低，滴水槽的宽度和深度均不应小于 10mm	观察；尺量检查

装饰抹灰工程的允许偏差和检验方法应符合以下规定

检验项目	允许偏差/mm				检验方法
	水刷石	斩假石	干粘石	假面砖	
立面平整度	5	4	5	5	用 2m 垂直检测尺检查
表面平整度	3	3	5	4	用 2m 靠尺和塞尺检查
阳角方正	3	3	4	4	用直角检测尺检查
分格条(缝)直线度	3	3	3	3	拉 5m 线，不足 5m 的拉通线，用钢直尺检查
墙裙、勒脚上口直线度	3	3	—	—	拉 5m 线，不足 5m 的拉通线，用钢直尺检查

表 2-6　清水砌体勾缝工程质量要求及检验方法

项目	项次	质量要求	检验方法
主控项目	1	清水砌体勾缝所用水泥的凝聚时间和安定性复检应合格；砂浆的配合比应符合设计要求	检查复验报告和施工记录
	2	清水砌体勾缝应无漏勾；勾缝材料应黏结牢固、无开裂	观察
一般项目	3	清水砌体勾缝应横平竖直，交接处应平顺，宽度和深度应均匀，表面应压实抹平	观察；尺量检查
	4	灰缝应颜色一致，砌体表面应洁净	观察

第四节　抹灰工程质量问题与防治措施

　　抹灰饰面的作用是为了保护建筑结构，完善建筑物的使用功能及装饰建筑物的外表。根据使用要求及装饰效果不同，抹灰饰面可分为一般抹灰、装饰抹灰和特种抹灰；按照抹灰饰面的部位不同，又可分为内墙抹灰、外墙抹灰、顶棚抹灰和地面抹灰等。本节主要介绍外墙抹灰、内墙抹灰和装饰抹灰常见的质量问题及防治措施。

一、室内抹灰质量问题与防治

内墙抹灰是室内装饰的重要组成部分，其抹灰工程的质量如何，对于室内环境、人的情绪、身体健康起着决定性的作用。因此，在进行内墙抹灰工程施工中，要严格监控施工质量，及时纠正所出现的质量问题，创造一个优良、美观、温馨的居住与生活空间。

（一）抹灰层出现空鼓、裂缝

1. 质量问题

砖墙或混凝土基层抹灰后，经过一段时间的干燥，由于水分的大量蒸发，材料的收缩系数不同，基层材料不一样等，往往在不同基层墙面交接处，基层平整度偏差较大的部位，如墙裙、踢脚板上口、线盒周围、砖混结构顶层两山头、圈梁与砖砌体相交处等，容易出现空鼓、裂缝的质量问题。

2. 原因分析

① 由于基层未认真进行清理或处理不当；或墙面浇水不透，抹灰后砂浆中的水分被基层吸收，造成砂浆干涩，严重影响砂浆与墙体的黏结力。

② 配制砂浆的原材料质量不符合要求，或砂浆的配合比设计不当，从而造成砂浆的质量不佳，不能很好地与墙体黏结。

③ 基层平整度偏差较大，有的一次抹灰层过厚，其干缩率较大，也容易造成空鼓和裂缝。

④ 线盒往往是由电工在墙面抹灰后自己安装的，由于没有按照抹灰的操作规程施工，无法确保抹灰的质量，过一段时间易出现空鼓与裂缝。

⑤ 砖混结构顶层两端山头开间，在圈梁与砖墙的交接处，由于钢筋混凝土和砖墙的膨胀系数不同，使墙面上的抹灰层变形也不同，经一年使用后出现水平裂缝，并且随着时间的增长而加大。

⑥ 在抹灰施工过程中，一般要求抹灰砂浆应随拌和、随使用，不要停放时间过长。如果水泥砂浆或水泥混合砂浆不及时用完，停放超过了一定时间，砂浆则失去流动性而产生凝结。如果为了便于操作，重新加水拌和再使用，从而降低了砂浆的强度和黏结力，容易产生空鼓和裂缝的质量问题。

⑦ 在石灰砂浆及保温砂浆墙面上，后抹水泥踢脚板和墙裙时，在上口交接处，石灰砂浆未清理干净，水泥砂浆罩在残留的石灰砂浆或保温砂浆上，大部分会出现抹灰裂缝和空鼓现象。

3. 防治措施

① 做好抹灰前的基层处理工作，是确保抹灰质量的关键措施之一，必须认真对待、切实做好。不同基层处理的具体方法如下。

a. 对于混凝土、砖石基层表面砂浆残渣污垢、隔离剂油污、泛碱、析盐等，均应彻底清除干净。对油污隔离剂可先用 5%～10% 浓度的氢氧化钠溶液清洗，然后再用清水冲洗干净；对于析盐和泛碱的基层，可用 3% 的草酸溶液进行清洗。基层表面凹凸明显的部位，应事先剔平或 1∶3 的水泥砂浆补平。

如果混凝土基层表面过于光滑，在拆模板后立即先用钢丝刷清理一遍，表面上甩聚合物水泥砂浆并养护；也可先在光滑的混凝土基层上刷一道（1∶3）～（1∶4）的乳胶素浆，随即进行底层抹灰。

b. 对于墙面上的孔洞，要认真进行堵封。如脚手架孔洞先用同品种砖堵塞严密，再用水泥砂浆填实；水暖、通风管道通过的墙洞和剔墙管槽，必须用 1∶3 的水泥砂浆堵严抹平。

c. 对于不同基层材料的抹灰，如木基层与砖面、砖墙与混凝土基层相接处等，应铺钉金属网，搭接宽度应从相接处起，两边均不小于 100mm。

② 抹灰的墙面应浇水充分润湿。对于砖墙基层一般应浇两遍水，砖面渗水的深度应达到 8～10mm；加气混凝土表面孔隙率虽大，但其毛细管为封闭性和半封闭性，因此应提前两天进行浇水，每天浇两遍以上，使其渗水深度达到 8～10mm；混凝土基层吸水率很低，一般在抹灰前浇水即可。

如果各层抹灰相隔时间较长，或抹上的砂浆已干燥，再抹灰时应将底层浇水润湿，避免刚抹的砂浆中的水分被底层吸走，从而造成黏结不牢而空鼓。此外，基层墙面的浇水程度，还与施工季节、施工气候和操作环境有关，应根据实际情况灵活掌握，不能因浇水过多而严重降低砂浆强度。

③ 主体工程施工时应建立质量控制点，严格控制墙面的垂直度和平整度，确保抹灰厚度基本一致。如果抹灰层厚度较大，应挂钢丝网分层进行抹灰，一般每次抹灰厚度以控制在 8～10mm 为宜。

掌握好前后层抹灰时间，是避免出现空鼓与裂缝的技术措施之一。水泥砂浆应待前一层抹灰层凝固后，再涂抹后一层；石灰砂浆应待前一层发白后，即有七八成干时，再涂抹后一层。这样既可防止已抹砂浆内部产生松动，也可避免几层湿砂浆合在一起造成较大收缩。

④ 墙面上所有接线盒的安装时间应适宜，一般应在墙面找点冲筋后进行，并进行详细的技术交底，作为一道工序正式安排，由抹灰工配合电工共同安装，安装后接线盒面同冲筋面平，要达到牢固、方正，一次到位。

⑤ 外墙内面抹保温砂浆应同内墙面或顶板的阴角处相交。第一方法是：先抹完保温墙面，再抹内墙或顶板砂浆，在阴角处砂浆层直接顶压在保温层平面上；第二种方法是：先抹内墙和顶板砂浆，在阴角处搓出 30°斜面，保温砂浆压住砂浆斜面。

⑥ 砖混结构的顶层两山头开间，在圈梁和砖墙间出现水平裂缝。这是由于温差较大，不同材料的膨胀系数不同而造成的温度缝。避免这种裂缝的措施主要有：将顶层山头构造柱适当加密，间距以 2～3m 为宜；山头开间除构造柱外，在门窗口两侧增加构造柱；屋顶保温层必须超过圈梁外边线，且厚度不小于 150mm。

⑦ 抹灰用的砂浆应进行配合比设计，必须具有良好的和易性，并具有一定的黏结强度。砂浆和易性良好，才能抹成均匀的薄层，才能与底层黏结牢固。砂浆和易性的好坏取决于砂浆的稠度（沉入度）和保水性。

根据工程实际经验，抹灰砂浆稠度应控制如下：底层抹灰砂浆为 100～120mm；中层抹灰砂浆为 70～80mm；面层抹灰砂浆为 10mm 左右。

水泥砂浆保水性较差时，可掺入适量的石灰膏、粉煤灰、加气剂或塑化剂，以提高其保水性。为了保证砂浆与基层黏结牢固，抹灰砂浆应具有一定的黏结能力，抹灰时可在砂浆中掺入适量的乳胶、108 胶等材料。

⑧ 抹灰用的原材料和配合的砂浆应符合质量要求。由于砂浆强度会随着停放时间的延长而降低，一般在 20～30℃ 的温度下，水泥石灰砂浆放置 4～6h 后，其强度降低 20%～30%，10h 后将降低 50% 左右；当施工温度高于 30℃ 时，砂浆强度的下降还会增加 5%～10%。因此，抹灰用的水泥砂浆和混合砂浆拌和后，应分别在 3h 和 4h 内使用完毕；当气温高于 30℃ 时，必须分别在 2h 和 3h 内使用完毕。

⑨ 墙面抹灰底层砂浆与中层砂浆的配合比应基本相同。在一般情况下，混凝土砖墙面底层砂浆不宜高于基层墙体，中层砂浆不能高于底层砂浆，以免在凝结过程中产生较大的收缩应力，破坏底层灰或基层而产生空鼓、裂缝等质量问题。

⑩ 加强抹灰中各层之间的检查与验收，若发现空鼓、裂缝等质量问题，应及时铲除并修平，不要等到面层施工后再进行验收。

⑪ 抹灰工程使用的水泥除应有出厂合格证外，还应进行标准稠度用水量、凝结时间和

体积安定性的复验，不合格的水泥不能用于抹灰工程。

⑫ 为增加砂浆与基层的黏结能力，需要加入乳胶等材料，但禁止使用国家已淘汰的材料（如 107 胶），108 胶应满足游离甲醛含量小于或等于 1g/kg，并应有试验报告。

（二）混凝土顶板抹灰空鼓、裂缝

1. 质量问题

在现浇混凝土楼板底抹灰，在干燥过程中往往产生不规则的裂纹；在预制空心楼板底抹灰，往往沿板缝产生纵向裂缝和空鼓现象。以上裂纹、纵向裂缝和空鼓质量问题，严重影响顶板的美观。

2. 原因分析

① 混凝土顶板基层清理不干净，砂浆配合比设计或配制不当，从而造成底层砂浆与楼板黏结不牢，产生空鼓、裂缝质量问题。

② 预制空心楼板两端与支座处结合不严密，在抹灰层完成后，使得楼板在负荷时不均匀，产生扭动而导致抹灰层开裂。

③ 在楼板进行灌缝后，混凝土未达到设计强度要求，也未采取其他技术措施，便在楼板上进行其他施工，使楼板不能形成整体工作而产生裂缝。

④ 楼板的缝隙过小，清理不干净，灌缝不易密实，加载后影响预制楼板的整体性，顺着楼板缝的方向出现裂缝。

⑤ 楼板在灌缝后，未能及时进行养护，使灌缝混凝土过早失水，达不到设计强度，加载后也会顺着楼板缝的方向出现裂缝。

⑥ 由于板缝狭窄，为了施工方便，灌缝细石混凝土水灰比过大，在混凝土硬化过程中体积发生收缩，水分蒸发后产生空隙，造成板缝开裂，从而带着抹灰层也开裂。

3. 处理方法

对于预制空心楼板裂缝较严重的，应当从上层地面上剔开板缝，按原来的施工工艺重做；如果裂缝不十分严重，可将裂缝处剔开抹灰层 60mm 宽，进行认真勾缝后，用 108 胶黏玻璃纤维带孔网的带条，再满刮 108 胶一遍，重新抹灰即可。

4. 预防措施

① 在预制楼板进行安装时，应采用硬架支模，使楼板端头同支座处紧密结合，形成一个整体。

② 预制楼板灌缝的时间要适宜，一般最好选择隔层灌缝比较好，这样可以避免灌缝后产生施工荷载，也便于洒水养护。

③ 预制楼板的灌缝，必须符合以下具体要求。

a. 楼板安装后的下板缝宽度不小于 3cm，如果在板下埋设线管，下板缝宽度不小于 5cm。

b. 认真清扫板缝，将杂物、尘土清除干净。

c. 灌缝前浇水湿润板缝，刷水灰比为 0.4～0.5 的素水泥浆一道，再浇灌坍落度为 50～70mm 的 C20 细石混凝土并捣固密实。专人进行洒水养护，避免混凝土过早失水而出现裂缝。

d. 灌缝细石混凝土所用的水泥，应优先选用收缩性较小、早期强度较高的普通硅酸盐水泥，以避免出现裂缝，提高混凝土的早期强度。

e. 现浇混凝土板抹灰前应将表面杂物清理干净。使用钢模板的楼板底表面，应用 10% 的氢氧化钠溶液将油污清洗干净，楼板的蜂窝麻面用 1:2 的水泥砂浆修补抹平，凸出部分的混凝土剔凿平整，预制楼板的凹缝用 1:2 的水泥砂浆勾抹平整。

f. 为了使底层砂浆与基层黏结牢固，抹灰前一天顶板应喷水进行湿润，抹灰时再喷水一遍。现浇混凝土的顶板抹灰，底层砂浆用 1:0.5:1 的混合砂浆，厚度为 2～3mm，操作时顺模板纹的方向垂直抹，用力将底层灰浆挤入顶板缝隙中，紧跟着抹中层砂浆找平。

（三）钢丝网顶棚抹灰空鼓与裂缝

1. 质量问题

钢丝网顶棚抹灰应用并不广泛，主要用于室内水蒸气较大或潮湿的房间，但是当钢丝网抹灰使用砂浆的强度等级较高时，容易发生空鼓、开裂现象。

2. 原因分析

① 潮湿的房间应抹水泥砂浆或水泥混合砂浆，同时也为了增加抹灰底层与钢板网的黏结强度，一般采用纸筋（或麻刀）混合砂浆打底。当混合砂浆中的水泥用量比例较大时，在硬化过程中，如果养护条件不符合要求，反而会增加砂浆的收缩率，因而会出现裂缝。找平层采用水泥比例较大的纸筋（麻刀）混合砂浆，也会因收缩而出现裂缝，并且往往与底层裂缝贯穿；当湿度较大时，潮气通过贯穿裂缝，大量渗透到顶棚里，使顶棚基层受潮变形或钢丝网锈蚀，引起抹灰层脱落。

② 钢丝网顶棚具有一定的弹性，抹灰后由于抹灰的重量，使钢丝网发生挠曲变形，使各抹灰层间产生剪力，引起抹灰层开裂、脱壳。

③ 施工操作不当，顶棚吊筋木材含水率过高，接头不紧密，起拱度不准确，都会影响顶棚表面平整，造成抹灰层厚薄不匀，抹灰层较厚部位容易发生空鼓、开裂。

3. 防治措施

① 钢丝网顶棚基层抹灰前，必须进行认真验收，表面平整高低差应不超过 8mm；起拱度以房间短向尺寸为准，4m 以内为 1/200，4m 以上为 1/250，四周所弹出的水平线应符合规定。

② 顶棚吊筋必须牢固可靠，顶棚梁（主龙骨）间距一般不大于 150cm，顶棚筋（次龙骨）间距不大于 40cm，顶棚筋上最好加一层 ϕ4～6mm 的钢筋（钢筋应事先冷拉调直），间距 16～20mm 设置一根，钢丝网应相互搭接 3～5cm，用 22 号铁丝绑扎在钢筋上，以加强钢网的钢度，增加砂浆与钢丝网的黏结接触面，提高抹灰的质量，还可预防因木龙骨产生的收缩变形，直接传递给钢丝网而产生抹灰层裂缝。

③ 钢丝网顶棚抹灰，底层和找平层最好采用基本相同的砂浆；使用混合砂浆时，水泥用量不宜太大，并应加强养护，如封闭门窗口，使之在湿润的空气中养护。

④ 当使用纸筋或麻刀石灰砂浆抹灰时，对于面积较大的顶棚，需采用加麻丝束的做法，以加强抹灰层的黏结质量。用骑马钉将麻丝束与顶棚筋钉牢，间距为每 40cm 一束。麻丝挂下长 35～40cm，待底层用手指按时感觉不软并有能留有指纹时（即达到七成干），可以抹第二遍纸筋或麻刀石灰砂浆找平层，并将一半麻丝梳理均匀分开粘在抹灰层上，粘成燕尾形。待第二遍砂浆七成干，再抹第三遍砂浆找平时，将余下的一半麻丝束均匀地分开粘在抹灰层上，刮平并用木抹子抹平。

（四）板条顶棚抹灰空鼓与裂缝

1. 质量问题

板条顶棚抹灰如果不认真处理和操作，待过一段时间后，很容易出现空鼓、裂纹的质量问题，不仅影响顶棚的使用功能，而且具有不安全性。

2. 原因分析

① 板条顶棚基层龙骨、板条的木材材质不好，或含水率过大，或龙骨截面尺寸不够，或接头不严，或起拱不准，抹灰后均会产生较大挠度。

② 板条钉得不牢，板条间缝隙大小不均或间距过大，基层表面凹凸偏差过大，板条两端接缝未错开，或没有适宜的缝隙，造成板条吸水膨胀和干缩应力集中；抹灰层与板条黏结

不良，厚薄不匀，引起抹灰与板条方向平行的裂缝或板条接头处裂缝，甚至出现空鼓脱落。

③ 采用板条长度过长，丁头缝留置不合适或偏少，也容易引起抹灰层的空鼓与裂缝。

④ 各层灰浆配合比设计不当，配制时计量不准确，抹灰时间未掌握好。

3．处理方法

顶棚抹灰产生裂缝后，一般比较难以消除，如使用便用腻子修补，过一段时间仍会在原处重新开裂。因此，对于开裂两边不空鼓的裂缝，可在裂缝表面，用乳胶贴上一条 2～3cm 宽的薄尼龙纱布进行修补，然后再刮腻子喷浆，这样就不易再产生裂缝。这种做法同样适用于墙面抹灰裂缝的处理。

4．预防措施

① 顶棚基层使用的龙骨、板条，应采用烘干或风干的红、白松等材质较好的木材，含水率不大于 20%；顶棚吊杆、龙骨断面和间距应经过计算，较大房间或吊杆长度大于 1.5m 时，除了木吊杆外，应适当增加直径不小于 $\phi 8mm$ 的钢筋吊杆，起拱高度以房间跨度的 1/200 为宜，小龙骨间距不大于 40cm，四周应在一个水平面上。

② 板条一定要钉牢，板条的间距一般以 5～8mm 为宜，如果间距过小，底层灰浆不容易挤入板条缝隙中，形不成转角，灰浆与板条结合不好，挤压后容易产生空鼓，甚至出现脱落；如果间距过大，不但浪费灰浆，增加顶棚荷载重量，而且由于灰浆的干缩率增大，容易使灰层产生空鼓和板条平行的裂缝。

③ 板条的长度不宜过长，一般以 79.5cm 左右为宜，板条两端必须分段错槎钉在小龙骨的下面，每段错槎长度不宜超过 50mm，在接头处应留出 3～5mm 的缝隙，以适应板条湿胀干缩变形。

④ 抹灰的水灰比不能过大，在允许的情况下应尽量减少用水量，以防止板条吸水膨胀和干缩变形过大而产生纵横方向的裂缝。

⑤ 底层灰浆中应掺入适量的麻刀和一定量的水泥，抹灰时要确实将灰浆均匀挤入板条缝隙中，厚度以 3～5mm 为宜。接着抹 1：2.5 的石灰砂浆结合层，把此砂浆压入底层灰中，待六七成干时，再抹 1：2.5 的石灰砂浆找平层，厚度控制在 5～7mm；找平层六七成干后，再抹麻刀灰面层，两遍成活。

⑥ 板条顶棚抹完灰后，为防止水分蒸发过快，应把门窗封闭严密，使抹灰层在潮湿空气中养护，以保证抹灰的质量。

（五）墙裙、窗台产生空鼓与裂缝

1．质量问题

墙裙或水泥砂浆窗台施工后，经过一段时间的硬化干燥出现空鼓或裂缝的质量问题，尤其是在墙裙或窗台同大面墙抹灰的交接处，这种现象比较突出。

2．原因分析

① 墙面基层处理不干净，影响抹灰与墙面的黏结力。如内墙在先抹墙面砂子灰时，踢脚板或墙裙处往往也抹一部分，在抹水泥砂浆墙裙时，如果对抹的砂子灰清理不干净，则水泥砂浆封闭在其表面，石灰浆无法与空气接触，强度增长非常缓慢，而水泥砂浆强度增长较快，其收缩量也与日俱增，这样水泥砂浆抹面则会出现空鼓。

② 由于水泥与石灰这两种材料的强度相差悬殊，基层强度小的材料不能抵御强度大的材料收缩应力的作用，也容易产生空鼓。在冷热、干湿、冻融循环的作用下，这两种材料的胀缩比差异也很大，因此在墙面同墙裙、窗台、护角等交接处易出现空鼓、裂缝现象。

③ 配制砂浆的砂子含泥量过大，造成砂浆干缩大，黏结强度降低；或者采用的水泥强度等级过高，产生的收缩应力较大，均会出现空鼓与裂缝的质量问题。

④ 砂浆配合比设计不当，配制时用水量不准，砂浆稠稀相差过大；墙面湿润程度不同，

造成砂浆干缩不一样，也容易产生裂缝。如果在墙裙顶口洒水不足，也会造成干缩裂缝。

⑤ 砂浆面层最后一遍压光时间掌握不当。如果压光过早，面层水泥砂浆还未收水，砂浆稀，收缩大，易出现裂缝；如果压光过迟，面层水泥砂浆已硬化，用力抹压会扰动底层砂浆，使砂粒上原有的水泥胶体产生部分剥离，水化的水泥胶体未能及时补充，该处的黏结力就比较差，则引起起砂和脱壳。

⑥ 有的抹灰不严格按施工规范进行，单纯为了追求效益赶进度，采取"当天打底、当天罩面"的施工方法，两道工序间隔时间不符合要求，实际上就是一次抹灰，这样也会出现裂缝。

⑦ 面层砂浆刚抹后发生受冻，其中水分结冻并产生体积膨胀，砂浆无法再填充密实，会出现起壳。在高温情况下抹灰后，由于砂浆中的水分迅速蒸发，造成砂浆因脱水而收缩增大，也会出现裂缝。

3. 防治措施

① 配制砂浆的水泥强度等级不宜过高，一般宜采用 32.5MPa 以下等级的水泥即可，必要时也可掺入适量的粉煤灰；配制砂浆的砂子，一般宜采用中砂，砂子的含泥量一般不应超过 3%。

② 各层抹灰砂浆应当采用比例基本相同的水泥砂浆，或者是水泥用量偏大的水泥混合砂浆。

③ 采用比较合理的施工顺序，在一般情况下先抹水泥砂浆或水泥混合砂浆，后抹石灰砂浆。如果必须先抹石灰砂浆，在抹水泥砂浆的部位应弹线后按线将石灰砂浆彻底铲除干净，再用钢丝刷子进一步清理，用清水冲洗干净。

④ 合理确定上下层抹灰的时间，既不要过早也不要过迟，一般掌握在底层抹灰达到终凝后再抹上面的砂浆。

⑤ 掌握后面层压光的时间。面层在未收水前不准用抹子压光；砂浆如已硬化，不允许再用抹子搓压，而应再薄薄抹一层 1∶1 的细砂水泥砂浆压光，弥补表面的不平和抹痕，但不允许用素水泥浆进行处理。

（六）水泥砂浆抹面出现析白

1. 质量问题

水泥砂浆抹面经过一段时间的凝结硬化后，在抹灰层的表面出现析白现象，不仅污染环境，而且影响观感。

2. 原因分析

① 水泥砂浆抹灰的墙面，水泥在水化过程中生成氢氧化钙，在砂浆尚未硬化前，随着水渗透到抹灰表面，与空气的二氧化碳化合生成白色的碳酸钙。在气温较低或水灰比较大的砂浆抹灰时，析出现象会更加严重。

② 在冬季抹灰施工中，为提高砂浆早期强度或防止砂浆产生冻结，往往掺加一定量的早强剂、防冻剂等外加剂，随着抹灰湿作业这些白色外加剂析出抹灰面层。

3. 处理方法

① 对于比较轻微的析出白粉处理，是将析出白粉处充分湿润后，将混合粉剂（硫酸钠∶亚硫酸钠＝1∶1）拌和均匀，用湿布蘸着混合粉擦拭干净，再用清水冲洗，干燥后刷一遍掺10%的水玻璃的溶液。

② 对于析出白粉比较严重的墙面，可用砂纸打磨后，在墙面上轻轻喷水，干燥后如果再出现析白，再次用砂纸打磨、喷水，经过数遍后直至析白减少至轻微粉末状，待擦净后再喷一遍掺 10%的水玻璃的溶液。

（七）抹灰面不平，阴阳角不垂直、不方正

1. 质量问题

内墙面抹灰完毕后，经过质量验收，发现抹灰面的平整度、阴阳角垂直或方正均达不到施工规范或设计要求的标准。

2. 原因分析

① 在抹灰前没有按设计要求进行找方、挂线、做灰饼和冲筋，或者冲筋的强度较低，或者冲筋后过早进行抹灰施工。

② 所做的冲筋距离阴、阳角比较远，无法有效地控制阴阳角的施工，从而影响了阴阳角的方正。

3. 防治措施

① 在进行抹灰之前，必须按照施工规定按规矩找方，横线找平，竖线吊直，弹出施工准线和墙裙（或踢脚板）线。这是确保抹面平整、阴阳角方正的施工标准和依据。

② 先用托线板检查墙面的平整度和垂直度，决定抹灰面的厚度。在墙面的两上角各做一个灰饼，利用托线板在墙面的两下角也各做一个灰饼，上下两个灰饼拉线，每隔 1.2～1.5m 分别做灰饼，再根据灰饼做宽度为 10cm 的冲筋，最后再用托线板和拉线进行检查，使灰饼和冲筋表面齐平，无误后方可进行抹灰。

在做灰饼和冲筋时，要注意不同的基层要用不同的材料，如水泥砂浆或水泥混合砂浆墙面，要用 1∶3（水泥∶砂）的水泥砂浆；白灰砂浆墙面，要用 1∶3∶9（水泥∶砂∶石灰膏）的混合砂浆。

③ 如果在冲筋较软时抹灰易碰坏冲筋，冲筋损坏抹灰后墙面易产生不平整；如果在冲筋干硬后再抹灰，由于冲筋收缩已经完成，待抹灰产生收缩后，冲筋必然高出墙面，仍然造成不平整。对水泥砂浆或混合砂浆来讲，待水泥达初凝后终凝前抹灰较为适宜。

④ 对于抹灰所用的工具应经常检查修正，尤其是对木质的工具应更加注意，以防止变形而影响抹灰质量。

⑤ 在阴阳角部位抹灰时，一是要选拔技术较高的人员施抹，二是随时检查角的方正，发现偏差及时纠正。

⑥ 在罩面灰浆施抹前，应进行一次质量检查验收，验收的标准同抹灰面层，不合格之处必须修正后再进行下道工序的施工。

（八）装饰灰线产生变形

1. 质量问题

装饰灰线在抹灰中主要起到装饰表面的作用，如果不加以重视，则很容易出现结合不牢固、开裂、表面粗糙等质量问题。

2. 原因分析

① 基层处理不干净，存有浮灰和污物；浇水没有浇透，基层湿度不满足抹灰要求，导致砂浆失水过快；或抹灰后没有及时进行养护，而产生底灰与基层结合不牢固，砂浆硬化过程缺水造成开裂；抹灰线的砂浆配合比设计不当，或配制时计量不准确，或未涂抹结合层，均能造成空鼓。

② 靠尺松动，冲筋损坏，推拉灰线线模用力不均，手扶不稳，导致灰线产生变形，不顺直。

③ 喂灰不足，推拉线模时灰浆挤压不密实，罩面灰稠稀不匀，推抹用力不均，使灰线面产生蜂窝、麻面或粗糙。

3. 防治方法

① 灰线必须在墙面的罩面灰施工前施工，且墙面与顶棚的交角必须垂直和方正，符合高级抹灰面层的验收标准。

② 抹灰线底灰前，将基体表面清理干净，在施抹前一天浇水湿润，抹灰线时再洒一些水，保证抹灰基层湿润。

③ 抹灰线砂浆时，应先抹一层水泥石灰混合砂浆过渡结合层，并认真控制各层砂浆的配合比。同一种砂浆也应分层施抹，推拉挤压要确实密实，使各层砂浆黏结牢固。

④ 灰线线模的型体应规整，线条清晰，工作面光滑。按灰线尺寸固定靠尺要平直、牢固，与线模紧密结合，推拉要均匀，用力搓压灰线。

⑤ 喂灰应饱满，挤压密实，接槎要平整，如有缺陷应用细纸筋（麻刀）灰修补，再用线模赶平压光，使灰线表面密实、光滑、平顺、均匀，线条清晰，色泽一致。

⑥ 目前市场上预制灰线条较多，为确保装饰灰线不发生变形，施工单位可同建设单位商议，改为预制灰线条。

二、外墙抹灰质量问题与防治措施

外墙抹灰是外墙装饰最常见的方法之一，其材料广泛、施工简便、价格低廉。由于外墙抹灰暴露于空气之中，经常受到日晒、风吹、冰冻、温差、侵蚀介质等综合因素的作用，其出现的质量问题要比内墙抹灰多。常见的质量通病有：空鼓与裂缝，接槎有明显抹纹，色泽不均匀，分格缝不平不直，雨水污染墙面，窗台处向室内渗漏水，墙面出现泛霜现象等。

（一）外墙抹灰面产生渗水

1. 质量问题

外墙抹灰工程完成后，遇到风吹雨打仍然有渗水现象，不仅污染室内环境，损坏家具用具，而且影响使用功能，甚至危及建筑安全。

2. 原因分析

① 在墙体砌筑施工中，没有严格按照施工规范要求砌筑，尤其是砂浆的饱满度不符合要求，从而造成砌块之间形成渗水通道，这是外墙面产生渗水的主要原因。

② 在进行抹灰施工之前，没有将外墙砌体中的空头缝、穿墙孔洞等嵌补密实，从而使其产生渗水。

③ 在墙体砌筑施工中，混凝土构件与砌体接合处没有处理好。

3. 处理方法

对于外墙渗水，必须查明原因，针对不同情况分别采用以下不同方法处理。

① 如果抹灰层墙面产生裂缝但未脱壳时，其具体处理方法是：将缝隙扫刷干净，用压力水冲洗晾干，采取刮浆和灌浆相结合的方法，用水泥细砂浆（配合比为1∶1）刮入缝隙。如果有裂缝深度大于20mm、砂浆不能刮到底时，刮浆由下口向上刮高500mm，下口要留一小孔。随后用大号针筒去掉针头吸进纯水泥浆注入缝中，当下口孔中有水泥浆流出时，随即堵塞孔口。

② 如果抹灰层墙面产生裂缝又脱壳时，必须将其铲除重新施工。其具体处理方法是：将铲除抹灰层的墙体扫刷干净、冲洗湿润，再将砌体所有的缝隙、孔洞用1∶1的水泥砂浆填嵌密实。

抹灰砂浆要求计量准确、搅拌均匀、和易性好。头道灰是在墙面上刷一遍聚合物水泥浆（108胶∶水∶水泥＝1∶4∶8），厚度控制在7mm，抹好后用木抹子搓平，在新旧抹灰层接合处要抹压密实。在相隔24h后，先按设计分格进行弹线贴条，分格条必须和原有分格缝连通，要求达到顺直同高。面层抹灰以分格条的高度为准，并与原面层一样平。待抹灰层稍微收干，用软毛刷蘸水、沿周边的接槎处涂刷一遍，再进行细致抹压，确保平整密实。

③ 如果是沿分格缝产生渗水，要将分格缝内的灰疙瘩铲除，扫刷冲洗干净后晾干，用原色相同的防水柔性密封胶封嵌密实。

④ 当外墙出现了渗水面积较大，但渗水量较小且没有集中漏水处时，可将外墙面上的灰尘扫除干净，满喷一遍有机硅外墙涂料，待第一遍干燥后再涂一遍，一般情况下就可以止住这种渗水。

4. 预防措施

① 在外墙抹灰前，首先认真检查基层的质量，堵塞外墙面上的一切渗水通道。在检查和处理时，要全面查清外墙面上的一切缝隙与孔洞，并要做好详细记录；对缝隙与孔洞的处理要派专人负责，清除缝隙与孔洞中的砂浆、灰尘及杂物，冲洗干净。对于砖墙体补嵌孔洞，要用砖和混合砂浆嵌密实。

② 严格按《建筑装饰工程施工及验收规范》（GB 50210—2001）中的要求，按以下步骤做好外墙面抹灰层。

a. 首先打扫干净墙面上的灰疙瘩、粉尘及杂物，并用清水冲洗湿润。

b. 按施工规范要求安装好门窗框，并嵌补好门窗周围与墙体的间隙。

c. 抹灰砂浆要进行配合比设计，要严格配制时的计量，要搅拌均匀，及时应用。砂浆稠度要适宜，底层抹灰应控制在 100～120mm，中层抹灰和面层抹灰应控制在 70～90mm。

d. 对于底层抹灰，一个墙面必须一次完成，不得留设施工缝，抹灰时要用力刮紧、刮平，厚度控制在 7mm 左右。对于面层抹灰要平整均匀，注意加强成品保护和湿养护，防止水分蒸发过快而产生裂缝。

（二）外墙面发生空鼓与裂缝

1. 质量问题

外墙用水泥砂浆抹灰后，由于各方面的原因，有的部位出现空鼓或裂缝，严重的出现脱落现象，不仅严重影响外墙的装饰效果，而且还会导致墙体出现渗水。

2. 原因分析

① 建筑物在结构变形、温差变形、干缩变形过程中引起的抹灰面层产生的裂缝，大多出现在外墙转角，以及门窗洞口的附近。外墙钢筋混凝土圈梁的变形比砖墙大得多，这是导致外墙抹灰面层空鼓和裂缝的主要原因。

② 有的违章作业，基层面没有扫刷干净，干燥的砖砌体面浇水不足，也是抹灰层空鼓的原因。

③ 有的底层砂浆强度低，黏结力差，如面层砂浆收缩应力大，会使底层砂浆与基体剥离，产生挠曲变形而空鼓、裂缝；有的光滑基层面没有进行"毛化处理"，也会产生空鼓。

④ 抹灰砂浆无配合比，或配制砂浆时不计量，尤其是用水量不控制，搅拌不均匀，和易性差，有时分层度大于 30mm，产生离析；有时分层度过小，致使抹灰层强度增长不均匀，产生应力集中效应，从而变形，产生龟裂。

⑤ 如果搅拌好的砂浆停放时间超过 3h 后才用，则砂浆已经产生终凝，其强度、黏结力都有所下降。

⑥ 抹灰工艺不当，没有分层操作。一次成活，厚薄不匀，在重力作用下产生沉缩裂缝；或虽然分层，但却把各层作业紧跟操作，各层砂浆水化反应快慢差异大，强度增长不能同步，在其内部应力效应的作用下，产生空鼓、裂缝。

⑦ 抹灰层早期受冻。

⑧ 采用灰层表面撒干水泥拔除水分的做法，造成表面强度高，拉动底层灰，引起空鼓、裂缝。

⑨ 砂浆抹灰层失水过快，又不养护，造成干缩裂缝。

⑩ 大面积抹灰层无分格缝，产生收缩裂缝。

3. 处理方法

① 砖砌体抹灰面空鼓、脱壳时，先用小锤敲打，查明起鼓和脱壳范围，划好铲除范围线，尽可能划成直线形；采用小型切割机，沿线切割开，将空鼓、脱壳部位全部铲除；用钢丝板刷刷除灰浆黏结层，用水冲洗洁净、晾干；先刷一遍聚合物水泥浆，在 1h 内抹好头度

灰，砂浆稠度控制在 10mm 左右，要求刮薄刮紧，厚度控制在 7mm，如超过厚度要分两层抹平，抹好后，用木抹子搓平；隔天，应按原分格弹水平线或垂直线。贴分格条时，必须和原有分格缝跟通，外平面要和原有抹灰层一样平，因面层抹灰是依据分格条面为准而确定平整度的。要求抹纹一致，按有关规定处理分格条。抹灰层稍干后，用软毛刷蘸水，沿周围的接槎处涂刷一遍，再细致抹平压实，确保无收缩裂缝。铲除缝内多余砂浆，用设计规定的色浆或防水密封胶填嵌平整密实。

② 混凝土基体面的抹灰层脱壳的处理方法与砖砌体不同。铲除脱壳的抹灰层后，采用 10% 的火碱水溶液或洗洁精水溶液，将混凝土表面的油污及隔离剂洗刷干净，再用清水反复冲洗洁净，再用钢丝板刷将表面松散的浆皮刷除，用人工"毛化处理"，方法是用聚合物砂浆（108 胶：水：水泥：砂＝1：4：10：10）撒布到基体面上，要求撒布均匀。组成增强基体与抹灰层的毛面黏结层。如需大面积"毛化"，可用 $0.6m^3/min$ 的空压机及喷斗喷洒经搅拌均匀的聚合物水泥砂浆，湿养护硬化后，抹灰方法和要求同本例处理方法上一条。

③ 对有裂缝但不脱壳的处理，可参照"外墙面产生渗水"的处理方法。

4. 预防措施

① 加强施工管理和检查验收制度，对道道工序把关。严格执行《建筑装饰装修工程质量验收规范》（GB 50210—2001）中的有关规定，认真处理好基体，堵塞一切缝隙、孔洞。

② 基层处理：刮除砖砌体砖缝中外凸的砂浆，清扫、冲洗洁净。抹底子灰前喷一度浆液（108 胶：水溶液＝1：4）。抹底子灰的砂浆稠度控制在 10mm 左右，厚度控制在 7mm 左右，用力将砂浆压入砖缝内，并用括杠括平整，用木抹子刮平、扫毛，并浇水养护。按设计需求贴分格条，进行各种细部处理，如窗台、滴水线等。抹面层灰按分格条分二次抹平、搓平、养护。

③ 混凝土基层处理：剔凿凸出部分，光面凿毛，用钢丝板刷刷除表面浮灰泥浆。如有隔离剂、油污等，应用 10% 的火碱水溶液或洗洁精水溶液洗刷干净，再用清水洗刷掉溶液。刷一度聚合物水泥浆。也可用本例处理方法处理。其他抹灰要求同砖砌体抹灰。

④ 加气混凝土基层处理：用钢丝板刷将表面的粉末清刷一遍，提前 1h 浇水湿润，将砌块缝清理干净，并刷浆液（108 胶：水溶液＝1：4），随即混合砂浆（水泥：石灰膏：砂＝1：1：6）勾缝、刮平。在基层喷刷一度 108 胶水溶液，使底层砂浆与加气混凝土面层黏结牢固。抹底子灰和面层灰要求同砖砌体的抹灰要求。

⑤ 有关条板基层处理：用钢丝板刷刷除表面粉末，喷涂一度 108 胶水溶液。随用混合砂浆勾缝、刮平，再钉 150～200mm 宽的钢丝网或粘贴玻纤网格布，减少收缩变形。面层处理应按设计要求施工。

（三）压顶抹灰层脱壳与裂缝

1. 质量问题

压顶抹灰层出现脱壳和裂缝的质量问题，必然导致向室内渗水；或抹灰面发生外倾，使污水污染外装饰，严重影响外装饰的美观。

2. 原因分析

① 压顶抹灰属于高空作业，施工难度大，如果抹灰基层处理不善，不按施工规范进行施工，很容易造成脱壳与裂缝而产生渗水。

② 压顶面的流水坡度向外倾，雨水夹杂泥污流淌，从而污染外装饰。

③ 技术交底不详细，施工管理不严格，施工中没有进行认真检查，使压顶抹灰层不符合质量要求。

3. 处理方法

① 压顶因脱壳、裂缝而产生渗水的处理方法为：铲除脱壳部分的抹灰层，清除墙面上的抹灰上的浮尘，扫刷冲洗干净，刷聚合物水泥浆一遍，随即用水泥砂浆（水泥：砂＝1：2.5）抹头度灰，隔日再抹面层灰。抹灰的具体要求，即向内倾排水，下口抹滴水槽或滴水线。

② 当出现横向裂缝时，用小型切割机将裂缝割宽到 10～15mm，扫刷干净，但不要浇水湿润，嵌入柔性防水密封胶。

③ 当出现局部不规则裂缝而不脱壳时，可将抹面裂缝中扫刷干净，用水冲洗后晾干。用聚合物水泥浆灌满缝隙，待收水后抹压平整，然后喷水养护 7d。

4. 预防措施

① 各类压顶抹灰的型式、做法均应按照设计要求进行施工。

② 认真处理好抹灰基层，即刮除砌筑施工挤浆的灰疙瘩，补足空头缝，用清水冲洗扫刷干净灰尘，并加以晾干，涂刷一度聚合物水泥浆。

③ 抹灰时用水泥砂浆（水泥：砂＝1：2.5）先抹两侧的垂直面，后抹顶面的头度灰，要求每隔 10 延长米留一条宽度为 10～15mm 的伸缩缝，抹完找坡层后，再抹面层，两边抹滴水槽或滴水线。抹好后的压顶要加强湿养护，一般不得少于 7d。在冬季施工时还要注意防冻。待抹灰层硬化干燥后，在伸缩缝中填嵌柔性防水密封胶。

④ 检查两侧下口的滴水槽或滴水线的施工质量，如有达不到设计要求的，必须及时纠正，防止有爬水现象。

（四）滴水槽、滴水线不标准

1. 质量问题

由于滴水槽、滴水线未按设计要求施工，从而造成雨水沿墙面流淌，污染墙面的装饰面，严重影响外墙观感和环境卫生。

2. 原因分析

① 没有按照设计要求和《建筑装饰装修工程质量验收规范》（GB 50210—2001）中的规定进行施工，违反了"外墙窗台、窗楣、雨篷、阳台、压顶和突出腰线等，上面应做流水坡度，下面应做滴水线。滴水槽的深度和宽度均不应小于 10mm，并整齐一致"的规定。

② 有的滴水槽或滴水线达不到设计要求，引起爬水和沿水，或滴水槽是用钉划的一条槽，或阳台、挑梁底的滴水槽或滴水线处理简单等，雨水仍沿梁底斜坡淌到墙面上，污染墙并渗入室内，不仅影响使用功能，而且严重破坏结构和装饰效果。

3. 处理方法

① 如果因为没做滴水槽或滴水线而出现沿水、爬水时，可补做滴水槽或滴水线。

② 如果原有滴水槽或滴水线没有按规定去做，或者被碰撞脱落和有缺损时，要返工纠正和修补完好。

③ 在斜挑梁的根部，虽然已做滴水槽或滴水线，但仍然还出现水流淌到墙根渗入墙内时，必须补做两道滴水槽或滴水线。

4. 预防措施

① 在进行滴水槽或滴水线施工时，要认真对照施工图纸和学习有关规定，掌握具体的施工方法，并根据工程的实际情况，明确具体做法。

② 对于滴水线：在外墙抹灰前用木材刨成斜面，撑牢或钉牢，确保线条平直。当抹灰层干硬后，将木条拆除。加强养护和保护，防止碰撞而造成缺口。

③ 对于滴水槽：在抹底灰前刨 10mm×10mm 的木条，粘贴在底面。每项工程要用统一的规格，使抹灰面层平整标准。当抹灰层干硬后，轻轻地将木条起出。对于起木条时造成的小缺口，要及时修补完整。

（五）外墙面接槎差别较大

1. 质量问题

外墙面抹灰的接槎比较明显，抹纹比较混乱，色差比较大，严重影响外墙的观感。

2. 原因分析

① 外墙装饰抹灰面的材料不是一次备足，所用的材料不是相同品种、规格，或者在配制砂浆时计量不准确。

② 墙面抹灰没有设置分格缝或分格过大，造成在一个分格内不能同时抹成；或者抹灰接槎位置不正确。

③ 外墙抹灰的脚手架没有根据抹灰需要进行调整，人员配备不能满足抹灰面的要求，从而造成接槎明显。

④ 基层或底层浇水不均匀，或浇水后晾干的程度不同，因抹灰基层干湿情况不一样，也会造成接槎比较明显。

⑤ 采用的水泥或其他原材料质量不合格，不能按时完成抹灰工序，反复抹压也会出现色泽不一致和明显的抹纹。

⑥ 施工中采用了不同品种、不同强度等级的水泥，不仅会造成颜色不一致，同时由于水泥强度等级不同，在交接处产生不同的收缩应力，还会导致裂缝的产生。

⑦ 施工人员技术水平不高，操作工艺不当，或底层灰过于干燥，或木抹子抽光方法不对，均可致使抹纹混乱。

3. 处理方法

① 当抹灰面层出现接槎明显、色差较大、抹纹混乱的质量问题时，将抹灰面扫刷冲洗干净，调配原色、原配合比砂浆，在表面加抹 3～5mm 厚，用木抹子将面层拉直压光。为保证色泽一致，须一次备足同品种、同强度等级的水泥、石灰、砂，并有专人负责，统一按配合比计量搅拌砂浆。

② 当抹灰面层色差不明显、抹纹不太混乱，影响观感不严重时，可以不进行处理。

4. 预防措施

① 外墙抹面的材料必须按设计一次备足、专材专用。水泥要同一品种、同一批号、同一强度等级；砂子要选用同一产地、同一品种、同一粒径的洁净中砂。坚决杜绝在施工过程中更换水泥品种和强度等级。

② 毛面水泥面施工中用木抹子搓抹时，要做到用力轻重一致、方法正确，先以圆弧形搓抹，然后再上下抽动，方向要一致，这样可以避免表面出现色泽深浅不一致、起毛纹等质量问题。

③ 要求压光的水泥砂浆外墙面，可以在抹面压光后用细毛刷蘸清水轻刷表面，这种做法不仅可以解决表面接槎和抹纹明显的缺陷，而且可以避免出现表面的龟裂纹。

④ 在抹灰前要预先安排好接槎位置，一般把接槎位置留在分格缝、阴阳角、水落等处。在抹灰中应根据抹灰面积配足人员，一个墙面的抹灰面层要一次完成。

⑤ 在主体工程施工搭设脚手架时，不仅应满足主体工程施工的要求，而且也应照顾到外墙抹灰装饰时分格施工的部位，以便于装修施工及外墙抹灰后的艺术效果。

（六）建筑物外表面起霜

1. 质量问题

在工程竣工后，建筑物的外表面易出现一层白色物质，俗称为"起霜"，轻者影响建筑物的美观，严重者由于结晶的膨胀作用，会导致装饰层与基层剥离，甚至产生空鼓。

2. 原因分析

① 配制混凝土或水泥砂浆所用的水泥含碱量高，在水泥的凝结硬化过程中析出大量的

氢氧化钙，随着混凝土或水泥砂浆中水分的蒸发，逐渐沿毛细孔向外迁移，将溶于水中的氢氧化钙带出，氢氧化钙与空气中的二氧化碳反应，生成不溶于水的白色沉淀物碳酸钙，从而使建筑物外表面起霜。

② 水泥在进行水化反应时，生成部分氢氧化钠和氢氧化钾，它们与水泥中的硫酸钙等盐类反应，生成硫酸钠和硫酸钾，二者都是溶于水的盐类，随着水分的蒸发迁移到建筑物表面，在建筑物表面上留下白色粉状晶体物质。

③ 在冬期混凝土或水泥砂浆施工中，常使用硫酸钠或氯化钠作为早强剂或防冻剂，这样又增加了可溶性盐类，也增加了建筑物表面析出白霜的可能性。

④ 某些地区采用盐碱土烧制的砖，经过雨淋砖中的盐碱溶于水，经过日晒水分迁移蒸发，将其内部可溶性盐带出，在建筑物外表面形成一层白色结晶。

⑤ 由于砖、混凝土和砂浆等都有大量的孔隙，有些具有渗透性，当外界的介质（特别是空气中的水分）进入内部后，内部可溶性盐类产生溶解，当水分从内部蒸发出来时，将会带出一部分盐类物质，加剧了白霜的形成。

3. 处理方法

① 对于外墙表面"起霜"较轻、白霜为溶于水的碱金属盐类的情况，可以直接用清水冲刷除去。

② 对于外墙表面"起霜"较严重、白霜为不溶于水的碱盐类的情况，可以用喷砂机喷干燥细砂进行清除。

③ 除可用以上两种方法外，也可采用酸洗法，一般可选用草酸溶液或 1：1 的稀盐酸溶液。酸洗前应先将表面用水充分湿润，使其表面孔隙吸水饱和，以防止酸液进入孔隙内，然后用稀弱酸溶液清洗，除去白霜后，再用清水彻底冲洗表面。

④ 无论采用何种方法进行处理，最后均采用有机硅对表面做憎水处理。

4. 预防措施

① 墙体材料和砌筑材料（如砖、水泥等），应选用含碱量较低者；不使用碱金属氧化物含量高的外加剂（如氯化钠、硫酸钠等）。

② 在配制混凝土或水泥砂浆时，掺加适量的活性硅质掺和料，如粉煤灰、硅灰等。

③ 采取技术措施提高基层材料的抗渗性，如精心设计配合比，选用质量优良的材料精确称量配合，混凝土和砂浆掺加减水剂可降低用水量，从而增加其密实性，降低其孔隙率，提高抗渗性能。

④ 在基层的表面喷涂防水剂，用以封堵混凝土或砂浆表面的孔隙，消除水向基层内渗透的人口。

⑤ 混凝土和砂浆等都是亲水性材料，可用有机硅等憎水剂处理其表面，使水分无法渗入基层的内部，这样也可阻止其起霜。

三、装饰抹灰的质量问题与防治措施

装饰抹灰是目前建筑内外最常用的装饰，具有一般抹灰无法比拟的优点。它质感丰富、颜色多样、艺术性强、价格适中。装饰抹灰通常是在一般抹灰底层和中层的基础上，用不同的施工工艺、不同的饰面材料，做成各种不同装饰效果的罩面。在建筑装饰工程中常见的装饰抹灰有：水刷石饰面、干黏石饰面、斩假石饰面等。

（一）水刷石饰面质量问题与防治

1. 水刷石面层发生空鼓

（1）质量问题　水刷石外墙饰面施工完毕后，有些部位面层出现空鼓与裂缝，严重影响饰面的美观和使用功能。如果雨水顺着空鼓与裂缝之处渗入，更加危害饰面和墙体。

（2）原因分析

① 在抹面层水泥石子浆前，没有刮抹素水泥浆结合层，或者基层过于干燥，没有进行浇水湿润。

② 基体面处理不符合要求，没有将其表面上的灰尘、油污和隔离物清理干净，光滑的表面没有进行凿毛"毛化"处理，基层与水刷石饰面黏结力不高。

③ 水泥石子浆偏稀或水泥质量不合格，罩面产生下滑；操作者技术水平欠佳，反复冲刷增大了罩面砂浆的含水量，均有可能造成空鼓、裂缝和流坠。

④ 在刮抹素水泥浆结合层后，没有紧跟抹石子罩面灰，相隔时间过长；再加上没有分层抹灰或头度灰厚度过大，都容易造成空鼓与裂缝。

（3）处理方法

① 查明面层空鼓的范围和面积，经计算确定修补所用的材料。为避免再出现色差较大等质量问题，水泥品种、石子粒径、色泽、配合比等要和原用材料完全相同。

② 凿除水刷石面层的空鼓处，如果发现基层也有空鼓现象，还要将基层空鼓部分凿除，以防止处理不彻底，再次出现空鼓的质量问题。

③ 对周边进行处理。用尖头或小扁头的錾子沿边将松动、破损及裂缝的石子剔除，形成一个凹凸不规则的毛边。

④ 对基层进行处理。刮除灰砂层，扫刷干净，并用清水进行冲洗，充分湿润基层和周边，以便新抹水泥石子浆与基层及周边很好地结合。

⑤ 抹找平层。在处理好的基层表面上先刷一度聚合物水泥浆，随即分层抹压找平层，沿周边接合处要细致抹平压实，待终凝后进行湿养护7d。

⑥ 重新抹水泥石子浆。经检查找平层无空鼓、开裂等问题后，浇水湿润，然后刮一度聚合物水泥浆（108胶∶水∶水泥＝1∶9∶20）结合层，随即抹水泥石子浆。由下向上压抹平整，用直尺刮平压实，与周围接槎处要细致拍平揉压，将水泥浆挤出，使石子的大面朝上。

⑦ 掌握好水刷石子的时间，以用手指按压无痕，用刷子轻刷不掉石粒为宜。用喷雾器由上向下喷水，喷刷好的饰面，再用清水从上向下喷刷一遍，以冲洗掉水刷出来的水泥。

（4）预防措施

① 认真进行基层处理。堵塞基层面上的孔眼，清扫干净基层面上的灰尘、杂物；对于混凝土墙面，应剔凿凸块修补平整。对于蜂窝、凹陷、缺棱掉角等缺陷，用108胶水溶液将该处涂刷一遍，再用水泥砂浆（水泥∶砂＝1∶3）进行修补。

② 抹底子灰。在抹底子灰的前一天，要对抹灰处进行浇水湿润。抹上底子灰后，用刮杠刮平，并应搓抹压实。为防止出现空鼓与裂缝，对大面积墙面抹灰，必须按规定设置分格缝。

③ 在抹面层水泥石子浆前，应严格检查底层抹灰的质量，如发现缺陷必须纠正合格。抹水泥石子浆，一般应在基层干燥至六七成时最适宜。如果底层已干燥，应适当浇水湿润，然后在底层面薄薄满刮一道纯水泥浆黏结层，紧接着抹面层水泥石子浆。随刮随抹，不能间隔，否则纯水泥浆凝结后，根本起不到黏结作用，反而容易出现面层空鼓。

④ 加强施工管理工作。严格进行基层的扫刷冲洗，堵塞基层面上的一切缝隙和孔洞，要建立自检、互检、专业检查相结合的制度。抹底层灰砂浆的稠度要适宜，厚度一般控制在7mm左右。要求对底层灰用力刮抹，使砂浆嵌入砖缝。一面墙必须一次完成，不得设施工缝。底层灰完成后，夏季要防晒，冬季要防冻，湿养护不得少于7d。

⑤ 在抹水泥石子浆前1h内，在基层面上刷刮厚度为1mm左右的聚合物水泥浆，这是防止水刷石出现空鼓的关键工序，千万不可省略和忘记。

2. 水刷石面层有掉粒、浑浊

(1) 质量问题　水刷石在完成后，呈现出表面石子分布很不均匀，有的部位石子比较稠密集中，有的部位出现石子脱落，造成表面不平，有明显的面层凹凸、麻面，刷石表面的石子面上有污染，颜色深浅不一而浑浊，影响质量和观感。

(2) 原因分析

① 采用的水泥强度过低，配制水泥石子浆时，石子未进行认真清洗，没有筛除粒径过大或过小的石子，或者对石子保管不善而产生污染。

② 底层灰的平整度、干湿程度没有掌握好。如底层灰过于干燥，过快吸收水泥石子浆中的水分，使水泥石子浆不易抹平压实，在抹压过程中石子颗粒水泥浆不易转动，洗刷后的面层显得稀疏不匀、不平整、不清晰、不光滑。

③ 刷洗时间没有掌握适当，如果刷洗过早，石子露出过多，容易冲掉；如果刷洗过晚，面层已经凝结硬化，石子遇水后易崩掉，且洗刷不干净石子面上的水泥浆，导致表面浑浊。

④ 操作没有按规定进行。一是石子面刷洗后，没有再用清水冲洗掉污水，使水刷石面显得不清晰；二是在用水刷面层时，喷头离面层的距离和角度掌握不对。

(3) 处理方法

① 当水刷石面层局部掉粒较多时，应凿除不合格部分，参照"水刷石面层发生空鼓"的处理方法进行处理。

② 当水刷石面层掉粒较少时，把 JC 建筑装饰胶黏剂（单组分）用水加以调匀，补嵌扫刷干净的掉粒孔隙处，然后再补嵌与水泥石子浆相同的石子。

③ 当水刷石面层局部污染时，配制稀盐酸水溶液，用板刷刷洗干净后，再用清水刷洗掉稀盐酸溶液。在施工中要特别注意防止盐酸灼伤皮肤和衣服。

(4) 预防措施

① 严格对配制水泥石子浆原材料的控制。同一幢建筑的水泥要用同一厂家、同一批号、同一规格、同一强度的，石子要用同一色泽、同一粒径、同一产地、同一质量的。

② 石子要求颗粒坚韧、有棱角、洁净，使用前要筛除过大或过小粒径的石子，使粒径基本均匀，并用水冲洗干净并晾干，存放中要防水、防尘、防污染。

③ 配制水泥石子浆要严格按设计配合比计量，同一面墙上的水刷石要一次备足，搅拌时一定要均匀，要在规定的时间内用完。

④ 掌握好底层灰的湿润程度，如果过干时应预先浇水湿润。抹上水泥石子浆后，待其稍微收水后，用铁抹子拍平压光，将其内水泥浆挤出，再用毛刷蘸水刷去表面的浮浆，拍平压光一遍，再刷、拍压一遍，并重复至少三遍以上，使表面的石子排列均匀、紧密。

⑤ 水刷石喷洗是一道关键工序，喷洗时间要掌握适宜，不得过早或过迟，以手指按上去无痕或用刷子刷时石子不掉粒为宜。刷洗应由上而下进行，喷头离刷洗面 10～20mm，喷头移动速度要基本均匀，一般洗到石子露出灰浆面 1～2mm 即可。喷洗中发现局部石子颗粒不均匀时，应用铁抹子轻轻拍压；若发现表面有干裂、风裂现象时，应用抹子压抹后再喷洗。然后用清水由上而下冲洗干净，直至无浑浊现象为止。

⑥ 在接槎处喷洗前，应先把已完成的墙面用水充分喷湿 30cm 左右宽，否则浆水溅到已完成的干燥墙上，不易再喷洗干净。

3. 阳角不挺直、阴角不方正

(1) 质量问题　水刷石饰面完成后，在阳角棱角处没有石子或石子非常稀松，露出灰浆形成一条黑边，被分格条断开的阳角上下不平直，阴角不垂直，观感效果欠佳。

(2) 原因分析

① 在抹阳角施工时，或操作人员技术水平不高，或采用的操作方法不正确，或没有弹出施工的基准线，均可以造成阳角不挺直。

② 阴角处抹罩面石子浆一次成活，没有弹垂直线找规矩。

③ 抹阳角罩面石子浆时，由于拍抹方法不当，水泥浆产生收缩裂缝，从而在刷洗时使石子产生掉粒。

（3）处理方法

① 当面层掉粒过多、露出水泥浆的里边时，每边凿除 50mm 的水泥石子浆面层和黏结层，扫刷冲洗干净，刨"八"字靠尺，由顶到底吊垂直线，贴好一面靠尺，当抹完一面后起尺，使罩面石子浆接槎正交在尖角上。掌握刷洗时间，喷头应骑角喷洗，在一定的宽度内一喷到底。

② 局部掉粒可选用适宜的黏结剂黏结石子，并且补平补直。

（4）预防措施

① 当阳角反贴"八"字靠尺时，抹完一面起尺后，使罩面石子浆接槎正交在尖角上。阳角的水泥石子浆收水后用钢抹子溜一遍，将小孔洞分层压实挤严压平，把露出的石子尖棱轻轻拍平，在转角处多压几遍，并先用刷子蘸水刷一遍，刷掉灰浆，检查石子是否饱满均匀和压实。然后再压一遍、再刷一遍，如此反复不少于三遍。待达到喷洗时，掌握好斜角喷刷的角度，先是骑角喷洗，控制距离，使喷头离头角 10～20mm，由上而下喷刷；保持棱角明朗、整齐、挺直。喷洗要适度，不宜过快、过慢或漏洗；过快水泥浆冲不干净，当喷洗完干燥后会呈现花斑，过慢会产生坍塌现象。

② 阴角交接处，最好分两次完成水刷石面，先做一个平面，然后做另一个平面，在底子抹灰层面弹上垂直线，作为阴角抹直的依据，然后在已抹完的一面，靠近阴角处弹上另一条直线，作为抹另一面的标准。分两次操作可以解决阴角不直的问题，也可防止阴角处石子脱落、稀疏等缺陷。阴角刷洗时要注意喷头的角度和喷水时间。

③ 在阳角、阴角处设置一道垂直分格条，这样既可以保证阳角和阴角的顺直，又方便水刷石的施工。这是提高阳角挺直、阴角方正的重要措施。

4. 分格缝口处石子缺粒

（1）质量问题　水刷石分格缝口大小均匀，缝口处的石子有掉落，有的处于酥松状态，严重影响水刷石的装饰效果，如果不加以处理，石子缺粒处很可能成为向墙体内渗水的通道。

（2）原因分析

① 选用的分格条木材材质比较差，使用前没有按规定进行浸水处理。干燥的分格条吸收水泥石子浆液中的水分而变形，导致缝口石子掉粒。

② 分格条边的水泥石子面层没有拍实、抹平，导致沿分格条边有酥松带。

（3）处理方法

① 将分格缝口的酥疏石子剔除，冲洗扫刷干净，晾干。将分格条面涂刷隔离剂，拉线将分格条嵌入缝中，要求表面平整。用水泥浆刮平，将石粒拍入，要平、密、匀。掌握时间喷刷洁净，然后轻轻起出分格条。随时检查，若有不足之处，要及时纠正。

② 局部掉粒的缺口，应用石子蘸黏结剂补缺。

（4）预防措施

① 分格条应选用优质木材制作，厚度要求同水泥石子浆的厚度，宽度为 15mm 左右，做成外口宽、里口窄。分格条粘贴前要在水中浸透，以防抹灰后吸水膨胀，影响质量。分格条的粘贴应横平竖直，交接紧密通顺。

② 水泥石子浆铺刮后，要有专人负责沿分格条边拍密实。

③ 在起分格条时应先用小锤轻轻敲击，然后用尖头铁皮逐渐起出，防止碰掉边缘的石子。

（二）干黏石饰面质量问题与防治

1. 干黏石饰面空鼓

（1）质量问题　干黏石饰面施工完毕后，经过一段时间轻轻敲击有空鼓声音，进而局部出现凸出或裂缝，严重的出现饰面脱落。

（2）原因分析

① 由于基层未进行认真清理，上面仍有灰尘、残留的灰浆、泥浆或其他污物，造成底灰与基层不能牢固黏结而形成空鼓。

② 采用钢模板施工的基层混凝土表面太光滑，或者残留的混凝土隔离剂未清理干净，或者混凝土表面本身有空壳、硬皮等未进行处理。

③ 对于加气混凝土基层选用了高强度水泥砂浆作为饰面层，造成二者由于收缩性能差别过大，从而形成剥离、空鼓现象。

④ 基层墙面在浇水湿润时，由于时间掌握不适当，如果浇水过多易造成饰面层流坠、裂缝；如果浇水不足会使基层吸收饰面砂浆中的水分，造成失水过多使强度降低，黏结不牢，从而产生空鼓；如果抹灰基层浇水不匀，会产生干缩不匀，从而形成面层收缩裂缝或局部空鼓。

⑤ 抹灰所采用的中层砂浆强度高于底层砂浆强度，两者收缩差别较大，易产生空鼓现象；如果底层与中层施工间隔的时间长短不一，也会造成空鼓质量问题。

（3）处理方法

① 查明发生空鼓的范围，用明显的记号画出具体位置，按空鼓的面积计算材料用量，而且所用水泥、石灰膏、砂子等的规格、强度、色泽、粒径、质量等，应与原干黏石材料一样。

② 凿除已空鼓的饰面，用钢丝刷子刷除灰浆黏结层，用清水冲洗洁净、晾干；再在上面刷一度聚合物水泥浆，在 1h 内抹好头度灰，砂浆稠度控制在 10mm 左右，厚度控制在 7mm。

③ 其基体处理的方法，可参考"外墙发生空鼓与裂缝"中的处理方法②。

④ 抹好底层灰和找平层后，按设计进行弹线粘贴分格条。在粘贴分格条前，应检查底层灰、找平层的施工质量，应确实无空鼓、裂缝和酥松等缺陷。

⑤ 在抹结合层砂浆时，水泥要选用经过复检合格的普通硅酸盐水泥、优质石灰膏、洁净的中砂。配合比为：108 胶：水：水泥：石灰膏：砂子＝1：4：10：5：20。配制中应计量准确、搅拌均匀、随拌随用，抹灰层的厚度控制在 4～5mm。

⑥ 在甩石子时应先甩四周易干燥部位，后甩中部，并使石子分布均匀、紧密、不漏粘。用抹子拍压或用胶辊滚压，并用木抹子拍实拍平。石子要自上而下粘，先粘门窗框侧面再粘正面，应粘好一个分格后，再去粘另一个分格。

（4）预防措施

① 用钢模板浇筑的混凝土制品，应先用 10% 的 NaOH 水溶液将表面的油污隔离剂清洗干净，并用清水冲洗表面，基层表面若有空壳硬皮应铲除并刷净。

② 对过于光滑的混凝土基层面，宜采用聚合物水泥砂浆（砂采用洁净过筛的中砂，水泥：砂＝1：1，加入相当于水泥质量 5%～10% 的 108 胶）满刮一遍，厚度约为 1mm，并用扫帚将表面扫毛，使其比较粗糙，然后加强养护，待晾干后抹底灰。

③ 施工前必须将基层面上的粉尘、泥浆、油污、杂物、隔离剂等清理干净，并将凹洼部分分层嵌填密实，将凸出部分剔平整。

④ 对于不同材料的基层，按照"外墙发生空鼓与裂缝"中的预防措施认真处理，这是防止干黏石发生空鼓的主要措施。

⑤ 黏结层的处理，各地区和各施工企业都有成功的经验，可根据工程实际情况采取不同措施。有的可用纯水泥浆，有的可用水泥混合砂浆，有的可用聚合物混合砂浆。

2. 干黏石饰面浑浊不干净

（1）质量问题　石子面层浑浊，如不干净、不明亮，颜色不均匀、不一致，影响观感。

（2）原因分析

① 石子进场后，不经筛洗处理就使用，对堆放石子不采取保护措施（下面是土地，上面不遮盖），污染严重。干黏石粒内含有石粉、泥土、水泥粉尘等杂质，致使黏石面层浑浊和产生色差。

② 石子分批进场混放，配合比不计量，又没有混合均匀，造成颜色不一。

③ 干黏石施工时遇大风，大风卷起脚手架上的泥灰、水泥粉尘等，黏附在黏结层和干黏石的面层上而显浑浊。

（3）处理方法

① 由于局部分格块的面层浑浊且石粒没有粘牢，须铲除后参照"水刷石面层空鼓"的处理方法进行处理。

② 面层有污染、石粒黏附牢固时，可用 10％的盐酸溶液清洗，并用清水冲洗掉盐酸溶液。

（4）预防措施

① 施工前必须将石子全部分规格过筛，将石粉、粉尘等杂物筛出；筛除不合格的大径粒，用水淘洗干净、晾干，贮存，防止再污染。

② 为保证黏石质量、砂浆强度、饰面的整洁，面层黏石子 24h 后即可用浇淋水冲洗，但不能用压力较大的水冲洗；洗净面层的粉尘，对抹灰层起养护作用，可保证黏石质量，黏石面也更加干净明亮。

3. 干黏石阳角有黑边、不通顺

（1）质量问题

① 墙角、柱角、门窗洞口等阳角处，有一条明显可见的无石子的砂浆线，俗称黑边。

② 阳角毛糙，不直，不顺，又不清晰。

（2）原因分析

① 阳角施工时，先在大面上卡好直尺，抹小面黏结层，黏石子压实溜平，反过来再将直尺卡在小面上，再抹大面黏结层，黏石子，这时小面阳角处的黏结层已干，粘不上石子，极易形成一条明显可见的无石子的黑线。

② 对外装饰干黏石施工的阳角，没有从上到下一次吊垂线、拉统长水平线、贴标高灰饼及找直找方，或施工时在一步架子找直、找方一次，很难确保阳角垂直和顺直。

（3）处理方法

① 当阳角有黑边、不垂直、不和顺时，应沿阳角两边从上到下弹垂直线，离阳角每边60mm 沿线切割或凿除阳角部分的干黏石和黏结层，刷洗干净，再沿切割边线贴垂直分格条；选用优质木材，刨成"八"字靠尺，贴在阳角的一面，当抹完一面黏结层，粘好石粒起尺后，翻身贴在另一面，确保接槎在头角上，且阳角垂直、方正无黑边。

② 当阳角垂直，仅有黑边时，可将黑边刮除，洗刷干净，重刮聚合物水泥砂浆黏结剂，及时粘上石粒，拍、滚平。

（4）预防措施

① 抹阳角干黏石时要选用优质木材刨成"八"字形靠尺板，将接槎接到尖角上，是消除黑边、确保阳角垂直的措施之一。

② 要选配技术熟练的工人负责阳角的操作，及时拍平石粒，且均匀密实。

③ 阳角和柱应事先从上到下统一吊垂线、平线作基线。做好标记，接着粘靠尺、抹灰及粘石。要随时检查垂直度和施工质量，如有缺陷，随时纠正。

4. 干黏石表面有抹痕

(1) 质量问题　在干黏石表面修饰施工中，操作人员不是用抹子拍打石渣使其平整，而是用抹子溜抹石渣的表面，从而在干黏石饰面表面留下凹凸不平的鱼鳞状痕迹，这些抹痕严重影响美观。

(2) 原因分析

① 配制的干黏石的灰浆较稀。

② 操作人员技术不熟练，在拍打黏石时施工方法不对，对其表面进行了溜抹，使表面留下了抹痕。

(3) 处理方法　如果抹痕并不十分严重，可以在干黏石凝结硬化之前，用辊子轻轻地压至平整。

(4) 预防措施

① 根据不同墙面、施工季节和施工温度，掌握好底层的浇水量，配制适宜的面层灰稠度。

② 干黏石的施工方法要正确，抹灰层灰一定要抹平，按湿干程度掌握好黏石的时间，并做到随粘石随拍平，千万不要对黏石进行溜抹。

(三) 斩假石质量问题与防治

1. 斩假石出现空鼓现象

(1) 质量问题　斩假石饰面空鼓，影响操作，影响质量，在剁石时有空壳声，会裂缝、脱落。

(2) 原因分析

① 基层表面没有清理洁净，影响底层灰与基层的黏结。

② 底层灰表面抹压过光滑，又没有用木抹子搓毛或划毛；或面层被污染，导致底层灰与面层不能黏结而脱壳，严重的在剁石时脱落。

③ 抹各层时，浇水过多或不足、不均匀，以及底层灰过厚、过薄，产生干缩不匀或部分脱水快干，形成空鼓层。

④ 也有使用劣质水泥或过期的砂浆等而引起空鼓。

(3) 处理方法

① 局部空鼓时，用切割机沿分块缝边割开，铲除空鼓的斩假石块。将基层面扫刷冲洗干净。薄薄刮一层聚合物水泥浆，随即抹面层。面层配合比同原水泥石渣浆，抹的厚度使之与相邻的面层一样平。用抹子横竖反复压几遍，达到表面密实；新旧抹面接合处要细致抹压密实。抹完用软毛刷蘸水把表面水泥刷掉，露出的石渣应均匀一致。隔日遮盖，防晒养护。在正常气温大于 15℃ 以上时，隔 2～3d 开始剁；气温在 15℃ 以下时，要适当延长 2d 左右。但应试剁，以石渣不脱落为准。剁石前，面层应洒水润湿，以防石渣爆裂。

② 大部分空鼓需查明原因，必须铲除干净，重新施工。

(4) 预防措施

① 施工前应将基层表面的粉尘、泥浆等杂物认真清理干净。

② 对光滑的基层表面，宜采用聚合物水泥砂浆喷涂一遍，厚约 1mm，随后用扫帚扫毛，使表面粗糙，湿养护 3～5d。干硬后抹水泥石渣面层。

③ 根据环境气温及基层面干湿程度，掌握好浇水量和均匀度，并注意防晒和湿养护，以增加其黏结力。

④ 严格材料质量，如水泥必须选用检测合格的普通硅酸盐水泥，强度不低于 32.5，或

325 号白水泥。一般用粒径 4mm（小八厘）以内的石粒，可掺 30％石屑，不得有泥土和尘土污染。

2. 斩假石饰面色差大

（1）质量问题 斩假石面颜色不匀，影响装饰的观感。

（2）原因分析

① 在配制的水泥石子浆中，所掺用颜料的细度、颜色、用量、厂家、批号不同。

② 采用的水泥不是一次进场或不是同一批号，在配料中配合比计量不准，时多时少，搅拌不均匀。

③ 斩剁完工的部分，又用水进行了冲刷，使水泥石子浆中的颜料被冲出，从而造成冲者颜色浅，未冲者颜色深。

④ 常温下施工时，斩假石饰面受阳光直接照射程度不同、温度不同，会使饰面颜色不匀。

（3）处理方法 可用草酸水全面洗刷一遍，然后用清水冲洗掉草酸水溶液。

（4）预防措施

① 同一饰面的斩假石工程，应选用同一品种、同一标号、同一细度、同一色泽的原材料，并根据实际面积计算材料用量，一次备足。

② 派专人负责，严格配合比计量，水泥石渣浆要搅拌均匀，加水量要准确。

③ 斩剁前洒水要均匀一致，剁完后的尘屑可用钢丝板刷顺纹刷净，不要再进行洒水刷洗。

④ 雨天不宜施工。常温下施工时，为使颜色分散均匀，可在水泥石子浆中掺入木质素磺酸钙和疏水剂甲基硅醇钠。

3. 斩假石剁纹不匀

（1）质量问题 斩假石装饰面层要求色泽均匀、剁纹均匀，而实际完成的斩假石没有达到色泽和剁纹均匀的要求，严重影响斩假石的美观。

（2）原因分析

① 在进行斩剁石施工之前，斩面未按照设计要求进行弹线，使得剁纹无规律，出现杂乱无章的现象。

② 在进行剁纹前，对饰面的硬化程度未进行认真检查，面层的硬度差别较大；或者使用的剁斧不锋利，或者选用的剁斧规格不当、不合理。

③ 在进行斩假石剁纹施工中，操作者工艺水平不高，用力轻重不匀。

（3）处理方法

① 挑选在斩假石施工方面有经验的技工，对出现质量问题的部位再加工，整修补剁。

② 当剁纹混乱、夹有空鼓等缺陷时，铲除面层，参照"斩假石出现空鼓问题"的处理方法进行处理。

（4）预防措施

① 当水泥石渣浆面层抹完后，经过一定时间的湿养护，在墙边弹出边框线、剁纹方向线，以便沿线斩剁，确保斩剁纹顺序、均匀。斩剁前先要进行试剁，先剁出一定面积的标准样板块，经测验达标后，再以此为斩剁的样板。

② 保持剁斧的锋利，选用专用工具要得当。根据饰面不同的部位应采用相应的剁斧和斩法：边缘部分应用小斩斧轻剁；剁花饰周围应用花锤，而且斧纹应随花纹走势而变化，纹路应相互平行，均匀一致。

③ 操作工要经培训，并经样板块的学习，掌握斩剁技巧。先轻剁一遍，再盖着前一遍的斧纹剁深痕，用力要均匀，移动速度一致，剁纹深浅一致，纹路清晰均匀，不得有漏斩。

阳角处横剁或留出不剁的边应宽窄一致，棱角无缺损。

复习思考题

1. 一般抹灰工程的常用材料有哪些？对这些材料的质量分别有什么要求？
2. 装饰抹灰工程的常用材料有哪些？对这些材料的质量分别有什么要求？
3. 清水砌体勾缝工程的常用材料有哪些？对这些材料的质量分别有什么要求？
4. 一般抹灰工程质量预控的要点是什么？在施工中的质量控制要点是什么？
5. 装饰抹灰工程质量预控的要点是什么？在施工中的质量控制要点是什么？
6. 清水砌体勾缝工程质量预控的要点是什么？在施工中的质量控制要点是什么？
7. 一般抹灰工程验收质量要求及检验方法是什么？
8. 装饰抹灰工程验收质量要求及检验方法是什么？
9. 清水砌体勾缝工程验收质量要求及检验方法是什么？
10. 室内抹灰主要存在哪些质量问题？各自如何进行防治？
11. 外墙抹灰主要存在哪些质量问题？各自如何进行防治？
12. 装饰抹灰主要存在哪些质量问题？各自如何进行防治？

第三章

吊顶装饰工程质量控制

【提要】本章主要介绍了室内装饰吊顶工程的常用材料的质量控制、施工过程中的质量控制、工程验收的质量标准及检验方法、吊顶工程常见质量问题与防治措施。通过对以上内容的学习，基本掌握吊顶工程在材料、施工和验收中质量控制的内容、方法和重点，并学会质量缺陷的处理方法。

吊顶是室内装饰工程中的重要组成部分，是人类休息、生活和学习的主要环境和场所，因此对吊顶的要求较高。它既要满足多方面功能的技术要求，又要考虑到技术要求与艺术的完美结合。实践充分证明，吊顶最能反映室内空间的形状和环境，营造室内某种环境、风格和气氛。通过艺术设计和施工工艺的处理，可以明确地表现出所追求的空间造型艺术，显示各部分的相互关系，分清主次，突出重点和中心，对室内景观的完整统一与装饰效果影响很大。

第一节 吊顶常用材料的质量控制

装饰吊顶材料是进行装饰吊顶工程施工的物质基础，材料的质量、规格、品种、价格、性能等方面，将直接影响着装饰吊顶工程的施工质量、装饰效果、使用功能、使用寿命和经济效益等。因此，在装饰吊顶的设计和施工中，应当科学选择、合理搭配和正确使用装饰吊顶材料。装饰吊顶主要由骨架材料、面板材料和连接材料等组成。

一、吊顶龙骨材料的质量控制

吊顶龙骨材料按材料不同，可分为轻钢龙骨、铝合金龙骨和木龙骨；按外形不同，可分为 U 形龙骨和 T 形龙骨；按用途不同，可分为大龙骨、中龙骨、小龙骨和边龙骨。

龙骨是吊顶工程的主要承力构力，其材料的规格、种类、性能和质量直接影响着装饰吊顶工程的质量。目前在吊顶工程中最常用的是轻钢龙骨。

（一）轻钢龙骨的质量要求

吊顶工程所用的轻钢龙骨应满足设计和防火、耐久性等方面要求，同时应符合国家标准《建筑用轻钢龙骨》（GB/T 11981—2008）的规定；安装轻钢龙骨的配件，应符合建材行业标准《建筑用轻钢龙骨配件》（JC/T 558—2007）的要求。

轻钢龙骨主要有 U 形和 T 形两种，其具体的质量要求见表 3-1～表 3-3。

表 3-1　轻钢龙骨断面规格尺寸允许偏差　　　　　　　　　单位：mm

项　目			优等品	一等品	合格品
长度 L				+30，−10	
覆面龙骨断面尺寸	尺寸 A	≤30		±1.0	
		>30		1.5	
	尺寸 B		±0.3	±0.4	±0.5
其他龙骨断面尺寸	尺寸 A		±0.3	±0.4	±0.5
	尺寸 B	≤30		±1.0	
		>30		±1.5	

表 3-2　轻钢龙骨的角度允许偏差

成型角的最短边尺寸/mm	优等品	一等品	合格品
10～18	±1°15′	±1°30′	±2°00′
>18	±1°00′	±1°15′	±1°30′

表 3-3　轻钢龙骨外观质量要求

外观缺陷	优等品	一等品	合格品
腐蚀、损伤、黑斑、麻点	不允许	无较严重的腐蚀、损伤、黑斑和麻点。面积不大于 1cm² 的黑斑每米长度内不多于 3 处	
双面镀锌量/(g/m²)	120	100	80
双面镀锌层厚度/μm	16	14	12

（二）木龙骨的质量要求

装饰工程中所用的木骨架，可以分为内部木骨架和外部木骨架两种。吊顶装饰工程所用木骨架为内部木骨架。一般应选用木质较松、纹理不美观，且含水很少、干缩性小、不易开裂、不易变形的树种。

木骨架材料是饰面材料的受力体，不仅对材料的强度、硬度、美观、性能均有一定的要求，而且对木材的质量、等级和尺寸也有相应的规定。

普通锯材的材质标准和等级规定，应符合国家标准《阔叶树锯材》（GB/T 4817—2009）中的要求。

二、吊顶罩面板材料质量控制

吊顶工程所用的罩面板应当具有出厂合格证，对于人造木板还应有技术指标检验证明；罩面板不应有气泡、起皮、裂纹、缺角、污垢和图案不完整等质量缺陷；表面应平整、边缘整齐、色泽一致。

吊顶工程常用的罩面板质量要求见表 3-4～表 3-8。

表 3-4　硅钙装饰板的质量要求

项　目		质量标准要求
外观质量与规格尺寸	长度/mm	±1
	宽度/mm	±1
	厚度/mm	6.0±0.3
	厚度平均度/%	≤8
	平板边缘平直度/(mm/m)	≤2
	平板边缘垂直度/(mm/m)	≤3
	平板表面平整度/mm	≤1
	表面质面要求	表面应平整，不得有缺角、鼓泡和凹陷
物理力学性质	含水率/%	≤10
	密度/(g/cm³)	0.90<D≤1.20
	湿胀率/%	≤0.25

表 3-5　纸面石膏板规格尺寸偏差

项　目	长度	宽度	厚度	
			9.5	≥12.0
尺寸偏差/mm	0，−6	0，−5	±0.5	±0.6

注：板面应切成矩形，两对角线的长度差应不大于5mm。

表 3-6　纸面石膏板断裂荷载值

板材厚度 /mm	断裂荷载/N		板材厚度 /mm	断裂荷载/N	
	纵向	横向		纵向	横向
9.5	360	140	18.0	800	270
12.0	500	180	21.0	950	320
15.0	650	220	25.0	1100	370

表 3-7　铝塑复合板规格尺寸允许偏差

板材厚度/mm	允许偏差值	板材厚度/mm	允许偏差值
长度/mm	±3.0	对角线差/mm	≤5.0
宽度/mm	±2.0	边缘不直度/(mm/m)	≤1.0
厚度/mm	±0.2	翘曲度/(mm/m)	≤5.0

表 3-8　铝塑复合板外观质量要求

缺陷名称	缺陷规定	允许范围	
		优等品	合格品
波纹	—	不允许	不明显
鼓泡	≤10mm	不允许	不超过 1 个/m²
疵点	≤3mm	不超过 3 个/m²	不超过 10 个/m²
划伤	总长度	不允许	≤100mm/m²
擦伤	总面积	不允许	≤50mm/m²
划伤、擦伤总处数	—	不允许	≤4 处
色差	色差不明显，若用仪器检测，$\Delta E \leq 2$		

三、其他吊顶材料的质量控制

安装吊顶罩面板的紧固件、螺钉、钉子宜为镀锌的，吊杆用的钢筋、角钢等应进行防锈处理，胶黏剂应按所用罩面板的品种配套选用。如果现场配制胶黏剂，其配合比应由试验确定。吊顶工程中常用轻钢龙骨配件的外观质量要求见表 3-9，轻钢龙骨吊件和挂件的力学性能见表 3-10。

表 3-9　轻钢龙骨配件的外观质量要求

外观缺陷	优等品	一等品	合格品
切口毛刺、变形	不允许	不影响使用	不影响使用
腐蚀、损伤、黑斑、麻点	不允许	不允许	弯角处不允许，其他部位允许有少量轻微的腐蚀点、损伤、斑点和麻点

表 3-10　轻钢龙骨吊件和挂件的力学性能

名称	被吊挂龙骨类别	荷载/N	技术指标
吊件	上人承载龙骨	2000	3 个试件残余变形量平均值不大于 2.0mm，最大值不大于 2.5mm
	不上人承载龙骨	1200	
挂件	覆面龙骨	600	挂件两角部允许有变形

第二节　吊顶工程施工质量控制

吊顶装饰工程主要分为暗龙骨吊顶工程和明龙骨吊顶工程两种。两种吊顶的形式虽然不同，其施工方法也不同，但在施工中对其质量控制目标是一样的。

一、暗龙骨吊顶工程施工质量控制

1. 吊顶弹线的质量控制

① 用水准仪在房间内每个墙角上抄出水平点，弹出距地面为500mm的水准线，从水准线量至吊顶设计高度加上12mm（一层石膏板的厚度），用粉线沿墙弹出水准线，即为吊顶次龙骨的下皮线。

② 按照吊顶平面图，在混凝土顶板上弹出主龙骨的位置。主龙骨应从吊顶中心向两边分，最大间距为1000mm，并标出吊杆的固定点，吊杆的固定点间距900～1000mm，如遇到梁和管道固定点大于设计和规程要求时，应增加吊杆的固定点。

2. 吊杆的安装质量控制

吊杆是连接龙骨与楼板（或屋面板）的承重结构，它的形式和选用与楼板的形式、龙骨的形式及材料有关，还与吊顶的质量有关。在工程中常见的吊杆安装方式有以下几种。

① 在预制板缝中安装吊杆。在预制板缝中浇灌细石混凝土或砂浆时，沿板缝通长设置直径为8～12mm的钢筋，将吊杆的一端打弯，勾于板缝中通长的钢筋上，另一端从板缝中抽出，抽出长度为板底到龙骨的高度再加上绑扎尺寸。

② 在现浇楼板上安放吊杆。在现浇混凝土楼板时，按吊顶的间距，将钢筋吊杆一端放在现浇层中，在木模板上钻孔，孔径应稍大于钢筋吊杆直径，吊杆另一端从此孔中穿出。

③ 在已硬化楼板上安装吊杆。用射钉枪将射钉打入楼板底，可选用尾部带孔与不带孔的两种射钉规格。在带孔射钉上穿上铜丝或镀锌钢丝，用以绑扎龙骨；也可在射钉上直接焊接吊杆。

在吊点的设计位置，用冲击钻打胀管螺栓，然后将胀管螺栓同吊杆焊接在一起。这种方法可省去预埋件，操作比较灵活，对于荷载较大的吊顶，比较适用。

④ 在梁上设置吊杆。在框架的下弦、木梁或木条上设吊杆，如果是钢筋吊杆，直接绑上即可，如果是木吊杆，可用铁钉将吊杆钉上，每个木吊杆不得少于两个钉子。

3. 边龙骨安装质量控制

边龙骨的安装应按照设计要求弹线，沿墙（柱）上的水平龙骨线把L形镀锌轻钢条，用自攻螺钉固定在预埋木砖上。如为混凝土墙（柱）可用射钉进行固定，射钉间距应不大于吊顶次龙骨的间距。

4. 主龙骨安装质量控制

① 主龙骨应吊挂在吊杆上，主龙骨间距900～1000mm。主龙骨分为不上人UC38小龙骨，上人UC60大龙骨两种。主龙骨宜平行房间长向安装，同时应起拱，起拱高度为房间跨度的（1/200）～（1/300）。主龙骨的悬臂端不应大于300mm，否则应增加吊杆。主龙骨的接长应采取对接，相邻龙骨的对接接头要相互错开。主龙骨挂好后应将其基本调平。

② 跨度大于15m以上的吊顶，应在主龙骨上，每隔15m加一道大龙骨，并垂直主龙骨焊接牢固。

③ 如有大的造型顶棚，造型部分应用角钢或角钢焊接成框架，并应与楼板连接牢固。

④ 吊顶如设检修走道，应另设附加吊挂系统，用10mm的吊杆与长度为1200mm的15mm×15mm×5mm角钢横担用螺栓连接，横担间距为1800～2000mm，在横担上铺设走道，可以用6号槽钢两根间距600mm，之间用10mm的钢筋焊接，钢筋的间距为100mm，将槽钢与横担角钢焊接牢固，在走道的一侧设有栏杆，高度为900mm，可以用50mm×50mm×4mm的角钢做立柱，焊接在走道槽钢上，之间用30mm×4mm的扁钢连接。

5. 次龙骨安装质量控制

次龙骨应紧贴着主龙骨安装，次龙骨的间距一般为300～600mm。用T形镀锌铁片连接件把次龙骨固定在主龙骨上时，次龙骨的两端应搭在L形边龙骨的水平翼缘上。墙上应预先标出次龙骨中心线的位置，以便安装罩面板时找到次龙骨的位置。

当采用自攻螺钉安装板材时，板材接缝处必须安装在宽度不小于 40mm 的次龙骨上。次龙骨不得以搭接方式连接。在通风、水电等洞口周围应设附加龙骨，附加龙骨的连接用拉铆钉铆固。吊顶灯具、风口及检修口等应设附加吊杆和补强龙骨。

6. 石膏板类罩面板安装质量控制

① 石膏板安装时，应从吊顶顶棚的一边角开始，逐块排列推进。纸面石膏板的纸包边长应沿着次龙骨平行铺设。为了使顶棚受力均匀，在同一条次龙骨上的拼缝不能贯通，即铺设板时应错缝。其主要原因是板拼缝处，受力面容易断开。如果拼缝贯通，则在此次龙骨处形成一条线荷载，易造成开裂或一板一棱的质量通病。

② 石膏板用镀锌 3.5mm×2.5mm 自攻螺钉固定在龙骨上。一般从一端角或中间开始顺序往前或两边安装，钉帽应嵌入石膏板内约 0.5~1mm，钉距为 150~170mm，钉离板边缘以 15mm 为佳，以保证石膏板边缘不受破坏，从而保证板的强度。板与板之间和板与墙之间应留 3~5mm 的缝隙，以便于用腻子嵌缝。

③ 当采用双面石膏板时，应注意其长短边与第一层石膏板的长短边错开一个龙骨间距以上，且第二层石膏板也应像第一层一样错缝铺钉，应采用 3.5mm×35mm 的自攻螺钉固定在龙骨上，螺钉位置也应适当错位。

④ 吊顶石膏板铺设完成后，应进行嵌缝处理。嵌缝的填充材料，有老粉（双飞粉）、石膏、水泥及配套专用嵌缝腻子。常见的材料一般配以水、胶，几种材料也可根据设计要求配合在一起，然后加上水与胶水搅拌均匀后使用。专用嵌缝腻子不用加胶水，只要根据说明加适量的水搅拌均匀后即可使用。

7. 纤维水泥加压板安装质量控制

① 龙骨间距、螺钉与板边的距离以及螺钉间距等，应满足设计要求和有关产品规定。

② 纤维水泥加压板与龙骨固定时，所用手电钻钻头的直径应当比选用螺钉直径小 0.5~1.0mm；固定后，钉帽应进行防锈处理，并用油性腻子将钉眼嵌平。

③ 用密封膏、石膏腻子或掺界面剂胶的水泥砂浆嵌涂板缝并刮平，硬化后用砂纸将表面磨光，板缝宽度应小于 50mm；板材的开孔和切割，应按产品的有关要求进行。

8. 胶合板、纤维板安装质量控制

① 胶合板应当光面向外，相邻板的色彩与木纹要协调，可用钉子加以固定，钉距为 80~150mm，钉长为 25~35mm，钉帽应打扁，并进入板面 0.5~1.0mm，钉眼用油性腻子抹平。胶合板面如涂刷清漆，相邻板的色彩与木纹应基本相同。

② 纤维板可用钉子固定，钉距为 80~120mm，钉长为 20~30mm，钉帽应打扁，并进入板面 0.5mm，钉眼用油性腻子抹平。硬质纤维板应用水浸透，自然晾干后再安装。

③ 胶合板、纤维板用木条固定时，钉距不应大于 200mm，钉帽应打扁并进入板面 0.5~1.0mm，钉眼用油性腻子抹平。

9. 钙塑板、金属板安装质量控制

（1）钙塑板的安装　钙塑装饰板用胶黏剂粘贴时，涂胶一定要均匀、适量，粘贴板子后，应采取临时固定措施，并及时清除挤出的胶液。当用钉子固定时，钉距不宜大于 150mm，钉帽应与板面起平，排列整齐，并用与板面颜色相同的涂料涂饰。

（2）金属板的安装　金属板的安装应从边上开始，在搭口缝的金属板，应顺搭口缝方向逐块进行，板要用力插入齿口内，使其啮合。金属条板式吊顶龙骨一般可直接吊挂，也可增加主龙骨，主龙骨间距不大于 1.2m，龙骨的形式应与条板配套。

金属方板式吊顶次龙骨分为明装 T 形和暗装卡口两种，根据金属方板式样选定次龙骨，次龙骨与主龙骨间用固定件连接；金属格栅的龙骨可明装也可暗装，龙骨间距由格栅做法确定。金属板吊顶与四周墙面所留空隙，用金属压缝条嵌或补边吊顶找平，金属压条材质应与金属面板相同。

二、明龙骨吊顶工程施工质量控制

1. 吊顶弹线的质量控制

① 用水准仪在房间内每个墙角上找出水平点，弹出距地面为 500mm 的水准线，从水准线量至吊顶设计高度加上 12mm（一层石膏板的厚度），用粉线沿墙弹出水准线，即为吊顶次龙骨的下皮线。

② 按照吊顶平面图，在混凝土顶板上弹出主龙骨的位置。主龙骨应从吊顶中心向两边分，最大间距为 1000mm，并标出吊杆的固定点，吊杆的固定点间距 900～1000mm，如遇到梁和管道固定点大于设计和规程要求时，应增加吊杆的固定点。

2. 吊杆的安装质量控制

① 不上人的吊顶，吊杆长度小于 1000mm，可以采用直径 6mm 的吊杆，如果长度大于 1000mm，应采用直径 8mm 的吊杆，还应设置反向支撑。吊杆可以采用冷拔钢筋和盘圆钢筋。

② 上人的吊顶，吊杆长度小于 1000mm，可以采用直径 8mm 的吊杆，如果长度大于 1000mm，应采用直径 10mm 的吊杆，还应设置反向支撑。

③ 吊杆可采用膨胀螺栓进行固定，即用冲击电锤在楼板上打孔，孔径应稍大于膨胀螺栓的直径。

④ 吊杆的一端同角钢 30mm×30mm×3mm 焊接，另一端可以用套丝长度大于 100mm 的丝杆，也可以用成品丝杆焊接。制作好的吊杆应进行防锈处理。

3. 边龙骨安装质量控制

边龙骨的安装应按设计要求进行弹线，沿墙（柱）上的水平龙骨线把 L 形镀锌轻钢条用自攻螺钉固定在预埋木砖上；如果是混凝土墙（柱），可用射钉固定，射钉间距应不大于吊顶次龙骨的间距。

4. 主龙骨安装质量控制

① 主龙骨应吊挂在吊杆上。主龙骨的间距为 900～1000mm。主龙骨分为轻钢龙骨和 T 形龙骨。轻钢龙骨可选用 UC50 中龙骨和 UC38 小龙骨。

② 主龙骨应平行房间长向安装，同时进行起拱，起拱高度为房间跨度的（1/200）～（1/300）。主龙骨的悬臂段不应大于 300mm，否则应增加吊杆。主龙骨的接长应采取对接，相邻龙骨的对接接头要相互错开。主龙骨挂好后应达到基本调平。

③ 跨度大于 15m 以上的吊顶，应在主龙骨上，每隔 15m 加一道大龙骨，并垂直主龙骨焊接牢固。

④ 如有大的造型顶棚，造型部分应用角钢或扁钢焊接成框架，并应与楼板连接牢固。

5. 次龙骨安装质量控制

① 为使吊顶龙骨成为一个整体，并承担相应的重量，次龙骨应紧贴主龙骨进行安装，次龙骨的间距为 300～600mm。

② 次龙骨分为 T 形烤漆龙骨、T 形铝合金龙骨和各种条形扣板厂家配带的专用龙骨。

③ 用 T 形镀锌铁片连接件把次龙骨固定在主龙骨上时，次龙骨的两端应搭在 L 形边龙骨的水平翼缘上，条形扣板有专用的阴角线做边龙骨。

6. 罩面板安装质量控制

(1) 嵌装式装饰石膏板安装质量要求

① 嵌装式装饰石膏板应根据设计要求进行选择，石膏板应与龙骨配套。

② 嵌装式装饰石膏板安装前应分块弹线，花式图案应符合设计要求，如果设计无要求时，嵌装式装饰石膏板宜由吊顶中间向两边对称排列安装，墙面与吊顶接缝应交圈一致。

③ 嵌装式装饰石膏板的安装宜选用企口暗缝咬接法。安装时应注意企口的相互咬接及

图案的拼接。

④ 龙骨调平及拼缝处应认真施工，在固定石膏板时，应视吊顶高度及板厚，在板与板之间留出适当间隙，拼缝缝隙用石膏腻子补平，并贴一层穿孔接缝纸。

（2）金属微穿孔吸声板安装质量要求

① 在安装吸声板之前，必须认真调平调直龙骨，这是保证大面积吊顶效果的关键。

② 安装冲孔吸声板宜采用板用木螺钉或自攻螺钉固定在龙骨上，对于有些铝合金板吊顶，也可将冲孔板卡在龙骨上，其具体的固定方法，要根据板的断面而决定。

③ 安装金属微穿孔板应从一个方向开始，依次进行安装。

④ 在方板或板条安装完毕后铺设吸声材料。条板可将吸声材料放在板条内；方板可将吸声材料放在板的上面。

第三节　吊顶工程验收质量控制

吊顶装饰工程的施工质量标准与检验方法，应当符合国家标准《建筑装饰装修工程质量验收规范》（GB 50210—2001）和《建筑工程施工质量验收统一标准》（GB 50300—2001）中的有关规定。

一、暗龙骨吊顶工程验收质量控制

以轻钢龙骨、铝合金龙骨、木龙骨等为骨架，以石膏板、金属板、矿棉板、木板、塑料板或格栅等为饰面材料的暗龙骨吊顶工程的质量验收，其主控项目和一般项目的质量验收标准及检验方法，应符合表 3-11 中的规定；暗龙骨吊顶工程的安装允许偏差和检验方法，应符合表 3-12 中的规定。

表 3-11　暗龙骨吊顶工程质量验收标准及检验方法

项目	项次	质量要求	检验方法
主控项目	1	吊顶标高、尺寸、起拱和造型应符合设计要求	观察；尺量检查
	2	饰面材料的材质、品种、规格、图案和颜色应符合设计要求	观察；检查产品合格证书、性能检测报告、进场验收记录和复验报告
	3	暗龙骨吊顶工程的吊杆、龙骨和饰面材料的安装必须牢固	观察；手扳检查；检查隐蔽工程验收记录和施工记录
	4	吊杆和龙骨的材质、规格、安装间距及连接方式应符合设计要求；金属吊杆、龙骨经过表面防腐处理；木吊杆、龙骨应进行防腐、防火处理	观察；尺量检查；检查产品合格证书、性能检测报告、进场验收记录和隐蔽工程验收记录
	5	石膏板的接缝应按其施工工艺标准进行板缝防裂处理；安装双层石膏板时，面层板与基层板的接缝应错开，并不得在同一根龙骨上接缝	观察
一般项目	6	饰面材料表面应洁净、色泽一致，不得有翘曲、裂缝及缺损；压条应平直、宽窄一致	观察；尺量检查
	7	饰面板上的灯具、烟感器、喷淋头、风口箅子等设备的位置应合理、美观，与饰面板的交接应吻合、严密	观察
	8	金属吊杆、龙骨的接缝应均匀一致，角缝应吻合，表面应平整，无翘曲、锤印；木质吊杆、龙骨应顺直，无劈裂、变形	检查隐蔽工程验收记录和施工记录
	9	吊顶内填充吸声材料的品种和铺设厚度应符合设计要求，并应有防散落措施	检查隐蔽工程验收记录和施工记录
	10	暗龙骨吊顶工程的安装允许偏差和检验方法应符合表 3-12 中的规定	

注：本表及表 3-12 根据《建筑装饰装修工程质量验收规范》（GB 50210—2001）的相关规定条文编制。

表 3-12　暗龙骨吊顶工程的安装允许偏差和检验方法

项次	项　目	允许偏差/mm				检验方法
		纸面石膏板	金属板	矿棉板	塑料板、格栅、木板	
1	表面平整度	3	2	2	2	用 2m 靠尺和塞尺检查
2	接缝直线度	3	1.5	3	3	拉 5m 线,不足 5m 的拉通线,用钢直尺检查
3	接缝高低差	1	1	1.5	1	用钢直尺和塞尺检查

二、明龙骨吊顶工程验收质量控制

以轻钢龙骨、铝合金龙骨、木龙骨等为骨架,以石膏板、金属板、矿棉板、玻璃板、塑料板或格栅等为饰面材料的明龙骨吊顶工程的质量验收,其主控项目和一般项目的质量验收标准及检验方法,应符合表 3-13 中的规定;明龙骨吊顶工程的安装允许偏差和检验方法,应符合表 3-14 中的规定。

表 3-13　明龙骨吊顶工程质量验收标准及检验方法

项目	项次	质量要求	检验方法
主控项目	1	吊顶标高、尺寸、起拱和造型应符合设计要求	观察;尺量检查
	2	饰面材料的材质、品种、规格、图案和颜色应符合设计要求;当饰面材料为玻璃板时,应使用安全玻璃或采用可靠的安全措施	观察;检查产品合格证书、性能检测报告和进场验收记录
	3	饰面材料的安装应稳固严密;饰面材料与龙骨的搭接宽度应大于龙骨受力面宽度的 2/3	观察;手扳检查;尺量检查
	4	吊杆和龙骨的材质、规格、安装间距及连接方式应符合设计要求;金属吊杆、龙骨应经过表面防腐处理;木吊杆、龙骨应进行防腐、防火处理	观察;尺量检查;检查产品合格证书、进场验收记录和隐蔽工程验收记录
	5	明龙骨吊顶工程的吊杆和龙骨的安装必须牢固	手扳检查;检查隐蔽工程验收记录和施工记录
一般项目	6	饰面材料表面应洁净、色泽一致,不得有翘曲、裂缝及缺损;饰面板与明龙骨的搭接应平整、吻合,压条应平直、宽窄一致	观察;尺量检查
	7	饰面板上的灯具、烟感器、喷淋头、风口箅子等设备的位置应合理、美观,与饰面板的交接应吻合、严密	观察
	8	金属龙骨的接缝应平整、吻合、颜色一致,不得有划伤、擦伤等表面缺陷;木质龙骨应平整、顺直,无劈裂	观察
	9	吊顶内填充吸声材料的品种和铺设厚度应符合设计要求,并应有防散落措施	检查隐蔽工程验收记录和施工记录
	10	明龙骨吊顶工程的安装允许偏差和检验方法应符合表 3-14 中的规定	

表 3-14　明龙骨吊顶工程的安装允许偏差和检验方法

项次	项　目	允许偏差/mm				检验方法
		石膏板	金属板	矿棉板	塑料板、玻璃板	
1	表面平整度	3	2	3	2	用 2m 靠尺和塞尺检查
2	接缝直线度	3	2	3	3	拉 5m 线,不足 5m 的拉通线,用钢直尺检查
3	接缝高低差	1	1	2	1	用钢直尺和塞尺检查

第四节　吊顶工程质量问题与防治措施

吊顶工程是室内装饰的主要组成部分,随着人们对物质文明和精神文明要求的提高,其室内吊顶工程的审美也随之提高,吊顶工程的投资比重也越来越大,现在已大约占室内装饰总投资的 30%～50%，因此，吊顶工程的装饰装修一定要按照国家有关规定施工，尽可能避免出现质量问题，对于已经出现的质量缺陷，应当采取有效的技术措施，达到有关标准的要求。

一、吊顶龙骨的质量问题与防治

吊顶龙骨是整个吊顶工程的骨架，它不仅承担着吊顶的全部荷载，关系到吊顶工程的稳定性和安全性，而且对饰面的固定起着重要作用，关系到吊顶工程的整体性和装饰性。按骨架所用的材料不同，吊顶龙骨可分为木龙骨、轻钢龙骨、铝合金龙骨等。

（一）轻钢龙骨纵横方向线条不直

1. 质量问题

吊顶的龙骨安装后，主龙骨和次龙骨在纵横方向上存在着不顺直、有扭曲、歪斜的现象；主龙骨的高低位置不同，使得下表面的拱度不均匀、不平整，个别甚至成波浪线；有的吊顶完工后，经过短期使用就产生凹凸变形。

2. 原因分析

① 主龙骨和次龙骨在运输、保管、加工、堆放和安装中受到扭折，虽然经过修整，仍然达不到规范要求，安装后形成龙骨纵横方向线条不直。

② 龙骨设置的吊点位置不正确，特别是吊点距离不均匀，有的吊点间距偏大，由于各吊点的拉牵力不均匀，则易形成龙骨线条不直。

③ 在进行龙骨安装施工中，未拉通线全面调整主龙骨、次龙骨的高低位置，从而形成安装的龙骨在水平方向高低不平。

④ 在测量确定吊顶水平线时，误差超过规范规定，中间的水平线起拱度不符合规定，待承担全部荷载后不能达到水平。

⑤ 在龙骨安装完毕后，由于施工中不加以注意，造成局部施工荷载过大，导致龙骨局部产生弯曲变形。

⑥ 由于吊点与建筑主体固定不牢、吊挂连接不牢、吊杆强度不够等原因，使吊杆变形不均匀，产生局部下沉，从而形成龙骨纵横方向线条不直。

3. 预防措施

① 对于受扭折较轻的杆件，必须在校正合格后才能用于龙骨；对于受扭折较严重的主龙骨和次龙骨，一律不得用于骨架。

② 按照设计要求进行弹线，准确确定龙骨吊点位置，主龙骨端部或接长部位应增设吊点，吊点间距不宜大于 1.2m。吊杆距主龙骨端部距离不得大于 300mm，当大于 300mm 时，应增加吊杆。当吊杆长度大于 5m 时，应设置反支撑。当吊杆与设备位置矛盾时，应调整并增设吊杆。

③ 四周墙面或柱面上，也要按吊顶高度要求弹出标高线，弹线位置应当正确，线条应当清楚，一般可采用水柱法弹出水平线。

④ 将龙骨与吊杆进行固定后，按标高线调整龙骨的标高。在调整时一定要拉上水平通线，按照水平通线对吊杆螺栓进行调整。大房间可根据设计要求进行起拱，起拱度一般为 1/200。

⑤ 对于不上人的吊顶，在进行龙骨安装时，挂面不应挂放施工安装器具；对于大型上人吊顶，在龙骨安装完毕后，应为机电安装等人员铺设通道板，避免龙骨承受过大的不均匀荷载而产生不均匀变形。

4. 处理方法

对于已出现的龙骨纵横方向线条不直的质量问题，如果不十分严重，可采用以下两种措施进行处理。

① 利用吊杆或吊筋螺栓调整龙骨的拱度，这是一种简单有效的处理方法。

② 对于膨胀螺栓或射钉的松动、虚焊脱落等造成的龙骨不直，应当采取补钉补焊措施。

（二）木吊顶龙骨拱度不匀

1. 质量问题

木吊顶龙骨装铺后，其下表面的拱度不均匀、不平整，甚至形成波浪形；木吊顶龙骨周边或四角与中间标高不同；木吊顶完工后，经过短期使用产生凹凸变形。

2. 原因分析

① 木吊顶龙骨选用的材质不符合要求，变形大、不顺直、有疤节、有硬弯，施工中又难以调直；木材的含水率较大，在施工中或交工后产生收缩翘曲变形。

② 不按有关施工规程进行操作，施工中吊顶龙骨四周墙面上未弹出施工中所用的水平线，或者弹线不准确，中间未按规定起拱，从而造成拱度不匀。

③ 设置的吊杆或吊筋的间距过大，吊顶龙骨的拱度不易调整均匀。同时，在龙骨受力后易产生挠度，造成凹凸不平。

④ 木吊顶龙骨接头装铺不平或搭接时出现硬弯，直接影响吊顶的平整度，从而造成龙骨拱度不匀。

⑤ 受力节点结合不严密、不牢固，受力后产生位移变形。这种质量问题比较普遍，常见的有以下几种。

a. 在装铺吊杆、吊顶龙骨接头时，由于木材材质不良或选用钉的直径过大，节点端头被钉劈裂，出现松动而产生位移。

b. 吊杆与吊顶龙骨未采用半燕尾榫相连接，极容易造成节点不牢或使用不耐久的弊病，从而形成龙骨拱度不匀。

c. 位于钢筋混凝土板下的吊顶，如果采用螺栓固定龙骨时，吊筋螺母处未加垫板，龙骨上的吊筋孔径又较大，受力后螺母被旋进木料内，造成吊顶局部下沉；或因吊筋长度过短不能用螺母固定，导致吊筋间距增大，受力后变形也必然增大。

d. 位于钢筋混凝土板下的吊顶，如果采用射钉锚固龙骨，若射钉未射入或固定不牢固，会造成吊点的间距过大，在承受荷载后，射钉产生松动或脱落，从而使龙骨的挠度增大、拱度不匀。

3. 预防措施

① 首先应特别注意选材，木吊顶龙骨应选用比较干燥的松木、杉木等软质木材，并防止制作与安装时受潮和烈日暴晒；不要选用含水率过大、具有缺陷的硬质木材，如桦木和柞木等。

② 木吊顶龙骨在装铺前，应按设计标高在四周墙壁上弹线找平，作为龙骨安装的标准；在龙骨装铺时四周以弹线为准，中间按设计进行起拱，起拱的高度应当为房间短向跨度的1/200，纵横拱度均应吊匀。

③ 龙骨及吊顶龙骨的间距、断面尺寸，均应符合设计要求；木料应顺直，如果有硬弯，应将硬弯处锯掉，调直后再用双面夹板连接牢固；木料在两个吊点间如果稍有弯度，使用时应将弯度向上，以替代起拱。

④ 各受力节点必须装铺严密、牢固，符合施工规范质量要求。对于各受力节点可采取以下措施。

a. 木吊顶的吊杆和接头夹板必须选用优质软木制作，钉子的长度、直径、间距要适宜，既能满足强度的要求，装铺时又不能出现劈裂。

b. 吊杆与龙骨连接应采用半燕尾榫，如图 3-1 所示，交叉地钉固在吊顶龙骨的两侧，以提高其稳定性；吊杆与龙骨必须切实钉牢，钉子的长度为吊杆木材厚度的 2.0～2.5 倍，吊杆端头应高出龙骨上皮 40mm，以防止装铺时出现劈裂，如图 3-2 所示。

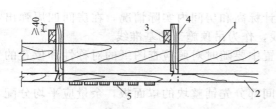

图 3-1　半燕尾榫示意图
1—屋架下弦；2—吊顶龙骨；3—龙骨；4—吊杆；5—板条

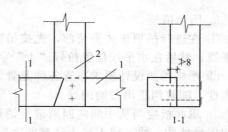

图 3-2　木屋架吊顶
1—吊顶龙骨；2—吊杆

c. 如果采用吊筋固定龙骨，其吊筋的位置和长度必须埋设准确，吊筋螺母处必须设置垫板。如果木料有弯，与垫板接触不严，可利用撑木、木楔靠严，以防止吊顶变形。必要时应在上、下两面均设置垫板，用双螺母进行紧固。

d. 吊顶龙骨接头的下表面必须装铺顺直、平整，其接头不要在一个高程上，要错开使用，以加强吊顶的整体性；对于板条抹灰的吊顶，其板条接头必须分段错槎钉在吊顶龙骨上，每段错槎宽度不宜超过 500mm，以加强吊顶龙骨的整体刚度。

e. 在墙体砌筑时，应按吊顶标高沿墙牢固地预埋木砖，间距一般为 1m，以便固定墙周边的吊顶龙骨，或在墙上留洞，把吊顶龙骨固定在墙内。

f. 如果采用射钉锚固，射钉必须射入墙内要求的深度并牢固，射钉的间距一般不宜大于 400mm。

⑤ 对于木吊顶，应在其内设置通风窗，使木骨架处于干燥的环境中，以防止木材产生湿胀干缩；在室内抹灰时，应将吊顶通风孔封严，待墙面完全干燥后，再将通风孔打开，使吊顶保持干燥环境。

4. 处理方法

① 如果木吊顶龙骨的拱度不匀，局部超过允许误差较大，可利用吊杆或吊筋螺栓的松紧来调整拱度。

② 如果吊筋螺母处未加垫板，应及时卸下螺母加设垫板，并把吊顶龙骨的拱度调匀；如果因吊筋长度过短不能用螺母固定，可用电焊法将螺栓加长，并安好垫板和螺母，把吊顶龙骨的拱度调匀。

③ 如果吊杆被钉劈裂而使节点松动，必须将劈裂的吊杆换掉；如果吊顶龙骨接头有硬弯，应将硬弯处的夹板起掉，调直后再钉牢。

④ 如果因射钉松动而使节点不牢固，必须补射射钉加以固定。如果射钉不能满足节点荷载，应改用膨胀螺栓进行锚固。

（三）吊顶造型不对称，布局不合理

1. 质量问题

在吊顶罩面板安装后，发现吊顶造型不对称，罩面板布局不合理，严重影响吊顶表面美观，达不到质量验收标准。

2. 原因分析

① 没有根据吊顶房间内的实际情况弹好中心"十"字线，使施工中没有对称控制线，从而造成吊顶造型不对称，罩面板布局不合理。

② 未严格按照规定排列、组装主龙骨、次龙骨和边龙骨，结果造成吊顶骨架不对称，则很难使整个吊顶达到对称。

③ 在铺设罩面板时，其施工流向不正确，违背了吊顶工程施工的规律，从而造成造型不对称，布局不合理。

3. 防治措施

① 在进行吊顶正式安装前，先按吊顶的设计标高和房间内实际情况，在房间四周弹出水平线，然后在水平线位置拉好"十"字中心线，作为吊顶施工的基准线。

② 严格按照设计要求布置各种龙骨，在布置中要随时对照检查图纸的对称性和位置的准确性，随时纠正出现的问题。

③ 罩面板应当从中间向四周进行铺设，中间部分先铺整块的罩面板，余量应平均分配在四周最外的一块，或不被人注意的次要部位。

二、抹灰吊顶的质量问题与防治

抹灰吊顶是吊顶装饰工程中最简单的形式，其主要由板条和灰浆层组成，具有施工简单、材料丰富、造价低廉等优点，但装饰性较差、耐久性不良、表面易开裂等，一般仅适用于档次较低的建筑工程。

（一）板条抹灰吊顶不平

1. 质量问题

板条吊顶面层不平整，抹灰后产生空鼓、开裂的质量问题，不仅影响抹灰吊顶表面的美观，严重时会出现成片的脱落。

2. 原因分析

① 基层龙骨、板条所采用的木料材质不符合要求，或者木材含水率过大，龙骨截面尺寸不够，接头不严，起拱不准，抹灰后产生较大挠度。

② 板条未钉牢固，板条间隙过小或过大，两端未分段错槎接缝，或未留缝隙，造成板条吸水膨胀和干缩应力集中，引起基层表面凹凸偏差过大。

③ 抹灰层的厚度不均匀，与板条黏结不牢固，引起与板条方向平行的裂缝及接头处裂缝，甚至出现空鼓脱落的质量问题。

3. 预防措施

① 木板条应当选用松木、杉木等软质的木材制作，各板条应当制作质量合格，其厚度必须加工一致，这是确保抹灰吊顶不开裂、不空鼓的重要措施之一。

② 如果个别板条具有硬弯缺陷，应当用钉将其固定在龙骨上，其吊顶龙骨的间距不宜大于400mm。

③ 抹灰板条必须牢固地钉在龙骨上，板条的接头处不得少于2个钉子，钉子的长度一般为25mm；在装铺板条时，板条端部之间应留3～5mm的空隙，以防止板条受潮膨胀而产生凹凸变形。

④ 抹灰是否开裂与抹灰材料和施工工艺有密切关系，因此，应当精心选材、正确配合，严格按有关操作方法进行施工。

4. 处理方法

① 对于仅开裂而两边不空鼓的裂缝，是比较容易处理的质量问题。可在裂缝表面用乳胶粘贴一条宽2～3cm的薄质尼龙纱布，再刮腻子喷浆进行修补，而不宜直接采用刮腻子修补的方法。

② 对于开裂且两边空鼓的裂缝，是比较难以处理的质量问题。应当先将空鼓部分铲除干净，清理并湿润基层后，重新再用与原来相同配合比的灰浆进行修补。在修补时应分遍进行，一般应抹灰3～4遍，最后一遍抹灰，在接缝处应留1mm左右的抹灰厚度，待以前修补的抹灰不再出现裂缝后，将接缝两边搓粗糙，最后上灰抹平压光。

（二）苇箔抹灰吊顶面层不平

1. 质量问题

苇箔抹灰吊顶抹灰面层产生下挠，出现凹凸不平的质量问题，虽然对工程安全性影响不大，但严重影响其装饰效果。

2. 原因分析

① 抹灰的基层面苇箔铺设厚度不匀，尤其是在两苇箔的接头处，常出现搭接过厚的现象，有的甚至超过底层或中层抹灰的厚度。

② 由于苇箔的接头搭槎过长，致使搭槎的端头出现翘起，从而造成面层不平，如图 3-3 所示。

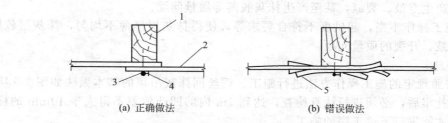

(a) 正确做法　　　　　(b) 错误做法

图 3-3　苇箔搭槎过长出现的面层不平

1—吊顶龙骨；2—苇箔；3—铁丝；4—钉子；5—搭槎过长

③ 在固定苇箔时，由于钉子间距过大或铁丝绷得不紧，致使苇箔在两个钉子之间产生下垂，使面层出现凹凸不平，如图 3-4 所示。

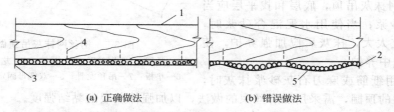

(a) 正确做法　　　　　(b) 错误做法

图 3-4　钉子间距过大、铁丝不紧出现的面层不平

1—吊顶龙骨；2—苇箔；3—铁丝；4—钉子；5—钉距过大或铁丝不紧

④ 由于设置的龙骨间距过大，苇箔在受力后产生下挠，致使面层不平。

3. 预防措施

① 苇箔要进行严格挑选，应当选择厚度基本相同、表面平整、强度较高、厚度较薄的产品。

② 苇箔铺设的密度要均匀适宜，其接头的搭接厚度不得超过两层苇箔的厚度，搭接的长度不宜超过 80mm，苇箔的接头搭槎必须钉固在吊顶龙骨上，并且一定要固定牢固。

③ 铺钉前，将苇箔卷紧并用绳子捆牢，用尺子量出长度后进行截割。铺钉时，每隔 1m 用一个长 50mm 的钉子作临时铺钉，然后再每隔 70～80mm 用一个长 35mm 的钉子固定，随钉固、随用铁丝扣穿并拉直绷紧，以确保苇箔面层的平整。

4. 处理方法

抹灰吊顶面层出现不平的质量问题时，应根据具体情况分别采取不同的处理方法。当不平较轻微时，可采取局部修补的方法；平整度超差较大时，应根据产生的原因进行返工修整，直至符合要求为止。

(三) 钢丝网抹灰吊顶不平

1. 质量问题

钢丝网抹灰吊顶面层出现下垂的质量问题，致使抹灰层产生空鼓及开裂，不仅影响装饰效果，而且会发生成片脱落。

2. 原因分析

① 固定钢丝网的钉距过大，对钢丝网拉钉不紧，绑扎不牢，接头不平，从而造成抹灰吊顶不平。

② 水泥砂浆或混合砂浆的配合比设计不良，尤其是水灰比较大，在硬化的过程中有大量水分蒸发，再加上养护条件达不到要求，很容易出现收缩裂缝。

③ 如果找平层采用麻刀石灰砂浆，底层采用水泥混合砂浆，由于两者收缩变形不同，导致抹灰吊顶产生空鼓、裂缝，甚至产生抹灰脱落等质量问题。

④ 由于施工操作不当，起拱度不符合要求等，使得抹灰层厚薄不均匀，抹灰层较厚的部位易发生空鼓、开裂的质量问题。

3. 预防措施

① 严格按照规定的施工操作方法进行施工。钢丝网抹灰吊顶的基本做法如图 3-5 所示。在钢丝网拉紧扎牢后，必须进行认真检查，达到 1m 内的凹凸偏差不得大于 10mm 的标准，经检查合格后才能进行下道工序的施工。

② 钢丝网顶棚基层在抹灰之前，必须进行验收，表面平整高差应不超过 8mm；起拱以房间短向尺寸为准，4m 以内为 1/200，4m 以上为 1/250，四周水平线应符合规定。

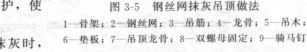

图 3-5　钢丝网抹灰吊顶做法
1—骨架；2—钢丝网；3—吊筋；4—龙骨；5—吊木；
6—垫板；7—吊顶龙骨；8—双螺母固定；9—骑马钉

③ 钢丝网抹灰吊顶，底层和找平层应当采用相同的砂浆；当使用水泥混合砂浆时，水泥用量不宜太大，抹灰后应加强养护，使之在湿润空气中养护。

④ 当采用纸筋或麻刀石灰砂浆抹灰时，对于面积较大的顶棚，需采用加麻丝束的做法，以加强抹灰层的黏结强度。

⑤ 顶棚的吊筋固定必须牢固可靠，主龙骨的间距一般不得大于 1500mm，次龙骨的间距一般不得大于 400mm。

4. 处理方法

钢丝网抹灰吊顶不平的处理方法，与苇箔抹灰吊顶相同。当不平较轻微时，可采取局部修补的方法；平整度超差较大时，应根据产生的原因进行返工修整，直至符合质量要求为止。

三、金属板吊顶的质量问题与防治

金属板吊顶是以不锈钢板、铝合金板、镀锌铁板等为基板，经特殊加工处理而制成的，具有质轻、强度高、耐高温、耐高压、耐腐蚀、防火、防潮、化学稳定性好等优良性能。目前在装饰工程中常用的是铝合金板吊顶和不锈钢板吊顶。

（一）吊顶不平的质量问题

1. 质量问题

金属板吊顶安装完毕后，在板与板之间有明显的接槎高差，甚至产生波浪形状，使其表面很不美观，严重影响装饰效果。

2. 原因分析

① 在金属板安装施工中，未能认真按照水平标高线进行施工，从而造成板块安装高低不平，产生较大误差。

② 在安装金属板块时，固定金属板块的龙骨未调平就进行安装，使板块受力不均匀而产生波浪形状。

③ 由于在龙骨架上直接悬吊重物而造成局部变形，这种现象一般多发生在龙骨兼卡具

的吊顶形式中。

④ 吊杆固定不牢固，引起局部下沉，造成金属板块局部下降，而产生吊顶不平的质量问题。如吊杆本身固定不牢靠，产生松动或脱落；或吊杆未加工顺直，受力后因拉直而变长。以上两种情况均可以造成吊顶不平整。

⑤ 由于在运输、保管、加工或安装过程中不注意，造成金属板块自身产生变形，安装时又未经矫正，从而使吊顶产生不平。

3. 预防措施

① 对于吊顶四周的水平标高线，应十分准确地弹到墙面上，其误差不得大于±5mm。当吊顶跨度较大时，应在中间适当位置加设标高控制点。在一个断面内应拉通线进行控制，通线一定要拉直，不得出现下沉。

② 在安装金属板块前，首先应按照规定将龙骨调平，对于较大的跨度，应根据设计进行起拱，这是保证吊顶平整的一项重要工作。

③ 在安装较重的设备时，不能直接悬吊在吊顶上，应当另外设置吊杆，不与吊顶联系在一起，直接与结构固定。

④ 如果采用膨胀螺栓固定吊杆，应做好隐蔽工程的验收工作，严格按有关规定控制膨胀螺栓的埋入深度、规格、间距等，对于关键部位的膨胀螺栓还应做抗拔试验。

⑤ 在安装金属板块前，应当逐块对金属板进行检查，严格控制其表面平整和边缘顺直情况，对于不符合要求的，要在安装前调整至合格，以避免安装后发现不合格再取下调整。

4. 处理方法

① 对于因吊杆不牢固而造成的不平，对不牢固的吊杆一定要重新进行锚固，其关系到在长期使用中的安全问题，不得有任何马虎。

② 对于因龙骨未调平而造成的不平，应将未调平的龙骨进行调平即可。

③ 对于变形的铝合金板块，在吊顶面上很难进行调整，应取下进行调整。

（二）接缝明显的质量问题

1. 质量问题

接缝明显是板块材料吊顶装饰中最常见的一种质量问题，主要表现在：由于接缝处缝隙较大，接缝处露出白茬，严重影响吊顶的装饰效果；由于接缝不平整，接缝处产生明显的错位，更加影响吊顶的美观。

2. 原因分析

① 在金属板块进行切割时，切割线条和切割角度控制不好，造成线条不顺直，角度不准确，安装后必然出现上述质量问题。

② 在金属板块安装前，未对切割口部位进行认真修整，造成接缝不严密。

3. 防治措施

① 认真做好金属板块的下料工作，严格按照设计要求切割，特别要控制好线条顺直和角度准确。

② 在金属板块安装前，应逐块进行检查，切口部位应用锉刀将其修平整，将毛刺边及不平处修整好，以便使缝隙严密、角度准确。

③ 如果安装后发现有接缝明显的质量问题，在不严重的情况下，可以用相同色彩的胶黏剂（如硅胶）对接口部位进行修补，使接缝比较密合，并对切口白边进行遮盖。如果接缝特别明显，应将不合格板材重新更换为合格板材。

④ 固定金属板块的龙骨一定要事先调平，这是避免出现露白茬和接缝不平的质量问题的基础。

四、石膏板吊顶的质量问题与防治

石膏板具有轻质、保温隔热性能好、防火性能优良、吸声性能良好、施工安装方便等特点，在墙面、顶棚及隔断工程中，是一种应用较为广泛的建筑装饰材料。我国生产的石膏板，可以分为普通纸面石膏板、装饰石膏板和嵌装式装饰石膏板三类。这三类石膏板吊顶常见的质量问题有以下几个方面。

（一）罩面板大面积挠度明显

1. 质量问题

在吊顶的罩面板安装后，出现罩面板挠度较大，吊顶表面大面积下垂而不平整，严重影响整个吊顶装饰性的情况。

2. 原因分析

① 当石膏罩面板采用黏结安装法施工时，由于涂胶不均匀、涂胶量不足、粘贴时间不当等原因，导致黏结不牢、局部脱胶，从而使石膏罩面板产生下挠变形。

② 在吊杆安装时，由于未进行弹线定点，导致吊杆间距偏大，或吊杆间距大小不均，吊杆间距大者上的石膏罩面板则可能出现下挠变形。

③ 龙骨与墙面相隔间距偏大，致使顶棚在使用一段时间后，挠度较为明显。

④ 如果主龙骨与次龙骨的间距偏大，也会导致挠度过大。

⑤ 当采用螺钉固定石膏板时，螺钉与石膏板边的距离大小不均匀。

⑥ 次龙骨的铺设方向不是与石膏板的长边垂直，而是顺着石膏罩面板长边铺设，不利于螺钉的排列。

3. 防治措施

① 在安装吊杆时，必须按规定在楼板底面上弹出吊杆的位置线，并按照石膏罩面板的规格尺寸确定吊杆的位置，吊杆的间距应当均匀。

② 龙骨与墙面之间的距离应小于 100mm，如果选用的是尺寸较大的板材，间距以不大于 500mm 为宜。

③ 在使用纸面石膏板时，固定石膏板所用的自攻螺钉与板边的距离不得小于 10mm，也不宜大于 16mm，板中间螺钉的间距控制在 150～170mm 范围内。

④ 在铺设大规格尺寸的板材时，应使石膏板的长边垂直于次龙骨方向，以利于螺钉的排列。

⑤ 当采用黏结安装法固定罩面板时，胶黏剂应当涂刷均匀、足量，不得出现漏涂，粘贴的时间要符合要求，不得过早或过迟。另外，还要满足所用胶黏剂施工环境温度和湿度的要求。

（二）拼缝不平整的质量问题

1. 质量问题

当石膏板安装完毕后，在石膏板的接缝处有不平整或错台的质量问题，虽然不影响吊顶的使用，但影响吊顶的美观。

2. 原因分析

① 在石膏板安装前，未按规定对主龙骨与次龙骨进行调平，当石膏板固定于次龙骨上后，必然出现接缝不平整或错台现象。

② 对所用的石膏罩面板选材不认真、不配套，或板材加工不符合标准，都是造成石膏板拼缝不平整的主要原因。

③ 当采用固定螺钉的排列装铺顺序不正确，特别是多点一侧同时固定时，很容易造成板面不平，接缝不严。

3. 防治措施

① 在安装主龙骨后，应当拉通线检查其位置是否正确、表面是否平整，然后边安装石膏板、边再进行调平，使其满足板面平整度的要求。

② 在加工石膏板材时，应使用专用机具，以保证加工板材尺寸的准确性，减少原始误差和装配误差，以保证拼缝处的平整。

③ 在选择石膏板材时，应当采购正规厂家生产的产品，并选用配套的材料，以保证石膏板的质量和拼缝时符合要求。

④ 按设计挂放石膏板时，固定螺钉应从板的一个角或中线开始依次进行，以免多点同时固定而引起板面不平、接缝不严。

（三）吸声板面层孔距排列不均

1. 质量问题

吸声板安装完毕后，发现板面孔距排列不均，孔眼横看、竖看和斜看均不成一条直线，有弯曲和错位现象。

2. 原因分析

① 在板块的孔位加工前，没有根据板的实际规格尺寸对孔位进行精心设计和预排列；在加工过程中精度达不到要求，出现的偏差较大。以上两个方面是造成吸声板面层孔距排列不均的主要原因。

② 装铺吸声板块时，板块拼缝不直，分格不均匀、不方正，均可造成孔距不匀、排列错位。

3. 预防措施

为确保孔距均匀、孔眼排列规整，板块应采取装匣钻孔（见图 3-6），即将吸声板按计划尺寸分成板块，把板边刨直、刨光后，装入铁匣内，每次装入12～15块。用厚度为5mm的钢板做成样板，放在被钻板块的表面上，用夹具夹紧钻孔。在钻孔时，钻头中心必须对准试样孔的中心，钻头必须垂直板面。第一匣板块钻孔完毕后，应在吊顶龙骨上试拼，完全合格无误后再继续钻孔。

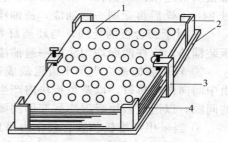

图 3-6　板块装匣钻孔示意图
1—钢板样板；2—铁匣；
3—夹具；4—吸声板块

4. 处理方法

吸声板面层孔距排列不均，在安装后不易修理，所以在施工中要随时拉线检查，及时纠正孔距偏差的板块。

五、轻质板吊顶的质量问题与防治

轻质装饰板吊顶最大的特点，是采用的装饰面板单位面积的质量均比较小，不仅施工比较方便，而且可以大大减轻吊顶的自重，从而可以采用规格尺寸较小的龙骨，达到降低工程造价的目的。在装饰吊顶工程中常用的轻质板种类很多，如金属板、矿物棉板、玻璃棉板、纤维板、胶合板等。这里主要介绍纤维板和胶合板等轻质装饰板的质量问题与防治。

（一）轻质板吊顶面层变形

1. 质量问题

轻质装饰板吊顶装铺完工后，经过一段时间的使用，部分纤维板或胶合板逐渐产生凹凸变形，造成吊顶面层不平整，严重影响装饰效果。

2. 原因分析

① 由于有些轻质装饰板不是均质材料制成的（如纤维板等），在使用中如果吸收空气中的一定水分，其各部分吸湿程度和变形程度是不相同的，因此极易产生凹凸变形。

② 在装铺轻质装饰板施工时，由于忽略这类板材具有吸湿膨胀的性能，在板块的接头

处未留空隙，导致吸湿膨胀没有伸胀余地，两个接头顶在一起，会使变形程度更加严重。

③ 对于面积较大的轻质装饰板块，在装铺时未能与吊顶龙骨全部贴紧，就从四角或从四周向中心用钉进行装铺，板块内产生应力，致使板块凹凸变形。

④ 由于吊顶龙骨分格过大，轻质装饰板的刚度不足，板块易产生挠度变形。

3. 预防措施

① 为确保吊顶面层不出现变形的质量问题，应选用优质板材，这是避免面层变形的关键。胶合板宜选用五层以上的椴木胶合板，纤维板宜选用硬质纤维板。

② 为防止轻质装饰板块出现凹凸变形，装铺前应采取以下措施。

a. 为使所选用的纤维板的含水率，与使用环境的相对含水率达到平衡或接近，减少纤维板吸湿后而引起的凹凸变形，对纤维板应进行浸水湿处理。其具体做法是：将纤维板放在水池中浸泡 15～20min，然后从水池中将纤维板捞出，并使其毛面向上堆放在一起，大约24h 后打垛，使整个板面处于 10℃以上的大气中，与大气湿度平衡，一般放置 3～7d 就可铺钉了。

在进行浸水湿润处理时应注意不同材料的纤维板应用不同温度的水进行浸泡，工程实践证明：一般硬质纤维板用冷水浸泡比较适宜，掺有树脂胶的纤维板用 45℃左右的热水浸泡比较适宜。

b. 经过浸水湿润处理的纤维板，四边易产生毛口，影响装饰美观。因此，用于装铺纤维板明拼缝吊顶或钻孔纤维板吊顶，宜将加工后的小板块两面涂刷一遍猪血来代替浸水，经过 24h 干燥后再涂刷一遍油漆，待油漆完全干燥后，在室内平放成垛保管待用。

c. 对于胶合板的处理，与硬质纤维板不同，它不能采用浸水湿润处理的方法。在胶合板装铺前，应在两面均匀涂刷一遍油漆，以提高其抗吸湿变形的能力。

③ 轻质装饰板应当用小齿锯裁成适应设计分格尺寸的小块后再进行装铺。装铺时必须由中间向两端排钉，以避免板块内产生应力而出现凹凸变形。板块接头拼缝要留出 3～5mm 的间隙，以适应板块吸湿膨胀变形的要求。

④ 当采用纤维板和胶合板作为吊顶面层材料时，为防止面板产生挠度超标，吊顶龙骨的分格间距不宜超过 450mm。如果分格间距必须要超过 450mm，则在分格中间加设一根 25mm×40mm 的小龙骨。

⑤ 合理安排施工工序，尽量避免轻质板变形的概率。当室内湿度较大时，应当先装铺吊顶木骨架，然后进行室内抹灰，待室内抹灰干燥后再装铺吊顶的面层。但施工时应注意周边的吊顶龙骨要离开墙面 20～30mm（即抹灰厚度），以便在墙面抹灰后装铺轻质装饰板块及压条。

4. 处理方法

① 纤维板要先进行浸水处理，纵横拼缝要预留 3～5mm 的缝隙，为板材胀缩留有一定的空间。

② 当轻质板吊顶面层普遍变形较大时，应当查明原因重新返工整修。个别板块变形较大时，可由检查孔进入吊顶内，在变形处补加 1 根 25mm×40mm 的小龙骨，然后在下面再将轻质装饰板铺钉平整。

（二）吊顶与设备衔接不妥

1. 质量问题

① 灯盘、灯槽、空调风口箅子等设备，在吊顶上留设的孔洞位置不准确；或者吊顶面不平，衔接吻合不好。

② 在自动喷淋头和烟感器等设备安装时，与吊顶表面衔接吻合不好、不严密。自动喷淋头须通过吊顶平面与自动喷淋系统的水管相接〔见图 3-7(a)〕。在安装中易出现水管伸出

吊顶表面；水管预留长度过短，自动喷淋头不能在吊顶表面与水管相接［见图 3-7(b)］，如果强行拧上，会造成吊顶局部凹进；喷淋头边上有遮挡物［见图 3-7(c)］等现象。

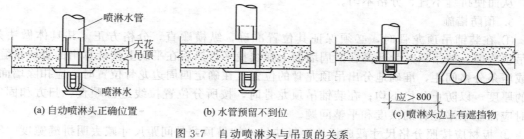

(a) 自动喷淋头正确位置　　　(b) 水管预留不到位　　　(c) 喷淋头边上有遮挡物

图 3-7　自动喷淋头与吊顶的关系

2. 原因分析

① 在整个工程设计方面，结构、装饰和设备未能有机地结合起来，导致施工安装后衔接不好。

② 未能编制出科学合理的施工组织设计，或者在施工衔接的细节上考虑不周全，从而造成施工顺序不合理。

3. 预防措施

① 在编制施工组织设计时，应当将设备安装工种与吊顶施工有机结合、相互配合，采取合理的施工顺序。

② 如果孔洞较大，其孔洞位置应先由设备工种确定准确，吊顶在此部位断开。也可以先安装设备，然后再将吊顶封口。回风口等较大的孔洞，一般是先将回风口算子固定，这样既可确保回风口位置准确，也能比较容易收口。

③ 对于面积较小的孔洞，宜在顶部进行开洞，这样不仅便于吊顶的施工，也能保证孔洞位置的准确。如吊顶上设置的嵌入式灯口，一般应采用顶部开洞的方法。为确保灯口位置准确（如在一条直线上或对称排列），开洞时应先拉通长中心线，准确确定位置后，再用往复锯进行开洞。

④ 自动喷淋头系统的水管预留长度务必准确，在拉吊顶标高线时，也应检查消防设备的安装位置和尺寸。

⑤ 大开洞处的吊杆、龙骨等吊顶构件，应进行特殊处理，孔洞的周围应进行加固，以确保其刚度和稳定性。

4. 处理方法

① 如果吊顶上的设备孔洞位置预留不准确，再进行纠正是比较困难的，有时花费较大精力，效果并不一定十分理想。因此，在放线操作中应当从严掌握，要准确地确定各种设备的位置。

② 自动喷淋系统是现代建筑中重要的设备，如果出现预留水管过长或过短的情况，一定要进行认真调整，应割下一段水管或更换水管，千万不应强行拧上自动喷淋头。

（三）拼缝与分格的质量问题

1. 质量问题

在轻质板块吊顶中，同一直线上的分格木压条或板块明拼缝，出现其边棱有弯曲、错牙等现象；纵横木压条或板块明拼缝，出现分格不均匀、不方正等问题。

2. 原因分析

① 在吊顶龙骨安装时，对施工控制线确定不准确，如线条不直和规方不严；吊顶龙骨间距分配不均匀；龙骨间距与板块尺寸不相符等。

② 在轻质板块吊顶施工中，没有按照弹线装铺板块或装铺木压条。

③ 采用明拼缝板块吊顶时，由于板块在截取时不认真，造成板块不方、不直或尺寸不准，从而使拼缝不直、分格不匀。

3. 预防措施

① 在装铺吊顶龙骨时，必须保证其位置准确，纵横顺直，分格方正。其具体做法是：在吊顶之前，按吊顶龙骨标高在四周墙面上弹线找平，然后在平线上按计算出的板块拼缝间距或压条分格间距，准确地分出吊顶龙骨的位置。在确定四周边龙骨位置时，应扣除墙面抹灰的厚度，以防止分格不均；在装铺吊顶龙骨时，按所分位置拉线进行顺直、归方和固定，同时应注意水平龙骨的拱度和平整问题。

② 板材应按照分格尺寸截成板块。板块尺寸按吊顶龙骨间距尺寸减去明拼缝宽度（8～10mm）。板块要截得形状方正、尺寸准确，不得损坏棱角，四周要修去毛边，使板边挺直光滑。

③ 板块装铺之前，在每条纵横吊顶龙骨上，按所分位置拉线弹出拼缝中心线，必要时应再弹出拼缝边线，然后沿墨线装铺板块；在装铺板块时，如果发现超线，应用细刨子进行修整，以确保缝口齐直、均匀，分格美观整齐。

④ 木压条应选用软质优良的木材制作，其加工的规格必须一致，在采购和验收时应严把质量关，表面要刨得平整光滑；在装铺木压条时，要先在板块上拉线弹出压条分格墨线，然后沿墨线装铺木压条，压条的接头缝隙应十分严密。

4. 处理方法

当木压条或板块明拼缝装铺不直，超差较大时，应根据产生的原因进行返工修整，使之符合设计的要求。

复习思考题

1. 吊顶工程所用的轻钢龙骨材料的规格尺寸、角度允许偏差和外观质量有哪些要求？

2. 吊顶工程所用的木龙骨材料的质量要求包括哪些方面？现行的国家标准是什么？

3. 吊顶工程所用罩面板材料的外观质量、规格尺寸、物理性质有何具体要求？

4. 吊顶工程所用的纸面石膏板和铝塑复合板的规格尺寸、外观质量各有什么要求？

5. 暗龙骨吊顶工程施工过程中的质量控制主要包括哪些内容？

6. 明龙骨吊顶工程施工过程中的质量控制主要包括哪些内容？

7. 暗龙骨吊顶工程质量控制验收标准及检验方法是什么？

8. 明龙骨吊顶工程质量控制验收标准及检验方法是什么？

9. 吊顶龙骨常见的质量问题有哪些？各自如何进行防治？

10. 抹灰吊顶工程常见的质量问题有哪些？各自如何进行防治？

11. 金属吊顶工程常见的质量问题有哪些？各自如何进行防治？

12. 石膏板吊顶工程常见的质量问题有哪些？各自如何进行防治？

13. 轻质板吊顶工程常见的质量问题有哪些？各自如何进行防治？

第四章

门窗装饰工程质量控制

【提要】本章主要介绍了各类门窗工程常用材料的质量控制、施工过程中的质量控制、门窗工程验收质量控制、门窗工程质量问题与防治措施。通过对以上内容的学习，基本掌握门窗工程在材料、施工和验收方面的质量控制内容、方法和重点，为确保门窗工程质量打下良好基础。

门是人们进出建筑物的通道口，窗是室内采光通风的主要洞口，因此门窗是建筑工程的重要组成部分，也是建筑装饰工程中的重点。门窗设计和施工充分证明：门窗作为建筑艺术造型的重要组成因素之一，其设置不仅较为显著地影响着建筑物的形象特征，而且对建筑物的采光、通风、保温、节能和安全等方面具有重要意义。

第一节　门窗常用材料的质量控制

在建筑工程中常见的门窗有木门窗、金属门窗、塑料门窗、特种门窗等，这些类型的门窗质量如何，与所用材料的质量密切相关。

一、木质门窗材料的质量控制

① 木质门窗应选用材质轻软、纹理较直、干燥性能良好、不易翘曲开裂、耐久性强、易于加工的木材。门窗木材常用的树种有针叶树，如红松、鱼鳞云杉、臭冷杉、杉木等；高级门窗框料多选用阔叶树，如水曲柳、核桃楸、麻栎等材质致密的树种。

② 制作普通木门窗所用木材的质量要求应符合表4-1的规定；制作高级木门窗所用木材的质量要求应符合表4-2的规定。

③ 木材含水率：制作门窗木材的含水率要严格控制，如果木材含的水分超过规定，不仅加工制作困难，而且易使门窗变形和开裂，轻则影响美观，重则不能使用。因此，制作门窗的木材应经窑干法干燥处理，使其含水率不大于12%。

④ 制作木门窗所用的胶料，一般可采用国产酚醛树脂胶和脲醛树脂胶。普通木门窗可采用半耐水的脲醛树脂胶，高档木门窗可采用耐水的脲醛树脂胶。

表 4-1　制作普通木门窗所用木材的质量要求

木材缺陷		门窗扇的立梃、冒头、中冒头	窗棂、压条、门窗及气窗的线角、通风窗立梃	门芯板	门窗框
活节	不计个数时,直径/mm	<15	<5	<15	<15
	计算个数时,直径	≤材宽的1/3	≤材宽的1/3	≤30mm	≤材宽的1/3
	任何1延米个数	≤3	≤2	≤3	≤5
死节		允许,计入活节总数	不允许	允许,计入活节总数	
髓心		不露出表面的,允许	不允许	不露出表面的,允许	
裂缝		深度及长度不得大于厚度的1/5	不允许	允许可见裂缝	深度及长度不得大于厚度的1/4
斜纹的斜率/%		≤7	≤5	不限	≤12
油眼		非正面,允许			
其他		浪形纹理、圆形纹理、偏心及化学变色,允许			

表 4-2　制作高级木门窗所用木材的质量要求

木材缺陷		门窗扇的立梃、冒头、中冒头	窗棂、压条、门窗及气窗的线角、通风窗立梃	门芯板	门窗框
活节	不计个数时,直径/mm	<10	<5	<10	<10
	计算个数时,直径	≤材宽的1/4	≤材宽的1/4	≤20mm	≤材宽的1/3
	任何1延米个数	≤2	0	≤2	≤3
死节		允许,计入活节总数	不允许	允许,计入活节总数	不允许
髓心		不露出表面的,允许	不允许	不露出表面的,允许	
裂缝		深度及长度不得大于厚度的1/6	不允许	允许可见裂缝	深度及长度不得大于厚度的1/5
斜纹的斜率/%		≤6	≤4	≤15	≤10
油眼		非正面,允许			
其他		浪形纹理、圆形纹理、偏心及化学变色,允许			

⑤ 工厂生产的木门窗必须有出厂合格证。由于运输、堆放等原因受损的门窗,应进行预处理,达到合格要求后,方可用于工程。

⑥ 安装木门窗所用小五金零件的品种、规格、型号、颜色等均应符合设计要求,质量必须合格,地弹簧等五金零件应有出厂合格证。

二、金属门窗材料的质量控制

目前,在建筑工程中金属门窗主要是铝合金门窗、钢门窗和涂色镀锌钢板门窗,其中以铝合金门窗和钢门窗最为常见。

（一）铝合金门窗材料的质量要求

① 铝合金门窗是以门窗框料截面宽度、开启方式等方面区分的,在选择铝合金门窗的系列时,应根据不同地区、不同环境、不同建筑构造,并考虑门窗抗风性能进行计算确定。

② 制作铝合金门窗所用的型材表面应清洁,无裂纹、起皮和腐蚀存在,装饰面不允许有气泡。

③ 普通精度型材装饰面上的碰伤和擦伤,其深度不得超过 0.2mm;由模具造成的纵向挤压痕深度不得超过 0.1mm。对于高精度型材的表面缺陷深度,装饰面应不大于 0.1mm,非装饰面应不大于 0.25mm。

④ 铝合金型材经表面处理后,其阳极氧化膜厚度应不小于 $10\mu m$,着银白、浅古铜、深古铜等颜色,色泽应均匀一致。其面层不允许有腐蚀斑点和氧化膜脱落等缺陷。

⑤ 铝型材厚度一般以 1.2~1.5mm 为宜。板壁如果太薄,刚度不足,表面易受损或变形;板壁如果过厚,自重较大且不经济。

⑥ 铝合金门窗宜选用厚度为 5mm 或 6mm 的玻璃;窗纱应选用铝纱或不锈钢纱;密封

条可选用橡胶条或橡塑条；密封材料可选用硅酮胶、聚硫胶、聚氨酯胶、丙烯酸酯胶等。

⑦ 铝合金门窗制作完成后，应用无腐蚀性的软质材料包扎牢固，放置在通风干燥的地方，严禁与酸、碱、盐等有腐蚀性的物品接触。露天存放时，下部应垫高 100mm 以上，上面应覆盖篷布加以保护。

⑧ 配件选择：铝合金门窗所用的配件，应按设计要求、门窗类别合理选用。铝合金地弹簧门的地弹簧应为不锈钢面或铜面；推栏窗的拉锁应用锌合金压铸制品，表面镀铬或覆膜；平开窗的合页应用不锈钢制品，钢片厚度不宜小于 1.5mm，并且有松紧调节装置；滑块一般为铜制品；执手可选用锌合金压铸制品，表面镀铬或覆膜，也可选用铝合金制品，表面应氧化处理。

（二）钢门窗材料的质量要求

钢门窗通常分为实腹和空腹两类。这两类钢门窗的结构不同，对它们的质量要求也不同。

1. 实腹钢门窗的质量要求

① 实腹钢门窗材料主要采用热轧门窗框或热轧型钢。框料高度分为 25mm、32mm 和 40mm 三类，门板一般用 1.5mm 厚钢板。材料的钢号、化学成分和产品加工质量、五金配件的质量及装配效果，均应符合《窗框用热轧型钢》（GB/T 2597—1994）中的有关规定。

② 钢门窗固定玻璃所用的油灰，采用按质量比为胡麻子油：桐油：石膏粉＝20：60：20 配制的油灰膏或其他优良油灰膏，其质量应按《建筑门窗用油灰》（JG/T 16—1999）中规定的各项技术指标进行检验，合格后方可使用，不得使用不合格产品。

③ 钢门窗及腰窗玻璃、钢门腰窗分格玻璃一般采用 3mm 厚净片玻璃，大玻璃钢窗及玻璃钢门均采用 5mm 厚净片玻璃。

2. 空腹钢门窗的质量要求

① 空腹钢门窗材料应选用普通碳素钢，门框房材料采用高频焊接钢管，门板采用 1mm 厚冷轧冲压槽形钢板；钢门窗料采用 1.2mm 厚带钢，高频焊接轧制成形，其质量应符合现行标准的要求。

② 空腹钢门窗的焊接，应采用二氧化碳保护焊。

③ 空腹钢门窗涂料用红丹酚醛防锈漆；密封条为橡胶条，其伸长率应不小于 25%，邵氏硬度为（38±3）度，拉断强度应不小于 5.88MPa，老化系数不小于 0.85；窗纱采用 1.25mm 孔径的铁纱或铝纱。

④ 空腹钢门窗一般可选用厚度 3.5mm 的净片玻璃，高于 1100mm 的大玻璃可采用厚 5mm 的净片玻璃。

三、塑料门窗材料的质量控制

① 塑料门窗的规格、型号、颜色等应符合设计要求，五金配件应配套齐全，并具有出厂合格证。

② 塑料门窗所用的玻璃、嵌缝材料、防腐材料等，均应符合设计要求和现行有关标准的规定。

③ 进场前应对塑料门窗进行验收检查，不合格的产品不准进场。运到现场的塑料门窗应分型号、规格，以不小于 70°的角度立放于整洁的仓库内，下部应放置垫木。仓库内的环境温度应小于 50℃；门窗与热源的距离应大于 1m，并且不得与腐蚀物质接触。

④ 五金配件的型号、规格和技术性能，均应符合国家现行标准的有关规定；滑撑铰链不得使用铝合金材料。

四、特种门窗材料的质量控制

1. 防火、防盗门材料的质量要求

① 防火门、防盗门的规格、型号应符合设计要求，还应经消防部门鉴定和批准。五金

配件应配套齐全，并具有生产许可证、产品合格证和性能检测报告。

②　防火门、防盗门安装所用的防腐材料、填缝材料、水泥、砂子、连接板等，应符合设计要求和有关标准的规定。

③　防火门、防盗门在码放前，要将存放处清理平整，垫好支撑物。码放时面板叠放高度不得超过 1.2m；门框重叠平放高度不得超过 1.5m；并要有防晒、防风及防雨措施。

2. 自动门材料的质量要求

自动门一般可分为微波自动门、踏板式自动门和光电感应自动门，在工程中常用的是微波中分式自动门，其主要技术指标应符合表 4-3 中的要求。

表 4-3　ZM-E$_2$ 型自动门主要技术指标

项目名称	技术指标	项目名称	技术指标
电源	AC220V/50Hz	感应敏感度	现场调节至用户需要
功耗	150W	报警延时时间	10～15s
门速调节范围	0～350mm/s	使用环境温度	−20～40℃
微波感应范围	门前 1.5～4.0m	断电时手推力	<10N

3. 全玻门材料的质量要求

①　玻璃：主要是指厚度在 12mm 以上的玻璃，根据设计要求选择质量合格的玻璃，并安放在安装位置的附近。

②　不锈钢或其他有色金属型材的门框、限位槽及板，都应按设计图加工好，检查合格后准备安装。

③　辅助材料：如木方、玻璃胶、地弹簧、木螺钉、自攻螺钉等，根据设计要求准备。

第二节　门窗工程施工质量控制

一、木质门窗工程施工质量控制

装饰木门窗的安装，主要包门窗框的安装和门窗扇的安装两部分。在整个安装的过程中，要选择正确的安装方法，掌握一定的施工要点，这样才能保证装饰木质门窗的施工质量。

（一）木门窗制作与安装质量预控要点

①　门窗框和扇进场后，及时组织油漆工将框靠墙和地面的一侧涂刷防腐涂料，然后分类水平堆放平整，底层应搁置在垫木上，在仓库中垫木离地面的高度应不小于 200mm，临时敞棚垫木离地面的高度应不小于 400mm，每层间的垫木板，使其能自然通风。为确保门窗安装前的质量，在一般情况下，严禁将木门窗露天堆放。

②　在木门窗安装前，首先检查门窗框和扇有无翘扭、弯曲、窜角、劈裂、榫槽间结合处松散等缺陷，如有应及时进行修理。

③　预先安装的门窗框，应在楼、地面基层标高或墙体砌到窗台标高时安装。后安装的门窗框，应在主体工程验收合格、门窗洞口防腐木砖埋设齐备后进行。

④　门窗扇的安装应在饰面工程完成后进行。没有木门框的门扇，应在墙侧处安装预埋件，以便于门扇的准确安装。

（二）木门窗制作与安装施工质量要点

①　木门窗框扇的榫槽必须嵌合严密、牢固。门窗框及厚度大于 50mm 的门窗应采用双榫连接。在进行框、扇拼装时，榫槽应严密嵌合，并用胶黏剂黏结，用胶楔加紧。

②　木门窗的结合处和安装配件处，不得有木节或已填补的木节。木门窗如有允许限值以内的死节及直径较小的虫眼时，应用同一材种的木塞加胶填补。对于清油木制品，木塞的

色泽和木纹应与制品一致。

③ 门窗裁口，起线应顺直，割角准确，拼缝严密。窗扇拼装完毕，构件的裁口应在同一平面上。镶门芯板的凹槽深度应在镶入后尚余2～3mm的间隙，框扇的线应符合设计要求。

④ 胶合板门的面层必须胶结牢固。制作胶合板时，边框和横楞必须在同一平面上，面层与边框及横楞应加压胶结。应在横楞和上下冒头各钻两个以上的透气孔，以防受潮脱胶或起鼓。

⑤ 表面平整无刨痕、毛刺和锤印等缺陷，门窗的表面应光洁。小料和短料胶合门窗、胶合板或纤维板门窗不允许脱胶，胶合板不允许刨透表层单板或戗槎。

⑥ 在砖石墙体上安装门窗框时，应以砸扁钉帽的钉子固定于砌在墙内的木砖上。木砖的埋置一定要满足数量和间距的要求，即2m高以内的门窗，每边不少于3块木砖，木砖间距以0.8～0.9m为宜；2m高以上的门窗，每边木砖间距不大于1m，以保证门窗框安装牢固。

⑦ 木门窗安装必须采用预留洞口的施工方法，严禁采用边安装边砌口或先安装后砌口的施工方法。

⑧ 木门窗与砖石砌体、混凝土或抹灰层接触处，应进行防腐处理并应设置防潮层；埋入砌体或混凝土的木砖也应进行防腐处理。

⑨ 建筑外门窗的安装必须牢固，在砌体上安装门窗严禁用射钉进行固定。

⑩ 在木门窗安装前，应对门窗洞口尺寸、固定门窗的预埋件和锚固件进行认真检查，一切符合设计要求后才能进行安装。

⑪ 在木门窗安装前，应按设计要求核对门窗的规格、型号、形式和数量。

⑫ 门窗框安装前应校正规方，钉好两根以上的斜拉条，无下坎的门框应加钉水平拉条，以防止在安装过程中产生变形。

⑬ 在安装合页时，合页槽应里平外卧，木螺钉严禁一次钉入，钉入深度不能超过螺钉长度的1/3，拧入深度不小于钉长的2/3，这样才能保证铰链平整，木螺钉拧紧卧平。遇到较硬木材时可预先钻孔，孔径应小于木螺钉直径的1.5mm左右。

⑭ 木门窗安装完毕后，应按照有关规定做好成品保护工作。

二、金属门窗工程施工质量控制

（一）钢门窗工程施工质量控制

1. 钢门窗制作与安装质量预控要点

① 钢门窗安装的主体结构经有关质量部门验收合格，达到门窗安装的条件。工种之间已办好交接手续。

② 按要求弹好+500mm水平线，并按建筑平面图中所示尺寸弹好安装门窗的中线。

③ 检查钢筋混凝土过梁上连接固定钢门窗的预埋铁件位置是否正确，对于预埋和位置不准确者，按钢门窗安装的要求补装齐全。

④ 检查埋置钢门窗铁脚的预留孔洞是否正确，门窗洞口的高、宽尺寸是否合适。对于未留或留得不准的孔洞应进行纠正，剔凿合格后将杂物清理干净。

⑤ 检查钢门窗。对由于运输、堆放不当而导致门窗框扇出现的变形、脱焊和翘曲等缺陷，应进行校正和修理。对表面处理后需要补焊的，焊后必须涂刷防锈漆。

⑥ 对于组合钢门窗，应先做试拼样板，经有关部门鉴定合格后，再进行大量组装。

2. 钢门窗制作与安装施工质量要点

① 钢门窗安装时，应先把钢门窗在洞口内摆正，并用木楔临时固定，达到横平竖直。门窗地脚与预埋件宜采用焊接固定，如不采用焊接，应在安装完地脚后，用水泥砂浆或豆石混凝土将洞口缝隙填实。

② 在水泥砂浆凝固前，不得取出定位木楔或在钢门窗上安装五金配件，应待水泥砂浆凝固后取出木楔，并立即用水泥砂浆抹严缝隙。

③ 门窗框与墙体间的缝隙,应用 1∶2.5 的水泥砂浆四周填嵌密实,防止从周围渗水;不得采用石灰砂浆或混合砂浆填嵌。拼樘料(拼管、拼铁)与钢门窗的拼合处,应满填油灰,以防止拼缝处产生渗水。

④ 双层钢窗的安装间距,必须符合设计要求。

⑤ 钢门窗零件和附件的安装应符合下列规定。

a. 安装零、附件前,应检查钢门窗开启是否灵活,关闭后是否严密;否则应予以调整,合格后才能安装。

b. 安装零、附件宜在墙面装饰完成后进行,安装时应按照生产厂家的说明操作。

c. 玻璃的密封条应在门窗涂料干燥后进行安装压实。

⑥ 涂色钢板门窗在贮存、运输、安装的过程中,对其面层应采取可靠的保护措施,以防止碰伤钢板的涂层。

(二)铝合金门窗工程施工质量控制

1. 铝合金门窗制作与安装质量预控要点

① 铝合金门窗安装的主体结构经有关质量部门验收合格,达到门窗安装的条件。工种之间已办好交接手续。

② 检查门窗洞口尺寸及标高是否符合设计要求。有预埋件的门窗口还应检查预埋件的数量、位置和埋设方法是否符合设计要求。

③ 在铝合金门窗安装前,应按设计图纸要求的尺寸弹好门窗中线,并弹好室内+500mm 水平线,以确定门窗在安装中的位置标准。

④ 安装前认真检查铝合金门窗,如有劈棱窜角和翘曲不平、偏差超标、表面损伤、变形及松动、外观色差较大者,应与有关人员协调解决,经处理、验收合格后才能安装。

2. 铝合金门窗制作与安装施工质量要点

① 铝合金门窗装入洞口应横平竖直,外框与洞口应弹性连接牢固,不得将门窗外框直接埋入墙体。与混凝土墙体连接时,门窗框的连接件与墙体可用射钉或膨胀螺栓固定。与砖墙连接时,应预先在墙内埋置混凝土块,然后再用射钉或膨胀螺栓固定。

② 铝合金门窗框的连接件应伸出铝框予以内外锚固,连接件应采用不锈钢件或经防锈处理的金属件,其厚度不应小于 1.5mm,宽度不小于 25mm;连接件的位置、数量应符合有关规范的规定。

③ 铝合金门窗横向及竖向组合时,应采取套插、搭接形成曲面组合,搭接长度一般为10mm,并用密封胶进行密封。

④ 铝合金门窗框与墙体间隙填塞,应按设计要求处理,如设计无要求时,应采用矿棉条或聚氨酯 PU 发泡剂等软质保温材料填塞,框四周缝隙须留 5～8mm 深的槽口,用密封胶进行密封。

⑤ 铝合金门窗玻璃安装时,要在门窗槽内放置弹性垫块(如胶木等),不准玻璃与门框直接接触,玻璃与门窗槽搭接量不应少于 6mm,玻璃与框槽间隙应用橡胶条或密封胶将四周压牢或填满。

⑥ 铝合金门窗安装好后,应经喷淋抽检试验,不得存有渗漏现象。

⑦ 铝合金推拉窗顶部应设限位装置,其数量和间距应保证窗扇抬高或推拉时不脱轨。

⑧ 铝合金门窗安装完毕后,应按照有关规定做好成品保护工作。

三、塑料门窗工程施工质量控制

(一)塑料门窗制作与安装质量预控要点

① 主体结构已施工完毕,并经有关部门验收合格。或墙面已粉刷完成,各工种之间已办好交接手续。

② 当门窗采用预埋木砖与墙体连接时，墙体应按设计要求埋置防腐木砖。对于加气混凝土墙，应预埋胶黏圆木。

③ 同一类型的门窗及其相邻的上、下、左、右洞口应横平竖直；对于高级装饰工程及放置过梁的洞口，应做洞口样板。洞口宽度和高度尺寸的允许偏差见表 4-4。

表 4-4　洞口宽度和高度尺寸的允许偏差　　　　单位：mm

墙体表面 \ 洞口宽度或高度	<2400	2400～4800	>4800
未粉刷墙面	±10	±15	±20
已粉刷墙面	±5	±10	±15

④ 按设计图要求的尺寸弹好门窗中线，并弹好室内+50mm 水平线。

⑤ 组合窗的洞口，应在拼樘料的对应位置设预埋件或预留洞。

⑥ 门窗安装应在洞口尺寸按第③条的要求检验并合格，办好各工种交接手续后方可进行。门的安装应在地面工程施工前进行。

（二）塑料门窗制作与安装施工质量要点

① 塑料门窗安装时，必须按施工操作工艺进行。施工前一定要划线定位，使塑料门窗上下顺直，左右标高一致。

② 安装时要使塑料门窗垂直方正，对于有劈棱掉角和窜角的门窗扇必须及时调整。

③ 固定片的安装应先采用直径 3.2mm 的钻头钻孔，然后应将十字槽盘头自攻螺钉 M4×20 拧入，不得用锤直接打入。

④ 窗与墙体的固定。当门窗与墙体固定时，应当先固定上框，后固定边框。固定窗框包括固定方法和确定连接点两个主要工作，其各种具体操作方法应符合下列要求。

a. 直接固定法　即木砖固定法。窗洞施工时按设计位置预先埋入防腐木砖，将塑料窗框送入洞口定位后，用木螺钉穿过窗框异型材与木砖连接，从而把窗框与基体固定。对于小型塑料窗，也可采用在基体上钻孔，塞入尼龙胀管，即用螺钉将窗框与基体连接。

b. 连接件固定法　在塑料窗异型材的窗框靠墙一侧的凹槽内或凸出部位，事先安装"之"字形铁件作为连接件。塑料窗嵌入窗洞调整对中后，用木楔临时稳固定位，然后将连接铁件的伸出端用射钉或胀铆螺栓固定于洞壁基体。

c. 假框固定法　先在窗洞口内安装一个与塑料窗框相配的"Ⅱ"形镀锌钢板金属框，然后将塑料窗框固定在上面，最后以盖缝条对接缝及边缘部分进行遮盖和装饰。这种做法的优点是可以较好地避免其他施工对塑料窗框的损伤，并能提高塑料窗的安装效率。

塑料窗框与墙体连接固定方法如图 4-1 所示。

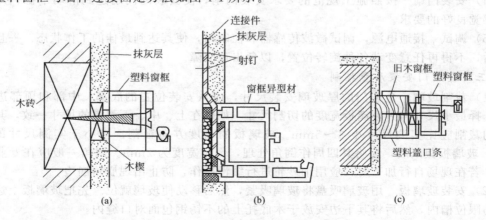

图 4-1　塑料窗框与墙体连接固定

⑤ 组合窗的拼樘料与窗框间的连接应牢固，并用嵌缝膏进行嵌缝，应将两窗框与拼樘料卡接，卡接后应用紧固件双向拧紧，其间距应不大于 600mm；紧固件端头及拼樘料与窗框间的缝隙应采用嵌缝膏进行密封处理。

⑥ 门扇应待水泥砂浆硬化后安装；铰链部分配合间隙的允许偏差及门框、扇的搭接量，应符合国家现行标准《未增塑聚氯乙烯（PVC-U）塑料门》（JG/T 180—2005）的规定。

⑦ 门锁、执手、纱窗铰链及锁扣等五金配件，应安装牢固、位置正确、开关灵活，安装完毕后应整理纱网、压实压条。

⑧ 门窗框扇上若粘有水泥砂浆，应在其硬化前用湿布擦干净，但不得用硬质材料铲刮门窗框扇的表面。

四、特种门窗工程施工质量控制

（一）防火、防盗门安装质量控制

（1）立门框　先拆掉门框下部的固定板，凡框内高度比门扇的高度大于 30mm 者，洞口两侧地面需留设凹槽。门框一般埋入 ±0.00 标高以下 20mm，并保证框口上下尺寸相同，允许误差＜1.5mm，对角线允许误差＜2mm。

将门框用木楔临时固定在洞口内，经校正合格后，打紧木楔，门框铁脚与预埋铁板焊接牢固。然后在框两上角墙上开洞，向框内灌注 M10 水泥素浆，待其凝固后方可装配门扇。冬季施工应注意防寒，水泥素浆灌注后应养护 21d。

（2）安装门框附件　门框周边的缝隙，用 1:2 的水泥砂浆或强度不低于 10MPa 的细石混凝土嵌缝，并应保证门框与墙体结成整体；经养护凝固后，再粉刷洞口及墙体。

（3）安装五金配件及防火、防盗装置　粉刷完毕后，安装门扇五金配件及防火、防盗装置。门扇关闭后，门缝应均匀平整，开启自由轻便，不得有过紧、过松和反弹现象。

（二）自动门安装质量控制

（1）地面轨道安装　铝合金自动门和全玻璃自动门地面上装有导向性下轨道，异形钢管自动门无下轨道。自动门安装时，撬出预埋方木条便可埋设下轨道，下轨道的长度一般为开启门宽的 2 倍。在埋设下轨道时，应注意地坪面层材料的标高保持一致。

（2）安装横梁　将 18 号槽钢放置在已预埋铁的门柱处，并将其校平、吊直，注意与下轨道的位置关系，然后用电焊方式加以固定。由于机箱内装有机械及电控装置，因此，自动门上部机箱层主梁是安装中的重要工序，对支撑横梁的土建支撑结构，要有一定的强度及稳定性要求。

（3）固定机箱　将厂方生产的机箱按说明固定在横梁上，做到位置正确、固定牢靠。

（4）安装门扇　按照施工规范的要求安装门扇，使安装的门扇达到滑动平稳、开启灵活、感觉良好的要求。

（5）调试　接通电源，调试微波传感器和控制箱，使其达到最佳的工作状态。一旦调试正常后，不得再任意变动各种旋转位置，以免出现故障。

（三）全玻门安装质量控制

（1）裁割玻璃　全玻门的厚玻璃安装尺寸，应从安装位置的底部、中部和顶部进行测量，选择最小尺寸作为玻璃板宽度的切割尺寸。如果在上、中、下测得的尺寸一致，其玻璃宽度的裁割应比实测尺寸小 3～5mm。玻璃板的高度方向裁割，应小于实测尺寸的 3～5mm。玻璃板裁割后，应将其四周作倒角处理，倒角宽度为 2mm。倒角一般应在专业厂家加工，若在现场自行加工时，应用细砂轮进行缓慢操作，防止出现崩角崩边。

（2）安装玻璃板　用玻璃吸盘将玻璃吸紧，然后移动使玻璃就位。先把玻璃板上边插入门框的限位槽内，然后将其下边安放于木底托上的不锈钢包面对口缝内。

在底托上固定玻璃板的方法是：在底托木方上钉上木板条，距玻璃板面 4mm 左右，然后在木板条上涂刷万能胶，将饰面不锈钢板片粘卡在木方上。

（3）门扇固定 首先进行门扇定位安装，即先将门框横梁上的定位销本身的调节螺钉调出横梁平面1～2mm，再将玻璃门扇竖立起来，把门扇下横挡内的转动销连接件的孔位对准地弹簧的转动销轴，并转动门扇将孔位套入销轴上。然后把门扇转动90°使之与门框横梁成直角，把门扇上横挡中的转动连接件的孔对准门框横梁上的定位销，将定位销插入孔内15mm左右。

（4）安装拉手 全玻璃门扇上的拉手孔洞，一般是事先订购时由厂家加工好的，拉手连接部分插入孔洞时不要太紧，应有一定的松动。安装前应在拉手插入玻璃的部分涂少许玻璃胶；如果插入后过松，可在插入部分裹上软质胶带。在进行拉手组装时，其根部与玻璃贴紧后再拧紧固定螺钉。

五、门窗玻璃工程施工质量控制

（一）门窗玻璃安装质量预控要点

① 门窗的五金配件安装完毕后，经检查质量全部合格，并在涂刷最后一道油漆前进行玻璃安装。

② 钢门窗在安装玻璃前，要认真检查是否有扭曲变形等缺陷，若有，应在修整合格后再进行玻璃安装。

③ 在玻璃安装前，应按照设计要求尺寸及结合实测尺寸，预先进行集中裁割，并将裁割好的玻璃按不同规格和安装顺序，码放在安全地方待用。

④ 由市场直接购买到的成品油灰，或使用熟桐油等天然干性油自行配制的油灰，可以直接使用；如用其他油料配制的油灰，必须经过检验合格后方可使用。

（二）门窗玻璃安装施工质量要点

① 为确保玻璃裁割尺寸准确，玻璃宜在车间集中裁割，边缘不得有缺口和斜曲。钢木框、扇玻璃按设计尺寸或实测尺寸，长宽均应各缩小一个裁口宽度的1/4进行裁割。铝合金及塑料框、扇的裁割尺寸，应符合现行国家标准对玻璃与玻璃槽之间配合尺寸的规定，并满足设计和安装的要求。

② 玻璃安装前应满刮1～3mm厚的底油灰，刮铺中要认真操作，确实铺平铺严。

③ 玻璃安装工程的施工，必须按照《建筑装饰装修工程施工质量标准》（ZJQ 00—SG—021—2006）中的要求进行操作，不得偷工减料。

④ 玻璃安装后应用手轻轻敲打，其响声应坚实，不得有不清脆的声音；钢门窗的玻璃安装应用钢丝卡固定，钢丝卡的间距不得大于300mm，且每边不应少于2个。

⑤ 在安装压花玻璃或磨砂玻璃时，应检查花面是否朝向室外，磨砂面是否朝向室内，千万不要安装相反方向。

⑥ 在安装玻璃时，使玻璃在框口内准确就位，玻璃安装在凹槽内，内外侧间隙应相等，间隙的宽度一般控制在2～5mm。

⑦ 存放玻璃的库房与作业面的温度不能相差过大，玻璃如果从过冷或过热的环境中运入操作地点，应等待玻璃的温度与室内温度相近后再安装。

⑧ 门窗玻璃安装完毕后，应按照有关规定做好成品保护工作。

第三节 门窗工程验收质量控制

装饰门窗的质量关系到门窗的装饰效果和使用功能，也关系到门窗的使用年限和工程造价，在装饰门窗工程的设计和施工过程中，必须按照国家和行业的现行规范进行。

国家标准《建筑装饰装修工程质量验收规范》（GB 50210—2001）中，明确规定了木门窗安装工程、铝合金门窗安装工程、塑料门窗安装工程、特种门窗安装工程和玻璃门窗安装工程等的质量要求和检验方法，必须严格按现行规范执行。

一、木质门窗工程验收质量控制

（一）制作质量要求

① 门窗框及厚度大于 50mm 的门窗扇应采用双榫连接。门窗框、扇拼装时，榫槽应严密嵌合，应用胶黏剂黏结，并用木楔沾胶加紧。

② 窗扇拼装完毕，构件的裁口应在同一平面上。镶门芯板的凹槽深度应于镶入后尚余 2～3mm 的间隙。

③ 制作胶合板门时，边框和横楞必须在同一平面上，面层与边框及横楞应加压胶结。应在横楞和上冒头、下冒头各钻两个以上的透气孔，以防止受潮脱胶或起鼓。

④ 门窗的制作质量，应符合下列规定。

a. 表面应光洁或砂磨，并不得有刨痕、毛刺和锤击印。

b. 框、扇的线应符合设计要求，割角、拼缝均应当严实平整。

c. 小料和短料胶合门窗、胶合板或纤维板门扇，不允许有脱胶现象。胶合板不允许刨透表层单板或出现戗槎。

木门窗制作的允许偏差和检验方法，如表 4-5 所列。

表 4-5　木门窗制作的允许偏差和检验方法

项次	项　　目	构件名称	允许偏差/mm		检　验　方　法
			普通	高级	
1	翘曲	框	3	2	将框、扇放在检查平台上，用塞尺检查
		扇	2	2	
2	对角线长度差	框、扇	3	2	用钢尺检查，框量裁口里角，扇量外角
3	表面平整度	扇	2	2	用1m靠尺和塞尺检查
4	高度、宽度	框	0，−2	0，−1	用钢尺检查，框量裁口里角，扇量外角
		扇	2,0	1,0	
5	裁口、线条结合处高低差	框	1	0.5	用钢直尺和塞尺检查
6	相邻棂子两端间距	扇	2	1	用钢直尺检查

（二）安装质量要求

① 根据国家标准的规定，当条件具备时，宜将门窗扇与框装配成套，装好全部小五金，然后成套进行安装。在一般情况下，当设计中无具体规定时，应先安装门窗框，然后安装门窗扇和小五金。

② 安装门窗框或成套门窗时，应符合下列规定。

a. 门窗框安装前应进行校正，钉好斜拉条（一般不少于两根），无下坎的门框应加钉水平拉条，防止在运输和安装中变形。

b. 门窗框（或成套门窗）应当按设计要求的水平标高和平面位置，在砌墙的过程中进行安装。

c. 在砖石墙上安装门窗框（或成套门窗）时，应以钉子固定在墙内的木砖上，每边的固定点应不少于两处，其间距应不大于 1.2m。

d. 当需要先砌墙、后安装门窗框（或成套门窗）时，宜在预留门窗洞口的同时，留出门窗框走头（门窗框上、下坎两端伸出口外部分）的缺口，在门窗框调整准确就位后，砌筑并封闭缺口。

当由于受条件限制，门窗框不能留走头时，应采取可靠措施将门窗框固定在墙内的木砖上，以防止在施工或使用过程中发生安全事故。

e. 当门窗的一面需要镶贴脸板时，则门窗框应凸出墙面，凸出的厚度应当等于抹灰层的厚度。

f. 寒冷地区的门窗框（或成套门窗）与外墙砌体间的空隙，应填塞保温材料。

③ 木门窗安装的留缝限值、允许偏差和检验方法，如表 4-6 所列。

表 4-6　木门窗安装的留缝限值、允许偏差和检验方法

项次	项　目		留缝限值/mm		允许偏差/mm		检验方法
			普通	高级	普通	高级	
1	门窗槽口对角线长度差		—	—	3	2	用钢尺检查
2	门窗框的正、侧面垂直度		—	—	2	1	用 1m 检测尺检查
3	框与扇、扇与扇接缝高低差		—	—	2	1	用钢直尺和塞尺检查
4	门窗扇对口缝		1~2.5	1.5~2	—	—	用塞尺检查
5	工业厂房双扇大门对口缝		2~5	—	—	—	
6	门窗扇与上框间留缝		1~2	1~1.5	—	—	
7	门窗扇与侧框间留缝		1~2.5	1~1.5	—	—	用塞尺检查
8	窗扇与下框间留缝		2~3	2~2.5	—	—	
9	门扇与下框间留缝		3~5	3~4	—	—	
10	双层门窗内外框间距		—	—	4	3	用钢尺检查
11	无下框时门扇与地面间留缝	外门	4~7	5~6	—	—	用塞尺检查
		内门	5~8	6~7	—	—	
		卫生间门	8~12	8~10	—	—	
		厂房大门	10~20	—	—	—	

④ 门窗配件的安装。木门窗配件的型号、规格、数量应符合设计要求，安装要可靠牢固，位置应正确，功能应满足使用要求。

在门扇小五金的安装过程中，应注意以下要点。

a. 门窗五金应当安装齐全，位置正确，固定可靠。

b. 合页距门窗上、下端的尺寸，宜取立梃高度的 1/10，并避开上冒头和下冒头；安装后应开关灵活。

c. 小五金均应采用木螺钉固定，不得用普通圆钢钉代替。木螺钉应先用锤打入 1/3 深度然后拧紧，严禁打入全部深度。采用硬木时应先钻 2/3 深度的孔，孔径应略小于木螺钉的直径，一般为木螺钉直径的 0.9 倍。

d. 不宜在中冒头与立梃的结合处安装门锁。

e. 门窗拉手应位于门窗高度中点以下，窗拉手距地面以 1.5~1.6m 为宜，门拉手距地面以 0.9~1.05m 为宜。

（三）木门窗质量验收标准

木门窗制作与安装工程质量验收标准，如表 4-7 所列。

二、金属门窗工程验收质量控制

门窗装饰是重要的装饰部位，铝合金门窗由于耐腐蚀性好、质轻高强、表面美观，是当今应用最广泛的装饰材料。铝合金门窗的装饰效果将影响建筑整体的效果，因此，对铝合金门窗材料、制作和安装要求都是很高的。

根据国家标准《建筑装饰装修工程质量验收规范》（GB 50210—2001）对金属门窗安装工程的质量验收的规定：铝合金门窗局部擦伤、划伤分级控制，如表 4-8 所列；门窗框允许尺寸偏差，如表 4-9 所列；门窗框、扇装配间隙允许偏差，如表 4-10 所列；门窗洞口尺寸，如表 4-11 所列；铝合金门窗安装质量要求及检验方法，如表 4-12 所列；金属门窗安装工程质量验收标准，如表 4-13 所列；铝合金门窗安装的允许偏差和检查方法，如表 4-14 所列。

表 4-7　木门窗制作与安装工程的质量验收标准

项目	项次	质量要求	检验方法
主控项目	1	木门窗的木材品种、材质等级、规格、尺寸、框扇的线型及人造木板的甲醛含量应符合设计要求,所用木材的质量应符合表 4-1 和表 4-2 规定	观察;检查材料进场验收记录和复验报告
	2	木门窗应采用烘干的木材进行制作,含水率应符合 JG/T 122《建筑木门、木窗》的规定	检查材料进场验收记录
	3	木门窗的防火、防腐、防虫处理应符合设计要求	观察;检查材料进场验收记录
	4	木门窗的结合处和安装配件处,不得有木节或已填补的木节;木门窗如有允许限值以内的死节及直径较大的虫眼时,应用同一材质的木塞加胶填补;对于清漆制品,木塞的木纹和色泽应与制品一致	观察检查
	5	门窗框和厚度>50mm 的门窗扇应用双榫连接;榫槽应采用胶料严密嵌合,并应用胶楔加紧	观察;手扳检查
	6	胶合板门、纤维板门和模压门不得脱胶;胶合板不得刨透表层单板,不得有戗槎;制作胶合板门、纤维板门时,边框和横楞应在同一平面上,面层、边框及横楞应加压胶结,横楞和上、下冒头应各钻两个以上的透气孔,透气孔应通畅	观察检查
	7	木门窗的品种、类型、规格、开启方向、安装位置及连接方式应符合设计要求	观察;尺量检查;检查成品门的生产合格证
	8	木门窗框的安装必须牢固;预埋木砖的防腐处理、木门窗框固定点的数量、位置及固定方法应符合设计要求	观察;手扳检查;检查隐蔽工程验收记录和施工记录
	9	木门窗扇必须安装固定,并应开关灵活,关闭严密,无倒翘	观察;开启和关闭检查;手扳检查
	10	木门窗配件的型号、规格、数量应符合设计要求,安装应牢固,位置应准确,功能应满足使用要求	观察;开启和关闭检查;手扳检查
一般项目	11	木门窗表面应洁净,不得有刨痕、锤印	观察检查
	12	木门窗的割角、拼缝应严密平整;门窗框、扇裁口应顺直,刨面应平整	观察检查
	13	木门窗上的槽、孔应边缘整齐,无毛刺	观察检查
	14	木门窗与墙体间缝隙的填嵌材料应符合设计要求,填嵌应饱满;寒冷地区外门窗或门窗框与砌体间的空隙应填充保温材料	轻敲门窗框检查;检查隐蔽工程验收记录和施工记录
	15	木门窗披水板、盖口条、压缝条、密封条的安装应顺直,与门窗结合应牢固、严密	观察;手扳检查
	16	木门窗制作的允许偏差和检验方法应符合表 4-5 的规定	
	17	木门窗安装的留缝限值、允许偏差和检验方法应符合表 4-6 的规定	

表 4-8　铝合金门窗局部擦伤、划伤分级控制表

项目　　　等级	优等品	一等品	合格品
擦伤、划伤深度	不大于氧化膜厚度	不大于氧化膜厚度的 2 倍	不大于氧化膜厚度的 3 倍
擦伤总面积/mm²	≤500	≤1000	≤1500
划伤总长度/mm	≤100	≤150	≤150
擦伤或划伤处数	≤2	≤4	≤6

表 4-9　门窗框允许尺寸偏差　　　　　　　　单位:mm

项目　　　等级		优等品	一等品	合格品
门窗框槽口宽度高度允许偏差	≤2000	±1.0	±1.5	±2.0
	>2000	±1.5	±2.0	±2.5
门窗框槽口对边尺寸偏差	≤2000	≤1.5	≤2.0	≤2.5
	>2000	≤2.5	≤3.0	≤3.5
门窗框槽口对角线尺寸偏差	≤3000	≤1.5	≤2.0	≤2.5
	>3000	≤2.5	≤3.0	≤3.5

表 4-10 门窗框、扇装配间隙允许偏差 单位：mm

项目 \ 等级	优等品	一等品	合格品
门窗框、扇各相邻构件同一平面高低差	≤0.3	≤0.4	≤0.5
门窗框、扇与各相邻构件装配间隙①		≤0.3	≤0.5
门窗框与扇、扇与扇竖向缝隙偏差		±10	

① 用于铝合金地弹簧门。

表 4-11 门窗洞口尺寸 单位：mm

墙面装饰类型	宽 度	高 度	
一般粉刷面	门窗框宽度±50	窗框高度±50	门框高度±25
玻璃马赛克贴面	±60	±60	±30
大理石贴面	±80	±80	±40

表 4-12 铝合金门窗安装质量要求及检验方法

序号	项目	质量等级	质 量 要 求	检验方法
1	平开门扇窗	合格	关闭严密,间隙基本均匀,开关灵活	观察和开闭检查
		优良	关闭严密,间隙均匀,开关灵活	
2	推拉门扇窗	合格	关闭严密,间隙基本均匀,扇与框搭接量不小于设计要求的80%	观察和用深度尺检查
		优良	关闭严密,间隙基本均匀,扇与框搭接量符合设计要求	
3	弹簧门扇	合格	自动定位准确,开启角度为90°±3°,关闭时间在3～15s范围之内	用秒表、角度尺检查
		优良	自动定位准确,开启角度为90.0°±1.5°,关闭时间在6～10s范围之内	
4	门窗附件安装	合格	附件齐全,安装牢固,灵活适用,达到各自的功能	观察、手扳和尺量检查
		优良	附件齐全,安装位置正确、牢固,灵活适用,达到各自的功能端正美观	
5	门窗框与墙体间缝隙填嵌	合格	填嵌基本饱满密实,表面平整,填嵌材料、方法基本符合设计要求	观察检查
		优良	填嵌基本饱满密实,表面平整、光滑,无裂缝,填嵌材料,方法基本符合设计要求	
6	门窗外现	合格	表面洁净,无明显划痕、碰伤,基本无锈蚀;涂胶表面基本光滑,无气孔	观察检查
		优良	表面洁净,无划痕、碰伤,无锈蚀,涂胶表面基本光滑、平整,厚度均匀,无气孔	
7	密封质量	合格	关闭后各配合处无明显缝隙,不透气,透光	观察检查
		优良	关闭后各配合处无缝隙,不透气,透光	

表 4-13 金属门窗安装工程质量验收标准

项目	项次	质 量 要 求	检 验 方 法
主控项目	1	金属门窗的品种、类型、规格、尺寸、性能、开启方向、安装位置、连接方式及铝合金门窗的型材壁厚,均应符合设计要求;金属门窗的防腐处理及填嵌、密封处理应符合设计要求	观察;尺量检查;检查产品合格证书、性能检测报告、进场验收记录和复检报告;检查隐蔽工程验收记录
	2	金属门窗框和副框的安装必须牢固;预埋件的数量、位置、埋设方式、与框的连接方式必须符合设计要求	手扳检查;检查隐蔽工程验收记录
	3	金属门窗扇必须安装牢固,并应开关灵活、关闭严密,无倒翘;推拉门窗扇必须有防止脱落措施	观察;开启和关闭检查;手扳检查
	4	金属门窗配件的型号、规格、数量应符合设计要求,安装应牢固,位置应正确,功能应满足使用要求	观察;开启和关闭检查;手扳检查

项目	项次	质 量 要 求	检 验 方 法
一般项目	5	金属门窗表面应清洁、平整、光滑、色泽一致，无锈蚀；大面应无划痕、碰伤；漆膜或保护层应连续	观察检查
	6	铝合金门窗的推拉门窗扇开关力，应≤100N	用弹簧秤检查
	7	金属门窗框与墙体之间的缝隙应填嵌饱满，并采用密封胶进行密封；密封胶表面应光滑、顺直，无裂纹	观察；轻敲门窗框检查；检查隐蔽工程验收记录
	8	金属门窗扇的橡胶密封条或毛毡密封条应安装完好，不得有脱槽现象	观察；开启和关闭检查
	9	有排水孔的金属门窗，排水孔应畅通，位置和数量应符合设计要求	观察检查

注：1. 本表根据《建筑装饰装修工程质量验收规范》（GB 50210—2001）有关规定的条文编制。

2. 本表金属门窗工程质量验收标准，同时适用于铝合金门窗、普通钢门窗、涂色镀锌钢板门窗等金属门窗安装工程的质量验收。

3. 本表所列"一般项目"，也包括表 4-14 中所列的允许偏差的项目。

表 4-14　铝合金门窗安装的允许偏差和检查方法

项次	项 目		允许偏差/mm	检 验 方 法
1	门窗槽口宽度、高度	≤1500mm	1.5	用钢尺检查
		>1500mm	2.0	
2	门窗槽口对角线长度差	≤2000mm	3.0	用钢尺检查
		>2000mm	4.0	
3	门窗框的正面、侧面垂直度		2.5	用垂直检查尺检查
4	门窗横框的水平度		2.0	用1m水平尺和塞尺检查
5	门窗横框的标高		5.0	用钢尺检查
6	门窗竖向偏离中心		5.0	用钢尺检查
7	双层门窗内外框间距		4.0	用钢尺检查
8	推拉门窗扇与框的搭接量		1.5	用钢直尺检查

三、塑料门窗工程验收质量控制

（一）塑料门窗的质量要求

1. 塑料门窗质量要求

门窗外观、外形尺寸、装配质量及力学性能等，应符合国家标准和行业标准的有关规定。

① 塑料门窗基本尺寸公差和精度，如表 4-15 和表 4-16 所列。

表 4-15　塑料门窗高度和宽度的尺寸公差

精度等级	高度和宽度的尺寸公差/mm			
	≤900	901～1500	1501～2000	>2000
一	±1.5	±1.5	±2.0	±2.5
二	±1.5	±2.0	±2.5	±3.0
三	±2.0	±2.5	±3.0	±4.0

注：1. 检测量具为钢卷尺和钢直尺，在尺起始100mm内，尺面应有0.5mm最小分度刻线。

2. 测量前应先从宽和高两端向内标出100mm间距，并做一记号，然后测量高或宽两端记号间距离，即为检测的实际尺寸。

表 4-16　塑料门窗对角线尺寸公差

精度等级	对角线尺寸公差/mm		
	≤1000	1001～2000	>2000
一	±2.0	±3.0	±4.0
二	±3.0	±3.5	±5.0
三	±3.5	±4.0	±6.0

② 塑料门窗的物理性能分级见表 4-17，保温性能及空气隔声性能分级见表 4-18。

表 4-17　塑料门窗建筑物理性能分级

类别	等级	性能指标		
		抗风压性能 /Pa	空气渗透性能 /[10Pa，$m^3/(m \cdot h)$]	雨水渗透性能 /Pa
A 类 (高性能窗)	优等品（A_1 级）	≥3500	≤0.5	≥400
	一等品（A_2 级）	≥3000	≤0.5	≥350
	合格品（A_3 级）	≥2500	≤1.0	≥350
B 类 (中性能窗)	优等品（B_1 级）	≥2500	≤1.0	≥300
	一等品（B_2 级）	≥2000	≤1.5	≥300
	合格品（B_3 级）	≥2000	≤2.0	≥250
C 类 (低性能窗)	优等品（C_1 级）	≥2000	≤2.0	≥200
	一等品（C_2 级）	≥1500	≤2.5	≥150
	合格品（C_3 级）	≥1000	≤3.0	≥100

表 4-18　塑料门窗保温性能及空气隔声性能分级

等级	I	II	III	IV
传热系数 K_0/[W/($m^2 \cdot K$)]	≤2.00	＞2.00 且≤3.00	＞3.00 且≤4.00	＞4.00 且≤5.00
传热阻 R_0/[$m^2 \cdot K/W$]	≥0.50	＜0.50 且 ≥0.33	＜0.33 且 ≥0.25	＜0.25 且 ≥0.20
空气声计权隔声量/dB	≥35 (优等品)	≥30 (一等品)	≥25 (合格品)	

③ 塑料门窗机械力学指标，如表 4-19 所列。

表 4-19　塑料（塑钢）门窗机械力学性能基本指标

项次	试验名称	门指标	窗指标
1	开关力	平开门扇平铰链≤80N，滑撑铰链的开关力≤80N 且≥30N；推拉门扇的开关力≤100N	平开窗扇平铰链≤80N，滑撑铰链的开关力≤80N 且≥30N；推拉窗扇的开关力≤100N
2	悬端吊重	在 500N 力作用下，残余变形≤2mm，试件不损坏，保持使用功能	在 500N 力作用下，残余变形≤2mm，试件不损坏，保持使用功能
3	翘曲	在 300N 力作用下，允许有不影响使用的残余变形，试件不损坏，保持使用功能	在 300N 力作用下，允许有不影响使用的残余变形，试件不损坏，保持使用功能
4	开关疲劳	开关速度为 10～20 次/min，经不少于 1 万次开关，试件不损坏，压条不脱，保持使用功能	开关速度为 15 次/min，经不少于 1 万次开关，试件及五金不损坏，其固定处及玻璃压条不松脱
5	大力关闭	经模拟 7 级风压连续开关 10 次，试件不损坏，保持使用功能	经模拟 7 级风压连续开关 10 次，试件不损坏，保持使用功能
6	窗撑	—	能支撑 200N 力，不移位，连接处型材不破裂
7	软冲	冲击能量 1500N·cm，正常	—
8	角强度	平均值≥3000N，最小值≥平均值的 70%	平均值≥3000N，最小值≥平均值的 70%

④ 塑料门窗的耐候性：外门窗用型材人工老化应≥1000h，内门窗用型材人工老化应≥500h。老化后的外观及变色、褪色和强度，应符合表 4-20 中的规定。

表 4-20　塑料门窗老化后的外观及变色、褪色和冲击强度要求

项次	名称	技术要求
1	外观	无气泡、裂纹等
2	变色与褪色	不应超过 3 级灰度
3	冲击强度保留率	简支梁冲击强度保留率≥70%

⑤ 门窗的抗风压、空气渗透、雨水渗漏三项基本物理性能，应符合 JG/T 3017《PVC塑料门》、JG/T 3018《PVC塑料窗》的分级规定及设计要求，并应附有相应等级的质量检测报告。若设计对保温、隔声性能提出要求，其性能既应符合设计要求，也应同时符合上述标准的规定，所有门窗产品应具有出厂合格证。

2. 塑料窗的构造尺寸

塑料窗的构造尺寸，应包括预留洞口与待安装窗框的间隙及墙体饰面材料的厚度，其间隙应符合表 4-21 中的规定。

表 4-21　洞口与窗框（或门边框）的间隙

墙体饰面层材料	洞口与窗框（或门边框）的间隙/mm	墙体饰面层材料	洞口与窗框（或门边框）的间隙/mm
清水墙	10	墙体外饰面贴釉面瓷砖	20～25
墙体外饰面抹水泥砂浆或贴马赛克	15～20	墙体外饰面镶贴大理石或花岗石	40～50

注：窗下框与洞口的间隙，可根据设计要求选定。

3. 塑料门的构造尺寸

塑料门的构造尺寸，应满足下列要求。

① 塑料门边框与洞口的间隙，应符合表 4-21 中的规定。

② 无下框平开门门框的高度，应比洞口大 10～15mm；带下框平开门或推拉门的门框高度，应比洞口高度小 5～10mm。

4. 塑料门窗表面及框扇结构质量

塑料门窗表面及框扇结构质量，应符合下列规定。

① 塑料门窗表面，不应有影响外观质量的缺陷。

② 塑料门窗不得有焊角开焊、型材断裂等损坏现象；框和扇的平整度、直角度和翘曲度以及装配间隙，应当符合行业标准《PVC塑料门》（JG/T 3017—1994）、《PVC塑料窗》（JG/T 3018—1994）等标准的有关规定，不得有下垂和翘曲变形，以避免妨碍开关功能。

5. 门窗五金配件及密封装设

门窗五金配件及密封装设，应符合下列要求。

① 安装五金配件时，宜在其相应位置的型材内增设 3mm 厚的金属衬板。五金配件的安装位置、数量，均应符合国家标准的规定。

② 密封条的装配，应均匀、牢固，其接口应黏结严密、无脱槽现象。

（二）塑料门窗质量验收标准

根据国家标准《建筑装饰装修工程质量验收规范》（GB 50210—2001）中的规定，塑料门窗安装工程的质量验收标准如表 4-22 所列，塑料门窗安装的允许偏差如表 4-23所列。

四、特种门窗工程验收质量控制

国家标准《建筑装饰装修工程质量验收规范》（GB 50210—2001）中，明确规定了防火门、防盗门、自动门、全玻门、旋转门、金属卷帘门等特种门安装工程的工程质量验收标准，在安装中应严格按标准进行施工。

特种门安装工程质量验收标准，如表 4-24 所列；推拉自动门安装的留缝限值、允许偏差和检验方法，如表 4-25 所列；推拉自动门的感应时间限值和检验方法，如表 4-26 所列；旋转门安装的允许偏差和检验方法，如表 4-27 所列。

表 4-22 塑料门窗安装工程的质量验收标准

项目	项次	质 量 要 求	检 验 方 法
主控项目	1	塑料门窗的品种、类型、规格、尺寸、开启方向、安装位置、连接方式及填嵌密封处理应符合设计要求,内衬增强型钢的壁厚及设置,应符合国家现行产品标准的质量要求	观察;尺量检查;检查产品合格证书、性能检测报告、进场验收记录和复检报告;检查隐蔽工程验收记录
	2	塑料门窗框、副框和扇的安装必须牢固;固定片或膨胀螺栓的数量与位置应正确,连接方式应符合设计要求;固定点应距窗角、中横框、中竖框 150~200mm,固定点间距应不大于 600mm	观察;手扳检查;检查隐蔽工程验收记录
	3	塑料门窗拼樘料内衬增强型钢的规格、壁厚必须符合设计要求;型钢应与型材内腔紧密吻合,其两端必须与洞口固定牢固;窗框必须与拼樘料连接紧密,固定点间距应不大于 600mm	观察;手扳检查;尺量检查;检查进场验收记录
	4	塑料门窗扇应开关灵活、关闭严密,无倒翘;推拉门窗扇必须有防脱落措施	观察;开启和关闭检查;手扳检查
	5	塑料门窗扇配件的型号、规格、数量应符合设计要求,安装应牢固,位置应正确,功能应满足使用要求	观察;手扳检查;尺量检查
	6	塑料门窗框与墙体间缝隙应采用闭孔弹性材料填嵌饱满,表面应采用密封胶密封;密封胶应黏结牢固,表面应光滑、顺直、无裂缝	观察;检查隐蔽工程验收记录
一般项目	7	塑料门窗表面应洁净、平整、光滑,大面应无划痕、碰伤	观察检查
	8	塑料门窗扇的密封条不得脱槽;旋转窗间隙应基本均匀	观察;开启和关闭检查
	9	塑料门窗扇的开关力应符合下列规定: ①平开门窗扇平铰链的开关力应不大于 80N;滑撑铰链的开关力应不大于 80N,并不小于 30N; ②推拉门窗扇的开关力应不大于 100N	观察;用弹簧秤检查
	10	玻璃密封条与玻璃及玻璃槽口的接缝应平整,不得卷边、脱槽	观察检查
	11	排水孔应畅通,位置和数量应符合设计要求	观察检查
	12	塑料门窗安装的允许偏差和检验方法应符合表 4-23 的规定	

表 4-23 塑料门窗安装的允许偏差和检验方法

项次	项 目		允许偏差/mm	检 验 方 法
1	门窗槽口宽度、高度	≤1500mm	2.0	用钢尺检查
		>1500mm	3.0	
2	门窗槽口对角线长度差	≤2000mm	3.0	用钢尺检查
		>2000mm	5.0	
3	门窗框的正、侧面垂直度		3.0	用 1m 垂直检测尺检查
4	门窗横框的水平度		3.0	用 1m 水平尺和塞尺检查
5	门窗横框的标高		5.0	用钢尺检查
6	门窗竖向偏离中心		5.0	用钢尺检查
7	双层门窗内外框间距		4.0	用钢尺检查
8	同樘平开门窗相邻扇高度差		2.0	用钢直尺检查
9	平开门窗铰链部位配合间隙		+2,−1	用塞尺检查
10	推拉门窗与框搭接量		+1.5,−2.5	用钢直尺检查
11	推拉门窗扇与竖框平行度		2.0	用 1m 水平尺和塞尺检查

表 4-24 特种门安装工程质量验收标准

项目	项次	质量要求	检验方法
主控项目	1	特种门的质量和各项性能,应符合设计要求	检查生产许可证、产品合格证和性能检测报告
	2	特种门的品种、类型、规格、尺寸、开启方向、安装位置及防腐处理,应符合设计要求	观察;尺量检查;检查进场验收记录和隐蔽工程验收记录
	3	带有机械装置、自动装置或智能化装置的特种门,其机械装置、自动装置或智能化装置的功能应符合设计要求和有关标准的规定	启动机械装置、自动装置或智能化装置,观察检查
	4	特种门的安装必须牢固;预埋件的数量、位置、埋设方式、与框的连接方式必须符合设计要求	观察;手扳检查;检查隐蔽工程验收记录
	5	特种门的配件应齐全,位置应正确,安装应牢固,功能应满足特种门的各项性能要求	观察;手扳检查;检查产品合格证书、性能检测报告和进场验收记录
一般项目	6	特种门的表面装饰应符合设计要求	观察检查
	7	特种门的表面应洁净,无划痕、碰伤	观察检查

注:1. 本表根据国家标准 GB 50210—2001《建筑装饰装修工程质量验收规范》的相应规定条文编制。

2. 特种门种类繁多,功能各异,而且其品种、功能还在不断增加,国家标准 GB 50210—2001《建筑装饰装修工程质量验收规范》从安装质量验收角度就其共性做出了原则规定。未列明的其他特种门,也可参照本规定验收。

3. 本表"一般项目"也包括表 4-22～表 4-24 所列的各项指标。

表 4-25 推拉自动门安装的留缝限值、允许偏差和检验方法

项次	项目		留缝限值/mm	允许偏差/mm	检验方法
1	门槽口宽度、高度	≤1500mm	—	1.5	用钢尺检查
		>1500mm	—	2	
2	门槽口对角线长度差	≤2000mm	—	2	用钢尺检查
		>2000mm	—	2.5	
3	门框的正、侧面垂直度		—	1	用1m垂直检测尺检查
4	门构件装配间隙		—	0.3	用塞尺检查
5	门梁导轨水平度		—	1	用1m水平尺和塞尺检查
6	下导轨与门梁导轨水平度		—	1.5	用钢尺检查
7	门扇与侧框间留缝		1.2～1.8	—	用塞尺检查
8	门扇对口缝		1.2～1.8	—	用塞尺检查

表 4-26 推拉自动门的感应时间限值和检验方法

项次	项目	感应时间限值/s	检验方法
1	开门响应时间	≤0.5	用秒表检查
2	堵门保护延时	16～20	用秒表检查
3	门扇全开启后保持时间	13～17	用秒表检查

表 4-27 旋转门安装的允许偏差和检验方法

项次	项目	允许偏差/mm		检验方法
		金属框架玻璃旋转门	木质旋转门	
1	门扇正、侧面垂直度	1.5	1.5	用1m垂直检测尺检查
2	门扇对角线长度差	1.5	1.5	用钢尺检查
3	相邻扇高度差	1	1	用塞尺检查
4	扇与圆弧边留缝	1.5	2	用塞尺检查
5	扇与上顶间留缝	2	2.5	用塞尺检查
6	扇与地面间留缝	2	2.5	用塞尺检查

五、门窗玻璃工程验收质量控制

(一) 玻璃应用的有关规定

1. 玻璃的选用

根据行业标准《建筑玻璃应用技术规程》(JGJ 113—2003) 中的有关规定,门窗扇以及有关固定部分玻璃产品的选择与应用，应当注意以下几个方面。

① 非安全玻璃不得替代安全玻璃。安全玻璃的最大允许使用面积，应符合表 4-28 中的规定；有框架的普通退火玻璃或夹丝玻璃的最大允许使用面积，应符合表 4-29 中的规定。安全玻璃的暴露边，不得存在锋利的边缘和尖锐的角部。

表 4-28　安全玻璃的最大允许使用面积

玻璃种类	公称厚度/mm	最大允许面积/m²	玻璃种类	公称厚度/mm	最大允许面积/m²
钢化玻璃、单片防火玻璃	4.0	2.0	夹层玻璃	6.52	2.0
	5.0	3.0		6.38 6.76 7.52	3.0
	6.0	4.0		8.38 8.76 9.52	5.0
	8.0	6.0		10.38 10.76 11.52	7.0
	10	8.0		12.38 12.76 13.52	8.0
	12	9.0			

表 4-29　有框架的普通退火玻璃或夹丝玻璃的最大允许使用面积

玻璃种类	公称厚度/mm	最大允许面积/m²	玻璃种类	公称厚度/mm	最大允许面积/m²
普通退火玻璃	3	0.1	普通退火玻璃	10	2.7
	4	0.3		12	4.5
	5	0.5	夹丝玻璃	6	0.9
	6	0.9		7	1.8
	8	1.8		10	2.4

注：普通退火玻璃是指由浮法、平拉法、垂直引上法等熔制成的经热处理消除或减小其内部应力至允许值的玻璃。

② 门玻璃和固定门玻璃选用时，有框的玻璃应使用表 4-28 所规定的安全玻璃；当玻璃面积不大于 0.5m² 时，也可使用厚度不小于 6mm 的普通退火玻璃和夹丝玻璃。无框架的玻璃，应使用表 4-28 所规定的公称厚度不小于 10mm 的钢化玻璃。

③ 人群集中的公共场所和运动场所中装配的玻璃，有框玻璃应使用表 4-28 所规定的公称厚度不小于 5mm 的钢化玻璃，或采用公称厚度不小于 6.38mm 的夹层玻璃。无框玻璃应使用表 4-28 所规定的公称厚度不小于 10mm 的钢化玻璃。

④ 浴室用的玻璃，应符合下列规定。

a. 下列位置的有框玻璃，应使用表 4-28 所规定的安全玻璃。

（a）用于淋浴隔断、浴缸隔断的玻璃。

（b）玻璃内侧可见线与浴缸或淋浴基座边部距离不大于 500mm，并且玻璃底边可见线与浴缸底部或最高临近地板的距离小于 1500mm。

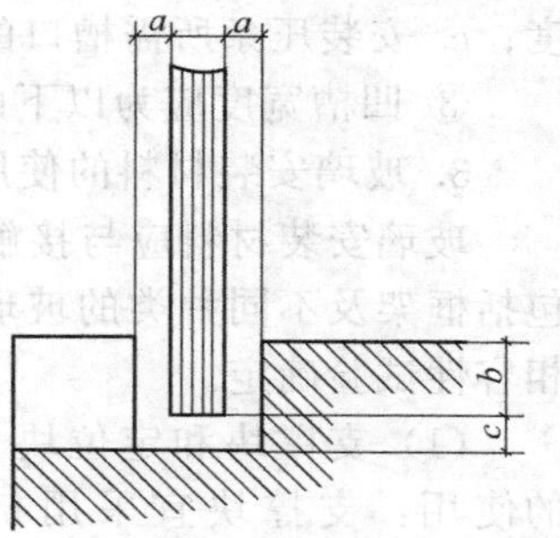

b. 浴室内除门以外的所有无框玻璃，应使用表 4-26 所规定，且公称厚度不小于 5mm 的钢化玻璃。

图 4-2　玻璃安装尺寸

c. 浴室内无框的玻璃门，应当使用公称厚度不小于 10mm 的钢化玻璃。

2. 尺寸安装要求

不同厚度单片玻璃、夹层玻璃的最小安装尺寸应符合表 4-30 的规定；中空玻璃的最小安装尺寸应符合表 4-31 的规定。玻璃安装尺寸部位参见图 4-2。

槽口和凹槽宽度的确定，应符合下列规定。

① 无压条槽口宽度为以下各项之和——a. 后部余隙 a；b. 玻璃公称厚度；c. 前部油灰宽度或单面非结构密封垫的宽度。

无压条玻璃安装前部油灰宽度：对于不大于 1m² 的玻璃，前部油灰的宽度不应当小于 10mm；对于大于 1m² 小于 2m² 的玻璃，前部油灰的宽度不应当小于 12mm。前部油灰应有 45°斜角。

表 4-30　单片玻璃、夹层玻璃的最小安装尺寸　　　　　单位：mm

玻璃公称厚度	前部余隙或后部余隙 a			嵌入深度 b	边缘余隙 c
	①	②	③		
3	2.0	2.5	2.5	8	3
4	2.0	2.5	2.5	8	3
5	2.0	2.5	2.5	8	4
6	2.0	2.5	2.5	8	4
8	—	3.0	3.0	10	5
10	—	3.0	3.0	10	5
12	—	3.0	3.0	12	5
15	—	5.0	4.0	12	8
19	—	5.0	4.0	15	10
25	—	5.0	4.0	18	10

注：1. 表中①适用于建筑钢、木门窗油灰的安装，但不适用于安装夹层玻璃。

2. 表中②适用于塑性填料、密封剂或嵌缝条材料的安装。

3. 表中③适用于预成型的弹性材料（如聚氯乙烯或氯丁橡胶制成的密封垫）的安装。油灰适用于公称厚度不大于 6mm、面积不大于 $2m^2$ 的玻璃。

4. 夹层玻璃最小安装尺寸，应按原片玻璃公称厚度的总和，在表中选取。

表 4-31　中空玻璃的最小安装尺寸　　　　　单位：mm

中空玻璃	固 定 部 分				
	前部余隙或后部余隙 a	嵌入深度 b	边缘余隙 c		
			下 边	上 边	两 侧
3＋A＋3	5	12	7	6	5
4＋A＋4		13			
5＋A＋5		14			
6＋A＋6		15			

注：$A = 6mm、9mm、12mm$，为空气层厚度。

② 有压条槽口宽度为以下各项之和——a. 前部余隙与后部余隙之和；b. 玻璃公称厚度；c. 安装压条所需槽口的宽度。

③ 凹槽宽度应为以下两项之和——a. 前部余隙与后部余隙之和；b. 玻璃公称厚度。

3. 玻璃安装材料的使用

玻璃安装材料应与接触材料有较好的相容性，其中也包括框架及不同种类的玻璃等。安装材料的选用，应通过相容性试验确定。

（1）支撑块和定位块　支撑块和定位块（见图 4-3）的使用：支撑块宜采用挤压成形的未增塑 PVC、增塑 PVC 或邵氏 A 硬度 80～90 的氯丁橡胶等材料制品，其每块最小长度不得小于 50mm，其宽度应等于玻璃的厚度加上前部余隙与后部余隙，厚度应等于边缘余隙。定位块宜采用有弹性的非吸附性材料制品，其长度尺寸不应小于 25mm，其宽度应等于玻璃的厚度加上前部余隙与后部余隙，厚度应等于边缘余隙。

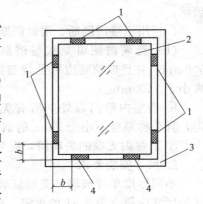

图 4-3　支撑块和定位块安装位置
1—定位块；2—玻璃；
3—框架；4—支承块

支撑块与定位块采用固定安装方式时，其安装位置应距离槽角为 1/4 边长位置处；采用可开启安装方式时，支撑块和定位块的安装位置距槽角不应小于 30mm。当安装在窗框架上的铰链位于槽角部 30mm 和距槽角 1/4 边长点之间时，支撑块和定位块的安装位置应与铰链安装的位置一致。支撑块和定位块不得堵塞泄水孔。

（2）弹性止动片　其长度不应小于 25mm，高度应比槽口或凹槽深度小 3mm，厚度应等于 a（前部余隙或后部余隙）。除玻璃用油灰安装外，弹性止动片应安装在玻璃相对的两侧，弹性止动片之间的间距不应大于 300mm。用螺栓或螺钉安装的压片，弹性止动片的安装位置应与压条的固定点位置一致。压条连续镶入槽内时，第一个弹性止动片应距槽角 50mm，弹性止动片之间的间距不应大于 300mm。弹性止动片安装的位置不应与支撑块和定位块的安装位置相同。

（3）油灰　油灰适用于钢、木门窗玻璃的安装。用油灰安装前，应用玻璃卡子将玻璃定位。油灰施工后表面应平整光滑，油灰固化后不应出现龟裂，并应在其表面及时涂保护油漆，油漆应涂至可见线以上 2mm。

（4）塑性填料的应用　用塑性填料安装玻璃时，应使用支撑块、定位块、弹性止动片或定位卡子。应将塑性填料连续填满槽口，表面平整，使其形成没有空隙的固体衬垫。

（5）密封剂　用密封剂安装玻璃时，应使用支撑块、定位块、弹性止动片或定位卡子。密封剂上表面不应低于槽口，并应做成斜面；下表面应低于槽口 3mm。对于多孔表面的基材应对表面涂底漆；当密封剂用于塑料门窗的安装时，应确定其适用性和相容性。

（6）嵌缝条　嵌缝条材料用于玻璃两侧与槽口内壁之间时，应使用支撑块和定位块。对于多孔表面的基材应对表面涂底漆；嵌缝条材料用于塑料门窗的安装时，应确定其适用性和相容性。

（7）玻璃压条　木制压条应用螺钉或嵌钉固定。大板面玻璃或重量大的玻璃采用木制压条固定时，必须用螺钉。采用金属和塑料压条时，应用螺钉或螺栓固定。

为适应主体结构的变形以及能够承受较大的风荷载或地震施加的负荷与剪切变形量，重要部位的玻璃应符合抗侧移的安装要求，玻璃的四边应留有充分的间隙，框架允许变形量应经设计计算确定，要求该变形量应大于楼层变形引起的框架变形量。

（二）门窗玻璃安装工程质量验收标准

对于建筑门窗所采用的普通平板玻璃、浮法玻璃、吸热玻璃、反射玻璃、中空玻璃、夹层玻璃、夹丝玻璃、磨砂玻璃、钢化玻璃、压花玻璃等玻璃安装工程的质量验收，根据国家标准《建筑装饰装修工程质量验收规范》（GB 50210—2001）中的要求，门窗玻璃安装工程质量验收应符合表 4-32 的规定。

表 4-32　门窗玻璃安装工程质量验收标准

项　目	项次	质　量　要　求	检验方法
主控项目	1	玻璃的品种、规格、尺寸、色彩、图案和涂膜朝向应符合设计要求；单块玻璃大于 $1.5m^2$ 时应使用安全玻璃	观察；检查产品合格证书、性能检测报告和进场验收记录
	2	门窗玻璃裁割尺寸应正确；安装后的玻璃应牢固，不得有裂纹、损伤和松动	观察；轻敲检查
	3	玻璃的安装方法应符合设计要求；固定玻璃的钉子或钢丝卡的数量、规格应保证玻璃安装牢固	观察；检查施工记录
	4	镶钉木压条接触玻璃处，应与裁口边缘平齐；木压条应互相紧密连接，并与裁口边缘紧贴，割角应整齐	观察检查
	5	密封条与玻璃、玻璃槽口的接触应紧密、平整；密封胶与玻璃、玻璃槽口的边缘应黏结牢固、接缝平齐	观察检查
	6	带密封条的玻璃压条，其密封条必须与玻璃全部贴紧，压条与型材之间应无明显缝隙，压条接缝应不大于 0.5mm	观察；尺量检查
一般项目	7	玻璃表面应洁净，不得有腻子、密封胶、涂料等污渍；中空玻璃内外表面均应洁净，玻璃中空层内不得有灰尘和水蒸气	观察检查
	8	门窗玻璃不应直接接触型材；单面镀膜玻璃的镀膜层及磨砂玻璃的磨砂面应朝向室内；中空玻璃的单面镀膜玻璃应在最外层，镀膜层应朝向室内	观察检查
	9	腻子应填抹饱满、黏结牢固；腻子边缘与裁口应平齐；固定玻璃的卡子不应在腻子表面显露	观察检查

第四节　门窗工程质量问题与防治措施

门窗是建筑工程不可缺少的重要组成部分，是进出建筑物的通道口和采光通风的洞口，不仅起着通行、疏散和围护作用，还起着采光、通风和美化的作用。但是，门窗暴露于大气之中，处于室内外连接之处，不仅受到各种侵蚀介质的作用，而且还受安装质量和使用频率的影响，会出现各种各样的质量缺陷。

一、木质门窗工程质量问题与防治措施

自古至今，装饰木质门窗在建筑装饰工程中占有非常重要的地位，在建筑装饰工程方面留下了光辉的一页，我国北京故宫就是装饰木门窗应用的典范。当前，尽管新型装饰材料层出不穷，但木材的独特质感、自然花纹、特殊性能，是其他任何材料都无法替代的。然而，木材也具有很多缺陷，使其在制作、安装和使用中出现各种问题，需要进行维修。

（一）木门窗框变形

1. 木门窗框变形的原因

① 在制作木门窗框时，所选用的木材含水率超过了规定的数值。木材干燥后，引起不均匀收缩，由于径向和弦向干缩存在差异，使木材改变原来的形状，引起翘曲和扭曲的变形。

② 选材不适当。制作门窗的木材中有迎风面和背风面，如果选用相同的木材，由于迎风面的木材的含水率与背风面的不同，很容易发生边框弯曲和弓形翘曲等。

③ 当木门窗成品重叠堆放时，由于底部没有全部垫平；在露天堆放时，表面没有进行遮盖，木门窗框受到日晒、雨淋、风吹，发生膨胀干缩变形。

④ 由于设计或使用中的原因，木门窗受墙体压力或使用时悬挂重物等影响，在外力的作用下造成门窗框翘曲。

⑤ 在制作木门窗时，门窗框的制作质量低劣，如榫眼不正、开榫不平正等，造成门窗框的四角不在一个平面内，也会造成木门窗框变形。

⑥ 在进行木门窗框安装时，没有按照施工规范进行操作，由于安装不当而产生木门窗框变形。

2. 木门窗框变形的维修

如果是在立框前发现门窗框变形，对弓形翘曲、边框弯曲且变形较小的木材，可通过烘烤使其平直；对变形较大的门窗框，退回原生产单位重新制作。如果是在立框后发现门窗框变形，则根据情况进行维修。

① 由于用材不当（木材含水率高、木材断面尺寸太小、易变形的木材等），造成门窗框变形的，应拆除后重新制作安装。重新制作时，要将木材干燥到规范规定的含水率，即：原木或方木结构应不大于 25%；板材结构及受拉构件的连接板应不大于 18%；通风条件较差的木构件应不大于 20%；对要求变形小的门窗框，应选用红白松及杉木等制作；注意木材的变形规律，要把易变形的阴面部分木材挑出不用；选用断面尺寸达到要求的木材。

② 如果是制作时由于门窗的质量低劣，造成门窗框变形的，当变形较小时，可拆下通过榫眼加木楔，以及安装 L 形、T 形铁角等方法进行校正；当变形较大时，应拆除后重新制作，注意打眼要方正，两侧要平整；开榫要平整，榫肩方正。

③ 如果是安装不当、受墙体压力等原因，造成门窗框变形，应拆下后重新安装。重新安装时，要消除墙体压力，防止再次受压；在立框前应在靠墙一侧涂上底子油，立框后及时涂刷油漆，防止其干缩变形。

④ 如果是成品重叠堆放、使用不当等原因，造成门窗框变形，这种变形一般较小，在立框前变形，对于弓形翘曲、边框弯曲，可通过烘烤使其平直；立框后，可通过弯面锯口加楔子的方法，使其平直。

（二）门窗扇倾斜、下坠

1. 门窗扇倾斜、下坠的原因

门扇倾斜、下坠主要表现为门扇不装合页一边下面与地面间的缝隙逐渐减小，甚至开闭门扇时摩擦地面；窗扇安上玻璃后，不装合页一边上面缝隙逐渐加大，下边的缝隙逐渐减小。其原因如下。

① 门窗扇过高、过宽，在安装玻璃后，又会加大门窗扇自身的重量，当选用的木材断面尺寸太小时，承受不了经常开关门窗的扭力，日久则产生变形，造成门窗扇下坠。

② 门窗过宽、过重，选用的五金规格偏小，安装的位置不适当，上部合页与上边距离过大，造成门窗扇下垂和变形。

③ 制作时未按规定操作，导致门窗的质量低劣，如榫眼不正、开榫不平正、榫肩不方、榫卯不严、榫头松动等，在门窗自重作用下，也容易发生变形、下坠。

④ 在安装门窗时，由于选用的合页质量和规格不当，再加上合页安装质量不好，很容易发生松动，从而会造成门窗扇的下坠。

⑤ 门窗上未按规定安装 L 形、T 形铁角，使门窗组合不牢固，从而造成门窗倾斜和下坠。

2. 门窗扇倾斜、下坠的维修

① 对较高、较宽的门窗扇，应当适当加大其断面尺寸，以防止木材干缩或使用时用力扭曲等，使门窗扇产生倾斜和变形。

② 门窗在使用的过程中，不要在门窗扇上悬挂重物，对脱落的油漆要及时进行涂刷，以防止门窗扇受力或含水量变化产生变化。

③ 如果选用的五金规格偏小，可更换适当的五金；如是合页规格过小，可更换较大的合页；如果是安装位置不准确，可以重新安装；如为合页上木螺钉松动，可将木螺钉取下，在原来的木螺钉眼中塞入小木楔，重新按要求将木螺钉拧上。

④ 如果门窗扇稍有下坠现象，可以把下边的合页稍微垫起一些，以此法进行纠正，但不要影响门窗的垂直度。

⑤ 当门窗扇下坠比较严重时，应当将门窗扇取下，校正合格后，在门窗扇的四角加上铁三角，以防止再出现下坠。

⑥ 对下坠的门扇，可将甩边用木板适当撬起，在安装合页的扇梃冒头上榫头上部加楔，在甩边冒头榫头下部加楔。

⑦ 对下坠的窗扇，用木板将窗扇甩边适当撬起，在有合页的扇边里侧，窗棂下部加木楔，窗棂的另一端会把甩边抬起。

⑧ 对下垂严重的门窗扇，应当卸下，待门窗扇恢复平直后再加楔挤紧。

⑨ 对于榫头松动下坠的门窗扇，可以先把门窗扇拆开，将榫头和眼内壁上的污泥清除干净后，重新拼装，调整翘曲、串角、堵塞漏胶的缝隙后，将门窗扇横放，往榫眼的缝隙中灌满胶液进行固定。

如果眼的缝隙较大，可在胶液内掺入 5%～10% 的木粉，这样既可以减小胶的流动性，又可以减小胶液的收缩变形。一边灌好后，钉上木盖条，然后再灌另一边，胶液固化后再将木盖条取下。由于榫和眼黏结成了一个整体，故不易松动下垂。

（三）门窗扇翘曲

1. 门窗扇翘曲的原因

门窗扇翘曲主要表现为将门窗扇安装在检查合格的门窗框上时，扇的四个角与框不能全部靠实，其中的一个角跟框保持着一定距离。其原因如下。

① 在进行门窗扇制作时，未按施工规范操作，致使门窗扇不符合质量要求，拼装好的门窗扇本身就不在同一平面内。

② 制作门窗扇木材的材质较差，用了容易发生变形的木料，或是木材未进行充分干燥，木材含水率过高，安装好后由于干湿变化产生变形。

③ 木门窗在现场保管不善，长期受风吹、日晒、雨淋作用，或是堆放底部不平整或不当，造成门窗扇翘曲变形。

④ 木门窗在使用的过程中，门窗出现油漆粉化、脱落后，没有及时进行重新涂刷，使木材含水量发生变化，经常产生湿胀干缩，从而引起门窗发生翘曲变形。

⑤ 受墙体压力或使用时悬挂重物等的影响，造成门窗扇翘曲。

2. 门窗扇翘曲的维修

当门窗扇翘曲不严重时，可采用以下方法修理。

① 烘烤法。将门窗扇卸下，用水湿润弯曲部位，然后用火烘烤。使一端顶住不动，在另一端向下压，中间垫一个木块，看门窗扇翘曲程度，改变垫木和烘烤的位置，反复进行一直到完全矫正为止。

② 阳光照射法。在变形的门窗扇的凹部位洒上水，使之湿润，凸面朝上，放在太阳光下直接照晒。四面的木材纤维吸收水分后膨胀。凸面的木材纤维受到阳光照晒后，水分蒸发收缩，使木材得到调直，恢复门窗扇的平整状态。

③ 重力压平法。选择一块比较平整的场地，在门窗扇弯曲的四面洒水加以湿润，使翘曲的凸面部位朝上，并压以适量的重物（石头或砖块）。在重力作用下，凸出的部分被压下去，变形的门窗扇会逐渐恢复平直状态。

④ 翘曲在 3mm 以内的，可以将门窗扇装合页一边的一端向外拉出一些，使另一边去与框保持平齐。

⑤ 把框上与扇先行靠在一起的那个部位的梗铲掉，使门窗扇和框靠实。

⑥ 借助门锁和插销将门窗扇的翘曲校正过来。

（四）木门窗走扇

1. 门窗走扇的原因

走扇是门窗使用中最常见的质量问题，表现为关上的门扇能自行慢慢地打开，开着的门扇能自行慢慢地关上，不能停留在需要的位置上。产生门窗走扇的原因主要如下。

① 安装合页的一边门框不垂直，往开启方向倾斜，扇就会自动打开，往关闭的方向倾斜，扇就自动关闭。

② 门扇上下合页轴心不在一条垂直线上，当上合页轴心偏向开启方向时，门就自动开启，否则自动关闭。

2. 门窗走扇的维修

① 如门框倾斜较小，可调整下部（或上部）的合页位置，使上、下合页的轴线在一条垂直线上。

② 如门框倾斜较大，先将固定门框的钉子取出或锯断，然后将门框上、下走头处的砌体凿开，重新对门框进行垂直校正，经检查无误后，再用钉子重新固定在两侧砌墙的木砖上，然后用高强度等级水泥砂浆将走头部分的砌体修补好。

（五）门窗扇关闭不拢

1. 门窗扇关闭不拢的原因

① 缝隙不均匀造成的关不拢。门窗扇与门窗框之间缝隙不匀，是由于门窗扇制作尺寸误差和安装误差所造成的。一般门扇在侧边与门框蹭口，窗扇在侧边或底边与窗框蹭口。

②门窗扇坡口太小造成的关不拢。门窗扇安装时，按照规矩，扇四边应当刨出坡口，这样门窗扇就容易关拢。如果坡口太小，门窗扇开关时会因扇边蹭口而关不拢，而且安装合页的扇边还会出现抗口的毛病（即扇边蹭到框的裁口边上）。

③门窗扇翘曲、走扇造成的关不拢。门窗扇翘曲、走扇造成的关不拢的原因，与门窗扇翘曲、走扇的原因相同，主要是安装合页的一边门框不垂直和门扇上、下合页轴心不在一条垂直线上。

2. 门窗扇关闭不拢的维修

①缝隙不均匀造成的关不拢。当门扇在侧边与门框蹭口，窗扇在侧边或底边与窗框蹭口时，可将门扇和窗扇，进行细刨修正。

②门窗扇坡口太小造成的关不拢。如果出现因门窗扇坡口太小造成的关不拢，可把蹭口的扇边坡口再刨大一些就可以了，一般坡口为 $2°\sim3°$ 比较适宜。

③门窗扇翘曲、走扇造成的关不拢。如果出现门窗扇翘曲、走扇而造成的门窗扇关不拢，可参照翘曲、走扇的修理方法进行修理。

（六）门框、窗框扇的腐朽、虫蛀

1. 门框、窗框扇腐朽和虫蛀的原因

门框、窗框扇的腐朽表现为门框（扇）或窗框（扇）上明显出现黑色的斑点，甚至门窗框已产生腐烂。其原因如下。

①由于门窗框（扇）没有经过适当的防腐处理，从而引起腐朽的木腐菌在木材中具备了生存条件。

②采用易受白蚁、家天牛等虫蛀的马尾松、木麻黄、桦木、杨木等木材做门窗框（扇），没有经过适当的防虫处理。

③在设计施工房屋时，没有周全考虑一些细部构造，如窗台、雨篷、阳台、压顶等没有做适当的流水坡度和未做滴水槽，靠外墙的门窗框，门窗框顶没有设置雨篷，经常受雨水的浸泡，门窗框（扇）长期潮湿，致使门窗框腐朽。

④靠近厨房、卫生间的门窗框，由于洗涤水或玻璃窗上结的露水流入框缝中，并且厨卫通风不良，致使门窗框长期处于潮湿状态，为门窗框腐朽提供了条件。

⑤门窗框（扇）油漆老化产生脱落，没有及时进行涂刷和养护，使门窗框（扇）产生腐朽和虫蛀。

2. 门框、窗框扇腐朽和虫蛀的维修

①在紧靠墙面和接触地面的门窗框脚等易潮湿部位和使用易受白蚁、家天牛等虫蛀的木材时，宜进行适当的防腐防虫处理。如果用五氯酚、林丹合剂处理，其配方为五氯酚：林丹(或氯丹)：柴油 $= 4:1:95$。

②在设计和房屋建筑工程施工时，注意做好窗台、雨篷、阳台、压顶等处的流水坡度和滴水槽。

③在使用过程中，对门窗出现的老化脱落的油漆要及时涂刷，一般以 $3\sim5$ 年为油漆周期。

④当门窗产生腐朽、虫蛀时，可锯去腐朽、虫蛀部分。用小榫头对半接法换上新材，加固钉钉牢。新材的靠墙面必须涂刷防腐剂，搭接长度不小于 20mm。

⑤门窗梃端部出现腐朽，一般应予以换新，如冒头榫头断裂，但不腐朽，则可采用安装铁片曲尺加固，开槽窝时应稍低于表面 1mm。

⑥如果门窗冒头腐朽，可以局部进行接修。

二、钢门窗工程质量问题与防治措施

钢门窗的耐腐蚀性能较差、气密性、水密性较差，热导率也较大，使用过程中的热损耗较多。因此，钢门窗只能用于一般的建筑物，而很少用于较高级的建筑物上，特别是有空调设备的建筑物。

（一）钢门窗的损坏及产生原因

1. 普通钢门窗的损坏及产生原因

（1）钢门窗翘曲变形　钢门窗翘曲变形主要表现为门窗或扇的四角不在一个平面内，即窗框与窗扇之间有比较明显的翘曲变形现象。这种质量缺陷不仅影响钢门窗的美观，而且影响其正常使用。

工程实践证明，出现这种问题的主要原因是：由于生产厂加工粗糙，门窗框出厂时就翘曲；框立梃中间的铁脚没有筑牢，立梃向扇的方向产生变形；工人用杠棒穿入窗芯挑抬，造成变形；施工时在窗芯或框子上搭脚手架，造成弯曲；运输或堆放时没有平放，导致钢门窗变形；地基基础产生不均匀沉降，引起房屋倾斜，导致钢门窗变形；钢门窗面积过大，因温度升高没有胀缩余地，造成钢门窗变形；钢门窗上的过梁刚度或强度不足，使钢门窗承受过大的压力而变形等。

（2）钢门窗扇开启受阻　钢门窗扇开启受阻主要表现为门窗扇开启时和框摩擦、卡阻，门窗和地面摩擦，窗扇和窗台摩擦，合页转动困难。

产生钢门窗扇开启受阻的主要原因是：由于门扇和门框加工粗糙，出厂时就摩擦、卡阻；地面或窗台施工时标高掌握不准，抹灰过厚造成窗扇、门扇摩擦窗台或地面；门窗洞口尺寸过小，抹灰时将合页半埋甚至全埋等。

（3）钢门窗框安装松动　钢门窗框安装松动主要表现为门窗框用手推可感到摆动，在钢门窗关闭比较频繁的情况下，其松动现象会越来越严重，甚至出现钢门窗的损坏。

产生钢门窗安装松动的主要原因是：由于连接件间距过大，位置不对；四周铁脚伸入墙体太少，或浇筑砂浆后被碰撞以及铁脚固定不符合要求等。

（4）窗执手开关不灵　窗执手开关不灵主要表现为窗扇关闭后执手不能盖住窗框上的楔形铁块，不能将窗扇固定，更不能越压越紧。

产生钢窗执手开关不灵的主要原因是：由于工厂加工粗糙，或执手出现锈蚀等。

（5）钢门窗锈蚀和断裂　钢门窗产生锈蚀和断裂是比较严重的质量问题，不仅严重影响钢门窗的正常使用，而且在发生断裂后有很大的危险性。

钢门窗产生锈蚀和断裂的主要原因有：没有适时对钢门窗涂刷油漆进行防锈和养护；外框下槛无出水口或内开窗腰头处无披水板；厨房、浴室等比较潮湿的部位通风不良；钢门窗上油灰脱落、钢门窗直接暴露于大气中；钢窗合页卷轴因潮湿、缺油而破损。

2. 塑钢门窗的损坏及产生原因

（1）门窗框、扇变形　塑钢门窗框、扇变形主要表现为门窗框、扇弯曲或压扁，这种变形不仅使门窗的外观不美观，而且在使用中也很不方便。

产生塑钢门窗框扇变形的原因主要是：由于热加工的过程中未按规定操作，或长期在不平整场地上堆放因受压而造成变形。

（2）密封条脱落　密封条脱落主要表现为密封条从密封槽中脱出，这样大大降低了门窗的密封性，不仅对室内保温隔热影响很大，而且雨水和侵蚀介质会在槽内产生破坏作用。

产生密封条脱落的原因主要是：由于密封条没有按设计要求塞紧，或密封条产生老化收缩而脱落，或对密封条检查、维修不及时。

（3）门窗框与墙的干缩裂缝　塑钢门窗框和墙之间的干缩裂缝主要表现为门窗四周有干缩裂缝，不仅使门窗框的固定出现松动现象，而且也会使侵蚀介质通过裂缝侵入。

产生门窗框和墙之间干缩裂缝的原因主要是：由于门窗框和墙洞口之间仅用水泥砂浆回填，未做密封处理；或者在门窗框和墙之间的填充砂浆未硬化前，对其产生较大的震动。

（4）开关不灵活　塑钢窗开关不灵活，主要表现在平开和多向开启塑钢窗窗扇开关比较费力，执手锁紧比较困难。

产生开关不灵活的原因主要是：由于安装精度不符合要求，滑块产生生锈变形，紧固螺钉没有松开，纱窗橡胶条从槽中脱出，从而阻碍窗扇开关。

（二）钢门窗的维修

1. 普通钢门窗的维修

（1）钢门窗扇翘曲变形的维修

① 将门窗扇轻轻关闭，查看留缝宽度是否符合规定要求。如果不符合要求，则轻扳框的上部，直到达到要求的留缝宽度时用楔子挤紧。

② 当玻璃芯子参差不齐时，可在芯子末端用硬质木块以手锤轻轻敲击，使其达到平整一致为止。

③ 当钢门窗的外框发生弯曲时，先凿去粉刷的装饰部分，然后在门窗框上垫上硬木块，用手锤轻轻地敲击纠正，但注意不要出现新的损伤。

④ 当钢门窗扇关闭过紧、呆滞时，可将扇轻轻摇动至较松，并在铰链轴心处加适量润滑油，使其关闭无回弹情况。

⑤ 钢门窗框立梃，先用楔子将门窗框固定好后，将铁脚孔洞清理干净，浇透水，安上铁脚，然后用高强度等级的水泥砂浆将洞填满、填实，待凝固后再去掉楔子。

⑥ 严格控制钢门窗的制作和安装质量，对于钢门窗面积过大的，应根据使用环境等情况，考虑其适当的胀缩余地。

⑦ 如果钢门窗的内框出现脱角变形，应将其顶至正确位置后，重新焊接牢固。

⑧ 钢门窗在涂刷防锈漆前，应将焊接接头处的焊渣清理干净。当涂刷防锈漆要求较高时，应用专用机具把焊缝处打磨平整，接换的新料必须涂刷防锈漆两度。

⑨ 当钢门窗的内框直线段出现弯曲时，可以用衬料（如铁件）通入进行回直。

⑩ 对大面积钢门窗，可加设合适的伸缩缝，缝内用材料填实。

（2）门窗扇开启受阻的修理

① 如果是门窗扇本身比较粗糙而使开启受阻，可以把原来的门窗扇拆下来，重新安装合格门窗扇。

② 如果是由于抹灰过厚引起的开启受阻，则先凿掉原来的抹灰，把基层彻底清理干净，然后浇水湿润，再重新铺设砂浆，使其厚度达到能开启门窗扇即可。

（3）钢门窗出现松动的修理　可先将钢门窗四周铁脚孔处适当凿出一定深度和宽度的槽口，然后将钢门窗重新校正到垂直位置，临时固定后，将上框铁脚与预埋件重新补焊牢固，再在四周预留孔凿出的空隙内用水泥沙浆填塞密实。

（4）窗执手开关不灵的修理　对于窗子执手开关不灵的修理非常简单，如果是执手本身质量不合格，重新换上合格的执手即可；如果是因为执手五金零件生锈开关不灵，换上新的五金零件即可。

（5）钢门窗锈蚀和断裂的防治

① 对钢门窗要根据使用的环境实际定期涂刷油漆，平时要进行正常检查和维护，尤其是对脱落的油漆要及时修补。

② 对于厨房、浴室等易潮湿的地方，在设计时考虑改善通风条件，防止钢门窗经常处于潮湿的环境中。

③ 当外窗框锈蚀比较严重时，应当锯去已经锈蚀的部分，用相同窗料进行接换，然后焊接牢固。

④ 当钢门窗的内框局部锈蚀比较严重时，也可以更换或新接相同规格的新料。

⑤ 钢窗合页卷轴破损时，可按以下步骤进行修理：

a. 用喷灯对卷轴处进行烧烤，烤红后拿开喷灯；

b. 向烤红后的合页浇水冷却，用手锤处轻轻击打卷轴处；

c. 用喷灯对卷轴处再进行烧烤，烤红后，用大号鱼嘴钳夹住轴处向外放；

d. 用喷灯对卷轴处再进行烧烤，烤红后，将专用小平锤（或用一块宽×厚×长为 20mm×10mm×100mm 的钢块和直径为 8mm 的铁棍做一把小平锤，即只需用电将铁焊接在钢块长度中部的一侧即可）放置在卷轴合页与窗扇相接处，用手锤击打平锤，用力要适当。将卷轴合页调平、浇水冷却，点上几滴油，将窗扇来回开关几次，开关灵活即可。

⑥ 钢窗玻璃油灰脱落时，先将旧油灰清理干净，然后用油灰重新嵌填。

2. 塑钢门窗的维修

(1) 门窗框、扇变形的修理　对于门窗框、扇变形的修理，应根据实际情况分别对待。变形严重者，可更换新的框、扇；变形不严重者，可通过顶压或调整定位螺钉进行调整。

(2) 密封条脱落的修理　对于没有塞紧的密封条，按有关标准重新进行塞紧；对于已老化的密封条，应将老化密封条取出，更换新的密封条。

(3) 门窗框和墙干缩裂缝的修理　将门窗框和墙洞口之间原来的水泥砂浆剔除，并彻底清理干净，再用弹性材料或聚氨酯发泡密封填塞裂缝，然后用密封胶进行密封处理。

(4) 窗执手开关不灵活的修理　如果窗执手是由于安装精度不够而开关不灵，可以将窗执手卸下重新进行安装；如果是由于执手的滑块生锈而开关不灵，可以在滑块上滴上适量润滑油；如果是由于执手五金零件生锈开关不灵，应当换上新的五金零件。

三、铝合金门窗工程质量问题与防治措施

铝合金门窗与普通木门窗、钢门窗相比，具有质量比较轻、强度比较高、密封性能好、使用中变形小、立面非常美观、便于工业化生产等特点。但在安装和使用的过程中，也会出现一些质量问题，若不及时进行维修，会影响其装饰效果和使用功能。

(一) 铝合金窗常见问题及原因

1. 铝合金门窗开启不灵

铝合金门窗开启不灵，主要表现为门窗扇推拉比较困难，或者根本无法推拉到位，严重影响其使用性能。产生铝合金门窗开启不灵主要原因有以下几点。

① 安装的轨道不符合施工规范的要求，由于轨道有一定弯曲，两个滑轮不同心，互相偏移及几何尺寸误差较大。

② 由于门扇的尺寸过大，质量必然过大，门扇出现下坠现象，使门扇与地面的间隙小于规定量 2mm，从而导致铝合金门窗开启不灵。

③ 由于对开门的开启角度小于 90°±3°，关闭时间大于 3~15s，自动定位不准确等，使铝合金门窗开启不灵。

④ 由于平开窗的窗铰松动、滑块脱落、外窗台超高等，从而导致铝合金门窗开启不灵。

2. 铝合金门窗渗水

① 对铝合金门窗框与墙体之间、玻璃与门窗框之间密封处理不好，构造处理不当，必然会产生渗水现象。

② 外层推拉门窗下框的轨道根部没有设置排水孔，降雨后雨水存在于轨道槽内，使雨水无法排出。

③ 在开启铝合金门窗时，由于方法不正确，用力不均匀，特别是用过大的力进行开启时，会使铝合金门窗产生变形，由于缝隙过大而出现渗水。

④ 在使用过程中，由于使用不当或受到外力的不良作用，使窗框、窗扇及轨道产生变形，从而导致铝合金门窗渗水。

⑤ 由于各种原因窗铰变形、滑块脱落，使铝合金门窗的密封性不良，也会导致铝合金门窗渗水。

3. 门窗框安装松动

门窗框安装松动主要表现为大风天气或手推时，铝合金门窗框出现较明显的晃动；门窗框与墙连接件腐蚀断裂。

产生门窗框安装松动的原因主要是：由于连接件数量不够或位置不对；连接件过小；固定铁片间距过大，螺钉钉在砖缝内或砖及轻质砌块上，组合窗拼樘料固定不规范或连接螺钉直接插入门窗框内。

4. 密封质量不好

密封质量不好主要表现为橡胶条或毛刷条中间有断开现象，没有到节点的端头，或脱离开凹槽。

产生密封质量不好的原因主要是：由于尼龙毛条、橡胶条脱落或长度不到位；玻璃两侧的橡胶压条选型不妥，压条压不进；橡胶压条材质不好，有的只用一年就出现严重的龟裂，失去弹性而影响密封；硅质密封胶注入得较薄，没起到密闭及防守作用。

（二）铝合金门窗常见问题的修理

1. 铝合金门窗开启不灵的修理

① 如果铝合金门窗的轨道内有砂粒和杂物等，使其开启不灵，应将门窗扇推拉滑动，认真清理框内垃圾等杂物，使其干净清洁。

② 如果是铝合金门窗扇发生变形而开启不灵，将已变形的窗扇撤下来，或者对其进行修理，或者更换新的门窗扇。

③ 如果铝合金门窗扇开启不灵，是因为门窗的铰链发生变形，对这种情况应采取修复或更换的方法。

④ 如果铝合金窗扇开启不灵，是因为外窗台超高部分而造成的，应将所超高的外窗台进行凿除，然后再抹上与原窗台相同的装饰材料。

2. 铝合金门窗框松动的修理

① 对于铝合金门窗的附件和螺钉，要进行定期检查和维修，松动的要及时加以拧紧，脱落的要及时进行更换。

② 铝合金门窗因腐蚀严重而造成的门窗框松动，应彻底进行更换。

③ 如果是往墙上打射钉造成的松动，可以改变其固定的方法。其施工工序如下：先拆除原来的射钉，然后重新用冲击钻在撞墙上钻孔，放入金属胀管或直径小于 8mm 的塑料胀管，再拧进螺母或木螺钉。

3. 密封质量不好的修理

① 如果是因为铝合金门窗上的密封条丢失而密封不良，应及时将丢失的密封条补上。

② 使用实践证明，有些缝隙的密封橡胶条，容易在转角部位出现脱开，应在转角部位注上胶，使其黏结牢固。

③ 如果是密封施工质量不符合要求，可在原橡胶密封条上或硅酮密封胶上再注一层硅酮封胶，将有缝隙的部位密封。

4. 铝合金门窗渗水的修理

① 在横、竖框的相交部位，先将框的表面清理干净，再注上防水密封胶封严。为确保密封质量，防水密封胶多用硅酮密封胶。

② 在铝合金门窗封边处和轨道的根部，隔一定距离钻上直径 2mm 的排水孔，使框内积水通过小孔尽快排向室外。

③ 当外窗台的泛水出现倒坡时，应当重新做泛水，使泛水形成外侧低、内侧高的顺水

坡，以利于雨水的排除。

④ 如果铝合金窗框四周与结构的间隙处出现渗水，可以先用水泥砂浆将缝隙嵌实，然后再注上一层防水胶。

四、塑料门窗工程质量问题与防治措施

塑料门窗线条清晰、外观挺拔、造型美观、表面细腻、色彩丰富，不仅具有良好的装饰性，而且具有良好的隔热性、密闭性和耐腐蚀性。此外，塑料门窗不需要涂涂料（油漆），可节约施工时间和费用。但是，塑料门窗也存在整体强度低、刚度比较差、抗风压性能低、耐紫外线能力较差等缺点，在使用过程中也会出现这样那样的质量问题，必须进行正常而及时的维修。

（一）塑料门窗常见问题及原因分析

1. 塑料门窗松动

塑料门窗安装完毕后，经质量检查发现安装不牢固，有不同程度的松动现象，严重影响门窗的正常使用。

塑料门窗出现松动的主要原因是：固定铁片间距过大，螺钉钉在砖缝内或砖及轻质砌块上，组合窗拼樘料固定不规范或连接螺钉直接捶入门窗框内。

2. 塑料门窗安装后变形

塑料门窗安装完毕后，经质量检查发现门窗框出现变形，不仅严重其装饰效果，而且影响门窗扇的开启灵活。

塑料门窗安装后变形的主要原因是：固定铁片位置不当，填充发泡剂时填得太紧或框受外力作用。

3. 组合窗拼樘料处渗水

塑料组合窗安装完毕后，经质量检查发现组合窗拼樘料处有渗水现象，这些渗水对窗的装饰性和使用年限均有不良影响。

塑料组合窗拼樘料处渗水的主要原因是：节点处没有防渗措施；接缝盖缝条不严密；扣槽有损伤。

4. 门窗框四周有渗水点

塑料门窗安装完毕后，经质量检查发现门窗框四周有渗水点，渗水会影响框与结构的黏结，渗水达一定程度会引起门窗的整体松动。

门窗框四周有渗水点的主要原因是：固定门窗框的铁件与墙体间无注入密封胶，水泥砂浆抹灰没有确实填实，抹灰面比较粗糙、高低不平，有干裂或密封胶嵌缝不足。

5. 门窗扇开启不灵活，关闭不密封

塑料门窗安装完毕后，经质量检查发现门窗扇开启不灵活、关闭不密封，严重影响门窗的使用功能和密封性能。

门窗扇开启不灵活、关闭不密封的主要原因是：门窗框与门窗扇的几何尺寸不符；门窗平整与垂直度不符合要求；密封条填缝位置不符，合页安装不正确，产品加工不精密。

6. 固定窗或推拉（平开）窗窗扇下槛渗水

塑料门窗安装完毕后，经质量检查发现固定窗或推拉（平开）窗窗扇下槛有渗水。

固定窗或推拉（平开）窗窗扇下槛有渗水的主要原因是：下槛泄水孔或泄水孔下皮偏高，泄水不畅或有异物堵塞；安装玻璃时，密封条不密实。

（二）塑料门窗常见问题修理

1. 塑料门窗松动的修理

调整固定铁片的间距，使其不大于 600mm，在墙内固定点埋设木砖或混凝土块；组合窗拼樘料固定端焊于预埋件上或深入结构内后浇筑 C20 混凝土；连接螺钉直接插入门窗框

内者，应改为先进行钻孔，然后旋进螺钉并和两道内腔肋紧固。

2. 塑料门窗安装后变形的修理

调整固定铁片的位置，重新安装门窗框，并注意填充发泡剂要适量，不要填充得过紧而使门窗框受到过大压力，安装后防止将脚手板搁置于框上或悬挂重物等。

3. 组合窗拼樘料处渗水的防治

拼樘料于框之间的间隙先填以密封胶，拼装后接缝处外口也灌以密封胶或调整盖缝条，扣槽损伤处再填充适量的密封胶。

4. 门窗框四周有渗水点的修理

固定门窗的铁件与墙体相连处，应当注入密封胶进行密封，缝隙间的水泥砂浆要确保填实，表面做到平整细腻，密封胶嵌缝位置要正确、严密，表面用密封胶封堵砂浆裂纹。

5. 门窗扇开启不灵活，关闭不密封的防治

首先检查门窗框与门窗扇的几何尺寸是否协调，再检查其平整度和垂直度是否符合要求；检查五金配件质量和安装位置是否合格。对几何尺寸不匹配和质量不合格者应进行调换，对平整度、垂直度和安装位置不合格者应进行调整。

6. 固定窗或推拉（平开）窗窗扇下槛渗水的修理

对于固定窗或推拉（平开）窗窗扇下槛渗水的修理比较简单，主要采取：加大泄水孔，并剔除下皮高出部分；更换密封条；清除堵塞物等措施。

五、特种门窗工程质量问题与防治措施

随着高层建筑和现代建筑的飞速发展，对于门的各种要求越来越多、越来越高，因此特种门也随之而发展起来。目前，用于建筑的特种门种类繁多，功能各异，而且其品种、功能还在不断增加，最常见的有防火门、防盗门、自动门、全玻门、旋转门、金属卷帘门等。

工程实践证明，特种门的重要性明显高于普通门，数量则较之普通门为少，为保证特种门的使用功能，不仅规定每个检验批抽样检查的数量应比普通门加大，而且对特种门的养护和维修更要引起重视。

（一）自动门的质量问题与修理

1. 自动门的质量问题

建筑工程中常用的自动门，在安装和使用的过程中，容易出现的质量问题有：关闭时门框与门扇出现磕碰，开启不灵活；框周边的缝隙不均匀；门框与副框处出现渗水。

2. 出现质量问题原因

① 自动门如果出现开启不灵活和框周边的缝隙不均匀等现象，一般是由于以下原因所造成的。

a. 由于各种原因使自动门框产生较大变形，从而使门框不方正、不规矩，必然造成关闭时门窗框与门窗扇出现磕碰，开启不灵活。

b. 自动门上的密封条产生松动或脱落，五金配件出现损坏，未发现或未及时维修和更换，也会造成框周边的缝隙不均匀，门窗框与副框处出现渗水。

c. 在进行自动门安装时，由于未严格按现行的施工规范进行安装，安装质量比较差，偏差超过允许范围。容易出现关闭时门窗框与门窗扇出现磕碰，开启不灵活；框周边的缝隙不均匀；门窗框与副框处出现渗水等现象。

② 自动门造成五金配件损坏的原因

a. 在选择和采购五金配件时，未按设计要求去选用，或者五金配件本身质量低劣。

b. 在安装自动门上的五金配件时，紧固中未设置金属衬板，没有足够的安装强度。

3. 自动门的防治修理

① 当由于自动门的框外所填塞砂浆将框压至变形时，可以将门框卸下并清除原来的砂

浆，将门框调整方正后再重新进行安装。

② 如果自动门上的密封条产生松动或脱落，应及时将松动的密封条塞紧；如果密封条出现老化，应及时更换新的。

③ 对自动门上所用的五金配件，一是要按设计要求进行选择和采购，二是一定要检查其产品合格证书，三是对于已损坏的要及时更换，四是安装五金配件要以正确的方法操作。

④ 做好自动门的成品保护和平时的使用保养，防止外力的冲击，在门上不得悬挂重物，以免使自动门变形。

⑤ 五金配件安装后要注意保养和维修，防止生锈腐蚀。在日常使用中要按规定开关，防止硬性开关，以免造成损坏。

（二）旋转门的质量问题与修理

1. 旋转门的质量问题

建筑工程中常用的旋转门，在安装和使用的过程中，容易出现的质量问题与自动门基本相同，主要有：关闭时门框与门扇出现磕碰，门转动不灵活；框周边的缝隙不均匀；门框与副框处出现渗水。

2. 出现质量问题的原因

旋转门如果出现开启不灵活、开关需要很大力气和框周边的缝隙不均匀等现象，一般是由于以下原因所造成的。

① 在安装过程中由于搬运、放置和安装等各种原因，使旋转门的框架产生较大变形，从而使门框不方正、不规矩，必然造成关闭时门窗框与门窗扇出现磕碰，门的旋转很不灵活，旋转时需要很大力气，有时甚至出现卡塞转不动。

② 在安装旋转门的上下轴承时，未认真检查其位置是否准确，若位置偏差超过允许范围，必然会导致旋转门开启不灵活、开关需要很大力气。

③ 旋转门上的密封条安装不牢固，产生松动或脱落，或者五金配件出现损坏，加上未发现或未及时维修和更换，也会造成框周边的缝隙不均匀，门窗框与副框处出现渗水。

④ 在进行旋转门安装时，由于未严格按现行的施工规范进行安装，操作人员技术水平较低或安装质量比较差，偏差超过允许范围，也很容易出现关闭时门窗框与门窗扇出现磕碰，开启不灵活；框周边的缝隙不均匀；门窗框与副框处出现渗水。

3. 旋转门的防治修理

① 当旋转门出现窗框与门窗扇磕碰、门的转动不灵活时，首先应检查门的对角线及平整度的偏差，不符合要求时应进行调整。

② 选用的五金配件的型号、规格和性能，均应符合国家现行标准和有关规定，并与选用的旋转门相匹配。在安装、使用中如果发五金配件不符合要求或损坏，应立即进行更换。

③ 做好旋转门的成品保护和平时的使用保养，防止外力的冲击，在门上不得悬挂重物，以免使旋转门变形。

④ 五金配件安装后要注意保养和维修，防止生锈腐蚀。在日常使用中要按规定开关，防止硬性开关，以延长其使用寿命。

（三）防火卷帘门的质量问题与修理

1. 防火卷帘门的质量问题

防火卷帘门的主要作用是防火，但在其制作和安装的过程中，很容易出现座板刚度不够而变形、防火防烟效果较差、起不到防火分隔作用、安装质量不符合要求等质量问题。

2. 出现质量问题的原因

① 主要零部件原材料厚度达不到标准要求，如卷帘门的座板需要 3.0mm 厚度的钢板，一些厂家却用 1.0mm 厚度的钢板，这样会导致座板刚度不够，易挤压变形。

② 绝大部分厂家的平行度误差和垂直度误差不符合标准要求，导致中间缝隙较大，防火防烟措施就失去了作用。

③ 有些厂家的防火卷帘门不能与地面接触，一旦发生火灾，火焰就会从座板与地面间，由起火部位向其他部位扩散，不能有效阻止火烟蔓延，起不到防火分隔的作用。

④ 防火卷帘门生产企业普遍存在无图纸生产。企业为了省事，大都按照门洞大小，现场装配并进行安装，不绘制图纸，导致安装质量低下。

造成以上质量问题的原因是多方面的，但是，最主要的是：安装队伍素质低下，水平不高，特别是为了赶工期临时抽调安装人员，造成安装质量不稳定；各生产企业不能根据工程实际情况绘制图纸，并组织生产安装。

3. 防火卷帘门的防治修理

① 防火卷帘门安装后，如果发现座板厚度不满足设计要求，必须坚决进行更换，不至于因座板刚度不够而挤压变形。

② 经检查防火卷帘门不能与地面接触时，应首先检查卷帘门的规格是否符合设计要求，地面与卷帘接触处是否平整，根据检查的具体情况进行调整或更换。

③ 按有关标准检查和确定防火卷帘门的平行度和垂直度误差，如果误差较小，可通过调正加以纠正；如果误差较大，应当根据实际情况进行改造或更换。

④ 如果防火卷帘门因安装人员技术较差、未按设计图纸进行安装等，使防火卷帘门的质量不合格，施工企业必须按施工合同条款进行返工和赔偿。

（四）特种门的养护与维修

特种门的安装质量好坏非常重要，其日常的养护与维修也同样重要，不仅关系到装饰效果，而且关系到使用年限和使用功能。在特种门的日常养护与维修中，应当注意如下事项。

① 定期检查门窗框与墙面抹灰层的接触处是否开裂剥落，嵌缝膏是否完好。如抹灰层破损、嵌缝膏老化，应及时进行维修，以防止框与墙间产生渗水，造成连接间的锈蚀和间隙内材料保温密封性能低下。

② 对于木门窗要定期进行油漆，防止油漆失效而出现腐蚀。尤其是当门窗出现局部脱落时，应当及时进行补漆，补漆尽量与和原油漆保持一致，以免妨碍其美观。当门窗油漆达到油漆老化期限时，应全部重新油漆。一般期限为木门窗5～7年左右油漆一次，钢门窗8～10年左右油漆一次。对环境恶劣的地区或特殊情况，应缩短油漆期限。

③ 经常检查铝合金、塑钢门窗的密封条是否与玻璃均匀接触、贴紧，接口处有无间隙、脱槽现象，是否老化。如有此类现象、应及时修复或更换。

④ 对铝合金门窗和塑钢门窗，应避免外力的破坏、碰撞，禁止带有腐蚀性的化学物质与其接触。

（五）特种门窗的油漆翻新

对于木质和钢板特种门窗进行定期油漆翻新，是一项非常重要的养护和维修工作，应当按照一定的方法进行。

1. 油漆前的底层处理

门窗在进行油漆翻新前，应进行认真的底层处理，这是油漆与底层黏结是否牢固的关键。应当根据不同材料的底层，采取不同的底层处理方法。

（1）金属面的底层处理

① 化学处理法

a. 配置硫酸溶液。用工业硫酸（15%～20%）和清水（80%～85%）混合配成稀硫酸溶液。配置时只能将硫酸倒入水中，不能把水倒入硫酸中，以免引起爆溅。

b. 将被涂的金属件浸泡2h左右，使其表面氧化层（铁锈）被彻底侵蚀掉。

c. 取出被浸金属件，用清水把酸液和锈污冲洗干净，再用 90℃的热水冲洗或浸泡 3min 后提出（必要时，可在每 1 升水加 50g 纯碱配成的溶液中浸泡 3~5min），15min 后即可干燥，并立即进行涂刷底漆。

② 机械处理法。机械处理法一般是用喷砂机的压缩空气和石英砂粒或用风动刷、除锈枪、电动刷、电动砂轮等把铁锈清除干净，以增强底漆膜的附着力。

③ 手工处理法。手工处理法是先用纱布、铲刀、钢丝刷或砂轮等打磨涂面的氧化层，再用有机溶剂（汽油、松香水等）将浮锈和油污洗净，即可进行刷涂底漆。

（2）木材面的底层处理　对木材面的底层处理，一般可以分为清理底层表面和打磨底层表面两个步骤来进行。

① 清理底层表面　清理底层表面就是用铲刀和干刷子清除木材表面黏附的砂浆和灰尘，这是木材面涂刷油漆不可缺少的环节，不仅清除了表面杂物，而且使其表面光滑、平整。一般可根据以下不同情况分别进行。

如果木材面上沾污了沥青，先用铲刀刮掉沥青，再刷上少量的虫胶清漆，以防涂刷的油漆被咬透漆膜而变色不干。

如果木材面有油污，先用碱水、皂液清洗表面，再用清水洗刷一次，干燥后顺木纹用砂纸打磨光滑即可。

如果木材面的结疤处渗出树脂，先用汽油、乙醇、丙酮、甲苯等将油脂洗刮干净，在用 1.5 号木砂纸顺木纹打磨平滑，最后用虫胶漆以点刷的方法在结疤处涂刷，以防止树脂渗出而影响涂漆干燥。

② 打磨底层表面　木材的底层表面清理完毕后，可用 1.5 号木砂纸进行打磨，使其表面干净、平整。对于门窗框（扇），因为安装时间有前有后，门窗框（扇）的洁净程度不一样，所以还要用 1 号砂纸磨去框上的污斑，使木材尽量恢复其原来的色泽。

如果木材表面有硬刺、木丝、绒毛等不易打磨时，先用排笔刷上适量的酒精，点火将其燃烧，使硬刺等被烧掉，留下的残余变硬，再用木砂纸打磨光滑即可。

2. 旧漆膜的处理

当用铲刀刮不掉旧漆膜，用砂纸打磨时，声音发脆、有清爽感觉的，说明旧漆膜附着力很好，只需用肥皂水或稀碱水溶液洗干净即可。

当旧漆膜局部脱落时，首先用肥皂水或洗碱水溶液清洗干净原来的旧漆膜，再经过涂刷底漆、刮腻子、打磨、修补等程序，做到与旧漆膜平整一致、颜色相同，然后再上漆罩光。

当旧漆膜的附着力不好，大面积出现脱落现象时，应当全部将旧漆膜清除干净，再重新涂刷油漆。

清除旧漆膜主要有碱水清洗法、摩擦法、火喷法和脱漆剂法等几种方法。

（1）碱水清洗法　碱水清洗法是用少量火碱（4%）溶解于温水（90%）中，再加入少量石灰（6%），配成火碱水。火碱水的浓度，以能够清洗掉旧漆膜为准。

在进行清洗时，先把火碱水刷于旧漆膜上，略干后再刷，刷 3~4 遍，然后用铲刀把旧漆膜全部刮去，或用硬短毛刷或揩布蘸水擦洗，再用清水把残余碱水洗净。

（2）摩擦法　摩擦法是用长方形块状浮石或粗号油磨石，蘸水打磨旧漆膜，直至将旧漆膜全部磨去为止。此法多用于清除天然漆的旧漆膜。

（3）火喷法　火喷法是用喷灯火焰烧旧漆膜，将旧漆膜烧化发热后，立即用铲刀刮掉，火喷与刮漆要密切配合，因涂件冷却后不易刮掉，此法多用于金属涂件，如钢门窗等。

（4）脱漆剂法　即用 T-1 脱漆剂清除旧漆膜，在采用这种方法清除旧漆膜时，只需将脱漆剂刷在旧漆膜上，约半个小时后，旧漆膜就出现膨胀起皱，再把旧漆膜刮去，用汽油清洗污物即可，脱漆剂不能和其他溶剂混合使用，脱漆剂使用时味浓易燃，须注意通风防火。

复习思考题

1. 木门窗对所用的木材质量主要有哪些方面的具体要求？

2. 铝合金门窗对所用的铝合金材料质量主要有哪些方面的具体要求？

3. 钢门窗对所用的钢材质量主要有哪些方面的具体要求？

4. 塑料门窗对所用的塑料质量主要有哪些方面的具体要求？

5. 特种门窗对所用的铝合金材料质量各自有哪些方面的具体要求？

6. 木门窗制作与安装质量预控的要点是什么？施工中质量控制的要点是什么？

7. 钢门窗制作与安装质量预控的要点是什么？施工中质量控制的要点是什么？

8. 铝合金门窗制作与安装质量预控的要点是什么？施工中质量控制的要点是什么？

9. 塑料门窗制作与安装质量预控的要点是什么？施工中质量控制的要点是什么？

10. 特种门窗制作与安装质量预控的要点是什么？施工中质量控制的要点是什么？

11. 门窗玻璃工程对玻璃选用和安装有何具体要求？

12. 木门窗常见的质量问题有哪些？各自如何进行防治？

13. 钢门窗常见的质量问题有哪些？各自如何进行防治？

14. 铝合金门窗常见的质量问题有哪些？各自如何进行防治？

15. 塑料门窗常见的质量问题有哪些？各自如何进行防治？

16. 特种门窗常见的质量问题有哪些？各自如何进行防治？

第五章

装饰饰面工程质量控制

【提要】本章主要介绍了装饰饰面吊顶工程的常用材料的质量控制、施工过程中的质量控制、工程验收的质量标准及检验方法、装饰饰面工程常见质量问题与防治措施。通过对以上内容的学习，基本掌握装饰饰面工程在材料、施工和验收中质量控制的内容、方法和重点，并学会质量缺陷的处理方法。

饰面装饰是指饰面材料镶贴在基层上的装饰方法。饰面装饰主要分为外墙饰面工程和内墙饰面工程两大部分。在一般情况下，外墙饰面主要起着保护墙体、美化建筑、美化环境和改善墙体性能的作用；内墙饰面主要起着保护墙体、改善室内使用条件和美化室内环境等的作用。

第一节　饰面常用材料的质量控制

随着材料科学技术的快速发展，用于饰面工程的装饰材料种类很多，常用的有天然饰面材料和人工合成饰面材料两大类。如天然石材、实木板、人造板材、饰面砖、合成树脂饰面板材、复合饰面板材等。

近几年来，新型高档饰面材料更是层出不穷，如铝塑装饰板、彩色涂层钢板、铝合金复合板、彩色压型钢板、彩色玻璃面砖、釉面玻璃砖、文化石、艺术砖等。

一、木质饰面材料的质量控制

在建筑装饰装修工程中常用的木质人造板材，主要有胶合板、纤维板、刨花板和细木工板等，它们的结构和功能不同，也适用于不同的场合。

（一）胶合板的质量要求

根据国家现行标准《装饰单板贴面人造板》（GB/T 15104—2006）的规定，目前绝大部分企业的生产执行此标准。该标准对装饰单板贴面胶合板在外观质量、加工精度、物理力学性能三个方面规定了指标。其物理力学性能指标有：含水率、表面胶合强度、浸渍剥离。

① 国家标准规定装饰单板贴面胶合板的含水率指标为 6%～14%。

② 表面胶合强度反映的是装饰单板层与胶合板基材间的胶合强度。国家标准规定该项指标应≥50MPa，且达到标准的试件数≥80%。若该项指标

不合格，说明装饰单板与基材胶合板的胶合质量较差，在使用中可能造成装饰单板层开胶鼓起。

③ 浸渍剥离反映的是装饰单板贴面胶合板各胶合层的胶合性能。该项指标不合格说明板材的胶合质量较差，在使用中可能造成装饰单板层开胶。

④ 甲醛释放限量。《室内装饰装修材料·人造板及其制品中甲醛释放限量》（GB 18580—2001）中规定，装饰单板贴面胶合板甲醛释放量应达到：E1 级≤1.5mg/L，E2 级≤5.0mg/L。

（二）硬质纤板板的质量要求

在建筑装饰装修工程中，应用较多的纤维板是硬质纤维板。根据国家标准《硬质纤维板技术要求》（GB/T 12626.2—1990）中的规定，硬质纤维板的规格及极限偏差应符合表 5-1 中的要求；硬质纤维板按产品物理力学性能和外观质量，可分为特级、一级、二级和三级四个等级，各等级硬质纤维板的外观质量应符合表 5-2 中的要求。

表 5-1 硬质纤维板的规格及极限偏差

幅面尺寸（长×宽）/（mm×mm）		厚度/mm	极限偏差/mm		
			长度	宽度	厚度
610×1220	915×1830	2.50,3.00			
1000×2000	915×2135	3.20,4.00	±5.0	±3.0	0.30
1220×1830	1220×2440	5.00			

表 5-2 各等级硬质纤维板的外观质量

缺陷名称	计量方法	允许限度			
		特级	一级	二级	三级
水渍	占板面的百分比/%	不允许有	≤2	≤20	≤40
污点	污点的直径/mm	不允许有	不允许有	≤15	≤30
	每平方米个数/（个/m²）			≤2	≤2
斑纹	占板面的百分比/%	不允许有	不允许有	—	≤5
粘痕	占板面的百分比/%	不允许有	不允许有	—	≤1
	深度或高度/mm			≤0.4	≤0.6
	每个压痕面积/mm²			≤20	≤40
	任意每平方米个数/（个/m²）			≤2	≤2
分层、鼓泡、裂痕、水湿、炭化、边角松散	—	不允许有	不允许有	不允许有	不允许有

（三）刨花板的质量要求

刨花板分为 A 类和 B 类，A 类中又分为优等品、一等品和二等品三个等级。刨花板的出厂指标应符合国家标准《刨花板·第 1 部分：对所有板型的共同要求》（GB/T 4897.1—2003）的要求，如表 5-3 所列；刨花板的任意一点厚度偏差不得超过表 5-4 的规定；刨花板外观质量要求应符合表 5-5 的规定。

表 5-3 刨花板在出厂时的共同指标

序号	项 目		指 标
1	公称尺寸偏差	板内和板间厚度（砂光板）/mm	±0.30
		板内和板间厚度（未砂光板）/mm	-0.10,+0.90
		长度和宽度/mm	0~5
2	板边缘不直度偏差/（mm/m）		1.0
3	翘曲度/%		≤1.0
4	含水率/%		4~13
5	密度/（g/cm³）		0.40~0.90
6	板内平均密度偏差/%		±8.0
7	甲醛释放量	E1/（mg/100g）	≤9.0
		E2/（mg/100g）	9.0~30

表 5-4 刨花板厚度允许偏差 单位：mm

公称厚度	A 类刨花板						B 类刨花板	
	优等品	一等品		二等品				
	砂光	未砂光	砂光	未砂光			未砂光	砂光
≤13	±0.20	+1.20 −0.30	±0.30	+1.20 0			+1.20 −0.30	±0.30
13～20	±0.20	+1.40 −0.30	±0.30	+1.60 0			+1.40 −0.30	±0.30
≥20	±0.20	+1.60 −0.30	±0.30	+2.00 0			+1.60 −0.30	±0.30

表 5-5 刨花板外观质量要求

缺 陷 名 称		A 类			B 类
		优等品	一等品	二等品	
断痕、裂透		不允许有			
金属夹杂物		不允许有			
压痕		不允许有	轻微	不显著	轻微
胶斑、石蜡斑、油污斑等污染点数	单个面积大于 40mm²	不允许有			
	单个面积 10～40mm² 之间的个数	不允许有		2	不允许有
	单个面积小于 10mm²	不计			
漏砂		不允许有		不计	不计
边角残损		在公称尺寸内不允许有			
在任意 400mm² 板面上各种刨花尺寸的允许个数	≥10mm²	不允许有	3	不计	不计
	5～10mm²	3	不计	不计	不计
	≤5mm²	不计	不计	不计	不计

（四）细木工板的质量要求

细木工板的质量不仅应符合国家标准《细木工板》（GB/T 5849—2006）对产品技术性能要求的规定，同时还应符合国家标准《室内装饰装修材料·人造板及其制品中甲醛释放限量》（GB 18580—2001）的规定，主要包括以下四个方面。

（1）横向静曲强度 横向静曲强度是细木工板产品非常重要的物理力学性能指标，它反映了细木工板产品承载能力和抵抗受力变形的能力。根据国家的现行规定，细木工板的横向静曲强度要求应当大于等于 14.0MPa。

（2）胶合强度 胶合强度也是细木工板产品非常重要的物理力学性能指标，它反映了细木工板产品结构的稳定性、抵抗受力和受潮开胶的能力。根据国家的现行规定，细木工板的横向静曲强度要求应当大于等于 0.80MPa。

（3）含水率 含水率也是细木工板产品非常重要的物理性能指标，它关系到细木工板产品当环境湿度变化时抵抗变形的能力，含水率不合格将使人造板在使用中容易出现变形翘曲现象。国家标准规定，细木工板的含水率要在 4%～14% 范围内。

（4）甲醛释放限量 根据国家标准《室内装饰装修材料人造板及其制品中甲醛释放限量》（GB 18580—2001）的规定，细木工板的甲醛释放量应达到：E1 级≤1.5mg/L，E2 级≤5.0mg/L。

二、天然石材饰面板的质量控制

（一）天然大理石板材的质量要求

普通型板材规格尺寸的允许偏差，应符合表 5-6 中的规定；平面度的允许极限公差，应符合表 5-7 中的规定；普通板材角度允许极限公差，应符合表 5-8 中的规定；板材正面的外观缺陷，应符合表 5-9 中的规定。

　　大理石的表观密度一般为 $2500\sim2700\mathrm{kg/m^3}$，抗压强度为 $47\sim140\mathrm{MPa}$，弯曲强度不小于 $7\mathrm{MPa}$，肖氏硬度为 $40\sim50$（莫氏硬度为 $3\sim4$），较花岗岩易于切割、雕琢、磨光成天然大理石板材。大理石的干燥压缩强度不小于 $20.0\mathrm{MPa}$，弯曲强度不小于 $7.0\mathrm{MPa}$。

　　大理石板材镜面光泽度要求板材的抛光面应具有良好镜面光泽，能清晰地反映出景物；厂家应按板材中主要化学成分不同控制板材镜面光泽度，其数值不得低于表 5-10 中的规定。

表 5-6　普通型大理石板材规格尺寸的允许偏差

测量部位		优等品	一等品	合格品
长度和宽度/mm		0 −1.0	0 −1.0	0 −1.5
厚度/mm	≤15	±0.5	±0.5	±1.0
	>15	+0.5 −1.5	+1.0 −2.0	±2.0

表 5-7　大理石板材平面度的允许极限公差　　　　　　　单位：mm

板材的长度范围	允许极限公差值			板材的长度范围	允许极限公差值		
	优等品	一等品	合格品		优等品	一等品	合格品
≤400	0.20	0.30	0.50	≥800～1000	0.70	0.80	1.00
>400～800	0.50	0.60	0.80	≥1000	0.80	1.00	1.20

表 5-8　普通大理石板材角度的允许极限公差

板材长度范围/mm	允许极限公差/mm		
	优等品	一等品	合格品
≤400	0.20	0.30	0.50
>400	0.50	0.60	0.80

表 5-9　大理石板材正面的外观缺陷要求

名称	规定内容	优等品	一等品	合格品
裂纹	长度超过 10mm 的不允许条数			
缺棱	长度不超过 8mm，宽度不超过 1.5mm（长度≤4mm，宽度≤1mm 不计），每米允许个数	0	1	2
掉角	沿板材边长顺延方向，长度≤3mm，宽度≤3mm（长度≤2mm，宽度≤2mm 不计），每块板允许个数			
色斑	面积不超过 6cm²（面积小于 2cm² 不计），每块板允许个数			
砂眼	直径在 2mm 以下	0	不明显	有，但不影响装饰效果

表 5-10　大理石板材镜面光泽度要求

主要化学成分含量/%				镜面光泽度（光泽单位）		
氧化钙	氧化镁	二氧化碳	灼烧减量	优等品	一等品	合格品
40～56	0～5	0～15	30～45	90	80	70
25～36	15～25	0～15	35～45			
25～35	15～25	10～25	25～35	80	70	60
34～37	15～18	0～1	42～45			
1～5	44～50	32～38	10～20	60	50	40

注：表中未包括的板材，其镜面光泽度由供需双方商定。

（二）天然花岗石板材的质量要求

　　天然花岗石普通型板材的规格尺寸允许偏差，应符合表 5-11 中的规定；天然花岗岩板材的平面度的允许极限公差，应符合表 5-12 中的规定；天然花岗岩板材的角度允许极限公差，应符合表 5-13 中的规定；板材正面的外观缺陷，应符合表 5-14 中的规定。

表 5-11　普通型板材的规格尺寸允许偏差　　　　单位：mm

分　类	细面和镜面板材			粗面板材		
等　级	优等品	一等品	合格品	优等品	一等品	合格品
长度（宽度）	0(−1.0)	0(−1.5)	0(−2.0)	0(−1.0)	0(−2.0)	0(−3.0)
厚度　≤15	+0.5 −0.5	+1.0 −1.0	+1.0 −2.0			
厚度　>15	+1.0 −1.0	+2.0 −2.0	+2.0 −3.0	+1.0 −2.0	+2.0 −3.0	+2.0 −4.0

表 5-12　天然花岗岩板材平面度的允许极限公差　　　　单位：mm

板材长度范围	细面和镜面板材			粗面板材		
	优等品	一等品	合格品	优等品	一等品	合格品
≤400	0.20	0.40	0.60	0.80	1.00	1.20
>400～<1000	0.50	0.70	0.90	1.50	2.00	2.20
≥1000	0.80	1.00	1.20	2.00	2.50	2.80

表 5-13　天然花岗岩板材角度的允许极限公差　　　　单位：mm

板材长度范围	细面和镜面板材			粗面板材		
	优等品	一等品	合格品	优等品	一等品	合格品
≤400	0.40	0.60	0.80	0.60	0.80	1.00
>400	0.40	0.60	1.00	0.60	1.00	1.00

表 5-14　天然花岗岩板材正面外观缺陷要求

名称	规　定　内　容	优等品	一等品	合格品
缺棱	长度不超过 10mm（长度小于 5mm 不计），周边每米长/个	不允许	1	2
缺角	面积不超过 5mm×5mm（面积小于 2mm×2mm 的不计），每块板/个	不允许	1	2
裂纹	长度不超过两端延至板边长度的 1/10（长度小于 20mm 的不计），每块板/条	不允许	1	2
色斑	面积不超过 20mm×30mm（面积小于 15mm×15mm 的可以不计），每块板/个	不允许	1	2
色线	长度不超过两端延至板边长度的 1/10（长度小于 40mm 的不计），每块板/条	不允许	2	3
坑窝	粗面板材的正面坑窝		不明显	出现，但不影响使用

三、人造石材饰面板的质量控制

人造石材按生产所用材料不同分类，可分为水泥型人造石材、树脂型人造石材、复合型人造石材和烧结型人造石材等。

随着新技术、新材料的不断涌现，人造大理石制品也越来越多，应用越来越广泛，其品种、规格及技术标准，如表 5-15 所列。

表 5-15　人造大理石制品的品种、规格及技术标准

产品名称	规格 /(mm×mm×mm)	技术标准		生产厂家
		项　目	指标	
人造大理石板	长≤2000 宽≤650 厚8～12	密度/(g/cm³)	2.22	北京市建材水磨石厂
		抗压强度/MPa	≥100	
		抗折强度/MPa	≥30	
		硬度/(HB)	≥35	
		吸水率/%	<0.1	
各种卫生洁具	按需要加工	光泽度/度	>70	
		耐酸、碱 抗醋、抗油、墨水等污染性能	耐 良好	

续表

产品名称	规格/(mm×mm×mm)	技术标准		生产厂家
		项目	指标	
人造大理石板	200×300×10 400×400×10 400×600×10 500×500×10 500×700×10 600×900×10 800×1200×10 800×1200×15 800×1200×20 900×1800×10 900×1800×15 900×1800×20	密度/(g/cm³) 抗压强度/MPa 吸水率/% 耐酸率(按5%盐酸处理24h的失重计算)/% 耐碱率(按5%NaOH处理24h的失重计算)/%	2.19 113.5 0.11 99.7 99.5	北京市尾矿砖厂
人造大理石浴盆	1500×750×430	密度/(g/cm³) 抗压强度/MPa 抗折强度/MPa 表面硬度(巴氏) 吸水率/% 耐酸、碱	2.20 100 30.0 3.50 0.10 耐	北京市玻璃钢制品厂
人造大理石板式台面	1400×580			
人造大理石板或桌面、浴盆	440×310×150			
人造大理石面盆	1500×580			
立柱式面盆	440×310×150 外形720×520			
人造大理石卫生间	面盆550×400×145, 外形1380×2100,包括 地面及水暖件全套			
人造大理石、花岗石装饰板	厚度5~20 长、宽根据需要			

四、金属饰面板的质量控制

在现代建筑装饰工程饰面中,金属饰面板越来越受到人们的重视和欢迎,应用范围越来越广泛。目前,建筑装饰饰面工程中常用的钢材制品种类很多,主要有普通不锈钢钢板、彩色不锈钢板、彩色涂层钢板、覆塑复合钢板等。

(一)普通不锈钢钢板的质量要求

普通不锈钢薄钢板的规格如表 5-16 所列;普通不锈钢薄钢板的力学性能如表 5-17 所列。

表 5-16 常用普通不锈钢薄钢板的参考规格

钢板厚度/mm	钢板宽度/mm									备注
	500	600	700	750	800	850	900	950	1000	
	钢板长度/mm									
0.35、0.40、0.45、	—	1200	—	1000	—	—	—	—	—	
0.50	1000	1500	1000	1500	1500	—	1500	1500	—	
0.55、0.60	1500	1800	1420	1800	1600	1700	1800	1900	1500	
0.70、0.75	2000	2000	2000	2000	2000	2000	2000	2000	2000	
0.80	—	—	—	1500	1500	1500	1500	1500	—	热轧钢板
0.90	1000	1200	1400	1800	1600	1700	1800	1900	1500	
	1500	1420	2000	2000	2000	2000	2000	2000	2000	
1.0、1.1	—	—	—	1000	—	—	1000	—	—	
1.2、1.25、1.4、1.5	1000	1200	1000	1500	1500	1500	1500	1500	—	
1.6、1.8	1500	1420	1420	1600	1600	1700	1800	1900	1800	
	2000	2000	2000	2000	2000	2000	2000	2000	2000	

续表

钢板厚度 /mm	钢板宽度/mm									备注
	500	600	700	750	800	850	900	950	1000	
	钢板长度/mm									
0.20、0.25 0.30、0.40		1200	1420	1500	1500	1500	—		—	
	1000	1800	1800	1800	1800	1800	1500		1500	
		2000	2000	2000	2000	2000	2000		2000	
0.50、0.55 0.60	—	1200	1420	1500	1500	1500	—		—	
	1000	1800	1800	1800	1800	1800	1500		1500	
	1500	2000	2000	2000	2000	2000	1800		2000	
0.70 0.75	—	1200	1420	1500	1500	1500	—		—	冷轧 钢板
	1000	1800	1800	1800	1800	1800	1500		1500	
	1500	2000	2000	2000	2000	2000	1800		2000	
0.80 0.90	—	1200	1420	1500	1500	1500	—		—	
	1000	1800	1800	1800	1800	1800	1500		1500	
	1500	2000	2000	2000	2000	2000	2000		2000	
1.0、1.1、1.2、1.4 1.5、1.6 1.8、2.0	1000	1200	1420	1500	1500	1500	—		—	
	1500	1800	1800	1800	1800	1800	1800			
	2000	2000	2000	2000	2000	2000	2000		2000	

表 5-17　普通不锈钢薄钢板的力学性能

牌号	力学性能			硬度			备注
	屈服强度 /MPa	拉伸强度 /MPa	伸长率 /%	HR	HRB	HV	
1Cr17Ni8	≤21	≤58	≤45	≤187	≤90	≤200	经固溶处理的奥氏体型钢
1Cr17Ni9	≤21	≤53	≤40	≤187	≤90	≤200	
1Cr17	≤21	≤46	≤22	≤183	≤88	≤200	
1Cr17Mo	≤21	≤46	≤22	≤183	≤88	≤200	经退火处理的铁素体型钢
00Cr17Mo	≤25	≤42	≤20	≤127	≤96	≤230	

（二）彩色不锈钢板的质量要求

彩色不锈钢板装饰墙面，不仅坚固耐用、美观新颖，而且具有浓厚的时代气息，在我国很多高级建筑装饰工程中已广泛采用。彩色不锈钢板的性能如表 5-18 所列。

表 5-18　彩色不锈钢板的性能

性能	测定方法	测定条件	测定结果
腐蚀	10%三氧化铁	浸泡 10h	基本完好不变色
	10%硝酸		完好不变色
	10%硫酸		完好不变色
摩擦	500/50mm² 重橡胶	往复摩擦 600 次	不变色
高温	煮沸恒温炉	100℃，30h	不变色
		200℃，18h	不变色
		300℃，1h	稍变浅
弯曲	折叠	90°	不变化
		180°	不变化
拉伸	相对拉长	10%	不变化
杯突	凸球冲压	深度 9mm	不变化
毒性	1%乙酸浸泡液	给白鼠灌肠	无毒性反应
自然风化	风霜、冰雪、日晒	室外长期暴露	4 年未变化

（三）彩色涂层钢板的质量要求

彩色涂层钢板基材的化学成分和力学性能应符合相应标准的规定；涂层性能应符合《彩色涂层钢板和钢带》（GB/T 12754—2006）的有关规定。彩色涂层钢板及钢带的尺寸如表 5-19 所列，彩色涂层钢板及钢带的涂层光泽、弯曲性能和反向冲击性能如表 5-20 所列，彩色涂层钢板及钢带的铅笔硬度和耐久性如表5-21所列。

表5-19 彩色涂层钢板及钢带的尺寸

名　称	公称厚度	公称宽度	钢板公称长度	钢卷内径
尺寸/mm	0.20~2.0	600~1600	1000~6000	450、508或610

表5-20 彩色涂层钢板及钢带的涂层光泽、弯曲性能和反向冲击性能

级别　　性能	涂层光泽（光泽度）	弯曲性能（T弯值,不大于）	反冲击性能（冲击功,不小于）
低（A）	≤40	5T	6
中（B）	40~70	3T	9
高（C）	>70	1T	12

表5-21 彩色涂层钢板及钢带的铅笔硬度和耐久性

面漆种类　　技术指标	铅笔硬度,≥	耐中性盐雾试验时间/h,≥	紫外灯加速老化试验/h,≥	
			UVA-340	UAB-313
聚酯	F	480	600	400
硅改性聚酯	F	600	720	480
高耐久性聚酯	HB	720	960	600
聚偏氟乙烯	HB	960	1800	1000

（四）覆塑复合钢板的质量要求

新型的覆塑复合钢板是一种多用途装饰钢质板材。覆塑复合钢板规格及技术性能如表5-22所列。

表5-22 覆塑复合钢板的规格及性能

产品名称	规格/mm	技术性能
塑料复合钢板	长:1800、2000 宽:450、500、1000 厚:0.35、0.40、0.50、0.60、0.70、0.80、1.0、1.5、2.0	耐腐蚀性:可耐酸、碱、油、醇类的腐蚀。但对有机溶剂的耐腐蚀性差 耐水性能:耐水性好 绝缘、耐磨性能:良好 剥离强度及深冲性能:塑料与钢板的剥离强度≥20N/cm²。当冷弯其180°,复合层不分离开裂 加工性能:具有普通钢板所具有的切断、弯曲、深冲、钻孔、铆接、咬合、卷材等性能,加工温度以20~40℃最好 使用温度:在10~60℃可以长期使用,短期可耐120℃

五、陶瓷饰面材料的质量控制

传统陶瓷制品的主要功能是制造生活用具和艺术品。进入现代之后,随着建筑装饰业的发展,陶瓷制品在保留原有功能的同时,更大量地向建筑装饰材料领域发展,已经成为其中重要的一员,如陶瓷墙地砖、卫生陶瓷、琉璃制品、园林陶瓷、陶瓷壁画等。

（一）内墙面砖的技术质量要求

内墙釉面砖的尺寸允许偏差,应符合表5-23中的规定;内墙釉面砖的表面缺陷允许范

表5-23 釉面砖的尺寸允许偏差　　　　　　　　　　　单位：mm

尺　寸		允许偏差
长度或宽度	≤152	±0.50
	>152 ≤250	±0.80
	>250	±1.0
厚度	≤5	+0.40、-0.30
	>5	厚度的±8%

围，应符合表 5-24 中的规定；内墙釉面砖的色差允许范围，应符合表 5-25 中的要求；内墙釉面砖平整度、边直角和直角度的允许范围，应符合表 5-26 中的规定；内墙釉面砖的物理力学性能，应符合表 5-27 中的规定。

表 5-24　内墙釉面砖表面缺陷允许范围

缺陷名称	优等品	一等品	合格品
开裂、夹层、釉裂	不允许		
背面磕碰	深度为砖厚 1/2	不影响使用	
剥边、落脏、釉泡、斑点、缺釉、棕眼裂纹、图案缺陷等	距离砖面 1m 处目测无可见的缺陷	距离砖面 2m 处目测缺陷不明显	距离砖面 3m 处目测缺陷不明显

表 5-25　内墙釉面砖色差允许范围

项　目	优　等　品	一　等　品	合　格　品
色差	基本一致	不明显	不严重

表 5-26　釉面砖平整度、边直角和直角度的允许范围

平整度		优等品	一等品	合格品
中心弯曲度 /%	≤152mm	+1.40 −0.50	+1.80 −0.80	+2.00 −1.20
	>152mm	+0.50	+0.70	+1.00
翘曲度/%	≤152mm	0.80	1.30	1.50
	>152mm	−0.40	−0.60	−0.80
边直角/%		+0.80 −0.30	+1.00 −0.50	+1.20 −0.70
直角度/%		±0.50	±0.70	±0.90

表 5-27　内墙釉面砖的物理力学性能

物理力学性能	性　能　指　标
吸水率	不大于 21%
耐急冷急热性试验	150～190℃热交换一次不裂
弯曲强度	平均值不低于 16.0MPa；当厚度大于 7.5mm 时，弯曲强度平均值不应小于 13.0MPa
白度	一般不低于 78 度，或由供需双方协商确定
抗龟裂性	经抗龟裂试验，釉面无裂纹
釉面抗化学腐蚀性	需要时，可由供需双方协商抗化学腐蚀的级别

（二）外墙面砖的技术质量要求

外墙面砖的技术质量要求，主要包括尺寸允许偏差、表面质量、物理力学性能和耐化学腐蚀性等。无釉外墙面砖的尺寸允许偏差，应符合表 5-28 中的规定；彩釉外墙面砖的尺寸允许偏差应符合表 5-29 中的规定；无釉外墙面砖的表面质量及变形，应符合表 5-30 中的规定；彩釉外墙面砖表面质量及变形，应符合表 5-31 中的规定。

表 5-28　无釉外墙面砖的尺寸允许偏差　　　　　　　单位：mm

基　本　尺　寸		允　许　偏　差
边长(L)	L<100	±1.5
	100≤L≤200	±2.0
	200<L≤300	±2.5
	L>300	±3.0
厚度(H)	H≤10	±1.0
	H>10	±1.5

表 5-29　彩釉外墙面砖的尺寸允许偏差　　　　　单位：mm

基 本 尺 寸		允 许 偏 差
边长(L)	L<150	±1.5
	L=150～200	±2.0
	L>200	±2.5
厚度(H)	H<12	±1.0

表 5-30　无釉外墙面砖的表面质量及变形

缺　陷	优 等 品	一 级 品	合 格 品
斑点、起泡、熔洞、磕碰、粉化、麻面、图案模糊	距离砖面 1m 处目测无可见缺陷	距离砖面 2m 处目测缺陷不明显	距离砖面 3m 处目测缺陷不明显
裂缝	不允许		总长不超过对应边长的 6%
开裂			正面不大于 5mm
色差	距离砖面 1.0m 处目测缺陷不明显		距离砖面 1.0m 处目测缺陷不明显
缺　陷	优 等 品	一 级 品	合 格 品
平整度/%	±0.50	±0.60	
边直角/%	±0.50	±0.60	±0.80
直角度/%	±0.60	±0.70	

注：无釉外墙面砖表面凸背纹的高度及凹背纹的深度均不得小于 0.5mm。

表 5-31　彩釉外墙面砖表面质量及变形

缺　陷	优 等 品	一 等 品	合 格 品
斑点、起泡、熔洞、磕碰、粉、麻面、图案模糊	距离砖面 1m 处目测有可见缺陷的砖数不超过 5%	距离砖面 2m 处目测有可见缺陷的砖数不超过 5%	距离砖面 3m 处目测缺陷不明显
色差	距离砖面 3m 处目测缺陷不明显		
中心弯曲度/%	±0.5	±0.6	−0.6～+0.8
翘曲度/%	±0.5	±0.6	±0.7
边直角/%	±0.5	±0.6	±0.7
直角度/%	±0.5	±0.7	±0.8

无釉面砖的物理力学性质：吸水率 3%～6%；经 3 次急冷急热循环试验，不出现炸裂或裂纹。经 20 次冻融循环，不出现破裂或裂纹；弯曲强度平均值不小于 24.5MPa。

彩釉面砖的物理力学性质：吸水率不大于 10%；经 3 次急冷急热循环试验，不出现炸裂或裂纹。经 20 次冻融循环，不出现破裂或裂纹。

六、其他饰面材料的质量控制

(1) 水泥质量要求　饰面工程施工用的水泥，宜采用 32.5 级或 42.5 级矿渣水泥或普通水泥，其技术性能应符合《通用硅酸盐水泥》(GB 175—2007/XG1—2009) 中的要求，应有出厂证明或复验合格单，若出厂日期超过三个月或已结有小块不得使用；采用的白水泥不仅应符合设计要求，而且应符合《白色硅酸盐水泥》(GB/T 2015—2005) 中的要求。

(2) 砂子质量要求　饰面工程施工用的砂子，使用前应进行过筛，粒径为 0.35～0.5mm，含泥量不大于 3%，颗粒坚硬、干净，无有机杂质，其技术性能应符合《建筑用砂》(GB/T 14684—2001) 中的规定。

(3) 石灰质量要求　用块状生石灰淋制，必须用孔径 3mm×3mm 的筛网过滤，并贮存在沉淀池中，熟化时间，常温下不少于 15d，用于罩面灰，不少于 30d，石灰膏内不得有未熟化的颗粒和其他物质。

第二节　装饰饰面工程施工质量控制

饰面装饰工程是室内外装饰的主要组成部分，是将大理石、花岗石等天然石材加工而成的板材，或面砖、瓷砖等烧制而成的陶瓷制品，通过构造连接安装或镶贴于墙体表面形成装饰层。装饰的主要目的是保护结构安全，增强地面的美化功能，极大地提高建筑物的使用质量。

一、饰面板工程施工质量控制

（一）饰面板安装工程质量预控要点

① 饰面板多数是脆硬材料，在搬运的过程中应轻拿轻放，防止出现棱角破坏和板断裂。堆放时要尽量竖直排放，避免出现碰撞和倾倒。光面、镜面饰面板在搬运时，要光面（镜面）对光面（镜面），中间以软纸衬隔。大理石、花岗石不易采用褪色的材料包装。

② 水电管线及设备、墙上预留预埋件已安装完毕，经检查质量符合设计要求；垂直运输机具准备齐全，经检查运转正常。

③ 建筑物的外门窗已安装完毕，经检查质量符合设计要求。

④ 在大面积饰面板安装前，应先在适当位置做样板，样板经有关单位检验合格并确认后，方可组织人员正式进行饰面板的施工。

（二）饰面板安装工程质量施工要点

1. 石材饰面板湿铺施工要点

① 在饰面板正式安装前，对于基层应先找平，分块弹线，并进行试排、预拼和编号，为正式安装打下良好基础。

② 在墙上凿出结构施工时预埋的钢筋，将直径 6mm 或 8mm 的钢筋，按竖向和横向绑扎或焊接在预埋钢筋上，使其形成钢筋网片。水平钢筋行数应与饰面板行数一致并平行。如结构施工时未预埋钢筋，则可用膨胀螺栓或凿洞埋开脚螺柱的方法来固定钢筋网片。

③ 饰面板所用的锚固件及连接件，一般应采用镀锌铁件或连接件进行防腐处理。镜面和光面的大理石、花岗石饰面，应用钢或不锈钢连接件。

④ 固定饰面板的钢筋网片，应当与锚固件连接牢固。固定饰面板的连接件直径或厚度大于饰面板的接缝宽度时，应当凿槽进行埋置。

⑤ 在每块饰面板安装前，其上、下边打眼数量均不得少于 2 个；当板的宽度大于 700mm 时，其上、下边打眼数量均不得少于 3 个。连接饰面板的铜丝不小于双股 16 号。

⑥ 为确保饰面板表面美观、缝隙一致，板间的接缝宽度应符合设计和规范的要求。

⑦ 饰面板安装后，在灌注砂浆前，先将两边竖缝用 15～20mm 的麻丝填塞（以防漏浆），光面、镜面和水磨石饰面板的竖缝，可用石膏灰封闭。

⑧ 饰面板绑扎或焊接安装后，应采取临时固定措施，以防灌注砂浆时饰面板移动。

⑨ 饰面板就位后，应用 1：2.5 的水泥砂浆分层灌注固定，每层灌注高度为 150～200mm，且不得大于板高的 1/3，并插捣密实，待初凝后，应检查板面位置，如移动错位应拆除重新安装；若无移动现象，方可灌注上层砂浆，施工缝应留在饰面板水平接缝以下 50～100mm 处。

2. 石材饰面板干挂施工要点

① 安装前先将饰面板在地面上，按照设计图纸及墙面实际尺寸进行预排，将色调明显不一的饰面板挑出，换上色泽一致的饰面板，尽量使上下左右的花纹近似协调，然后逐块加以编号，分类竖向堆放好备用。

② 在墙面上弹出水平和垂直控制线，并每隔一定距离做出控制墙面平整度的砂浆灰饼，或用麻线拉出墙面平整度的控制线。

③ 饰面板的干挂安装一般应由下向上逐排进行，每排应根据实际情况由中间或一端开始。

④ 在最下排饰面板安装的上、下口，用麻线拉两根水平控制线，用不锈钢膨胀螺栓将不锈钢连接件固定在墙上；在饰面板的上下侧面用电钻钻孔或槽，孔的直径和深度按销钉的尺寸而定，然后将饰面板搁在连接件上，将销钉插入孔内，板缝应用专用弹性衬料垫隔，待饰面板调整到正确位置时，拧紧连接件的螺母，并用环氧树脂胶或密封胶将销钉固定。待最后一排安装完毕后，再在其上边按同样方法进行安装。

⑤ 饰面板全部安装完毕后，板间的接缝应按设计和规范要求里侧嵌弹性条，外面用密封胶封闭。

3. 干挂瓷质饰面施工要点

① 在进行正式干挂前，应对瓷板编号、开槽或钻孔，在墙上安装胀锚螺栓；挂件的安装应满足设计及《建筑瓷板装饰工程技术规程》（CECS101：98）的规定。

② 在进行瓷板安装前，应认真检查已完工的建筑结构质量是否符合设计要求，特别对已损坏的外墙防水层应加以修补。

③ 瓷板安装的拼缝应符合设计要求，瓷板的槽（孔）内及挂件表面的灰粉应清除。

④ 扣齿板的长度应符合设计要求，当设计中未作规定时，不锈钢扣齿板与瓷板支撑边等长，铝合金扣齿板比瓷板支撑边短 20～50mm。

⑤ 为确保瓷板安装牢固可靠，扣齿板或销钉插入瓷板的深度应符合设计要求。

⑥ 当采用不锈钢挂件时，应将环氧树脂浆液抹入槽（孔）内，与瓷板接合部位的挂件应满涂，然后插入扣齿板或销钉。

⑦ 瓷板中部加强点的连接件与基面连接应非常可靠，其位置及面积应符合设计要求。

⑧ 灌缝的密封胶应符合设计要求，其颜色应与瓷板色彩相配，灌缝应饱满平直，宽窄一致，不得在潮湿时灌注密封胶；在灌缝中不得污损瓷板表面。

⑨ 底板的拼缝有排水孔设置要求时，其排水通道不得出现阻塞。

4. 挂贴瓷质饰面施工要点

① 瓷板应按作业流水进行编号，瓷板拉结点的竖孔应钻在板厚中心线上，孔径一般为 3.3～3.5mm，深度为 20～30mm，板背模孔应与竖孔连通；用防锈金属丝穿孔固定，金属丝直径大于瓷板拼缝宽度时，应采取凿槽埋置的方法。

② 瓷板挂贴应由下而上进行，出墙面勒脚的瓷板，应待上层饰面完成后进行。楼梯栏杆、栏板及墙裙的瓷板，应在楼梯踏步、地面面层完成后进行。

③ 当基层采用拉结钢筋网时，钢筋网应与锚固点焊接牢固。锚固点为螺栓连接时，其紧固力矩应取 40～45N·m。

④ 除设计中有特殊要求外，挂装的瓷板、同幅墙的瓷板色彩应一致。

⑤ 瓷板在挂贴时，应找正吊直后用金属丝绑牢在拉结钢筋网上，挂贴时可用木楔调整，瓷板的拼缝宽度应符合设计要求，并不宜大于1mm。

⑥ 灌注填缝砂浆前，应将墙体及瓷板背面浇水润湿，并用石膏灰临时封闭瓷板竖缝，以防止漏浆。用稠度 100～150mm、体积比为（1：2.5）～（1：3）的水泥砂浆分层灌注，每层高度为 150～200mm，应插捣密实，待初凝后应检查板面位置，合格后方可灌注上层砂浆，否则应拆除重新安装。施工缝应留在瓷板水平缝以下 50～100mm 处，待填缝砂浆初凝后，方可拆除石膏灰及临时固定物。

⑦ 瓷板的拼缝处理应符合设计要求，当设计无具体要求时，用与瓷板颜色相配的水泥

浆抹匀严密。

5. 塑料板粘贴施工要点

① 对于受摩擦力较大的地方，塑料板的粘贴应满涂黏合剂，以使板材粘贴牢固。

② 对于受摩擦力较小的地方，塑料板可局部涂黏合剂，即在接头的两旁和房间的周边涂黏合剂。塑料板中间黏合剂带的间距不大于500mm，其宽度一般为100～200mm。

③ 在进行粘贴时，应在塑料板和基层面上各涂黏合剂两遍，纵横交错进行，应涂得薄而均匀，不要出现漏涂。第二遍应在第一遍黏合剂干至不粘手时再涂。第二遍涂好后也要等其略干后再粘贴塑料板。

④ 软质的塑料板粘贴后应用辊子滚压，赶出其底部的气泡，以提高粘贴质量。粘贴时不得用力拉扯塑料板，以防止板材变形。

⑤ 塑料板粘贴完成后应进行养护，养护时间应按黏合剂的说明而确定。

⑥ 为缩短硬化时间，有条件时可采用室内加温或放置热砂袋等方法促凝。

⑦ 当选用的黏合剂不能满足耐腐蚀要求时，应在接缝处用焊接条进行封焊。

⑧ 黏合剂和溶剂多为易燃有毒物品，施工时应戴上防毒口罩和手套，操作地点要有良好的通风，并做好防火措施。

二、饰面砖工程施工质量控制

（一）饰面砖安装工程质量预控要点

① 阳台栏杆、预留孔洞及排水管等应处理完毕，门窗框按要求全部固定牢靠，隐蔽部位的防腐、填嵌应处理好，并用1：3的水泥砂浆将缝隙堵塞严实；铝合金门窗、塑料门窗、不锈钢门等框边缝所用嵌塞材料及密封材料应符合设计要求，且应塞堵密实，并事先粘贴好保护膜。

② 粘贴饰面砖的墙面基层清理干净，脚手眼、窗台、窗套等事先应用与基层相同的材料砌堵好。

③ 在粘贴饰面砖前，应根据设计图、饰面砖尺寸、颜色等选砖，进行初步排列，并分类堆放备用。

④ 大面积饰面砖施工前应先放大样，并做出样板墙，确定施工工艺及操作要点，并做好技术交底工作。样板墙完成后必须经质检部门鉴定合格后，再经过设计单位、建设单位和施工单位共同验收确认，方可按样板墙进行大面积施工。

（二）饰面砖安装工程质量施工要点

1. 内墙面釉面砖粘贴施工要点

① 粘贴室内釉面砖时一般按由下往上的顺序逐层施工，从阳角处开始粘贴，先贴大面，后贴阴阳角、凹槽等难度较大的部位。

② 每层釉面砖的上口应平齐成一线，竖缝应单边与墙上的控制线齐直，所有砖缝应达到横平竖直的要求。

③ 粘贴室内釉面砖时，如果设计对砖缝无具体要求，缝隙的宽度应为1～1.5mm。

④ 为使粘贴的釉面砖美观、合理和施工方便，墙裙、浴盆、水池等处和阴阳角处应使用专用配件砖。

⑤ 粘贴室内釉面砖的房间，阴阳角处应找方，要防止地面沿墙边出现宽窄不一的现象。

⑥ 如果设计中无要求，粘贴完毕的釉面砖应用白水泥擦缝。

2. 外墙面釉面砖粘贴施工要点

① 粘贴室外面砖时，水平缝用嵌缝条进行控制。使用前嵌缝木条应先捆扎起来用水浸泡，以保证缝格的均匀。施工中每次重复使用木条前，都应及时清除沾在木条上的灰浆。

② 粘贴室外面砖的竖缝用竖向弹线进行控制，其弹线密度可根据操作工人的技术水平

而确定，一般 2～3 块弹一垂线。操作时，面砖下面坐在木条上，一边与竖向弹线齐平，然后依次向上粘贴。

③ 外墙面砖不应并缝粘贴。粘贴完毕的外墙面砖，应用 1：1 的水泥砂浆勾缝，先勾横缝，后勾竖缝，缝深宜凹进面砖 2～3mm，宜用方板平底缝，不宜勾成圆弧底缝，完成后用布擦净面砖。必要时可用浓度 10% 的稀盐酸刷洗，但必须随即用清水冲洗干净。

④ 外墙饰面粘贴前和施工过程中，均应在相同的基层上做样板件，并对样板件的饰面砖黏结强度进行检验。每 300m² 同类墙体取一组试样，每组 3 个，每层楼不得少于一组；不足 300m² 的每两层楼取一组。每组试样的平均黏结强度不应小于 0.4MPa；每组可有一个试样的黏结强度小于 0.4MPa，但不应小于 0.3MPa。

⑤ 饰面板（砖）工程的伸缩缝、沉降缝、抗振缝等部位的处理，应保证缝的使用功能和饰面的完整性。

3. 陶瓷锦砖粘贴施工要点

① 壁外墙粘贴陶瓷锦砖时，整幢房屋宜从上往下依次进行；如需要上下分段施工，也可从下往上进行粘贴；整间或独立部分应一次完成。

② 陶瓷锦砖宜采用水泥浆或聚合物水泥浆粘贴。在粘贴前基层应湿润，并刷水泥浆一遍，同时将陶瓷锦砖铺在木垫板上，清扫干净，缝中灌入 1：2 的干水泥砂。用软毛刷刷净底面砂，涂上一层 2～3mm 厚的水泥浆，然后进行粘贴。

③ 在陶瓷锦砖粘贴完毕后 20～30min 时，将纸面用水润湿，慢慢地揭去纸面，再根据实际拨缝使其达到横平竖直，并仔细拍平、拍实，用水泥浆揩缝后擦净面层。

第三节　装饰饰面工程验收质量控制

饰面板（砖）工程，实际上是将预制好的饰面板（砖）铺贴或安装在基层上的一种装饰方法。饰面工程对建筑主体主要起着装饰和保护的作用，还具有保温、隔热、防腐、防辐射、防水等功能。饰面工程的施工质量如何，不仅直接关系到建筑物的装饰效果，而且还影响到工程的使用和其他功能，甚至还关系到建筑主体的使用寿命和工程造价。

一、木质护墙板验收质量控制

木质饰面是建筑装饰工程中常用的做法，由于具有木材的天然纹理和质感、良好的装饰效果，所以在木质护墙饰面中广泛应用。在具体操作的过程中，其施工质量应符合下列要求。

（一）木饰面板施工的一般质量要求

① 木质护墙板所用材料品种、规格、颜色、性能和质量，以及构造做法、燃烧性能等级应符合设计要求。特别当选用木质人造板时，板的游离甲醛释放量不应大于 0.12mg/m³，其测定方法应符合国家标准《民用建筑工程室内环境污染控制规范》（GB 50235—2001）附录 A 的规定。

② 接触砌石砌体或混凝土的木龙骨架、木楔或预埋木砖、木装饰板（线）等，应进行防腐和防火处理。

③ 固定胶合板、木装饰线的钉子钉头应没入其表面。对于与板面齐平的钉子、木螺钉应镀锌处理，金属连接件和锚固件应进行防锈处理。

④ 如果采用油毡、油纸等材料做木墙身、木墙裙的防潮层，应铺设平整，接触严密，不得有皱褶、裂缝和透孔等。

⑤ 门、窗框或筒子板应与罩面的装饰面板平齐，并用贴脸板或封边线覆盖接缝，以提

高整个木饰面板的装饰效果。

⑥ 隐蔽在木质饰面墙内的各种设备底座、设备管线应提前安装到位，并要装嵌牢固，其表面应与罩面的装饰板底面齐平。

⑦ 木质装饰墙、柱面的下端，如果采用木踢脚板进行装修，其罩面装饰板应离地面20～30mm；如果采用大理石、花岗石等石材作为踢脚板，其罩面装饰板应与踢脚板上口齐平，接缝应当严密。在粘贴石材踢脚板时，不得污染罩面装饰板。

（二）木饰面板施工的质量验收标准

以下所列出的质量验收标准和检验方法，适用于内墙面木质饰面板安装工程和高度不大于24m、抗震设防烈度不大于7度的外墙面木质饰面板安装工程的验收。

木质饰面板安装工程的验收，分为主控项目和一般项目。木饰面板安装工程主控项目和检验方法，如表5-32所列；木饰面板安装工程一般项目和检验方法，如表5-33所列；木饰面板安装的允许偏差和检验方法，如表5-34所列。

表 5-32　木饰面板安装工程主控项目和检验方法

项次	项　目	检　验　方　法
1	木质饰面板的品种、规格、颜色和性能等方面,应符合设计要求;木龙骨、木饰面板的燃烧性能等级应符合设计要求	观察;检查产品合格证书、进场验收记录和性能检测报告
2	饰面板上孔洞和槽的数量、位置和尺寸应符合设计要求	检查进场验收记录和施工记录
3	饰面板安装工程的预埋件(或后置埋件)、连接件的数量、规格、位置、连接方法和防腐处理必须符合设计要求,饰面板的安装必须牢固	手扳检查;检查进场验收记录、隐蔽工程验收记录和施工记录

表 5-33　木饰面板安装工程一般项目和检验方法

项次	项　目	检验方法
1	选用的木饰面板表面应平整、洁净、色泽一致,无裂痕和缺损	观察
2	木饰面板嵌缝应当密实平直,宽度和深度应符合设计要求,嵌缝材料色泽应一致	观察;尺量检查
3	木饰面板上的孔洞应套割吻合,边缘应整齐	观察
4	木饰面板安装的允许偏差	具体见表7-3中的规定

表 5-34　木饰面板安装的允许偏差和检验方法

项次	项　目	允许偏差/mm	检　验　方　法
1	立面垂直度	1.5	用2m垂直检测尺进行检查
2	表面平整度	1.0	用2m靠尺和塞尺进行检查
3	阴、阳角方正	1.5	用直角检测尺进行检查
4	接缝直线度	1.0	拉5m线,不足5m的拉通浅,用钢直尺检查
5	墙裙、勒脚上口直线度	2.0	拉5m线,不足5m的拉通浅,用钢直尺检查
6	接缝高低差	0.5	用钢直尺和塞尺进行检查
7	接缝的宽度	1.0	用钢直尺进行检查

二、饰面砖镶贴验收质量控制

用于建筑内墙装饰的陶瓷质贴面材料主要是釉面内墙砖，陶瓷锦砖主要用于地面或外墙面，玻璃锦砖则主要适用于外墙装饰贴面工程。

为确保饰面砖的施工质量，在饰面砖的施工过程中，应严格执行饰面砖产品的材料标准及工程施工的相关强制性规范，从产品出厂到施工质量监督监理及工程验收，必须真正做到制度化、标准化，切实控制饰面砖镶贴的工程质量。

（一）饰面砖施工的一般规定

① 饰面砖在镶贴施工中应执行国家标准《建筑装饰装修工程质量验收规范》（GB 50210—2001）、《住宅装饰装修工程施工规范》（GB 50327—2001）和《民用建筑工程室内环境污染控制规范》（GB 50325—2001）等标准的规定。

② 镶贴饰面砖的建筑结构基体，应具有足够的强度、稳定性和刚度，其表面质量应符合有关砖石工程、混凝土结构工程及木结构工程等国家现行工程质量验收标准的规定。饰面砖应镶贴在平整粗糙的基层上，当基体或基层表面过于光滑时，应进行界面处理，并应清除残留的砂浆、尘土和油渍等。

③ 所选用的饰面砖的品种、规格、颜色、图案和性能等，应符合设计要求，其产品应表面光洁、平整、方正、边缘整齐，质地坚固，不得有缺棱、掉角、暗伤和裂纹等缺陷，并应具有产品合格证。

④ 饰面砖镶贴采用的粘贴固定方法和胶结料的种类与材料的配合比等，均应符合设计要求。饰面板镶贴工程的找平、防水、嵌缝等材料，均应符合设计要求、国家现行产品标准及环保污染控制等标准。

⑤ 采用水泥砂浆进行粘贴时，砂浆的种类应符合设计要求。一般要求采用 32.5 级或 42.5 级的矿渣硅酸盐水泥或普通硅酸盐水泥，白水泥的强度等级也应在 32.5 级以上。细骨料应采用颗粒坚硬、不含杂质、粒径为 0.35～0.50mm 的河砂，含泥量不大于 3%，用前应进行过筛。砂浆的使用温度不得低于 5℃，冬季施工时注意在砂浆硬化前应有防冻措施。

（二）饰面砖粘贴工程质量标准及检验方法

饰面砖粘贴工程质量验收标准，如表 5-35 所列；饰面砖粘贴的允许偏差和检验方法，如表 5-36 所列。

表 5-35　饰面砖粘贴工程质量验收标准

项目	项次	质 量 要 求	检 验 方 法
主控项目	1	饰面砖的品种、规格、图案、颜色和性能，应符合设计要求	观察；检查产品合格证书、进场验收记录、性能检测报告和复验报告
	2	饰面砖粘贴工程的找平、防水、黏结和勾缝材料及施工方法，应符合设计要求及国家现行产品标准和工程技术标准的规定	检查产品合格证书、复验报告和隐蔽工程验收记录
	3	饰面砖粘贴必须牢固	检查样板件黏结强度检测报告和施工记录
	4	满粘法施工的饰面砖工程应无空鼓、裂缝	观察；用小锤敲击检查
一般项目	5	饰面砖表面应平整、洁净、色泽一致，无裂痕和缺损	观察
	6	阴阳角处搭接方式、非整砖使用部位应符合设计要求	观察
	7	墙面突出物周围的饰面砖应整砖套割吻合，边缘应整齐；墙裙、贴脸突出墙面的厚度应一致	观察；尺量检查
	8	饰面砖接缝应平直、光滑，填嵌应连续、密实；宽度和深度应符合设计要求	观察；尺量检查
	9	有排水要求的部位应做滴水线（槽），滴水线（槽）应顺直，流水坡向应正确，坡度应符合设计要求	观察；用水平尺检查
	10	饰面砖粘贴的允许偏差和检验方法应符合表 5-36 中的规定	

表 5-36　饰面砖粘贴的允许偏差和检验方法

项次	项　　目	允许偏差/mm		检验方法
		外墙面砖	内墙面砖	
1	立面垂直度	3.0	2.0	用 2m 垂直检测尺检查
2	表面平整度	4.0	3.0	用 2m 靠尺和塞尺检查
3	阴阳角方正	3.0	3.0	用直角检测尺检查
4	接缝直线度	3.0	2.0	拉 5m 线，不足 5m 的拉通线，用钢直尺检查
5	接缝高低差	1.0	0.5	用钢直尺和塞尺检查
6	接缝的宽度	1.0	1.0	用钢直尺检查

三、墙面贴挂石材验收质量控制

用于建筑内外墙装饰的石材饰面材料主要是天然石材和人造石材，天然石材主要包括天然花岗石和天然大理石，天然花岗石主要用于地面或外墙面，天然大理石主要适用于内墙装饰贴面工程。为确保石材饰面板的施工质量，在石材饰面的施工过程中，应严格执行石材饰面板产品的材料标准及工程施工的相关强制性规范，从产品出厂到施工质量监督监理及工程验收，必须真正做到制度化、标准化，切实控制石材饰面板镶贴的工程质量。

（一）石材饰面板施工的一般规定

① 石材饰面板在镶贴施工中应执行国家标准《建筑装饰装修工程质量验收规范》（GB 50210—2001）、《住宅装饰装修工程施工规范》（GB 50327—2001）和《民用建筑工程室内环境污染控制规范》（GB 50325—2001）等标准的规定。

② 镶贴石材饰面板的建筑结构基体，应具有足够的强度、稳定性和刚度，其表面质量应符合有关砖石工程、混凝土结构工程及木结构工程等国家现行工程质量验收标准的规定。饰面砖应镶贴在平整粗糙的基层上，当基体或基层表面过于光滑时，应进行界面处理，并应清除残留的砂浆、尘土和油渍等。

③ 所选用的石材饰面板的品种、规格、颜色、图案和性能等，应符合设计要求，其产品应表面光洁、平整、方正、边缘整齐，质地坚固，不得有缺棱、掉角、暗伤和裂纹等缺陷，并应具有产品合格证。

④ 所用天然花岗石和天然大理石的技术要求，应符合《天然花岗石建筑板材》（GB/T 18601—2001）、《天然大理石建筑板材》（JC 79—2001）和《建筑材料放射性核素限量》（GB 6566—2010）等规范中的规定。

⑤ 采用水泥砂浆进行粘贴时，砂浆的种类应符合设计要求。一般要求采用 32.5 级或 42.5 级的矿渣硅酸盐水泥或普通硅酸盐水泥，白水泥的强度等级也应在 32.5 级以上。细骨料应采用颗粒坚硬、不含杂质、粒径为 0.35～0.50mm 的过筛河砂，含泥量不大于 3%。

⑥ 石材饰面镶贴采用的粘贴固定方法、胶结料种类与材料配合比等，均应符合设计要求。石材饰面板镶贴工程的找平、防水、嵌缝等材料，均应符合设计要求、国家现行产品标准及环保污染控制等标准。

（二）石材饰面板面层质量要求

石材饰面板面层质量标准和检验方法，如表 5-37 所列；石材饰面板饰面层允许偏差和检验方法，如表 5-38 所列。

表 5-37 石材饰面板面层质量标准和检验方法

项　目	项次	质　量　要　求	检　验　方　法
主控项目	1	石材饰面板的品种、规格、颜色和性能应符合设计要求，其放射性应符合《建筑材料放射性核素限量》(GB 6566—2001)等规范中的规定	观察；检查产品合格证书、进场验收记录、性能检测报告和复验报告
	2	饰面板孔、槽的数量、位置和尺寸应符合设计要求	检查复验报告和隐蔽工程验收记录
	3	饰面板安装工程的预埋件(或后置埋件)、连接件的数量、规格、位置、连接方法和防腐处理必须符合设计要求；后置埋件的现场拉拔强度必须符合设计要求；饰面板必须安装牢固	手扳检查；检查进场验收记录、现场拉拔检测报告、隐藏工程验收记录和施工记录
一般项目	4	饰面板表面应平整、洁净、色泽一致，无裂缝和缺损；石材的表面应无泛碱等污染	观察
	5	饰面板嵌缝应密实、平直，宽度和深度应符合设计要求，嵌填的材料应色泽一致	观察；尺量检查
	6	采用湿作业法施工的饰面板工程，石材背面应进行涂刷防碱处理；饰面板与基体之间的灌注材料应饱满、密实	用小锤敲击检查；检查施工记录
	7	饰面板上的孔洞应套割吻合，边缘应整齐	观察
	8	饰面板安装的允许偏差和检验方法应符合表 5-38 中的规定	

表 5-38 石材饰面板饰面层允许偏差和检验方法

项次	项 目		允许偏差/mm							检验方法
			天然石材			天然面	人造石材 大理石	光面石材		
			光面	初磨面	麻面条纹面			方柱	圆柱	
1	表面平整		1.0	2.0	3.0	—	1.0	1.0	1.0	用 2m 靠尺和楔形塞尺检查
2	立面垂直	室内	2.0	2.0	3.0	5.0	2.0	2.0	2.0	用 2m 托线板检查
		室外	2.0	4.0	5.0		2.0	2.0	2.0	
3	阴阳角方正		2.0	3.0	4.0		2.0	2.0	2.0	用方尺和楔形塞尺检查
4	接缝平直		2.0	3.0	4.0	5.0	2.0	2.0	2.0	拉 5m 线，不足 5m 的拉通线，用尺量检查
5	墙裙上口平直		2.0	3.0	3.0	5.0	2.0	2.0	—	
6	接缝高低差		0.3	1.0	1.0		0.5	0.3	0.3	用方尺和塞尺检查
7	接缝的宽度		0.3	1.0	1.0	2.0	0.5	0.5	0.5	用塞尺检查
8	弧形表面精确度		—	—	—		—	—	1.0	用 1/4 圆周样板和楔形塞尺检查
9	柱群纵横向顺直		—	—	—		—	—	5.0	拉通线尺量检查
10	总高垂直度		—	—	—		—	$H/1000$ 或≤5		用经纬仪或吊线尺量检查

四、金属饰面板验收质量控制

用于现代建筑装饰装修工程金属饰面墙板，具有安装简便、质量较轻、抗震性好、防水抗渗、外观华丽、耐候性强、节省能源等特点，所用的金属饰面板主要有铝合金装饰板、不锈钢装饰板和彩色涂层钢板等。

为确保金属饰面板的施工质量，在金属饰面板的施工过程中，应严格执行金属饰面板产品的材料标准及工程施工的相关强制性规范，从产品出厂到施工质量监督监理及工程验收，必须真正做到制度化、标准化，切实控制金属饰面板镶贴的工程质量。

（一）金属饰面板工程施工的一般规定

① 金属饰面板安装工程应按设计要求确定板材品种及其施工方式，对于重要的金属饰面板工程应由具备相应资质的专业队伍进行施工。

② 安装固定金属饰面板或饰面板工程锚固件及龙骨的建筑结构基体，应具有足够的强度、稳定性和刚度，其表面质量应符合有关砖石工程、混凝土结构工程及木结构工程等国家现行工程质量验收标准的规定。

当墙体材料为纸面石膏板等轻质材料时，应按设计要求进行防水处理。

③ 所选用的金属饰面板产品的品种、质量、颜色、花型、线条等，应符合设计要求，并应有产品合格证。工程中所用龙骨的规格、尺寸和形状，应符合设计规定；当墙体骨架采用普通型钢（如角钢、槽钢、方钢管及工字钢等）时，应进行除锈和防锈处理。工程中所用的其他材料（如胶结材料、嵌缝密封材料、紧固件和连接件等），均应符合设计要求。

④ 较大面积金属饰面板安装时，应当挂线施工，做到表面平整、垂直，线条通顺、清晰。普通平板和压型板安装时，应采用搭接方式，搭接长度应符合设计要求，不得有露缝现象。安装突出墙面的窗台等部位的金属饰面板时，裁割板的尺寸应准确，边角整齐光滑，搭接尺寸及方向应正确。

⑤ 当设计无要求时，安装于薄壁金属龙骨上的金属饰面板宜采用抽芯铆钉固定，中间必须加设橡胶垫圈；抽芯铆钉的间距以控制在 100~150mm 范围内为宜。

（二）金属饰面板工程质量控制

1. 金属饰面板质量控制主控项目

① 金属饰面板的品种、规格、颜色和性能应符合设计要求；当采用木龙骨时，其燃烧

性能等级应符合设计要求。

② 金属饰面板上孔、槽的数量、位置和尺寸应符合设计要求。

③ 金属饰面板安装工程的预埋件（或后置埋件）、连接件的数量、规格、位置、连接方法和防腐处理必须符合设计要求。后置埋件的现场拉拔强度必须符合设计要求，饰面板安装必须牢固。

2. 金属饰面板工程控制一般项目

① 金属饰面板的表面应平整、洁净、色泽一致，无裂纹和缺损。

② 金属饰面板的嵌缝应密实、平直，宽度和深度应符合设计要求，嵌填的材料应色泽一致。

③ 金属饰面板上的孔洞应套割吻合，边缘应整齐。

（三）金属饰面板工程的质量验收标准

金属饰面板安装的允许偏差和检验方法，如表 5-39 所列；不锈钢包柱施工允许偏差和检验方法，如表 5-40 所列。

表 5-39　金属饰面板安装的允许偏差和检验方法

项次	项　目	允许偏差/mm	检　验　方　法
1	立面垂直度	2.0	用 2m 垂直检测尺检查
2	表面平整度	3.0	用 2m 靠尺和塞尺检查
3	阴阳角方正	3.0	用直角检测尺检查
4	接缝直线度	1.0	拉 5m 线，不足 5m 的拉通线，用钢直尺检查
5	墙裙、勒脚上口直线度	2.0	拉 5m 线，不足 5m 的拉通线，用钢直尺检查
6	接缝高低差	1.0	用钢直尺和塞尺检查
7	接缝的宽度	1.0	用钢直尺检查

表 5-40　不锈钢包柱施工允许偏差和检验方法

项次	项　目	允许偏差/mm	检验方法或要求
1	表面光洁平整	—	不得有明显划痕和凹凸不平现象
2	接缝垂直	—	目测
3	不圆度	±3.0	吊垂线检查
4	歪斜度	3.0	一圆周设置四个点，吊垂线检查

第四节　装饰饰面工程质量问题与防治措施

饰面板装饰工程，是把饰面材料镶贴到结构基层上的一种装饰方法。饰面材料的种类很多，既有天然饰面材料，也有人工合成饰面材料。尤其是近几年来，新型高档饰面材料更是层出不穷，如铝塑板、彩色涂层钢板、铝合金复合板、彩色压型钢板等。

饰面板工程要求设计精巧，制作细致，安全可靠，观感美丽，维修方便。但是，不少建筑装饰存在对饰面板工程缺少专项设计、镶贴砂浆黏结力没有专项检验、至今仍采用传统的密缝安装方法等三大弊病，以及手工粗糙、空鼓脱落、渗漏析白、污染积垢等质量问题，致使饰面板工程装修标准虽高，但装饰效果不尽如人意，反而会造成室内装修发霉、发黑，甚至发生不可预料的事故。

一、花岗石饰面板质量问题与防治措施

花岗石饰面板是一种传统而高档的饰面材料，在我国有着悠久的应用历史和施工经验。这种饰面具有良好的抗冻性、抗风化性、耐磨性、耐腐蚀性，用于室内外墙面装饰，能充分体现出古朴典雅、富丽堂皇、非常庄重的建筑风格。原来，我国多采用干挂法施工，现在开始推广镶贴法施工。

（一）花岗石板块表面的长年水斑

1. 质量问题

采用湿法（粘贴或灌）工艺安装的花岗石墙面，在安装期间板块就开始出现水印；随着镶贴砂浆的硬化和干燥，水印会逐渐缩小至消失。如果采用的石材结晶较粗，颜色较浅，且未作防碱、防水处理，墙面背阴面的水印可能残留下来，板块出现大小不一、颜色较深的暗影，即俗称的"水斑"。

在一般情况下，水斑孤立、分散地出现在板块的中间，对外观影响不大，这种由于镶贴砂浆拌和水引发的板块水斑，称为"初生水斑"。随着时间的推移，遇上雨雪或潮湿天气，水从板缝、墙根等部位浸入，花岗石墙面的水印范围逐渐扩大，水斑在板缝附近串连成片，板块颜色局部加深，缝中析出白色结晶体，严重影响外观。晴天时水印虽然会缩小，但长年不会消失，这种由于外部环境水的侵入而引发的板块水斑，称为"增生水斑"。

2. 原因分析

① 花岗石的结晶相对较粗，其吸水率一般可达到 $0.2\%\sim1.7\%$，其抗渗性能还不如普通水泥砂浆。出现水斑是颜色较浅、结晶较粗的花岗石饰面的特有现象，因此，花岗石板块安装之前，如果不做专门的防碱与防水处理，其"水斑"病害难以避免。

② 水泥砂浆析出氢氧化钙是硅酸盐系列水泥水化的必然产物，如果花岗石板块背面不进行防碱处理，水泥砂浆析出的氢氧化钙就会随着多余的拌和水，沿着石材的毛细孔入侵板块内部。拌和水越多，移动到砂浆表面的氢氧化钙就越多。水分蒸发后，氢氧化钙就积存在板块内。

③ 混凝土墙体存在氢氧化钙，或在水泥中添加了含有钠离子的外加剂，如早强剂 Na_2SO_4、粉煤灰激发剂 $NaOH$、抗冻剂 $NaNO_3$ 等。黏土砖土壤中就含有钠（Na^+）、镁（Mg^{2+}）、钾（K^+）、钙（Ca^{2+}）、氯（Cl^-）、硫酸根（SO_4^{2-}）、碳酸根（CO_3^{2-}）等离子；在烧制黏土砖的过程中，使用煤又提高了其 SO_4^{2-} 的含量。上述物质遇水溶解，均会渗透到石材毛细孔里或顺板缝流出。

④ 目前，在我国，花岗石饰面仍多沿用传统的密缝安装法，从而形成"瞎缝"。施工规范中规定，花岗石的接缝宽度（如无设计要求时）为 1mm，室外接缝可采用"干接"，用水泥浆填抹，但接缝根本不能防水，因此，干接缝的水斑最为严重；也可在水平缝中垫硬塑料板条，用水泥细砂砂浆勾缝，但其防水效果也不好；如用干性油腻子嵌填板缝，也会因为板缝太窄，嵌填十分困难，仍不满足防水要求。如果饰面不平整，板缝更加容易进水，"水斑"现象则更加严重（见图5-1）。

⑤ 采用离缝法镶贴的板块，嵌缝胶质量不合格或板缝中不干净。嵌缝后，嵌缝胶在与石材的接触面部位开裂或嵌缝胶自身开裂，或胶缝里夹杂尘土、砂粒，出现砂眼。

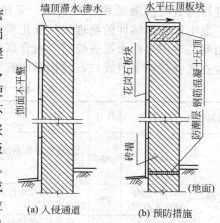

图 5-1　外部环境水入侵与防治

⑥ 外墙饰面无压顶板块或压接不合理（如压顶的板块不压竖向板块），雨水从板缝侵入。

⑦ 饰面与地面连接部位无防水，地面水（或潮湿）沿墙体或砂浆层侵入石材板块内。

3. 预防措施

① 室外镶贴可采用经检验合格的水泥类商品胶黏剂，这种胶黏剂具有良好的保水性，能大大减轻水泥凝结泌水。室内镶贴可采用石材化学胶黏剂进行点粘（基层砂浆含水率不大于6%，胶污染应及时用布蘸酒精擦拭干净），从而避免湿作业带来的一系列问题。

②　由于石材板块单位面积自重较大，为了方便固定、便于灌浆和防止砂浆未硬化前板块下坠，板块的镶贴一般都是自下而上进行的。湿润墙面、板块时，如果大量淋水，会发生或加重水斑。因此，石材和基层的浮尘、脏物应事先清净，板块应事先进行润湿，墙面不应大量淋水。

③　地面墙根下应设置防潮层。室外墙体表面应涂抹水泥基料的防渗材料（卫生间、浴室等用水房间的内壁亦需作防渗处理）。

④　镶贴用的水泥砂浆宜掺入减水剂，以减少 $Ca(OH)_2$ 析出至镶贴砂浆表面的数量，从而减免由于镶贴砂浆水化而引发的初生水斑。粘贴法砂浆稠度宜为 $6\sim8cm$，灌浆法（挂贴法）砂浆稠度宜为 $8\sim12cm$。

⑤　为防止雨雪从板缝侵入，墙面板块必须安装平整，墙顶水平压顶的板块必须压住墙面竖向板块，如图 5-1(b) 所示。墙面板块必须离缝镶贴，缝的宽度不应小于 5mm（板缝过小，密封胶不能嵌进缝里）。只有离缝镶贴，板缝才能嵌填密实。只有防水，才能防止镶贴砂浆、找平层、基体的可溶性碱和盐类被水带出，才能预防增生水斑和析白流挂。

⑥　室外施工应搭设防雨篷布。处理好门窗框周边与外墙的接缝，防止雨水渗漏入墙。

⑦　板块防碱防水处理。石材板底部涂刷树脂胶，再贴化纤丝网格布，形成一层抗拉防水层（还可增加粗糙面，有利于粘贴）；或采用石材背面涂刷专用处理剂或石材防污染剂，对石材的底面和侧面周边作涂布处理。也可采用环氧树脂胶涂层，再粘粒径较小的石子以增强黏结能力，但施工比较麻烦，效果不如专用的处理剂（如果板底部涂刷有机硅乳液，会因表面太光滑而影响黏结力）。

⑧　板缝嵌填防水耐候密封胶（加阻水塑料芯棒）如图 5-2 所示，密封材料应采用中性耐候硅酮密封胶，选择详见表 5-41。耐候硅酮密封胶应当进行与石材接触的相容性实验，无污染、无变色，不发生影响黏结性的物理变化及化学变化。也可采

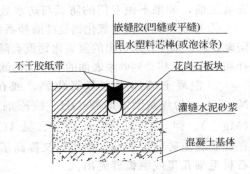

图 5-2　花岗石墙面防水嵌缝

用商品专用柔性水泥嵌缝料（内含高性能合成乳液，适用于小活动量的板缝）。嵌缝后，应检查嵌缝材料本身或与石材接触面有无开裂现象。

表 5-41　建筑密封材料系列产品详细选用

档次	产品名称	代号	特　点	适用范围	注意事项	预期寿命（年）
高	硅酮	SR	温度敏感性小，黏结力强，寿命长	玻璃幕墙、多种金属、非金属的垂直、水平面及顶部，不流淌	吸尘污染后，装修材料不黏结。低模量的适用于石材、陶瓷板块的接缝密封，高模量的可能腐蚀石材及金属面，玻璃适用	25～30
	单（双）组分聚硫密封胶	PS	弹性好，其他性能也较理想	中空玻璃、墙板及屋面板缝、陶瓷	可与石材成分发生呈色反应	20
	聚氨酯	PU	模量低、弹性好，耐气候、耐疲劳，黏结力强	公路、桥梁、飞机场、隧道及建筑物的伸缩缝，陶瓷	黏结玻璃有问题，避免高温部位残留黏性。单组分的贮存时稳定性差，双组分的有时起泡	15～20
中	丙烯酸酯	AC	分子量大，固含量高，耐久性和稳定性好，不易污染变色	混凝土外墙板缝，轻钢建筑、门窗、陶瓷、卫生间、厨房等	适用于活动量比较小的接缝，未固化时，遇雨会流失；注意冻结随固化收缩变形增大，有的随龄期而变硬	12
	丁基橡胶	IIR	气密性、水密性较好	第2道防水，防水层接缝处理及其他	不宜在阳光直射部位使用，随着固化收缩，变形增大	10～15
	氯磺化聚乙烯	CSPE	价格适中，具有一定的弹性及耐久性，耐污染变色	工业厂房、民用建筑屋面		12

⑨ 镶贴、嵌缝完毕，室外的石材饰面应全面喷涂有机硅防水剂或其他无色护面涂剂（毛面花岗石更为必要）。

（二）饰面不平整，接缝不顺直

1. 质量问题

在花岗石板块墙面镶贴完毕后，经检查发现有大面凹凸不平，接缝横向不水平、竖向不垂直，缝隙宽度不相同，相邻板块高低不平，均不符合石材板块墙面施工的标准，严重影响墙面的美观，且易落灰而污染墙面。

2. 原因分析

① 由于对饰面基层的处理不认真，造成基层的平整度和垂直度偏差过大，加上在灌注水泥砂浆时厚薄不均匀，使其收缩后产生的高低差过大。

② 在板材加工中质量控制不严，加工设备落后或生产工艺不合理，以及操作人员技术水平不高，从而导致石材加工精度差，造成板块外形尺寸偏差较大，质量难以保证。

③ 有弯曲或弧形面的板块，未在工厂车间按设计图纸制作，而在施工现场用手工或手提切割机加工，造成精度较差、偏差较大。常见的质量问题有：板块厚薄不一，板面凹凸不平，板角不方正，板块尺寸超过允许误差。

④ 在镶贴板块前施工准备工作不充分。如对板块材料验收不严格，对板块未进行检查和挑选，在镶贴前未进行预排，施工图纸不熟悉，施工控制线不准确等。

⑤ 如果采用干缝（或密缝）安装，无法利用板缝宽度适当调整板块加工中产生的偏差，导致面积较大的墙面板缝积累偏差越来越大，超过施工规范中的允许偏差。

⑥ 施工中操作不当，很容易造成饰面不平整、接缝不顺直。如采用粘贴法施工的墙面，基层面抹灰不平整。采用灌浆法（挂贴法）施工的墙面，表面凹凸过大，灌浆不畅通，板块支撑固定不牢，或一次灌浆过高，侧向压力过大，挤压板块产生位移。

3. 预防措施

① 在铺设饰面板前，应按设计或规范的要求认真处理好基层，使基层的平整度和垂直度符合设计要求。饰面板采用粘贴法施工时，找平层施工后应进行一次质量验收，按照高级抹灰的质量要求，其平整度和垂直度的允许偏差不应大于 3mm。

批量板块应由石材厂加工生产，废止在施工现场批量生产板块的落后做法；弯曲面或弧形平面板应由石材厂专用设备（如电脑数控机床）加工制作。石材进场应按标准规定检查外观质量，检查内容包括规格尺寸、平面度、角度、外观缺陷等。超过允许偏差者，应退货或磨边修整，使板材厚薄一致，不翘曲、不歪斜。

② 对墙面板块进行专项装修设计

a. 有关方面认真会审图纸，明确板块的排列方式、分格和图案，伸缩缝位置、接缝和凹凸部位的构造大样。

b. 室外墙面有防水要求的，板缝宽度不应小于 5mm，并可采用适当调整板缝宽度的办法，减少板块制作或镶贴造成的积累偏差。室内墙面无防水要求的，如果是光面和镜面花岗石的板缝，若采用干接缝方式，则会造成接缝不顺直。因此，干接缝板材的方正平直不应超过优等品的允许偏差标准，否则会给干接缝安装带来困难。

传统的逐块进行套方的方法检查板块几何尺寸，并按偏差大小分类归堆的方法，固然可以减少因尺寸偏差带来的毛病，使接缝变得顺直；但是可能会打乱石材的原编号和增大色差（有花纹的石材还可能因此而使花纹更混乱），效果并不一定就好。根据规定，板块的长度和宽度只允许负偏差，对于面积较大的墙面，为减少板块制作尺寸的积累偏差，板缝宽度宜适当放宽至 2mm 左右。

③ 绘制好施工大样图，严格按图施工。在板块安装前，首先应根据建筑设计图纸的要

求，认真核对板块安装部位结构实际尺寸及偏差情况，如墙面平整度、垂直度及纠正偏差所增减的尺寸，绘制出修正图。超出允许偏差的，如果采用灌浆法施工，则应在保证基体与板块表面距离不小于 30mm 的前提下，重新排列分块尺寸。

在确定排板图时应做好以下工作。

a. 测量墙面和柱的实际高度，定出墙与柱的中心线，柱与柱之间的距离，墙和柱上部、中部、下部的结构尺寸，以确定墙、柱面边线，据此计算出板块排列分块尺寸。

b. 对于外形变化较复杂的墙面和柱面，特别是需要异形板块镶贴的部位，应当先用薄铁皮或三夹板进行实际放样，以便确定板块排列分块尺寸。

c. 根据实测的板块规格尺寸，计算出板块的排列情况，按安装顺序将饰面板块进行编号，绘制分块大样图和节点大样图，作为加工板块和零配件以及安装施工的依据。

④ 墙、柱的安装，应按设计轴线弹出墙、柱中心线，板块分格线和水平标高线。由于挂线容易被风吹动或意外触碰，或受墙面凸出物、脚手架的影响，测量放线应用经纬仪和水平仪，这样可以减少尺寸的偏差。

⑤ 对于镶贴质量要求较高的工程，应当先做样板墙，经建设、设计、监理、施工等单位共同商定和认可后，再按照样板大面积铺开。在做样板墙时应按照以下方法进行。

a. 安装前应进行试拼，调整花纹，对好颜色，使板块之间上下左右纹理通顺、颜色协调、接缝平直、缝宽均匀，将经过预先拼装后的板块由下向上逐块编号，确定每块的镶贴顺序和位置，然后对号入座。

b. 板块安装顺序是根据事先找好的中心线、水平通线，以及墙面试拼的编号，然后在最后一行两端用块材找平、找直，拉上水平横线，再从中间或一端开始安装，随时用托线板靠直、靠平，保证板与板交接部位四角平整。

c. 每一块板块的安装，均应当找正、吊直，并采取临时固定措施，以防止灌注砂浆时板位发生移动。

d. 板块接缝宽度宜用商品十字塑料卡控制，并应确保外表面平整、垂直及板上口平顺。突出墙面勒脚的板块安装，应等上层的饰面工程完工后进行。

⑥ 板块灌浆前应浇水将板的背面和基体表面润湿，再分层灌注砂浆，每层灌注高度为 150~200mm，且不得大于板高的 1/3，对砂浆要插捣密实，以避免板块外移或错动。待其初凝后，应检查板面位置，若有移动错位，应拆除重新安装；若无移动错位，才能灌注上层砂浆，施工缝应留在板块水平接缝以下 50~100mm 处。

⑦ 如采用粘贴法施工，找平层表面平整度允许偏差为 3mm，不得大于 4mm；板块厚度允许偏差应按优等品的要求，如板块厚度在 12mm 以内，其允许偏差为 ±0.5mm。

⑧ 大面的板块镶贴完毕后，应用经纬仪及水平仪沿板缝进行打点，使墙面板块缝在水平和竖向均能通线，再沿板缝两侧用粉线弹出板缝边线，沿粉线贴上分色胶带纸，打防水密封胶。嵌缝胶的颜色选择应慎重，事先先做几个样板，请有关人员共同协商确定。在一般情况下，板缝偏小的墙面宜用深色，使缝隙更显得宽度均匀、横平竖直；板缝偏大的墙面宜用浅色，但不宜采用无色密封胶。

⑨ 在饰面板安装完毕后，应进行质量检查，以便发现问题及时解决。合格后应注意成品保护，不使其受到碰撞挤压。

（三）饰面色泽不匀，纹理不顺

1. 质量问题

饰面板块之间色泽不匀、色差明显，个别板块甚至有明显的杂色斑点、花纹。有花纹的板块，花纹不能通顺衔接，横竖突变，杂乱无章，严重影响墙面外观。

2. 原因分析

① 板块产品不是同一产地和厂家生产的，而是东拼西凑的，不仅规格不同，而且色差明显。在生产板块选材时，对杂色斑纹、石筋裂隙等缺陷未注意剔除。在石材出厂前，如果板块未干燥即打蜡，随着水分的蒸发、蜡的渗入，也会使石材表面出现色差。

② 在安装板块时，由于种种原因造成饰面不平整，相邻板块高低差过大，若采用打磨方法整平，不仅会擦伤原来加工好的镜面，而且会因打磨不同而产生色差。

③ 采购时订货不明确。多数花岗石是无花纹的，对于有花纹要求的花岗石板块，如果订货单上不明确，厂家未按设计要求加工，或运至工地后无检查或试拼，就可能出现花纹杂乱无章、纹理不顺。

④ 镜面花岗石反射光线性能好，对光线和周围环境比较敏感，加上人有"远、近、正、斜、高、低、明、暗"的不同视角，容易造成观感效果上的差异，甚至得出相反的装饰效果。

3. 预防措施

① 一个主装饰面所用的花岗石板块材料，应当来源于同一矿山、同一采集面、同一批荒料、同一厂家生产的产品。但是，对于大面积高档墙面来说，达到设计标准要求是很难的，为达到饰面基本色泽均匀、纹理通顺，可在以下几个方面采取措施。

a. 保证批量板块的外观、纹理、色泽以及物理力学性能基本一致，便于安装时色泽、纹理的过渡。

b. 对于大型建筑墙面选用花岗石时，设计时不宜完全采用同一种板块，可采用先调查材料来源情况，后确定设计方案的方法。

c. 确定样板时找两块颜色较接近的作为色差的上、下界限，确定这样一个色差幅度，给石料开采和加工厂家留有余地。

d. 石材进场后还要进行石材纹理、色泽的挑选和试拼，使色调花纹尽可能一致，或利用颜色差异构成图案，将色差降低到最低程度。

② 石材开采、板块加工、进场检验和板块安装，都要认真注意饰面的平整度，避免板块安装后因饰面不平整而需要再次打磨，从而由于打磨而改变原来的颜色。

③ 板块进场拆包后，首先应进行外观质量检查，将破碎、变色、局部污染和缺棱掉角的全部挑出来，另行堆放。确保大面和重要部位全用合格板块，对于有缺陷的板块，应改小使用，或安排在不显眼的部位。

④ 对于镜面花岗石饰面，应当先做样板进行对比，视其与光线、环境的协调情况，以及与人的视距观感效果，再优化选择合适的花岗石板材。

（四）花岗石饰面空鼓脱落

1. 质量问题

花岗石饰面板块镶贴之后，板块出现空鼓的质量问题。这种墙面空鼓与地面空鼓不同，可能会随着时间的推移，空鼓范围逐渐发展扩大，甚至产生松动脱落，对墙下的人和物有很大的危害。

2. 原因分析

① 在花岗石板块镶贴前，对基体（或基层）、板块底面未进行认真清理，有残存灰尘或污物，或未用界面处理剂对基体（或基层）进行处理。

③ 花岗石板块与基体间的灌浆不饱满，或配制的砂浆太稀、强度低、黏结力差、干缩量大，或灌浆后未进行及时养护。

③ 花岗石饰面板块现场钻孔不当，太靠边或钻伤板的边缘；或用铁丝绑扎固定板块，由于防锈措施不当，日久锈蚀松动而产生板块空鼓脱落。

④ 石材防护剂涂刷不当，或使用不合格的石材防护剂，造成板块背面光滑，削弱了板块与砂浆间的黏结力。

⑤ 板缝嵌填密封胶不严密，造成板缝防水性差，雨水顺着缝隙入侵墙面内部，使黏结层、基体发生冻融循环、干湿循环，由于水分的入侵，容易诱发析盐，水分蒸发后，盐结晶产生体积膨胀，也会削弱砂浆的黏结力。

3. 预防措施

① 在花岗石板块镶贴之前，基体（或基层）表面、板块背面必须清理干净，用水充分湿润，阴干至表面无水迹时，即可涂刷界面处理剂；待界面处理剂表面干燥后，即可镶贴板块。

② 采用粘贴法的砂浆稠度宜为 6～8mm，采用灌浆法的砂浆稠度宜为 8～12mm。由于普通水泥砂浆的黏结力较小，可采用合格的专用商品胶黏剂粘贴板块，或在水泥中掺入改性成分（如 EVA 或 VAE 乳液），均能使黏结力大大提高。

③ 夏季镶贴室外饰面板应当防止暴晒，冬季施工砂浆的施工温度不得低于 5℃，在砂浆硬化前，要采取防冻措施。

④ 板块边长小于 400mm 的，可采用粘贴法镶贴；板块边长大于 400mm 的，应采用灌浆法镶贴，其板块应绑扎固定，不能单靠砂浆的黏结力。若饰面板采用钢筋网，应与锚固件连接牢固。每块板的上、下边打眼数量均不得少于 2 个，并用防锈金属丝系固。

⑤ 废除传统落后的钻"牛鼻子"孔的方法，采用板材先直立固定于木架上，再钻孔、剔凿，使用专门的不锈钢 U 形钉子或经防锈处理的碳钢弹簧卡，将板材固定在基体预埋钢筋网或胀锚螺栓上，如图 5-3 和图 5-4 所示。

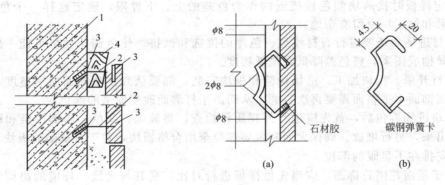

图 5-3　石板就位固定示意图　　图 5-4　金属夹安装示意图
1—基体；2—U 形钉子；3—石材胶；4—大头木楔

⑥ 使用经检验合格的石材防护剂，并按照使用说明书进行涂刷。

⑦ 较厚或尺寸较大的板块应考虑在自重作用下如何保证每个饰面板块垂直的稳定性，受力分析包括板块和砂浆的自重、板块安装垂直度偏差、灌浆未硬化时的水平推力、水分可能入侵后的冻胀力等。

⑧ 由于石材单位面积较重，因此轻质砖墙不应直接作为石材饰面的基体。否则，应加强措施。加强层应符合下列规定。

a. 采用规格直径为 1.5mm、孔目为 15mm×15mm 的钢丝网，钢丝网片搭接或搭入框架柱（构造柱）的长度不小于 200mm，并作可靠连接。

b. 设置 M8 穿墙螺栓、30mm×30mm 垫片连接和绷紧墙体两侧的钢丝网，穿墙螺栓纵横向的间距不大于 600mm。

c. 石板采用粘贴法镶贴时，找平层用聚合物水泥砂浆与钢丝网黏结牢固，其厚度不应小于 25mm。采用灌浆法镶贴时，可以不抹找平层，而用 M8 穿墙螺栓同时固定钢筋网，灌浆厚度一般为 50mm 左右。

⑨ 板缝的防水处理，可参见"花岗石板块表面的长年水斑"的预防措施。

⑩ 要注意成品保护，防止受到震动、撞击等外伤，尤其注意避免镶贴的砂浆、胶黏剂早期受到损伤。

（五）花岗石墙面出现污染现象

1. 质量问题

花岗石板块在制作、运输、存放和安装过程中，由于种种原因板块出现外侵颜色，导致板块产生污染。在墙面镶贴后，饰面上出现水泥斑迹、长年水斑、析白流挂、铁锈褐斑、电焊灼伤、介质侵蚀。花岗石在使用过程中，饰面受到风吹日晒、雨雪侵蚀、污物沾染，严重影响饰面的美观。

2. 原因分析

① 如果采用的花岗石原材料中含有较多的硫铁矿成分，板块会因硫化物的氧化而变色。如果在锯切加工中用钢砂摆锯，钢砂的锈水会渗入花岗石结晶体之间，造成石材的污染。另外，在研磨过程中也会因磨料含杂质渗入石材而引起污染。

② 板块在加工的过程中和加工完毕后，对石材表面没有专门的防污染处理措施，进场后又无物理性能和外观缺陷的检验。

③ 板块出厂时包装采用草绳、草袋或有色纸箱，遇到潮湿、水浸或雨淋，包装物黄褐色液体侵入板块，则发生黄溃污染。

④ 传统的板块安装是用熟石膏临时固定和封堵，由于安装后熟石膏不容易从板缝中清理干净，残留石膏经雨水冲刷流淌，将严重污染墙面。若是采用麻丝、麻刀灰、厚纸板等封堵接缝的，在强碱作用下也可能产生黄色液体污染。

⑤ 如果嵌缝用的防水密封胶选择不当，有些品种可以造成腐蚀石材表面，或与石材中的成分发生变色反应，造成板缝部位石材污染、变色。

⑥ 由于板块出现长年水斑和板缝出现析白流挂，也会造成对饰面的污染。

⑦ 在板块安装施工中，对成品保护不良而造成施工污染。由于石材板块的镶贴顺序是由下而上进行的，在镶贴上层板块时，就有可能因砂浆、涂料、污液、电焊等，对下层成品产生污染。

⑧ 在使用过程中，由于受钢铁支架、上下水管铁锈水污染，或酸碱盐类化学物质的侵蚀等，墙面板块表面受到严重污染。

⑨ 环境对花岗石板块的污染。空气中的二氧化硫（SO_2）、二氧化碳（CO_2）、三氧化硫（SO_3）等酸性气体或酸雨，均可以造成对花岗石饰面的污染。

3. 防治措施及处理方法

花岗石墙面产生污染后，再进行彻底清理是一项较难的工作。因为使墙面产生污染的因素和物质很多，所采用的处理方法也有很大区别。

在清洗污染之前应先进行腐蚀性检验，检验清洗效果和有无副作用，宜优先选用经检验合格的商品专用清洗剂和专用工具，最好由专业清洁公司进行清洗。避免因使用清洗材料和方法不当，使墙面清洗产生副作用。

根据污染物不同和清洗方法不同，一般可按照下列方法进行处理。

（1）手工铲除　手工铲除实际上是饰面污染处理的初步清理。即对于板缝析白流挂或板面水泥浆污染，因其生成物为不溶于水的碳酸钙（$CaCO_3$）、硫酸钙（$CaSO_4$）或水泥水化物等结晶物，在采用其他清洗方法之前，先人工用砂纸轻轻将其打磨掉，为进一步清洗打下良好基础。

（2）清水清洗　清水冲洗是现有清洗技术中破坏性最小、对能溶于水的污物最有效的处理方法。水洗一般可采用以下几种方法。

① 对于疏松污垢，可采用喷洒雾状水对其慢慢软化，然后用中等压力水喷射清除，并配合轻轻擦拭污垢。

② 对于较硬的污垢，需要反复进行湿润，必要时可辅以铜丝刷清洗，然后用中等压水喷射清除。

在反复湿润中，很容易造成石材体内污染物被激活，对于较敏感的部位，应加强水量控制和脉冲清洗，以防止出现新的色斑。

（3）化学清洗

① 一般清洗。一般清洗通常分为预冲洗和消除清洗，预冲洗即用氢氧化钠碱溶液冲洗，接着用氢氟酸溶液进行消除清洗，两种冲洗应用中压喷射水枪轮换进行。氢氟酸溶液是使石材中不残留可溶性盐类，但对玻璃有较强的腐蚀性，冲洗中要覆盖门窗玻璃。

② 石材因包装物产生的污染，应根据污染物的性质来决定处理方案。如碱性的色污染可用草酸清除，一般颜色污染可用双氧水（H_2O_2）刷洗。严重的颜色污染可用双氧水和漂白粉掺在一起拌成糊状涂于污染处，待 2～3d 后将污染物铲除。

③ 青苔污染的清除。长期处于潮湿和阴暗处的饰面，常常会发生青苔污染。这种污染可以用氨基磺酸铵清除，留下的粉状堆积物再用水冲洗掉。

④ 木材污染及海藻和菌类等生物污染。可以用家用漂白剂配制成浓度为 10%～20% 的溶液，将溶液涂刷于污染面上即可。一般木材污染的处理时间很短，其他物质污染的处理需要时间较长。

⑤ 油墨污染。将 250g 氯化钠溶入 25L 水中，静置到氯化钠沉淀到底部为止，将此溶液澄清过滤，向过滤的溶液中加入 15g 浓度为 24% 的醋酸，再将一块法兰绒泡入此溶液中，取出后覆盖在油墨污染处。用一块玻璃、石块或其他不透水材料压在法兰绒布上。当法兰绒布干透后，即可清除油墨污染。如果一次清除不彻底，可重复进行几次。

⑥ 亚麻子油、棕榈油、动物油污染的处理方法有三种。第一种处理方法同采用油墨污染处理法。第二种处理方法是：用 50g 磷酸三钠、35g 过硼酸钠和 150g 滑石粉干拌均匀，将 500g 软肥皂溶入 2.5L 热水中，再将肥皂水与干粉料拌制成稠浆。将稠浆抹在被污染的部位，直至稠浆干透后，将其细心刮除。第三种处理方法是：将一块法兰绒浸泡在丙酮：醋酸戊酯＝1：1 的溶液中，再将绒布覆盖在污染处，并压一块玻璃板，以防溶液迅速挥发，如果一次未除净，可重复进行。

⑦ 润滑油污染。发生润滑油污染后，立即用卫生纸或吸水性强的棉织品吸收，如果润滑油较多，应更换卫生纸或棉织品，不得重复使用。然后用面粉、干水泥或类似的吸附材料覆盖在石材表面，一般保留 1d，如果还有痕迹，也可用漂白剂在污染处擦洗。

⑧ 沥青污染。沥青与石材有很好的黏结性，清除沥青污染比较困难。无论采用哪种方法除污，均应首先去除剩余的沥青，并用擦洗剂及水进行擦洗，但绝对不能用钢丝刷刷洗，也不能用溶剂擦洗。可将棉布浸泡在二甲亚砜：水＝1：1 的溶液中，然后将棉布贴在污斑表面，待 1h 后用硬棕刷擦洗，沥青就会被洗掉。

另外，还可用滑石粉和煤油（或三氯乙烯）制成糊膏状，将其抹在沥青污染处，至少保持 10min，这种方法十分有效，但必须多次重复进行。

⑨ 烟草污染。将 1kg 磷酸三钠溶入 8L 水中，然后在另一个单独的容器内，用约 300g 的氯化钠和水拌成均匀的稠浆，将磷酸三钠水溶液注入氯化钠稠浆中，充分搅拌均匀。待氯化钙沉淀到底部，便可将澄清的液体吸出，并用等量水进行稀释。将这种稀释液与滑石粉调制成均匀的稠浆，用抹子涂抹于污染处，直至烟草污染除掉为止。

⑩ 烟污染。将三氯乙烯和滑石粉配制成均匀的稠浆，用上述方法将稠浆抹在污染部位，再用一块玻璃板或其他不吸水材料覆盖在稠浆上面，以防止三氯乙烯过快挥发。如果涂布数次之后，表面仍有污迹，可将残留的灰浆清除掉，使表面完全干燥，然后再采用除去"烟草污染"的方法除去烟污染。

⑪ 涂料污染。未干的涂料如果采用直接擦洗，反而会造成污染物的扩散。应当先用卫生纸吸干，然后用石材专用的清洁剂涂敷和水冲洗残余的涂料。时间长、已干燥成膜的涂料污染首先应尽可能刮去，然后用清洁剂涂敷，再用清水进行冲洗。

⑫ 铜和青铜污染。将 1 份氨和 10 份水搅拌均匀，然后将 1kg 滑石粉和 250g 氯化氨干拌均匀，最后将溶液和粉料拌制成均匀的稠浆。将稠浆抹在被污染的部位，厚度不得少于 10mm。待稠浆干透后，再将其去掉，用清水洗净便可除去污斑。若一次不行，应重复抹多次，直到污染消除为止。氨具有一定的毒性，使用时应注意通风。

⑬ 铁锈污染。铁锈污染，最好使用商品石材专用的除锈液（剂）、清洁剂，用棉布涂覆于被污染的表面。铁锈消失后，用清水冲洗石材表面。

另外，也可以配制除铁锈污染剂，其配合比为：双氧水：磷酸氢二钠：乙二胺四乙酸二钠＝100：（20～30）：（20～30），在配制中也可根据饰面污染程度，将配合比进行适当调整，其中双氧水的浓度为 30%。双氧水对人体有害，应特别注意加强防护，若皮肤被腐蚀，应及时用松节油擦洗。

（4）磨料清洗　磨料清洗，非熟练工人可能会对建筑物造成损坏，应由有经验的技术人员认真监管或亲自操作。磨料清洗一般采用干喷或湿喷，这两种方法各有特点，操作方法各不相同。

① 干喷　由专业人员用喷砂机对析白、流挂部位或水泥污迹、树脂污染部位喷射干燥的细砂。如果采用喷射细小玻璃微珠或弹性研磨材料，不仅可以清除石材表面上的污物，而且还起到轻度的抛光作用。

② 湿喷　在需要减少粗糙磨料影响的部位，可采用压缩空气中加水的湿喷砂方法，这种方法有利于控制灰尘飞扬。但由此积聚在工作面上的泥浆，在装饰比较复杂的细部施工时，会影响饰面的可见度，还需要用压力水清洗。

（5）打磨翻新　打磨翻新是由专业公司使用专用工具将受污染（或风化、破损）的石材表面磨去薄薄的一层，然后在新的石材表面上进行抛光处理，再喷涂专用的防护剂，使旧石材恢复其天然色泽和光洁度。

（6）护面处理　天然花岗石饰面清除污迹后，光面饰面应重新进行抛光。室内墙面应定期打蜡保护，室外墙面应喷涂有机硅憎水剂或其他专用无色护面涂剂。

（六）花岗石饰面板块出现开裂

1. 质量问题

在饰面工程选用花岗石饰面板时，由于各种原因造成部分板块有色线、暗缝和隐伤等缺陷，不仅严重影响饰面的美观，而且也存在着安全隐患。

2. 原因分析

① 在加工板块时未认真选择原料，所用的石材的石质较差，板材本身有色线、暗缝和隐伤等缺陷；或者在切割、搬运、装卸过程中，对石材饰面板产生损伤而出现开裂。

② 在板材安装前未经检查和修补，将有开裂的板材安装于饰面上，安装后受到震动、温变和干湿等因素的作用，在这些部位由于应力集中而引起开裂。

③ 在板块安装的施工中，由于灌浆不密实，板缝嵌入不密封，造成侵蚀气体、雨水或潮湿空气透入板缝，从而导致钢筋网锈蚀膨胀，造成石材板块的开裂。

④ 由于各方面的原因，建筑主体结构产生沉降或地基不均匀下沉，板材随之变形受到

挤压而开裂。

⑤ 在墙或柱子的上下部位，板缝未留空隙或空隙太小，一旦受到压力变形，板材受到较大的垂直方向的压力；或大面积的墙面不设置变形缝，受到环境温度变化，板块受到挤压而产生开裂。

⑥ 由于计划不周或施工无序，在饰面板材安装后又在墙上开凿孔洞，导致饰面板上出现犬牙和裂缝。

3. 预防措施

① 在石材板块加工前，首先应选用质量较好的石材原料，使加工的板材自身质量优良，完全符合设计要求。

② 在选择石材板块时，应剔除有缺陷的石材板，在加工、运输、装卸和安装的过程中，应仔细进行操作，避免板材出现开裂。

③ 在石材板块安装时，应对板材进行认真仔细地检查和挑选，对于有微小缺陷能用于饰面的板材，应按要求进行修补，防止有缺陷的板材安装后，因震动、温变和干湿等作用而引起开裂。

④ 在进行石材板块安装时，灌浆应饱满，嵌缝应严密，避免腐蚀性气体、水汽侵入钢筋网内，使钢筋网锈蚀膨胀而导致板材开裂。

⑤ 新建建筑结构沉降基本稳定后，再进行饰面板材的安装作业。在墙、柱顶部和底部安装板材时，应留有不少于5mm的空隙，并嵌填柔性密封胶，板缝用水泥砂浆进行勾缝。室外饰面宜每隔5～6m（室内10～12m）设置一道宽为10～15mm的变形缝，以防止因结构出现微小变形而导致板材开裂。

⑥ 如果饰面墙上需要开凿孔洞（如安装电气开关、镶嵌招牌等），应事先加以考虑并在板块未上墙之前加工。

二、大理石饰面板质量问题与防治措施

大理石虽然结晶较小，结构致密，但空气中的二氧化硫对其腐蚀较大，会使其表面层发生化学反应生成石膏而色泽晦暗，呈风化现象逐渐破损。其强度、硬度较低，耐久性较差，除个别品种（如汉白玉、艾叶青）外，一般适用于室内装修工程。

（一）大理石板块开裂，边角缺损

1. 质量问题

板块暗缝、"石筋"或石材加工、运输隐伤部位，以及墙、柱顶部或根部，墙和柱阳角部位等出现裂缝、损伤，影响美观和耐久性。

2. 原因分析

① 板块材质局部产生风化脆弱，或在加工运输过程中造成隐伤，安装前未经检查和修补，安装完毕后发现板块有开裂。

② 由于计划不周或施工无序，在饰面安装之后又在墙上开凿孔洞，导致饰面出现犬牙和裂缝。

③ 墙、柱上下部位，板缝未留需要的空隙，结构受压产生变形；或大面积墙面未设变形缝，受环境温度的变化，板块受到较大挤压；或轻质墙体未进行加强处理，墙体出现干缩开裂。

④ 大理石板块镶贴在紧贴厨房、厕所、浴室等潮气较大的房间内时，由于镶贴安装不认真，板缝灌浆不严密，侵蚀气体或湿空气侵入板缝，使连接件遭到锈蚀，产生体积膨胀，给大理石板块一个向外的推力，从而造成板块开裂。

3. 预防措施

① 在大理石板块底面涂刷树脂胶，再贴化纤丝网格布，从而形成一层抗拉强度高、表

面粗糙、有利于粘贴的防水层；或采用有衬底的复合型超薄型石材，以减少开裂和损伤。为防止在运输、堆放、搬动、钻孔等过程中造成损伤，板块应当立放和加强保护。

② 根据某些需要（如电开关、镶招牌等），在饰面墙上有时难免要开孔洞。为避免现场开洞出现开裂和边角缺损，应事先设计并在工厂进行加工，切勿在饰面安装后再手工锤凿。如果需要在饰面墙上开凿圆孔，应用专用的金刚石钻孔机。

③ 大理石板块进场拆包后，首先应进行外观检验，轻度破损的板块，可用专门的商品石材胶修补，也可用自配环氧树脂胶黏剂，配合比参见表 5-42。修补时应将黏结面清洁干净并干燥，两个黏合面涂厚度≤0.5mm 的黏结膜层，在温度≥15℃的环境中粘贴，在相同温度的室内进行养护；对表面缺边、坑洼、疵点，可刮环氧树脂腻子并在 15℃的室内养护1d，而后用 0 号砂纸打磨平整，再养护 2～3d。石材修补后，板面不得有明显的痕迹，颜色应与板面花色基本相同。

表 5-42 自配环氧树脂胶黏剂与环氧树脂腻子配合比

材料名称	质量配合比		材料名称	质量配合比	
	胶黏剂	腻子		胶黏剂	腻子
环氧树脂 E44(6101)	100	100	白水泥	0	100～200
乙二胺	6～8	10	颜料	适量（与修补板材颜色相近）	适量（与修补板材颜色相近）
邻苯二甲酸二丁酯	20	10			

④ 考虑墙和柱受上部楼层荷载的压缩及成品保护需要等原因，饰面工程应在建筑物的施工后期进行。墙、柱顶部和根部的板块，应当预留不小于 5mm 的空隙，在缝隙中嵌填柔性密封胶，以适应下层墙和柱受长期荷载的压缩或温度变化。板缝用水泥砂浆勾缝的墙面，室内大理石饰面板块宜每隔 10～12m 设一道宽度 10～15mm 的变形缝，以适应环境温度的变化。

（二）大理石板面产生腐蚀污染

1. 质量问题

由于大理石的强度较低、耐蚀性较差，所以经过一段时间之后，其光亮的表面逐渐变色、褪色和失去光泽，有的还产生麻点、开裂和剥落，严重影响大理石的装饰效果。

2. 原因分析

① 在大理石板块出厂或安装前，对石材表面未进行专门的防护处理，从而造成腐蚀性污染。

② 大理石是一种变质岩，主要成分碳酸钙占 50％以上，含有不同其他成分则呈现不同的颜色和光泽，如白色含碳酸钙、碳酸镁，紫色含锰，黑色含碳、沥青质，绿色含钴化物，黄色含铬化物，另外还有红褐色、棕黄色等。

在五颜六色的大理石中，暗红色、红色最不稳定，绿色次之。白色大理石的成分比较单纯，性能比较稳定，腐蚀速度比较缓慢。环境中的腐蚀性气体（如 SO_2 等）遇到潮湿空气或雨水生成亚硫酸，然后变为硫酸，与大理石中的碳酸钙发生反应，在大理石表面生成石膏。石膏微溶于水，使磨光的大理石表面逐渐失去光泽，变得粗糙晦暗，产生麻点、开裂和剥落。

③ 施工过程中由于不文明施工而产生的污染和损害。在使用期间受墙壁渗漏，铁件支架、上下水管锈水，卫生间酸碱液体侵蚀污染。

3. 预防措施

① 对大理石板面的腐蚀污染，应树立"预防为主、治理为辅"的观念。在石材安装前应浸泡或涂抹商品专用防护剂（液），能有效地防止污渍渗透和腐蚀。

② 大理石板块进场后，应按照《天然大理石建筑板材》（JC 79—2001）的规定，进行外观缺陷和物理性能检验。

③ 大理石不宜用作室外墙面饰面，特别不宜在腐蚀环境中建筑物上采用。如果个别工程需要采用大理石，应根据腐蚀环境的实际情况，事先进行品种的选择，挑选品质纯、杂质少、耐风化、耐腐蚀的大理石（如汉白玉等）。

④ 大理石饰面的另一侧，若是卫生间、浴室、厨房等用水房间，必须先做好防水处理，墙根也应当设置防潮层一类的防潮、防水处理设施。

⑤ 室外大理石墙面压顶部位，必须认真进行处理，其水平压顶板块必须压接墙面的竖向板块，确保接缝处不产生渗水。板块的横竖接缝必须防水，板块背面灌浆要饱满，每块大理石板与基体钢筋网拉接不少于 4 个点。设计上尽可能在上部加雨罩，以防止大理石墙面直接受到日晒雨淋。

⑥ 要坚持文明施工，重视对成品的保护。对于室内大理石饰面必须定期打蜡或喷涂有机硅憎水剂，室外大理石墙面必须喷涂有机硅憎水剂或其他无色护面涂剂，以隔离腐蚀和污染。

⑦ 其他预防措施可参见"花岗石板块的长年水斑"的有关措施。

（三）大理石饰面出现空鼓脱落

1. 质量问题

大理石饰面出现空鼓脱落的质量问题，与上一节"花岗石饰面空鼓脱落"基本相同，也会随着使用时间的增加，空鼓范围逐渐扩大，脱落面积逐渐扩展。

2. 原因分析

大理石饰面出现空鼓脱落的原因，与花岗石饰面出现空鼓脱落相同，这里不再重复。

3. 预防措施

① 淘汰传统的水泥砂浆粘贴方法，使用经检验合格的商品聚合物水泥砂浆干混料作为镶贴砂浆；尽量采用满粘法，不采用点粘法，这样可有效避免出现空鼓。

② 当采用点粘法施工时，必须选用合格的胶黏剂，严格按说明书施工，必要时还可辅以铜丝与墙体适当拉结。

③ 其他预防措施可参见"花岗石饰面空鼓脱落"的有关内容。

（四）大理石板材出现开裂

1. 质量问题

大理石板材在施工完毕和在使用过程中，发现板面有不规则的裂纹。这些裂纹不仅影响饰面的美观，而且很容易使雨水渗入板缝之中，造成对板内部的侵蚀。

2. 原因分析

① 大理石板材在生产、运输、贮存和镶贴的过程中，由于未按规程进行操作，造成板材有隐伤；或者在施工中因凿洞和开槽而产生缺陷。

② 由于受到结构沉降压缩变形外力作用，使大理石板材产生应力集中，当应力超过一定数值时，石板则出现开裂。

③ 湿度较大的部位由于安装比较粗糙，板缝间灌浆不饱满密实，侵蚀气体和湿空气容易进入板缝，使钢筋网和金属挂钩等连接件锈蚀产生膨胀，最终将大理石板材胀裂。

3. 防治措施

① 在镶贴大理石板材之前，应严格对板材进行挑选，剔除有色纹、暗缝和隐伤等缺陷的石板。

② 在生产、运输、贮存和镶贴的过程中，应当按照规程进行操作，不得损伤加工品和成品；在施工的过程中，加工孔洞、开槽应仔细操作，不得出现损伤。

③ 镶贴大理石板材时，应等待结构沉降稳定后进行。在顶部或底部镶贴的板材应留有适当的缝隙，以防止因结构压缩变形对板材产生应力集中，导致板材破坏开裂。

④ 磨光石材板块接缝缝隙应不大于 0.5～1.0mm，灌浆应当饱满，嵌缝应当严密，避免侵蚀性气体侵入缝隙内。

⑤ 因结构沉降而引起的板材开裂，等待结构沉降稳定后，根据沉降和开裂的不同程度，采取补缝或更换。非结构沉降而引起的板材开裂，随时可采用水泥色浆掺加 801 胶进行修补。

（五）大理石板材有隐伤和风化等缺陷

1. 质量问题

由于各种原因，大理石板材表面有隐伤和风化等缺陷，如果饰面工程使用了这种饰面板，易造成板面开裂、破损，甚至出现渗水和剥落，不仅严重影响饰面的美观和耐久性，而且还存在着不安全因素。

2. 原因分析

① 在加工板块时未认真选择原料，所用的石材的石质较差，板材本身有风化、暗缝和隐伤等缺陷；或者在切割、搬运、装卸过程中，对石材产生损伤而出现隐伤。

② 在大理石板材进场时，由于验收不认真，把关不严格，有风化和隐伤缺陷的板材未挑出，从而使安装中有使用不合格板材的可能。

③ 大理石板材进场后，对于其保管和保护不够，没有堆放在平整、坚实的场地上，没有用塑料薄膜隔开靠紧码放，导致大理石板材出现损坏和风化。

3. 预防措施

① 在大理石板材加工前，首先应选用质量较好的石材原料，不得存有隐伤和风化缺陷，使加工的板材自身质量优良，完全符合设计要求。

② 在大理石加工订货时要提出明确的质量要求，使大理石饰面板的品种、规格、形状、平整度、几何尺寸、光洁度、颜色和图案等，必须符合设计的要求，在进场时必须有产品合格证和有关的检测报告。

③ 大理石板材进场后应严格检查验收，对于板材颜色明显有差别的，有裂纹、隐伤和风化等缺陷的，要单独进行码放，以便退还给厂家更换。

④ 对于轻度破损的大理石板材，经有关方同意，可用专门的商品石材胶进行修补，用于亮度较差的部位。但修补后的大理石板面不得有明显的痕迹，颜色应与板面花色相近。

⑤ 大理石板材堆放场地要夯实、平整，不得出现不均匀下沉，每块板材之间要用塑料薄膜隔开靠紧码放，防止板材粘在一起和倾斜。

⑥ 大理石板材不得采用褪色的材料包装，在加工、运输和保管中，不要出现雨淋。

（六）大理石湿法工艺未进行防碱处理

1. 质量问题

大理石板材的湿法工艺安装的墙面，在安装期间板块会出现水印，随着镶嵌砂浆的硬化和干燥，水印会慢慢缩小，甚至消失。如果板块未进行防碱处理，石材的结晶较粗、不够密实、颜色较浅，再加上砂浆的水灰比过大，饰面上的水印很可能残留下来，板块上出现大小不一、颜色较深的暗影，即形成"水斑"。

随着时间的推移，遇上雨雪或潮湿的天气，水会从板缝和墙根处侵入，大理石墙面上的水印范围逐渐扩大，"水斑"在板缝附近串连成片，使板块颜色局部加深，板面上的光泽暗淡，严重影响石材饰面的装饰效果。

2. 原因分析

① 当采用湿法工艺安装墙面时，对大理石板材未进行防碱背涂处理，这是造成"水斑"

出现的主要原因。

② 粘贴大理石板材所用的水泥砂浆，在水化中会析出大量的氢氧化钙 $[Ca(OH)_2]$，当渗透到大理石板材表面上后，将产生一些不规则的花斑。

③ 混凝土墙体中存在氢氧化钙 $[Ca(OH)_2]$，或在水泥中掺加了含有钠离子的外加剂，如早强剂 Na_2SO_4、粉煤灰激发剂 $NaOH$、抗冻剂 $NaNO_3$ 等；黏土砖墙体中的黏土砖含有钠、镁、钾、钙、氯等离子，以上这些物质遇水溶解，均会渗透到石材的毛细孔中或顺着板缝流出。

3. 预防措施

① 在天然大理石板材安装前，必须对石材板块的背面和侧边，用"防碱背涂处理剂"进行背面涂布处理。"防碱背涂处理剂"的性能，如表 5-43 所列。涂布处理的具体方法如下。

表 5-43　石材防碱背涂处理剂性能

项　次	项　　目	性能指标	项　次	项　　目	性能指标
1	外观	乳白色	6	透碱试验 168h	合格
2	固体含量(质量分数)/%	≥37	7	黏结强度/(N/mm²)	≥0.4
3	pH 值	7	8	贮存时间/月	≥6
4	耐水试验 500h	合格	9	成膜温度/℃	≥5
5	耐碱试验 300h	合格	10	干燥时间/min	20

a. 认真进行石材板块的表面清理，如果表面有油迹，可用溶剂擦拭干净，然后用毛刷清扫石材表面上的尘土，再用干净的丝绵认真仔细地把石材背面和侧面擦拭干净。

b. 开启防碱背涂处理剂的容器，并将处理剂搅拌均匀，倒入干净的小塑料桶内，用毛刷将处理剂涂布于石材板的背面和侧面。涂刷时应注意不得将处理剂涂布或流淌到石材板块的正面，如有污染应及时用丝绵反复擦拭干净，不得留下任何痕迹，以免影响饰面板的装饰效果。

c. 第一遍石材处理的干燥时间，一般需要 20min 左右，干燥时间的长短取决于环境温度和湿度。待第一遍处理剂干燥后，方可涂布第二遍，一般至少应涂布两遍。

在涂布处理剂时应注意：避免出现气泡和漏涂现象；在处理剂未干燥时，应防止尘土等杂物被风吹到涂布面上；当环境气温在 5℃ 以下或阴雨天时应暂停涂布；已涂布处理的石材板块在现场如需切割时，应再及时在切割处涂刷石材处理剂。

② 室内粘贴大理石板材，基层找平层的含水率一般不应大于 6%，并可采用石材化学胶黏剂进行点粘，从而可避免湿作业带来的一系列问题。

③ 粘贴大理石板材所用的水泥砂浆，宜掺入适量的减水剂，以降低用水量和氢氧化钙析出量，从而可减少因水泥砂浆水化而发生的水斑。工程实践证明：粘贴法水泥砂浆的稠度宜控制在 60～80mm，镶贴灌浆法水泥砂浆的稠度宜控制在 80～120mm。

三、外墙饰面的质量问题与防治措施

外墙饰面主要包括外墙砖(亦称面砖)和锦砖(俗称马赛克)，用于建筑物的外饰面，对墙体起着保护和装饰的双重作用。由于装饰效果较好，价格比天然石材低，在我国应用比较广泛。在过去由于无专门的施工及验收规范，设计和施工的随意性很大，加上缺乏专项检验规定，饰面砖的起鼓、脱落等质量问题发生较多。

(一)　面砖饰面出现渗漏

1. 质量问题

雨水从面砖板缝侵入墙体内部，致使外墙的室内墙壁出现水迹，室内装修发霉变色甚至腐朽；还可能"并发"板缝出现析白流挂的质量问题。

2. 原因分析

① 设计图纸不齐全，缺少细部大样图，或者设计说明不详细，外墙面横竖凹凸线条多，立面形状尺寸变化较大，雨水在墙面上向下流淌不畅。

② 墙体因温差、干缩而产生裂缝，雨水顺着裂缝而渗入，尤其是房屋顶层的墙体和轻质墙体更为严重。

③ 墙体如采用普通黏土砖、加气混凝土等砌块，属于多孔性材料，其本身防水性能较差，再加上灰缝砂浆不饱满、用侧砖砌筑墙体等因素，防水性能会更差。此外，空斗砖墙、空心砌块、轻质砖等墙体的防水能力也较差。

④ 饰面砖的镶贴通常是靠板块背面满刮水泥砂浆（或水泥浆）粘贴上墙的，单靠手工挤压板块，砂浆很难全部位挤满，特别是四个周边和四个角砂浆更不易保证饱满，从而留下渗水的空隙和通路。

⑤ 有些饰面层由若干板块密缝拼成小方形图案，再由横竖宽缝连接组成大方形图案，这就要求面砖的缝隙宽窄相同。很可能由密缝粘贴的板块形成"瞎缝"，接缝无法用水泥浆或砂浆勾缝，只能采用擦缝方法进行处理，这种面层最容易产生渗漏。

⑥ 卫生间、厕所等潮湿用水房间，若瓷砖采用密缝法粘贴、擦缝，由于无大的凹缝，不会产生大的渗水；但条形饰面砖的勾缝处却是一凹槽，对于疏水非常不利，容易形成滞水，水会从缺陷部位渗入墙体内。

⑦ 外墙找平层如果一次成活，由于一次抹灰过厚，造成抹灰层下坠、空鼓、开裂、砂眼、接槎不严密、表面不平整等质量问题，成为藏水的空隙、渗水的通道。有些工程墙体表面凹凸不平，抹灰层超厚，墙顶与梁底之间填塞不紧密，圈梁凸出墙面等，也会造成滞水、藏水和渗水。

⑧ 在Ⅲ、Ⅳ、Ⅴ类气候区砂浆找平层应具有良好的抗渗性能，但有的墙面找平层设计采用 1:1:6 的水泥混合砂浆，其防水性能不能满足要求。

3. 预防措施

① 外墙饰面砖工程应有专项设计，并有节点大样图。对窗台、檐口、装饰线、雨篷、阳台和落水口等墙面凹凸部位，应采用防水和排水构造。在水平阳角处，顶面排水坡度不应小于 3%～5%，以利于排水；应采用顶面面砖压立面面砖，立面最低一排面砖压底平面面砖的做法，并应设置滴水构造（见图 5-5）；45°角砖、"海棠"角等粘贴做法适用于竖向阳角，由于其板缝防水不易保证，故不宜用于水平阳角，如图 5-5(a) 所示。

② 镶贴外墙饰面砖的墙体如果是轻质墙，在镶贴前应当对墙体进行加强处理，详见第一节"花岗石饰面空鼓脱落"的预防措施。

③ 外墙面找平层至少要求两遍成活，并且喷雾养护不少于 3d，3d 之后再检查找平层抹灰质量，在粘贴外墙砖之前，先将基层空鼓、裂缝处理好，确保找平层的施工质量。

④ 精心施工结构层和找平层，保证其表面平整度和填充墙紧密程度，使饰面层的

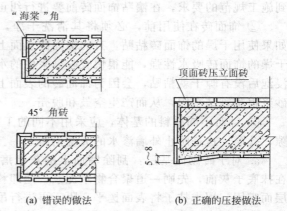

(a) 错误的做法　　　(b) 正确的压接做法

图 5-5　水平阳角防水排水沟构造示意图

平整度完全由基层控制，从而避免基层凹凸不平，并可避免黏结层局部过厚或饰面不平整带来的弊病，也避免填充墙顶产生裂缝。

⑤ 找平层应具有独立的防水能力，可在找平层上涂刷一层结合层，以提高界面间的黏结力，兼封闭找平层上的残余裂纹和砂眼、气孔。其材料可用商品专用水泥基料的防渗材料，或涂刷聚合物水泥砂浆、界面处理剂。找平层完成后、外墙砖粘贴前，外墙面也可做淋水试验。其方法是在房屋最顶层安装喷淋水管网，使水自顶层顺着墙面往下流淌，喷淋水的时间应大于 2h，以便及早发现找平层的渗漏点，采取相应措施及早处理，使找平层确实具有独立的防水能力。

⑥ 外墙饰面砖的镶贴，一般不得采用密缝，接缝宽度不小于 5mm，缝的深度不宜大于 3mm。外墙砖勾缝应饱满、密实、无裂缝，应选用具有抗渗性能和收缩率小的材料。为使勾缝砂浆表面达到"连续、平直、光滑、填嵌密实、无空鼓、无裂纹"的要求，应待第一次勾缝砂浆"收水"后、终凝前，再进行第二次勾缝，并对其进行喷水养护 3d 以上。良好的勾缝质量，不但能起到较好的防水作用，而且有助于外墙砖的粘贴牢固，确保勾缝砂浆表面不开裂、不起皮，有效地防止板缝出现析白流挂现象。

（二）饰面砖出现空鼓与脱壳

1. 质量问题

饰面砖镶贴施工完毕后，在干燥和使用的过程中，出现饰面砖空鼓和脱壳的质量问题，不仅严重影响建筑的外观和质量，而且还容易造成面砖跌落伤人事故。

2. 原因分析

① 基层处理不当，即没有按不同基层、采用不同的处理方法，使底层灰与基层之间黏结不良。因底层灰、中层灰和面砖自重的影响，使底层灰与基层之间产生剪应力。由于基层面处理不当，施工操作不当，当黏结力小于剪应力时就会产生空鼓和脱壳。

② 使用劣质，或安定性不合格，或贮存期超过 3 个月，或受潮结块的水泥搅拌砂浆和黏结层粘贴面砖。

③ 搅拌砂浆不按配合比计量，稠度没有控制好，保水性能差；或搅拌好的砂浆停放时间超过 3h 仍使用；或砂的含泥量超过 3% 以上等，引起不均匀干缩。

④ 面砖没有按规定浸水 2h 以上，并没有洗刷掉泥污就用于粘贴，或面砖黏结层不饱满，或面砖粘贴初凝后再去纠正偏差而松动。

3. 预防措施

① 在墙体结构施工时，外墙应尽可能做到平整垂直，为饰面施工创造条件。如果未达到施工规范的要求，在镶贴饰面砖前要进行纠正。

② 饰面砖在使用前，必须将其清洗干净，并用清水浸泡 24h，取出晾干后才可使用。如果使用干燥的饰面砖粘贴，有的饰面砖表面上有积灰，水泥砂浆不易与其牢固黏结；再者干燥的饰面砖吸水性强，能很快吸收砂浆中的水分，使砂浆的黏结力大大下降。如果饰面砖浸泡后没有晾干就粘贴，会因为饰面砖的表面上有明水，在粘贴时产生浮动，致使饰面砖与砂浆很难黏结牢固，从而产生空鼓和脱壳。

③ 针对不同材料的基体，应采用不同的工艺处理好基层，堵嵌修补好墙体上的一切缝隙、孔洞，这是防止外墙渗水的关键措施之一。

a. 对于砖砌体基层：刮除墙面上的灰疙瘩，并彻底扫除干净，隔天用水将墙面湿润。在抹底子灰前，先刷一道聚合物水泥浆，随即粉刷 1∶3 的水泥砂浆底子灰，要求底子灰薄层而牢固，用木抹子将表面搓平；隔天再进行吊直线、找规矩。在抹中层灰时，要求阴角方正、阴角挺直、墙面平整、搓成细毛，经检查确实无裂缝、空鼓和酥松等质量问题后，再湿养护不少于 7d。

b. 对于混凝土基层：先要配制 10% 的氢氧化钠溶液或洗洁精加水溶液，用板刷蘸溶液将基层表面的隔离剂、脱模剂、油污等洗刷干净，随即用清水反复冲洗。剔凿凸出面层的部分，用 1：2 的水泥砂浆填补好缝隙孔洞。为防止抹灰层出现脱壳，可在下述三种方法中选择一种"毛化"增强处理办法。

（a）表面凿毛处理。这是一种传统最常用的"毛化"处理方法，即用尖头凿子将混凝土表面凿成间距不大于 30mm 的斜向小沟槽。扫除灰尘，用水冲洗，再刷一道聚合物水泥浆，随即抹配比为 1：3 的水泥砂浆，分两次抹平，表面用木抹子搓平，隔天浇水养护。

（b）采用喷涂（或甩毛）的方法，用聚合物砂浆进行毛化处理。即将配合比为 108 胶：水：水泥：砂＝1：4：10：10 的聚合物水泥砂浆，经过准确计量、搅拌均匀后，喷涂（或甩毛）在洁净潮湿的混凝土基层上，隔天湿养护硬化后，用扫帚扫除没有粘牢的砂粒，再用水泥砂浆抹底层灰和中层灰，表面搓毛后再进行湿养护。

（c）采用涂刷界面剂的处理方法。这是一种简单易行的基层处理方法。即在清洗洁净的混凝土面层上涂刷界面处理剂，当涂膜表面干燥时，即可用水泥砂浆粉抹搓平。

c. 加气混凝土面层脱壳的处理方法：提前 1d 对墙面浇水湿润，边浇水、边将面上的污物清扫干净。补好缺棱掉角处，一般用聚合物混合砂浆分层抹平，聚合物混合砂浆的配合比为 108 胶：水：水泥：石灰膏：砂＝1：3：1：1：6。在加气混凝土板接缝处，最好铺设宽度为 200mm 的钢丝网条或无碱玻纤网格布条，以增强板缝之间的拉接，减少抹灰层的开裂。如果是加气砌块块体时，也应当钉一钢丝网条或无碱玻纤维网格布条，然后喷涂上聚合物毛化水泥浆，方法和配合比同混凝土基体的"毛化处理"。

④ 饰面砖在镶贴时所用的黏结剂，可从下述两种中任选一种，但在选用后一定要进行小面积试验，成功后才能用于大面积的铺贴。

a. 聚合物砂浆黏结剂　聚合物砂浆的配合比为 108 胶：水：水泥：砂＝1：4：10：8，配制要计量准确、搅拌均匀，随拌和、随使用。

b. JC 建筑装饰黏结剂　一般选用优质单组分的黏结剂，加水搅拌均匀后，即可铺贴。可以代替水泥砂浆黏结剂。

⑤ 选择与浸泡饰面砖。饰面砖在铺贴前，首先要进行选砖，剔除尺寸、规格、颜色不合格的和有缺陷的砖，以保证铺贴质量。在饰面砖正式镶贴前，应当将饰面砖表面的灰尘清洗干净，并浸水 2h 以上，然后取出晾干备用。

⑥ 镶贴饰面砖。垫好水平标高底尺，预排列砖的位置并划好垂直标志，刮上黏结剂进行铺贴。要严格按施工规范和验收标准施工，确保饰面表面平整、不显接茬、接缝平直。如果饰面砖一直贴到外墙顶，上口必须贴压缝砖，防止雨水从顶面缝隙中渗入。贴好的饰面砖要用水泥浆或 JC 建筑装饰黏结剂擦缝、勾缝，防止雨水渗入缝内，并应及时清除面砖表面上的污染物。

（三）墙面出现污染现象

1. 质量问题

室外饰面砖的墙面上出现污染，这是一种常见的质量问题。主要表现在：饰面板块在运输、存放过程中出现外侵颜色的污染；饰面在粘贴后，墙面出现析白流挂、铁锈褐斑、电焊灼伤等；建筑物在使用的过程中，墙面被其他介质污染。

2. 原因分析和预防措施

饰面砖墙面出现污染的原因和预防措施，可参见第四节"（五）花岗石墙面出现污染现象"。

① 饰面砖在进场后必须进行严格检验，特别对其吸水率和表面质量要严格把关，不符合规定和标准的不能用于工程，这是减少出现污染和出现污染便于处理的关键环节。否则污染侵入饰面砖坯体，将成为永久性的污染。

② 严格施工管理，坚持文明施工，是减少和避免施工对饰面砖成品产生污染的重要措

施。因此，在施工过程中必须坚决阻止从脚手架和室内向外乱倒脏水、垃圾，电焊时无防护遮盖电焊火花灼伤饰面等现象。

③ 避免材料因保管不善而引起的污染。饰面砖从工厂至工地的运输过程中，不加以遮盖而被雨水淋湿，从而会造成包装物掉色污染面砖。

④ 门窗、雨篷、窗台等处由于找坡度不顺直，雨水从两侧流淌至墙壁上，从而会造成饰面砖墙面的污染。因此，上述部位排水坡必须确保雨水从正前方排出；为防止雨水从两侧流出，必要时可加设小灰埂进行挡水。

3. 防治方法

对饰面砖和饰面砖墙表面污染的防治，一般多采用化学溶剂进行清洗的方法。因此，在清洗污染之前，应当进行腐蚀性检验，主要检验以下三个方面：对饰面砖和接缝砂浆有无损伤及损伤程度；对墙面上的门窗、铁件、附件等的副作用；能否清除污染、清洗剂用量、配比及停留时间。以便选择合适的清洗剂、清洗方法及防护措施。

① 对于未上墙的饰面板块，对于被污染的颜色较浅且污染面不大者，可用浓度为30%的草酸溶液泡洗，或表面涂抹商品专用防污剂，可去除污渍和防止污渍的渗透。

② 对于未上墙的饰面板块，对于被污染的颜色严重者，可用双氧水（H_2O_2）泡洗，然后再用清水冲洗干净。工程实践证明，一般被污染的饰面板材经12～24h泡洗后效果很好。通过强氧化剂氧化褪色的饰面砖，不会损伤其原有的光泽。

③ 对于施工期间出现的水泥浆和析白流挂，可采用草酸进行清洗。首先初步铲除饰面上的硬垢，用钢丝刷子和水对面砖表面进行刷洗。为减轻酸液对饰面砖内部的腐蚀，应让勾缝砂浆饱水，然后用滚刷蘸5%浓度的草酸水对污染部位进行滚涂，再用清水和钢丝刷子冲刷干净。

④ 对于使用期间出现的析白流挂和脏渍，可采用稀盐酸或溴酸进行清洗。先初步铲除饰面上的硬垢，用钢丝刷子和水对面砖表面进行刷洗。为减轻酸液对饰面砖内部的腐蚀，应让勾缝砂浆饱水，然后用滚刷蘸3%～5%浓度的稀盐酸或溴酸对污染部位进行滚涂，其在墙面上停留的时间一次不得超过4～5min，使泛白物溶解，最后再用清水和钢丝刷子冲刷。

采用酸洗的方法虽然对除掉污垢比较有效，但其副作用比较大，应当尽量避免。如盐酸不仅会溶解泛白物，而且对砂浆和勾缝材料也有侵蚀作用，造成表面水泥硬膜剥落，光滑的勾缝面被腐蚀成粗糙面，甚至露出砂粒；如果盐酸侵入饰面砖的背面，则无法用清水冲洗干净。为预防盐酸侵入板缝和背面，酸洗前应先用清水湿润墙面，酸洗后再及时用清水冲洗墙面，对墙面上的门窗、铁件等采取可靠的保护措施。

由于酸洗对饰面砖和勾缝材料均有较强的腐蚀性，因此，一般情况下不宜采用酸洗法。

（四）墙面黏结层剥离破坏

1. 质量问题

饰面砖粘贴后，面砖与黏结层（或黏结层与找平层）的砂浆因黏结力低，会发生局部剥离脱层破坏，用小锤轻轻敲击这些部位，有空鼓的响声。随着时间的推移，剥离脱层范围逐渐扩大，甚至造成饰面砖松动脱落。

2. 原因分析

① 找平层表面未进行认真处理，有灰尘、油污等不利于抹灰层黏结牢固的东西；或者找平层抹压过于光滑、不够粗糙，使其不能很好地与上层黏结。

② 找平层表面不平整，靠增加粘贴砂浆厚度的方法调整饰面的平整度，造成粘贴砂浆超厚，因自重作用下坠而黏结不良。

③ 粘贴前，找平层未进行润湿或饰面砖未加以浸泡，表面有积灰且过于干燥，水泥砂浆不易黏结，而且干燥的找平层和面砖会把砂浆里的水分吸干，粘贴砂浆失水后严重影响水

泥的水化和养护。

④ 板块背面出现水膜。板块临粘贴前才浸水，未晾干就上墙，板块背面残存水迹，与黏结层砂浆之间隔着一道水膜，严重削弱了砂浆对板块的黏结作用。黏结层砂浆如果保水性不好，尤其水灰比过大或使用矿渣水泥拌制砂浆，其泌水性较大，泌水会积聚在板块背面，形成水膜。如果基层表面凹凸不平或分格线弹得太疏，或采用传统的 1:2 的水泥砂浆黏结，砂浆水分易被基层吸收，若操作较慢，板块的压平、校正都比较困难，水泥浆会浮至黏结层表面，造成水膜。

⑤ 在采用砂浆铺贴法施工时，由于板块背面砂浆填充不饱满，砂浆在干缩硬化后，饰面板与砂浆脱开，从而形成黏结层剥离。

⑥ 在夏季高温情况下施工时，由于太阳直接照射，墙上水分很容易迅速蒸发（若遇湿度较小、风速大的环境，水分蒸发更快），致使黏结层水泥砂浆严重失水，不能正常进行水化硬化，黏结强度大幅度降低。

⑦ 对砂浆的养护龄期无定量要求，板块粘贴后，找平层仍有较大的干缩变形；勾缝过早，操作时如果挤推板块，使黏结层砂浆早期受损。

⑧ 如果粘贴砂浆为配合比是 1:2 的水泥砂浆，未掺入适量的聚合物材料，由于成分比较单一，也无黏结强度的定量要求和检验，则会产生黏结不牢的质量问题。如果采用的水泥贮存期过长、砂子的含泥量过大，再加上配合比不当，砂浆稠度过大，铺贴后未加强养护，则也会产生黏结层剥离破坏。

⑨ 饰面板设计未设置伸缩缝，受热胀冷缩的影响，饰面板无法适应变形的要求，在热胀时板与板之间出现顶压力，致使板块与镶贴层脱开。

⑩ 墙体变形缝两侧的外墙砖，其间的缝宽小于变形缝的宽度，致使外墙砖的一部分贴在外墙基体上，而另一部分必须骑在变形缝上，当受到温度、干湿、冻融作用时，饰面砖则发生剥离破坏。

3. 预防措施

① 对于找平层必须认真进行清理，达到无灰尘、油污、脏迹，满足表面平整度的要求。找平层的表面平整度允许偏差为 4mm，立面垂直度允许偏差为 5mm。

② 为确保砂浆与饰面砖黏结牢固，饰面砖宜采用背面有燕尾槽的产品，并安排有施工经验的人员具体操作。

③ 预防板块背面出现水膜。

a. 粘贴前找平层应先浇水湿润，粘贴时表面潮湿而无水迹，一般控制找平层的含水率在 15%～25% 范围内。

b. 粘贴前应将砖的背面清理干净，并在清水中浸泡 2h 以上，待表面晾干后才能铺贴。冬期施工时为防止产生冻结，应在掺加 2% 盐的温水中浸泡。找平层必须找准标高，垫好底尺，确定水平位置及垂直竖向标志，挂线进行粘贴，避免因基层表面凹凸不平或弹线太疏，一次粘贴不准，出现来回拨动和敲击。

c. 推广应用经检验合格的商品专用饰面砖胶黏剂（干混料），其黏结性、和易性和保水性均比砂浆好，凝结时间可以变慢，操作人员有充分的时间对饰面砖进行仔细镶贴，不至于因过多的拨动而造成板块背面出现水膜。

④ 找平层施工完毕开始养护，至少应有 14d 的干缩期，饰面砖粘贴前应对找平层进行质量检查，尤其应把空鼓和开裂等质量缺陷处理好。饰面砖粘贴后应先喷水养护 2～3d，待粘贴层砂浆达到一定强度后才能勾缝。如果勾缝过早，容易造成黏结砂浆早期受损，板块滑移错动或下坠。

⑤ 搞好黏结砂浆的配合比设计，确保水泥砂浆的质量，这是避免黏结层产生剥离破坏

的重要措施。

　　a. 外墙饰面砖工程的使用寿命一般要求在 20 年以上，选用具有优异的耐老化性能的饰面砖黏结材料是先决条件。因此，外墙饰面砖粘贴应采用水泥基材料，其中包括现行业标准《陶瓷墙地砖胶黏剂》（JC/T 547）规定的 A 类及 C 类产品。A 类是指由水泥等无机胶凝材料、矿物集料和有机外加剂组成的粉状产品；C 类是指由聚合物分散液和水泥等无机胶凝材料、矿物集料等组成的双包装产品。不得采用有机物作为主要的黏结材料。

　　b. 水泥基黏结材料应采用普通硅酸盐水泥或硅酸盐水泥，其技术性能应符合《硅酸盐水泥、普通硅酸盐水泥》（GB 175—2001）中的要求，硅酸盐水泥的强度等级应≥42.5MPa，普通硅酸盐水泥的强度等级应≥32.5MPa。采用的砂子应符合《建筑用砂》（GB/T 14684—2001）中的技术要求，其含泥量应≤3％。

　　c. 水泥基黏结料应按《建筑工程饰面砖黏结强度检验标准》（JGJ 110—1997）规定的方法进行检验，在试验室进行制样、检验时，要求黏结强度指标规定值应不小于 0.6MPa。

　　为确保粘贴质量，宜采用经检验合格的专用商品聚合物水泥干粉砂浆。大尺寸的外墙饰面砖，应采用经检验合格的适用于大尺寸板块的"加强型"聚合物水泥干粉砂浆，使之具有更高的黏结强度。

　　外墙饰面砖的勾缝，应采用具有抗渗性的黏结材料，其性能应符合表 5-44 中的要求。

表 5-44　防水砂浆的技术性能标准

试验项目		性能指标	
		一等品	合格品
凝结时间	初凝时间/min	≤45	≤45
	终凝时间/h	≥10	≥10
抗压强度比/％	7d	≥100	≥95
	28d	≥90	≥85
	90d	≥85	≥80
透水压力比/％		≥300	≥200
48h 吸水量比/％		≤65	≤75
90d 收缩率比/％		≤110	≤120

　　注：除凝结时间、安定性为受检净浆的试验结果外，表中所列数据均为受检砂浆与基准砂浆的比值。

　　⑥ 为保证外墙饰面砖的镶贴质量，在饰面砖粘贴施工操作过程中，应当满足以下几个方面的要求。

　　a. 在外墙面砖工程施工前，应对找平层、结合层、黏结层、勾缝和嵌缝所用的材料进行试配，经检验合格后才能使用。为减少材料试配的时间和用量的浪费，确保材料的质量，一般应优先采用经检验合格的水泥基专用商品材料。

　　b. 为便于处理缝隙、密封防水和适应胀缩变形，饰面砖接缝的宽度不应小于 5mm，不得采用密缝粘贴。缝的深度不宜大于 3mm，也可以采用平缝。

　　c. 饰面砖一般应采用自上而下的粘贴顺序（传统的施工方法，总体上是自上而下组织流水作业，每步脚手架上的粘贴多为自下而上进行），黏结层的厚度宜为 4～8mm。

　　d. 在饰面砖粘贴之后，如果发现位置不当或粘贴错误，必须在黏结层初凝前或在允许的时间内进行，尽快使饰面砖粘贴于弹线上并敲击密实；在黏结层初凝后或超过允许时间，不可再振动或移动饰面砖。

　　e. 必须在适宜的环境中进行施工。根据工程实践经验，施工温度应在 0～35℃之间。当温度低于 0℃时，必须有可靠的防冻措施；当温度高于 35℃时，应有遮阳降温设施，或者避开高温时间施工。

　　⑦ 认真检验饰面砖背面黏结砂浆的填充率，使粘贴饰面砖的砂浆饱满度达到规定的数

值。在粘贴饰面砖的施工期间，一般保证每日检查一次，每次抽查不少于两块砖。

砂浆填充率检查的具体方法是：当饰面砖背面砂浆还比较软时，把随机抽查的饰面砖剥下来，根据目测或尺量，计算记录背面凹槽内砂浆的填充率。如饰面砖为 50mm×50mm 以上的正方形板块，砂浆填充率应大于 60%；如饰面砖为 60mm×108mm 以上的长方形板块，砂浆填充率应大于 75%。

如果抽样检查的两块饰面砖砂浆填充率均符合要求，则确定当日的铺贴质量合格；如果有一块不符合要求，则判为当日的铺贴质量不合格。再随机抽样 10 块饰面砖，如果 10 块砖的砂浆填充率全部合格，则确定该批饰面砖粘贴符合要求，将剥离下来的砖贴上即可；如果 10 块砖中有 1 块砖的砂浆填充率没达到要求，则判定该日粘贴的饰面砖全部不合格，应当全部剥离下来重新进行粘贴。

⑧ 在《建筑装饰装修工程质量验收规范》（GB 50210—2001）中规定，外墙饰面砖粘贴前和施工过程中，均应在相同的基层上做样板，并对样板的饰面砖黏结强度进行检验，其检验方法和结果判定应符合《建筑工程饰面砖黏结强度检验标准》（JGJ 110—1997）中的规定。在施工过程中，可用手摇式加压的饰面砖黏结强度检测仪进行现场检验（见图 5-6），黏结强度必须同时符合以下两项指标：

a. 每组饰面砖试样黏结强度平均值不得小于 0.40MPa；

b. 允许每组试样中有 1 个试样的黏结强度低于 0.40MPa，但不应小于 0.30MPa。

⑨ 饰面砖墙面应根据实际需要设置伸缩缝，伸缩缝中应采用柔性防水材料嵌缝。墙体变形缝两侧粘贴的外墙饰面砖，其间的缝宽不应小于变形缝的宽度 Q（见图 5-7）。为方便施工、便于排列，在两伸缩缝之间还可增设分格缝。伸缩缝或分格缝的宽度太大会影响装饰性，一般应控制在 10mm 左右。

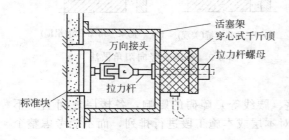

图 5-6 饰面砖黏结强度检测示意图

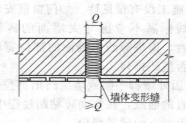

图 5-7 变形缝两侧排砖示意图

（五）饰面出现"破活"，细部粗糙

1. 质量问题

在饰面砖粘贴完毕后，在主要立面和明显部位（窗间距、通天柱、墙垛）及阳角处出现"破活"的质量问题，边角细部手工比较粗糙，板块切割很不整齐且有破损，严重影响外装饰面的美观。"破活"的质量问题主要表现在以下几个方面。

① 横排对缝的墙面，门窗洞口的上下；竖排对缝的墙面，门窗洞口的两侧；阳角及墙面明显部位，板块排列均出现非整砖（"破砖"）现象。在墙面的阴角或其他次要部位，出现小于 1/3 整砖宽度的板块。

② 同一墙面的门窗洞，与门窗平面相互垂直的饰面砖块数不一样，宽窄不相同，切割不一致，严重影响墙面的装饰效果。

③ 外廊式的走廊墙面与楼板底（顶棚抹灰）接槎部位的饰面砖不水平、不顺直，板块大小不一。梁柱接头阴角部位与梁底、柱顶的板块"破活"较多，或出现一边大、一边小。墙面与地面（或楼面）接槎部位的饰面砖不顺直，板块大小不一致，与地面或楼面有很大的

空隙。

④ 墙面阴阳角、室外横竖线角（包括阳台、窗台、雨篷、腰线等）不方正、不顺直；墙面阴角、室外横竖线角的饰面角出现"破活"，或阴角部位出现一行"一头大、一头小"的饰面砖；阴角部位出现干缝、粗缝、双缝和非整砖压整砖（见图 5-8）。另外，还有套割不吻合、缝隙过大，墙裙凸出墙面，厚度不一致，滴水线不顺直，流水坡度不正确等质量问题。

2. 原因分析

① 饰面砖粘贴工程无专项设计，施工中只凭以往的经验进行，对于工程的细部施工心中无数，结果造成饰面出现"破活"，细部比较粗糙。

② 主体结构或找平层几何尺寸偏差过大，如找平层挂线及其他的标准线，容易受风吹动和自重下挠的影响；如檐口长度大，厚度小，而滴水线或滴水槽的截面尺寸更小；如檐边线几何尺寸偏大，而面砖的规格尺寸是定数，粘贴要求横平竖直，形成矛盾。

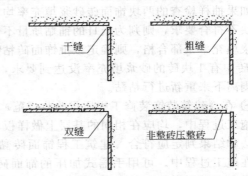

图 5-8 外墙砖竖向阴角部位砖缝疵病示意图

如果基体（基层）尺寸偏差大，要保证滴水线的功能和截面尺寸，面砖就难免到处切割；若要饰面砖达到横平竖直，则滴水线（槽）的截面尺寸和功能难以保证。

③ 施工没有预见性。如门窗框安装标高、腰线标高不考虑与大墙面的砖缝配合，窗台、雨篷等凸出墙面的部位宽度不考虑能否整砖排列。

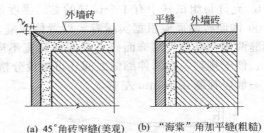

(a) 45°角砖窄缝(美观)　(b) "海棠"角加平缝(粗糙)

图 5-9 外墙砖竖向阳角做法

④ 因外墙脚手架或墙面凸出部位（如雨篷、腰线等）障碍的影响，各楼层之间上下不能挂通直的通线，在饰面砖粘贴过程中，只能对本层或本施工段进行排列，而不能考虑整个楼房从上到下的横竖线角。

⑤ 竖向阳角的 45°角砖，切角部位的角尖太薄，甚至近乎刀口；或角尖远小于 45°，粘贴时又未挤满水泥砂浆（或水泥浆），阳角粘贴后空隙过大，产生空鼓，容易产生破损。竖向阳角如果采用"海棠"角型式，其底胚侧面全部外露，造成釉面和底胚颜色深浅不一；如果加浆勾缝（特别是平缝），角缝还会形成影响外观的粗线条（见图 5-9）。

⑥ 在饰面砖镶贴排列中，不一定全部正好都是整砖，有的需要进行切割，如果切割工具不先进、操作技术不熟练，很容易造成切割粗糙，边角破损。

3. 预防措施

① 饰面砖粘贴工程必须进行专项设计，施工中对镶贴质量严格控制，这样才能避免"破活"。

② 从主体结构、找平层抹灰到粘贴施工都必须坚持"三通"。即拉通墙面三条线：室外墙皮线、室内墙皮线、各层门窗洞口竖向通线。拉通门窗三条线：即同层门窗过梁底线、同层窗台线、门窗口立樘线。拉通外墙面凸出物三条线：即檐口上下边线、腰线上下线、附墙柱外边线。

为避免风吹、意外触碰及外墙脚手架、外墙凸出物等的不利影响，"三通"线可用水平仪、经纬仪打点，用绞车绷紧细铁丝。如果以上"三通"线有保证，不但能保证墙体大面的垂直度和平整度，还能保证墙体的厚度一致，洞口里的饰面砖的块数相等。

③ 必须注意主体结构和找平层的施工质量，这是确保饰面砖粘贴质量的基础。找平层的表面平整度允许偏差为 4mm，立面垂直度允许偏差为 5mm。对于大墙面、高墙面应用水平仪、经纬仪测定，尽量减少基线本身的尺寸偏差，才能保证阴阳角方正，阴角部位的板块不出现大小边；墙面凸出物套割吻合，交圈应一致；滴水线应当顺直，流水坡度应当正确。

④ 由于主体结构施工偏差，外廊式的走廊墙面开间可能大小不一，梁的高度、宽度也可能有差别。因此，外廊式走廊墙面的楼底板、梁柱节点及大雨篷下的柱子等，如果盲目地从底将饰面砖贴到顶，则很容易出现"破活"。为避免出现这种问题，一般将饰面砖粘贴至窗台或门窗顶或梁底为止，这种做法不仅可以避免"破活"，而且不影响装饰效果。

⑤ 竖向阳角砖在切角时，为避免棱角崩损，角尖部位要留下约 1mm 厚的刃脚，斜度割、磨准确，应当出现负偏差，即略小于 1/2 阳角，才能填入砂浆；在进行粘贴时，角尖部位应刮浆满挤，保证阳角砖缝满浆严密。小于 45°的竖向阳角，两角刃之间的砖缝里宜嵌进一根不锈钢小圆管，使竖向阳角不至于太尖锐，又可以达到护角的作用。

⑥ 为避免板块边角的缺损，应边注水、边切割；非整砖切割时应略有余地，供磨边时损耗，这样才能最终达到准确的尺寸和消除切割产生的缺陷。

（六）饰面出现色泽不匀

1. 质量问题

饰面砖在镶贴完毕后，面砖与面砖、板缝与板缝之间颜色深浅不同，勾缝砂浆出现脱皮变色、开裂析白等问题，致使墙面色泽不匀，严重影响墙面的装饰效果。

2. 原因分析

① 采购的饰面砖不是同一产地、同一规格、同一批号，如果施工中再不按规定位置镶贴，发生混用现象，必然会出现影响观感的色差。

② 对饰面板的板缝设计和施工不重视。在饰面板施工过程中，出现板缝粘贴宽窄不一，勾缝深度相差较大，使用水泥品种不同，勾缝砂浆配合比不一样，不坚持"二次勾缝"等，均可以造成饰面色泽不匀。

③ 如果饰面砖墙面有污染，再采用稀盐酸进行清洗，则容易使板缝砂浆表面被酸液腐蚀，留下明显的伤疤而造成饰面色泽不匀。

④ "金属釉"的釉面砖反射率非常好，如果粘贴的墙面平整度较差，反射的光泽比较零乱，加上距离远近、视线角度、阳光强弱、周围环境不同，装饰效果会有较大差异，甚至得出相反的效果。

3. 防治方法

① 在饰面材料设计之前，应进行市场调查，看能否满足质量与数量的要求。当同一炉号产品不能满足数量要求时，应分别按不同立面需要的数量订货，保证在同一立面不出现影响观感的色差；相邻立面可采用不同炉号的产品，但应是同一颜色编号的产品，以免出现过大的色差。

② 对于不同地产、相同规格、不同颜色、不同炉号的饰面砖产品，在运输、保管和粘贴中应严格分开，以防止发生混杂。

③ 对于后封口的卷扬机进料口、大型设备预留口和其他洞口，应预留足够数量的同一炉号的饰面砖；对后封口板缝勾缝的水泥砂浆，也应当用与原来勾缝相同的水泥。对于后封口部位的粘贴，应精心施工，要与大面质量相同。

④ 确保勾缝质量，不仅是墙面防水、防脱落的要求，也是饰面工程外表观感的要求，因此必须高度重视板缝的施工质量。认真搞好专项装饰设计，粘贴保证板缝宽窄一致，勾缝

确保深浅相同。不得采用水泥净浆进行糊缝，优先采用专用商品水泥基勾缝材料，坚持采用"二次勾缝"的做法。

⑤ 采用"金属釉"的饰面砖，应特别注意板块的外观质量检验，重视粘贴的平整度和垂直度，并先做样板墙确定正式粘贴的有关事项。样板经建设、监理、质检、设计和施工单位共同认可后，才能进行大面积的粘贴。

（七）面砖出现裂缝

1. 质量问题

镶贴于墙体表面的面砖出现裂缝，裂缝不仅严重影响饰面的装饰效果，而且影响整个饰面的使用寿命。

2. 原因分析

① 面砖的质量不符合设计和有关标准的要求，材质比较松脆，吸水率比较大，在吸水受潮后，特别是在冬季受冻结冰时，因膨胀而使面砖产生裂纹。

② 在镶贴面砖时，如果采用水泥浆加 108 胶材料，由于抹灰厚度过大，水泥凝固收缩而引起面砖变形、开裂。

③ 在面砖的运输、贮存和操作过程中，由于不符合操作要求，面砖出现隐伤而产生裂缝。

④ 面砖墙长期暴露于空气之中，由于干湿、温差、侵蚀介质等作用，面砖体积和材质发生变化而开裂。

3. 防治措施

① 选择质量好的面砖，材质应坚实细腻，其技术指标应符合国家标准《釉面砖的质量标准》（GB/T 4100—1992）中的规定，吸水率应小于 18%。

② 在面砖粘贴之前，应将有隐伤的挑出，并用水浸泡一定的时间。在镶贴操作过程中，不要用力敲击砖面，防止施工中产生损伤。

③ 如果选用水泥浆进行镶贴，应掌握好水泥浆的厚度，不要因抹灰过厚产生收缩而引起面砖的变形和开裂。

④ 要根据面砖的使用环境而选择适宜的品种，尤其是严寒地区和寒冷地区所用的面砖，应当具有较强的耐寒性和耐膨胀性。

四、室外锦砖的质量问题与防治措施

室外锦砖饰面主要包括陶瓷锦砖饰面和玻璃锦砖饰面。

（一）陶瓷锦砖面层脱落

1. 质量问题

镶贴好的陶瓷锦砖面层，在使用不久后则出现局部或个别小块脱落，严重影响锦砖饰面的装饰效果。

2. 原因分析

① 选用的水泥强度等级太低，或水泥质量低劣，或水泥贮存期超过三个月，或水泥受潮产生结块。

② 施工中由于组织不当，黏结层抹得过早，当陶瓷锦砖镶贴时已产生初凝；或黏结层刮得过薄，由于黏结不牢而使锦砖面层产生脱落。

③ 在陶瓷锦砖揭纸清理时用力不均匀，或揭纸清理的间隔时间过长，或经拨缝移动锦砖等原因，致使有些锦砖出现早期脱落。

3. 预防措施

① 充分做好锦砖粘贴的准备工作，这是防止陶瓷锦砖面层脱落的重要基础性工作。主要包括：陶瓷锦砖的质量检验，锦砖的排列方案，选用的粘贴黏结材料，操作工艺的确定，

粘贴用具的准备等。

② 严格检查陶瓷锦砖基层抹灰的质量，其平整度和垂直度必须达到施工规范的要求，不得出现空鼓和裂缝的质量问题。

③ 严格按照现行的施工规范向操作人员说明施工方法和注意事项，以确保陶瓷锦砖粘贴施工质量。

（二）饰面不平整，缝隙不均匀、不顺直

1. 质量问题

陶瓷锦砖粘贴完毕后，发现饰面表面凹凸不平；板块接缝横不水平，竖不垂直；接缝大小不一，联与联之间发生错缝；联与联之间的接缝明显与块之间有差别。以上这些质量问题虽然不影响饰面的使用，但是严重影响饰面的表面美观。

2. 原因分析

① 由于陶瓷锦砖单块尺寸小，黏结层厚度较薄（一般为 3~4mm），每次粘贴一联。如果找平层表面平整度和阴阳角方正偏差较大，一联上的数十块单块很难粘贴找平，产生表面不平整的现象。如果用增加黏结层厚度的方法找平面层，在陶瓷锦砖粘贴之后，由于黏结层砂浆厚薄不一，饰面层很难拍平，同样会产生不平整现象。

② 由于陶瓷锦砖单块尺寸小，板缝要比其他饰面材料多，不仅有单块之间的接缝，而且有联之间的接缝。如果材料外观质量不合格，靠揭纸后再去拨正板缝，难度较大、效果不佳。单块之间的缝宽（称为"线路"）已在制作中定型，现场不能改变。因此，联与联之间的接缝宽度必须等同线路。否则，联与联之间会出现板缝大小不均匀、不顺直的现象。

③ 由于脚手架大横杆的步距过大，如果超过操作者头顶，粘贴施工比较困难；或间歇施工缝留在大横杆附近（尤其是紧挨脚手板），操作更加困难。

④ 由于找平层平整度较差、粘贴施工无专项设计、施工基准线不准确、粘贴技术水平较低等，也会造成饰面不平整、缝格不均匀、不顺直。

3. 防治措施

① 确实保证找平层的施工质量，使其表面平整度允许偏差小于 4mm、立面垂直度允许偏差小于 5mm。同时，粘贴前还要在找平层上贴灰饼，其厚度为 3~4mm，间距为 1.0~1.2m，使黏结层厚度一致。为保证黏结层砂浆抹得均匀，宜用梳齿状铲刀将砂浆梳成条纹状，如图 5-10 所示。

② 陶瓷锦砖进场后，其几何尺寸偏差必须符合《陶瓷马赛克》（JC/T 456—2005）的要求，抽样检查不合格者绝不能用于工程。具体做法是：在粘贴前逐箱将陶瓷锦砖打开，全数检查每一联的几何尺寸偏差，按偏差大小分别进行堆放。这种做法可以减少陶瓷锦砖在粘贴接缝上的积累误差，有利于缝格均匀、顺直，但给施工企业带来较大的负担，并且不能解决每联陶瓷锦砖内单块尺寸偏差、线路宽度偏差过大等问题。

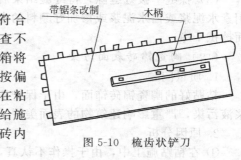

图 5-10　梳齿状铲刀

③ 按照饰面工程专项设计的要求进行预排和弹线，粘贴应按照"总体从上而下、分段由下而上"的工艺流程施工。先在找平层上用墨线弹出每一联陶瓷锦砖的水平和竖向粘贴控制线，联与联之间的接缝宽度应与"线路"相等，这样才能使分格缝内的锦砖联与联之间成为一体。

④ 为方便操作，确保粘贴质量，脚手架步距不应过大，一般以掌握在 1.6m 左右为宜；粘贴时的间歇施工缝宜留设在脚手板面约 1.0m 高的部位，特别注意用靠尺检查间歇施工缝部位锦砖的平整度，并拉线检查水平缝，及时发现问题，及时处理。

⑤ 对于装饰质量较高的公共建筑，采用单块尺寸小的陶瓷锦砖，不容易达到装饰的要求，宜采用"大方"锦砖墙面。

（三）陶瓷锦砖出现脱落

1. 质量问题

陶瓷锦砖镶贴施工完毕后，在干燥和使用的过程中，出现陶瓷锦砖空鼓和脱壳的质量问题，不仅严重影响建筑的外观和质量，而且还容易造成面砖跌落伤人事故。

2. 原因分析

① 基层处理不当，即没有按不同基层、采用不同的处理方法，使底层灰与基层之间黏结不良。因底层灰、中层灰和陶瓷锦砖自重的影响，使底层灰与基层之间产生剪应力。由于基层面处理不当，施工操作不当，当黏结力小于剪应力时就会产生空鼓和脱壳。

② 使用劣质，或安定性不合格，或贮存期超过 3 个月，或受潮结块的水泥搅拌砂浆和黏结层粘贴陶瓷锦砖。

③ 搅拌砂浆不按配合比计量，稠度没有控制好，保水性能差；或搅拌好的砂浆停放时间超过 3h 仍使用；或砂的含泥量超过 3% 等，引起不均匀干缩。

④ 面砖没有按规定浸水 2h 以上，并没有洗刷掉泥污就用于粘贴，或陶瓷锦砖黏结层不饱满，或陶瓷锦砖粘贴初凝后再去纠正偏差而松动。

3. 正确施工方法

（1）揭纸　陶瓷锦砖贴完后，在黏结材料达到初凝前（一般为 20～30min）或按聚合物干混料使用说明书规定的时间，便可用软毛刷在纸面上刷水湿润，湿透后将纸揭下。纸面揭下后，如果有残余的纸毛和胶，还应用毛刷蘸着清水将其刷掉，然后再用棉纱擦干净。在往下揭纸时应轻轻地往下揭，用力方向与墙面平行，切不可与墙面垂直，直着往下拉，以免把陶瓷锦砖拉掉。

（2）拨缝　当陶瓷锦砖表面的牛皮纸揭掉后，应检查陶瓷锦砖的缝隙是否均匀，有无歪斜和掉块、过深的现象。用开刀插入缝内，用铁抹子轻轻敲击开刀，使陶瓷锦砖边楞顺直，凡经拨动过的单块均需用铁抹子轻压，使其黏结牢固。先调整横缝，再调整竖缝，最后把歪斜的小块起掉重贴，把掉块的部分全部补齐。对于印进墙面较深的揭下来重新再贴，使其平整度符合施工规范的要求。

（3）擦缝　拨好缝隙，待终凝结束后，按照设计的要求，在粘贴好的陶瓷锦砖表面上，用素水泥浆或白水泥浆或掺加好颜料的水泥浆用铁抹子把缝隙刮平刮严，稍干后用棉纱将表面擦拭干净。

（四）陶瓷锦砖表面污染

1. 质量问题

粘贴好的陶瓷锦砖饰面，由于保护不良被喷涂液、污物、灰尘、油漆、颜料、水刷石等浆液污染，严重影响建筑物的表面美观。

2. 原因分析

① 在粘贴施工中，由于操作不认真，在粘贴接缝后没有擦净陶瓷锦砖面上的黏结剂浆液，使陶瓷锦砖表面受到污染。

② 在粘贴完毕后，对成品保护不当，被沥青、油漆、涂料、污物、水泥浆、灰尘等污染。

③ 突出墙面的窗台、挑檐、雨篷、阳台、压顶、腰线等部位的下口，没有按照设计要求做好滴水槽或滴水线，使雨水冲下的污物沾污陶瓷锦砖面；或钢铁构件产生的锈蚀污染墙面等。

④ 陶瓷锦砖在运输、贮存、施工的过程中，被雨水淋湿或水浸泡，包装箱颜色或其他

污染物将锦砖污染。

3. 预防措施

① 当陶瓷锦砖饰面施工开始后，要注意坚持文明施工，不能在室内向外泼油污、泥浆、涂料、油漆、污水等，以免污染基层表面和已粘贴好的饰面。

② 陶瓷锦砖擦缝结束后，应自上而下将锦砖表面揩擦洁净，在拆除脚手架和向下运送施工设备时，要防止碰坏已粘贴好的墙面锦砖。

③ 用草绳或色纸包装陶瓷锦砖时，在运输和贮存期间要覆盖防雨用具，以防止雨淋或受潮使锦砖被污染。

（五）玻璃锦砖出现色泽不匀，墙面污染

1. 质量问题

玻璃锦砖粘贴后，饰面色泽深浅不一；墙面在施工或使用期间出现污染现象，严重影响饰面的装饰效果。

2. 原因分析

① 玻璃锦砖出现色泽不匀的原因，可参见第三节"（六）饰面出现色泽不匀"部分的原因分析。

② 玻璃锦砖表面有光泽，如果粘贴施工不按规范去做，玻璃锦砖饰面的平整度必然较差，反射的光泽显得非常零乱，则出现色泽不匀问题，影响装饰面的美观。

③ 玻璃锦砖呈半透明质，如果使用的粘贴材料颜色不一致，贴好后透出来的颜色也深浅不同，甚至出现一团一团不均匀的颜色。

④ 不按施工程序进行粘贴，片面追求粘贴速度，在玻璃锦砖揭纸后，使白水泥干粉黏附在饰面上，经过洗刷和擦缝也未能清理干净，在使用过程中饰面上出现花白现象，若经风雨淋洗，花白现象还可能进一步扩大。

⑤ 门窗框周边及预留洞口处，由于处于施工后期、量小而繁杂，找平层施工很短即进行粘贴，致使找平层上的水泥分子扩散，渗透到白水泥粘贴层上，板缝部位出现灰青色斑或色带，而且不容易进行处理。

⑥ 在擦缝时往往是采用满涂满刮的方法，从而造成水泥浆将玻璃锦砖晶体毛面污染，如果擦洗不及时、不干净，玻璃锦砖将失去光泽，显得锦砖表面暗淡。

⑦ 在粘贴玻璃锦砖的施工过程中，由于用脏污的材料擦拭玻璃锦砖的表面，使玻璃锦砖表面和接缝砂浆均受到污染；在雨天施工时还可能受到其他污水的污染。

3. 预防措施

① 玻璃锦砖色泽不匀的一般预防措施，可参见第三节"（六）饰面出现色泽不匀"部分预防措施的相关内容。

② 现行规范规定粘贴玻璃锦砖的平整度要求比陶瓷锦砖更高，在各道施工工序中都应当严格按照施工和验收规范操作，不能降低规范中的标准。

③ 在玻璃锦砖进行施工时，除深色者可以用普通水泥砂浆粘贴外，其他浅色或彩色锦砖，均应采用白色水泥或白水泥色浆。配制砂浆的砂子最好用 80 目的纯净石英砂，这样就不会影响浅色或彩色玻璃锦砖饰面的美观。

④ 在找平层施工后，要给它一个水化和干缩的龄期，给它一个空鼓、开裂的暴露期，不要急于粘贴玻璃锦砖。在一般情况下，最好要在潮湿的环境下养护 14d 左右，如果工期比较紧急，单从防污染的角度考虑，也不得少于 3d。

⑤ 在玻璃锦砖揭纸后，不得采用水泥干粉进行吸水，否则不但会留下"花白"污染，而且还会降低黏结层的黏结力。

⑥ 擦缝时应仔细在板缝部位涂刮，不能在表面满涂满刮；掌握好擦缝的时间，以玻璃

锦砖颗粒不出现移位，灰缝不出现凹陷，表面不出现条纹时，即为擦缝的最佳时间。擦缝要沿玻璃锦砖对角方向（即 45°角）来回揉搓，才能保证灰缝平滑饱满，不出现凹缝和布纹。擦完缝后，应立即用干净的棉纱将表面的灰浆擦洗干净，以免污染玻璃锦砖。

为防止铁锈对白水泥产生污染，对于重要外墙玻璃锦砖和"大方"玻璃锦砖的勾缝宜用铝线或铜线。

⑦ 散水坡施工时水泥浆对墙面污染的预防，可将墙根部位已粘贴的面砖预先刷白灰膏等，待散水坡施工完毕后，再清洗墙根。但是，所涂刷的白灰膏对玻璃锦砖表面还有侵入，难免留下一些污染痕迹。

目前采用的方法是：留下墙根部位约 1.5m 的锦砖位置，待散水坡施工完毕后，再进行粘贴。散水坡与墙根之间的变形缝宽度，应加上饰面层的厚度。填嵌散水坡变形缝时，应在墙根部位贴上不干胶纸带，预防嵌缝料再产生对玻璃锦砖墙面的污染。

复习思考题

1. 装饰饰面工程对胶合板、硬质纤维板、刨花板和细木工板各有哪些质量要求？

2. 装饰饰面工程对天然大理石、天然花岗石板材各有哪些质量要求？

3. 装饰饰面工程对人造饰面板、金属饰面板各有哪些质量要求？

4. 装饰饰面工程对内墙面砖、外墙面砖各有哪些质量要求？

5. 装饰饰面工程施工中所用的其他材料各有哪些质量要求？

6. 饰面板工程质量预控要点是什么？各种施工方法在施工中质量控制的要点是什么？

7. 饰面砖工程质量预控的要点是什么？各种施工方法在施工中质量控制的要点是什么？

8. 木饰面板施工中的一般质量要求包括哪些方面？其施工质量验收标准和检验方法有哪些？

9. 饰面板（砖）施工中的一般质量要求包括哪些方面？其施工质量验收标准和检验方法有哪些？

10. 墙面贴挂石材施工中的一般质量要求包括哪些方面？其施工质量验收标准和检验方法有哪些？

11. 金属饰面板施工中的一般质量要求包括哪些方面？其施工质量验收标准和检验方法有哪些？

12. 花岗石饰面板常见的质量问题有哪些？各自如何进行防治？

13. 大理石饰面板常见的质量问题有哪些？各自如何进行防治？

14. 外墙饰面常见的质量问题有哪些？各自如何进行防治？

15. 室外锦砖饰面常见的质量问题有哪些？各自如何进行防治？

第六章 地面装饰工程质量控制

【提要】 本章主要介绍了地面装饰工程中常用材料的质量控制、施工过程中的质量控制、工程验收质量控制、地面装饰工程质量问题与防治措施。通过对以上内容的学习，基本掌握地面装饰工程在材料、施工和验收中的质量控制内容、方法和重点，为确保地面装饰工程质量打下良好基础。

地面装饰的目的是保护结构的安全，增强地面的美化功能，使地面脚感舒适、使用安全、清理方便、易于保持。随着人们对装饰要求的不断提高，新型地面装饰材料和施工工艺的不断应用，地面装饰已由过去单一的混凝土逐渐被多品种、多工艺的各类地面所代替。

目前，在地面装饰工程中常用的三大类地面材料，它们是瓷砖类、大理石类、地毯和地垫软面料类。这些地面装饰材料为室内美化、改善环境等，起着决定性的作用。

第一节　地面常用材料的质量控制

地面装饰常用材料的种类很多，如木质地面装饰材料、天然石材装饰材料、陶瓷锦砖装饰材料、水磨石地面装饰材料、塑料地面装饰材料、水泥砂浆装饰材料、建筑涂料地面装饰材料和地毯装饰材料等。

一、木质地面材料的质量控制

木地板作为室内地面的装饰材料，具有自重较轻、弹性较好、脚感舒适、热导率小、冬暖夏凉等特性，尤其是其独特的质感和天然的纹理，迎合人们回归自然、追求质朴的心理，受到消费者的青睐。

木地板从原始的实木地板发展至今，品种繁多，规格多种，性能各异。目前，在建筑装饰工程中常用的木地板有：实木地板、复合木地板、强化木地板、软木地板等。

（一）实木地板的质量控制

根据国家标准《实木地板·技术条件》（GB/T 15063.1—2001）的规定，用于实木地板的木材树种要求纹理美观，材质软硬适度，尺寸稳定性和可加工性都较好。

　　实木地板产品按其外观质量、物理力学性能等，可分为优等品、一等品和合格品三个质量等级。实木地板的质量检验应按照国家标准《实木地板·检验和试验方法》（GB/T 15063.2—2001）中的要求进行。

　　实木地板的外观质量要求如表 6-1 所列；实木地板的主要尺寸及偏差如表 6-2 所列；实木地板的形状位置偏差如表 6-3 所列；实木地板的物理力学性能指标如表 6-4 所列。

表 6-1　实木地板的外观质量要求

名称	特等品	一等品	合格品	背面质量状况
活节	直径≤5mm 长度≤500mm，≤2 个 长度>500mm，≤4 个	5mm<直径≤15mm 长度≤500mm，≤2 个 长度>500mm，≤4 个	直径≤20mm 个数不限	尺寸与个数不限
死节	死节不允许有	直径≤2mm 长度≤500mm，≤1 个 长度>500mm，≤3 个	直径≤4mm ≤5 个	直径≤20mm 个数不限
蛀孔	蛀孔不允许有	直径≤0.5mm，≤5 个	直径≤2mm，≤5 个	直径≤15mm，个数不限
树脂囊	不允许有		长度≤5mm 宽度≤1mm ≤2 条	不限
翻斑	不允许有	不限		不限
腐朽	不允许有			初步腐朽且面积≤20%， 不剥落也不能捻成粉末
缺棱	不允许有			长度≤板长 30%， 宽度≤板宽的 20%
裂纹	不允许有	宽≤0.1mm，长≤15mm，≤2 条		宽度≤3mm，长度 ≤50mm，条数不限
加工波纹	不允许有	不明显		不限
漆膜划痕	不允许有	轻微		—
漆膜鼓泡	不允许有			—
漏漆	不允许有			
漆膜上针孔	不允许有	直径≤0.5mm，≤3 个		—
漆膜皱皮	不允许有	小于板面积 5%		
漆膜粒子	长度≤500mm，≤2 个 长度>500mm，≤4 个	长度≤500mm，≤4 个 长度>500mm，≤8 个		—

　　注：1. 凡在外观质量检验环境条件下，不能清晰地观察到的缺陷即为不明显。

　　2. 倒角上漆膜粒子不计。

表 6-2　实木地板的主要尺寸及偏差

名　称	偏差规定
长　度	当长度≤500mm 时，公称长度与每个测量值之差的绝对值应≤0.50mm；当长度>500mm 时，公称长度与每个测量值之差的绝对值应≤1.0mm
宽度	公称宽度与平均宽度之差的绝对值应≤0.30mm，宽度的最大值与最小值之差应≤0.30mm
厚度	公称厚度与平均厚度之差的绝对值应≤0.30mm，厚度的最大值与最小值之差应≤0.40mm

　　注：1. 实木地板长度和宽度是指不包括榫舌的长度和宽度。

　　2. 镶嵌地板只检量方形单元的外形尺寸。

　　3. 榫接地板的榫舌宽度应≥4.0mm，槽最大高度与榫最大厚度之差为 0～0.4mm。

表 6-3　实木地板的形状位置偏差

名　　称		偏　差　规　定
翘曲度	横弯	当长度≤500mm 时，允许≤0.2%；当长度>500mm 时，允许≤0.3%
	翘弯	宽度方向：凸翘曲度≤0.20%，凹翘曲度≤0.30%
	顺弯	长度方向：≤0.30%
宽度方向		平均值≤0.30mm，最大值≤0.40mm
拼装高度差		平均值≤0.26mm，最大值≤0.30mm

表 6-4 实木地板的物理力学性能指标

性 能 名 称	优等品	一等品	合格品
含水率/%	7≤含水率≤我国各地区的平衡含水率		
漆板表面耐磨/(g/100r)	≤0.08 且漆膜未磨透	≤0.10 且漆膜未磨透	≤0.15 且漆膜未磨透
漆膜附着力	0~1	2	3
漆膜硬度	≥H		

注：含水率是指地板在未拆封和使用前的含水率，我国各地区的平衡含水率见《锯材干燥质量》（GB/T 6491—1999）。

（二）复合木地板的质量控制

实木复合地板是利用优质阔叶树材或其他装饰性较强的材料作为表层，以材质较软的速生材或人造材作为基材，经高温高压而制成的多层板状结构。

国家标准规定：以实木板或单板为面层、实木条为芯层、单板为底层制成的企口地板，或以单板为面层、胶合板为基材制成的企口地板称为实木复合地板。

根据《实木复合地板》（GB/T 18013—2000）中的规定，各等级实木复合地板的外观质量要求，应符合表 6-5 中的规定；实木复合地板的理化性能指标，应符合表 6-6 中的规定。

表 6-5 实木复合地板的外观质量要求

名 称	项 目	板的表面			板的背面
		优等品	一等品	合格品	
死节	最大单个长径/mm	不允许	2	4	50
孔洞(含虫孔)	最大单个长径/mm	不允许		2个,需修补	15
浅色夹皮	最大单个长度/mm	不允许	20	30	不限
	最大单个宽度/mm	不允许	2	4	不限
深色夹皮	最大单个长度/mm	不允许		15	不限
	最大单个宽度/mm	不允许		2	不限
树脂囊和树脂道	最大单个长度/mm	不允许		5个,且最大单个宽度小于1	不限
腐朽	—	不允许			允许有初腐,但不剥落,也不能捻成粉末
变色	不超过面积/%	不允许	5个,板面色彩要协调	20个,板面色彩要大致协调	不限
裂缝	—	不允许			不限
拼接离缝 横拼	最大单个宽度/mm	0.1	0.2	0.5	不限
	最大单个长度不超过板长/mm	5	10	20	不限
纵拼	最大单个宽度/mm	0.1	0.2	0.5	不限

表 6-6 实木复合地板的理化性能指标

检 验 项 目	优等品	一等品	合格品
浸渍剥离	每一边的任一胶层开胶的累计长度不超过该胶层的1/3(3mm 以下不计)		
弹性模量/MPa	≥4000		
静曲强度/MPa	≥30		
含水率/%	5~14		
漆膜附着力	割痕及割痕交叉处允许有少量的断续剥落		
表面耐磨性/(g/100r)	≤0.08,且漆膜未磨透		≤0.15,且漆膜未磨透
表面耐污染	无污染的痕迹		
甲醛释放量/(mg/100g)	A 类:≤9;B 类:4~9		

另外，实木复合地板在外观质量上还要求不允许有叠层、鼓泡、分层、补条、补片、毛刺沟痕、漏漆等现象。

（三）强化木地板的质量控制

强化木地板也称为浸渍纸层压木质地板，是以一层或多层专用纸浸渍热固性氨基树脂，铺装在刨花板、中密度纤维板、高密度纤维板等人造板基材表面，在背面加上平衡层，正面加上耐磨层，经热压而制成的地板。

根据国家标准《浸渍纸层压木质地板》（GB/T 18102—2007）中的规定，强化地板产品按其外观质量、理化性能指标等，可分为优等品、一等品和合格品三个等级。强化地板的外观质量要求如表 6-7 所列，强化地板的理化性能指标如表 6-8 所列。

表 6-7　强化地板的外观质量要求

缺陷名称	板的正面			板的反面
	优等品	一等品	合格品	
干湿花	不允许		总面积不超过板面的 25%	允许
表面划痕	不允许			不允许露出基材
表面压痕	不允许			不允许
透底现象	不允许			不允许
光泽不均	不允许		总面积不超过板面的 25%	允许
污斑	不允许	≤3mm²，允许 1 个/块	≤10mm²，允许 1 个/块	允许
鼓泡、鼓包	不允许			≤10mm²，允许 1 个/块
分层	不允许			≤10mm²，允许 1 个/块
纸张撕裂	不允许			≤10mm²，允许 1 个/块
局部缺纸	不允许			允许
崩边	不允许			不允许
表面龟裂	不允许			不允许
榫舌及边角缺损	不允许			不允许

表 6-8　强化地板的理化性能指标

检验项目	优等品	一等品	合格品
静曲强度/MPa	≥40.0		≥30.0
内结合强度/MPa	≥1.0		
含水率/%	3.0~10.0		
密度/(g/cm³)	≥0.80		
吸水厚度膨胀率/%	≤2.5	≤4.5	≤10.0
表面胶合强度/MPa	≥1.0		
表面耐冷热循环	无龟裂、无鼓泡		
表面耐划痕	≥3.5N 表面无整圈连续划痕	≥3.0N 表面无整圈连续划痕	≥2.0N 表面无整圈连续划痕
尺寸稳定性/mm	≤0.50		
表面耐磨性/转	家庭用耐磨转数≥6000 转；公共场所用耐磨转数≥9000 转		
表面耐香烟灼烧	无黑斑、裂纹和鼓泡		—
表面耐干热性	无龟裂、无鼓泡		
表面耐污染腐蚀	无污染、无腐蚀		
表面耐龟裂性	0 级	1 级	
表面耐水蒸气	无突起变色和龟裂		
抗冲击性能/mm	≤9	≤12	
甲醛释放量/(mg/100g)	A 类：≤9		
	B 类：9~40		

二、天然石材的质量控制

（一）天然大理石材的质量控制

天然大理石普通型板材规格尺寸的允许偏差，应符合表 6-9 中的规定；天然大理石材平面度的允许极限公差，应符合表 6-10 中的规定；天然大理石材同批板材正面的外观缺陷，应符合表 6-11 中的规定；天然大理石材普通板材角度允许极限公差，应符合表 6-12 中的规定；天然大理石板材中主要化学成分含量和板材镜面光泽度，应符合表 6-13 中的规定。

表 6-9　普通型大理石板材规格尺寸的允许偏差

测 量 部 位		优等品	一等品	合格品
长度和宽度/mm		0 −1.0	0 −1.0	0 −1.5
厚度/mm	≤15	±0.5	±0.5	±1.0
	>15	+0.5 −1.5	+1.0 −2.0	±2.0

表 6-10　大理石板材平面度的允许极限公差　　　单位：mm

板材的长度范围	允许极限公差值			板材的长度范围	允许极限公差值		
	优等品	一等品	合格品		优等品	一等品	合格品
≤400	0.20	0.30	0.50	≥800~1000	0.70	0.80	1.00
>400~800	0.50	0.60	0.80	≥1000	0.80	1.00	1.20

表 6-11　大理石板材正面的外观缺陷要求

名称	规 定 内 容	优等品	一等品	合格品
裂纹	长度超过 10mm 的不允许条数/条			
缺棱	长度不超过 8mm，宽度不超过 1.5mm（长度≤4mm，宽度≤1mm 的不计），每米允许个数/个	0	1	2
掉角	沿板材边长顺延方向，长度≤3mm，宽度≤3mm（长度≤2mm，宽度≤2mm 的不计），每块板允许个数/个			
色斑	面积不超过 6cm^2（面积小于 2cm^2 的不计），每块板允许个数/个			
砂眼	直径在 2mm 以下	0	不明显	有，但不影响装饰效果

表 6-12　普通大理石板材角度允许极限公差

板材长度范围/mm	允许极限公差/mm		
	优等品	一等品	合格品
≤400	0.20	0.30	0.50
>400	0.50	0.60	0.80

表 6-13　大理石板材镜面光泽度要求

主要化学成分含量/%				镜面光泽度（光泽单位）		
氧化钙	氧化镁	二氧化碳	灼烧减量	优等品	一等品	合格品
40~56	0~5	0~15	30~45	90	80	70
25~36	15~25	0~15	35~45			
25~35	15~25	10~25	25~35			
34~37	15~18	0~1	42~45	80	70	60
1~5	44~50	32~38	10~20			
1~5	44~50	32~38	10~20	60	50	40

注：表中未包括的板材，其镜面光泽度由供需双方商定。

（二）天然花岗石材的质量控制

普通型花岗石板材的规格尺寸允许偏差，应符合表 6-14 中的规定；天然花岗石板材平面度的允许极限公差，应符合表 6-15 中的规定；天然花岗石板材角度的允许极限公差，应符合表 6-16 中的规定；天然花岗石板材正面的外观缺陷，应符合表 6-17 中的规定。

表 6-14　普通型花岗石板材的规格尺寸允许偏差　　　　　　单位：mm

分　类		细面和镜面板材			粗面板材		
等级		优等品	一等品	合格品	优等品	一等品	合格品
长度（宽度）		0(−1.0)	0(−1.5)	0(−2.0)	0(−1.0)	0(−2.0)	0(−3.0)
厚度	≤15	+0.5，−0.5	+1.0，−1.0	+1.0，−2.0	—		
	>15	+1.0，−1.0	+2.0，−2.0	+2.0，−3.0	+1.0，−2.0	+2.0，−3.0	+2.0，−4.0

表 6-15　天然花岗石板材平面度的允许极限公差

板材长度范围	细面和镜面板材			粗面板材		
	优等品	一等品	合格品	优等品	一等品	合格品
≤400	0.20	0.40	0.60	0.80	1.00	1.20
>400～<1000	0.50	0.70	0.90	1.50	2.00	2.20
≥1000	0.80	1.00	1.20	2.00	2.50	2.80

表 6-16　天然花岗石板材角度的允许极限公差

板材长度范围	细面和镜面板材			粗面板材		
	优等品	一等品	合格品	优等品	一等品	合格品
≤400	0.40	0.60	0.80	0.60	0.80	1.00
>400	0.40	0.60	1.00	0.60	1.00	1.00

表 6-17　天然花岗石板材正面外观缺陷要求

名称	规定内容	优等品	一等品	合格品
缺棱	长度不超过 10mm（长度小于 5mm 的不计），周边每米长/个	不允许	1	2
缺角	面积不超过 5mm×5mm（面积小于 2mm×2mm 的不计），每块板/个			
裂纹	长度不超过两端延至板边长度的 1/10（长度小于 20mm 的不计），每块板/条			
色斑	面积不超过 20mm×30mm（面积小于 15mm×15mm 的不计），每块板/个			
色线	长度不超过两端延至板边长度的 1/10（长度小于 40mm 的不计），每块板/条		2	3
坑窝	粗面板材的正面坑窝		不明显	出现，但不影响使用

三、水磨石材料的质量控制

水磨石地面施工所用的材料，主要包括胶凝材料、石粒材料、颜料材料、分格材料和其他材料，这些材料必须符合国家或行业的现行标准的要求。

（1）胶凝材料　现浇水磨石地面所用的水泥与水泥砂浆地面不同，白色或浅色的水磨石面层，应采用白色硅酸盐水泥；深色的水磨石地面，应采用硅酸盐水泥和普通硅酸盐水泥。无论白色水泥还是深色水泥，其强度均不得低于 32.5MPa。

（2）石粒材料　水磨石的石粒应采用质地坚硬、比较耐磨、洁净的大理石、白云石、方解石、花岗石、玄武岩、辉绿岩等，要求石粒中不得含有风化颗粒和草屑、泥块、砂粒等杂质。石粒的最大粒径以比水磨石面层厚度小 1～2mm 为宜，如表 6-18 所列。

表 6-18　石粒粒径要求

水磨石面层厚度/mm	10	15	20	25
石粒最大粒径/mm	9	14	18	23

工程实践证明：普通水磨石地面宜采用 4～12mm 的石粒，彩色水磨石地面宜采用 3～7mm、10～15mm、20～40mm 三种规格的组合。

（3）颜料材料　颜料在水磨石面层中虽然用量很少，但对于面层质量和装饰效果，却起着非常重要的作用。用于水磨石的颜料，一般应采用耐碱、耐光、耐潮湿的矿物颜料。要求呈粉末状，不得有结块，掺入量根据设计要求并做样板确定，一般不大于水泥质量的 12%，并以不降低水泥的强度为宜。

（4）分格材料　分格材料也称为分格条、嵌条，即将大面积的地面分割成设计尺寸的材料，为达到理想的装饰效果，通常主要选用颜色比较鲜艳的黄铜条、铝条和玻璃条三种，另外也有不锈钢、硬质聚氯乙烯制品。

（5）其他材料　主要包括施工中常用的草酸、氧化铝和地板蜡等。

① 草酸　草酸是水磨石地面面层抛光材料。草酸为无色透明晶体，有块状和粉末状两种。由于草酸是一种有毒的化工原料，不能接触食物，对皮肤有一定的腐蚀性，因此在施工中应注意防护。

② 氧化铝　氧化铝呈白色粉末状，不易溶于水，与草酸混合后，可以用于水磨石地面面层的抛光。

③ 地板蜡　地板蜡用于水磨石地面面层磨光后作为保护层。地板蜡有成品出售，也可根据需要自配蜡液，但应注意防火工作。

四、陶瓷锦砖材料的质量控制

陶瓷锦砖的技术质量要求，主要包括尺寸允许偏差、外观质量、物理力学性质和成联质量要求等。单块砖的尺寸和每联锦砖线路、联长的尺寸及其允许偏差，应符合表 6-19 中的规定；陶瓷锦砖边长≤25mm 的外观质量缺陷允许范围，应符合表 6-20 中的规定；陶瓷锦砖边长＞25mm 的外观质量缺陷允许范围，应符合表 6-21 中的规定；陶瓷锦砖的技术性能，应符合表 6-22 中的规定。

表 6-19　单块砖的尺寸和每联锦砖线路、联长的尺寸及其允许偏差

项　目	尺　寸/mm	允　许　偏　差	
		优　等　品	合　格　品
长度	≤25.0	±0.50	±1.00
	＞25.0		
厚度	4.0、4.5、＞4.5	±0.20	±0.40
线　路	2.0～5.0	±0.60	±1.00
联长	284.0、295.0 305.0、325.0	+2.50 −0.50	+3.50 −1.00

表 6-20　陶瓷锦砖的外观质量缺陷允许范围（边长≤25mm）

缺陷名称	表示方法	缺陷允许范围				备　注
		优等品		合格品		
		正面	反面	正面	反面	
夹层、釉裂、开裂		不允许				
斑点、粘疤、起泡、坏粉、麻面、波纹、缺釉、橘釉、棕眼、落脏、熔洞		不明显		不严重		
缺角/mm	斜边长	+1.5 −2.8	+3.5 −4.9	+2.8 −4.3	+4.9 −6.4	斜边长小于 1.5mm 的缺角允许存在正、背面缺角不允许在同一角部 正面只允许缺角 1 处
	深度	不大于厚砖的 2/3				
缺边/mm	长度	+3.0 −5.0	+6.0 −9.0	+5.0 −8.0	+9.0 −13.0	正、背面缺边不允许出现在同一侧面 同一侧面边不允许有两处缺边；正面只允许有两处
	宽度	1.5	3.0	2.0	3.5	
	深度	1.5	2.5	2.0	3.5	
变形/mm	翘曲	0.30		0.50		
	大小头	0.60		1.00		

注：在缺陷允许范围内，优等品正、背两面各自限 2 种缺陷，合格品正、背面各自限 4 种缺陷。

表 6-21　陶瓷锦砖的外观质量缺陷允许范围（边长＞25mm）

缺陷名称	表示方法	缺陷允许范围				备　注
		优等品		合格品		
		正面	反面	正面	反面	
夹层、釉裂、开裂		不允许				
斑点、粘疤、起泡、坯粉、麻面、波纹、缺釉、橘釉、棕眼、落脏、熔洞		不明显		不严重		
缺角/mm	斜边长	+1.5 -2.3	+3.5 -4.3	+2.3 -3.5	+4.3 -5.6	斜边长小于1.5mm的缺角允许存在,正、背面缺角不允许在同一角部,正面只允许缺角1处
	深度	不大于厚砖的2/3				
缺边/mm	长度	+2.0 -3.0	+5.0 -6.0	+4.0 -5.0	+6.0 -8.0	正、背面缺边不允许出现在同一侧面,同一侧面边不允许有两处缺边;正面只允许两处
	宽度	1.5	2.5	2.0	3.0	
	深度	1.5	2.5	2.0	3.0	
变形/mm	翘曲	不明显				
	大小头	0.20		0.40		

注：在缺陷允许范围内，优等品正、背两面各自限2种缺陷，合格品正、背两面各自限4种缺陷。

表 6-22　陶瓷锦砖的技术性能

项　目	技术指标	项　目	技术指标
密度	$2.3\sim2.4g/cm^3$	耐磨值	＜0.60
吸水率	无釉锦砖不大于0.2%, 有釉锦砖不大于1.0%	耐急冷急热性	有釉砖:$(140\pm2)℃$下保30min,取出立即放入冷水中,5min后取出,用涂墨法检查裂纹
抗压强度	$15\sim25MPa$	耐碱度	＞84%
使用温度	$-20\sim100℃$	耐酸度	＞95%
莫氏硬度	$6\sim7$		

对于成联的质量要求是：锦砖与粘贴材料的黏结，不允许有脱落，正面贴纸陶瓷锦砖的脱纸时间，一般不大于40min，锦砖铺贴成联后不允许铺贴纸露出。联内、联与联之间锦砖的色差，优等品目测基本一致，合格品目测可以稍微存在一定色差。

五、塑料地面材料的质量控制

塑料地板是以高分子合成树脂为主要材料，加入适量的其他辅助材料，经一定的制作工艺制成的预制块状、卷材状或现场粘贴整体状的地面材料。

（一）聚氯乙烯卷材地板的质量控制

聚氯乙烯卷材地板产品的外观质量，应符合表 6-23 中的规定；聚氯乙烯卷材地板产品的尺寸允许偏差，应符合表 6-24 中的规定；聚氯乙烯卷材地板产品的物理性能指标，应符合表 6-25 中的规定。

表 6-23　聚氯乙烯卷材地板产品的外观质量

缺陷名称	卷材地板等级			缺陷名称	卷材地板等级		
	优等品	一等品	合格品		优等品	一等品	合格品
裂纹、断裂、分层	不允许	不允许	不允许	套印偏差、色差	不允许	不明显	不影响美观
折皱、气泡	不允许	不允许	轻微	表面污染	不允许	不允许	不明显
漏印、缺膜	不允许	不允许	微小	图案变形	不允许	不允许	轻微

表 6-24　聚氯乙烯卷材地板产品的尺寸允许偏差

项　目	总厚度	长度	宽度
允许偏差	±10%	不小于规定尺寸	不小于规定尺寸

注：分段的卷材应注明其小段的长度；每卷的长度应增加≥200mm，有图案的产品应增加不少于2个完整图案的尺寸。

表 6-25　聚氯乙烯卷材地板产品的物理性能指标

性能项目	性能指标			性能项目	性能指标		
	优等品	一等品	合格品		优等品	一等品	合格品
耐磨层厚度/mm　≥	0.15		0.10	翘曲度/mm　≤	12	15	18
PVC层厚度/mm　≥	0.80		0.60	磨耗量/(g/cm²)　≤	0.0025	0.0030	0.0040
残余凹陷度/mm　≤	0.40	0.60	0.60	褪色性/级　≥	3(灰卡)		2(灰卡)
加热长度变化率/%　≤	0.25	0.30	0.40	基材剥离力/N　≥	50		15

（二）半硬质聚氯乙烯块状地板的质量控制

半硬质聚氯乙烯块状塑料地板产品的外观质量，应符合表 6-26 中的规定；半硬质聚氯乙烯块状塑料地板产品的尺寸允许偏差，应符合表 6-27 中的规定；半硬质聚氯乙烯块状塑料地板产品的物理性能指标，应符合表 6-28 中的规定。

表 6-26　半硬质聚氯乙烯块状塑料地板产品的外观质量

外观缺陷的种类	规定指标
缺口、龟裂、分层	不可有
凹凸不平、纹痕、光泽不均、色调不匀、污染、伤痕、异物	不明显

表 6-27　半硬质聚氯乙烯块状塑料地板产品的尺寸允许偏差

厚度极限偏差	长度极限偏差	宽度极限偏差
±0.15	±0.30	±0.30

表 6-28　半硬质聚氯乙烯块状塑料地板产品的物理性能指标

项目名称	单层地板	同质复合地面	项目名称	单层地板	同质复合地面
热膨胀系数/(1/℃)	≤1.0×10⁻⁴	≤1.2×10⁻⁴	23℃凹陷度/mm	≤0.30	≤0.30
加热重量损失率/%	≤0.50	≤0.50	45℃凹陷度/mm	≤0.60	≤1.00
加热长度变化率/%	≤0.20	≤0.25	残余凹陷度/mm	≤0.15	≤0.15
吸水长度变化率/%	≤0.15	≤0.17	磨耗量/(g/cm²)	≤0.020	≤0.015

六、对基层铺设材料的质量控制

地面装饰工程的基层铺设，主要包括基土、垫层、找平层、隔离层和填充层，基层铺设质量如何，关系到地面装饰工程质量的高低，因此，应特别重视基层铺设的质量控制。

（一）对基土的质量控制

地面装饰工程基层的基土，严禁用淤泥、腐殖土、冻土、耕植土、膨胀土和含有机物质大于 8％的土作为填土。在基土施工过程中，应用观察检查和检查土质记录进行质量控制。

（二）对垫层的质量控制

地面装饰工程的垫层种类很多，常见的有灰土垫层、砂垫层、砂石垫层、碎石垫层、碎砖垫层、三合土垫层、炉渣垫层、水泥混凝土垫层等。

1. 灰土垫层的质量要求

① 基层铺设的材料质量、密实度和强度等级或配合比等，应符合设计要求和《建筑地面工程施工质量验收规范》（GB 50209—2002）的要求。

② 灰土垫层应采用熟化石灰与黏土（或粉黏土、粉土）按一定比例混合的混合料铺设。

③ 灰土若用块灰闷制的熟石灰，在与土混合前应用孔径 6～10mm 的筛子过筛，熟石灰中不得有过大的未熟化石块。灰土所用的土料，在与石灰混合前应用孔径 16～20mm 的筛子过筛。

④ 熟化石灰可采用磨细生石灰代替，也可用粉煤灰或电石渣代替。当采用粉煤灰或电

石渣代替熟石灰做垫层时，其粒径不得大于 5mm，且粉煤灰的质量应符合《用于水泥和混凝土中的粉煤灰》（GB/T 1596—2005）的要求。

⑤ 建筑地面工程采用的材料，应符合设计要求和建筑地面工程施工质量验收规范的规定选用，并应符合国家现行标准的规定；进场材料应有质量合格证明文件、规格、型号及性能检测报告，对重要材料应有复验报告。

2. 砂垫层和砂石垫层的质量要求

① 基层铺设的材料质量、密实度和强度等级或配合比等，应符合设计要求和《建筑地面工程施工质量验收规范》（GB 50209—2002）的要求。

② 建筑地面工程采用的材料，应按设计要求和建筑地面工程施工质量验收规范的规定选用，并应符合国家现行标准的规定；进场材料应有质量合格证明文件、规格、型号及性能检测报告，对重要材料应有复验报告。

③ 垫层采用的砂或砂石不得含有草根、树枝等有机杂质，其质量应符合《建筑用砂》（GB/T 14684—2001）和《建筑用卵石、碎石》（GB/T 14685—2001）中的要求。

④ 垫层所用的砂应选用质地坚硬的中砂或中粗砂，砂石应选用天然级配良好的材料。

⑤ 垫层所用的石子最大粒径不得大于垫层厚度的 2/3，冻结的砂和冻结的天然砂石不得用于灰土垫层中。

3. 碎石垫层和碎砖垫层的质量要求

① 基层铺设的材料质量、密实度和强度等级或配合比等，应符合设计要求和《建筑地面工程施工质量验收规范》（GB 50209—2002）的要求。

② 建筑地面工程采用的材料，应按设计要求和建筑地面工程施工质量验收规范的规定选用，并应符合国家现行标准的规定；进场材料应有质量合格证明文件、规格、型号及性能检测报告，对重要材料应有复验报告。

③ 碎石应选用强度较高且均匀的石料，其最大粒径不得大于垫层厚度的 2/3。质量应符合《建筑用卵石、碎石》（GB/T 14685—2001）中的要求。

④ 碎砖不应采用风化、酥松、夹有瓦片和有机杂质的砖料，其粒径不应大于 60mm。

4. 三合土垫层的质量要求

① 三合土中的熟化石灰可采用磨细生石灰代替，也可用粉煤灰或电石渣代替。粉煤灰的质量应符合《用于水泥和混凝土中的粉煤灰》（GB/T 1596—2005）的要求。

② 消石灰应采用生石灰块，使用前应用 3～4d 的时间予以消解，并加以过筛，其粒径不得大于 5mm，不得夹有未熟化的生石灰块，也不得含有过多的水分。

③ 垫层采用的砂或砂石不得含有草根、树枝等有机杂质，其质量应符合《建筑用砂》（GB/T 14684—2001）和《建筑用卵石、碎石》（GB/T 14685—2001）中的要求。

④ 垫层所用的砂应选用质地坚硬的中砂或中粗砂，砂石应选用天然级配良好的材料。

⑤ 碎砖不应采用风化、酥松、夹有瓦片和有机杂质的砖料，其粒径不应大于 60mm。

5. 炉渣垫层的质量要求

① 炉渣内不应含有有机杂质和未燃尽的煤块，其粒径不应大于 40mm；粒径在 5mm 及以下的炉渣体积，不得超过炉渣总体积的 40%。

② 消石灰应采用生石灰块，使用前应用 3～4d 的时间予以消解，并加以过筛，其粒径不得大于 5mm，不得夹有未熟化的生石灰块。

③ 水泥宜采用硅酸盐水泥、普通硅酸盐水泥，其强度等级不低于 32.5 级，技术性能应符合《通用硅酸盐水泥》（GB 175—2007/XG1—2009）的要求。

6. 水泥混凝土垫层的质量要求

① 水泥宜采用硅酸盐水泥、普通硅酸盐水泥、矿渣硅酸盐水泥、粉煤灰硅酸盐水泥和火山灰质硅酸盐水泥，技术性能应符合《通用硅酸盐水泥》（GB 175—2007/XG1—2009）的要求。

② 采用的砂应符合《普通混凝土用砂、石质量标准及检验方法》（JGJ52—2006）和《建筑用砂》（GB/T 14684—2001）中的要求，其含泥量不应大于 3%。

③ 采用的石子应符合《普通混凝土用砂、石质量标准及检验方法》（JGJ52—2006）和《建筑用卵石、碎石》（GB/T 14685—2001）中的要求，其含泥量不应大于 2%。

（三）对找平层的质量控制

① 水泥宜采用硅酸盐水泥、普通硅酸盐水泥或矿渣硅酸盐水泥，其强度等级不低于32.5 级，技术性能应符合《通用硅酸盐水泥》（GB 175—2007/XG1—2009）的要求。

② 采用的砂应符合《普通混凝土用砂、石质量标准及检验方法》（JGJ 52—2006）中的要求，其含泥量不应大于 3%。

③ 石子宜采用碎石或卵石，其级配要适宜，最大粒径不应大于垫层厚度的 2/3，含泥量不应大于 2%，技术性能应符合《建筑用卵石、碎石》（GB/T 14685—2001）中的要求。

④ 拌制混凝土的水可用饮用水，其技术性能应符合《混凝土用水标准》（JGJ 63—2006）中的要求。

⑤ 混凝土掺用的外加剂质量应符合《混凝土外加剂》（GB 8076—2008）的规定。

（四）对隔离层的质量控制

① 在隔离层施工中所用的材料，其材质应经有相应资质的检测单位认定。

② 防水涂料。应符合设计要求和有关建筑涂料的现行国家标准的规定，进场后应进行抽样复检，合格后方可使用。

③ 防水卷材。应符合设计要求和有关建筑涂料的现行国家标准的规定，进场后应进行抽样复检，合格后方可使用。

④ 防水剂。隔离层中掺用的防水剂的质量，应符合《混凝土外加剂》（GB 8076—2008）的规定。进场后应进行抽样复检，合格后方可使用。

⑤ 在隔离层施工中所用的水可用饮用水，其技术性能应符合现行标准《混凝土用水标准》（JGJ 63—2006）中的要求。

（五）对填充层的质量控制

① 填充层应按设计要求选用材料，其密度和热导率应符合国家有关产品标准的规定。

② 填充层所用的松散材料的质量要求，应符合表 6-29 中的规定。

③ 整体保温材料的质量要求，除构成整体保温材料的松散保温材料，应符合表 6-29 中的规定外，其所用的水泥、沥青等胶结料等应符合设计及国家有关标准的规定。水泥的强度等级不应低于 32.5 级，沥青在北方地区宜采用 30 号以上，南方地区应不低于 10 号。所用材料必须有出厂质量证明文件，并符合国家有关标准的规定。

表 6-29　填充层所用的松散材料的质量要求

项　　目	膨胀蛭石	膨胀珍珠岩	炉　渣
粒径	3～15mm	≥0.15mm,小于 0.15mm 的含量不大于 8%	5～40mm
表观密度	≤300kg/m³	≤120kg/m³	500～1000kg/m³
热导率	≤0.14W/(m·K)	≤0.07 W/(m·K)	≤0.19～0.256 W/(m·K)

④ 填充层所用的板状保温材料的质量要求，应符合表 6-30 中的规定。

表 6-30　板状保温材料的质量要求

项　目	聚苯乙烯泡沫塑料		硬质聚氨酯泡沫塑料	泡沫玻璃	微孔混凝土	膨胀蛭石制品膨胀珍珠岩制品
	挤压	模压				
表观密度/(kg/m³)	≥32	15～30	≥30	≥150	500～700	300～800
热导率/[W/(m·K)]	≤0.030	≤0.041	≤0.027	≤0.02	≤0.22	≤0.26
抗压强度/MPa	—	—	—	≥0.40	≥0.40	≥0.30
在10%形变下压缩应力	≥0.15	≥0.06	≥0.15	—	—	—
70℃,48h后尺寸变化率/%	≤2.0	≤5.0	≤5.0	≤0.5	—	—
吸水率(体积分数)/%	≤1.5	≤6.0	≤3.0	≤0.5	—	—
外观质量	板的外形基本平整,无严重凹凸不平;厚度允许偏差为5%,且不大于4mm					

第二节　地面装饰工程施工质量控制

一、基层铺设施工质量控制

（一）垫层施工质量控制

1. 基土垫层施工质量控制

① 对于软弱土层必须按照设计要求进行处理,处理完毕后经验收合格,才能进行下道工序的施工。

② 在填土前,其下一层土表面应干净、无积水。填土用的土料,可采用砂土或黏性土,土中不得含有草皮、树根等杂质,土的粒径不应大于50mm。

③ 填土时土料应为最优含水量。重要工程或大面积地面填土前,应取土样按照击实试验确定土料的最优含水量与相应的最大干密度。

④ 土料回填前应清除基底的垃圾、树根等杂物,抽除坑穴中的积水和淤泥,测量基底的标高。如在耕植土或松土上填土料,应在基底土压实后再进行。

⑤ 填土应分层压（夯）实,对于填方土料应按设计要求验收后方可再继续填入,填土质量应符合现行国家标准《建筑地基基础工程施工质量验收规范》（GB 50202—2002）的有关规定。

⑥ 当墙柱基础处填土时,应重叠夯填密实。在填土与墙柱相连接处,也可采取设缝进行技术处理。

2. 灰土垫层施工质量控制

① 灰土垫层应采用熟化石灰与黏土（或粉质黏土、粉土）的拌和料进行铺设,其厚度不应小于100mm。

② 熟化石灰可采用磨细生石灰代替,磨细生石灰的质量应符合现行行业标准《建筑生石灰》（JC/T 479—1992）及《建筑生石灰粉》（JC/T 480—1992）的规定;也可以用粉煤灰代替,粉煤灰的质量应符合《用于水泥和混凝土中的粉煤灰》（GB/T 1596—2005）的规定。

③ 灰土垫层应铺设在不受地下水浸泡的基土上,以确保灰土垫层不遭受浸泡破坏。施工后应有防止水浸泡的措施。

④ 灰土垫层应分层夯实,经湿润养护、晾干后方可进行下一道工序的施工。

⑤ 建筑地面工程基层和面层的铺设,均应待其下一层检验合格后方可施工上一层。建筑地面工程各层铺设前,与相关专业的分部工程、分项工程以及设备管道安装工程之间,必须进行交接检验。

3. 砂垫层和砂石垫层施工质量控制

① 砂垫层的厚度不应小于 60mm；砂石垫层的厚度不应小于 100mm。

② 砂石应选用天然级配材料。铺设时不应有粗细颗粒分离现象，将砂石压（夯）实至不松动为止。

③ 砂垫层压（夯）实后，在现场应用环刀取样，测其干密度。砂垫层干密度以不小于该砂料的中密状态时的干密度为合格。中砂在中密状态时的干密度，一般为 1.55～1.60g/cm^3。

4. 碎石垫层和碎砖垫层施工质量控制

① 碎石垫层和碎砖垫层的厚度不应小于 100mm。垫层应当分层压（夯）实，达到表面坚实、平整。

② 碎（卵）石垫层施工时必须摊铺均匀，表面空隙用粒径为 5～25mm 的石子填缝。

③ 用碾压机械碾压时，应适当洒水使其表面保持湿润，一般碾压不得少于 3 遍，并碾压到不松动为止，达到表面坚实、平整。

④ 碎砖垫层每层虚铺厚度应控制不大于 200mm，适当洒水后进行夯实，夯实要均匀，表面要平整密实；夯实后的厚度一般为虚铺厚度的 3/4。不得在已铺好的垫层上用锤击方法进行碎砖加工。

5. 三合土垫层施工质量控制

① 三合土垫层应采用石灰、砂（可掺入少量黏土）与碎砖的拌和料铺设，其厚度不应小于 100mm。

② 三合土垫层其铺设方法可采用先拌和后铺设，或者先铺设碎料后灌砂浆的方法，无论采用何种方法，均应达到铺平夯实的要求。

③ 三合土垫层应分层夯打并密实，垫层表面应平整，在最后一遍夯打时，宜浇灌浓石灰浆，待其表面灰浆晾干后，才可进行下道工序的施工。

6. 炉渣垫层施工质量控制

① 炉渣垫层应采用炉渣或水泥与炉渣、或水泥、石灰与炉渣的拌和料进行铺设，其厚度不应小于 80mm。

② 炉渣垫层或水泥炉渣垫层所用的炉渣，使用前应浇水闷透；水泥石灰炉渣垫层所用的炉渣，使用前应用石灰浆或用熟化石灰浇水拌和闷透；闷透的时间均不得少于 5d。

③ 在炉渣垫层铺设前，其下一层应湿润；铺设时应分层压实，铺设后应进行养护，待其凝结后方可进行下一道工序的施工。

7. 水泥混凝土垫层施工质量控制

① 水泥混凝土垫层应铺设在基土上，当气温长期处于 0℃ 以下，设计无要求时，垫层应根据实际设置伸缩缝。

② 水泥混凝土垫层的厚度不应小于 60mm；在水泥混凝土垫层铺设前，其下一层表面应进行湿润，以便上下层很好地结合。

③ 室内地面的水泥混凝土垫层，应设置纵向缩缝和横向缩缝；纵向缩缝的间距不得大于 6m，横向缩缝的间距不得大于 12m。

④ 垫层的纵向缩缝应做成平头缝或加肋平头缝。当垫层厚度大于 150mm 时，可做成企口缝，横向缩缝应做假缝。平头缝和企口缝的缝间不得放置隔离材料，浇筑时应互相紧贴。企口缝的尺寸应符合设计要求，假缝宽度一般为 5～20mm，深度为垫层厚度的 1/3，缝内填入水泥砂浆。

⑤ 工业厂房、礼堂、门厅等大面积水泥混凝土垫层应分区段浇筑。分区段应结合变形缝位置、不同类型的建筑地面连接处和设备基础的位置进行划分，并应与设置的纵向和横向缩缝的间距相一致。

⑥ 水泥混凝土垫层的施工质量，应符合现行国家标准《混凝土结构工程质量验收规范》（GB 50209—2002）的有关规定。

（二）找平层施工质量控制

① 找平层应采用水泥砂浆或水泥混凝土进行铺设，并应符合现行国家标准《建筑地面工程施工质量验收规范》（GB 50204—2002）第 5 章的有关规定。

② 在铺设找平层前，应对其基层进行清理，当其下一层有松散填充料时，应铺平振实。

③ 有防水要求的建筑地面工程，铺设找平层前必须对立管、套管和地漏与楼板节点之间进行密封处理；其排水坡度应符合设计要求。

④ 在预制钢筋混凝土板上铺设找平层前，板缝填嵌的施工应符合下列要求。

a. 预制钢筋混凝土板相邻缝的底宽不应小于 20mm，以便于板缝填嵌。

b. 在进行板缝填嵌时，首先将缝内的杂物清理干净，并洒水保持湿润。

c. 填缝材料宜采用细石混凝土，其强度等级不得小于 C20。填缝高度应低于板面 10～20mm，且振捣密实，表面不应压光，填缝后应及时进行养护。

d. 当板缝底宽大于 40mm 时，应按照设计要求配置钢筋。

⑤ 在预制钢筋混凝土板上铺设找平层时，其板端应按设计要求做防裂的构造措施。

（三）隔离层施工质量控制

① 在水泥类找平层上铺设沥青类防水卷材、防水涂料，或以水泥类材料作为防水隔离层时，其表面应坚固、干净、干燥。在铺设前，应涂刷基层处理剂，基层处理剂应采用与卷材性能配套的材料或采用同类涂料的底子油。

② 当采用掺有防水剂的水泥类找平层作为防水隔离层时，防水剂的掺量和强度等级（或配合比）应符合设计要求。

③ 铺设防水隔离层时，在管道穿过楼板面的四周，防水材料应向上铺涂，并要超过套管的上口，在靠近墙面处，应高出面层 200～300mm 或按设计要求的高度铺涂。阴阳角和管道穿过楼板面的根部应附加增铺防水隔离层。

④ 防水材料在铺设后，必须进行蓄水检验。蓄水深度应为 20～30mm，24h 内无渗漏为合格，并做好蓄水检验记录。

⑤ 隔离层施工质量检验，应符合现行国家标准《屋面工程质量验收规范》（GB 50207—2002）的有关规定。

（四）填充层施工质量控制

① 填充层的下一层表面应坚实、平整。当为水泥类材料时，还应洁净、干燥，并且不得有空鼓、裂缝和起砂等质量缺陷。

② 采用松散材料铺设填充层时，应分层铺平拍实；采用板状和块状材料铺设填充层时，应分层错缝进行铺贴。

③ 填充层的施工质量检验，应符合现行国家标准《屋面工程质量验收规范》（GB 50207—2002）的有关规定。

二、整体面层铺设施工质量控制

整体面层包括水泥混凝土面层、水泥砂浆面层、水磨石面层、水泥钢铁面层、防油渗面层和不发火（防爆）面层等。

（一）水泥混凝土面层施工质量控制

① 水泥混凝土面层厚度应符合设计要求；在铺设的过程中不得留施工缝。当施工间隙超过允许时间规定时，应对接槎处按规定处理。

② 厕浴间、厨房和有排水（或其他液体）要求的建筑地面面层与相连接各类面层的标

高差，必须符合设计要求。

③ 铺设整体面层时，其水泥类基层的抗压强度不得小于 1.2MPa；表面应粗糙、洁净、湿润并不得有积水；在铺设前应涂刷界面处理剂。

④ 建筑地面的变形缝应按设计要求设置，并应符合下列规定。

a. 建筑地面的沉降缝、伸缩缝和防震缝，应与结构相应缝的位置一致，且应贯通建筑地面的各构造层。

b. 沉降缝和防震缝的宽度应符合设计要求，缝内杂物应清理干净，以柔性密封材料填嵌后用板封盖，并应与面层齐平。

⑤ 在浇筑混凝土时，应先刷水灰比为 0.4～0.5 的水泥浆，随刷随铺混凝土，用表面式振动器振捣密实。施工间隙后，应对已硬化的混凝土接槎处的松散石子、灰浆等清除干净，并涂刷水泥浆，再继续浇筑混凝土，保证施工缝处混凝土密实。

（二）水泥砂浆面层施工质量控制

① 水泥砂浆面层的厚度应符合设计要求，且不应小于 20mm。

② 水泥砂浆的强度等级或体积比必须符合设计要求；在一般情况下体积比应为 1：2（水泥：砂），砂浆的稠度不应大于 35mm，强度等级不应小于 M15。

③ 地面和楼面的标高与找平、控制线，应统一弹到房间的墙面上，高度一般比设计地面高 500mm。有地漏等带有坡度的面层，表面坡度应符合设计要求，且不得出现倒泛水和积水现象。

④ 水泥砂浆面层的抹平工作应在砂浆初凝前完成，压光工作应在砂浆终凝前完成。养护时间不得少于 7d；抗压强度达到 5MPa 以上后，方准上人行走；抗压强度达到设计要求后，方可正常使用。

（三）水磨石面层施工质量控制

① 水磨石面层应采用水泥与石粒的拌和料进行铺设。面层厚度除有特殊要求外，宜控制在 12～18mm，且按石粒粒径确定。水磨石面层的颜色和图案应符合设计要求。

② 白色或浅色的水磨石面层，应采用白水泥配制；深色的水磨石面层，宜采用硅酸盐水泥、普通硅酸盐水泥或矿渣硅酸盐水泥；同颜色的面层应使用同一批水泥。同一彩色面层应使用同一生产厂家、同批的颜料；颜料的掺入量宜为水泥重量的 3%～6% 或由试验确定。

③ 水磨石面层的结合层的水泥砂浆体积比宜为 1：3，相应的强度等级不应小于 M10，水泥砂浆的稠度（以标准圆锥体沉入度计）宜为 30～35mm。

④ 普通水磨石面层磨光遍数不应少于 3 遍，表面光洁度要求较高的水磨石面层厚度和磨光遍数由设计确定。

⑤ 在水磨石面层磨光后，涂草酸和上蜡之前，应采取必要的保护措施，表面不得污染。

⑥ 在水磨石施工过程中，应对地面标高校正和抄平，进行基层处理。并对拌和料的配合比、颜色、图案分格、铺设、磨光、成品保护等进行控制。

⑦ 面层标高应按房间四周墙上的 500mm 水平线控制。有坡度的地面与楼面应在垫层或找平层上找坡，有地漏等带有坡度的面层，坡度应能满足排除液体的要求。

⑧ 水磨石面层铺设前，应在找平层表面涂刷一道与面层颜色相同的水灰比为 0.4～0.5 的水泥浆作结合层，随刷随铺水磨石拌和料，并用滚筒加以压实，待表面出浆后，再用抹子抹光压平。

⑨ 水磨石面层铺设前，应在找平层上按设计要求的图案，将分格铜条或玻璃条用水泥稠浆固定牢；水泥稠浆高度一般应比分格条降低 5mm，分格条应顺直、厚薄一样，十字交叉处应拼缝严密，上表面水平一致。

⑩ 水磨石面层应使用磨石机分次磨光，在正式开磨前应先试磨，以表面石粒不松动方

可开磨，一般开磨时间可参考表 6-31 中的数值。

表 6-31　水磨石面层开磨时间

平均温度/℃	开磨时间/d	
	机械磨面	人工磨面
20～30	2.0～3.0	1.0～2.0
10～20	3.0～4.0	1.5～2.5
5～10	5.0～6.0	2.0～3.0

⑪ 踢脚线的用料如设计无规定，一般采用 1∶3 的水泥砂浆打底，用 1∶1.25 的水泥石粒砂浆罩面，凸出墙面约 8mm。踢脚线可采用机械磨面或人工磨面，特别注意阴角交接处不要漏磨，镶边用料及尺寸应符合设计要求。

（四）水泥钢铁屑面层施工质量控制

① 水泥钢（铁）屑面层应采用水泥与钢（铁）屑的拌和料进行铺设，拌和料各组成材料应符合现行有关标准的规定，其铺设厚度应符合设计要求。

② 水泥钢（铁）屑面层的配合比应通过试验确定。当采用振动法使水泥钢（铁）屑拌和料密实时，其密度不应小于 2000kg/m³，其稠度不应大于 10mm。

③ 面层和结合层的强度等级必须符合设计要求，且面层的抗压强度不应小于 40MPa；结合层的体积比为 1∶2，其相应的强度等级不应小于 M15。

④ 在铺设水泥钢（铁）屑面层时，应先在洁净的基层上刷一道水泥浆，其具体做法同水泥砂浆面层。

⑤ 水泥钢（铁）屑面层铺设时，应先铺设一层厚 20mm 的水泥砂浆结合层，面层的铺设应在结合层的水泥初凝前完成。

（五）防油渗面层施工质量控制

① 防油渗面层应采用防油渗混凝土进行铺设，或者采用防油渗涂油涂刷。

② 防油渗面层设置防油渗隔离层（包括与墙、柱连接处的构造）时，应符合设计要求。

③ 防油渗混凝土面层的厚度应符合设计要求，防油渗混凝土的配合比应按设计要求的强度等级和抗渗性能通过试验确定。

④ 防油渗混凝土面层应按厂房柱网分段进行浇筑，区段划分及分区段缝应符合设计要求。

⑤ 防油渗混凝土面层内不得敷设管线。凡露出面层的电线管、接线盒、预埋套管和地脚螺栓等的处理，以及与墙柱、变形缝、孔洞等连接处的泛水情况均应符合设计要求。

⑥ 防油渗面层采用防油渗涂料时，材料应按设计要求选用，涂层厚度宜为 5～7mm。

（六）不发火（防爆）面层施工质量控制

① 不发火（防爆）面层应采用水泥类的拌和料进行铺设，其厚度应符合设计要求。

② 不发火（防爆）各类面层的铺设，应符合现行国家标准《建筑地面工程施工质量验收规范》（GB 50209—2002）第 5 章相应面层的规定。

③ 不发火（防爆）面层采用石料和硬化后的试件，应在金刚砂轮上做摩擦试验。试验时应符合相关规定。

三、板块面层铺设施工质量控制

地面板块面层的种类很多，常见的有砖面层、天然石板面层、预制板块面层、天然石料面层、塑料板面层、活动地板面层等。

（一）砖面层施工质量控制

① 砖面层采用陶瓷锦砖、缸砖、陶瓷地砖和水泥花砖，并应在结合层上进行铺设。

② 有防腐蚀要求的砖面层采用的耐酸瓷砖、浸渍沥青砖、缸砖的材质、铺设以及施工

质量验收，应符合现行国家标准《建筑防腐蚀工程施工及验收规范》（GB 50212—2002）中的规定。

③ 在水泥砂浆结合层上铺贴缸砖、陶瓷地砖和水泥花砖面层时，应符合下列规定。

a. 在正式铺贴前，应对砖的规格尺寸、外观质量、色泽等进行预选，浸水湿润晾干备用。

b. 勾缝和压缝应采用同品种、同强度等级、同颜色的水泥，并做好养护和成品保护。

④ 在水泥砂浆结合层上铺贴陶瓷锦砖面层时，砖的底部应非常洁净，每联陶瓷锦砖之间、与结合层之间以及在墙角、镶边和靠墙处，应紧密贴合，在靠墙处不得采用砂浆填补。

⑤ 在沥青胶结料结合层上铺贴缸砖面层时，缸砖应干净，铺贴时应在摊铺热沥青胶料上进行，并应在沥青胶结料凝结前完成。

（二）天然石板面层施工质量控制

① 天然石板面层采用天然大理石、花岗石（或碎拼大理石、碎拼花岗石）板材，应在结合层上铺设。

② 板材有裂缝、掉角、翘曲和表面有缺陷时应予以剔除，品种不同的板材不得混杂使用；在进行铺设前，应根据石材的颜色、花纹、图案、纹理等按设计要求并试拼编号。

③ 在铺贴天然大理石、花岗石面层前，板材应浸湿、晾干；结合层与板材应分段同时进行铺设。

④ 在板块试铺前，放在铺贴位置上的板块对好纵横缝后，用皮锤或木锤轻轻敲击板块中间，使砂浆振密实，锤到铺贴高度。板块试铺合格后，搬起板块检查砂浆结合层是否平整、密实。增补砂浆，浇一层水灰比为 0.5 左右的素水泥浆后，再铺放原板块，使其四角同时落下，用皮锤轻敲，并用水平尺找平。

⑤ 楼梯踏步和台阶板块的缝隙宽度应一致、齿角整齐，楼层梯段相邻踏步高度差不应大于 10mm，防滑条应顺直、牢固。

（三）预制板块面层施工质量控制

① 预制板块面层采用水泥混凝土预制板块、水磨石板块，应当在结合层上进行铺设。

② 预制板块面层踢脚线施工时，严禁采用石灰砂浆打底。出墙的厚度应一致，当设计无规定时，出墙厚度不宜大于板厚，且小于 20mm。

③ 楼梯踏步和台阶板块的缝隙宽度应一致、齿角整齐，楼层梯段相邻踏步高度差不应大于 10mm，防滑条应顺直、牢固。

④ 在现场加工的预制板，应符合现行国家标准《建筑地面工程施工质量验收规范》（GB 50209 —2002）的有关规定。

⑤ 水泥混凝土板块面层的缝隙，应采用水泥浆或水泥砂浆进行填缝；彩色混凝土板块和水磨石板块应用同色水泥浆或水泥砂浆进行擦缝。

（四）天然料石面层施工质量控制

① 料石面层采用天然条石和块石，应在结合层上进行铺设。

② 条石和块石面层所用的石材规格、技术等级和厚度应符合设计要求。条石的质量应均匀，形状为矩形六面体，厚度为 80～120mm；块石形状为直棱柱体，顶面粗琢平整，底面面积不宜小于顶面面积的 60%，厚度为 100～150mm。

③ 不导电的料石面层的石料应采用辉绿岩石加工制成。填缝材料也应采用辉绿岩石加工的砂嵌实。耐高温的料石面层的石料，应按设计要求的耐高温温度选用。

④ 块石面层结合层铺设厚度，砂垫层不应小于 60mm，基土层应为均匀密实的基土或夯实的基土。

（五）塑料板面层施工质量控制

① 塑料板面层应采用塑料板块材、塑料板焊接，或者塑料卷材以胶黏剂粘贴，均在水泥类基层上进行铺设。

② 水泥类基层的表面应平整、坚硬、干燥、密实、洁净、无油脂及其他杂质，不得有凹凸不平、麻面、起砂、裂缝等质量缺陷。

③ 塑料板铺贴时，先将基层表面清扫干净，涂刷一层薄而匀的底子胶，待干燥后即按弹线位置由中央向四面铺贴。基层表面涂刷的胶黏剂必须均匀，涂刷厚度不大于 0.8mm，塑料板背面也应均匀涂刷胶黏剂，待胶层干燥至不粘手时，即可铺贴。铺贴应一次粘贴密实。

④ 当铺贴软质塑料板的板块缝隙需要焊接时，宜在铺贴 48h 后施焊；也可采用先焊后铺的方式。焊条的成分和性能应与被焊的板材性能相同。

⑤ 粘贴所选用的胶黏剂应符合现行国家标准《民用建筑工程室内环境污染控制规范》（GB 50325—2001）的规定。其产品应按基层材料和面层材料使用的相容性要求，通过试验确定。

（六）活动地板面层施工质量控制

① 活动地板所有的支座柱和横梁应构成一个整体框架，并与基层连接牢固；支架抄平后的高度应符合设计要求。

② 活动地板面层的金属支架应支撑在现浇水泥混凝土基层或面层上，基层表面应平整、光洁、不起砂。

③ 活动地板板块与横梁接触搁置处，应达到四角平整、严密、稳定的要求。

④ 当活动地板不符合模数时，其不足部分在现场根据实际尺寸将板块切割后镶补，并配装相应的可调支撑和横梁。切割边不经处理不得镶补安装，并且不得有局部膨胀变形情况。

⑤ 活动地板在门口处或预留洞口处应符合设置构造要求，四周侧边应用耐磨硬质材料封闭或用镀锌钢板包裹，用胶条封边应符合耐磨要求。

四、木竹面层铺设施工质量控制

木竹面层铺设是最常见的地面形式，根据所用材料不同，主要有实木地板面层、实木复合地板面层、中密度（强化）复合地板面层和竹地板面层等。

（一）实木地板面层施工质量控制

① 实木地板面层采用条材和块材实木地板或采用拼花实木地板，可以以空铺或实铺方式在基层上进行铺设。

② 铺设实木地板面层时，其木搁栅的截面尺寸、间距和稳固方法等均应符合设计要求。在进行木搁栅固定时，不得损坏基层和预埋管线。木搁栅应垫实钉牢，与墙体之间应留设出30mm 的缝隙，表面应平整、顺直。

③ 毛地板铺设时，木材髓心应当向上，其板间缝隙不应大于 3mm，与墙体之间应留8～12mm 的空隙，毛地板的表面应刨平。

④ 实木地板面层施工，应在有潮湿过程的室内工程（如抹灰）和可能引起地面和楼面潮湿的室内工作（如暖气试压）完工后进行。在铺设面层前，应保持房间干燥，并尽量避免在气候潮湿的情况下施工。

⑤ 木材含水率检查，可使用木材含水率测定仪直接测定，也可检查测定记录，特别对面层木板的木材含水率要求，必须严格控制在规定范围内，以避免湿胀干缝，产生翘曲变形，影响实木地板面层的质量。

⑥ 在进行实木地板面层铺设时，面板与墙体之间应留出 8～12mm 的缝隙。

⑦ 采用实木材料制作的踢脚线，背面应抽槽并进行防腐处理。

（二）实木复合地板面层施工质量控制

① 实木复合地板面层采用条材和块材实木复合地板或采用拼花实木复合地板，可以以空铺或实铺方式在基层上进行铺设。

② 实木复合地板面层的条材和块材，应采用具有商品检验合格证的产品，其技术等级及质量要求均应符合现行国家标准的规定。

③ 铺设实木复合地板面层时，其木搁栅的截面尺寸、间距和稳固方法等均应符合设计要求。在进行木搁栅固定时，不得损坏基层和预埋管线。木搁栅应垫实钉牢，与墙体之间应留设出 30mm 的缝隙，表面应平整、顺直。

④ 毛地板铺设时，其材料的质量应符合设计要求，其施工质量应达到现行规范规定。

⑤ 实木复合地板面层可采用整贴和点贴法施工。粘贴材料应采用具有耐老化、防水、防菌、无毒等技术性能，或者按设计要求选用的材料。

⑥ 铺设实木复合地板面层所用的衬垫的材质和厚度应符合设计要求。

⑦ 实木复合地板面层在铺设时，相邻板材的接头位置应错开不小于 300mm 的距离；与墙体之间应留设不小于 10mm 的空隙。

⑧ 大面积铺设实木复合地板面层时，应当根据工程实际分段进行铺设，分段缝的处理应符合设计要求。

（三）中密度（强化）复合地板面层施工质量控制

① 在中密度（强化）复合地板面层铺设时，相邻条板端头应错开不小于 300mm 的距离；衬垫层及面层与墙体之间，应留设不小于 10mm 的空隙。

② 中密度（强化）复合地板面层施工过程中应防止边棱损坏。

③ 中密度（强化）复合地板面层下的木搁栅、垫木和毛地板等，均应进行防腐、防蛀处理。

（四）竹地板面层施工质量控制

① 地面基层应平整干燥，达到或低于当地平衡湿度和含水率，严禁潮湿状态作业，并防止有水源向地面渗漏，底层房间、阴雨季节较长的房间、与厨卫间等潮湿场所相连的地面应进行防潮处理，厨卫间不宜铺设竹地板。

② 龙骨之间、龙骨与墙体之间、毛地板之间、毛地板与墙体之间均应留有一定的伸缩缝，以适宜材料的伸缩。

③ 龙骨、毛地板和垫木等应进行防腐、防虫处理。架空竹地板下、龙骨之间严禁留有施工的木屑、刨花、垃圾和杂物，以防腐和防虫。

④ 在铺钉竹地板面层时，必须用电钻在竹地板上钻孔后再用钉子或螺钉固定，不能直接进行铺钉，以防止竹地板开裂。

⑤ 在进行竹地板面层铺设时，不宜与其他室内装饰装修工程交叉混合施工，一般应在吊顶和墙面工程完成后进行，以免其他施工污染和损坏竹地板。

⑥ 竹地板面层的施工，当设计中无具体规定时，应选用同类材料进行镶边。

第三节 地面装饰工程验收质量控制

建筑地面工程的分项工程施工质量检验的主控项目，必须达到规范规定的质量标准，认定为合格；一般项目 80% 以上的检查点（处）符合规范规定的质量要求，其他检查点（处）

不得明显影响使用，并不得大于允许偏差值 50％为合格。凡达不到质量标准时，应按现行国家标准《建筑工程施工质量验收统一标准》（GB 50300—2001）中的规定处理。

一、基层铺设验收质量控制

对于其允许偏差和检验方法应符合表 6-32 中的规定。

表 6-32　基层表面的允许偏差和检验方法

项　目		允许偏差/mm			
		表面平整度	标高	坡度	厚度
基土	土	15	+0，−50	不大于房间相应尺寸的 2/1000，且不大于 30	在个别地方不大于设计厚度的 1/10
垫层	砂、砂石、碎石、碎砖	15	±20		
	灰土、三合土、炉渣、水泥混凝土	10	±10		
	木搁栅	3	±5		
	毛地板　拼花实木地板、拼花实木复合地板面层	3	±5		
	其他种类面层	5	±8		
找平层	用沥青胶结料作结合层铺设拼花木板、板（砖）块面层	3	±5		
	用水泥砂浆作结合层铺设板（砖）块面层	5	±8		
	用胶黏剂作结合层铺设拼花木板、塑料板、强化复合地板、竹地板面层	2	±4		
填充层	松散材料	7	±4		
	板、块材料	5			
隔离层	防水、防潮、防油渗	3	±4		
检验方法		用 2m 靠尺和楔形塞尺检查	用水准仪检查	用坡度尺检查	用钢尺检查

注：1. 本表是根据《建筑地面工程施工质量验收标准》（GB 50209—2002）中相应表格改制的，但其内容不变。

2. 有关基土、垫层、找平层等施工质量标准的"主控项目"、"一般项目"规定，本表中不再列出。

二、整体面层铺设验收质量控制

1. 允许偏差项目

整体面层的允许偏差及检验方法，应符合表 6-33 中的规定。

表 6-33　整体面层的允许偏差和检验方法

项　目	允许偏差/mm		
	表面平整度	踢脚线上口平直	缝格平直
水泥混凝土面层	5	4	3
水泥砂浆面层	4	4	3
普通水磨石面层	3	3	3
高级水磨石面层	2	3	2
水泥钢（铁）屑面层	4	4	3
防油渗混凝土和不发火（防爆）面层	5	4	3
检验方法	用 2m 靠尺和楔形塞尺检查	拉 5m 线和用钢尺检查	

2. 施工质量标准

① 水泥混凝土面层的施工质量验收标准和检验方法，如表 6-34 所列。

② 水泥砂浆面层的施工质量验收标准和检验方法，如表 6-35 所列。

③ 水泥钢（铁）屑面层的施工质量验收标准和检验方法，如表 6-36 所列。

表 6-34 水泥混凝土面层工程质量验收标准和检验方法

项目	项次	质量要求	检验方法
主控项目	1	水泥混凝土采用的粗骨料,其最大粒径不应大于面层厚度的 2/3,细石混凝土面层采用的石子粒径不应大于 15mm	观察检查和检查材质合格证明文件及检测报告
	2	面层的强度等级应符合设计要求,且水泥混凝土面层强度等级不应小于 C20;水泥混凝土垫层兼面层强度等级不小于 C15	检查配合比通知单及检测报告
	3	面层与下一层应结合牢固,无空鼓、裂纹	用小锤敲击检查
一般项目	4	面层表面不应有裂纹、脱皮、起砂等缺陷	观察检查
	5	面层表面的坡度应符合设计要求,不得有倒泛水和积水现象	观察和采用泼水或用坡度尺检查
	6	水泥砂浆踢脚线与墙面应紧密结合,高度一致,出墙厚度均匀	用小锤敲击、钢尺和观察检查
	7	楼梯踏步的宽度、高度应符合设计要求;楼层梯段相邻踏步高度差不应大于 10mm;每踏步两端宽度差不应大于 10mm;旋转楼梯梯段的每踏步两端宽度的允许偏差为 5mm;楼梯踏步的齿角应整齐,防滑条应顺直	观察和钢尺检查
	8	水泥混凝土面层的允许偏差应符合表 6-33 中的规定	

表 6-35 水泥砂浆面层工程质量验收标准和检验方法

项目	项次	质量要求	检验方法
主控项目	1	水泥采用硅酸盐水泥、普通硅酸盐水泥,其强度等级要求不应小于 32.5,不同品种、不同强度等级的水泥严禁混用;砂应为中砂,当采用石屑时,其粒径应为 1~5mm,且含泥量不应大于 3%	观察检查和检查材质合格证明文件及检测报告
	2	水泥砂浆面层的体积比(强度等级)必须符合设计要求;且体积比应为 1:2,强度等级不应小于 M15	检查配合比通知单及检测报告
	3	面层与下一层应结合牢固,无空鼓、裂纹	用小锤敲击检查
一般项目	4	面层表面不应有裂纹、脱皮、起砂等缺陷	观察检查
	5	面层表面的坡度应符合设计要求,不得有倒泛水和积水现象	观察和采用泼水或用坡度尺检查
	6	水泥砂浆踢脚线与墙面应紧密结合,高度一致,出墙厚度均匀	用小锤敲击、钢尺和观察检查
	7	楼梯踏步的宽度、高度应符合设计要求;楼层梯段相邻踏步高度差不应大于 10mm;每踏步两端宽度差不应大于 10mm;旋转楼梯梯段的每踏步两端宽度的允许偏差为 5mm;楼梯踏步的齿角应整齐,防滑条应顺直	观察和钢尺检查
	8	水泥砂浆面层的允许偏差应符合表 6-33 中的规定	

表 6-36 水泥钢(铁)屑面层工程质量验收标准和检验方法

项目	项次	质量要求	检验方法
主控项目	1	水泥强度等级不应小于 32.5;钢(铁)屑粒径应为 1~5mm;钢(铁)屑中不应有其他杂质,使用前应去油除锈,冲洗干净并干燥	观察检查和检查材质合格证明文件及检测报告
	2	面层和结合层的强度等级必须符合设计要求,且面层抗压强度不应小于 40MPa;结合层体积比应为 1:2(相应强度等级不应小于 M15)	检查配合比通知单及检测报告
	3	面层与下一层应结合牢固,无空鼓	用小锤敲击检查
一般项目	4	面层表面的坡度应符合设计要求	用坡度尺检查
	5	面层表面不应有裂纹、脱皮、麻面等缺陷	观察检查
	6	踢脚线与墙面应紧密结合,高度一致,出墙厚度均匀	用小锤敲击、钢尺和观察检查
	7	水泥钢(铁)屑面层的允许偏差应符合表 6-33 中的规定	

三、板块面层铺设验收质量控制

陶瓷地砖、缸砖、马赛克和水泥花砖等面层的施工质量要求及检验方法见表 6-37。

表 6-37　砖面层的施工质量要求及检验方法

项　目	项次	质量要求	检验方法
主控项目	1	面层所用的砖块(陶瓷锦砖、缸砖、陶瓷地砖和水泥花砖等)的品种、质量必须符合设计要求	观察检查和检查材质合格证明文件及检测报告
	2	面层与下一层的结合(黏结)应牢固,无空鼓	用小锤敲击检查
一般项目	3	砖面层表面应洁净、图案清晰,色泽一致,接缝平整、深浅一致,周边顺直;砖块无裂纹、掉角和缺棱等缺陷	观察检查
	4	面层邻接处的镶边用料及尺寸应符合设计要求,边角整齐、光滑	观察和钢尺检查
	5	踢脚线与墙面应紧密结合,高度一致,出墙厚度均匀	观察和用小锤敲击及钢尺检查
	6	楼梯踏步和台阶砖块的缝隙宽度应一致,齿角整齐;楼层梯段相邻踏步高度差不应大于 10mm;防滑条应顺直	观察和钢尺检查
	7	砖面层表面的坡度应符合设计要求,不得有倒泛水和积水现象;与地漏、管道结合处应严密牢固,无渗漏	观察、泼水或用坡度尺及蓄水检查
	8	砖面层的允许偏差应符合表 6-33 中的规定	

注:本表第 2 项凡单块板块边角局部脱胶处且每自然间(标准间)不超过总数的 5%者可不计。

(一)石材板块铺贴地面允许偏差及检验方法

石材板块铺贴地面允许偏差及检验方法见表 6-38。

表 6-38　石材板块铺贴地面允许偏差及检验方法

项　次	项　目	允许偏差/mm	检验方法
1	表面平整度	1.0	用 2m 靠尺和楔形塞尺检查
2	缝格平直	2.0	拉 5m 线,不足 5m 的拉通线和尺量检查
3	接缝高低差	0.5	尺量和楔形塞尺检查
4	板块间隙宽度	1.0	尺量检查
5	踢角线上口平直	1.0	拉 5m 线和尺量检查

(二)大理石、花岗岩板块面层的质量标准及检验方法

大理石、花岗岩板块面层的质量标准及检验方法见表 6-39。

表 6-39　大理石、花岗岩板块面层的质量标准及检验方法

项　目	项次	质量要求	检验方法
主控项目	1	大理石和花岗岩面层所用板块的品种、质量必须符合设计要求	观察检查和检查材质合格证明文件及检测报告
	2	面层与下一层的结合(黏结)应牢固,无空鼓	用小锤敲击检查
一般项目	3	大理石和花岗岩面层的表面应洁净、平整、无磨痕,图案清晰,色泽一致,接缝平整、深浅一致,周边顺直、镶嵌正确;板块无裂纹、掉角和缺棱等缺陷	观察检察
	4	踢脚线与墙面应紧密结合,高度一致,出墙厚度均匀	观察和用小锤敲击及钢尺检查
	5	楼梯踏步和台阶砖块的缝隙宽度应一致,齿角整齐;楼层梯段相邻踏步高度差不应大于 10mm;防滑条应顺直、牢固	观察和钢尺检查
	6	面层表面的坡度应符合设计要求,不得有倒泛水和积水现象;与地漏、管道结合处应严密牢固,无渗漏	观察、泼水或用坡度尺及蓄水检查
	7	大理石和花岗岩面层的允许偏差应符合表 6-38 中的规定	

(三)板(砖)块面层的质量要求及检验方法

板(砖)块面层主要包括水泥混凝土板块、水磨石板块、天然料石(条石、块石)、塑料板块等,地(砖)块面层的允许偏差和检验方法见表 6-40,预制水泥混凝土和水磨石板块面层工程质量要求及检验方法见表 6-41,天然料石(条石、块石)面层工程质量要求及检验方法见表 6-42。

表 6-40　地（砖）块面层的允许偏差和检验方法

项　目	允许偏差/mm				
	表面平整度	缝格平直	接缝高低差	踢角线上口平直	板块间隙宽度
陶瓷锦砖面层、高级水磨石板、陶瓷地砖面层	2.0	3.0	0.5	3.0	2.0
缸砖面层	4.0	3.0	1.5	4.0	2.0
水泥花砖面层	3.0	3.0	0.5	—	2.0
水磨石板块面层	3.0	3.0	1.0	4.0	2.0
大理石面层和花岗石面层	1.0	2.0	0.5	1.0	1.0
塑料板面层	2.0	3.0	0.5	2.0	—
水泥混凝土板块面层	4.0	3.0	1.5	4.0	6.0
碎拼大理石、碎拼花岗石	3.0	—	—	1.0	—
活动地板面层	2.0	2.5	0.4	—	0.3
条石面层	10.0	8.0	2.0	—	5.0
块石面层	10.0	8.0	—	—	—
检验方法	用 2m 靠尺和楔形塞尺检查	拉 5m 线和尺量检查	用钢尺和楔形塞尺检查	拉 5m 线和尺量检查	用钢尺检查

表 6-41　预制水泥混凝土和水磨石板块面层工程质量要求及检验方法

项　目	项次	质量要求	检验方法
主控项目	1	预制板块的强度等级、规格、质量应符合设计要求；水磨石板块应符合国家现行行业标准《建筑水磨石制品》(JC/T 507—1993)中的规定	观察检查和检查材质合格证明文件及检测报告
	2	面层与下一层应结合牢固、无空鼓	用小锤敲击检查
	3	预制板块表面应无裂缝、掉角、翘曲等明显缺陷	观察检察
	4	预制板块面层的表面应洁净、平整、无磨痕，图案清晰、色泽一致，接缝平整、深浅一致，周边顺直，镶嵌正确	观察检察
一般项目	5	面层邻接处的镶边用料尺寸应符合设计要求，边角整齐、光滑	观察和钢尺检查
	6	踢脚线表面应洁净、结合牢固，高度一致，出墙厚度一致	观察和用小锤敲击及钢尺检查
	7	楼梯踏步和台阶砖块的缝隙宽度应一致，齿角整齐；楼层梯段相邻踏步高度差不应大于 10mm；防滑条应顺直	观察和钢尺检查
	8	预制水泥混凝土和水磨石板块面层的允许偏差应符合表 6-38 中的规定	

注：本表第 2 项凡单块板块边角局部脱胶处且每自然间（标准间）不超过总数的 5% 者可不计。

表 6-42　天然料石（条石、块石）面层工程质量要求及检验方法

项　目	项次	质量要求	检验方法
主控项目	1	面层材质应符合设计要求；条石的强度等级应大于 MU60，块石的强度等级应大于 MU30	观察检查和检查材质合格证明文件及检测报告
	2	面层与下一层应结合牢固、无松动	观察检察和用锤敲击检查
一般项目	3	条石面层应组砌合理，无十字缝，铺砌方向和坡度应符合设计要求；块石面层石料缝隙应相互错开，通缝不超过两块石料	观察检察和用坡度尺检查
	4	天然料石（条石、块石）面层的允许偏差应符合表 6-38 中的规定	

表 6-43　塑料地板面层允许偏差及检验方法

项　次	项　目	允许偏差/mm	检　验　方　法
1	表面平整度	2.0	用 2m 靠尺和楔形塞尺检查
2	缝格平直	3.0	拉 5m 线，不足 5m 的拉通线和尺量检查
3	接缝高低差	0.5	用钢尺和楔形塞尺检查
4	板块间隙宽度	2.0	用钢尺检查
5	踢角线上口平直	3.0	拉 5m 线，不足 5m 的拉通线和尺量检查

　　塑料地板面层的施工质量要求，主要包括塑料地板面层允许偏差及检验方法（见表6-43）和塑料地板（板块及卷材）面层的质量标准及检验方法（见表6-44）。

表6-44　塑料地板块（板块及卷材）面层的质量标准及检验方法

项　目	项次	质　量　要　求	检验方法
主控项目	1	塑料地板面层所用的塑料板块和卷材的品种、规格、颜色、等级应符合设计要求和现行的国家标准	观察检查和检查材质合格证明文件及检测报告
	2	面层与下一层的粘贴应牢固、无翘边、不脱胶、不溢胶	观察检察和用锤敲击检查
一般项目	3	塑料地板面层应表面洁净、图案清晰、色泽一致、接缝严密、美观；拼缝处的图案、花纹相吻合，无胶痕；与墙面交接严密，阴、阳角收边方正	观察检查
	4	板块的焊接、焊缝应平整、光洁，无焦化变色、斑点、焊瘤和起鳞等缺陷，其凹凸允许偏差为±0.6mm；焊缝的抗拉强度不得小于塑料板强度的75%	观察检查和检查检测报告
	5	镶边用料应尺寸准确、边角整齐、拼缝严密、接缝顺直	用钢尺检查和观察检查
	6	塑料地板块（板块及卷材）面层的允许偏差应符合表6-43中的规定	

注：本表第2项卷材局部脱胶处面积不应大于20cm²，且相隔间距不小于50cm的可以不计；凡单块板块边角局部脱胶处且每自然间（标准间）不超过总数的5%者可不计。

四、木竹面层铺设验收质量控制

　　木（竹）面层工程的质量要求主要包括：木（竹）面层工程的允许偏差和检验方法（见表6-45）、实木地板面层工程的质量要求和检验方法（见表6-46）、实木复合地板面层工程的质量要求和检验方法（见表6-47）、中密度（强化）复合地板面层工程的质量要求和检验方法（见表6-48）、竹地板面层工程的质量要求和检验方法（见表6-49）。

表6-45　木（竹）面层工程的允许偏差和检验方法

项次	项　目	允许偏差/mm 实木地板面层 松木地板	硬木地板	拼花地板	实木复合地板、中密度（强化）复合地板、竹地板面层	检查方法
1	板面缝隙宽度	1.0	0.5	0.2	0.5	用钢尺检查
2	表面平整度	3.0	2.0	2.0	2.0	用2m靠尺和楔形塞尺检查
3	踢脚线上口平齐	3.0	3.0	3.0	3.0	拉5m线，不足5m的拉通线和尺量检查
4	板面拼缝平直	3.0	3.0	3.0	3.0	
5	相邻板材高差	0.5	0.5	0.5	0.5	用钢尺和楔形塞尺检查
6	踢脚线与面层地接缝	1.0				楔形塞尺检查

表6-46　实木地板面层工程的质量要求和检验方法

项　目	项次	质　量　要　求	检验方法
主控项目	1	实木地板面层所采用的材质和铺设时的木材含水率应符合设计要求；木搁栅、垫木和毛地板等应进行防腐、防蛀处理	观察检查和检查材质合格证明文件及检测报告
	2	木搁栅应安装牢固、平直	观察、脚踩检查
一般项目	3	面层铺设应牢固；黏结无空鼓	观察、脚踩或用小锤轻击检查
	4	实木地板面层应刨平、磨光，无明显刨痕和毛刺等现象；图案清晰、颜色均匀一致	观察、手摸和脚踩检查
	5	面层缝隙应严密；接头位置应错开，表面洁净	观察检查
	6	拼花地板接缝应对齐，粘、钉严密；缝隙宽度均匀一致；表面洁净，胶粘无溢胶	观察检查
	7	踢脚线表面应光滑，接缝严密，高度一致	观察和钢尺检查
	8	实木地板面层的允许偏差应符合表6-45中的规定	

表 6-47 实木复合地板面层工程的质量要求和检验方法

项　目	项次	质　量　要　求	检验方法
主控项目	1	实木复合地板面层所采用的条材和块材,其技术等级及质量要求必须符合设计要求;木搁栅、垫木和毛地板等必须做防腐、防蛀处理	观察检查和检查材质合格证明文件及检测报告
	2	木搁栅应安装牢固、平直	观察、脚踩检查
一般项目	3	面层铺设应牢固;黏结无空鼓	观察、脚踩或用小锤轻击检查
	4	实木复合地板面层图案和颜色应符合设计要求,图案清晰,颜色一致,板面无翘曲	观察、用 2m 靠尺和楔形塞尺检查
	5	面层的接头应错开,缝隙严密、表面洁净	观察检查
	6	踢脚线表面应光滑,接缝严密,高度一致	观察和钢尺检查
	7	实木复合地板面层的允许偏差应符合表 6-45 中的规定	

表 6-48 中密度（强化）复合地板面层工程的质量要求和检验方法

项　目	项次	质　量　要　求	检验方法
主控项目	1	所采用的条材和块材,其技术等级及质量要求必须符合设计要求;木搁栅、垫木和毛地板等必须做防腐、防蛀处理	观察检查和检查材质合格证明文件及检测报告
	2	木搁栅应安装牢固、平直	观察、脚踩检查
一般项目	3	面层铺设应牢固	观察、脚踩或用小锤轻击检查
	4	中密度(强化)复合地板面层图案和颜色应符合设计要求,图案清晰,颜色一致,板面无翘曲	观察、用 2m 靠尺和楔形塞尺检查
	5	面层的接头应错开,缝隙严密、表面洁净	观察检查
	6	踢脚线表面应光滑,接缝严密,高度一致	观察和钢尺检查
	7	中密度(强化)复合地板面层的允许偏差应符合表 6-45 中的规定	

表 6-49 竹地板面层工程的质量要求和检验方法

项　目	项次	质　量　要　求	检验方法
主控项目	1	竹地板面层所采用的材料,其技术等级及质量要求必须符合设计要求;木搁栅、垫木和毛地板等必须做防腐、防蛀处理	观察检查和检查材质合格证明文件及检测报告
	2	木搁栅应安装牢固、平直	观察、脚踩检查
一般项目	3	面层铺设应牢固;黏结无空鼓	观察、脚踩或用小锤轻击检查
	4	竹地板面层品种与规格应符合设计要求,板面无翘曲	观察、用 2m 靠尺和楔形塞尺检查
	5	面层的接头应错开,缝隙严密、表面洁净	观察检查
	6	踢脚线表面应光滑,接缝均匀,高度一致	观察和钢尺检查
	7	竹地板面层的允许偏差应符合表 6-45 中的规定	

实木地板的质量应符合国家标准《实木地板·技术条件》(GB/T 15063.1—2001) 中的规定,实木复合地板的质量应符合国家标准《实木复合地板》(GB/T 18103—2000) 中的规定,强化地板的质量应符合国家标准《浸渍纸层压木质地板》(GB/T 18102—2007) 中的规定,竹地板的质量应符合行业标准《竹地板》(LY/T 1573—2000) 中的规定,所有的木质人造板中的甲醛含量均应符合国家标准《室内装饰装修材料·人造板及其制品甲醛释放限量实木地板技术条件》(GB/T 15063.1—2001) 中的规定:A 类产品的甲醛释放量应≤9mg/100g,B 类产品的甲醛释放量应≤9～40mg/100g。

五、塑料地板面层铺设验收质量控制

塑料地板面层的施工质量要求,主要包括塑料地板面层允许偏差及检验方法（见表 6-50）和塑料地板（板块及卷材）面层的质量标准及检验方法（见表 6-51）。

表 6-50 塑料地板面层允许偏差及检验方法

项 次	项 目	允许偏差/mm	检 验 方 法
1	表面平整度	2.0	用 2m 靠尺和楔形塞尺检查
2	缝格平直	3.0	拉 5m 线, 不足 5m 的拉通线和尺量检查
3	接缝高低差	0.5	用钢尺和楔形塞尺检查
4	板块间隙宽度	2.0	用钢尺检查
5	踢角线上口平直	3.0	拉 5m 线, 不足 5m 的拉通线和尺量检查

表 6-51 塑料地板块（板块及卷材）面层的质量标准及检验方法

项 目	项次	质 量 要 求	检 验 方 法
主控项目	1	塑料地板面层所用的塑料板块和卷材的品种、规格、颜色、等级应符合设计要求和现行的国家标准	观察检查和检查材质合格证明文件及检测报告
	2	面层与下一层的粘贴应牢固、无翘边、不脱胶、不溢胶	观察检察和用锤敲击检查
一般项目	3	塑料地板面层应表面洁净、图案清晰、色泽一致、接缝严密、美观；拼缝处的图案、花纹相吻合，无胶痕；与墙面交接严密，阴、阳角收边方正	观察检查
	4	板块的焊接、焊缝应平整、光洁，无焦化变色、斑点、焊瘤和起鳞等缺陷，其凹凸允许偏差为±0.6mm；焊缝的抗拉强度不得小于塑料板强度的 75%	观察检查和检查检测报告
	5	镶边用料应尺寸准确、边角整齐、拼接严密、接缝顺直	用钢尺检查和观察检查
	6	塑料地板块（板块及卷材）面层的允许偏差应符合表 6-50 中的规定	

注：本表第 2 项卷材局部脱胶处面积不应大于 20cm²，且相隔间距不小于 50cm 可以不计；凡单块板块边角局部脱胶处且每自然间（标准间）不超过总数的 5% 者可不计。

第四节 地面装饰工程质量问题与防治措施

地面装饰工程包括楼面装饰和地面装饰两部分，两者的主要区别是饰面的承托层不同。楼面装饰面层的承托层是架空的楼面结构层，地面装饰面层的承托层是室内地基。地面装饰工程所用的材料很多，主要有水泥砂浆、混凝土、天然石材、陶瓷地砖、塑料、涂料、地毯、木地板等。

一、水泥砂浆地面质量问题与防治措施

水泥砂浆地面面层是以水泥作为胶凝材料、砂作为骨料，按一定的配合比配制抹压而成的。水泥砂浆地面的优点是造价较低、施工简便、使用耐久，但容易出现起灰、起砂、裂缝、空鼓等质量问题。

（一）地面起砂

1. 质量问题

地面起砂的质量问题，主要表现在表面粗糙，颜色发白，光洁度差，质地松软。在其表面上走动，最初有松散的水泥灰，用手触摸有干水泥面的感觉；随着走动次数的增多，砂浆中的砂粒出现松动，或有成片水泥硬壳剥落。

2. 原因分析

产生地面起砂的原因很多，归纳起来主要有以下几个方面。

① 水灰比过大。科学试验证明：常用的水泥在进行水化反应中，所需要的水量约为水泥质量的 25% 左右，即水泥砂浆的水灰比为 0.25 左右。这样小的水灰比，虽然能满足水化反应的用水量，但在施工中是非常困难的。为保证施工的流动性，水灰比往往在 0.40～0.60 范围内。但是，水灰比与水泥砂浆的强度成反比，如果用水量过大，不仅将会大大降低面层砂浆的强度，而且还会造成砂浆泌水，进一步降低地面表面的强度，由此会出现磨损起砂的质量问题。

② 施工工序不当。由于不了解水泥凝结硬化的基本原理，水泥砂浆地面压光工序安排不适当，以及底层过干或过湿等，造成地面压光时间过早或过晚。工程实践证明，如果压光过早，水泥水化反应刚刚开始，凝胶尚未全部形成，砂浆中的游离水比较多，虽然经过压光，表面还会游浮出一层水，使面层砂浆的强度和抗磨性严重降低；如果压光过晚，水泥已产生终凝，不但无法消除面层表面的毛细孔及抹痕，而且会扰动已经硬化的表面，也将大幅度降低面层砂浆的强度和抗磨性能。

③ 养护不适当。水泥经初凝和终凝进入硬化阶段，这是水泥水化反应的阶段。在适当的温度和湿度的条件下，随着水化反应的不断深入，水泥砂浆的强度不断提高。在水泥砂浆地面完工后，如果不养护或养护条件不当，必然会影响砂浆的硬化速度。如果养护温度和湿度过低，水泥的水化反应就会减缓速度，严重时甚至停止硬化，致使水泥砂浆脱水而影响强度。如果水泥砂浆未达终凝就浇水养护，也会使面层出现脱皮、砂粒外露等质量问题。

④ 使用时间不当。工程实践充分证明：当水泥砂浆地面尚未达到设计强度的 70％以上，就在其上面进行下道工序的施工，使地面表层受到频繁的振动和摩擦，很容易导致地面起砂。这种情况在气温较低时尤为显著。

⑤ 水泥砂浆受冻。水泥砂浆地面在冬季低温下施工，如果不采取保温或供暖措施，砂浆易产生受冻。水泥砂浆受冻后，体积大约膨胀 9％，产生较大的冰胀应力，其强度将大幅度下降；在水泥砂浆解冻后，砂浆体积不再收缩，使面层砂浆的孔隙率增大；骨料周围的水泥浆膜的黏结力被破坏，形成松散的颗粒，一经摩擦也会出现起砂现象。

⑥ 原材料不合格。原材料不合格，主要包括水泥和砂子。如果采用的水泥强度等级过低，或水泥中有过期结块水泥、受潮结块水泥，必然严重影响水泥砂浆的强度和耐磨性能。如果采用的砂子粒径过小，其表面积则大，拌和需水量大，水灰比加大，砂浆强度降低；如果砂中含泥量过多，势必影响水泥与砂子的黏结，也容易造成地面起砂。

⑦ 施工环境不当。冬季施工时在新浇筑砂浆地面房间内应采取升温措施，如果不采取正确的排放烟气措施，燃烧产生的二氧化碳气体，常处于空气的下层，它和水泥砂浆表面层接触后，与水泥水化生成的、尚未硬化的氢氧化钙反应，生成白色粉末状的碳酸钙，其不仅本身强度很低，而且还阻碍水泥水化反应的正常进行，从而显著降低砂浆面层的强度。

3. 预防措施

根据水泥砂浆地面起砂的原因分析，很易得到预防地面起砂的措施，在一般情况下，可以采取以下措施。

① 严格控制水灰比。严格控制水灰比是防止起砂的重要技术措施，在工程施工中主要按砂浆的稠度来控制水灰比大小。用于地面面层的水泥砂浆的稠度，一般不应大于 35mm（以标准圆锥体沉入度计），用于混凝土和细石混凝土铺设地面时的坍落度，一般不应大于30mm。混凝土面层宜用平板式振捣器振实，细石混凝土宜用辊子滚压，或用木抹子拍打，使其表面泛浆，以保证面层的强度和密实度。

② 掌握好压光时机。水泥地面的压光一般不应少于三遍。第一遍压光应在面层铺设后立即进行，先用木抹子均匀地搓压一遍，使面层材料均匀、紧密、平整，以表面不出现水面为宜。第二遍压光应在水泥初凝后、终凝前进行，将表面压实、平整。第三遍压光也应在水泥终凝前进行，主要是消除抹痕和闭塞细毛孔，进一步将表面压实、压光滑。

③ 进行充分的养护。水泥地面压光之后，在常温情况下，24h 后开始浇水养护，或用草帘、锯末覆盖后洒水养护，有条件的也可采用蓄水养护。采用普通硅酸盐水泥的地面，连续养护时间不得少于 7d；采用硅酸盐水泥的地面，连续养护时间不得少于 10d。

④ 合理安排施工工序。水泥地面的施工应尽量安排在墙面、顶棚的粉刷等装饰工程完工后进行，这样安排施工流向，不仅可以避免地面过早上人，而且可以避免对地面面层产生

污染和损坏。如果必须安排在其他装饰工程后进行，应采取有效的保护措施。

⑤ 防止地面早期受冻。水泥砂浆和混凝土早期受冻，对其强度的降低最为严重。在低温条件下抹水泥地面，应采取措施防止早期受冻。在抹地面前，应将门窗玻璃安装好，或设置供暖设备，以保证施工温度在+5℃以上。采用炉火取暖时，温度一般不宜超过30℃，应设置排烟设施，并保持室内有一定的湿度。

⑥ 选用适宜的材料。水泥最好采用早期强度较高的硅酸盐水泥、普通硅酸盐水泥，其强度等级不应低于32.5MPa，过期结块和受潮结块的水泥不能用于工程。砂子一般宜采用中砂或粗砂，含泥量不得大于3%；用于面层的粗骨料粒径不应大于15mm，也不应大于面层厚度的2/3，含泥量不得大于2%。

⑦ 采用无砂水泥地面。用于面层的水泥砂浆，用粒径为2～5mm的米石，代替水泥砂浆中的砂子，是防止地面起砂的成功方法。这种材料的配合比为：水泥∶米石＝1∶2（体积比），稠度控制在35mm以下。这种地面压光后，一般不会起砂，必要时还可以磨光。

（二）地面空鼓

1. 质量问题

地面空鼓是水泥砂浆地面最常见的质量问题，多发于面层与垫层、垫层与基层之间，用脚用力踩踏或小锤敲击，有比较明显的空鼓声。在使用一段时间后，很容易出现开裂，严重者产生大片剥落，影响地面的使用功能。

2. 原因分析

① 在进行基层（或垫层）清理时，未按规定要求进行，上面还有浮灰、浆膜或其他污物。特别是室内粉刷墙壁、顶棚时，白灰砂浆落在楼板上，造成清理困难，严重影响垫层与面层的结合。

② 在面层施工前，未对基层进行充分的湿润。由于基层中过于干燥，铺设砂浆后水分迅速被吸收，致使砂浆失水过快而强度不高，面层与基层黏结不牢。另外，干燥基层表面的粉尘很难清扫干净，对面层砂浆也起到一定的隔离作用。

③ 基层（或垫层）的表面积水过多，在铺设面层水泥砂浆后，积水处的砂浆水灰比突然增大，严重影响面层与垫层之间的黏结，必然造成地面空鼓。

④ 为了增加面层与基层的黏结，可采用涂刷水泥浆的方法。但是，如果刷浆过早，铺设面层时水泥浆已经硬化，不但不能增加黏结力，反而起了隔离层的作用。

⑤ 炉渣垫层的材料和施工质量不符合设计要求。主要表现在以下几个方面。

a. 使用未经过筛和未用水闷透的炉渣拌制水泥炉渣垫层。这种炉渣垫层粉末过多、强度较低、容易开裂、造成空鼓。另外，炉渣中含有煅烧过的煤矸石，若未经水闷透，遇水后消解而体积膨胀，造成地面空鼓。

b. 使用的石灰未经充分熟化，加上未过筛，拌和物铺设后，生石灰吸水产生体积膨胀，使水泥砂浆面层起拱，也将造成地面空鼓。

c. 设置于炉渣垫层中的管道没有采用细石混凝土进行固定，从而产生松动现象，致使面层开裂、空鼓。

3. 预防措施

（1）严格进行底层处理

① 认真清理基层表面的浮灰、浆膜及其他污物，并冲洗干净。如果底层表面过于光滑，为增强层面与基层的结合力，应当进行凿毛处理。

② 控制基层的平整度，用2m直尺检查，其凹凸度不得大于10mm，以保证面层厚度均匀一致，防止厚薄悬殊过大，造成收缩不均而产生裂缝和空鼓。

③ 面层施工前1～2d，应对基层认真进行浇水湿润，使其具有清洁、湿润、粗糙的

表面。

（2）注意结合层的施工质量

① 素水泥浆的水灰比应控制在 0.40～0.50 范围内，一般应采用均匀涂刷的施工方法，而不宜采用撒干面后浇水的扫浆方法。

② 刷素水泥浆与铺设面层应紧密配合，严格做到随刷随铺，不允许出现水泥浆风干硬化后再铺设面层。

③ 在水泥炉渣或水泥石灰炉渣垫层上涂刷结合层时，应采用配合比为：水泥：砂＝1：1（体积比）的材料。

（3）保证垫层的施工质量

① 垫层所用的炉渣，应当采用在露天堆放、经雨水或清水、石灰浆闷透的"陈渣"，炉渣内也不得含有有机物和未燃尽的煤块。

② 采用的石灰应在使用前用 3～4d 的时间进行熟化，并加以过筛，其最大粒径不得大于 5mm。

③ 垫层材料的配合比应适当。水泥炉渣的配合比为：水泥：炉渣＝1：6（体积比）；水泥石灰和炉渣的配合比为：水泥：石灰：炉渣＝1：1：8（体积比）。在施工中要做到：拌和均匀、严限水量、铺后辊压、搓平抹实。铺设厚度一般不应小于 60mm，当超过 120mm 时，应分层进行铺设。

④ 炉渣垫层铺设在混凝土基层上时，铺设前应在基层上涂刷水灰比为 0.45 左右的素水泥浆一遍，并且随刷随铺。

⑤ 炉渣垫层铺设后，要认真做好养护工作，养护期间避免遭受水的浸蚀，待其抗压强度达到 1.2MPa 以上后，再进行下道工序的施工。

⑥ 混凝土垫层应用平板式振捣器振实，对于高低不平处，应用水泥砂浆或细石混凝土找平。

（三）面层裂缝

1. 质量问题

地面面层出现的裂缝，其特点是部位不固定、形状不一样，预制板楼地面可能出现，现浇板楼地面也可能出现，有的是表面裂缝，也有的是连底裂缝。

2. 原因分析

① 采用的水泥安定性差或水泥刚刚出窑，在凝结硬化时产生较大的收缩。或采用不同品种、不同强度等级的水泥混杂使用，其凝结硬化时间及收缩程度不同，也会造成面层裂缝。砂子粒径过细或者是含泥量过多，从而造成拌和物的强度降低，并易引起面层收缩而产生裂缝。

② 不能及时养护或不对面层进行养护，会产生收缩裂缝。这对水泥用量比较大的地面或用矿渣硅酸盐水泥做的地面最为显著。在温度较高、空气干燥和有风季节，如果养护不及时，地面更容易产生干缩裂缝。

③ 水泥砂浆水灰比过大或搅拌不均匀，则砂浆的抗拉强度会显著降低，严重影响水泥砂浆与基层的黏结，也很容易导致地面出现裂缝。

④ 首层地面填土质量不符合设计要求，主要表现在：回填土的土质差或夯填不实，地面完成后回填土沉陷，使面层出现裂缝；回填土中有冻块或冰块，当气温回升融化后，回填土沉陷，使地面面层裂缝。

⑤ 配合比不适宜，计量不准确，垫层质量差；混凝土振捣不密实，接槎不严密；地面填土局部标高不够或过高，这些都会削弱垫层的承载力而引起面层裂缝。

⑥ 如果底层不平整，或预制楼板未找平，使面层厚薄不均匀，面层会因收缩不同而产

生裂缝；或埋设管道、预埋件、地沟盖板偏高偏低等，也会使面层厚薄不匀；新旧混凝土交接处因吸水率及垫层用料不同，也将导致面层收缩不匀。

⑦ 面积较大的楼地面，未按照设计和有关规定留设伸缩缝，当温度发生较大变化时，产生较大的胀缩变形，使地面产生温度裂缝。

⑧ 如果因局部地面堆积荷载过大而造成地基土下沉或构件挠度过大，使构件下沉、错位、变形，将导致地面产生不规则裂缝。

⑨ 掺入水泥砂浆和混凝土中的各种减水剂、防水剂等，均有增大其收缩量的不良影响。如果掺加外加剂过量，面层完工后又不注意养护，则会造成面层较大的收缩值，极易形成面层开裂。

3. 预防措施

① 应当特别重视地面面层原材料的质量，选择质量符合要求的材料配制砂浆。胶凝材料应当选用早期强度较高、收缩性较小、安定性较好的水泥，砂子应当选用粒度不宜过细、含泥量符合国家标准要求的中粗砂。

② 保证垫层厚度和配合比的准确性，振捣要密实，表面要平整，接槎要严密。根据工程实践证明，混凝土垫层和水泥炉渣（水泥石灰炉渣）垫层的最小厚度不应小于60mm；三合土垫层和灰土垫层的最小厚度不应小于100mm。

③ 用于面层水泥拌和物应严格控制用水量，水泥砂浆稠度不应大于35mm，混凝土坍落度不应大于30mm。在面层表面压光时，千万不可采用撒干水泥面的方法。必要时可适量撒一些1:1的干拌水泥砂，待其吸水后，先用木抹子均匀搓一遍，然后再用铁抹子压光。水泥砂浆终凝后，应及时进行覆盖养护，防止产生早期收缩裂缝。

④ 回填土应分层填筑密实，如果地面以下回填土较深，还应做好房屋四周地面排水，以免雨水灌入造成回填土沉陷，导致面层产生裂缝。

⑤ 水泥砂浆面层在铺设前，应认真检查基层表面的平整度，尽量使面层的铺设厚度一致，使面层的收缩基本相同。如果因局部埋设管道、预埋件而影响面层厚度，其顶面至地面表裂的最小距离不得小于10mm，并设置防裂钢丝网片。

⑥ 为适应地面的热胀冷缩变形，对于面积较大的楼地面，应从垫层开始设置变形缝。室内一般设置纵向和横向伸缩缝，缝的间距应符合设计要求。

⑦ 在结构设计上应尽量避免基础沉降量过大，特别要避免出现不均匀沉降；采用的预制构件应有足够的刚度，不准出现过大的挠度。

⑧ 在使用过程中，要尽可能避免局部楼地面集中荷载过大。

⑨ 水泥砂浆（或混凝土）面层中如果需要掺加外加剂，最好通过试验确定其最佳掺量，在施工中严格按规定控制掺用量，并注意加强养护。

二、板块地面面层质量问题与防治措施

地面砖与陶瓷锦砖是室内地面装修中较常用的材料之一，地面砖和陶瓷锦砖主要包括缸砖、各种陶瓷地面砖，在施工中如果不精心管理和操作，很容易发生一些质量问题，不仅直接影响其使用功能和观感效果，而且也会造成用户的恐惧心理。

众多地面砖施工实践证明，主要的质量问题有：地面砖的空鼓和脱落、地面砖的裂缝、地面砖的接缝问题、地面砖不平整和积水、陶瓷锦砖的空鼓和脱落、锦砖地面污染等。

（一）地面砖空鼓与脱落的质量问题

1. 质量问题

地面砖与铺设地面基层黏结不牢，人走在上面时有空鼓声，或出现部分地面砖有松动或脱落现象。

2. 原因分析

出现地面砖空鼓与脱落的质量问题的原因很多，主要有以下几个方面。

① 基层清理不符合要求。铺贴地面砖的地面基层，应当按照施工规范的要求清理干净，表面有泥浆、浮灰、杂物、积水等隔离性物质，不能使地面砖与基层牢固地黏结在一起，从而发生空鼓与脱落的质量问题。

② 基层质量不符合要求。地面砖能否与基层黏结为一体，不出现空鼓与脱落，在很大程度上取决于基层的质量如何。如果基层强度低于 M15，表面酥松、起砂，再加上施工中对基层不进行浇水湿润，很容易发生空鼓与脱落。

③ 水泥砂浆质量不合格。地面砖与基层的黏结是否牢固，水泥砂浆的质量是关键。水泥砂浆配合比设计不当、搅拌中计量不准确、水泥砂浆成品质量不合格，在施工中铺压不紧密，也是造成地面砖空鼓与脱落的原因之一。

④ 地面砖铺前处理不当。地面砖在铺设前应当清洗干净、浸水晾干，这样才能确保铺贴质量。若没有按规定浸水和洗净背面的灰烬和粉尘，或一边铺设一边浸水，地面砖上的明水没有擦拭干净就铺贴，必然会影响水泥砂浆与地面砖的黏结。

⑤ 地面砖铺后保护不够。水泥砂浆的凝结硬化，不仅需要一定的温度和湿度，而且不能过早的扰动。如果地面砖铺贴后，黏结层尚未硬化，就过早地在地面上走动、推车、堆放重物，或其他工种在地面上操作和振动，或不及时进行浇水养护，势必影响铺贴质量。

3. 预防措施

① 确保基层质量。基层的砂浆强度要满足铺贴地面砖的要求，一般不得低于 M15，砂浆的搅拌质量要求必须符合施工要求；每处脱皮和起砂的累计面积不得超过 $0.5m^2$，平整度用 2m 靠尺检查时不大于 5mm；不得出现脱壳和酥松的质量问题。

② 砂浆质量合格。水泥砂浆一般应采用硅酸盐水泥或普通硅酸盐水泥，水泥的强度等级一般不应低于 42.5MPa，水泥砂浆的强度等级不应低于 M15，其配合比一般应采用水泥：砂＝1：2，砂浆的稠度控制在 2.5～3.5mm 之间。

③ 保证砖材质量。地面砖在进行正式铺贴前，应对其规格尺寸、外观质量、表面色泽等进行预选，必须确保地面砖质量符合设计要求，然后将地面砖的表面清除干净，放入清水中浸泡 2～3h 后取出晾干备用。

（二）地面砖裂缝的质量问题

1. 质量问题

地面砖装饰地面由夏季进入秋季或冬季时，由于温差变化较大，易在夜间发生地面砖爆裂并有起拱的质量问题。

2. 原因分析

（1）建筑结构的原因　由于种种原因，楼面结构发生较大变形，地面砖被拉裂；或楼面结构层为预制钢筋混凝土空心板，则会产生沿着板端头的横向裂缝和沿预制板的水平裂缝等。

（2）材料收缩的原因　根据工程实践证明，地面砖采用水泥：砂＝1：2 的水泥砂浆比较适宜。有的地面砖接合层采用纯水泥浆，因纯水泥浆与地面砖的温差收缩系数不同，常造成地面砖出现起鼓、爆裂的质量问题。

3. 预防措施

防止地面砖产生裂缝的措施，基本上与防止地面砖空鼓和脱落相同，即主要从基层处理、选择材料等方面着手。

（三）地面砖接缝质量差的问题

1. 质量问题

地面砖接缝质量差，往往出现在门口与楼道相接处，主要是指砖的接缝高差大于 1mm、接缝宽度不均匀等质量问题。

2. 原因分析

① 产品质量低劣。地面砖的质量低劣，达不到现行的产品标准，尤其是砖面的平整度和挠曲度超过规定，必然会造成接缝质量差，这是这类质量问题的主要原因。

② 施工操作不规范。铺贴时操作不规范，接合层的平整度差，密实度小，且不均匀。由于操作不规范，很容易造成相邻两块砖接缝高差大于 1mm，接缝宽度大于 2mm，或一头宽一头窄，或因接合层局部沉降而产生较大高差。

3. 预防措施

① 严格按设计要求选择地面砖，控制好材料的质量，这是确保地面砖施工质量的关键。在选择地面砖时，应挑选平整度、几何尺寸、色泽花纹均符合标准的地面砖。

② 严格按施工规范进行铺贴。要求铺贴好的地面砖平整光洁、接缝均匀。在正式铺贴前，先将地面砖进行预排（包括色泽和花纹的调配），拉好纵向、横向和水平的铺设的控制线，施工中严格按控制线进行铺设。

（四）面层不平整、积水、倒泛水问题

1. 质量问题

地面砖面层平直度差超过 2mm，有积水和倒泛水现象，影响地面砖的使用功能和观感，也应当引起足够的重视。

2. 原因分析

① 施工管理水平较低，铺贴时没有测好和拉好水平控制线。有的虽拉好了水平控制线，但由于施工中不太注意，控制线时松时紧，也会导致平整度差。

② 底层地面的基层回填土不密实，局部产生沉陷，造成地面砖表面低洼而积水。

③ 在铺贴地面砖前，没有认真检查作业条件，如找平层的平整度，排水坡度没有查明，就盲目铺贴地面砖，从而造成倒泛水问题。

3. 预防措施

① 铺贴地面砖前要首先认真检查作业条件，找平层的强度、平整度、排水坡度必须符合设计要求，分格缝中的柔性防水材料要先灌注好，地漏要预先安装于设计位置，使找平层上的水都能顺畅地流入地漏。

② 按控制线先铺贴好纵横定位地面砖，再按控制线铺贴其他地面砖。每铺完一个段落，用喷壶进行洒水，每隔 15min 左右用硬木平板放在地面砖上，用木锤敲击木板（全面打一遍）。边拍实边用水平靠尺检查其平整度，直到达到标准为止。

（五）陶瓷锦砖地面空鼓与脱落问题

1. 质量问题

陶瓷锦砖铺设完毕后，经检查有些地方的锦砖出现空鼓，比较严重的则出现脱落，不仅严重影响地面的美观和平整，而且也严重影响其使用功能。

2. 原因分析

① 结合层砂浆在摊铺后，没有及时铺贴陶瓷锦砖，而结合层的砂浆已达到初凝；或使用拌和好超过 3h 的砂浆等，均容易造成空鼓与脱落的质量问题。

② 陶瓷锦砖地面铺贴完工后，没有做好养护和成品保护工作，在水泥砂浆尚未达到一定强度时，便被人随意踩踏或在其上面进行其他工序的施工。

③ 铺贴完毕的陶瓷锦砖，盲目采用浇水湿纸的方法进行处理。因浇水过多，有的在揭纸时拉动砖块，水渗入砖的底部使已粘贴好的陶瓷锦砖出现空鼓。

④ 在铺贴结合层水泥砂浆时，将砂浆中的游离物质浮在水面，被刮到低洼处凝结成薄膜隔离层，造成陶瓷锦砖脱壳。

3. 预防措施

① 检查陶瓷锦砖地面铺贴的基层平整度、强度，合格后方可铲除灰疙瘩，打扫冲洗干净。在铺抹黏结砂浆前 1h 左右，先在洒水湿润（但不能积水）的基层面上薄刷水泥浆一度。

② 在铺抹黏结层时，要掌握好水泥砂浆的配制质量，严格按规定的配合比进行计量，准确控制用水量，使搅拌好的砂浆稠度在 30mm 左右。配合铺设陶瓷锦砖的需要，做到随搅拌、随抹灰、随铺设锦砖，粘贴好一段后再铺另一段砂浆。

③ 严格按施工规范进行操作，并做好成品的养护和保护工作。

（六）锦砖地面出现斜楼的质量问题

1. 质量问题

陶瓷锦砖在铺设的过程中，尤其是铺至边缘时，发现出现锦砖的缝隙不垂直于房间，而是出现偏斜，不仅给铺设施工造成很大困难，而且也严重影响地面的装饰效果。对于地面装饰要求较高的工程，很可能因返工造成材料的浪费和损坏。

2. 原因分析

① 房间不方正、尺寸不标准，施工前没有查清和适当纠正，没有排列好具体铺设位置，在铺设时没有拉好控制线。

② 施工人员技术素质差，粘贴施工时又不拉控制线，结果造成各联锦砖之间的缝隙不均匀，从而使锦砖产生斜楼的质量问题。

③ 在地面铺设陶瓷锦砖前，没有认真审阅图纸，或者没根据房间实际尺寸和所用锦砖进行认真核算。

3. 预防措施

① 施工前要认真检查粘贴锦砖地面房间的几何尺寸，如果不方正，必须进行纠正；在确定施工控制线时，要排好靠墙边的尺寸。每块陶瓷锦砖之间，与结合层之间以及在墙角、镶边和靠墙处，均应紧密贴合，不得留有空隙，在靠墙处不得采用砂浆填补。

② 陶瓷锦砖装饰地面的施工，要挑选责任心比较强、技术水平比较高的工人操作，以确保地面工程的施工质量。

③ 在砖墙面抹灰和粉刷踢脚线时，对于在铺设陶瓷锦砖中出现的偏差，应适当进行偏差纠正。

④ 施工中应加强对工程质量的监督与控制，及时纠正各道工序中出现的偏差，不要将偏差累积在最后。

（七）板块地面空鼓

1. 质量问题

如果板块地面（水磨石、大理石、地板砖等）铺设不牢固，用小锤敲击时有空鼓声，人走在板块地面上有板块松动感。

2. 原因分析

① 基层表面清理不干净或浇水湿润不充分，涂刷的水泥浆结合层不均或涂刷的时间过长，水泥浆已产生硬化，根本起不到黏结板块的作用，结果造成板块面层与基层分离而导致空鼓。

② 在板块面层铺设之前，板块背面的浮灰没有刷干净，也没有进行浸水湿润，严重影响黏结效果，从而形成空鼓。

③ 铺设板块宜采用干硬性砂浆，并要对砂浆进行压实。如果砂浆含水率大或砂浆不压实、不平整，很容易造成板块空鼓。

3. 预防措施

① 铺设板块的基层表面必须清扫干净，并浇水使其充分湿润，但不得存有积水。基层

表面涂刷的水泥浆应均匀，并做到随涂刷水泥浆、随铺筑水泥砂浆结合层。

② 板块面层在铺设前应浸水湿润，并应当将板块背面的浮灰等杂物清扫干净，等板块吸水达到饱和面干时铺设最佳。

③ 采用配合比适宜的干硬性水泥砂浆，水泥砂浆铺后能够很好地摊平，经小锤敲击板块很容易平整，并且与基层、板块的黏结性好。

（八）板块接缝的缺陷

1. 质量问题

板块面层在铺设后，相邻板块的拼接处出现接缝不平、缝隙不匀等质量缺陷，严重影响板块地面的装饰效果。

2. 原因分析

① 板块本身厚薄不一样，几何尺寸不准确，有翘曲、歪斜等质量缺陷，再加上事先未进行严格挑选，使得板块铺贴后造成拼缝不平、缝隙不匀的现象。

② 在铺设板块面层时，不严格用水平尺进行找平，铺完一排后也不用 3m 靠尺进行双向校正，缝隙不拉通线控制，只凭感觉和经验进行施工，结果造成板块接头不平、缝隙不匀等质量缺陷。

③ 在铺设板块面层后，水泥砂浆尚未完全硬化时，在养护期内过早地上人行走或使用，使板块产生移动或变形，也会造成板块接头不平、缝隙不匀等质量缺陷。

3. 预防措施

① 加强对进场板块的质量检查，对那些几何尺寸不准、有翘曲、歪斜、厚薄偏差过大、有裂缝、掉角等缺陷的板块要挑出不用。

② 在板块铺贴前，铺好基准块后，应按照从中间向两侧和退后方向的顺序进行铺贴，随时用水平尺和直尺找平，对板块的缝隙必须拉通线控制，不得有偏差。

③ 板块铺设完毕后，尤其在水泥砂浆未完全硬化前，要加强对地面成品的保护，不要过早地在铺设的地面上行走或进行其他工序操作。

三、水磨石地面质量问题与防治措施

水磨石经过多道施工工艺完成后，最后经过磨光后才能较清晰地显现出质量优劣。现浇水磨石的质量通病一旦形成，则难以进行治理，因此要消除质量问题，应重视和加强施工过程中的预防工作。现浇水磨石地面常见的工程质量问题很多，主要有：地面裂缝空鼓、表面色泽不同、石粒疏密不均、分格条显露不清等。

（一）表面出现裂缝

1. 质量问题

大面积现制水磨石地面，一般常用于大厅、餐厅、休息厅、候车室、走廊等的地面，但施工后使用一段时间，容易出现一定的裂缝。

2. 原因分析

① 现浇水磨石地面出现裂缝的质量问题，主要是地面回填土不实、表面高低不平或基层冬季冻结；沟盖板水平标高不一致，灌缝不密实；门口或门洞下部基础砖墙砌得太高，造成垫层厚薄不均或太薄，引起地面裂缝。

② 楼地面上的水磨石层产生裂缝，主要是施工工期较紧，结构沉降不稳定；垫层与面层工序跟得过紧，垫层材料收缩不稳定，暗敷电缆管线过高，周围砂浆固定不好，造成面层裂缝。

③ 在现制水磨石地面前，基层清理不干净，预制混凝土楼板缝及端头缝浇灌不密实，影响楼板的整体性和刚度，当地面荷载过于集中时引起裂缝。

④ 对现制水磨石地面的分格不当，形成狭长的分格带，容易在狭长的分格带上出现

裂缝。

3．预防措施

①　对于首层地面房内回填土，应当分层填土和夯实，不得含有杂物和较大的冻块，冬季施工中的回填土要采取保温措施。门厅、大厅、候车室等大面积混凝土垫层，应分块进行浇筑，或采取适量的配筋措施，以减弱地面沉降和垫层混凝土收缩引起的面层裂缝。

②　对于门口或门洞处的基础砖墙高度，最高不得超过混凝土垫层的下皮，保持混凝土垫层有一定的厚度；门口或门洞处做水磨石面层时，应在门口两边镶贴分格条，这样可避免该处出现裂缝。

③　现浇水磨石地面的混凝土垫层浇筑后应有一定的养护期，使其收缩基本完成后再进行面层的施工；较大的或荷载分布不均匀的地面，在混凝土垫层中要加配双向 $\phi6@150\sim200mm$ 的钢筋，以增加垫层的整体性和刚度。预制混凝土板的板缝和端头缝，必须用细石混凝土浇筑密实。

暗敷电缆管道的设置不要过于集中，在管线的顶部至少要有 20mm 的混凝土保护层。如果电缆管道不可避免地过于集中，应在垫层内采取加配钢筋网的做法。

④　认真做好基层表面的处理工作，确实保证基层表面平整、强度满足、沉降极小，保证表面清洁、没有杂物、黏结牢固。

⑤　现制水磨石的砂浆或混凝土，应尽可能采用干硬性的。因为混凝土坍落度和砂浆稠度过大，必然增加产生收缩裂缝的机会，引起水磨石地面空鼓裂缝。

⑥　在对水磨石面层进行分格设计时，避免产生狭长的分格带，防止因面层收缩而产生的裂缝。

（二）表面光亮度差

1．质量问题

现制水磨石地面完成后，目测其表面比较粗糙，有些地方有明显的磨石凹痕，细小的孔洞眼较多，即使打蜡上光也达不到设计要求的光亮度。

2．原因分析

①　在对水磨石进行磨光时，由于水磨石规格不齐、使用不当而造成。水磨石地面的磨光遍数，一般不应少于 3 遍。第一遍应用粗金刚石砂轮磨，主要将其表面磨平，使分格条和石子清晰外露，但不得留下明显的磨痕。第二遍应用细金刚石砂轮磨，主要是磨去第一遍磨光留下的磨石凹痕，将表面磨光。第三遍应用更细的金刚石砂轮或油石磨，进一步将表面磨光滑。如果第二、第三遍用的磨石规格不当，则水磨石的光亮度达不到要求。

②　打蜡之前未涂擦草酸溶液，或将粉状草酸直接撒于地面进行干擦。打蜡的目的是使地面光滑、洁净美观，因此，要求所打的蜡与地面有一定的黏附力和耐久性。涂擦草酸溶液能除去地面上的杂物污垢，从而增强打蜡效果。如果直接将粉状草酸撒于地面进行干擦，则难以保证草酸擦得均匀。擦洗后，面层表面的洁净程度不同，擦不净的地方就会出现斑痕，严重影响打蜡效果。

③　水磨石地面在磨光的过程中，其基本工序是"两浆三磨"。"两浆"即进行两次补浆，"三磨"即磨光三遍。在进行补浆时，如果采用刷浆法，而不采用擦浆法，面层上的洞眼孔隙不能消除，一经打磨，仍然露出洞眼，表面光亮度必然差。

3．预防措施

①　在准备对面层进行打磨时，应先将磨石规格准备齐全，对外观要求较高的水磨石地面，应适当提高第三遍所用油石的号数，并增加磨光的遍数。

② 在地面打蜡之前，应涂擦草酸溶液。溶液的配合比可用热水：草酸＝1：0.35（质量比），溶化冷却后再用。溶液洒于地面，并用油石打磨一遍后，用清水冲洗干净。

③ 在磨光补浆的施工中，应当采用擦浆法，即用干布蘸上较浓的水泥浆将洞眼擦密实。在进行擦浆之前，应先清理洞中的积水、杂物，擦浆后应进行养护，使擦涂的水泥浆有良好的凝结硬化条件。

④ 打蜡工序应在地面干燥后进行，不能在地面潮湿状态下打蜡，也不能在地面被污染后打蜡。打蜡时，操作者应当穿干净的软底鞋，蜡层应当达到薄而匀的要求。

（三）颜色深浅不同

1. 质量问题

彩色的水磨石地面，在施工完成后表现出颜色深浅不一，彩色石子混合和显露不均匀，外观质量较差。

2. 原因分析

① 施工准备工作不充分，材料采购、验收不严格，或贮存数量不足，使用过程中控制和配合不严，再加上由于不同厂家、不同批号的材料性能存在一定差距，结果就会出现颜色深浅不同的现象。

② 在进行水磨石砂浆或混凝土的配制中，由于计量不准确，每天所用的面层材料没有专人负责，往往是随用随拌、随拌随配，再加上操作不认真，检查不仔细，造成配合比不正确，也易造成颜色深浅不同。

3. 预防措施

① 严格彩色水磨石组成材料的质量要求。对同一部位、同一类型的地面所需的材料（如水泥、石子、颜料等），应当经过严格选择、反复比较进行定货，最好使用同一厂家、同一批号的材料，在允许的条件下一次进场，以确保面层色泽均匀一致。

② 认真做好配合比设计和施工配料工作。配合比设计，一是根据工程实践经验，进行各种材料的用量计算；二是根据计算配合比进行小量浇筑试验，验证是否符合设计要求。施工配料，主要是指：配料计量必须准确，符合国家有关标准的规定；将地面材料用量一次配足，并用筛子筛匀、拌和均匀、装好备用。这样在施工时，不仅施工速度快，而且彩色石子分布均匀，颜色深浅一致。

③ 在施工过程中，彩色水磨石面层配料应由专人具体负责，实行岗位责任制，认真操作，严格检查。

④ 对于外观质量要求较高的彩色水磨石地面，在正式施工前应先做小块试样，经建设单位、设计单位、监理单位和施工单位等商定其最佳配合比后再进行施工。

（四）表面石粒疏密不均、分格条显露不清

1. 质量问题

表面石粒疏密不均、分格条显露不清，这是现浇水磨地面最常见的质量问题。主要表现在：表面有石粒堆积现象，有的地方石粒过多，有的地方没有石粒，不但影响其施工进度，而且严重影响其装饰性。有的分格条埋置的深度过大，不能明显地看出水磨石的分界，也会影响其装饰效果。

2. 原因分析

① 分格条粘贴方法不正确，两边固定所用的灰埂太高，十字交叉处不留空隙，在研磨中不易将分格条显露出来。

② 石粒浆的配合比不当，尤其是稠度过大，石粒用量太多，铺设的厚度过厚，超出分格条的高度太多，不仅会出现表面石粒疏密不均，而且还会出现分格条显露不清。

③ 如果开始磨研时间过迟，面层水泥石子浆的强度过高，再加上采用的磨石过于细，

使分格条不易被磨出。

3. 防治措施

① 在粘贴分格条时应按照规定的工艺要求施工，保证分格条达到"粘七露三"的标准，十字交叉处要留出空隙。

② 面层所用的石粒浆，应以半干硬性比较适宜，在面层上所撒布的石粒一定要均匀，不要使石粒疏密不均。

③ 严格控制石粒浆的铺设厚度，一般以辊筒滚压后面层高出分格条 1mm 为宜。

④ 开始研磨的时间和磨石规格，应根据实际情况选择，初磨时一般采用 60～90 号金刚石，浇水量不宜过大，使面层保持一定浓度的磨浆水。

四、塑料地板地面质量问题与防治措施

塑料地板的施工质量涉及基层、板材、胶黏剂、铺贴、焊接、切削等多种因素，常见的质量问题主要有面层空鼓、颜色与软硬不一、表面不平整、拼缝未焊透等。

（一）面层出现空鼓

1. 质量问题

塑料板的面层起鼓，有气泡或边角起翘现象，使人在上面活动时有不安全和不舒适的感觉。不仅严重影响其使用功能，而且也严重影响其装饰效果。

2. 原因分析

① 基层表面不清洁，有浮尘、油脂、杂物等，使基层与塑料板形成隔离层，从而严重影响了其黏结效果，造成塑料板面有起鼓现象。

② 基层表面比较粗糙，或有凹凸孔隙，粗糙的表面形成很多细小孔隙，在涂刷胶黏剂时，导致胶黏层厚薄不匀。在粘贴塑料板材后，由于细小孔隙内胶黏剂较多，其中的挥发性气体将继续挥发，当这些气体积聚到一定程度后，就会在粘贴的薄弱部位起鼓。

③ 涂刷胶黏剂的时间不适宜。过早或过迟都会使面层出现起鼓和翘边现象。如果涂刷过早，稀释剂未挥发完，还闷在基层表面与塑料板之间，积聚到一定程度，也会在粘贴的薄弱部位起鼓；如果涂刷过迟，则胶黏剂的黏性减弱，也易造成面层空鼓。

④ 为防止塑料板粘贴在一起，在工厂生产成型时表面均涂有一层极薄的蜡膜，但在粘贴时未进行除蜡处理，严重影响粘贴的牢固性，也会造成面层起鼓。

⑤ 粘贴塑料板的方法不对，由于整块进行粘贴，使塑料板与基层之间的气体未能排出，也易使面层起鼓。

⑥ 在低温下施工，胶黏剂由于变稠或冻结，不易将其涂刷均匀，黏结层厚薄不一样，影响黏结效果，从而引起面层起鼓。

⑦ 选用的胶黏剂质量较差，或者胶黏剂超过使用期发生变质，影响黏结效果。

3. 预防措施

① 认真处理基层，基层表面应坚硬、平整、光滑、清洁，不得有起砂、起壳现象。水泥砂浆找平层宜用 (1:1.5)～(1:2.0) 的配合比，并用铁抹子压光，尽量减少细微孔隙。对于麻面或凹陷孔隙，应用水泥拌 108 胶腻子修补平整后再粘贴塑料板。

② 除用 108 胶黏剂外，当使用其他种类的胶黏剂时，基层的含水率应控制在 6%～8% 范围内，避免因水分蒸发而引起空鼓。

③ 涂刷的胶黏剂，应待稀释剂挥发后再粘贴塑料板。由于胶黏剂的硬化速度与施工环境温度有关，所以当施工环境温度不同时，粘贴时间也应不同。在正式大面积粘贴前，应先进行小量试贴，取得成功后再开始粘贴。

④ 塑料板在粘贴前应进行除蜡处理，一般是将塑料板放入 75℃ 的热水中浸泡 10～20min，然后取出晾干才能粘贴。也可以在胶黏面用棉丝蘸上丙酮:汽油＝1:8 的混合溶液

擦洗，以除去表面蜡膜。

⑤ 在塑料板铺贴后的 10d 内，施工的环境温度应控制在 15～30℃ 范围内，相对湿度不高于 70%。施工环境温度过低，胶黏剂冻结时不宜涂刷，以免影响粘贴效果；环境温度过高，则胶黏剂干燥、硬化过快，也会影响粘贴效果。

⑥ 塑料板的拼缝焊接，应等胶黏剂干燥后进行，一般应在粘贴后 24～48h 后进行焊接。正式拼缝焊接前，先进行小样试验，成功后再正式大面积焊接。

⑦ 粘贴方法应从一角或一边开始，边粘贴，边抹压，将黏结层中的空气全部挤出。板边挤溢出的胶黏剂应随即擦净。在粘贴过程中，切忌用力拉伸或揪扯塑料板，当粘贴好一块塑料板后，应立即用橡皮锤子自中心向四周轻轻拍打，将粘贴层的气体排出，并增加塑料板与基层的黏结力。

⑧ 塑料板的黏结层厚度不要过厚，一般以控制在 1mm 左右为宜。

⑨ 应当选用质量优良、性能相容、刚出厂的胶黏剂，严禁使用质量低劣和超过使用期变质的胶黏剂。

（二）颜色与软硬不一

1. 质量问题

由于对塑料板材的产品质量把关不严，或在搭配时不太认真，从而造成塑料板表面颜色不同，在其上面行走时感觉质地软硬不一样。

2. 原因分析

① 在粘贴塑料前，表面进行除蜡处理时，由于浸泡时间掌握不当、水的温度高低相差较大，造成塑料板软化程度不同，从而形成颜色与软硬程度不一样，不仅影响装饰效果和使用效果，而且还会影响拼缝的焊接质量。

② 在采购塑料板时对产品颜色、质量把关不严格，致使不是同一品种、同一批号、同一规格，所以塑料板的颜色和软硬程度不同。

3. 预防措施

① 同一房间、同一部位的铺贴，应当选用同一品种、同一批号、同一色彩的塑料板。严格防止不同品种、不同批号和不同色彩的塑料板混用。由于我国生产厂家较多，塑料板品种很多，质量差异较大，所以在采购、验收、搭配时应加强管理。

② 在进行除蜡处理时，应当由专人负责。一般在 75℃ 的热水中浸泡时间应控制在 10～20min 范围内，不仅尽量使热水保持恒温，而且各批材料浸泡时间相同。为取得最佳浸泡时间和效果，应当先进行小块试验，成功后再正式浸泡。

③ 浸泡后取出晾干时的环境温度，应与粘贴施工时的温度基本相同，两者温差不宜相差太大。最好将塑料板堆放在待铺设的房间内备用，以适应施工的环境温度。

（三）焊缝不符合要求

1. 质量问题

焊缝不符合要求，主要是指拼缝焊接未焊透，焊缝两边出现焊瘤，焊条熔化物与塑料板黏结不牢固，并有裂缝、脱落等质量缺陷。

2. 原因分析

① 焊枪出口处的气流温度过低，使拼缝焊接没有焊透，造成焊接黏结不牢固。

② 焊枪出口气流速度过小，空气压力过低，很容易造成焊缝两边出现焊瘤，或者黏结不牢固。

③ 在进行施焊时，由于焊枪喷嘴离焊条和板缝距离较远，也容易造成以上质量缺陷。

④ 在进行施焊时，由于焊枪移动速度过快，不能使焊条与板缝充分熔化，焊条与塑料板难以黏结牢固。

⑤ 焊枪喷嘴与焊条、焊缝三者不在一条直线上，或喷嘴与地面的夹角过小，致使焊条熔化物不能准确地落入缝中，造成黏结不牢固。

⑥ 所用的压缩空气不纯净，有油质或水分混入熔化物内，从而影响黏结强度；或者焊缝切口切割时间过早，被污染物受到沾污或氧化，也影响黏结质量。

⑦ 焊接的塑料板质量、性能不同，熔化温度不一样，严重影响焊接质量；或者选用的焊条质量较差，也必然影响焊接质量。

3. 预防措施

① 在拼缝焊接时，必须采用同一品种、同一批号的塑料板粘贴面层，防止不同品种、不同批号的塑料板混杂使用。

② 拼缝切口的切割时间应适时，特别不应过早，最好是随切割、随清理、随焊接。切割后应严格防止污染物沾污切口。

③ 在正式焊接前，首先应检查压缩空气是否纯净，有无油质、水分和杂质混入。检查的方法是：将压缩空气向一张洁白的纸上喷 20～30s，如果纸面上无任何痕迹，即可认为压缩空气是纯洁的。

④ 掌握好焊枪的气流温度和空气压力值，根据工程实践经验证明：气流温度以控制在 180～250℃ 范围内为宜，空气压力值以控制在 80～100kPa 范围内为宜。

⑤ 掌握好焊枪喷嘴的角度和距离，根据工程实践经验证明：焊枪喷嘴与地面夹角以 25°～30° 为宜，距离焊条与板缝以 5～6mm 为宜。

⑥ 严格控制焊枪的移动速度，既不要过快，也不要太慢，一般以控制在 30～50cm/min 为宜。

⑦ 在正式焊接前，应先进行试验，掌握其气流温度、移动速度、角度、气压、距离等最佳参数后，再正式施焊。在进行焊接的过程中，应使喷嘴、焊条、焊缝三者保持一条直线。如果发现焊接质量不符合要求，应立即停止施焊，分析出现质量问题的原因，制订可靠的改进措施后再施焊。

（四）表面呈现波浪形

1. 质量问题

塑料地板铺贴后表面平整度较差，目测其表面呈波浪形，不仅影响地面的观感，而且影响地板的使用。

2. 原因分析

① 在铺贴塑料地板前，基层未按照设计要求进行认真处理，使基层表面的平整度差，在铺贴塑料地板后，自然会有凹凸不平的波浪形等现象。

② 操作人员在涂刮胶黏剂时，用力有轻有重，使涂刮的胶黏剂厚薄不均，有明显的波浪形。在粘贴塑料地板时，由于胶黏剂中的稀释剂已挥发，胶体流动性变差，粘贴时不易抹平，使面层呈波浪形。

③ 如果铺贴塑料地板在低温下施工，胶黏剂容易产生冻结，流动性和黏结性差，不易刮涂均匀，胶黏层厚薄不匀，由于塑料地板本身较薄（一般为 2～6mm），粘贴后就会出现明显的波浪形。

3. 预防措施

① 必须严格控制粘贴基层的平整度，这是防止出现波浪形的质量问题的重要措施，对于凹凸度大于 ±2mm 的表面要进行平整处理。当基层表面上有抹灰、油污、粉尘、砂粒、杂物等时，可用磨石机轻轻地磨一遍，并用清水冲洗干净，晾干。

② 在刮抹胶黏剂时，使用齿形恰当的刮板，使胶层的厚度薄而匀，一般应控制在 1mm 左右。在刮抹胶黏剂时，注意基层与塑料板粘贴面上，刮抹的方向应纵横相交，以使在塑料

地板铺贴时，粘贴面的胶层比较均匀。

③ 控制施工温度和湿度。施工环境温应控制在 15～30℃ 之间，相对湿度应不高于 70％，并保持 10d 以上。

五、木质地板地面质量问题与防治措施

木质地板如果施工中处理不当，也会出现行走时发出响声、地板局部有翘曲、板之间接缝不严、板的表面不平整等质量问题，不仅影响地板的使用功能和使用寿命，也会影响地板的装饰性。

（一）行走时发出响声

1. 质量问题

木地板在使用过程中，发出一种"吱吱"的响声，不仅使用者感到不舒服，而且也严重影响邻居的正常生活和休息。特别是夜深人静时，在木地板上行走发出刺耳的响声，使人感到特别烦躁，甚至影响邻里之间的团结。

2. 原因分析

在木地板上行走产生响声的原因，主要是以下两个方面。

① 铺贴木地板的地面未认真进行平整处理，由于地面不平整会使部分地板和龙骨悬空，从而在上部重量的作用下产生响声。

② 木龙骨用铁钉固定的施工中，一般采用打木楔加铁钉的固定方式，会造成因木楔与铁钉接触面过小而使其紧固力不足，极易造成木龙骨产生松动，踩踏木地板时就会发出响声。

3. 预防措施

防止木地板出现响声的措施，实际上是根据其原因分析而得出的，主要可从以下几方面采取相应措施。

① 认真进行地面的处理，这是避免木地板出现响声最基本的要求。在进行木地板铺设前，必须按照国家标准《建筑地面工程施工质量验收规范》（GB 50209—2002）的规定，将地面进行平整处理。

② 木龙骨未进行防潮处理，地面和龙骨间也不铺设防潮层，选用松木板材制作非干燥龙骨时，应提前 30d 左右固定于地面，使其固定后自行干燥。

③ 木地板应当采用木螺钉进行固定，钉子的长度、位置和数量应符合施工的有关规定。在木地板固定施工时，固定好一块木地板后，均应当用脚踏进行检查，如果有响声，应及时返工纠正。

（二）地板局部有翘曲

1. 质量问题

木地板铺设完毕后，某些板块出现裂缝和翘曲缺陷，不仅严重影响地板的装饰效果，而且也会出现绊人现象，尤其是严重翘曲的板块，对老年人的人身安全也有威胁。

2. 原因分析

产生地板局部翘曲的原因是多方面的，最关键的是一个"水"字，由"水"而引起木地板板块或龙骨产生变形。

① 在进行木地板铺设前，不检查木龙骨的含水率是否符合要求，而盲目地直接铺贴木地板，从而造成因木龙骨的变形使木地板也产生变形。

② 由于面层木地板中的含水率过高或过低，从而引起木地板翘曲。当木地板中的含水率过高时，在干燥的空气中失去水分，断面产生一定的收缩，从而发生翘曲变形；当木地板中的含水率过低时，由于与空气中的湿度差过大，使木地板快速吸收水分，从而造成木地板起拱，也可能出现漆面爆裂现象。

③ 在地板的四周未按要求留伸缩缝、通气孔，面层木地板铺设后，内部的潮气不能及时排出，从而使木地板吸潮后引起翘曲变形。

④ 面层地板下面的毛地板未留出缝隙或缝隙过小，毛地板在受潮膨胀后，使面层地板产生起鼓、变形，造成面层地板翘曲。

⑤ 在面层木地板拼装时过松或过紧，也会引起木地板的翘曲。如果拼装过松，地板在收缩时就会出现较大的缝隙；如果拼装过紧，地板在膨胀时就会出现起拱现象。

3. 预防措施

① 在进行木地板铺设时，要严格控制木板的含水率，并应在施工现场进行抽样检查，木龙骨的含水率应控制在 12% 左右。

② 搁栅和踢脚板处一定要留通风槽孔，并要做到槽孔之间相互连通，一般地板面层通气孔每间不少于 2 处。

③ 所有线路、暗管、暖气等工程施工完毕后，必须经试压、测试合格后才能进行木地板的铺设。

④ 阳台、露台厅口与木地板的连接部位，必须有防水隔断措施，避免渗水进入木地板内部。

⑤ 为适应木地板的伸缩变形，在地板与四周墙体处应留有 10～15mm 的伸缩缝。

⑥ 木地板下层毛地板的板缝应均匀一致、相互错开，缝的宽度一般为 2～5mm，表面应处理平整，四周离墙 10～15mm，以适应毛地板的伸缩变形。

⑦ 在制订木地板铺设方案时，应根据使用场所的环境温度、湿度情况，合理安排木地板的拼装松紧度。

如果木地板产生局部翘曲，可以将翘曲起鼓的木地板面层拆开，在毛地板上钻上若干个通气孔，待晾一个星期左右，等木龙骨、毛地板干燥后，再重新封上面层木地板。

（三）地板接缝不严

1. 质量问题

木地板面层铺设完毕使用一段时间后，板与板之间的缝隙增大，不仅影响木地板的装饰效果，而且很容易使一些灰尘、杂质等从缝隙进入地板中，这些缝隙甚至成为一些害虫（如蟑螂）的生存地。

2. 原因分析

板与板之间产生接缝不严的原因很多，既有材料本身的原因，也有施工质量不良的原因，还有使用过程中管理不善的原因。

① 在铺设毛地板和面板时，未严格控制板的含水率，使木地板因收缩变形而造成接缝不严、板块松动、缝隙过大。

② 板材宽度尺寸误差比较大，存在着板条不直、宽窄不一、企口太窄、板间太松等缺陷，均可引起板间接缝不严。

③ 在拼装企口地板条时，由于缝隙间不够紧密，尤其是企口内的缝太虚，表面上看着结合比较严密，刨平后即可显出缝隙。

④ 在进行木地板铺设之前，未对铺筑的板的尺寸进行科学预排，使得面层木地板在铺设接近收尾时，剩余宽度与地板条宽不成倍数关系，为凑整块地板，随意加大板缝，或将一部分地板条宽度加以调整，经手工加工后，地板条不很规矩，从而产生缝隙。

⑤ 施工或使用过程中，木地板板条受潮，使板内的含水率过大，在干燥的环境中失去水分收缩后，使其产生大面积的"拔缝"。

3. 预防措施

根据以上各种原因分析，可以得出如下防止木地板产生接缝不严的措施。

① 地板条在进行拼装前应经过严格挑选，这是防止板与板之间接缝不严的重要措施。对于宽窄不一、有腐朽、疖疤、劈裂、翘曲等疵病的板条必须坚决剔除；对企口不符合要求的应经修理后再用；有顺弯缺陷的板条应当刨直，有死弯的板条应当从死弯处截断，修整合格后再用。特别注意板材的含水率一定要合格，不能过大或过低，一般不大于12%。

② 在铺设面层木地板前，房间内应进行弹线，并弹出地板的周边线。踢脚板的周围有凹形槽时，在周围应先固定上凹形槽。

③ 在铺设面层木地板时，应用楔块、扒钉挤紧面层板条，使板条之间的缝隙达到一致后再将其钉牢。

④ 长条状地板与木龙骨垂直铺钉，当地板条为松木或宽度大于70mm的硬木时，其接头必须钉在龙骨上，接头应互相错开，并在板块的接头两端各钉上一枚钉子。长条地板铺至接近收尾时，要先计算一下所用的板条数，以便将该部分地板条修成合适的宽度。

⑤ 在铺装最后一块板条时，可将此板条刨成略带有斜度的大小头，以小头嵌入板条中，并确实将其楔紧。

⑥ 木地板铺设完毕后，应及时用适宜物料进行苫盖，将地板表面刨平磨光后，立即上油或烫蜡，以防止出现地板收缩变形而产生"拔缝"。

⑦ 当地板的缝隙小于1mm时，应用同种材料的锯末加树脂胶和腻子进行嵌缝处理；当地板的缝隙大于1mm时，应用同种材料刨成薄片，蘸胶后嵌入缝内刨平。如修补的面积较大，影响地板的美观时，可将烫蜡改为油漆，并适当加深地面的颜色。

（四）板的表面不平整

1. 质量问题

木地板的面层板块铺装完成后，经检查发现板的表面不平整，其差值超过了规定的允许误差，不仅严重影响木地板的装饰效果和使用功能，而且也给今后地面的养护、打蜡等工作带来困难。

2. 原因分析

木地板产生表面不平整的原因比较简单，主要有以下几个方面。

① 在进行房间内水平线弹线时，线弹得不准确或弹线后未进行认真校核，使得每一个房间实际标高不一样，必然会导致板的表面不平整。

② 如果木地板面层的下面是木龙骨或毛地板，在铺设面层板之前未对底层进行检查，由于底层不平整而使面层也不平整。

③ 如果地面工程的木地板铺设分批进行，先后铺设的地面，或不同房间同时施工的地面，操作时互不照应，也会造成高低不平。

④ 在操作时电刨的速度不匀，或换刀片处刀片的利钝不同，使木板刨的深度不一样，也会造成地面面板不平整。

3. 预防措施

① 木地板的基层必须按规定进行处理，面层板下面的木龙骨或毛地板的平整度，必须经检验合格后才能进行面板的铺设。

② 在木地板铺设之前，必须按规定弹出水平线，并要认真对水平线进行校正和调整，使水平线准确、统一，成为木地板铺设的控制线。

③ 对于两种不同材料的地面，如果高差在3mm以内，可将高出部分刨平或磨平，必须在一定范围内顺平，不得有明显的不平整痕迹。

④ 如果门口处的高差为3～5mm，可以用过门石进行处理。

⑤ 高差在5mm以上时，需将木地板拆开，以削或垫的方式调整木龙骨的高度，并要求

在 2m 以内顺平。

⑥ 在使用电刨时，刨刀要细要快，转速不宜过低，一般应在 4000r/min 以上，推刨木板的速度要均匀，中途一般不要出现停顿。

⑦ 地面与墙面的施工顺序，除应当遵守先湿作业、后干作业的原则外，最好先施工走廊面层，或先将走廊面层标高线弹好，各房间由走廊面层的标高线向里引，以达到里外交圈一致。相邻房间的地面标高应以先施工者为准。

（五）拼花不规矩

1. 质量问题

拼花木地板的装饰效果如何，关键在于拼花是否规矩。但在拼花木地板的铺设施工中，往往容易出现对角不方、出现错牙、端头不齐、图案不对、圈边宽窄不一致，不符合拼花木地板的施工质量要求。

2. 原因分析

① 拼花木地板的板条未经过严格挑选，有的板条不符合要求，宽窄长短不一，安装时未进行预排，也未进行套方，从而造成在拼装时发生不规矩。

② 在拼花木地板正式铺设之前，没有按照有关规定进行弹施工控制线，或弹出的施工控制线不准确，也会造成拼花不规矩。

3. 预防措施

① 在进行拼花木地板铺设前，对所采用的木地板条必须进行严格挑选，使板条形状规矩、整齐一致，然后分类、分色装箱备用。

② 每个房间的地面工程，均应做到先弹线、后施工，席纹地板应当弹出十字线，人字地板应当弹分档线，各对称的一边所留的空隙应当一致，以便最后进行圈边，但圈边的宽度最多不大于 10 块地板条。

③ 在铺设拼花地板时，一般宜从中间开始，各房间的操作人员不要过多，铺设的第一方或第一排经检查合格后，可以继续从中央向四周进行铺贴。

④ 如果拼花木地板局部出现错牙的质量问题，或端头不齐在 2mm 以内者，可以用小刀锯将该处锯出一个小缝，按照"地板接缝不严"的方法治理。

⑤ 当一块或一方拼花地板条的偏差过大时，应当将此块（方）地板条挖掉，重新换上合格的地板条并用胶补牢。

⑥ 当拼花木地板出现错牙的面积较大，并且修补非常困难时，可以用加深地板油漆颜色的方法进行处理。

⑦ 当木地板的对称两边圈边的宽窄不一致时，可将圈边适当加宽或作横圈边处理。

（六）地板表面戗茬

1. 质量问题

木地板的表面不光滑，肉眼观察和手摸检查，均有明显的戗茬质量问题。在地板的表面上出现成片的毛刺或呈现异常粗糙的感觉，尤其在进行地板上油、烫蜡后更为显著，严重影响木地板的装饰效果和使用功能。

2. 原因分析

① 在对木地板表面进行刨光处理时，使用的电刨的刨刃太粗、吃刀太深、刨刃太钝或转速太慢等，均会出现木地板表面戗茬的质量问题。

② 在对木地板表面进行刨光处理时，使用的电刨的刨刃太宽，能同时刨几块地板条，而地板条的木纹方向不同，呈倒纹的地板条容易出现戗茬。

③ 在对木地板表面进行机械磨光时，由于用的砂布太粗或砂布绷得不紧，也会出现戗茬的质量问题。

3. 预防措施

① 在对木地板表面进行刨光处理时，使用的电刨的刨刃要细、吃刀要浅，要根据木材的种类分层刨平。

② 在对木地板表面进行刨光处理时，使用的电刨的转速不应小于 4000r/min，并且速度要匀，不可忽快忽慢。

③ 在对木地板表面进行机械磨光时，采用的砂布要先粗、后细，砂布要绷紧、绷平，不出现任何皱褶，停止磨光时应当先停止转动。

④ 木地板采用人工净面时，要用细刨子顺着木纹认真刨平，然后再用较细的砂纸进行打磨光滑。

⑤ 木地板表面上有戗茬的部位，应当仔细用细刨子顺着木纹认真刨平。

⑥ 如果木地板表面局部戗茬较深，用细刨子不能刨平，可用扁铲将戗茬处剔掉，再用相同的材料涂胶镶补，并用砂纸进行打磨光滑。

复习思考题

1. 木质地面装饰材料有哪些品种？对其外观质量、尺寸与偏差、物理力学性能各有什么要求？

2. 天然大理石板材和天然花岗石板材的规格尺寸、平面度、角度、外观质量等各有什么具体规定？

3. 水磨石地面主要由哪几种材料组成？对各种材料的质量有什么具体要求？

4. 陶瓷锦砖对尺寸允许偏差、外观质量、物理力学性质和成联质量要求有何具体规定？

5. 聚氯乙烯卷材和半硬质聚氯乙烯板块的质量各有什么要求？

6. 按铺设材料不同垫层有哪几种？对各种垫层的质量有何具体要求？

7. 对地面的找平层、隔离层和填充层的质量各有何具体要求？

8. 对各种垫层的施工质量控制有什么要求？对地面的找平层、隔离层和填充层的施工质量控制各有什么要求？

9. 建筑工程中的整体面层有哪几种？各自对施工质量控制有何具体要求？

10. 建筑工程中的板块面层有哪几种？各自对施工质量控制有何具体要求？

11. 建筑工程中的木竹面层有哪几种？各自对施工质量控制有何具体要求？

12. 地面基层施工验收的标准和检验方法是什么？

13. 各种整体面层施工验收的标准和检验方法是什么？

14. 各种板块面层施工验收的标准和检验方法是什么？

15. 各种木竹面层施工验收的标准和检验方法是什么？

16. 各种塑料面层施工验收的标准和检验方法是什么？

17. 常见的水泥砂浆面层质量问题有哪些？各自如何进行防治？

18. 常见的板块面层质量问题有哪些？各自如何进行防治？

19. 常见的水磨石面层质量问题有哪些？各自如何进行防治？

20. 常见的塑料面层质量问题有哪些？各自如何进行防治？

21. 常见的木质面层质量问题有哪些？各自如何进行防治？

第七章 涂饰工程质量控制

【提要】 本章主要介绍了装饰涂料工程常用材料的质量控制、施工过程中的质量控制、装饰涂料工程验收质量控制、装饰涂料工程质量问题与防治措施。通过对以上内容的学习，基本掌握装饰涂料工程在材料、施工和验收中质量控制的内容、方法和重点，为确保装饰涂料工程质量打下良好基础。

建筑主体的装饰和保护具有很多途径，但装饰涂料以其色彩艳丽、品种繁多、施工方便、维修便捷、成本低廉等优点深受人们的喜爱。特别是近年来，装饰涂料的质量在国家的严格控制下迅速提高，并在高分子科学的带动下不断推出性能出众的新产品，在装饰材料市场中占有十分重要的作用，成为新产品、新工艺、新技术最多、发展最快的施工行业。

第一节 涂饰工程常用材料的质量控制

目前，在建筑装饰工程中常用的涂料，主要包括保护功能、装饰功能和满足建筑物的使用功能三个方面。按主要成膜物质的化学成分不同，可以将建筑涂料分为有机涂料、无机涂料和复合涂料三类。在建筑工程中主要采用水性涂料、溶剂型涂料和美术涂料。

一、水性涂料的质量控制

（一）水性涂料的一般质量要求

① 选用的建筑水性涂料，在满足使用功能要求的前提下，应符合安全、健康、环保的原则。尤其是内墙涂料应选用通过绿色无公害认证的产品。

② 选用的建筑水性涂料，应是经过法定质检机构检验并出具有效质检报告合格产品。

③ 应根据选定的涂料品种、工艺要求，结合实际面积及材料单和损耗，确定其备料量。

④ 应根据设计选定的颜色，以色卡进行定货。当超越色卡范围时，应由设计者提供颜色样板，并取得建设方的许可，不得任意更改或代替。

⑤ 涂饰材料应存放在指定的专用库房内。材料应存放于阴凉干燥且通

风的环境内，其贮存温度应介于 5～40℃之间。

⑥ 涂饰材料运进施工现场后，应由材料管理人员检查验收，确认完全符合设计要求方可入库备用。

⑦ 涂饰工程中所用的建筑水性涂料，应按品种、批号、颜色分别堆放，不得混合存放。

⑧ 当改建工程的墙面需要重涂外墙涂料时，所选涂料的性能应与原涂层相融，必要时采取界面处理，以确保新涂层的质量。

（二）水性涂料的具体质量要求

① 涂料工程所用的水性涂料和半成品，均应有产品名称、执行标准、种类、颜色、生产日期、保质期、生产企业地址、使用说明、产品性能检测报告和产品合格证，并具有生产企业的质量保证书，且应经施工单位验收合格后方可使用。

② 外墙水性涂料应选用具有耐碱和耐光性能的颜色配制；外墙水性涂料的使用寿命一般不得少于 5 年。

③ 水性涂料工程所用的腻子的塑性和易涂性应满足施工要求，干燥后应坚固，并按基层、底涂料和面涂料的性能配套使用。内墙腻子的技术指标应符合《建筑外墙用腻子》（JG/T 3049 —2011）的规定；外墙腻子的技术指标应符合《建筑外墙用腻子》（JG/T 157—2004）的规定。

④ 民用建筑工程室内用水性涂料，应测定总挥发性有机化合物（TVOC）和游离甲醛的含量，其限量应符合表 7-1 的规定。

表 7-1　室内用水性涂料总挥发性有机化合物（TVOC）和游离甲醛的含量

测定项目	规定限量	测定项目	规定限量
TVOC/（g/L）	≤200	游离甲醛/（g/kg）	≤0.1

⑤ 合成树脂乳液内墙涂料的主要技术指标，应符合现行国家标准《合成树脂乳液内墙涂料》（GB/T 9756—2009）的规定、《室内装饰装修材料　内墙涂料中有害物质限量》（GB 18582—2008）和《民用建筑工程室内环境污染控制规范》（GB 50325—2001 年、2006 年版）的要求。合成树脂乳液内墙涂料的主要技术要求见表 7-2。

表 7-2　合成树脂乳液内墙涂料的主要技术要求

项　　目	指　　标		
	优等品	一等品	合格品
容器中状态	无硬块,搅拌后呈均匀状态		
施工性	刷涂两道无障碍		
低温稳定性	不变质		
干燥时间（表干）/h　≤	2		
涂膜外观	正常		
对比率（白色和浅色）　≥	0.95	0.93	0.90
耐碱性	24h 无异常		
耐洗刷性/次　≥	1000	500	200

注：浅色是指白色涂料为主要成分,添加适量色浆后配制成的浅色涂料形成的涂膜所呈现的浅颜色,按《中国颜色体系》中第 4.3.2 条规定明度值为 6～9 之间（三刺激值中的 $Y_{D65} \leq 31.26$）。

⑥ 合成树脂乳液外墙涂料的主要技术指标，应符合现行国家标准《合成树脂乳液外墙涂料》（GB/T 9755—2001）的规定。合成树脂乳液外墙涂料的主要技术要求见表 7-3。

表 7-3 合成树脂乳液外墙涂料的主要技术要求

项　目		指　标		
		优等品	一等品	合格品
容器中状态		无硬块,搅拌后呈均匀状态		
施工性		刷涂两道无障碍		
低温稳定性		不变质		
干燥时间(表干)/h ≤		2		
涂膜外观		正常		
对比率(白色和浅色) ≥		0.93	0.90	0.87
耐水性		96h 无异常		
耐碱性		48h 无异常		
耐洗刷性/次 ≥		2000	1000	500
耐人工和气候老化性	白色和浅色	600h 不起泡、不剥落、无裂纹	400 h 不起泡、不剥落、无裂纹	250 h 不起泡、不剥落、无裂纹
	粉化/级 ≤	1		
	变色/级 ≤	2		
	其他色	商定		
耐沾污性(白色和浅色)/% ≤		15	15	20
涂层耐温变性(5 次循环)		无异常		

注:同表 7-1。

⑦ 合成树脂乳液砂壁状建筑涂料的主要技术指标,应符合现行标准《合成树脂乳液砂壁状建筑涂料》(JG/T 24—2000) 的规定。这类建筑涂料的主要技术指标见表 7-4。

表 7-4 合成树脂乳液砂壁状建筑涂料的主要技术指标

项　目		技 术 指 标	
		N 型(内用)	W 型(外用)
容器中状态		无硬块,搅拌后呈均匀状态	
施工性		刷涂无困难	
涂料低温贮存稳定性		3 次实验后,无结块、凝聚及组成物的变化	
涂料热贮存稳定性		1 个月实验后,无结块、霉变、凝聚及组成物的变化	
初期干燥抗裂性		无裂变	
干燥时间(表干)/h		≤4	
耐水性		—	96h 涂层无起鼓、开裂、剥落,与未浸泡部分相比,允许颜色有轻微变化
耐碱性		96h 涂层无起鼓、开裂、剥落,与未浸泡部分相比,允许颜色有轻微变化	96h 涂层无起鼓、开裂、剥落,与未浸泡部分相比,允许颜色有轻微变化
耐冲击性		涂层无裂纹、剥落及明显变形	
涂层耐温变性		—	10 次涂层无粉化、开裂、剥落,与标准板相比,允许颜色有轻微变化
耐沾污性		—	5 次循环试验后≤2 级
黏结强度/MPa	标准状态	≥0.70	
	浸水后	—	≥0.50
耐人工老化性		涂层无开裂、起鼓、剥落,粉化 0 级,变色≤1 级	

注:涂层耐温变性即为涂层耐冻融循环性。

⑧ 复层建筑涂料的主要技术指标，应符合现行国家标准《复层建筑涂料》（GB/T 9779—2005）的规定。复层建筑涂料的主要技术指标见表 7-5。

表 7-5　复层建筑涂料的主要技术指标

项　目		技　术　指　标			
		CE	Si	E	RE
低温稳定性		不结块，无组成物分离、凝聚			
初期干燥抗裂性		不出现裂纹			
黏结强度 /MPa	标准状态　＞	0.49		0.68	0.98
	浸水后　＞	0.49		0.49	0.68
耐冷热循环性		不剥落；不起泡；无裂纹；无明显变色			
透水性/mL		溶剂性＜0.5；水乳型＜2.0			
耐碱性		不剥落；不起泡；不粉化；无裂纹			
耐冲击性		不剥落；不起泡；无明显变形			
耐沾污性		＜30%			
耐人工老化性		不起泡；无裂纹；粉化≤1级；变色≤2级			

注：复层涂料分类代号：聚合物水泥系：CE；硅酸盐系：Si；合成树脂乳液系：E；反应固化型合成树脂乳液系：RE。

⑨ 外墙无机建筑涂料的主要技术指标，应符合现行行业标准《外墙无机建筑涂料》（JC/T 26—2002）的规定。外墙无机建筑涂料的主要技术指标见表 7-6。

表 7-6　外墙无机建筑涂料的主要技术指标

项　目	主要技术指标	项　目	主要技术指标
容器中状态	搅拌后无结块，呈均匀状态	耐洗刷性/次	≥1000
施工性	刷涂两道无障碍	耐水性(168h)	无起泡、裂纹、剥落，允许轻微掉粉
涂膜外观	涂膜外观正常	耐碱性(168h)	无起泡、裂纹、剥落，允许轻微掉粉
对比率(白色和浅色)	≥0.95	耐温变性(10 次)	无起泡、裂纹、剥落，允许轻微掉粉
热贮存稳定性(30d)	无结块、凝聚、霉变现象	耐沾污性/%	碱金属硅酸盐类≤20；硅溶胶类≤15
低温贮存稳定性(3次)	无结块、凝聚现象	耐人工老化性(白色和浅色)	无起泡、裂纹、剥落，粉化≤1级，变色≤2级(碱金属硅酸盐类 800h；硅溶胶类 500h)
表干时间/h	≤2		

注：浅色是指白色涂料为主要成分，添加适量色浆后配制成的浅色涂料形成的涂膜所呈现的灰色。粉红色、奶黄色、浅绿色等浅颜色，按《中国颜色体系》中第 4.3.2 条规定明度值为 6～9 之间。

⑩ 水溶性内墙涂料的技术要求见表 7-7。

表 7-7　水溶性内墙涂料的技术要求

性能项目	技　术　指　标	
	Ⅰ类(用于浴室、厨房内墙)	Ⅱ类(用于建筑物一般墙面)
容器中状态	无结块、沉淀和絮凝	
粒度[1]/s	30～75	
细度/μm	≤100	
遮盖力/(g/m²)	≤300	
白度[2]/%	≥80	
涂膜外观	平整，色泽均匀	
附着力/%	100	
耐水性	无脱落、起泡和皱皮	
耐干擦性/级	—	≤1
耐洗刷性/次	≥300	—

[1]《涂料黏度测定法》（GB/T 1723—1993）中—4 黏度计的测定结果单位为"s"。

[2] 白度规定只适用于白色涂料。

二、溶剂型涂料的质量控制

① 涂料工程所用的溶剂型涂料和半成品，均应有产品名称、执行标准、种类、颜色、生产日期、保质期、生产企业地址、使用说明、产品性能检测报告和产品合格证，并具有生产企业的质量保证书。

② 外墙溶剂型涂料应选用具有耐碱和耐光性能的颜色配制。

③ 溶剂型涂料工程所用的腻子的塑性和易涂性应满足施工要求，干燥后应坚固，并按基层、底涂料和面涂料的性能配套使用。内墙腻子的技术指标应符合《建筑室内用腻子》（JG/T 3049—2011）的规定；外墙腻子的技术指标应符合《建筑外墙用腻子》（JG/T 157—2004）的规定。

④ 民用建筑工程室内用的溶剂型涂料，应按其规定的最大稀释比例混合后，测定其总挥发性有机化合物（TVOC）和苯的含量，其限量应符合表7-8中的规定。

表7-8 室内用溶剂型涂料总挥发性有机化合物（TVOC）和苯的限量

涂料名称	TVOC/(g/L)	苯/(g/kg)	涂料名称	TVOC/(g/L)	苯/(g/kg)
醇酸漆	≤550		酚醛磁漆	≤380	
硝基清漆	≤750		酚醛防锈漆	≤270	
聚氨酯漆	≤700	≤5			≤5
酚醛清漆	≤500		其他溶剂型涂料	≤600	

⑤ 溶剂型外墙涂料的主要技术指标，应符合现行国家标准《溶剂型外墙涂料》《GB/T 9757—2001》的规定。溶剂型外墙涂料的主要技术指标见表7-9。

表7-9 溶剂型外墙涂料的主要技术指标

项 目		指 标		
		优等品	一等品	合格品
容器中状态		无硬块，搅拌后呈均匀状态		
施工性		刷涂两道无障碍		
干燥时间（表干）/h	≤	2		
涂膜外观		正常		
对比率（白色和浅色）	≥	0.93	0.90	0.87
耐水性		168h无异常		
耐碱性		48h无异常		
耐洗刷性/次	≥	5000	3000	2000
耐人工和气候老化性	白色和浅色	1000h不起泡、不剥落、无裂纹	500h不起泡、不剥落、无裂纹	300h不起泡、不剥落、无裂纹
	粉化/级	≤	1	
	变色/级	≤	2	
	其他色	商定		
耐沾污性（白色和浅色）/%	≤	10	10	15
涂层耐温变性（5次循环）		无异常		

注：同表7-1。

三、美术涂料的质量控制

① 油漆、涂料、填充料、催干剂、稀释剂等材料的选用，必须符合《民用建筑工程室内环境污染控制规范》（GB 50325—2001，2006年版）的要求。并具备有关国家环境检测机构出具的有关有害物质限量等级检测报告。

② 美术涂料中所用的颜料应耐碱、耐光。

第二节　涂饰工程施工质量控制

建筑涂料，系指涂敷于建筑物或构件的表面，并能与表面材料牢固地黏结在一起，形成完整涂膜的材料。在建筑装饰工程中采用建筑涂料施涂后，所形成的不同质感、不同色彩和不同性能的涂膜，是一种十分便捷和非常经济的饰面做法。但在实际工程中，影响涂料饰面质量的因素往往较为复杂，所以对材料选用、基层处理、所用机具、工艺技术和成品保护等方面的要求也就特别严格。

一、水性涂料的施工质量控制

（一）涂饰基层处理施工质量控制

水性涂料涂饰工程的基层处理应符合下列要求。

① 新建筑物的混凝土或水泥砂浆基层，在涂饰水性涂料前应涂刷抗碱封闭底漆，以防止基层中的碱性物质影响水性涂料的性能。

② 旧建筑物的地面和墙面在涂饰涂料前，应首先清除疏松的旧装饰层，在清理干净后再涂刷一道界面剂，以便于基层与水性涂料的黏结。

③ 涂刷涂料的基层应清洁、干燥，木材基层的含水率不得大于 12%，混凝土或水泥砂浆基层的含水率不得大于 10%。

④ 基层腻子应平整、坚实、牢固，无粉化、起皮和裂缝；室内所用腻子的黏结强度应符合《建筑室内用腻子》（JG/T 3049 —2011）的规定；厨房、卫生间必须使用耐水腻子。

（二）水性涂料涂饰施工质量控制

① 要做到颜色均匀、分色整齐、不漏刷、不透底，每个房间要按先刷顶棚、后由上而下的次序一次做完。在涂膜干燥前，应防止尘土污染，完成涂饰经检查合格的产品，应采取保护措施，不得损坏。

② 在施工现场配制的涂饰涂料，必须经过试验确定是否用于工程，必须保证涂膜不脱落、不掉粉、施工方便。

③ 对于湿度较大的房间涂刷涂料，应当选用具有防潮性能的腻子和涂料。

④ 采用机械喷浆可不受喷涂遍数的限制，以达到质量要求为准。门窗、玻璃等不需要刷浆的部位应严密遮盖，以防止污染。

⑤ 采用水性涂料进行室外涂饰，同一墙面应用相同的材料和配合比。涂料在施工中，应经常加以搅拌，每遍涂层不应过厚，涂刷均匀。分段涂刷时，其施工缝应留在分格缝、墙的阴阳角处或水落管后。

⑥ 在顶棚与墙面的分色处，应弹浅色分色线。用排笔涂刷涂料时笔路长短齐，均匀一致，干燥后不得有明显的接头痕迹。

⑦ 采用水性涂料进行室内涂饰，一个墙面每遍必须一次完成，涂饰上部时，溅到下部的浆点，要用铲刀及时将其铲除掉，以免影响墙面的平整和美观。

二、溶剂型涂料的施工质量控制

（一）涂饰基层处理施工质量控制

① 混凝土或水泥砂浆基层涂刷溶剂型涂料时，含水率不得大于 8%；木材基层的含水率不得大于 12%。

② 基层腻子应平整、坚实、牢固，无粉化、起皮和裂缝；室内所用腻子的黏结强度应

符合《建筑室内用腻子》（JG/T 3049—2011）的规定。

（二）混凝土表面涂饰施工质量控制

① 在正式涂饰前，基层应充分干燥并清理干净，不得有起皮、松散的质量缺陷。粗糙处应打磨光滑，缝隙、小洞及不平处应用油腻子补平。外墙在涂饰前先刷一遍封闭涂层，然后再刷底子涂料、中间层和面层。

② 在涂刷乳胶漆时，稀释后的乳胶漆应在规定时间内用完，并不得加入催干剂；外墙表面的缝隙、孔洞和磨面，不得用大白纤维素等低强度的腻子填补，应用水泥乳胶腻子填补。

③ 外墙面所用的涂料，应选用防水性能和抗老化性能良好的材料。

（三）木材表面涂饰施工质量控制

① 在涂刷底层涂料时，木料表面、橱柜、门窗等玻璃口四周必须涂刷到位，不可遗漏。

② 木料表面的缝隙、毛刺、戗茬和脂囊修整后，应用腻子多次进行修补，干燥后用砂纸磨光。对于较大的脂囊应用木纹相同的材料蘸胶镶嵌。

③ 在木材表面抹腻子时，对于宽缝和深洞要填入压实，并抹平刮光。

④ 在表面用砂纸打磨光时，要打磨光滑，不能磨穿油底，不可磨损棱角。

⑤ 在涂刷木材产品时，要注意不得漏刷涂料，如橱柜、门窗扇的上冒头顶面和下冒头底面等。

⑥ 涂刷涂料时应做到横平竖直、纵横交错、均匀一致。涂刷顺序应遵循先上后下、先内后外、先浅色后深色的原则，并按木纹方向理平理直。

⑦ 每遍涂料均应涂刷均匀，每层必须结合牢固。每遍涂料施工时，必须待前一遍涂料干燥后进行。

（四）金属表面涂饰施工质量控制

① 在进行金属表面涂饰前，金属表面上的油污、鳞皮、锈斑、焊渣、浮砂、尘土等，必须彻底清除干净。

② 防锈涂料要涂刷均匀，不得出现遗漏。在镀锌金属表面涂饰时，应选用 C53-33 锌黄醇酸防锈涂料，其面漆应选用 C04-45 灰醇酸磁涂料。

③ 防锈涂料和第一遍银粉涂料，应在设备、管道安装就位前进行涂刷，最后一遍银粉涂料应在刷浆工程完工后再涂刷。

④ 薄钢板屋面、檐沟、水落管、泛水等部位涂刷涂料时，可以不刮腻子，但涂刷防锈涂料不应少于两遍。

⑤ 金属构件和半成品在安装前，必须认真检查防锈有无损坏，损坏处必须进行补刷。

⑥ 薄钢板制作的屋脊、檐沟和天沟等咬口处，应用防锈油腻子填抹密实。

⑦ 金属表面除锈后，干燥环境中应在 8h 内尽快涂刷底涂料，待底涂料充分干燥后再涂刷中层和面层涂料，其间隔时间视具体条件而定，一般不应少于 48h。第一度和第二度防锈涂料的间隔时间不应超过 7d。

⑧ 高级涂料做磨退时，应用醇酸磁涂料涂刷，并根据涂膜厚度增加 1～2 遍涂料和磨退、打砂蜡、打油蜡、擦亮工作。

⑨ 金属构件在组装之前，先涂刷一遍底子油（干性油、防锈涂料），安装后再按设计要求涂刷涂料。

三、美术涂料的施工质量控制

（一）美术涂饰施工质量控制

① 美术涂饰工程的基层腻子应平整、坚实、牢固，无粉化、起皮和裂缝。

② 采用水性涂料和溶剂型涂料涂饰，应涂刷均匀、黏结牢固，不得有漏涂、透底、起皮和反锈等质量缺陷。

③ 一般涂料和油漆涂刷施工的环境温度不宜低于10℃，相对湿度不宜大于60%。

④ 对于湿度较大的房间（如浴室、厨房等），应采用具有耐水性的腻子和涂料。

⑤ 在涂饰施工的过程中，后一遍涂料必须待前一遍涂料干燥后进行。

（二）仿天然石美术涂料施工质量控制

① 底漆质量控制。涂刷底涂料用量每遍应在0.3kg/m^{2}以上，应均匀刷涂或用尼龙毛辊滚涂，直到无渗色现象为止。

② 放样弹线，粘贴线条胶带。为提高仿天然石的效果，一般设计中有分块分格的要求。因此，在施工时要进行弹线贴线条胶带，先贴竖直方向，后贴水平方向，在接头处可临时钉上铁钉，便于施涂后找出胶带的端头。

③ 喷涂中层质量控制。中层涂料施工宜采用喷枪喷涂，空气压力控制在6～8kg/m^2，涂层厚度为2～3mm，涂料用量4～5kg/m^2，喷涂面应与事先选定的样片外观效果相符合。喷涂硬化24h后，才能进行下道工序。

④ 揭除分格线胶带。中层涂料施工完毕后，可随即揭除分格胶带，揭除时不得损伤涂膜的切角，应将胶带垂直向上拉，而不能垂直于墙面拉。

⑤ 喷制及镶贴石头漆片。这种做法仅用于室内饰面，一般是对于饰面要求颜色复杂、造型处理图案多变的情况。可预先在板片或贴纸类材料上喷成石头漆切片，待涂膜硬化后，即可用强力胶黏剂将其镶贴于既定位置，以达到富有立体感的美术装饰效果。

⑥ 喷涂罩面层质量控制。待中层涂料完全硬化，局部粘贴石头漆片胶结牢固后，即全面喷涂罩面层涂料，其配套的面漆一般为透明搪瓷漆，罩面喷涂用量应在0.3kg/m^{2}以上。

第三节　涂饰工程验收质量控制

根据国家对涂饰工程质量控制与验收的有关规定，为保证人的身体健康和涂饰工程的施工质量，其质量控制与验收应主要包括：涂料的质量检测及质量评价和涂饰工程施工质量控制与验收两部分。

一、涂料的质量检测及质量评价

建筑涂料的质量检测及质量评价是涂料施工质量检测中非常重要的内容，主要应当包括涂料中有害物质含量和涂料产品的本身质量，这是评价涂料总体质量不可缺少的重要指标。有害物质含量关系到人民群众的身体健康和生命，产品质量关系到工程质量和耐久性，因此，质量不合格的建筑涂料不得用于工程。

根据室内装饰装修材料《室内装饰装修材料 溶剂型木器涂料中有害物质限量》（GB 18581—2001）有关条文，规定了溶剂型木器涂料中有害物质的限量值，如表7-10所列；根据室内装饰装修材料《室内装饰装修材料 内墙涂料中有害物质限量》（GB 18582—2008）有关条文，规定了内墙涂料中有害物质的限量值，见表7-11。

表 7-10 溶剂型木器涂料中有害物质限量值

有害物质名称	限 量 值		
	硝基漆类	聚氨酯漆类	醇酸漆类
挥发性有机物(VOC)[①]/(g/L)	≤750	光泽(60°)≥80,600 光泽(60°)<80,700	550
苯[②]/%	≤45	≤0.5	
甲苯和二甲苯总和[②]/%		≤40	≤10
游离甲苯二异氨酸酯(TDI)[③]/%		≤0.7	
重金属(限色漆)/(mg/kg) 可溶性铅 可溶性镉 可溶性铬 可溶性汞		≤90 ≤75 ≤60 ≤60	

① 按产品规定的配比和稀释比例混合后测定。如稀释剂的使用量为某一范围内,应按照推荐的最大稀释量稀释后进行测定。

② 如产品规定了稀释比例或产品由双组分或多组分组成时,应分别测定稀释剂和各组分的含量,再按产品规定的配比计算混合后涂料中的总量。如稀释剂的使用量为某一范围时,应按照推荐的最大稀释量进行计算。

③ 如聚氨酯漆类规定了稀释比例或产品由双组分或多组分组成,应先测固化剂(含甲苯二异氨酸酯预聚物)中的含量,再按产品规定的配比计算混合后涂料中的含量。如稀释剂的使用量为某一范围时,应按照推荐的最小稀释量进行计算。

表 7-11 内墙涂料中有害物质限量值

有 害 物 质	限 量 值	有 害 物 质	限 量 值
挥发性有机物(VOC)/(g/L)	≤200	游离甲醛/(g/kg)	≤0.1
重金属(限色漆)/(mg/kg) 可溶性铅 可溶性镉	 ≤90 ≤75	重金属(限色漆)/(mg/kg) 可溶性铬 可溶性汞	 ≤60 ≤60

二、水性涂料的验收质量控制

对于乳液型涂料、无机涂料等水性涂料涂饰工程的质量要求和检验方法,应符合表 7-12 中的规定。

表 7-12 水性涂料涂饰工程质量验收标准

项目	项次	质 量 要 求	检 验 方 法
主控项目	1	所用涂料的品种、型号和性能应符合设计要求	检查产品合格证书、性能检测报告和进场验收记录
	2	水性涂料涂饰工程的颜色、图案应符合设计要求	观察
	3	应涂饰均匀、黏结牢固,不得漏涂、透底、起皮和掉粉	观察;手摸检查
	4	水性涂料涂饰工程的基层处理应符合规范要求:①新建筑物的混凝土或抹灰基层在涂饰涂料前应涂刷抗碱封闭底漆;②旧墙面在涂饰涂料前应清除疏松的旧装修层,并涂刷界面剂;③混凝土或抹灰基层涂刷乳液型涂料时,含水率不得大于10%;木材基层的含水率不得大于12%;④基层腻子应平整、坚实、牢固,无粉化、起皮和裂缝;内墙腻子的黏结强度应符合《建筑室内用腻子》(JC/T 3049—2011)的规定;⑤厨房、卫生间墙面必须使用耐水腻子	观察;手摸检查;检查施工记录

续表

项目	项次	质 量 要 求			检 验 方 法
一般项目	项次	薄涂料的涂饰质量要求			检 验 方 法
		项　目	普通涂饰	高级涂饰	
	1	颜色	均匀一致	均匀一致	观察
	2	泛碱、咬色	允许少量轻微	不允许	
	3	流坠、疙瘩	允许少量轻微	不允许	
	4	砂眼、刷纹	允许少量轻微砂眼,刷纹通顺	无砂眼、无刷纹	
	5	装饰线、分色线直线度允许偏差/mm	2	1	拉5m线,不足5m的拉通线,用钢直尺检查
	项次	厚涂料的涂饰质量要求			检 验 方 法
		项　目	普通涂饰	高级涂饰	
	1	颜色	均匀一致	均匀一致	观察
	2	泛碱、咬色	允许少量轻微	不允许	
	3	点状分布	—	疏密均匀	
	项次	复层涂料的涂饰质量要求			检 验 方 法
		项　目	质 量 要 求		
	1	颜色	均匀一致		观察
	2	泛碱、咬色	不允许		
	3	喷点疏密程度	均匀,不允许连片		
		涂层与其他装修材料和设备衔接处应吻合,界面应清晰			

注：本表是根据《建筑装饰装修工程质量验收规范》(GB 50210—2001)中的相应规定条文综合编制的。

三、溶剂型涂料的验收质量控制

对于丙烯酸酯涂料、聚氨酯丙烯酸涂料、有机硅丙烯酸涂料等溶剂型涂料涂饰工程的质量标准和检验方法，应符合表 7-13 中的规定。

表 7-13　溶剂型涂料涂饰工程质量验收标准

项目	项次	质 量 要 求			检 验 方 法
主控项目	1	所用涂料的品种、型号和性能应符合设计要求			检查产品合格证书、性能检测报告和进场验收记录
	2	溶剂型涂料涂饰工程的颜色、光泽、图案应符合设计要求			观察
	3	应涂饰均匀、黏结牢固,不得漏涂、透底、起皮和反锈			观察;手摸检查
	4	溶剂型涂料涂饰工程的基层处理应符合规范要求:①新建筑物的混凝土或抹灰基层在涂饰涂料前应涂刷抗碱封闭底漆;②旧墙面在涂饰涂料前应清除疏松的旧装修层,并涂刷界面剂;③混凝土或抹灰基层涂刷乳液型涂料时,含水率不得大于8%;④基层腻子应平整、坚实、牢固,无粉化、起皮和裂缝;内墙腻子的黏结强度应符合《建筑室内用腻子》(JC/T 3049—2011)的规定;⑤厨房、卫生间墙面必须使用耐水腻子			观察;手摸检查;检查施工记录
项目	项次	色漆的涂饰质量要求			检 验 方 法
		项　目	普通涂饰	高级涂饰	
一般项目	1	颜色	均匀一致	均匀一致	观察
	2	光泽、光滑	光泽基本均匀 光滑无挡手感	光泽均匀一致 光滑	观察;手摸检查
	3	刷纹	刷纹通顺	无刷纹	观察
	4	裹棱、流坠、皱皮	明显处不允许	不允许	观察
	5	装饰线、分色浅直线度允许偏差/mm	2	1	拉5m线,不足5m的拉通线,用钢直尺检查

续表

| 项目 | 项次 | 清漆的涂饰质量要求 | | | 检验方法 |
		项目	普通涂饰	高级涂饰	
一般项目	1	颜色	基本一致	均匀一致	观察
	2	木纹	棕眼刮平、木纹清楚	棕眼刮平、木纹清楚	观察；手摸检查
	3	光泽、光滑	光泽基本均匀光滑无挡手感	光泽均匀一致光滑	观察
	4	刷纹	无刷纹	无刷纹	观察
	5	裹棱、流坠、皱皮	明显处不允许	不允许	观察
	涂层与其他装修材料和设备衔接处应吻合，界面应清晰				观察

注：1. 本表是根据《建筑装饰装修工程质量验收规范》中的相应规定条文综合编制的。

2. 无光色漆涂饰工程不检查光泽。

四、美术涂料的验收质量控制

对于套色涂饰、滚花涂饰、仿花纹涂饰等室内外美术涂饰工程的质量标准与检验方法，应符合表 7-14 中的规定。

表 7-14　美术涂饰工程质量验收标准

项目	项次	质量要求	检验方法
主控项目	1	美术涂饰所用涂料的品种、型号和性能应符合设计要求	观察；检查产品合格证书、性能检测报告和进场验收记录
	2	美术涂饰工程应涂饰均匀、黏结牢固，不得漏涂、透底、起皮和反锈	观察；手摸检查
	3	美术涂饰工程的基层处理应符合规范要求：①新建筑物的混凝土或抹灰基层在涂饰涂料前应涂刷抗碱封闭底漆；②旧墙面在涂饰涂料前应清除疏松的旧装修层，并涂刷界面剂；③混凝土或抹灰基层涂刷乳液型涂料时，含水率不得大于 10%；刷溶剂型涂料时，含水率不得大于 8%；木材基层含水率不得大于 12%；④基层腻子应平整、坚实、牢固，无粉化、起皮和裂缝；内墙腻子的黏结强度应符合《建筑室内用腻子》(JC/T 3049—2011) 的规定；⑤厨房、卫生间墙面必须使用耐水腻子	观察；手摸检查；检查施工记录
	4	美术涂饰的套色、花纹和图案应符合设计要求	观察
一般项目	5	美术涂饰的表面应洁净，不得有流坠现象	观察
	6	仿花纹涂饰的饰面应具有被模仿材料的纹理	观察
	7	套色涂饰的图案不得移位，纹理和轮廓应清晰	观察

注：本表是根据《建筑装饰装修工程质量验收规范》(GB 50210—2001) 中的相应规定条文综合编制的。

第四节　涂饰工程质量问题与防治措施

建筑涂料是建筑装饰与装修工程中使用较多的材料之一，它既可以美化环境，又可以对建筑物的各个部位起到安全保护作用，从而提高建筑物的质量，延长建筑物的使用寿命。

近年来，通过观察建筑涂料的施工过程和施工质量，发现由于施工人员技术不熟练，基层处理不恰当，施工环境选择不合适等原因，内外墙涂料施工质量不理想，普遍存在刷痕、流坠、涂膜粗糙、裂纹、掉粉、发花的现象，严重的甚至起泡、脱皮。只有透过这些现象找出弊病原因，加以分析，并采取针对性的防治措施，才能提高建筑涂料的施工质量。

一、水性涂料的质量问题与防治措施

水性涂料的水溶性树脂可直接溶于水中，与水形成单相的溶液，其配制容易、施工简便、色彩鲜艳、造型丰富、易于维修、价格便宜。但耐水性差，耐候性不强，不耐洗刷。水溶性涂料及其涂膜产生的质量问题，既有涂料本身的质量问题，也有施工工艺、涂饰基层、施工环境等方面的问题。

（一）饰面涂膜出现不均匀

1. 质量问题

涂料涂刷完毕后，尤其薄涂料表面出现抹痕、斑疤、疙瘩等缺陷，在阳光的照射下反差更加明显，即使饰面涂料的颜色非常均匀，其近距离的装饰效果仍不理想。喷涂表面出现饰面不光滑平整、颗粒不均匀；多彩花纹涂料表面出现花纹紊乱、毫无规律的现象。以上这些质量问题均影响涂料饰面的装饰效果。

2. 原因分析

① 抹灰面用木抹子搓成毛面，致使基层表面变得粗糙、粗细不均匀；有的边角部位用铁制阴角和阳角工具进行光面，大面部位却用木抹子搓面，粗细反差更加明显。表面粗细不均匀和粗细反差大，在涂刷涂料后更显示出饰面不均匀。

② 由于各种质量方面的原因，某些局部修理返工，从而造成基层补疤明显高低不平，涂刷涂料后也显得不均匀。

③ 在涂刷涂料时，基层各部位干湿程度不同，则涂刷出来的涂料颜色也不相同；如果基层材料不同，或材料虽同但质量不同，基层对涂料的渗吸量不均匀。

④ 涂料的批号和质量不一样，或配制中计量不准确，涂料稠度不合适；或乳胶漆搅拌不均匀，下部涂料越来越稠；或者多彩花纹涂料所用的细骨料颗粒不一致。

⑤ 在涂刷中没有严格按规范施工，涂刷工艺水平比较差，出现任意甩槎和接槎部位涂层叠加过厚现象，从而造成饰面不均匀。

⑥ 由于脚手架设计不当，如架子高度不合适、施工不方便等，结果造成涂刷不匀。

⑦ 喷涂机具发生故障，出料速度不均匀或输料胶管不畅。在喷涂过程中，空气压缩机压力不稳定，喷涂距离、喷涂角度、移动速度前后不一致。喷涂移动速度过快，涂膜厚度太薄，遮盖率达不到设计要求。

3. 预防措施

① 抹灰面层用铁抹子压光太光滑，用木抹子抹出的面太粗糙，用排笔蘸水扫毛降低面层强度。最好用塑料抹子或木抹子上钉海绵收光，这样可以做到大面平整、粗细均匀、适于涂刷、颜色相同。

② 重视对基层表面成品的保护，避免成活后再凿洞或损坏，局部修补要用专门的修补腻子。在刮抹腻子前要对基层涂刷配套的封底涂料，并且要求抹的腻子要薄，防止过厚或因打磨过于光滑而降低涂料的黏结力。

③ 在涂刷涂料前，要使基层尽量干燥，木材的含水率不得大于12%，混凝土和砂浆抹灰层的含水率不得大于8%，并且使各部位的干燥程度一致。

④ 采用中、高档次且各层材料都配套供应的涂料，在涂刷前要充分搅拌均匀。采用多彩花纹涂料时，对所用的细骨料应分别过筛，达到颗粒均匀的要求。

⑤ 搞好涂刷施工专项设计，科学地安排涂刷的顺序和分格位置，施工接槎应在分格缝部位。

⑥ 为便于涂刷、确保质量，脚手架距离饰面不得小于30cm，架高一般为1.5m，妨碍操作的部位应均匀施涂。在刮风雨雪天气不进行涂刷施工，夏天在烈日下也不宜操作。

⑦ 如果采用喷涂施工，事先应检查喷涂设备的完好和运转情况，保证运转正常、压力

稳定。在正式喷涂前，最好要进行喷涂试验，确定喷涂距离、喷涂速度、喷涂角度、喷涂压力等技术参数。在一般情况下，喷嘴到喷涂面的距离为 400～600mm，喷涂速度要前后一致。待试验性喷涂一切合格、正常后，再大面积操作，保证达到适当的遮盖率。

（二）涂层颜色不均匀

1. 质量问题

在涂料施涂后，经检查在同一涂面上，涂层的颜色深浅不一致，或有明显的接槎现象，影响饰面的装饰效果。

2. 原因分析

① 同一工程用的不是同厂同批涂料，颜料掺量有差异。或者颜料与基料的比例不合适，颜料和填料用量过多，树脂成分过少，展色不均匀。

② 在进行涂饰时对涂料未充分搅拌均匀，或不按规定任意向涂料中加水，结果使涂料本身颜色深浅不同，造成饰面涂层颜色不均匀。

③ 基层（或基体）具有不同材质的差异，混凝土或砂浆龄期相差悬殊，湿度、碱度有明显差别，特别是新修补的混凝土和砂浆与旧基层，存在着更大的差异。

④ 基层处理差别较大，如有明显的接槎、光滑程度不同、麻面程度不一，这些均会致使吸附涂料不均匀；在涂料涂刷后，由于光影反射作用，造成饰面颜色深浅不匀。

⑤ 脚手架设计不合理，与饰面距离太近，架高不满足便于涂刷的要求，靠近脚手板的上下部位操作不便，均可致使涂刷不均匀。

⑥ 操作工艺不当，反复涂刷或未在分格缝部位接槎，或在涂刷施工中随意甩槎，或接槎虽设在分格缝处，但未加遮挡，使未涂刷部分溅上涂料等，都会造成明显的色差。

⑦ 对已涂刷完毕的成品保护不好，如涂料施工完成后，又在饰面上凿洞或进行其他工序的施工，结果造成必须再修补而形成色疤。

3. 预防措施

① 对于同一工程、同一饰面，必须选用同一工厂生产的同批涂料；每批涂料的颜料和各种材料的配合比，必须保持完全一致。

② 由于涂料中有树脂、颜料和其他各种材料，容易出现沉淀分层，使用时必须将涂料搅拌均匀，并不得任意加水。搅拌的具体方法是：一桶乳胶漆先倒出 2/3，搅拌剩余的 1/3，然后倒入原先的 2/3，再整桶搅拌均匀。

③ 混凝土基体的龄期应在 30d 以上，砂浆基层的龄期应在 15d 以上，并且含水率应控制在 8% 以下，pH 值在 10 以下。

④ 对于基层表面上的麻面、小孔，事先应用经检验合格的商品腻子修补平整；在刮批腻子时，应采用不锈钢或橡皮刮板，避免铁锈的产生。

⑤ 内外墙面的基层，均应涂刷与面层漆相配套的封闭涂料，使基层吸附涂料均匀；如果有油污、铁锈、脱模剂、灰尘等污物，应当用洗涤剂清洗干净。

⑥ 搭设的脚手架离墙的距离不得小于 30cm，对于靠近脚手板的部位，在涂刷时应当认真操作，特别注意涂刷的均匀性。

⑦ 涂刷要连续进行，在常温下衔接时间不得超过 3min。接槎应在分格缝或阴阳角部位，既不要在大面上，也不得任意停工甩槎。对于未遮盖而受涂料飞溅沾污的部位应及时进行清除。

⑧ 涂饰工程应在安装工程完成后进行，对于涂刷完毕的部位应加强成品保护。

（三）涂料发生流坠

1. 质量问题

涂料在施涂后，不能按照设计要求均匀稳定地黏附于饰面上，在其自重的作用下，产生流淌现象，其形态如泪痕或垂幕，不仅严重影响饰面的美观，而且严重影响涂膜的功能。

2. 原因分析

① 基层（基体）的处理不符合要求。或表面打磨得太光滑，涂料与基层的黏结力下降；或基层含水率太高，如木材超过 12%、混凝土和砂浆超过 8%；或基层上的油污、脱模剂和灰尘等未清理干净。

② 配制的涂料本身黏度过低，与基层的黏结力较小；或者在涂刷中任意向涂料中加水，均会发生涂料流坠。

③ 在垂直涂面上一次施涂过厚，形成的向下流淌作用力较大，使涂料成膜速度变慢，很容易形成流坠。试验证明，流坠的发生与涂膜厚度的立方成正比例关系。

④ 在配制涂料时掺加较多密度大的颜料和填料，从而造成这些颜料和填料使涂料下坠。如果施工环境的湿度过大或温度过低，涂料结膜速度将大大减慢，也容易出现流坠。

⑤ 在涂刷操作过程中，墙面、顶棚等转角部位未采取遮盖措施，致使先后刷涂的涂料在这些部位叠加过厚而产生流坠。

⑥ 在涂料施工前未将涂料充分搅拌均匀，由于上层涂料较稀，所以容易产生流淌。

⑦ 在采用喷涂施工工艺时，由于喷嘴与涂面距离过近、喷枪移动速度过慢、喷涂压力过大，均可造成喷涂厚度过厚，从而造成涂料的流淌。

3. 预防措施

① 严格控制基层的含水率。木质涂面的含水率不得大于 12%，水泥混凝土和砂浆基层涂刷水性和乳液涂料时，其含水率不得大于 10%，采用弹涂时含水率不得大于 8%。

② 认真进行基层的处理。应将基层表面上的油污、脱模剂、灰尘等彻底清除干净，将孔隙、凹凸面认真进行处理，确实达到涂刷的标准。混凝土和砂浆的表面应平整，并具有一定的粗糙度。

③ 严格控制涂料涂刷厚度，一般干涂膜的厚度以控制在 20～25μm 为宜。

④ 在设计和配制乳胶涂料时，不要过多地使用密度较大的颜料和填料，以避免出现涂料分层（上面稀下面稠）、涂料自重力增大。

⑤ 在涂刷涂料时，应有适宜的施工环境温度和湿度。普通涂料的施工环境温度应保持在 10℃ 以上，相对湿度应小于 85%。

⑥ 在涂刷涂料的过程中，对于墙面、顶棚等阴阳转角部位，应使用遮盖物加以保护，以防止两个涂面的涂料产生互相叠加而出现流坠。

⑦ 在涂料涂刷之前，首先应按照"涂层颜色不均匀"预防措施中的方法，对涂料进行充分搅拌，确保桶内的涂料上下完全一致。

⑧ 举办涂饰技术培训班，学习先进的涂饰工艺，选用先进的无气喷涂施工设备，努力提高技术水平和操作水平，确保涂料的涂刷质量。

⑨ 对于刷涂工艺可以采取如下预防措施：其涂刷的方向和行程长短均应一致，千万不可纵横乱涂、长短不一。如果涂料干燥速度快、施工环境温度高，应当采取勤蘸快刷的方法，并将接槎设在分格缝部位。涂刷必须分层进行，层次一般不得少于两度，在前一度涂层表面干燥后，才能进行后一度的涂刷。前后两次涂刷的间隔时间，与施工环境温度和湿度密切相关，通常不得少于 2～4h。

⑩ 对于辊涂工艺可以采取如下预防措施：当辊涂黏度小、较稀的涂料时，应选用刷毛较长、细而软的毛辊；辊涂黏度较大、较稠的涂料时，应选用刷毛较短、较粗、较硬的毛辊。在辊涂前先将桶内搅拌均匀的涂料倒入一个特制的蘸料槽内，蘸料槽底部是带有凹凸条纹的斜坡，其宽度稍大于毛辊的长度。毛辊在蘸料槽一端蘸满料后，在斜坡条纹上轻轻往复几个来回，直到毛辊中的吸浆量均匀合适为止。当毛辊中的涂料用去（1/2）～（1/3）时，应

再重新蘸涂料后进行辊涂。

⑪ 对于喷涂工艺可以采取如下预防措施：涂料的稠度必须适中，如果太稠，喷涂困难；如果太稀，影响涂层厚度，且容易产生流淌。对含粗填料或含云母片的喷涂，空气压力宜在 0.4～0.8MPa 之间选择；喷射距离一般为 40～60cm，如果离被涂面过近，涂层厚度难以控制，易出现过厚或流淌等现象。

⑫ 对于弹涂工艺可以采取如下预防措施：首先在基层表面上刷 1～2 度涂料，作为底色涂层，待底色涂层干燥后，才可进行弹涂。在弹涂操作时，彩弹机口应垂直对准涂面，保持 30～50cm 的距离，自上而下、自右至左，按照规定好的顺序，循序渐进。弹涂应特别注意弹涂速度适中均匀、弹点密度适当均布、上下左右无明显接痕。

（四）涂膜出现发花现象

1. 质量问题

在涂料干燥成膜时，一小部分密度较小的颜料颗粒飘浮于涂膜表面（称为浮色），致使涂料的颜色分离，出现涂膜表面发花的质量问题，严重影响涂膜的美观。

2. 原因分析

① 涂料本身有浮色。涂料最终显现的颜色是由多种颜料调和出来的，由于各种颜料的密度不同，有的甚至相差很大，结果造成密度大的颜料颗粒下沉，而密度小的颜料颗粒漂浮于上面，致使颜色产生分离。在涂刷前虽然经过均匀搅拌，但在涂膜干燥后，涂层仍容易出现色泽上的差异，即产生发花现象。

② 涂料中颜料的分散性不好，或两种以上的颜料相互混合不均匀，这也是造成颜色发花的重要原因之一。如酞菁蓝为沉淀性颜料，色浆较难分散水解，易产生沉淀；酞菁绿为悬浮性颜料，比较易于水溶分散。这些颜料配成天蓝、果绿等复色时，因颜料分散性不好、密度相差过大，在刷涂或辊涂施工时，沿涂刷和辊涂的方向易产生条纹状色差，即有浮色产生。

③ 在涂刷操作中技术水平较差，涂刷不均匀，厚薄不一样；或涂料搅拌不均匀，或对涂料稀释不当，均可出现涂膜发花现象。

④ 基层表面处理不符合要求，表面粗糙度不同，孔隙未进行封闭，或基层碱性过大，涂料使用的是不耐碱的颜料，都是产生发花的原因。

3. 预防措施

① 根据涂料的品种和性能，选用适宜的颜料分散剂，宜将有机、无机分散剂匹配使用，使颜料处于良好的稳定分散状态。在一般情况下，涂料宜选用中高档产品，不要选用劣质和低档产品。

② 适当提高乳胶涂料的黏度，使颜料能均匀地分散于涂料中。如果涂料黏度过低，浮色现象严重；如果涂料黏度偏高，即使是密度相差较大的颜料，也会减少分层的倾向。

③ 在涂刷涂料前，应将涂料充分搅拌均匀，使其没有浮色或沉淀。在涂刷的过程中，不能任意加水进行稀释。

④ 涂料应分层进行涂刷，涂膜应力求均匀，厚度不宜过厚，涂膜越厚，越易出现浮色发花现象，必要时可采用辊涂工艺。

⑤ 严格控制基层含水率和碱度，混凝土和砂浆应小于 8%，pH 值应小于 10。为使基层吸收涂料均匀且抗碱，对于基层的局部修补宜采用合格的商品"修补腻子"，涂面均应涂刷配套的封闭底涂。

（五）涂膜出现鼓泡与剥落

1. 质量问题

涂膜表面出现鼓泡、剥落现象，在内墙和外墙涂料饰面上均有发生。鼓泡、剥落是涂膜失去黏附力，出现的先鼓泡、后剥落的质量问题。尤其是涂膜剥落是一种比较严重的质量缺陷，有时只是在涂膜的表面，有时却深入到所有的涂层。容易出现鼓泡与剥落的涂料是乳胶漆，有时会出现大片脱落。

2. 原因分析

① 基层处理不符合要求，表面比较酥松，油污、浮尘、隔离剂等未清理干净，或基层打磨过于光滑，从而造成涂膜附着力较差。

② 混凝土和砂浆基层的含水率较大，pH 值超过 10，水分向外蒸发或析出结晶粉末而造成鼓泡。

③ 工程实践经验证明，涂层出现鼓泡与剥落的最主要原因，就是腻子受潮后与基层产生脱离。我国传统的内墙基层处理方法，是沿用纤维素大白粉腻子或石膏腻子，其耐水性很差，遇水膨胀而逐渐溶于水中，由于体积增大和黏结强度下降，从而发生粉化。

④ 在涂料组分中颜料和填料的含量过高，或者在涂料中掺加水过多，树脂的含量过低，造成涂膜的附着力较差，或者卫生间、厨房等潮湿房间未使用耐水涂料。

⑤ 在涂料施涂中操作要求不严格，各层涂料施工间隔时间太短，或施涂及成膜时环境温度过低、湿度过大，致使乳胶涂料本身成膜质量不高，即乳液未形成连续透明膜而产生龟裂，遇水后还会出现脱落。

3. 预防措施

① 对基层进行认真处理，将酥松层铲掉补平，将浮尘、油污等彻底清理干净。对于轻质墙体或原石灰浆的基层，应用"高渗透型"的底面处理剂进行处理，内外墙涂面均应涂刷与面层涂料配套的封闭底层涂料。

② 严格控制涂刷的基层的湿度，含水率应不大于 8%，pH 值应在 10 以下。但墙壁也不应过于干燥，如果过干应适当加水湿润。

③ 根据内墙与外墙的不同要求，选用黏结性和韧性好的耐水腻子。工程中内墙常用建筑耐水腻子，外墙常用水泥基腻子。刮批腻子不宜过厚，以找平涂面为准，一定要待腻子完全干燥后再施涂涂料。

④ 选用合适的涂料品种。外墙涂料宜选用水性丙烯酸共聚薄质（或厚质）外墙涂料、低毒溶剂型丙烯酸外墙涂料、溶剂型丙烯酸聚氨酯外墙涂料。内墙乳胶漆宜选用聚醋酸乙烯乳液涂料、乙-丙乳液涂料、苯-丙或纯丙乳液涂料。外墙水性涂料的耐洗刷性应经复验合格。

⑤ 保证涂刷的间隔时间，在涂刷及成膜时的温度应在 10℃ 以上，相对湿度应小于 85%，不得在湿度较大的气候和雨天施工，成膜掺加的助剂品种要正确，掺量要适当。

（六）涂膜出现粉化

1. 质量问题

涂料中主要的成膜物质——合成树脂发生老化，失去胶结作用，颜料从涂膜中脱离出来，在涂膜表面呈现出一层粉末，当用手去触摸时，这种粉末会粘在手上。涂膜出现粉化，将严重影响涂膜的装饰效果和使用效果。

2. 原因分析

① 混凝土和砂浆基层的龄期太短或强度太低；基层表面未认真进行清理；基层含水率超过标准规定；基层的碱性过大、pH 值超过 10；在碱性基层上直接涂刷不耐碱的含金属颜料的涂料。

② 使用的腻子强度较低或不具有耐碱性能。涂料组分中颜料和填料含量过高，树脂乳液含量过低，涂料耐水性能差，经过使用一段时间或雨水冲刷，则可造成涂膜起皮、粉化。

③ 如果涂膜干燥速度过快，成膜质量不良，很容易造成涂膜的粉化。如夏季施涂后在

烈日下直接照射，涂刷不久则遭到大风吹袭等。

④ 涂料混合不均匀，填料和密度较大的颜料沉淀于桶底，树脂乳液浮于桶上部，在施涂前又未搅拌均匀。

⑤ 涂料在涂刷及成膜时的气温，低于涂料最低成膜温度，或涂料还未成膜时就遭到雨淋。

⑥ 在配制涂料加入固化剂时，计量有误或涂料过度稀释，致使涂膜耐久性变差。另外，在涂料表面干燥但未完全成膜时，重复辊压涂层，也会造成涂膜粉化。

3. 预防措施

① 对于混凝土和水泥砂浆基层，必须认真清理干净，含水率不得大于8%，pH值不应大于10。内墙与外墙均应涂刷配套的封闭底涂，墙面局部修补宜用经检验合格的商品专用修补腻子。

② 宜选用中高档次的涂料，涂料应具有耐水、耐碱、耐候等性能。涂料不得任意加水和稀释剂，应按出厂说明进行稀释。用于外墙的水性涂料的耐洗刷性，应经复验合格才能用于工程。

③ 在夏季施工时，应搭设凉棚遮阳，避免日光的直接照射。雨天及刮风时，应停止施涂。当气温在最低成膜温度以下时，也应停止施工，或采取保温措施，确保成膜的温度和湿度。

④ 在涂刷涂料前，应将涂料充分搅拌均匀；按规定掺加的固化剂，要称量准确、充分混合。要确保各层涂刷的间隔时间。

（七）涂膜发生变色与褪色

1. 质量问题

采用外墙乳胶涂料时，由于涂膜长期暴露于自然环境中，经常受到风吹、雨淋、日晒和其他侵蚀介质的作用，时间长久后外观颜色会发生较大变化，最常见的变化就是涂膜的变色和褪色。这种变化在外墙、内墙中均有可能发生。变色有时是在局部发生，往往呈现出地图斑状，如墙面局部渗漏、反碱；褪色一般是大面积发生。无论是变色还是褪色，均严重影响涂膜的装饰效果。

2. 原因分析

① 涂膜发生变色和褪色，通常与基料和颜料的性质有关，主要与耐候性、耐光性、耐腐蚀性和耐久性有密切关系。如某些有机颜料耐光性能和耐碱性能较差，在日光、大气污染和化学药品等的作用下，颜料会发生质变而变色；有些颜料由于种种原因产生粉化现象，也会造成涂膜变色或褪色。

② 基层处理不符合要求，尤其是含水率过高、碱性过大，是引起涂料变色和褪色的主要原因。涂料中某些耐碱性差的金属颜料或有机颜色，由于发生化学反应而变色，这种现象在新修补的基层上发生最普遍。

③ 乳胶漆与聚氨酯类油漆相邻同时进行施涂，由于市场上销售的聚氨酯类油漆中，有的含有游离的甲苯二异氰酸酯，会严重导致未干透的乳胶漆泛黄变色。

④ 面层与底层所用的涂料不配套，面层涂料能溶解底层涂料，如果两者颜色有差别，就会出现因"渗色"而变色的现象。

⑤ 内墙与外墙所处的环境不同，应当选用不同性质的涂料，特别是外墙涂料应具有良好的耐光、耐候、耐腐蚀性能。如果将内墙涂料用于外墙，必然会导致涂料很快发生变色与褪色。

⑥ 如果施工现场附近和今后的使用环境中，有能与颜料起化学作用的氨、二氧化硫等侵蚀性介质，就能使涂膜颜色发生变化。

3. 预防措施

① 只要不是临时性建筑的涂饰，应当选用中高档次的涂料。在设计外墙乳胶涂料的配方时，一定要选择耐碱、耐候、耐蚀的基料和颜料，如纯丙乳液、苯丙乳液等涂料，金红型钛白、氧化铁系、酞菁系颜料。这是避免或减少涂膜变色和褪色的重要预防措施。

② 涂饰基层必须保持干燥状态，混凝土和砂浆基层的 pH 值要小于 10，含水率不得大于 8%。无论内墙、外墙的基层，均应涂刷与面层涂料配套的封底涂料。内墙应采用建筑耐水腻子，外墙应采用聚合物水泥基腻子，墙面的局部修补应采用商品专用修补腻子。

③ 底层宜采用高品质的聚氨酯油漆或醇酸树脂油漆，等待这些油漆彻底干燥后再涂刷乳胶漆。

④ 在涂料涂刷之前，应认真检验底层涂料与面层涂料是否配套，避免产生面涂溶解底涂的"渗色"现象。因此，所选用的面层涂料与底层涂料，应当是属于同一成膜干燥机理的涂料，如乳胶漆是靠物理作用干燥挥发涂层中的水分和溶剂而成膜的，而环氧树脂、聚氨酯树脂等漆，则是靠化学作用固化干燥成膜的，两者不能混用和配套使用，更不能将化学干燥的面涂涂在物理干燥的底涂上，也不能将强溶剂的面涂涂在弱溶剂的底涂上。

⑤ 内墙与外墙所处的位置不同，受到的环境影响也不相同，因此，所选用的涂料性能也有较大差异，特别值得注意的是：内墙涂料绝不能用于外墙。

⑥ 当建筑物内墙和外墙设计采用涂料装饰材料时，应当想尽办法使氨、二氧化硫等腐蚀性发生源远离施工现场。

（八）涂膜发生开裂

1. 质量问题

在涂膜干燥后和使用过程中，涂膜发生开裂，随着时间的推移，裂缝条数可能会逐渐增加并逐渐变宽。这种质量缺陷在内墙和外墙都有可能发生。工程实践证明，由墙体或抹灰层引发的涂膜开裂，涂膜自身及腻子层的开裂，几乎各占一半。涂膜开裂不仅影响饰面的美观，而且也影响其使用功能。

2. 原因分析

① 由于墙体自身变形而发生开裂，尤其是轻质墙体其变形较大。墙体变形开裂后，附着在墙面上的涂膜自然发生开裂。

② 基层和抹灰层发生开裂。即基体未清理干净或表面太光滑，墙面水泥砂浆找平层与基体黏结不牢；或基体材料强度较低（如轻质墙体），或基体自身干缩产生变形开裂，或抹灰层厚度过大或一次抹灰太厚，或在硬化中未按规定进行养护等，均可导致基层开裂而造成涂膜开裂。

③ 如果在刷（喷）涂料前用水泥浆（或 1：1 的水泥细砂砂浆）批嵌抹灰面层，很容易使抹灰面层发生开裂，也带着涂膜产生开裂。

④ 外墙面抹灰层不分缝格，或者缝格间距过大，在抹灰砂浆产生干缩时，由于无分缝格或分缝格过大，容易使抹灰层表面发生裂缝，从而导致涂膜也产生开裂。

⑤ 基层未进行认真处理，抹灰层所用的砂浆强度太低，或者基层上有掉粉、粉尘、油污等。

⑥ 使用不合格的涂料，尤其是涂料中所用基料过少，而掺加的填料和颜料过多，或者成膜助剂用量不够，也容易使涂料干燥中产生开裂。

⑦ 在进行基层处理时，所用的腻子柔韧性比较差，特别是室内冬季供暖后，受墙体热胀冷缩的影响，墙的表面也极易发生变形，引发腻子开裂，从而导致涂膜开裂。

⑧ 乳胶涂料的基料采用的是不同类型的乳液，每一种乳液都有相应的最低成膜温度。

如果为了抢工期，在较低的气温下涂刷乳胶涂科，当环境温度达不到乳液的成膜温度时，乳液则不能形成连续的涂膜，从而导致乳胶涂料出现开裂。

⑨ 当底涂或第一道涂层涂刷过厚而又未完全干燥时，就开始涂刷面层或第二道涂料，由于内外干燥速度和收缩程度不同，从而造成涂膜的开裂。

⑩ 在涂料施涂后，由于环境温度过高或通风很好，使涂膜的干燥速度过快，形成表面已干而内部仍湿，也容易使涂膜产生开裂。

3. 预防措施

① 如果墙体或抹灰层开裂，可以采取以下相应预防措施：抹灰层的砂浆应采用强度等级不低于 42.5 的普通水泥配制，抹灰后应进行在湿润条件下养护不少于 7d，冬季施工应采取保温措施；对于砖墙应设置伸缩缝和拉结筋，混凝土基体应用界面处理剂处理基体表面等。

② 为避免涂膜基层产生开裂，抹灰面层压光时可采用海绵拉毛，也可采用塑料抹子压光。在砂浆面层成活后，不要再加抹水泥净浆或石灰膏罩面，局部修补宜用经检验合格的商品专用修补腻子。

③ 外墙面受到温差胀缩影响很大，抹灰层应当设置分缝格，水平分格缝可设置在楼层的分界部位，垂直分格缝可设置在门窗两侧或轴线部位，间距宜为 2～3m。

④ 过去内墙涂料涂刷一般不需要封闭底涂，但从工程实践和成功经验来看，封闭底涂的使用对防止涂膜开裂和确保工程质量有重要作用。因此，对于新建建筑物的内外墙混凝土或砂浆基层表面，均应涂刷与面层涂料配套的抗碱封闭底涂；旧墙面在清除酥松的旧装修层后，涂刷界面处理剂。

封闭底层涂料可以使风化、起粉、酥松等强度较低的基层得到加强；明显降低基层的毛细吸水能力，并使之具有憎水性；能渗入到基层一定深度，并形成干燥层，阻碍外部水分的侵入和内部可溶性盐碱的析出；具有较高的透气性，基层内部的水分能以水汽形式向外扩散；能增强面层涂料和基层的黏结力，不仅能避免涂膜产生开裂，而且能延长涂料的使用寿命。

⑤ 选用柔韧性能好、能够适应墙体或砂浆抹灰层温度变化、干缩变形，并经检验合格的商品腻子（内墙可选用建筑耐水腻子，外墙可选用聚合物水泥基腻子）。对腻子的技术要求是：按照腻子膜柔韧性方法测试，腻子涂层干燥后绕 50mm 而不断裂为合格，腻子线收缩率小于 1% 时则不易开裂。

工程实践证明，水泥砂浆基层、高弹性抗裂腻子、普通乳漆三者结合，是属于优化组合，不仅可以较好防止涂膜开裂，而且搭配合适、价格适中、性能适宜。高弹性抗裂腻子涂层厚度达到 1.2～1.5mm，解决裂缝的可靠性更高。

二、溶剂型涂料的质量问题与防治措施

溶剂型涂料形成的涂膜细腻光滑、质地坚韧，有较好硬度、光泽、耐水性和耐候性，气密性好，耐酸碱性强，对建筑物表面有较好的保护作用，使用温度最低可达到 0℃。其主要缺点是：容易燃烧，溶剂挥发对人体有害，要求基层必须干燥，涂膜透气性较差，价格比较高。

（一）涂料出现色泽不匀

1. 质量问题

色泽不匀是在涂料涂饰工程中最常见的一种质量问题，在透明涂饰工艺、半透明涂饰工艺及不透明涂饰工艺中均可出现，一般产生于上底色、涂色漆以及批刮着色腻子的过程中。色泽不匀严重影响涂料工程的美观。

2. 原因分析

① 被涂饰的木质不相同、不均匀，对着色吸收不一样，或着色时揩擦不匀，尤其深色重复涂刷；酒色染色后色彩鲜艳，但容易发生色调浓淡不匀的现象；在涂过水色后，木质涂面遭到湿手触摸；操作不当，配料不同，涂刷不均匀，都是出现色泽不匀的原因。

② 在上色后的物面上批刮着色腻子，由于腻子中所含的水分多、油性少，从而引起白坯面上填嵌腻子的颜色深于批刮腻子。特别是在着色腻子中任意加入颜料及体质颜料，最容易引起色漆的底漆与面漆不相同。

③ 在相同的底层上如果涂刷的涂料遍数不同，或相同涂料、相同遍数涂刷在不同色的基层上，均可形成色泽不匀。

3. 预防措施

① 在涂刷水色前，可在白木坯上涂刷一遍虫胶清漆，或揩擦过水老粉后再涂刷一遍虫胶清漆，以防止木材出现色泽过深及分布不匀的现象。如果局部吸收水色过多，可用干净的干棉纱将色泽揩淡一些；如果水色在物面上不能均匀分布，在些部位甚至涂刷甚少，可用沾有水色的排笔擦一遍后，再进行涂刷，避免在同一部位重复涂刷。

② 涂刷完毕合格的涂面，要加强对成品的保护，不能再用湿手或湿物触摸物面，更应当注意千万不可遭受雨水和其他物质侵入。

③ 批刮腻子中应当水分少、油性多，底色、嵌填腻子、批刮腻子配制的颜色应当由浅到深，着色腻子应当一次配成，不能任意加色或加入体质颜料。在不透明涂饰工艺中涂刷色漆，应当底层浅面层深、逐渐加深，涂刷时要用力均匀，轻重一致。

④ 原来，木质建筑和家具的涂饰一般都采用虫胶漆液打底，由于虫胶漆呈紫色或棕黄色，不宜做成浅色或本色漆；虫胶底漆与聚氨酯面漆的附着性差，往往产生漆膜脱落现象；其耐热度一般为 80℃ 左右。因此，采用树脂色浆新工艺，或采用 XJ-1 酸固化氨基底漆代替虫胶底漆，是适用涂饰淡色或本色木材的好底漆，其具有颜色很浅、封闭性好、用量节省等优点，但在高湿和低温下干燥速度较慢，需掺加浓度为 2% 的硫酸作硬化剂。

（二）涂料涂刷出现流坠

1. 质量问题

在垂直物体的表面，或线角的凹槽部位或合页连接部位，有些油漆在重力的作用下发生流淌现象，这也是油漆涂饰中较常见的质量问题之一。轻者形成串珠泪痕状，严重的如帐幕下垂，形成突出的山峰状的倒影，用手摸涂膜的表面明显地感到流坠部位的漆膜有凸出感，不仅造成油漆的浪费，而且严重影响漆膜外观。

2. 原因分析

① 在油漆配制的过程中，为了便于涂刷在油漆中掺加稀释剂过多，降低了油漆正常的施工黏度，漆料不能很好地附着在物体的表面而产生流淌下坠。

② 一次涂刷的漆膜太厚，再加上底层干燥程度未达到要求，紧接着涂刷上层，在油漆与氧化作用未完成前，由于漆料的自重而造成流坠。

③ 涂刷油漆的施工环境温度过低，或湿度过大，或油漆本身干燥速度较慢，也容易形成流坠。

④ 使用的稀释剂挥发太快，在漆膜未形成前已挥发，从而造或油漆的流平性能差，很容易形成漆膜厚薄不匀；或使用的稀释剂挥发太慢，或周围空气中溶剂蒸发浓度高，油漆流动性太大，也容易发生流坠。

⑤ 在凹凸不平的物体表面上涂刷油漆，容易造成涂刷不均匀，厚薄不一致，油漆较厚的部位容易发生流坠；物体表面处理不彻底、不合格，不仅有毛刺、凹坑和纹痕，而且还有油污、灰尘和水等，结果造成油漆涂刷后不能很好地附着在物面上，从而形成自

然下坠。

⑥ 在涂刷物体的棱角、转角或线角的凹槽部位、合页连接部位时，没有及时将这些不明显部位上的涂漆收刷，因此处油漆过厚而造成流坠。

⑦ 涂刷油漆选用的漆刷太大，刷毛太长、太软；或涂刷油漆时油蘸得太多，均易造成油漆涂刷厚薄不均匀，较厚的部位自然下坠。

⑧ 在喷涂油漆时，选用的喷嘴孔径过大，喷枪距离物面太近，或喷涂中距离不能保持一致；喷漆的气压不适宜、不均匀，有时太小、有时太大，都容易造成漆膜不均匀而产生自然下坠。

⑨ 漆料中含重质颜料过多（如红丹粉、重晶石粉等）；喷涂前搅拌不均匀，颜料研磨不均匀；颜料湿润性能不良，也会使油漆产生流坠。

⑩ 有些经油漆涂刷后的平面，涂刷的油漆厚度较厚，未经表面干燥即竖立放置，则形成油漆自然下坠。

3. 预防措施

① 根据所涂饰的基层材料，选用适宜优良的油漆材料和配套的稀释剂，这是避免产生流坠的重要措施，必须引起足够的重视。

② 在涂饰油漆前，对于物体表面要认真进行处理，要确保表面平整、光滑，不准有毛刺、凹凸不平和过于粗糙，要将表面上的油污、水、灰尘、杂物等污物清除干净。

③ 物体表面凹凸不平部位要正确处理。对于凸出部位要铲磨平整，凹陷部位应用腻子抹平，较大的孔洞要分次用力填塞并抹平整。

④ 涂刷油漆要选择适当的施工环境温度和湿度。一般油漆（生漆除外）施工环境温度以 15～25℃、相对湿度以 50%～70% 最适宜。

⑤ 选用适宜的油漆黏度。油漆的黏度与施工环境温度、涂饰方法有关，当施工环境温度高时，黏度应当小一些；采用刷涂方法黏度应稍大些，如喷涂硝基清漆为 25～30s，涂刷调和漆或油性磁漆为 40～45s。

⑥ 油漆涂饰要分层进行，每次涂刷油漆的漆膜不宜太厚，一般油漆控制在 50～70μm 范围内，喷涂的油漆应比刷涂的稍微薄一些。

⑦ 如果选用喷涂的方法，关键在于选择喷嘴孔径、喷涂压力和喷涂距离。喷嘴孔径一般不宜太大，喷涂空气压力应在 0.2～0.4MPa 范围内，喷枪距物体表面的距离，使用小喷枪时为 15～20cm，使用大喷枪时为 20～25cm，并在喷涂中保持距离一致性。

⑧ 在喷涂正式施工前，进行小面积喷涂试验，检验所选择油漆、配套稀释剂、喷涂机械、喷涂压力和喷涂距离是否合适，另外还要确定以下两个方面：一是要采用正确的喷涂移动轨迹，一般可采用直喷、绕喷和横喷；二是确定喷枪的正确操作技术，距喷涂物表面距离适宜。

⑨ 选用刷涂方法涂饰油漆时，要选择适宜的油漆刷子，毛要有弹性、耐用，根粗而梢细，鬃厚口齐，不掉毛。刷门窗油漆时可使用 50mm 的刷子；大面积涂刷可使用 60～75mm 的刷子。刷面层漆或黏度较大的漆时，可用七八成新的刷子；刷底漆或黏度较小的漆时，可用新油漆刷子。

⑩ 刷油的顺序要正确，这是保证涂刷质量和不产生流淌的重要技术工艺。要坚持开油→横油→斜油→理油的涂刷工艺。在理油前应在油漆桶边将油漆刷子内的油漆刮干净后，再将物面上的油漆上下（或顺木纹）理平整，做到油漆厚薄均匀一致，涂刷要按照一定方向和顺序进行，不要横涂乱抹。在线角和棱角部位要用油漆刷子轻按一下，将多余的油漆蘸起顺开，避免此处漆膜过厚而产生流坠。

⑪ 垂直表面上涂刷罩光面漆必须达到薄而匀的要求，使用的刷子以八成新最为适宜；

涂刷油漆后的平板要保持平放，不能立即竖起，必须待油漆表干、结膜后才能竖起。

(三) 漆膜粗糙、表面起粒

1. 质量问题

当油漆涂饰在物体表面上后，漆膜中颗粒较多，表面比较粗糙，不但影响油漆表面美观，而且会造成粗粒凸出，部分漆膜早期出现损坏。各类漆膜都可能出现这类质量问题，但相比之下，油脂漆的漆膜较软且粗糙，酚醛树脂漆的漆膜较脆，都比较容易产生小颗粒；有光漆由于外表面光滑，毛病最为明显；亚光漆次之；无光漆不易发现。

2. 原因分析

① 在漆料的调制过程中，如果研磨不够、用油不足，都会产生漆膜粗糙；有的漆料调配时细度很好，但涂刷后却又出现斑点（如酚醛与醇酸清漆），混色漆中蓝色、绿色及含铁蓝等漆料均容易产生面层粗糙。

② 漆料在调制时搅拌不均匀，或贮存时产生凝胶，贮存过长油漆变质，过筛时不细致，将杂质污物混入漆料中；在调配漆料时，产生的气泡在漆内尚未散开便涂刷，尤其在低温情况下，气泡更不容易散开，漆膜在干燥过程中即产生粗糙。

③ 在油漆涂饰施工中，将两种不同性质的油漆混合使用，造成干燥快的油漆即刻发生粗糙，干燥较慢的油漆涂完后才发生表面粗糙。如用喷过油性漆料的喷枪喷硝基漆料时，溶剂可将旧漆皮咬起成渣而带入硝基漆料中，从而造成表面粗糙。

④ 施工环境不符合要求，空气中有灰尘和粉粒；刮风时将砂粒等飘落于漆料中，或直接沾在未干的漆膜上。

⑤ 在涂刷油漆前，未对物体表面进行认真清理，表面打磨不光滑，有凹凸不平、灰尘和砂粒，尤其是表面上的油污和水清理不干净，更容易造成油漆流坠。

⑥ 漆桶、毛刷等工具不洁净，油漆表面沾有漆皮或其他杂物；油漆的底部有灰砂，或未经过筛就进行涂刷，都会使漆膜粗糙。

⑦ 使用喷涂方法时，由于喷枪孔径小、压缩空气压力大，喷枪与被涂表面距离太远，施工环境温度过高，喷漆未到达物面便开始干结，或将灰尘带入油漆中，均可使漆膜出现粗糙现象。

3. 预防措施

① 根据被涂饰物的材料，选择适宜、优良的漆料；对于贮存时间长、技术性能不明的漆料，不能随便使用，应做样板试验合格后再用于工程。

② 漆料的调制质量是漆膜质量好坏的关键，必须严格配比、搅拌均匀，并过筛将混入的杂物除净，必须将其静置一段时间，待气泡散开后再使用。

③ 对于型号不同、性能不同的漆料，即使其颜色完全相同，也严格禁止混合使用，只有性质完全相同的漆料才可混合在一起，喷涂硝基漆应当用专用的喷枪。

④ 选择适宜的涂饰天气，净化油漆的施工现场，做好涂膜成品的保护工作。对于刮风或有灰尘的现场不得进行施工，刚涂刷完的油漆应采取措施防止尘土的污染。

⑤ 认真处理好基层表面，在油漆涂饰前，对凹凸不平的部位应批刮腻子，并用砂纸打磨光滑，擦去粉尘后再涂刷油漆。

⑥ 漆的边缘应保持洁净，不应有旧的漆皮。未使用完的油漆，应当立即封盖，或表面加些溶剂，或用纸、塑料布遮盖，防止油漆表面结皮或杂物落入桶内。

⑦ 当选用喷枪进行涂饰时，应当通过喷涂试验确定适宜的喷嘴孔径、空气压力、喷枪与物面距离、喷枪移动轨迹，并熟练掌握喷涂施工工艺。

⑧ 当在涂饰施工中发现底漆有粗粒时，应先进行底漆处理，待处理合格后，再涂刷油漆面层。

（四）漆膜上出现针孔缺陷

1. 质量问题

漆膜上出现圆形小圈，形成周围逐渐向中心凹陷，小的状如针刺的小孔，较大的如麻点，这种缺陷称为针孔。一般是以清漆或颜料含量较低的磁漆，用喷涂或辊涂进行涂饰时容易出现；硝基漆、聚氨酯漆在施工时，漆膜在涂刷的物面上留下的小气泡，经打磨后易破裂，留下犹如针孔状的小洞。在漆膜表面出现针孔缺陷，不仅影响漆膜的使用寿命和美观，而且严重降低漆膜的密闭性和抗渗透性。

2. 原因分析

① 选用的溶剂品种或配比不当，低沸点的挥发性溶剂用量过多；涂饰后在溶剂挥发到初期结膜阶段，由于溶剂挥发过快，漆液来不及补充挥发的空当，从而形成一系列小穴及针孔；溶剂使用不当或施工环境温度过高，如沥青漆用汽油稀释就会产生（部分树脂析出）针孔，经烘烤时这种现象将更加严重。

② 烘干型油漆如果进入烘烤箱过早或烘烤不均匀，则容易出现针孔缺陷，如果受高温烘烤则更严重。

③ 施工中不够细致，腻子打磨得不光滑，未干燥至一定程度；或底层出现污染；或未涂底漆或二道底漆，急于喷涂面漆，均可以出现针孔缺陷。如果采用硝基漆，比油基漆更容易出现针孔。

④ 施工环境湿度过高，喷涂设备油水分离器失灵，喷涂时水分随着压缩空气经由喷嘴喷出，也会造成漆膜表面针孔，严重者还会出现水泡。另外，喷嘴离被喷物面的距离太远，压缩空气压力过大，都容易出现针孔缺陷。

⑤ 硝基漆面出现针孔的原因：一是配制漆料的稀释剂质量不佳、品种不当、配比不对，造成含有水分，挥发不均衡；二是涂刷操作工艺不熟练、不认真，结果造成涂层厚薄不均匀，涂刷或喷涂质量低劣。

⑥ 聚氨酯漆面出现针孔的原因：一是被涂物体或漆料、溶剂中含有水分；二是腻子或底漆干燥程度不符合要求涂刷面漆；三是漆料中加入的低沸点溶剂或干燥剂过多；四是涂刷漆膜太厚，表面结膜太快，形成外干内不干；五是被涂刷物的基层未处理好。

3. 预防措施

① 烘干型漆液的黏度要适中，涂饰完毕后不要急于进入烘烤箱，要在室温下静置15min。在烘烤过程中，应当先以低温预热一段时间，然后按规定控制温度和时间，使油漆中的溶剂正常挥发。

② 沥青烘漆用松节油稀释，涂漆后要静置15min，烘烤时先用低温烘烤30min，然后按规定控制温度和时间。在纤维漆中可加入适量的甲基环己醇硬脂酸或氯化石蜡；在酯胶清漆中可加入10％的乙基纤维，这样既可以防止针孔产生，又能改进油漆的干性和硬度；对于过氯乙烯漆，可用调整溶剂挥发速度的方法，来防止针孔的产生。

③ 涂于基层的腻子涂层要填刮密实、刮涂光滑，喷漆前要涂好底漆后再涂面漆。如果对油漆涂饰要求不太高，底漆应尽量采用刷涂，刷涂速度虽然施工较慢，但可以填补针孔。

④ 在喷涂面层漆时，施工环境相对湿度以70％为宜，并认真检查喷涂设备油水分离器的可靠性。使用的压缩空气需要经过过滤，严禁油、水及其他杂质的混入。

⑤ 硝基漆施工中的预防措施：涂刷木质物体所用的稀释剂，宜采用低毒性苯类或优质稀释剂等溶剂，以便使溶剂均匀挥发。涂刷厚度应均匀一致，涂刷后在漆膜上用排笔轻掸一下，以减少小气泡。对于凹陷的小针孔，可用棉球蘸着腊克揩平整。

⑥ 聚氨酯漆施工中的预防措施：被涂刷表面必须充分干燥，木质制品含水率不得大于12％；待腻子和底漆完全干燥后才能涂刷面层漆；配制油漆的溶剂，不能含有过多的水分，

使用前必须进行水分含量的测定；采用溶解力强、挥发速度慢的高沸点溶剂；涂刷的每层油漆厚度不可太大；不平整的漆膜不能用水砂纸磨平。

（五）漆膜表面出现刷纹缺陷

1. 质量问题

在涂刷油漆后漆膜上留有明显的刷痕，待干燥后依然有高低不平的刷纹，高的刷纹称为"漆梁"，低的刷纹称为"漆谷"。刷纹明显的部位漆膜厚薄不均，不仅影响涂层的外观，而且漆谷底部是漆膜最薄弱的环节，是引起漆膜开裂的地方。

刷纹在平整光滑的表面上比较明显，当表面比较粗糙时不显刷纹；当有光漆的底面上有刷纹时，其面层的刷纹会更加明显；在颜料含量较高的油漆中刷纹比较多见。

2. 原因分析

① 油漆中的填料吸油量大，颜料中含水较多；或油漆中的油质不足或漆料中未使用熟炼油，都会造成油漆流平性差，涂刷形成刷纹。

② 如果漆料贮存时间过长，遇水形成乳化悬垂体，使漆料黏度增大呈假厚状态；漆料中挥发性溶剂过多，挥发速度太快，或漆料的黏度较大等，涂刷后漆层来不及流平而表面迅速成膜；底层物面吸收性太强，油漆涂刷后很快被基层吸干，必然造成涂刷困难，用力涂刷很容易留下刷纹。

③ 涂刷技术好坏是是否产生刷纹的重要原因，即使选用的是优质油漆和油刷，如果涂刷方法不正确、涂刷时不仔细，也会产生刷纹，如漏刷，油刷倾斜角度不对，收刷方向无规律，间隔时间过长，用力大小不同。基层过于粗糙或面积过大，而选用的漆刷太小，毛太硬，也易产生刷纹。

④ 刷纹的产生与漆的种类有很大关系，实践证明磁性漆比油性漆易显露刷纹。如硝基漆和过氯乙烯漆的干燥速度过快，尤其是在高温环境下，漆膜来不及刷匀就开始成膜，造成明显的刷纹。

⑤ 涂刷环境温度与是否产生刷纹也有密切关系。如果环境温度过高，油漆中的溶剂挥发速度快，很容易造成漆料来不及流平、漆膜尚未刷匀，油刷拉不动，产生刷纹。

⑥ 与猪鬃混合使用的油刷以及尼龙或其他纤维的毛刷，不仅不容易将涂层涂刷均匀，而且易产生刷纹。

3. 预防措施

① 选用优良的漆料，不使用挥发性过快的溶剂，漆料黏度应调配适中。为防止出现刷纹，可采取以下技术措施：在油漆中掺加适量的稀释剂，调整油漆的稠度；开油的面积应与油漆品种、施工温度等相适应，不要太大；选用的油漆刷子要合适，不得过硬过软；在吸收强的底层上先刷一道底油；施工温度一般控制在 $10\sim20℃$ 范围内；选用挥发性慢的溶剂或稀释剂。

② 猪鬃油漆刷子对漆料的吸收性比较适宜，弹性也较好，适宜涂刷各种漆料。挑选技术熟练的油漆工进行涂刷，认真细致地涂刷可以减轻刷纹，如果最后一遍面漆能顺木纹方向涂刷，将大大减轻、减少刷纹。

③ 在涂刷磁性油漆时，要选用较软的漆刷，最后"理油"时动作要轻巧，要顺木纹方向平行操作，不要横涂乱抹。

④ 涂刷硝基漆和过氯乙烯漆等快干漆时，刷涂的动作一定要迅速，往返涂刷的次数要尽量减少，并将这类漆调得稀一些。刷漆难免留下一定的刷纹，对工艺要求较高的饰面，应采用喷涂或擦涂的方法。

（六）涂漆时出现渗色现象

1. 质量问题

漆膜渗色是指在深色底漆上再涂浅色油漆时，深色底漆被浅色面漆所溶解，底漆的颜色渗透到面漆上来，使底漆与面漆颜色混杂，严重影响油漆涂饰的外观。

2. 原因分析

① 底层使用了干燥速度极慢的材料。如大漆腻子刮批物面后，在这种物面上无论涂刷水色、油色或酒色，即使刚刷后的颜色很均匀，但经过 0.5h 左右的时间，大漆的黑斑腻子部位的颜色就会全部显露于漆面。再如涂过沥青的物面再刷油漆，漆面上会出现沥青的痕迹。

② 底漆尚未彻底干燥就涂刷面漆，如在未干的红丹酚醛防锈漆上，涂刷蓝、绿醇酸磁漆或调和漆时，就很容易使底漆的颜色渗到面漆表面。在喷涂硝基漆时，由于溶剂的溶解性很强，下层的底漆有时会透过面漆，使面漆颜色产生污染。

③ 在涂刷底漆之前，未彻底清除物面上的油污、松脂、染料、灰尘、杂物等，又未用虫胶漆进行封闭，即刷油漆，造成漆膜渗色。

④ 如果底漆是深色或含有染色，而面漆是浅色。如白色面漆涂刷在红色或棕色的底漆上，面漆会渗出红色或棕色，特别是硝基漆渗色现象更加严重。

3. 预防措施

① 底层不用干燥速度慢的大漆腻子打底。着色腻子必须浅于底漆和面漆，批刮腻子应均匀一致，并认真做好封闭隔绝底色工作。由于虫胶漆打底存有一些缺陷，可采用树脂色浆打底。

② 底漆与面漆应配套使用，尤其是面漆中的溶剂对底漆的溶解性要弱，要待底漆彻底干透后才能涂刷面漆，不要单纯追求进度、急于求成。

③ 在涂刷底漆前，一定要彻底清除基层面上的油污、松脂、沥青、染料、灰尘、红汞、杂物等，除掉面漆渗色的根源。

④ 涂刷不同颜色的硝基漆时，在面漆中应适当减少稀释剂的用量，涂刷的厚度要尽量薄，使漆膜能迅速干燥，防止面漆对底漆产生溶解渗色。

⑤ 在大面积油漆正式刷（喷）涂前，对所采用的腻子、底漆和面漆进行样板试验，待完全符合要求，不再出现渗色现象后，将试验成功的各种材料用于实际工程。

（七）漆膜发生失光现象

1. 质量问题

漆膜发生失光现象，是指有光漆在成膜后不发光，或者发光达不到原设计的效果，不能实现原来的装饰效果。

2. 原因分析

① 被涂表面未进行认真处理，表面孔隙较多或比较粗糙，经涂刷有光漆后，不能显示出油漆的光亮，即使再加一度漆也很难发光。

② 采用虫胶漆和硝基漆时，必须在平整光滑的底层上经过多次涂刷后才有光亮，如果涂刷次数较少，是不会显示光亮的；采用大漆中掺加熟桐油量不足，也会使漆膜呈半光或无光状态。

③ 木材是一种多孔性材料，在涂刷面漆前必须进行封闭处理。如果木质表面没有用清漆作封闭底漆，面漆内的油分会逐渐渗入木材的孔中，使油漆失去光亮。

④ 如果在漆料中混入煤油或柴油，由于煤油和柴油对漆料的溶解能力差，容易使漆料变粗，从而使漆膜呈半光或无光状态。

⑤ 如果油漆中稀释剂的用量过多，降低了固体分子的含量，再加上涂刷次数较少，漆膜达不到应有的厚度，造成漆膜没有光泽。

⑥ 使用颜料含量过多的色漆涂装，如果油漆搅拌不均匀，则形成桶上部的油漆颜料少、

漆料多，涂刷后光泽较好；而桶下部的油漆颜料多、漆料少，涂刷后光泽较差或无光泽。

⑦ 如果将几种不同性能的油漆混合涂装面漆，或者在硝基清漆内加入过多的防潮剂，也会引起漆膜失光。

⑧ 施工环境不好，被涂刷的物体表面有油污、水分或气候潮湿，施工环境温度太低，施工场所不干净，或在干燥过程中遇到风、雨、雪、烟雾等，漆膜也容易出现半光或无光。特别是掺加桐油的涂膜，遇到风雨、煤烟熏后，很容易失光。油性漆膜受到冷风袭击后，既让干燥速度极慢，又会失去光泽。

⑨ 底漆和腻子未完全干透就涂刷面漆，不仅容易产生互相渗色现象，而且会造成面漆失光。

⑩ 选用的油漆不符合使用环境的要求，如使用耐晒性差的油漆，涂刷初期虽有较好的光泽，但漆膜经一段时间的日光暴晒，很快就会失去光泽。

3. 防治措施

① 加强对涂层表面的处理，用适宜的腻子将涂层确实刮光滑，这样才能发挥有光漆的作用。木质表面应用清漆或树脂色浆进行封闭，避免木材细孔将漆中油分吸入。尽量用聚氨酯清漆或不饱和聚酯清漆取代硝基清漆和虫胶漆。

② 在冬期进行油漆涂刷时，应首先进行涂膜干燥试验，以确定再采取的其他措施。对于涂刷施工现场，必须堵塞门窗以防寒风袭击，在油漆中加入适量的催干剂，或采取其他的升温干燥措施。

③ 当采用挥发性油漆涂刷时，施工现场的相对湿度以 $60\%\sim70\%$ 为宜，如果湿度过大，工件应预热，或在油漆中掺加 $10\%\sim20\%$ 的防潮剂。

④ 在油漆涂刷施工期间，应当选择良好的天气（晴朗、无风、干燥），排除施工场地的煤气和熏烟，防止因污染未干燥的涂膜而失去光泽。

⑤ 稀释剂的掺量应适宜，应保持油漆的正常黏度。根据工程经验，刷涂的黏度为 30s 以上，喷涂的黏度为 20s 左右。

⑥ 当采用色漆进行涂刷时，应先在桶内搅拌均匀后，才能进行稀释和涂刷，这样才能避免上部油漆发光、下部油漆无光。

⑦ 室外应采用耐腐蚀、耐候性好的油漆。

（八）漆膜在短期内产生开裂

1. 质量问题

漆膜开裂是油漆的一种老化现象，也是一种比较严重的质量问题。大部分油漆天长日久受到氧化作用，使漆膜逐渐失去弹性、增加脆性，就会发生开裂。

油漆漆膜开裂，从表面现象上有粗裂、细裂和龟裂之分。粗裂和细裂是漆膜在老化过程中产生的收缩现象，即漆膜的内部收缩力大大超过它的内聚力而造成的破裂；龟裂指漆膜破裂到底露出涂饰的物面，或表面开裂外观呈梯子状或鸟爪状。

2. 原因分析

① 被涂饰的木材含水率大于 12%，在油漆涂刷完毕后，木材中的水分向外蒸发，产生干缩变形，变形过大时使漆膜产生开裂。

② 底漆涂膜太厚，未等干透就涂刷面漆，或者采用长油度的油漆作为底漆，而罩上短油度的面漆，两种漆膜的收缩力不同，会因面漆的弹性不足而产生开裂，厚度越大收缩越大，漆膜开裂后甚至会露出底漆。

③ 选用的油漆品种不当，如室内用的油漆或短油度油漆被用于室外涂装，由于这类油漆抗紫外线辐射性能不良，涂刷不久就会出现开裂。

④ 选用的油漆质量不好。如采用低黏度硝化棉制成的硝基漆，由于缺乏良好的耐久性

和耐候性，或未经耐候性、耐光性良好的合成树脂进行改性。又如，大漆本身的含水率高，或在大漆中掺加水分，未充分进行充分刷理等。

⑤ 在配制油漆或在涂刷油漆前，未将油漆搅拌均匀，从而造成油桶中的油漆下部颜料含量较多，而上部含量较少，使用颜料含量较多的油漆时易出现裂纹。

⑥ 油漆工的技术操作水平较差，再加上涂刷时不认真仔细，很容易出现刷纹，则"漆谷"成为易产生开裂的薄弱环节。

⑦ 配制油漆时掺加了过量的挥发性成分或催干剂，干燥速度过快、收缩过大而造成开裂。在硝基漆调制过程中，所掺加的稀释剂不当，也会出现类似状态。

⑧ 漆膜受到不利因素影响，造成表面开裂。如日光强烈照射，环境温度高、湿度大，漆膜突然受冷受热而产生过大伸缩，水分吸收和蒸发时的穿透作用比较频繁，使用过程中有侵蚀介质的反复作用，在使用期保护、保养不当等，均可以产生漆膜开裂。

3. 预防措施

① 严格控制涂饰基层的含水量，以防止基层产生较大的干缩。如木材制品的含水率严格控制在12%以下。

② 正确选择油漆的品种；在达到规定的干燥时间后，再涂刷下一层油漆；油漆中掺加的挥发性成分或催干剂应适量；漆膜上沾有的糨糊或胶水应立即清除干净。

③ 采用品质优良的漆料。在硝基漆制造的过程中，必须用高黏度硝化棉作原料，并用性能良好的合成树脂进行改性，以提高硝基漆的耐候性、耐光性和耐久性。还需要加入耐光性良好的稀释剂、增韧性等优质助剂，以增强漆膜的柔韧性。

④ 明确涂刷工艺具体要求，提高油漆工的操作水平，不得出现刷纹缺陷。在使用过程中尽量避免日光暴晒和风吹雨打，漆膜应定期用上光剂进行涂揩、保养，以延长漆膜寿命。

（九）漆膜发生起泡

1. 质量问题

涂刷的漆膜干透后，表面出现大小不同凸起的气泡，用手指按压稍有弹性，气泡是在漆膜与物面基层，或面漆与底漆之间发生的。富有弹性非渗透性的漆膜被下面的气体、固体或液体形成的压力鼓起各种气泡。气泡内的物质与涂刷面的材料有关，一般有水、气体、树脂、晶化盐及铁锈等。

新生成的气泡软而有弹性，旧气泡硬脆易于清除。漆膜下的水、树脂和潮气上升到漆面形成的气泡，与阳光或其他热源产生的热量有关，热量越大产生气泡的可能性越大，形成的气泡越持久。深色漆料反射光的能力差，对热量的吸收比较多，比浅色漆料更容易产生气泡。

2. 原因分析

① 耐水性较差的漆料用于浸水物体的涂饰，采用的油性腻子未完全干燥或底漆未干就涂刷面漆，石膏凝胶中的水或底漆膜中残存的溶剂受热蒸发，腻子和底漆中的水分和溶剂气化时逸散不出，均可形成气泡。

② 采用喷涂方法施工时，压缩空气中含有水分和空气，与漆料一同被喷涂在涂饰面上；或者涂刷的漆黏度太大，当漆刷沿着漆料涂刷时，夹带的空气进入涂层，不能跟随溶剂挥发而产生气泡。

③ 施工环境温度太高，或日光强烈照射使底漆未干透，遇到雨水又涂刷面漆；底漆在干结时，产生的气体将面漆膜顶起，形成气泡。另外，如果在强烈的日光下涂刷油漆，涂层涂得厚度过大，表面的油漆经暴晒干燥，热量传入内层油漆后，油漆中的溶剂迅速挥发，结果造成漆膜起泡。

④ 底漆涂刷质量不符合要求，留有小的空气洞，当烘烤时空气膨胀，也会将外层漆膜

顶起。油漆品种选用不当，如醇酸磁漆涂于浸水材料表面；漆膜过厚，与表面附着不牢，或层间缺乏附着力。在多孔表面上涂刷油漆时，没有将孔眼填实，在油漆干燥的过程中，孔眼中的空气受热膨胀后形成气泡。

⑤ 在木质制品上涂刷油漆产生气泡的原因，主要有以下几个方面。

a. 制作的木质制品的含水率超过 15％，水分受热蒸发时漆膜就容易出现气泡，室外朝阳部位和室内暖气附近尤为明显。当气温达到露点后，木材中的水分会产生冷凝，也会使漆膜形成小泡。

b. 已风干的木质表面含水量虽然较低，但潮湿仍会从木面的某些部位渗入形成气泡。与砖、混凝土接触的木材端部、接缝、钉孔及刮抹不好的油灰都容易吸潮，室外的木质面即使有防雨措施，由于吸入大量的潮湿空气，已风干的木面也会出现气泡。

c. 漆料如果涂刷在树脂含量较高的木面上，特别是涂刷在未风干的新木面上，当受到高温影响后，树脂会变成液态，体积增大形成一定压力，将漆膜鼓起形成气泡，或将漆膜顶破而流出树脂。

d. 有些硬质木面，如橡木表面有许多开放式的管孔，涂刷漆料时易将空气封闭在管孔内，受热后管孔内的气体膨胀形成气泡。

e. 使用带水的油漆刷子涂刷，或漆桶内有水或涂刷面上有露水等，均可使涂层形成潮气产生气泡。

⑥ 新的砖石、混凝土、抹灰面上的漆膜产生气泡的原因，主要有以下两个方面。

a. 在含水率较高的新墙面上涂刷非渗透性漆料时，很容易产生气泡，特别是墙的两面都涂刷这类漆料，墙内的水分不易散出，当环境温度升高时，墙内水分向外蒸发，由于漆膜阻挡形成压力，从而产生气泡。

b. 水泥及混凝土制品表面为多孔性基层，并含有一定量的盐分和碱性物质，直接涂装油漆往往发生起泡、脱落、泛白等质量问题，甚至与漆料发生皂化作用而损坏漆层。

⑦ 旧的砖石、混凝土、抹灰面上的漆膜产生气泡的原因，主要有以下两个方面。

a. 产生气泡的主要原因是由于基体（基层）内的潮湿，因某种原因不断上升而引起的，如防潮层产生损坏，室外地面高于防潮层，墙面有破损，雨水渗入，给排水或空调系统渗漏等。

b. 被涂物面未进行认真清理，基层表面上有细孔而未填实，有脏污（如油污、灰尘、沥青等）未清理干净。

⑧ 钢铁面上的漆膜产生气泡，主要是由于基体表面处理不当，或底漆涂刷不善而产生锈蚀，含有潮湿的铁锈被涂膜封闭后均会产生气泡。

⑨ 其他金属面漆膜产生气泡，主要是当环境温度升高或金属基体受热后，溶剂含量高的涂层容易出现气泡。漆膜受热后变软，弹性增大，并可能使涂膜内的溶剂挥发产生气体，从而产生气泡。

⑩ 聚氨酯漆膜产生气泡的原因，主要有以下几个方面。

a. 第一道涂层中的溶剂未完全挥发，随即涂刷第二道涂层，由于间隔时间不满足，在两道涂层之间含有挥发性物质，待挥发时便使上层鼓起气泡。

b. 施工环境温度太高，或加热速度过快，溶剂挥发的速度超过漆料允许的指标。

c. 在施工过程中有水分或气体侵入，如喷涂施工中，如果油水分离器失灵，会将气体和水带入油漆中。

d. 如果采用虫胶漆作底漆，经化学反应生成一定量的二氧化碳气体，从而形成气泡。

3. 预防措施

① 基体（基层）表面处理如果采用油性腻子，必须等腻子完全干燥后再涂刷油漆。当

基层有潮气或底漆上有水时，必须把水擦拭干净，待潮气全部散尽后再涂油漆。

② 在潮湿及经常接触水的部位涂饰油漆时，应当选用耐水性良好的漆料。

③ 选用的漆料黏度不宜太大，一次涂饰的厚度不宜太厚；喷漆所用的压缩空气要进行过滤，防止潮气侵入漆膜中造成起泡。

④ 多孔材料干燥后，其表面应及时涂刷封闭底漆或树脂色浆；施工时，避免用带汗的手接触工件；工件涂刷完毕后，不要放在日光或高温下；喷涂和刷涂的油漆，应根据使用环境选择适宜的品种。

⑤ 对于木质面上的油漆涂层，应当注意以下几个方面。

a. 必须严格控制木材的含水率不得大于 12%。当施工现场湿度较大，无法满足规定含水率时，可在干燥环境中涂刷防潮漆后，再运至施工现场安装。

b. 含有树脂的木材应对其加温，使树脂稠度降低或流出，然后用刮刀刮除，严重的可将其挖除修补。对含树脂的木面也可经打磨除尘后，涂刷一层耐刷洗的水浆涂料或乳胶漆，使填孔、着色、封闭一步化。

⑥ 对于新的砖石、混凝土、抹灰面上的油漆涂层，应当注意以下几个方面。

a. 这类基层面至少要经过 2～3 个月的风干时间，待含水率小于 8%、碱度 pH 值在 10 以下时再涂刷油漆。

b. 急需刷漆的基层可采用 15%～20% 的硫酸锌或氯化锌溶液涂刷数次，待干燥后扫除析出的粉质和浮粒，即可涂刷油漆。

⑦ 对于旧的砖石、混凝土、抹灰面上的油漆涂层，应当注意以下几个方面。

a. 将旧建筑物的缺陷处修补好，等基层完全干燥后再涂刷新的涂层。如果问题无法解决，或未做防潮层，可不涂刷非渗透性漆料，只涂刷乳胶漆一类的渗透性涂料。

b. 对于旧混凝土的表面，还要用稀氢氧化钠溶液去除油污，然后再用清水进行冲洗，干燥后再涂刷油漆。

⑧ 对于钢铁面上的油漆涂层，应当注意以下几个方面。

a. 采用喷砂方法清除钢铁面上的铁锈，然后涂刷防锈底漆（如红丹），以涂刷两遍为宜，待底漆干燥后再刷面漆。

b. 在钢铁面上涂刷油漆，要选择干燥、无风、晴朗、常温天气进行，涂刷前要检查表面处理是否符合要求，重点查看除锈和干燥情况如何。

⑨ 对于金属面上的油漆涂层，应当注意以下几个方面。

a. 在涂刷油漆前，应了解金属构件在使用中能经受的最高温度，以便选择适宜油漆品种。

b. 在适宜的施工环境中进行油漆的涂刷。

⑩ 对于聚氨酯漆涂层，应当注意以下几个方面。

a. 必须待第一道涂层中溶剂大部分挥发后再刷第二道，在采用湿工艺涂刷时，要特别注意这一点，不能为赶涂刷速度而对漆膜突然进行高温加热。

b. 一般宜选用稀释的聚氨酯作为底漆，如果用虫胶漆作为底漆，必须待虫胶漆彻底干燥后才可涂饰面漆。

c. 施工时，涂饰物面、工具及容器要干燥，严格防止沾上水分，并且不要在潮湿的环境中施工，这是防止聚氨酯漆膜不起泡的重要措施。

d. 漆料黏度增高时，可用稀释剂进行稀释，但配合比的改变很可能使漆膜出现气泡。因此，对于掺加稀释剂一定要慎重，要进行涂刷试验加以验证，并且不宜再涂装在主要装饰部位。

e. 为了防止起泡，可在配制漆料时加入适当硅油，硅油掺加量为树脂漆的 0.01%～

0.05%。如果用量过多，会出现缩孔、凹陷现象。

三、特种涂料的质量问题与防治措施

最近几年，涂料工业飞速发展，涂料的种类和功能越来越多，涌现出许多具有特种功能的涂料，如防火涂料、防水涂料、防霉涂料、防结露涂料、保温涂料、闪光涂料、防腐涂料、抗静电涂料、彩幻涂料等。这些特种涂料组成不同、功能不同，所表现出来的质量问题也不相同。下面对几种建筑上常用的特种涂料常见的质量问题加以分析和处理。

（一）防腐涂料成张揭起

1. 质量问题

在湿度较大的环境中施涂过氯乙烯防腐涂料面层，或在下层未干透便涂刷上层时，就会使下面涂层成张揭起。成张揭起不仅严重影响油漆涂刷速度，而且还严重影响饰面美观。

2. 原因分析

因过氯乙烯防腐涂料的施涂，是由多遍涂刷完成的，如底层涂膜未干透，则涂膜内残存的溶剂即施涂面涂层就会因附着力差而被成张揭起。

3. 预防措施

① 把好每道涂刷的工序，这是防止成张揭起的根本措施。抹灰面时清理洁净、保持干燥。底层涂刷要1～2遍。因过氯乙烯涂料干燥特别快，所以操作时只能刷一上一下，不能多刷，更不能横刷刮涂，以免吊起底涂层。

② 嵌批腻子：过氯乙烯腻子可塑性差、干燥快，嵌批时操作要快。随批腻子随刮平，不能多刮，防止从底层翻起。批腻子后要打磨、擦净。

③ 每道涂层施涂前要确保底层干燥。用0～1号砂纸带水打磨到涂膜无光泽为好。揩擦干净，晾干后再继续涂刷面层涂料，是防止成张揭起的主要措施。

（二）过氯乙烯涂料出现咬底

1. 质量问题

在涂刷面层涂料时，面涂中的溶剂把底涂膜软化，不仅影响底涂与基层的附着力，而且使涂膜产生破坏而咬底。

2. 原因分析

① 过氯乙烯底层涂料未干透或其附着力较差，在涂刷面层涂料后，面层涂料中的溶剂将其软化，从而引起咬底的质量问题。

② 涂刷工艺不当，面层涂料经过反复多次涂刷，使原有的底涂膜溶解破坏，出现咬底现象。

3. 预防措施

① 过氯乙烯涂料的配套使用：选用X06-1磷化底涂料、G06-4铁红过氯乙烯涂料、G52-1各色过氯乙烯防腐涂料及G52-2过氯乙烯防腐清漆，以整套配合施用。

② 掌握正确的涂刷工艺：底涂层必须实干，用1号砂纸打磨揩拭干净。施涂时只能一上一下刷两次，不能多刷，以防咬底。

（三）防霉涂膜层反碱与咬色

1. 质量问题

砌体、混凝土墙体、水泥砂浆、水泥混合砂浆中含碱量大，当受潮后产生反碱、析白，使涂膜层褪色，影响防霉效果。

2. 原因分析

① 基层含碱量大，墙基没有做防潮层或防潮层失效，基层下面的水分上升，使墙身反潮、反碱，导致涂膜褪色，产生霉变。

② 基体局部受潮湿或漏水，导致反碱，使涂层起鼓、变色，以致防霉涂层不能防霉。

3. 预防措施

① 为保持基体（基层）干燥，必须要有防潮技术措施，如墙基要做防潮层、地下室要做好防水层，使防霉基体（基层）保持干燥。抹灰层要经常冲洗，降低碱度。基体（基层）达到干燥后方可施涂涂料。

② 防霉涂料：宜采用氯-偏共聚乳液防霉涂料。其性能是无毒、无味、不燃、耐水、耐酸碱，涂膜致密，有较好的防霉性和耐擦洗性。

③ 涂刷工艺要点如下。

a. 认真进行基层处理。要求涂刷防霉涂料的基层，要达到表面平整、无疏松、不起壳、无霉变、不潮湿、干燥的基本要求。

b. 杀菌：配制 7％～10％磷酸三钠水溶液，用排笔涂刷两遍。涂刷封底涂料，嵌批腻子、打磨，再施涂防霉涂料 2～3 遍。第一遍干燥后再涂第二遍。干燥后再打磨，最后涂第三遍。

（四）防火涂膜层开裂与起泡

1. 质量问题

防火涂料的主要功能是防火，又称阻燃涂料。它既具有优良的防火性能，又具有较好的装饰性。当物体表面遇火时，能防止初期火灾和减缓火势蔓延、扩大，为人们提供灭火时间。涂膜层的开裂和起泡，都将影响防火效果。

2. 原因分析

① 木质基层面没有清理干净，使涂层与基层黏结不牢；或木材中含水率大于 12％，在干燥过程中产生收缩裂缝，使涂膜也随着出现开裂。

② 涂刷底层涂膜表面过于光滑，与上层没有足够的黏结力，再加上没有打磨失光就罩面层涂料，底层与面层不能成为一个有机的整体。

③ 不注意涂料的质量，只片面追求降低工程造价，使用劣质防火涂料，其技术性能不能满足设计要求。

3. 预防措施

① 认真选用优质防火涂料。目前。适合木材面的无机防火涂料的型号为 E60-1，其具有涂膜坚硬、干燥性好、涂饰方便、可防止延燃及抵抗瞬时火焰等优良特性，适用于建筑物室内的木质面和织物面。由于这种防火涂料不耐水，所以不能用于室外。

② 掌握正确的操作方法，即清理干净、嵌批腻子、打磨平整、涂饰第一遍防火涂料、干燥磨光、打扫干净、涂饰第二遍防水涂料，最后涂饰第三遍防火涂料。

（五）防水涂膜层开裂与鼓泡

1. 质量问题

防水涂料涂刷完毕后，涂膜层出现开裂、鼓泡，完全失去防水的功能，而从裂缝和鼓泡部位出现渗漏水，不仅渗入建筑物的基层内部，还会危及建筑物结构安全。

2. 原因分析

① 基层没有认真进行处理，如基层上的油污、粉尘等处理不干净，基层中的含水量过大，或基层本身出现空鼓、裂缝现象。

② 在涂刷防火涂料前，没有按照有关规定涂基层处理剂，造成防水涂料与基层不能很好地黏结在一起。

③ 采用的施工工艺不当，或涂刷中不认真对待，特别是底层涂料没有实干就涂刷面层涂料，两者不能黏结牢固，最容易造成涂膜层起泡。

④ 选用的防水涂料品种不对，或选用的防水涂料质量低劣，均容易造成防水涂膜开裂与鼓泡。

3. 预防措施

① 根据所涂饰基层材料的性能，选用优质的适应性好的防水涂料，并经抽样测试合格后方可使用。

② 严格掌握涂刷标准。基层处理一定要干净，要确保基层、底层完全干燥；涂刷基层处理剂，干燥后再涂好底层涂料，实干后按设计要求铺设胎体增强材料，然后再涂中层和面层；要按设计要求达到涂刷的遍数，要确保设计规定的涂刷厚度。

复习思考题

1. 水性建筑涂料的一般质量要求是什么？水性建筑涂料的具体质量要求包括哪些方面？

2. 溶剂型建筑涂料的质量要求主要包括哪些方面？各有何具体要求？

3. 美术涂料的质量要求主要包括哪些方面？

4. 水性建筑涂料涂饰基层处理的施工质量控制应符合哪些要求？水性建筑涂料在施工过程中的质量控制具体要求是什么？

5. 溶剂型建筑涂料涂饰基层处理的施工质量控制应符合哪些要求？溶剂型建筑涂料在木材表面、混凝土和砂浆表面、金属材料表面涂饰施工过程中各自质量控制的具体要求是什么？

6. 美术涂料在涂饰施工过程中各自质量控制的要点是什么？木材表面涂饰清漆施工过程中质量控制的具体要求是什么？

7. 建筑涂料的检测及质量评定主要应符合国家哪些现行标准的规定？溶剂型涂料和内墙涂料对有害物质的限量值有何具体规定？

8. 水性建筑涂料涂饰工程质量验收的主控项目和一般项目具体分别包括哪些方面？

9. 溶剂型建筑涂料涂饰工程质量验收的主控项目和一般项目具体分别包括哪些方面？

10. 美术建筑涂料涂饰工程质量验收的主控项目和一般项目具体分别包括哪些方面？

11. 水性建筑涂料常见的质量问题有哪些？各自应采取哪些防治措施？

12. 溶剂型建筑涂料常见的质量问题有哪些？各自应采取哪些防治措施？

13. 特种建筑涂料常见的质量问题有哪些？各自应采取哪些防治措施？

第八章

裱糊与软包工程质量控制

【提要】本章主要介绍了裱糊与软包工程常用材料的质量控制、施工过程中的质量控制、裱糊与软包工程验收质量控制、裱糊与软包工程的质量问题与防治措施。通过对以上内容的学习，基本掌握裱糊与软包工程在材料、施工和验收中质量控制的内容、方法和重点，为确保裱糊与软包工程质量打下良好基础。

装饰裱糊与软包工程，在建筑装饰装修工程中简称为裱糊工程，是指在室内平整光洁的墙面、顶棚面、柱体面和室内其他构件的表面上，用壁纸、墙布等材料进行裱糊或软包的装饰工程。

裱糊与软包工程是室内装修工程重要的组成部分，也是我国传统的装修工艺。随着科学的进步和材料工业的发展，新材料、新工艺和新技术使裱糊与软包工程得到蓬勃发展。

第一节 裱糊与软包工程常用材料的质量控制

裱糊与软包工程所用的装饰材料，主要是墙布与壁纸。这类装饰材料具有色彩丰富、质地柔软、弹性较好、种类繁多等特点。目前，我国生产的墙布与壁纸，原材料涉及广泛，档次比较齐全，在室内装饰装修中已成为一种十分重要的材料。

一、裱糊工程常用材料的质量控制

① 裱糊工程所用的壁纸、墙布，应表面整洁、图案清晰、色泽一致。常用的 PVC 壁纸的质量应符合现行标准《聚氯乙烯壁纸》（QB/T 3805—1999）的规定。

② 裱糊工程所用壁纸、墙布的图案、品种、规格和色彩等应符合设计要求，并应附有出厂产品合格证。

③ 裱糊工程所用的材料应当选用环保材料，壁纸中的有害物质含量应符合国家标准《室内装饰装修材料—壁纸中有害物质限量》（GB 18585—2001）的规定。壁纸中有害物质限量见表 8-1。

④ 塑料壁纸的外观质量，应符合表 8-2 的规定；塑料壁纸的物理性能，应符合表 8-3 的规定。

表 8-1　壁纸中有害物质限量　　　　　　　　　　单位：mg/kg

有害物质名称		限量值	有害物质名称		限量值
重金属（或其他）元素	钡（Ba）	≤1000	重金属（或其他）元素	砷（As）	≤8
	镉（Cd）	≤25		汞（Hg）	≤20
	铬（Cr）	≤60		硒（Se）	≤165
	铅（Pb）	≤90		锑（Sb）	≤20
氯乙烯单体		≤1.0	甲醛		≤120

表 8-2　塑料壁纸的外观质量

缺陷名称	等级技术指标		
	优等品	一等品	合格品
色差	不允许有	不允许有明显的差异	允许有一定差异，但不影响使用
伤痕和皱折	不允许有	不允许有	允许基纸有明显折痕，但壁纸表面不允许有死折
气泡	不允许有	不允许有	不允许有影响外观的气泡
套印精度偏差	偏差不大于 0.7mm	偏差不大于 1.0mm	偏差不大于 2.0mm
露底	不允许有	不允许有	允许有 2mm 的露底，但不允许有密集现象
漏印	不允许有	不允许有	不允许有影响外观的漏印
污染点	不允许有	不允许有目视比较明显的污染点	允许有目视比较明显的污染点，但不允许有密集现象

表 8-3　塑料壁纸的物理性能

项　　目			等级技术指标		
			优等品	一等品	合格品
耐摩擦色牢度试验/级	褪色性/级		≥4	≥4	≥3
	干摩擦	纵向	≥4	≥4	≥3
		横向			
	湿摩擦	纵向	≥4	≥4	≥3
		横向			
	遮蔽性/级		≥4	≥4	≥3
湿润拉伸负荷 N/15mm		纵向	≥2	≥2	≥2
		横向			
黏合剂可拭性[①]		横向	20 次无外观上的损伤和变化	20 次无外观上的损伤和变化	20 次无外观上的损伤和变化

①壁纸的可拭性是指施工操作中粘贴壁纸的黏合剂（胶黏剂）附在壁纸的正面，在其未干时，应有可能用湿布或海绵拭去，而不留下明显痕迹。

　　⑤ 装饰墙布的外观质量，应符合表 8-4 中的要求。

表 8-4　装饰墙布的外观质量

疵点名称	一等品	二等品	备　注
同批内色差	4 级	3～4 级	同一包（300m）内
左中右色差	4～5 级	4 级	指相对范围
前后色差	4 级	3～4 级	指在同一卷内
深浅不均	轻微	明显	严重者为次品
折皱	不影响外观	轻微影响外观	明显影响外观为次品
花纹不符	轻微影响	明显影响	严重影响为次品
花纹印偏	15mm 以内	30mm 以内	
边疵	15mm 以内	30mm 以内	
蓄边	10mm 以内三只	20mm 以内六只	
破洞	不透露胶面	轻微影响胶面	透露胶面为次品
色条色泽	不影响外观	轻微影响外观	明显影响外观为次品
油污水渍	不影响外观	轻微影响外观	明显影响外观为次品
破边	10mm 以内	20mm 以内	
幅宽	同卷内不超过±15mm	同卷内不超过±20mm	

⑥ 装饰玻璃纤维布的国家统一企业标准，应符合表 8-5 中的规定；装饰墙布的规格及性能，应符合表 8-6 中的规定。

表 8-5　装饰玻璃纤维布的国家统一企业标准

项目名称	统一企业标准		项目名称	统一企业标准	
厚纱支数	经纱	42/2	密度	经纱	20±1
（支数/股数）	纬纱	45/2	/（根/cm）	纬纱	16±1
单丝公称直径	经纱	8	断裂强度/N	经纱	650
/μm	纬纱	8	（20mm×100mm）	纬纱	550
厚度/mm	0.150±0.015		含油率组织	斜纹	
宽度/mm	91.0±1.5				
质量/（g/m²）	155±15				

注：玻璃纤维布的品种规格——厚度为 0.15～0.17mm，幅宽为 800～840mm，每平方米质量约 200g。

表 8-6　装饰墙布的规格及性能

品名	规格	技术性能	品名	规格	技术性能
装饰墙布	厚度 0.35mm	冲击韧度:34.7J/cm²	装饰墙布	厚度 0.35mm	日晒强度:7 级
		断裂强度:纵向 770N/（5×20mm）			静电效应:静电值 184V 半衰期 1s
		断裂伸长度:纵向 3%,横向 8%			刷洗强度:3～4 级
		耐磨性:500 次			湿摩擦:4 级

⑦ 胶黏剂可选用成品材料，也可以自行配制，应按壁纸和墙布的品种选配，并应具有防霉、耐久等性能，如有防火要求的胶黏剂应具有耐高温性能。水基型胶黏剂中的有害物质限量值，应符合表 8-7 中的规定。

表 8-7　水基型胶黏剂中有害物质的限量值

项目名称		有害物限量值				
		缩甲醛类胶黏剂	聚乙酸乙烯酯胶黏剂	橡胶类胶黏剂	聚氨酯类胶黏剂	其他胶黏剂
游离甲醛/（g/kg）	≤	1	1	1	—	1
苯/（g/kg）	≤	0.2				
甲苯+二甲苯/（g/kg）	≤	10				
总挥发有机物/（g/L）	≤	50				

⑧ 在运输和贮存的过程中，所有壁纸、墙布均不得日晒雨淋；压花壁纸和墙布应平放；发泡壁纸和复合壁纸应竖放。

⑨ 裱糊和软包工程应选用环保型腻子，其技术指标主要包括耐水性、施工性、耐碱性、耐磨性、黏结强度、干燥时间和理论涂布量等方面，应当完全符合现行的行业标准《建筑室内用腻子》（JG/T 3409—2011）中的规定，其具体的技术指标如表 8-8 所列。

表 8-8　绿色环保型室内墙面用腻子的技术指标

项目		指标		项目	指标	
		耐水腻子	一般腻子		耐水腻子	一般腻子
耐水性		良好	一般	耐碱性	良好	良好
施工性		良好	良好	耐磨性	良好	良好
黏结强度 /MPa	标准状态	0.50	0.25	干燥时间(表干)/h	<5	<5
	浸水后	0.30	—	理论涂布量/（kg/m²）	0.70～1.80	

二、软包工程常用材料的质量控制

① 软包墙面木框、龙骨、底板、面板等木材的树种、规格、等级、含水率和防腐处理，必须符合设计图纸中的要求。

② 软包面料及内衬材料和边框的材质、颜色、图案、燃烧性能等级，应符合设计要求及国家现行标准的有关规定，具有防火性能检测报告。普通布料需要进行两次防火处理，并经检测合格。

③ 龙骨一般应用白松烘干料，含水率不得大于12%，厚度应根据设计要求，不得有腐朽、节疤、劈裂、扭曲等疵病，并预先经过防腐处理。龙骨、衬板、边框应安装牢固，无翘曲，拼缝应平直。

④ 外饰面用的分格框料和木贴脸等面料，一般采用工人经烘干加工的半成品料，含水率不得大于12%。一般宜选用优质五夹板，如基层情况特殊或有特殊要求者，也可选用九夹板。

⑤ 软包工程施工用的胶黏剂，一般可选用立时得万能胶，不同部位也应采用不同的胶黏剂。

⑥ 民用建筑工程所用的无机非金属装修材料，其放射指标限量应符合表8-9中的规定。

表 8-9   无机非金属装修材料放射性指标限量

测定项目	放射性指标限量	
	A	B
内照射指数(I_{Ra})	≤1.0	≤1.3
外照射指数(I_r)	≤1.3	≤1.9

⑦ 民用建筑工程室内用的人造木板及饰面人造木板，必须测定游离甲醛含量或游离甲醛释放量，必须符合《室内装饰装修材料　人造板及其制品中甲醛释放限量》（GB 18580—2001）中的规定。

第二节　裱糊与软包工程施工质量控制

裱糊与软包工程是建筑装饰工程中的重要组成部分，其施工质量如何是一个非常重要的方面，不仅关系到建筑工程的装饰效果、建筑风格和传统文化，而且关系到裱糊与软包工程的所有使用功能的发挥。因此，严格按照现行质量标准和检验方法，对裱糊与软包工程进行质量控制，是装饰工程施工中极其重要的技术、经济问题。

一、裱糊工程施工质量控制

（一）裱糊工程质量预控要点

① 新建筑物的混凝土或水泥砂浆抹灰基层墙面，在刮腻子前应先涂刷一遍抗碱封闭底漆，以防止基层中的碱性物质影响裱糊工程质量。

② 旧建筑物的基层墙面，在裱糊前应清除疏松的旧装饰层，并涂刷界面剂。

③ 基层按设计要求木砖或木筋已埋设好，水泥砂浆找平层已抹完，经干燥后含水率不大于8%，木材基层的含水率不大于12%。

④ 水电管道及设备、其他管线和墙上预留预埋件已完，门窗的油漆已基本干透。

⑤ 房间内的地面工程已完成，经检查符合设计要求。

⑥ 在大面积装修前，应首先做样板间，经有关部门鉴定合格后，方可正式组织施工。

（二）裱糊工程基层处理质量控制

① 裱糊工程对基层的处理比较严格，要求基层面各项允许偏差必须达到高级抹灰标准。表面必须平整光洁、不疏松掉粉、颜色一致、无砂眼裂缝等缺陷。

② 在裱糊施工前，首先必须检查基层面的平整度、垂直度、阴阳角方正等允许偏差，是否达到类似高级抹灰标准，如果达不到，应返工或进行处理。

③ 对基体或基层的含水率检查：混凝土和水泥砂浆基层不得大于8%，木材制品不得大于12%。

（三）裱糊工程施工过程质量控制

① 壁纸和墙布的种类、规格、图案、颜色和燃烧性能等级，必须符合设计要求及国家现行标准的有关规定。同一房间的壁纸和墙布应用同一批料，在裱糊前应认真检查，即使同一批料，当有色差时，也不应贴在同一墙面上。

② 在裁纸或布时，长度应有一定的余量，剪口应考虑对花并与边线垂直，裁成后卷拢，横向进行存放。不足幅宽的窄幅，应贴在较暗的阴角处。窄条下料时，应考虑对缝和搭缝关系，手裁的一边只能搭缝不能对缝。

③ 胶黏剂应集中进行调制，并通过400孔/cm²的筛子过滤，胶黏剂的调制量应根据裱糊用量确定，调制好的胶黏剂应当天用完。

④ 为确保裱糊工程的施工质量，裱糊前应弹出第一幅粘贴垂直线，以此作为裱糊时的基准线。

⑤ 墙面应采用整幅裱糊的方式，并统一设置对缝，在阳角处不得有接缝，阴角处的接缝应采用搭接。

⑥ 无花纹的壁纸，可采用两幅间重叠2cm搭接。有花纹的壁纸，则采取两幅间壁纸花纹重叠对准，然后用钢直尺压在重叠处，用刀切断，撕去余纸，粘贴压实。

⑦ 在裱糊普通壁纸前，应先将壁纸浸水湿润3～5min（根据壁纸性能而定），取出静置20min。裱糊时，基层表面和壁纸背面同时涂刷胶黏剂，壁纸在刷胶后静置5min后粘贴上墙。

⑧ 在裱糊玻璃纤维墙布时，应先将墙布的背面清理干净。在进行裱糊时，应在基层表面涂刷胶黏剂。

⑨ 裱糊后各幅拼接应横平竖直，拼接处的花纹、图案应吻合，不离缝，不显搭接和拼缝；粘贴应牢固，不得有漏贴、补贴、脱层、空鼓和翘边等质量缺陷。

⑩ 裱糊后的壁纸、墙布表面应平整，色泽应一致，不得有波纹起伏、气泡、裂缝、皱折及斑污，斜视时应无胶痕；复合压花壁纸的压痕及发泡壁纸的发泡层应无损坏；壁纸和墙布与各种装饰线、设备线盒应交接严密；壁纸、墙布边缘应平直整齐，不得有纸毛、飞刺；壁纸和墙布的阴角处搭接应顺光，阳角处应无接缝。

⑪ 在裱糊施工过程中和裱糊成品干燥前，应防止穿堂风和温度大幅度突然变化。

⑫ 裱糊工程施工完毕检查合格后，应当加强对已合格产品的保护，避免出现损坏和污染。

二、软包工程施工质量控制

（一）软包工程质量预控要点

① 混凝土和墙面抹灰工程完工后，基层已按设计要求埋入经防腐处理的木砖或木筋，水泥砂浆找平层已抹完并涂刷冷底子油。

② 水电管道及设备、其他管线和墙上预留预埋件已完成。

③ 房间的吊顶分项工程基本完成，经检查符合设计要求。

④ 房间的地面分项工程基本完成，经检查符合设计要求。

⑤ 对软包工程的基层进行认真检查，要求基层平整、牢固，垂直度、平整度均符合细木制作验收规范的规定。

（二）裱糊工程施工过程质量控制

① 软包工程所用的填充材料、纺织面料、龙骨材料、木基层板等均应进行防火处理。

② 软包工程的墙面防潮处理，应均匀涂刷一层清油或满铺一层油纸。

③ 木龙骨宜采用凹槽榫工艺预制，采用整体或分片安装，与墙体的连接应紧密、牢固。

④ 填充材料制作尺寸应正确，棱角应方正，应与木基层板粘贴严密。

⑤ 织物面料在裁剪前经纬应顺直，安装应紧贴墙面，接缝应严密，花纹应吻合，无波纹起伏、翘边和褶皱，表面应清洁。

⑥ 软包布面与压缝条、贴脸线、踢脚板、电气盒等交接处，应严密、顺直、无毛边。电气盒等开洞处，套割尺寸应准确，完工后表面应美观。

⑦ 软包工程施工完毕经检查合格后，应当注意加强对已合格产品的保护，避免出现损坏和污染。

第三节　裱糊与软包工程验收质量控制

根据国家标准《建筑装饰装修工程质量验收规范》（GB 50210—2001）、《住宅装饰装修工程施工规范》（GB 50327—2001）和《建筑工程施工质量验收统一标准》（GB 50300—2001）等的规定，室内墙面、门等部位的裱糊与软包工程应符合以下规定。

一、裱糊工程验收质量控制

聚氯乙烯塑料壁纸、复合纸质壁纸、墙布等裱糊工程的质量验收标准及检验方法，应符合表 8-10 中的规定。

表 8-10　裱糊工程质量验收标准及检验方法

项目	项次	质量要求	检验方法
主控项目	1	壁纸、墙布的种类、规格、图案、颜色和燃烧性能等级必须符合设计要求及国家现行标准的有关规定	观察；检查产品合格证书、进场验收记录和性能检测报告
	2	裱糊工程基层处理质量应符合规范规定： （1）新建筑物的混凝土或抹灰基层墙面在刮腻子前应涂刷抗碱封闭底漆； （2）旧墙面在裱糊前应清除疏松的旧装修层，并涂刷界面剂； （3）混凝土或抹灰砂浆基层的含水率不得大于8%，木材基层的含水率不得大于12%； （4）基层腻子应平整、坚实、牢固，无粉化、起皮和裂缝，腻子的黏结强度应符合《建筑室内用腻子》N型的规定； （5）基层表面平整度、立面垂直度及阴阳角方正应达到高级抹灰的要求； （6）基层表面颜色应一致； （7）裱糊前应用封闭底胶涂刷基层	观察；手摸检查；检查施工记录
	3	裱糊后各幅拼接应横平竖直，拼接处花纹、图案应吻合，不离缝，不搭接，不显拼缝	观察；拼缝检查距离墙面1.5m处正视
	4	壁纸、墙布应粘贴牢固，不得有漏贴、补贴、脱层、空鼓和翘边	观察；手摸检查
一般项目	5	裱糊后的壁纸、墙布表面应平整，色泽应一致，不得有波纹起伏、气泡、裂缝、皱褶及斑污，斜视时应无胶痕	观察；手摸检查
	6	复合压花壁纸的压痕及发泡壁纸的发泡层应无损坏	观察
	7	壁纸、墙布与各种装饰线、设备线盒应交接严密	观察
	8	壁纸、墙布边缘应平直整齐，不得有纸毛、飞刺	观察
	9	墙布阴角处搭接应顺光，阳角处应无接缝	观察

注：本表系根据 GB 50210—2001《建筑装饰装修工程质量验收规范》相关规定条文编制，下同。

二、软包工程验收质量控制

墙面、门等软包工程的质量验收标准，应符合表 8-11 中的规定；其安装的允许偏差和检验方法，应符合表 8-12 中的要求。

表 8-11　软包工程质量验收标准

项目	项次	质 量 要 求	检 验 方 法
主控项目	1	软包面料、内衬材料及边框的材质、颜色、图案、燃烧性能等级和木材的含水率必须符合设计要求及国家现行标准的有关规定	观察；检查产品合格证书、进场验收记录和性能检测报告
	2	软包工程的安装位置及构造做法应符合设计要求	观察；尺量检查；检查施工记录
	3	软包工程的龙骨、衬板、边框应安装牢固，无翘曲，拼缝应平直	观察；手扳检查
	4	单块软包面料不应有接缝，四周应绷压严密	观察；手摸检查
一般项目	5	软包工程表面应平整、洁净，无凹凸不平及皱折；图案应清晰、无色差，整体应协调美观	观察
	6	软包边框应平整、顺直、接缝吻合；其表面涂饰质量应符合涂饰工程的规范规定	观察；手摸检查
	7	清漆涂饰木制边框的颜色、木纹应协调一致	观察
	8	软包工程安装的允许偏差和检验方法应符合表 8-3 的规定	

表 8-12　软包工程安装的允许偏差和检验方法

项　次	项　　目	允 许 偏 差	检 验 方 法
1	垂直度	3	用 1m 垂直检测尺检查
2	边框宽度、高度	0，-2	用钢尺检查
3	对角线长度差	3	用钢尺检查
4	裁口、线条接缝高低差	1	用钢尺和塞尺检查

第四节　裱糊与软包工程质量问题与防治措施

当代高档裱糊材料新品种很多，如荧光壁纸、金属壁纸、植绒壁纸、藤皮壁纸、麻质壁纸、草丝壁纸、纱线墙布、珍贵微薄木墙布、瓷砖造型墙布等，具有装饰性效果好、多功能性、施工方便、维修简便、豪华富丽、无毒无害、使用寿命长等特点。但在裱糊工程施工和使用过程中，也会出现这样或那样的质量问题，有待于积极预防、减少出现、正确处理。

一、裱糊工程质量问题与防治措施

裱糊工程施工质量好坏的影响因素很多，主要是操作工人的认真态度和技术熟练程度，其他还有基层、环境，以及壁纸、墙布、胶黏剂材质等因素，因此，要把握好每一个环节，才能达到高标准的裱糊质量。

（一）裱糊基层处理不合格

1. 质量问题

由于裱糊壁纸和墙面的基层处理不符合要求，所以使裱糊出现污染变色、空鼓、翘边、剥落、对花不齐、起皱、拼缝不严等质量弊病，不仅严重影响裱糊工程的装饰效果，而且也会影响裱糊工程的使用功能和年限。

2. 原因分析

① 对裱糊工程施工的基层处理不重视，未按照规范规定对基层进行认真处理，有的甚至不处理就进行裱糊操作。

② 未按不同材料的基层进行处理或处理不合格，如新建筑物混凝土或砂浆墙面的碱性未清除，表面的孔隙未封堵密实；旧混凝土或砂浆墙面的装饰层、灰尘未清除，空鼓、裂缝

和脱落等质量缺陷未修补；木质基层面上的钉眼、接缝未用腻子抹平等。

3. 预防措施

① 对裱糊基层处理的基本要求。裱糊壁纸的基层，要求质地坚固密实，表面平整光洁，无疏松、粉化，无孔洞、麻点和飞刺，表面颜色一致。混凝土和砂浆基层的含水率不应大于8%，木质基层的含水率不应大于12%。

② 新建筑物混凝土或砂浆基层的处理。在进行裱糊前，应将基体或基层表面的污垢、尘土清除干净，对于泛碱的部位，宜用9%的稀醋酸溶液中和，并用清水冲洗。不得有飞刺、麻点、砂粒和裂缝，基层的阴阳角处应顺直。

在基层清扫干净后，满刮一遍腻子并用砂纸磨平。如基层有气孔、麻点或凹凸不平时，应增加满刮腻子和砂纸打磨的遍数。腻子应用乳胶腻子、乳胶石膏腻子或油性石膏腻子等强度较高的腻子，不应用纤维素大白等强度较低、遇湿溶解膨胀剥落的腻子。在满刮腻子磨平并干燥后，应喷、刷一遍108胶水溶液或其他材料做汁浆处理。

③ 旧混凝土或砂浆基层的处理。对于旧混凝土或砂浆基层，在正式裱糊前，应用相同的砂浆修补墙面脱灰、孔洞、裂缝等较大的质量缺陷。清理干净基层面原有的油漆、污点和飞刺等，对原有的溶剂涂料墙面应进行打毛处理；对原有的塑料墙纸，用带齿状的刮刀将表面的塑料刮掉，再用腻子找平麻点、凹凸不平、接缝和裂缝，最后用掺加胶黏剂的白水泥在墙面上罩一层，干燥后用砂纸打磨平整。

④ 木质基层和石膏板基层的处理。对于木质基层和石膏板等基层，应先将基层的接缝、钉眼等用腻子填补平整；木质基层再用乳胶腻子满刮一遍，干燥后用砂浆打磨平整。如果基层表面有色差或油脂渗出，也应根据情况采取措施进行处理。

纸面石膏板基层应用油性腻子局部找平，如果质量要求较高，也应满刮腻子并打磨平整。无纸面石膏板基层应刮涂一遍乳胶石膏腻子，干燥后打磨平整即可。

⑤ 不同基层材料相接处的处理。对于不同基层材料的相接处，一定要根据不同材料采取适当措施进行处理。如石膏板与木质基层相接处，应用穿孔纸带进行粘贴，在处理好的基层表面再喷刷一遍酚醛清漆：汽油=1：3的汁浆。

（二）壁纸（墙布）出现翘边

1. 质量问题

裱糊的壁纸（墙布）边缘由于各种原因出现脱胶，壁纸（墙布）离开基层而卷翘起来，严重影响裱糊工程的美观。

2. 原因分析

① 基层未进行认真清理，表面上有灰尘、油污、隔离剂等，或表面过于粗糙、干燥或潮湿，造成胶液与基层黏结不牢，使壁纸（墙布）出现翘边。

② 胶黏剂的胶性较小，不能使壁纸（墙布）的边沿粘贴牢固，特别是在阴角处，第二幅壁纸（墙布）粘贴在第一幅壁纸（墙布）上，更容易出现边缘翘曲现象。

③ 在阳角处应超过阳角的壁纸（墙布）长度少于20mm，若不足则难以克服壁纸（墙布）的表面张力，很容易出现翘边。

3. 预防措施

① 基层处理必须符合裱糊的要求。对于基层表面上的灰尘、油污、隔离剂等，必须清除干净；混凝土或抹灰基层的含水率不得超过8%，木材基层含水率不得大于12%；当基层表面有凸凹不平时，必须用腻子刮涂平整；基层表面如果松散、粗糙和干燥，必须涂刷（喷）一道胶液，底胶不宜太厚，并且要均匀一致。

② 根据不同的壁纸（墙布），应当选择不同的黏结胶液。壁纸和胶黏剂的挥发性、有机化合物含量及甲醛释放量，均应符合国家标准《民用建筑工程室内环境污染控制规范》（GB

50325—2001）和国家质量监督检验检疫总局发布的《装饰材料有害物质限量十项标准》中的规定。一般可选用与壁纸（墙布）配套的胶黏剂。在壁纸（墙布）施工前，应进行样品试贴，观察效果，选择合适的胶液。

③ 壁纸（墙布）裱糊刷胶黏剂的胶液，必须根据实际情况而定。一般可在壁纸（墙布）背面刷胶液，如果基层表面比较干燥，在壁纸（墙布）背面和基层表面同时刷黏结胶液。涂刷的胶液要薄而均匀。裱糊实践证明，已涂刷胶液的壁纸（墙布）待略有表干时再上墙，裱糊效果更好。

④ 在壁纸（墙布）上墙后，应特别注意垂直和接缝密合，用橡胶皮刮板或钢皮刮板、胶辊、木辊等工具由上至下抹刮，垂直拼缝处要按照横向外推顺序刮平压实，将多余的黏结胶液挤压出来，并及时用湿毛巾或棉丝将挤出的胶液擦净。注意辊压接缝边缘时，不要用力过大，防止把胶液挤压干结无黏结性。擦拭挤压出来的胶液的布不可过于潮湿，避免水由纸边渗入基层冲淡胶液，从而降低粘贴强度。

⑤ 在阴角壁纸（墙布）搭缝时，应先裱糊压在里面的壁纸（墙布），再用黏性较大的胶液粘贴面层壁纸（墙布）。搭接面应根据阴角的垂直度而定，搭接宽度一般不得小于 2～3mm（见图 8-1），壁纸（墙布）的边应搭在阴角处，并且保持垂直无毛边。

⑥ 严格禁止在阳角处接缝，壁纸（墙布）超过阳角应不小于 20mm（见图 8-1），包角壁纸（墙布）必须使用黏结性较强的胶液，粘贴一定要压实，不能有空鼓和气泡，上下必须垂直，不得产生倾斜。有花饰的壁纸（墙布）更应当注意花纹与阳角直线的关系。

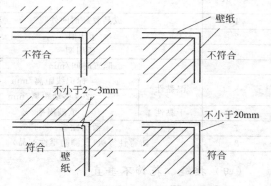

图 8-1　阴角与阳角处壁纸的搭接

（三）选用的胶黏剂质量不符合要求

1. 质量问题

裱糊工程施工所选用的胶黏剂质量如何，不仅直接关系到裱糊的材料是否牢固、耐久，而且也关系到使用寿命和人体健康。如果选用的胶黏剂质量不合格，达不到要求的黏结强度、耐水、防潮、杀菌、防霉、耐高温等各方面的要求，则裱糊的材料将会黏结不牢，出现起泡、剥落、变色、长霉菌等质量缺陷。

2. 原因分析

① 选用的胶黏剂质量不符合设计要求，如果黏结强度较低，则裱糊的材料很容易出现脱落，严重影响裱糊工程的使用寿命。

② 选用的胶黏剂不符合绿色环保的要求，甲醛、苯、氨等有害物质的含量，不符合《住宅装饰装修工程施工规范》（GB 50327—2001）和《民用建筑工程室内环境污染控制规范》（GB 50325—2001）中的有关规定。

③ 选用的胶黏剂其耐水性、耐胀缩性、防霉性等不符合设计要求，导致裱糊材料出现剥落、变色等质量缺陷。

3. 预防措施

根据裱糊工程的实践经验，对于大面积裱糊纸基塑料壁纸使用的胶黏剂，应当满足以下几个方面的要求。

① 严格按《住宅装饰装修工程施工规范》（GB 50327—2001）和《民用建筑工程室内环境污染控制规范》（GB 50325—2001）中的有关规定，选用室内用水溶性的胶黏剂，不得选用溶剂型的胶黏剂，这是当代环保和人体健康的要求。

② 裱糊施工中所选用的胶黏剂，对墙面和壁纸背面都具有较高的黏结强度，使裱糊的材料能够牢固地粘贴于基层上，以确保粘贴质量和使用寿命。

③ 裱糊施工中所选用的胶黏剂，应当具有一定的耐水性。在裱糊施工时，基层不一定完全干燥，所选用的胶黏剂应在一定含水情况下，牢固并顺利地将材料粘贴在基层上。

基层中所含的水分，可通过壁纸或拼缝处逐渐向外蒸发；在裱糊饰面使用过程中为了保持清洁，也需要对其表面进行湿擦，因而在拼缝处可能会渗入水分，此时胶黏剂应保持相当的黏结力，而不致产生壁纸剥落等现象。

④ 裱糊所选用的胶黏剂，应具有一定的防霉作用。因为霉菌会在基层和壁纸之间产生一个隔离层，严重影响黏结力，甚至还会使壁纸表面变色。

⑤ 裱糊所选用的胶黏剂，应具有一定的耐胀缩性。即胶黏剂应能适应由于阳光、温度和湿度变化等因素引起的材料胀缩，不致产生脱落等情况。

⑥ 裱糊施工中所选用的胶黏剂，不仅应采用环保型的材料，而且其技术指标应当符合表 8-13 中的要求。

表 8-13　裱糊所选用的胶黏剂技术指标

项　次	项　目		第 I 类		第 II 类	
			优等品	合格品	优等品	合格品
1	成品胶黏剂的外观		均匀无团块胶液			
2	pH 值		6～8			
3	适用期		不变质(不腐败、不变稀、不长霉)			
4	晾置时间/min		15		10	
5	湿黏性	标记线距离/mm	200	150	300	250
		20s 移动距离/mm	5			
6	干黏性	纸破损率/%	100			
7	滑动性≤		2		5	
8	防霉性等级(仅测防霉性产品)		1		0	1

（四）接缝、花饰不垂直

1. 质量问题

相邻两张壁纸或墙布的接缝不垂直，阳角和阴角处的壁纸或墙布不垂直；或者壁纸或墙布的接缝虽然垂直，但花纹不与纸边平行，造成花饰不垂直。以上这些不垂直缺陷，严重影响裱糊的外表美观。

2. 原因分析

① 在壁纸进行粘贴之前未做垂线控制线，致使粘贴第一幅壁纸或墙布时就产生歪斜；或者操作中掌握不准确，依次继续裱糊多幅后，偏斜越来越严重，特别是有花饰的壁纸（墙布）更为明显。

② 由于墙壁的阴阳角抹灰的垂直偏差较大，在裱糊前又未加纠正，造成壁纸或墙布裱糊不平整，并直接影响其接缝和花纹的垂直。

③ 在选择壁纸或墙布时质量控制不严格，花饰与壁纸或墙布边不平行，又未经纠正处理就裱糊，结果造成花饰不垂直。

3. 预防措施

① 根据阴角处的搭接缝的里外关系，决定先粘贴那一面墙时，在贴第一幅壁纸或墙布前，应先在墙面上弹一条垂线，裱糊第一幅壁纸或墙布时，其纸边必须紧靠此线，作为以后裱糊其他壁纸或墙布的依据。

② 第二幅与第一幅壁纸或墙布采用接缝法拼接时，应注意将壁纸或墙布放在一个平面上，根据尺寸大小、规格要求、花饰对称和花纹衔接等进行裁割，在裱糊时对接起来。采用

搭接缝法拼接时，对于无花纹的壁纸或墙布，应注意使壁纸或墙布间的拼缝重叠 2～3cm；对于有花饰的壁纸或墙布，可使两幅壁纸或墙布的花纹重叠，待花纹对准确后，在准备拼缝的部位用钢直尺将重叠处压实，用锋利的刀由上而下裁剪下来，将切去的多余壁纸或墙布撕掉。

③ 凡是采用裱糊壁纸或墙布进行装饰的墙面，其阴角与阳角处必须垂直、平整、无凸凹。在正式裱糊前先进行墙面质量检查，对不符合裱糊施工要求的应认真进行修整，直至完全符合要求才可裱糊操作。

④ 当采用接缝法裱糊花饰壁纸或墙布时，必须严格检查壁纸或墙布的花饰与其两边缘是否平行，如果不平行，应当将偏斜部分裁剪（割）加以纠正，待完全平行后再进行裱糊。

⑤ 裱糊壁纸或墙布的每一个墙面上，应当用仪器弹出垂直线，作为裱糊的施工控制线，防止将壁纸或墙布贴斜。在进行粘贴的过程中，最好是粘贴 2～3 幅后，就检查一下接缝的垂直度，以便及时纠正出现的偏差。

（五）花饰不对称

1. 质量问题

具有花饰的壁纸或墙布在裱糊后，出现两幅壁纸或墙布的正反面或阴阳面的花饰不对称；或者在门窗口的两边、室内对称的柱子、两面对称的墙等处，裱糊的壁纸或墙布花饰不对称（见图 8-2）。

2. 原因分析

① 由于基层的表面不平整，孔隙比较多，胶黏剂涂刷后被基层过多地吸收，使壁纸（墙布）滑动性较差，不易将花对齐，且容易引起壁纸（墙布）延伸、变形和起皱，致使对花困难，不易达到对齐、对称，严重影响壁纸（墙布）的观感质量。

② 对于需要裱糊壁纸或墙布的墙面未进行仔细测量和规划，没有根据壁纸或墙布的规格尺寸、花饰特点进行设计，没有区分无花饰

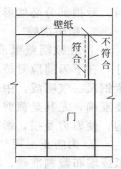

图 8-2　花饰或接缝不对称现象

和有花饰壁纸或墙布的特点。总之，在准备工作很不充分的情况下，便开始盲目操作。

③ 在同一幅装饰壁纸或墙布上，往往印有正花饰与反花饰、阳花饰与阴花饰，在裱糊时由于未仔细进行辨认，造成相邻壁纸或墙布花饰相同。

3. 预防措施

① 对需要准备裱糊壁纸或墙布的墙面，首先应认真观察、确定有无需要对称的部位，如果有需要对称的部位，应当根据裱糊墙面尺寸和壁纸或墙布的规格，仔细设计排列壁纸或墙布的花饰。

② 在壁纸或墙布按设计要求裁剪（割）后，应弹出对称部位的中心线和控制线，先粘贴对称部位的壁纸或墙布，并将搭接缝挤到阴角处。如果房间里只有中间一个窗户，为了使壁纸或墙布的花饰对称，在裱糊前在窗口处弹出中心线，以便以中心线为准向两边分贴壁纸或墙布。

如果窗户不在中间，为保证窗间墙的阳角花饰对称，也应先弹出中心线，由中心线向两侧进行粘贴，使窗两边的壁纸（墙布）花饰都能保持对称。

③ 当在同一幅壁纸或墙布上印有正花饰与反花饰、阴花饰与阳花饰时，在裱糊粘贴时一定要仔细分辨，最好采用搭接缝法进行裱糊，以避免由于花饰略有差别而误贴。如果采用接缝法施工，已粘贴的壁纸或墙布边花饰如为正花饰，必须将第二幅壁纸或墙布边正花饰裁

剪（割）掉，然后对接起来才能对称。

（六）出现离缝或亏纸

1. 质量问题

两幅相邻壁纸（墙布）间的连接缝隙超过施工规范允许范围称为离缝，即相邻壁纸（墙布）接缝间隙较大；壁纸（墙布）的上口与挂镜线（无挂镜线时，为弹的水平线），下口与踢脚板接缝不严，显露基底的部分称为"亏纸"（见图 8-3）。

2. 原因分析

① 第一幅壁纸或墙布按照垂直控制线粘贴后，在粘贴第二幅壁纸或墙布时，由于粗心大意、操作不当，尚未与第一幅连接准确就压实，结果出现偏斜而产生离缝；或者虽然连接准确，但在粘贴辊压底层胶液时，由于推力过大而使壁纸（墙布）伸长，在干燥的过程中又产生回缩，从而造成离缝或"亏纸"现象。

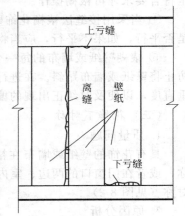

图 8-3　离缝与亏纸示意图

② 未严格按照量好的尺寸裁割壁纸或墙布，尤其是裁剪（割）尺寸小于实际尺寸时，必然造成离缝或亏纸；或者在裁剪（割）时多次变换刀刃方向，再加上对壁纸或墙布按压不紧，使壁纸或墙布忽而膨胀或亏欠，待壁纸或墙布裱糊后，亏损部分必然形成离缝或"亏纸"。

3. 预防措施

① 在裁割壁纸或墙布时，必须严格按测量或设计的尺寸，在下刀前应复核尺寸是否有出入。当钢直尺压紧后不得再随意移动，要用锋利的刀刃贴紧钢尺一气呵成，中间尽量不出现停顿或变换持刀角度。在裁剪（割）中用力要均匀、位置要准确，尤其是裁剪已粘贴在墙上的壁纸或墙布时，千万不可用力过猛，防止将墙面划出深沟，使刀刃受损，影响再次裁割的质量。

② 为防止出现"亏纸"现象，应根据壁纸或墙布的尺寸，先以粘贴的上口为准，将壁纸或墙布裁割准确，下口可比实量墙面粘贴尺寸略长 10～20mm。当壁纸或墙布粘贴后，在踢脚板上口压上钢直尺，裁割掉多余的壁纸或墙布。如果壁纸或墙布上带有花饰，必须将上口的花饰统一成一种形状，然后特别细心地进行裁割，从而使壁纸或墙布上的花饰完全一样，以确保装饰效果。

③ 在壁纸或墙布正式粘贴前，首先要进行"闷水"，使其受潮后横向伸胀，以保证粘贴时尺寸的准确。工程实践和材料试验证明，一般 80cm 宽的壁纸或墙布经过浸水处理后，一般约膨胀出 10mm。

④ 在粘贴第二幅壁纸或墙布时，必须与第一幅壁纸或墙布靠紧，力争它们之间无缝隙，在压实壁纸或墙布底面的胶液时，应当由接缝处横向往外赶压胶液和气泡，千万不可斜向来回赶压，或者由两侧向中间推挤，要保证使壁纸或墙布对好接缝后不再出现移动。如果出现移动时，要及时进行纠正，压实回到原位置。

⑤ 在裁割壁纸或墙布时，应采取措施保证边直而光洁，不得出现凸出和毛边，裁割后的壁纸要卷起来平放，不得进行立放。采用直接对花的壁纸或墙布，在对花处不可裁割。

（七）壁纸（墙布）出现空鼓现象

1. 质量问题

壁纸（墙布）粘贴完毕后，发现表面有凸起的小块，用手进行按压时，有弹性和与基层附着不牢的感觉，敲击时有鼓音。这种质量缺陷不仅使表面不平整，而且在外界因素的作用下容易产生破裂，从而降低饰面的耐久性。

2. 原因分析

① 在粘贴壁纸或墙布时，由于对壁纸或墙布的压实方法不得当，特别是往返挤压胶液次数过多，使胶液干结后失去黏结作用；或压实力量太小，多余的胶液不能挤出，仍然存留在壁纸或墙布的内部，长期不能干结，形成胶囊状；或没有将壁纸或墙布内部的空气赶出而形成空鼓。

② 在基层或壁纸或墙布底面涂刷胶液时，或者涂到厚薄不均匀，或者有的地方漏刷，都会出现因黏结不牢而导致空鼓。

③ 基层处理不符合裱糊的要求。有的基层过于潮湿，混凝土基层含水率超过8%，木材基层含水率超过12%；或基层表面上的灰尘、油污、隔离剂等未清除干净，大大影响了基层与壁纸或墙布的黏结强度。

④ 石膏板基层的表面在粘贴壁纸或墙布后，由于基层纸基受潮而出现起泡或脱落，从而引起壁纸或墙布的空鼓。

⑤ 石灰或其他较松软的基层，由于强度较低，出现裂纹空鼓，或孔洞、凹陷处未用腻子嵌实找平、填补结实，也会在粘贴壁纸或墙布后出现空鼓。

3. 预防措施

① 严格按照壁纸或墙布规定的粘贴工艺进行操作，必须用橡胶刮板和橡胶辊子由里向外进行辊压，将壁纸或墙布下面的气泡和多余的胶液赶出，绝不允许无次序地刮涂和乱压。

② 在旧墙面上裱糊时，首先应认真检查墙面的状况，对于已经疏松的旧装饰层，必须清除修补，并涂刷一遍界面剂。

③ 裱糊壁纸或墙布的基层含水率必须严格控制，混凝土和砂浆基层的含水率不得大于8%，木质基层的含水率不得大于12%。基层有孔洞或凹陷处，必须用石膏腻子或大白粉、滑石粉、乳胶腻子等刮涂平整，油污、尘土必须清除干净。

④ 如果石膏板表面纸基上出现起泡和脱落，必须彻底铲除干净，重新修补好纸基，然后再粘贴壁纸或墙布。

⑤ 涂刷的胶液，必须厚薄均匀一致，千万不可出现漏刷。为了防止胶液涂刷不均匀，在涂刷胶液后，可用橡胶刮板满刮一遍，并把多余的胶液回收再用。

（八）壁纸或墙布色泽不一致

1. 质量问题

粘贴同一墙面上的壁纸或墙布表面有花斑，色相不统一；或者新粘贴的与原壁纸或墙布颜色不一致。

2. 原因分析

① 所选用的壁纸或墙布质量不佳，花纹色泽不一致，在露天的使用条件下，颜色易产生褪色。

② 基层比较潮湿会使壁纸或墙布发生变色，或经日光暴晒也会使壁纸或墙布表面颜色发白变浅。

③ 如果壁纸或墙布颜色较浅、厚度较薄，而混凝土或水泥砂浆基层的颜色较深时，较深的颜色会映透壁纸或墙布面层而产生色泽不一致。

3. 预防措施

① 精心选择质量优良、不易褪色的壁纸或墙布材料，不得使用残次品。对于重要的工程，对所选用的壁纸或墙布要进行试验，合格后才能用于工程。

② 当基层的颜色较深时（如混凝土的深灰色等），应选用较厚或颜色较深、花饰较大的壁纸（墙布），不能选用较薄或颜色较浅的壁纸或墙布。

③ 必须严格控制基层的含水率，混凝土和砂浆抹灰层的含水率不得大于8%，木质基层

的含水率不得大于12％，否则不能粘贴壁纸或墙布。

④ 尽量避免壁纸或墙布在强烈的阳光下直接照射，必要时采取一定的遮盖措施；尽量避免在有害气体的环境中贮存和粘贴施工。

⑤ 在粘贴壁纸或墙布之前，要对其进行认真检查，将那些已出现褪色或颜色不同的壁纸或墙布裁掉，保持壁纸或墙布色相一致。

（九）壁纸（墙布）出现死折

1. 质量问题

在壁纸或墙布粘贴后，表面上有明显的皱纹棱脊凸起，凸起部分不仅无法与基层黏结牢固，而且影响壁纸或墙布的美观。

2. 原因分析

① 所选用的壁纸或墙布材质不良或厚度较薄，在粘贴时不容易将其铺设平整，从而出现死折缺陷。

② 粘贴壁纸或墙布的操作技术不佳或工艺不当，没有用橡胶刮板和橡胶辊子由里向外依次刮贴，而是用手无顺序地进行压贴，必然使壁纸或墙布出现死折。

3. 预防措施

① 在设计和采购时，应当选用优质的壁纸或墙布，不得使用残次品。壁纸或墙布进货后，要进行认真检查，对颜色不均、厚薄不同、质量不合格的壁纸或墙布一律剔除，不得用于工程。

② 在裱糊壁纸或墙布时，应当首先用手将壁纸或墙布展布后，才能用橡胶刮板或橡胶辊子压平整，在刮压中用力要均匀一致、连续不停。在壁纸或墙布未舒展平整时，不得使用钢皮刮板硬性推压，特别是壁纸或墙布已经出现死折时，必须将壁纸或墙布轻轻揭起，用手慢慢地将弯折处推平，待无皱褶时再用橡胶刮板刮平整。

③ 必须重视对基层表面的处理，这是防止出现死折的基础性工作，要特别注意基层表面的平整度，不允许有凹凸不平的沟槽。对于不平整的基层，一定要铲除凸起部分、修补凹陷部分，最后用砂纸打磨平整。

（十）相邻壁纸（墙布）出现搭缝

1. 质量问题

在壁纸或墙布粘贴完毕后，发现相邻的两幅壁纸或墙布有重叠凸起现象，不仅使饰面不平整，而且使有花饰的表面不美观。

2. 原因分析

① 在进行壁纸或墙布裁割时，尺寸不准确，在裁剪时发生移动，在粘贴时又未进行认真校核，结果造成粘贴后相邻壁纸或墙布重叠。

② 在进行壁纸或墙布粘贴时，未严格按操作工艺进行施工，未将两幅壁纸或墙布连接缝推压分开，从而造成重叠。

3. 预防措施

① 在裁剪（割）壁纸或墙布之前，应当确定所裁剪（割）的具体尺寸；在进行裁剪（割）时，应保证壁纸或墙布边直而光洁，不出现凸出和毛边，对于塑料层较厚的壁纸或墙布更应当注意。

② 粘贴无收缩性的壁纸或墙布不准搭接。对于收缩性较大的壁纸或墙布，粘贴时可适当多搭一些，以便收缩后正好合缝。

③ 在壁纸或墙布正式粘贴前，应当先进行试粘贴，以便掌握壁纸或墙布的收缩量和其他性能，在正式粘贴时取得良好的效果。

（十一）裱糊工程所用腻子质量不合格

1. 质量问题

在需要进行基层处理的表面上，刮涂选用的腻子后，在干燥的过程中产生翻皮和不规则的裂纹，不仅严重影响裱糊基层表面的观感质量，而且也使裱糊材料的粘贴无法正常进行。特别是在凹陷坑洼处裂缝更加严重，甚至出现脱落。

2. 原因分析

① 若是购买的成品腻子，很可能腻子的技术性能不适宜，或者腻子与基层材料的相容性不良，或者腻子过期质量下降。若是自行调配的腻子，很可能配制腻子的配合比不当，或者搅拌腻子不均匀，或者腻子的质量不合格。

② 由于所用腻子的胶性较小、稠度较大、失水太快，从而造成腻子出现翻皮和裂纹；或者由于基层的表面有灰尘、隔离剂和油污等，也会造成腻子的翻皮；或者由于基层表面太光滑，在表面温度较高的情况下刮腻子，均会造成腻子出现翻皮和裂纹。

③ 由于凹陷坑洼处的灰尘、杂物等未清理干净，在腻子干燥过程中出现收缩裂缝；或者凹陷孔洞较大，刮涂的腻子有半眼、蒙头等缺陷，使腻子未能生根而出现裂纹。

④ 在刮涂腻子时，未按规定的厚度和遍数进行，如果腻子一次刮涂得太厚，可能造成部分或大部分腻子黏结不牢，从而在干燥中出现裂纹或脱落。

3. 预防措施

① 要根据基层实际情况购买优良腻子，腻子进场后要进行必要的复检和试验，符合设计要求才能用于工程。

② 在自行调配腻子时，一定要严格掌握确定的配合比，不得任意进行改变。配制的腻子要做到"胶性要适中、稠度要适合"。另外，对自行调配的腻子，要进行小面积试验，合格后才能用于工程。

③ 对于表面过于光滑的基层或清除油污的基层，要涂刷一层胶黏剂（如乳胶），然后再刮腻子，每遍刮腻子的厚度要适当，并且不得在有冰霜、潮湿和高温的基层刮涂腻子，对于翻皮和裂纹的腻子应铲除干净，找出产生的原因，应采取措施后再重新刮腻子。

④ 对于要刮涂腻子处理的基层表面，要按照有关规范要求进行处理，防止基体或基层本身的过大胀缩而使腻子产生裂纹。

⑤ 对于基层表面特别是孔洞凹陷处，应将灰尘、浮土和杂物等彻底清除干净，并涂刷一层黏结液，以增加腻子的附着力。

⑥ 对于孔洞较大的部位，所用腻子的胶性应当略大些，并要分层用力抹压入洞内，反复涂抹平整、坚实、牢固；对于洞口处的半眼、蒙头腻子必须挖出，处理后再分层刮腻子直至平整。

（十二）壁纸裱糊时辊压方法不对

1. 质量问题

由于各种原因的影响，在壁纸裱糊时质量不符合施工规范的要求，容易造成壁纸或墙布出现空鼓、边缘翘曲或离缝等质量缺陷，不仅严重影响壁纸或墙布的装饰效果，还影响其使用功能。

2. 原因分析

① 在裱糊壁纸或墙布时，由于采用的辊压壁纸方式不得当，往返挤压胶液次数过多，从而使胶液干结失去黏结作用。

② 在进行辊压时用的力量太小，多余的胶液不能充分被赶出，存留在壁纸或墙布的内部，长期不能干结，从而形成胶囊状。

③ 在进行辊压时，未将壁纸或墙布内部的空气赶出，在壁纸或墙布中形成气泡，从而

造成饰面的表面不平整，严重影响饰面的美观。

3. 预防措施

① 壁纸背面的在涂刷胶时，胶液的稠度要调配适宜，从壁纸的上半部开始，应先刷边缘，后涂刷其中央，涂刷时要从里向外，以避免污染壁纸的正面。上半部涂刷完毕后，对折壁纸，用同样的方法涂刷下半部。一般墙布不刷胶（纯棉装饰墙布也刷胶），可直接在基层上涂刷胶液，但要求胶液的稀稠适度，涂刷均匀。

② 在裱糊壁纸或墙布时，要使用软硬适当的专用平整刷子将其刷平，并且将其中的皱纹与气泡顺势刷除，但不宜施加过大的压力，以免塑料壁纸绷得太紧而产生干缩，从而影响壁纸或墙布接缝和上下花纹对接的质量。

③ 在辊压壁纸或墙布底部的胶液时，应由拼缝处横向往外赶压胶液和气泡，不允许斜向来回赶压，或者由两侧向中间推挤，保证使壁纸或墙布对好接缝后不再移动，并及时用湿毛巾或棉丝将多余胶液擦拭干净。注意辊压接缝边缘处时不要用力过大，防止把胶液挤压干结而无黏结性。擦拭多余胶液的布不可太潮湿，避免水由壁纸的边缘渗入基层冲淡胶液，降低胶液的黏结强度。

（十三）壁纸在阴阳角处出现空鼓和卷边

1. 质量问题

由于各方面的原因，壁纸或墙布粘贴后在阴阳角处出现空鼓和卷边质量缺陷，空鼓后壁纸或墙布易被拉断裂，卷边后易落灰尘，日久会使卷边越来越严重，甚至出现脱落。不仅严重影响装饰效果，而且严重影响使用功能。

2. 原因分析

① 粘贴壁纸或墙布的基层未认真进行清理，表面有灰尘、油污和其他杂物，或者表面粗糙、潮湿、过于干燥等，从而造成壁纸或墙布与基层黏结不牢，出现空鼓和卷边等质量缺陷。

② 裱糊壁纸或墙布所选用的胶黏剂品种不当，或胶黏剂的质量不良或过期失效，不能将壁纸或墙布牢固地粘贴在基层上。

③ 在建筑结构的阳角处，超过阳角棱角的壁纸或墙布宽度少于20mm，不能克服壁纸（墙布）的表面张力，从而引起壁纸或墙布在阳角处的卷边。

④ 当采用整张的壁纸或墙布在阳角处对称裱糊时，要很好地照顾到两个面和一个角有很大难度，也很容易造成空鼓和卷边质量缺陷。

⑤ 如果阴角处不直、不平，涂刷胶液不均匀或局部漏涂，也容易出现空鼓的质量缺陷。

3. 预防措施

① 裱糊壁纸或墙布的基层，必须按照要求进行处理，必须将表面的灰尘、油污和其他杂质清除干净。当基层表面凹凸不平时，必须用腻子进行刮平处理。

② 裱糊壁纸或墙布的基层，其含水率不宜过大或过于干燥。混凝土或抹灰基层的含水率不得超过8%，木质基层的含水率不得超过12%。

③ 裱糊壁纸或墙布应选用配套的胶黏剂，在大面积正式裱糊前应对样品进行试粘贴，以便观察其粘贴效果，选择适合的胶液，不得选用劣质和过期失效的胶黏剂。

④ 阳角要完整垂直，不得有缺棱掉角。在裱糊中要预先做好计划，严禁在阴角处接缝，超过阳角的宽度不应小于20mm。如果用整张壁纸或墙布对称裱糊，要在阳角两边弹出垂线，尺寸要合适。包角壁纸或墙布必须用黏结性较强的胶液，涂刷胶液要均匀，对壁纸或墙布的压实要到位。

⑤ 墙壁的阴角若不垂直方正，应当按要求进行修理，使其符合裱糊的设计要求。壁纸（墙布）的裱糊应采用搭接缝方法，先裱糊压在里面的壁纸或墙布，并转过墙面5~10mm，再用黏性较大的胶液粘贴面层壁纸或墙布。搭接面应根据阴角垂直度而定，搭接的宽度一般

不小于 2～3mm，纸边搭在阴角处，并且要保持垂直无毛边。

二、软包工程质量问题与防治措施

软包墙面是一种高级装饰，对其质量要求非常高，所以从选择操作工人、装饰材料及每个操作工序，都要进行精心策划和施工，这样才能达到高标准的软包质量。但是，在软包工程施工的过程中，总会出现各种各样的质量问题。针对这些质量问题，应采取有效措施加以解决和预防。

（一）软包材料不符合要求

1. 质量问题

软包墙面的材料主要由饰面材料、内衬材料（心材）、基层龙骨和板材等构成。如果选用的材料不符合有关规范的要求，不仅会存在严重的安全隐患和缩短使用寿命，而且还会影响人体健康。

2. 原因分析

① 软包工程所选用的材料，不符合绿色环保的要求，甲醛、苯、氨等有害物质的含量，不符合《住宅装饰装修工程施工规范》（GB 50327—2001）和《民用建筑工程室内环境污染控制规范》（GB 50325—2001）中的有关规定。

② 软包工程所选用的材料，未按有关规定进行必要的处理。如龙骨和板材未进行防潮、防腐和防火处理，则会在一定条件下出现腐朽，也存在着发生火灾的隐患；如饰面材料和心材不使用防火材料，很容易引起火灾。

3. 预防措施

① 软包工程所选用的材料，必须严格按照国家标准《住宅装饰装修工程施工规范》（GB 50327—2001）和《民用建筑工程室内环境污染控制规范》（GB 50325—2001）中的有关规定进行选择，严格控制材料中有害物质的含量。

② 按照国家标准《建筑装饰装修工程质量验收规范》（GB 50210—2001）中的规定，材料进场后应通过观察、检查产品合格证书、性能检测报告等，确保软包工程所用的饰面材料、内衬材料（芯材）及边框的材质、颜色、图案、燃烧性能等级、木材的含水率及材料的其他性能等，均应符合设计要求及国家现行标准规范的要求。

③ 软包工程所用的木龙骨及木质基层板材和露明的木框、压条等，其含水率均不应高于 12%，且不得有腐朽、结疤、劈裂、扭曲、虫蛀等疵病，并应预先做好防火、防潮、防腐等处理。

④ 软包工程所用的人造革、织锦缎等饰面材料，应经过阻燃处理，并满足 B1 和 B2 燃烧等级的要求。

（二）软包工程的基层不合格

1. 质量问题

如果基层有凹凸不平、鼓包等质量缺陷，会造成软包墙面不平整，斜视有疙瘩；如果基层中的含水率过大，不进行防潮处理，会使基层的面板翘曲变形、表面织物发霉。以上这些都会影响装饰效果，甚至造成质量隐患。

2. 原因分析

① 对基层未按照有关规范的规定进行处理，导致基层的表面平整度达不到设计要求，出现凹凸不平，在软包工程完成后，必然造成质量不合格。

② 基层的表面未按有关要求进行防潮处理，在软包工程完成后，基层中的水分向外散发，会使木龙骨腐朽、面板翘曲变形、表面软包织物变色或发霉。

③ 预埋木砖、木龙骨骨架、基层表面面板、墙筋等，未按有关要求进行防火、防腐处理，导致出现腐朽破坏。

3. 预防措施

① 按照设计要求和施工规范的规定，对软包的基层进行剔凿、修补等工作，使基层表面的平整度、垂直度达到设计要求。

② 为牢固固定软包的骨架，按照规定在墙内预埋木砖。在砖墙或混凝土中埋入的木砖必须经过防腐处理，其间距为 400～600mm，视板面的划分而确定。

③ 软包工程的基层应进行抹灰、做防潮层。通常做法是：先抹 20mm 厚 1∶3 的水泥砂浆找平层，干燥后刷一道冷底子油，然后再做"一毡、二油"防潮层。

④ 墙面上的立筋一般宜采用截面为(20～50)mm×(40～50)mm 的方木，用钉子将木筋固定在木砖上，并进行找平、找直。木筋应做防腐、防火处理。

（三）表面花纹不平直、不对称

1. 质量问题

软包工程施工完毕后，经质量检查发现花纹不平直，造成花饰不垂直，严重影响装饰效果；卷材的反正面或阴阳面不一致，或者拼缝下料宽窄不一样，造成花饰不对称，也严重影响装饰效果。

2. 原因分析

① 在进行表面织物粘贴时，由于未按照预先弹出的线进行施工，造成相邻两幅卷材出现不垂直或不水平，或卷材接缝虽然垂直，但表面花饰不水平，从而也会造成花饰不垂直。

② 对于要软包的房间未进行周密观察和测量，没有认真通过吊垂直、找规矩、弹线等，对织物的粘贴定出标准和依据。

③ 在粘贴过程中，没有仔细区别卷材的正面和反面，不负责任地盲目操作，造成卷材正反面或阴阳面的花饰不对称。

④ 对进行软包施工的房间，未根据房间内的实际情况定出软包施工的顺序，造成粘贴操作混乱，结果导致饰面花纹不平直、不对称。

3. 预防措施

① 在制作拼块软包面板或粘贴卷材织物时，必须认真通过吊垂直、找规矩、弹线等工序，使制作或粘贴有操作的标准和依据。

② 对准备软包施工的房间应仔细观察，如果室内有门窗口和柱子，要特别仔细地进行对花和拼花，按照房间实际测量的尺寸进行面料的裁剪，并通过做样板间，在施工操作中发现问题，通过合理的排列下料找到解决的方法，经业主、监理、设计单位认可后，才能进行大面积施工。

③ 在软包工程施工开始时，尤其是粘贴第一幅卷材时，必须认真、反复吊垂直线，这是进行下一步粘贴的基础，并要注意卷材表面的对花和拼花。

④ 在进行饰面卷材粘贴的过程中，要注意随时进行检查，以便及早发现花饰有不对称时，可以通过调换面料或调换花饰来解决。

（四）饰面粘贴卷材离缝或亏料

1. 质量问题

相邻两幅卷材间的连接缝隙超过允许范围，露出基底的缺陷称为离缝；卷材的上口与挂镜线（无挂镜线时为弹的水平线），下口与墙裙上口或踢脚上接缝不严，露出基底的缺陷称为亏料。饰面粘贴卷材时出现离缝和亏料，均严重影响软包的外观质量和耐久性。

2. 原因分析

① 第一幅卷材按照垂直控制线粘贴后，在粘贴第二幅时，由于粗心大意、操作不当，尚未与第一幅连接准确就压实，结果出现偏斜而产生离缝；或者虽然连接准确，但在粘贴赶

压时，由于推力过大而使卷材伸长，在干燥的过程中又产生回缩，从而造成离缝或亏料现象。

② 未严格按照量好的尺寸裁剪卷材，尤其是裁剪的尺寸小于实际尺寸时，必然造成离缝或亏料；或者在裁剪时多次变换刀刃方向，再加上对卷材按压不紧密，使卷材或胀或亏，待卷材裱糊后，亏损部分必然形成离缝或亏料。

③ 对于要软包的房间未进行周密观察和实际测量，没有认真通过吊垂直、找规矩、弹线等，对织物的粘贴定出标准和依据，使之粘贴的卷材不垂直而造成离缝。

3. 预防措施

① 在裁剪软包的面料时，必须严格掌握应裁剪的尺寸，在下剪刀前应反复核查尺寸有无出入。在一般情况下，所剪的长度尺寸要比实际尺寸放大 30～40mm，粘贴完毕压紧后再裁去多余的部分。

② 在正式裁剪面料和粘贴之前，要对软包的房间进行周密观察和实际测量，同时认真进行吊垂直、找规矩、弹出竖向和横向粘贴线等，对饰面织物的粘贴定出标准和依据，使饰面材料能够准确就位。

③ 在正式粘贴面料时，要注意再次进行吊垂直，确定面料粘贴的位置，不能使其产生歪斜和偏离现象，并要使相邻两幅面料的接缝严密。

④ 在裁剪软包工程的面料时，尺子压紧后不得再有任何移动，裁剪时要将刀刃紧贴尺边，裁剪要一气呵成，中间不得停顿或变换持刀的角度，用的手劲要均匀一致，用的剪刀要锐利。

⑤ 在粘贴操作的过程中，要随时进行检查，以便发现问题及时纠正；粘贴后要认真进行检查，发现有离缝或亏料时应返工重做。

（五）软包墙面高低不平、垂直度差

1. 质量问题

软包饰面完成后，经质量检查发现软包墙面高低不平，饰面卷材粘贴的垂直度不符合要求，严重影响软包饰面的装饰效果，给人一种不舒适的感觉。

2. 原因分析

① 软包墙面基层未按照设计要求进行处理，基层表面有鼓包、不平整，造成粘贴饰面材料后，软包墙面高低不平。

② 在进行木龙骨、衬板、边框等安装时，由于位置控制不准确，不在同一立面上，结果造成卷材粘贴出现歪斜，垂直度不符合规范的要求。

③ 由于木龙骨、衬板、边框等所用木材的含水率过高（大于12%），在干燥过程中发生干缩翘曲、开裂和变形，从而致使软包墙面高低不平，垂直度不符合要求，造成质量隐患，影响软包观感。

④ 由于软包内所用的填充材料不当，或者未填充平整，或者面层未绷紧，也会出现软包墙面高低不平等的质量问题。

3. 预防措施

① 根据软包施工不同材料的基层，按施工规范和设计要求进行不同的处理。使基层表面清理干净，无积尘、腻子包、小颗粒和胶浆疙瘩等，真正达到质地坚硬、表面平整、垂直干净、防水防潮、便于粘贴的要求。

② 在安装木龙骨时，要预先在墙面基层上进行弹垂线，严格控制木龙骨的垂直度；安装中还要拉横向通线，以控制木龙骨表面在同一个立面上。在安装衬板、边框时，同样要通过弹线或吊线坠等手段或仪器控制其垂直度。

③ 软包内所用的填充材料，应按设计要求进行选用，不准采用不符合要求的材料；填

充材料铺设要饱满、密实、平整，面层材料要切实绷紧、整平。

④ 木龙骨、衬板和边框等材料，其含水率不得大于 12％，以防止在干燥过程中发生翘曲、开裂和变形，从而致使软包墙面高低不平，垂直度不符合要求。

（六）软包饰面接缝和边缘处翘曲

1. 质量问题

软包饰面完成后，经质量检查发现软包饰面接缝和边缘处出现翘曲，使基层上的衬板露出，不仅严重影响软包饰面的装饰效果，而且导致衬板的破坏，从而又会影响软包工程的耐久性。

2. 原因分析

① 由于选用的胶黏剂的品种不当或黏结强度不高，在饰面材料干燥时产生干缩而造成翘曲。

② 在饰面材料粘贴时，由于未按要求将胶黏剂涂刷均匀，特别是每幅的边缘处刷胶较少或局部漏制，则很容易造成材料卷边而翘曲。

③ 在粘贴操作的施工中，由于边缘处未进行专门压实，干燥后容易出现材料边缘翘曲的现象。

④ 粘贴饰面的底层和面层处理不合格，如有局部不平、尘土和油污等，也会造成软包饰面接缝和边缘处翘曲。

3. 预防措施

① 在软包饰面正式粘贴前，应按设计要求选择胶黏剂，其技术性能（特别是黏结力）应满足要求，不使饰面材料干缩而产生脱落翘曲。

② 在粘贴饰面材料，必须按要求将胶黏剂涂刷足量、均匀，接缝部位及边缘处应适当多涂刷一些胶黏剂，以确保材料接缝和边缘处粘贴牢固。

③ 在进行饰面材料粘贴时，对其（特别是接缝和边缘处）应认真压实，并将挤出的多余的胶黏剂用湿毛巾擦干净；当发现接缝和边缘处有翘曲时，应及时补刷胶黏剂，并用压辊压实。

④ 在软包饰面正式粘贴前，应按设计要求对底层和面层进行处理，将其不平整之处采取措施修整合格，将表面的尘土、油污和杂物等清理干净。

（七）软包面层出现质量缺陷

1. 质量问题

软包面层布料出现松弛和皱褶，单块软包面料在拼装处产生开裂，不仅严重影响软包的装饰效果，而且也会影响软包的使用年限。

2. 原因分析

① 在进行软包工程设计时，由于各种原因选择的软包面料不符合设计要求，尤其是面料的张力和韧性达不到设计要求的指标，软包面层布料则容易出现松弛和皱褶，单块软包面料在拼装处则容易产生开裂。

② 单块软包在铺设面料时，未按照设计要求采用整张面料，而是采用几块面料拼接的方式，在一定张力的作用下，面料会从拼接处出现开裂。

3. 预防措施

① 在进行软包工程面料的选购时，面料的品种、颜色、花饰、技术性能等方面，均必须符合设计的要求，不得选用质量不符合要求的面料。

② 在进行面料选择时，应特别注意优先选择张力较高、韧性较好的材料，必要时应进行力学试验，以满足设计对面料的要求。

③ 在进行软包工程面料的施工时，一定要按照施工和验收规范的标准去操作，对面层

要绷紧、绷严，使其在使用过程中不出现松弛和皱褶。

　　④ 对于单块软包上的面料，应当采用整张进行铺设，不得采用拼接的方式。

复习思考题

　　1. 裱糊工程所用的壁纸、墙布、胶黏剂和腻子等材料，各自对质量的要求是什么？

　　2. 软包工程施工中常用材料对其质量有什么具体要求？

　　3. 裱糊工程质量预控的要点是什么？基层处理中质量控制的要点是什么？裱糊工程在施工过程中的质量控制的要点是什么？

　　4. 软包工程质量预控的要点是什么？软包工程在施工过程中的质量控制的要点是什么？

　　5. 裱糊工程质量验收标准及检验方法包括哪些方面？

　　6. 软包工程质量验收标准及检验方法包括哪些方面？

　　7. 裱糊工程常见的质量问题有哪些？各自产生的原因和预防（防治）措施是什么？

　　8. 软包工程常见的质量问题有哪些？各自产生的原因和预防（防治）措施是什么？

第九章

装饰幕墙工程质量控制

【提要】 本章主要介绍了装饰幕墙工程常用材料的质量控制、施工过程中的质量控制、装饰幕墙工程验收质量控制、装饰幕墙工程质量问题与防治措施。通过对以上内容的学习，基本掌握装饰幕墙工程在材料、施工和验收中质量控制的内容、方法和重点，为确保装饰幕墙工程的施工质量打下良好基础。

建筑装饰幕墙是建筑物主体结构外围的围护结构，具有防风、防雨、隔热、保温、防火、抗震和避雷等多种功能。按照国家新的质量标准、施工规范，科学合理地选用建筑装饰材料和施工方法，努力提高建筑幕墙的技术水平，对于创造一个舒适、绿色环保型外围环境，对于促进建筑装饰业的健康发展，具有非常重要的意义。

第一节 装饰幕墙工程常用材料的质量控制

建筑装饰幕墙是由金属构架与面板组成的，不承担主体结构的荷载与作用，可相对于主体结构有微小位移的建筑外围护结构，应当满足自身强度、防水、防风沙、防火、保温、隔热、隔声等要求。因此幕墙工程所使用的材料有四大类，即骨架材料、板材、密封填缝材料、结构黏结材料。

装饰幕墙工程按帷幕饰面材料不同，可分为玻璃幕墙、石材幕墙、金属幕墙、混凝土幕墙和组合幕墙等。其中最常见的是玻璃幕墙、石材幕墙和金属幕墙。

一、玻璃幕墙材料的质量控制

在现场检验玻璃幕墙工程中所使用的各种材料，是确保玻璃幕墙工程质量的一项非常重要的工作。玻璃幕墙工程材料的现场检验，主要包括铝合金型材、钢材、玻璃、密封材料、其他配件等。以上所有材料的质量必须符合国家或行业现行的标准。

（一）铝合金型材的质量要求

玻璃幕墙工程使用的铝合金型材，应符合国家及行业标准《铝合金建筑型材》（GB/T 5237—2004）、《变形铝及铝合金化学成分》（GB/T 3190—

2008）中的规定。在幕墙工程的施工现场，应进行铝合金型材壁厚、硬度和表面质量的检验。

1. 铝合金型材壁厚的检验

① 用于横梁、立柱等主要受力杆件，其截面受力部位的铝合金型材壁厚的实测值不得小于 3mm。

② 铝合金型材壁厚的检验，应采用分辨率为 0.05mm 的游标卡尺或分辨率为 0.1mm 的金属测厚仪，并在杆件同一截面的不同部位测量，测点不应少于 5 个，并取最小值。

③ 铝合金型材膜厚的检验指标，应当符合下列规定。

a. 阳极氧化膜的最小平均膜厚不应小于 15μm，最小局部的膜厚不应小于 12μm。

b. 粉末静电喷涂涂层厚度的平均值不应小于 60μm，其局部最大厚度不应大于 120μm，且也不应小于 40μm。

c. 电泳涂漆复合膜的局部膜厚不应小于 21μm。

d. 氟碳喷涂涂层的最小平均厚度不应小于 30μm，最小局部厚度不应小于 25μm。

④ 铝合金表面膜厚的检验，应采用分辨率为 0.5μm 的膜厚检测仪进行检测。每个杆件在不同部位的测点不应少于 5 个，同一个测点应测量 5 次，取平均值，精确至整数。

2. 铝合金型材硬度的检验

① 玻璃幕墙工程使用的铝合金 6063T5 型材的韦氏硬度值不得小于 8，使用的铝合金 6063AT5 型材的韦氏硬度值不得小于 10。

② 铝合金型材硬度的检验，应采用韦氏硬度计测其表面硬度。型材表面的涂层应清除干净，测点不应少于 3 个，并应以至少 3 点的测量值取其平均值，精确至 0.5 个单位值。

3. 铝合金型材表面质量检验

铝合金型材的表面质量，应当符合下列规定。

① 铝合金型材的表面应清洁，色泽应均匀。

② 铝合金型材的表面不应有皱纹、裂纹、起皮、腐蚀斑点、气泡、电灼伤、流痕、发黏以及膜（涂）层脱落等质量缺陷存在。

（二）建筑钢材的质量要求

玻璃幕墙工程中所使用的钢材，应当进行膜厚和表面质量的检验。

① 幕墙工程用钢材表面应进行防腐处理。当采用热浸镀锌处理时，钢材表面的膜厚应大于 45μm；当采用静电喷涂处理时，钢材表面的膜厚应大于 40μm。

② 钢材表面膜厚的检验，应采用分辨率为 0.5μm 的膜厚检测仪进行检测。每个杆件在不同部位的测点不应少于 5 个，同一个测点应测量 5 次，取平均值，精确至整数。

③ 钢材的表面不得有裂纹、气泡、结疤、泛锈、夹杂和折叠等质量缺陷。

④ 钢材表面质量的检验，应在自然散射光的条件下进行，不使用放大镜观察检查。

（三）玻璃材料的质量要求

玻璃幕墙工程所用的玻璃，应进行厚度、边长、外观质量、应力和边缘处理情况的检验。

1. 玻璃厚度的检查

玻璃幕墙工程所用玻璃的厚度允许偏差，应当符合表 9-1 中的规定。在进行玻璃厚度检验时，应采用以下方法。

① 玻璃在安装或组装之前，可用分辨率为 0.02mm 的游标卡尺测量被检验玻璃每边的

中点，测量结果取平均值，精确至小数点后两位。

表 9-1　幕墙玻璃厚度允许偏差

玻璃厚度 /mm	允许偏差/mm		
	单片玻璃	中空玻璃	夹层玻璃
5	±0.2	当 $\delta<17$ 时，为±1.0；当 δ 为 17～22 时，为±1.5；当 $\delta>22$ 时，为±2.0	厚度偏差不大于玻璃原片允许偏差和中间层允许偏差之和；中间层的总厚度小于 2mm 时，允许偏差为零；中间层的总厚度大于或等于 2mm 时，允许偏差为±0.2mm
6	±0.2		
8	±0.3		
10	±0.3		
12	±0.4		
15	±0.6		
19	±1.0		

② 对已安装的玻璃幕墙，可用分辨率为 0.1mm 的玻璃测厚仪在被检验玻璃上随机取 4 点进行检测，测量结果取平均值，精确至小数点后一位。

2. 玻璃边长的检查

玻璃幕墙工程所用玻璃的边长检验，应在玻璃安装或组装之前，用分度值为 1mm 的钢卷尺沿玻璃周边测量，取其最大偏差值。玻璃边长的检验指标，应符合以下规定。

单片玻璃边长的允许偏差，应符合表 9-2 中的规定；中空玻璃边长的允许偏差，应符合表 9-3 中的规定；夹层玻璃边长的允许偏差，应符合表 9-4 中的规定。

表 9-2　单片玻璃边长的允许偏差

玻璃厚度 /mm	允许偏差/mm		
	长度 $L\leqslant1000$	$1000<L\leqslant2000$	$2000<L\leqslant3000$
5,6	+1,−1	+1,−2	+1,−3
8,10,12	+1,−2	+1,−3	+2,−4

表 9-3　中空玻璃边长的允许偏差

玻璃长度/mm	允许偏差/mm	玻璃长度/mm	允许偏差/mm	玻璃长度/mm	允许偏差/mm
<1000	+1.0,−2.0	1000～2000	+1.0,−2.5	>2000	+1.0,−3.0

表 9-4　夹层玻璃边长的允许偏差

总厚度 D/mm	允许偏差/mm		总厚度 D/mm	允许偏差/mm	
	$L\leqslant1200$	$1200<L\leqslant2400$		$L\leqslant1200$	$1200<L\leqslant2400$
$4\leqslant D<6$	±1	—	$11\leqslant D<17$	±2	±2
$6\leqslant D<11$	±1	±1	$17\leqslant D<24$	±3	±3

3. 玻璃外观质量检验

玻璃外观质量的检验，应有良好的自然光或散射光照条件下，距离玻璃正面约 600mm 处，观察玻璃的表面；其缺陷尺寸，应采用精度为 0.1mm 的读数显微镜进行测量。玻璃外观质量的检验指标，应符合下列规定。

① 钢化玻璃、半钢化玻璃的外观质量，应符合表 9-5 中的规定。

表 9-5　钢化玻璃、半钢化玻璃的外观质量

外观缺陷名称	检验指标	备　注
爆边	不允许存在	
划伤	每平方米允许 6 条，$a\leqslant100$mm，$b\leqslant0.1$mm	a 为玻璃划伤的长度
	每平方米允许 3 条，$a\leqslant100$mm，$b\leqslant0.5$mm	b 为玻璃划伤的宽度
裂纹、缺角	不允许存在	

② 热反射玻璃的外观质量，应符合表 9-6 中的规定。

表 9-6 热反射玻璃的外观质量

缺陷名称	检验指标	备 注
针眼	距边部 75mm 内，每平方米允许 8 处或中部每平方米允许 3 处，1.6mm$<d\leqslant$2.5mm	a 为玻璃划伤的长度
	不允许 $d>$2.5mm	b 为玻璃划伤的宽度
斑纹	不允许存在	d 为玻璃缺陷的直径
斑点	每平方米允许 8 处，1.6mm$<d\leqslant$5.0mm	
划伤	每平方米允许 2 条，$a\leqslant$100mm，$b\leqslant$0.8mm	

③ 夹层玻璃的外观质量，应符合表 9-7 中的规定。

表 9-7 夹层玻璃的外观质量

缺陷名称	检验指标	缺陷名称	检验指标
胶合层气泡	直径 300mm 圆内允许长度为 1～2mm 的胶合层气泡 2 个	胶合层杂质	直径 500mm 圆内允许长度小于 3mm 的胶合层杂质 2 个
爆边	长度或宽度不得超过玻璃的厚度	划伤、磨伤	不得影响使用
裂纹	不允许存在	脱胶	不允许存在

4. 玻璃应力的检验

幕墙工程所用玻璃的应力检验指标，应符合下列规定。

① 玻璃幕墙所用玻璃的品种，应符合设计要求，一般应选用质量较好的安全玻璃。

② 用于幕墙的钢化玻璃和半钢化玻璃的表面应力，应符合以下规定：如果采用钢化玻璃，其表面应力应大于或等于 95MPa；如果采用半钢化玻璃，其表面应力应大于 24MPa、小于或等于 69MPa。

③ 玻璃表面应力的检验，应采用以下方法：a. 用偏振片确定玻璃是否经过钢化处理；b. 用表面应力检测仪测量玻璃的表面应力。

（四）密封材料的质量要求

密封材料的检验，主要包括硅酮结构胶的检验、密封胶的检验、其他密封材料和衬垫材料的检验等。

1. 硅酮结构胶的检验

（1）硅酮结构胶的检验指标 硅酮结构胶的检验指标，应符合以下规定：硅酮结构胶必须是内聚性破坏；硅酮结构胶被切开的截面，应当颜色均匀，注胶应饱满、密实；硅酮结构胶的注胶宽度、厚度，应当符合设计要求，且宽度不得小于 7mm，厚度不得小于 6mm。

（2）硅酮结构胶的检验方法 在进行硅酮结构胶的检验时，应采取以下方法。

① 垂直于胶条做一个切割面，由该切割面沿基材面切出两个长度约 50mm 的垂直切割面，并以大于 90°的方向手拉硅酮结构胶块，观察剥离面的破坏情况。

② 观察检查注胶的质量，用分度值为 1mm 的钢直尺测量胶的厚度和宽度。

2. 密封胶的检验

（1）密封胶的检验指标 密封胶的检验指标，应符合下列规定：密封胶的表面应光滑，不得有裂缝现象，接口处的厚度和颜色应一致；注胶应当饱满、平整、密实、无缝隙；密封胶的黏结形式、宽度应符合设计要求，其厚度不应小于 3.5mm。

（2）密封胶的检验方法 密封胶的检验，应采用观察检查、切割检查的方法，并应采用分辨率为 0.05mm 的游标卡尺测量密封胶的宽度和厚度。

3. 其他密封材料和衬垫材料的检验

（1）其他密封材料和衬垫材料的检验指标　　其他密封材料和衬垫材料的检验，应符合下列规定。

① 玻璃幕墙应采用有弹性、耐老化的密封材料，所用的橡胶密封条不应有硬化龟裂现象。

② 幕墙所用的衬垫材料与硅酮结构胶、密封胶，应当具有良好的相容性。

③ 玻璃幕墙所用的双面胶带的黏结性能，应符合设计要求。

（2）其他密封材料和衬垫材料的检验方法　　其他密封材料和衬垫材料的检验，应采用观察检查的方法；密封材料的延伸性应以手工拉伸的方法进行。

（五）其他配件的质量要求

玻璃幕墙所用的其他配件，主要包括五金件、转接件、连接件、紧固件、滑撑、限位器、门窗及其他配件。

1. 五金件的质量检验

（1）五金件的检验指标　　五金件外观的质量检验，应符合以下规定。

① 玻璃幕墙中与铝合金型材接触的五金件，应采用不锈钢材料或铝合金制品，否则应加设绝缘的垫片。

② 玻璃幕墙中所用的五金件，除不锈钢外，其他钢材均应进行表面热浸镀锌或其他防腐处理，未经如此处理的不得用于工程。

（2）五金件的检验方法　　五金件外观的质量检验，应采用观察检查的方法，即以人的肉眼观察评价其质量如何。

2. 转接件和连接件的质量检验

（1）转接件和连接件质量检验指标　　转接件和连接件的质量检验指标，应符合以下规定。

① 转接件和连接件的外观应平整，不得有裂纹、毛刺、凹坑、变形等质量缺陷。

② 转接件和连接件的开孔长度不应小于开孔宽度加 40mm，开孔至边缘的距离不应小于开孔宽度的 1.5 倍。转接件和连接件的壁厚不得有负偏差。

③ 当采用碳素钢的转接件和连接件时，其表面应进行热浸镀锌处理。

（2）转接件和连接件质量检验方法　　转接件和连接件的质量检验，一般应采用以下方法。

① 用观察的方法检验转接件和连接件的外观质量，其外观质量应当符合设计要求。

② 用分度值为 1mm 的钢直尺测量构造尺寸，用分辨率为 0.05mm 的游标卡尺测量转接件和连接件的壁厚。

3. 紧固件的质量检验

紧固件的质量检验指标，应符合以下规定。

① 紧固件宜采用不锈钢六角螺栓，不锈钢六角螺栓应带有弹簧垫圈。当未采用弹簧垫圈时，应有防止松脱的措施，如拧紧后对明露的螺栓的敲击处理。主要受力杆件不应采用自攻螺钉。

② 当紧固件采用铆钉时，宜采用不锈钢铆钉或抽芯铝铆钉，作为结构受力的铆钉应进行应力验算，构件之间的受力连接不得采用抽芯铝铆钉。

4. 滑撑和限位器的质量检验

（1）滑撑和限位器的检验指标　　滑撑和限位器的质量检验指标，应符合以下规定。

a. 滑撑和限位器应采用奥氏体不锈钢制作，其表面应光滑，不应有斑点、砂眼及明显的划痕。金属层应色泽均匀，不应有气泡、露底、泛黄及龟裂等质量缺陷，强度和刚度应符合设计要求。

b. 滑撑和限位器的紧固铆接处不得出现松动，转动和滑动的连接处应灵活、无卡阻。

（2）滑撑和限位器的检验方法　滑撑和限位器的质量检验，应采用以下方法。

a. 用磁铁检查滑撑和限位器的材质，其质量必须符合有关规定。

b. 采用观察检查和手动试验的方法，检验滑撑和限位器的外观质量和使用功能。

5. 门窗及其他配件的质量检验

门窗及其他配件的质量检验指标，应符合以下规定。

① 门窗及其他配件的应开关灵活组装牢固，多点联动锁配件的联动性应当完全一致。

② 门窗及其他配件的防腐处理应符合设计要求，镀层不得有气泡、露底、脱落等明显的质量缺陷。

二、金属幕墙材料的质量控制

（一）金属幕墙对材料的要求

1. 金属幕墙对材料的一般规定

① 金属幕墙选用的所有材料，均应符合现行国家标准或行业标准，并应有产品出厂合格证，无出厂合格证和不符合现行标准的材料，不能用于金属幕墙工程。

② 金属幕墙选用的所有材料，应具有足够的耐候性，它们的物理力学性能应符合设计要求。

③ 金属幕墙选用的所有材料，应采用不燃型和难燃型材料，以防止发生火灾时造成重大损失。

④ 金属幕墙选用的结构硅酮密封胶材料，应有与接触材料相容性试验的合格报告。所选用的橡胶条应有成分化验报告和保质年限证书。

2. 对金属材料的质量要求

① 金属幕墙所选用的不锈钢材料，宜采用奥氏体不锈钢材。不锈钢材的技术要求和性能试验方法，应符合国家现行标准的规定。

② 金属幕墙所选用的标准五金件材料，应当符合金属幕墙的设计要求，并应有产品出厂合格证书。

③ 金属幕墙所选用的钢材的技术性能，应当符合金属幕墙的设计要求，性能试验方法应符合国家现行标准的规定，并应有产品出厂合格证书。

④ 当钢结构幕墙的高度超过40m时，钢构件应当采用高耐候性结构钢，并应在其表面涂刷防腐涂料。

⑤ 铝合金金属幕墙应根据幕墙面积、使用年限及性能要求，分别选用铝合金单板、铝塑复合板、铝合金蜂窝板。铝合金板材的物理力学性能，应符合现行的国家标准及设计要求。

⑥ 根据金属幕墙的防腐、装饰及耐久年限的要求，采取相应措施对铝合金板的表面进行处理。

3. 对结构密封胶的质量要求

金属幕墙宜采用硅酮结构密封胶，单组分和双组分的硅酮密封胶应用高模数中性胶，其性能应符合表9-8中的规定，并应有保质年限的质量证书。

表 9-8　硅酮结构密封胶的技术性能

项　　目	技术指标	项　　目	技术指标
有效期/月	双组分：9；单组分：9～12	邵氏硬度/度	35～45
施工温度/℃	双组分：10～30；单组分：5～48	黏结拉伸强度/(N/mm²)	≥0.70
使用温度/℃	−48～88	延伸率(哑铃型)/%	≥100
操作时间/min	≤30	黏结破坏率(哑铃型)/%	不允许
表面干燥时间/h	≤3	内聚力(母材)破坏率/%	100
初步固化时间/d	7	剥离强度(与玻璃、铝)/(N/mm²)	5.6～8.7
完全固化时间/d	14～21		

（二）对铝合金及铝型材的要求

在金属幕墙的实际工程中，由于铝合金及铝型材具有质轻、高强、装饰性好、维修方便等特点，所以在金属幕墙中得到广泛应用。但对这种材料有以下具体要求。

① 金属幕墙采用的铝合金型材，应当符合现行国家标准《铝合金建筑型材》（GB/T 5237.1—2004）中规定的高精级和《铝及铝合金阳极氧化 阳极氧化膜的总规范》（GB/T 8013—2007）的规定；铝合金的表面处理层厚度和材质，应符合国家标准《铝合金建筑型材》（GB/T 5237.2～ GB/T 5237.5 —2004）的有关规定。铝合金的表面处理层厚度和材质，应符合国家标准《铝合金建筑型材》（GB/T 5237.2～ GB/T 5237.5 —2004）的有关规定。

② 幕墙采用的铝合金板材的表面处理层厚度和材质，应符合行业标准《建筑幕墙》（GB /T 21086—2007）中的有关规定。

③ 金属幕墙应根据幕墙面积、使用年限及性能要求，分别选用铝合金单板（简称铝单板）、铝塑复合板、铝合金蜂窝板（简称蜂窝铝板）；铝合金板材应达到国家相关标准及设计的要求，并有出厂合格证。

④ 根据防腐、装饰及建筑物的耐久年限的要求，对铝合金板材（铝单板、铝塑复合板、蜂窝铝板）表面进行氟碳树脂处理时，应符合下列规定：氟碳树脂含量不应低于 75％；海边及严重酸雨地区，可采用三道或四道氟碳树脂涂层，其厚度应大于 $40\mu m$；其他地区，可采用两道氟碳树脂涂层，其厚度应大于 $25\mu m$；氟碳树脂涂层应无起泡、裂纹、剥落等现象。

⑤ 铝合金单板的技术指标应符合国家标准《铝及铝合金轧制板材》（GB/T 3880 —1997）、《变形铝及铝合金牌号表示方法》（GB/T 16474—1996）和《变形铝及铝合金状态代号》（GB/T 16475—1996）中的规定。幕墙用纯铝单板厚度不应小于 2.5mm，高强合金铝单板不应小于 2mm。

三、石材幕墙材料的质量控制

（一）石材板材的质量要求

为确保石材幕墙的设计要求，用于幕墙的石材，在技术方面的要求应满足最基本的技术要求，这些技术要求主要包括：石材的吸水率、石材的弯曲强度和石材的有关技术性能。

（1）吸水率　由于幕墙石材处于比较恶劣的使用环境中，尤其是冬季产生的冻胀影响，很容易损伤石材，甚至将石料板材胀裂。因此，用于幕墙石材的吸水率要求较高。

工程试验证明，幕墙石材的吸水率和空隙的大小，直接影响含水量的变化、风化的强度，并通过这些因素影响石材的使用寿命（耐风化能力），所以石材吸水率是选择外墙用石材的一个重要物理性能。因此，行业标准《金属与石材幕墙工程技术规范》 （JGJ 133—2001）中规定，石材的吸水率应小于 0.80％。

（2）弯曲强度　幕墙石材的弯曲强度是石材非常重要的力学指标，不仅关系到石材的强度高低和性能好坏，而且关系到幕墙的安全性和使用年限。因此，用于幕墙的花岗石板材弯曲强度，应经相应资质的检测机构进行检测确定，其弯曲强度应≥8.0MPa。

（3）技术性能　石材进场后，应开箱对其进行技术性能方面的检查，重点检查主要包括：是否有破碎、缺棱角、崩边、变色、局部污染、表面坑洼、明暗裂缝、有无风化及进行外形尺寸边角和平整度测量、表面荔枝面形态深浅等。对存在明显缺陷及隐伤的石材严格控制不准上墙安装。安装时严格按编号就位，防止因返工引起石材损伤。

（4）放射性要求　当石材含有放射性物质时，应符合现行行业标准《天然石材产品放射性防护分类控制标准》中的规定。

为确保石材幕墙的质量符合设计要求，所用石材的技术要求和性能试验方法，应符合国家现行标准的有关规定。总之，幕墙石材的技术性能应符合《天然花岗石建筑板材》（GB/T 18601—2009）中的规定。

（二）其他材料的质量要求

① 石材幕墙所选用的其他材料应符合国家现行产品标准的规定，同时应有出厂合格证书、质量保证书及必要的检验报告。

② 石材幕墙所用的其他材料应选用耐候性的材料，金属材料和零配件除不锈钢外，钢材应进行热镀锌处理，铝合金应进行表面阳极氧化处理。

③ 硅酮结构密封胶、硅酮耐候密封胶，必须有与所接触材料的相容性试验报告，同时还应有硅酮结构密封胶证明无污染的试验报告和保质年限的质量证书。

④ 石材幕墙采用的非标准五金件应符合设计要求，并应具有出厂合格证。同时应符合现行国家标准《紧固件机械性能　不锈钢螺栓、螺钉和螺栓》（GB/T 3098.6—2000）和《紧固件机械性能　不锈钢螺母》（GB/T 3098.15—2000）的规定。

⑤ 密封胶条的技术要求应符合现行行业标准《金属与石材幕墙工程技术规范》（JGJ 133—2001）中规定。橡胶条应有成分分析报告和保质年限证书。

⑥ 石材幕墙宜采用岩棉、矿棉、玻璃棉、防火板等不燃性或难燃性材料作为隔热保温材料，同时应采用铝箔或塑料薄膜包装的复合材料，作为防水和防潮材料。

第二节　装饰幕墙工程施工质量控制

装饰幕墙工程是位于建筑物外围的一种大面积结构，由于长期处于露天的工作状态，经常受到风雨、雪霜、阳光、温湿变化和各种侵蚀介质的作用，对于其制作加工、结构组成和安装质量等方面，均有一定的规定和较高的要求。

一、玻璃幕墙工程施工质量控制

（一）玻璃幕墙加工制作的一般规定

玻璃幕墙的质量如何，不仅与所用工程材料的质量有关，而且与加工制作也有着直接关系。如果加工制作质量不符合设计要求，在玻璃幕墙安装中则非常困难，安装质量不符合规范规定，必然会使玻璃幕墙的最终质量不合格。

为确保玻璃幕墙的整体质量，在其加工制作的过程中，应当遵守以下一般规定。

① 玻璃幕墙在正式加工制作前，首先应当与土建设计施工图进行核对，对于安装玻璃幕墙的部位主体结构进行复测，不符合设计施工图部分能进行修理者，应按设计进行必要的修改；对于不能进行修理的部分，应按实测结果对玻璃幕墙进行适当调整。

② 玻璃幕墙中各构件的加工精度，对幕墙安装质量起着关键性作用。在加工玻璃幕墙构件时，具体加工人员应技术熟练、水平较高，所用的设备、机具应满足幕墙构件加工精度的要求，所用的量具应定期进行计量认证。

③ 采用硅酮结构密封胶黏结固定隐框玻璃幕墙的构件时，应当在洁净、通风的室内进行注胶，并且施工的环境温度、湿度条件应符合硅酮结构密封胶产品的规定；幕墙的注胶宽度和厚度应符合设计要求。

④ 为确保玻璃幕墙的注胶质量，除全玻璃幕墙外，其他结构形式的玻璃幕墙，均不应在施工现场注硅酮结构密封胶。

⑤ 单元式玻璃幕墙的单元构件、隐框玻璃幕墙的装配组件，均应在工厂加工组装，然后再运至现场进行安装。

⑥ 低辐射镀膜玻璃应根据其镀膜材料的黏结性能和其他技术要求，确定加工制作施工工

艺；当镀膜与硅酮结构密封胶相容性不良时，应除去镀膜层，然后再注入硅酮结构密封胶。

⑦ 硅酮结构密封胶与硅酮建筑密封胶的技术性能不同，它们的用途和作用也不一样，两者不能混用，尤其是硅酮结构密封胶不宜作为硅酮建筑密封胶使用。

（二）玻璃幕墙质量预控要点

① 安装玻璃幕墙的主体结构，应符合《混凝土结构工程施工质量验收规范》（GB 50204—2002）等有关规范的要求。

② 进场安装玻璃幕墙的构件及附件的材料品种、规格、色泽和性能，应符合设计要求。

③ 玻璃幕墙的安装施工，应单独编制施工组织设计，并应包括下列内容：工程进度计划；与其他施工协调配合方案；搬运和吊装方案；施工测量方法；安装方法与安装顺序；构件、组件和成品现场保护方法；检查验收；施工安全措施等。

④ 单元式玻璃幕墙的安装施工组织设计应包括以下内容。

a. 采用的吊具类型和吊具移动方法，单元组件起吊地点、垂直运输与楼层上水平运输方法和机具。

b. 收口单元的位置、收口闭合工艺及操作方法。

c. 单元组件吊装顺序以及吊装、调整、定位固定等方法和措施。

d. 幕墙施工组织设计应与主体工程施工组织设计的衔接，单位幕墙收口部位应与总施工平面图中施工机具的布置协调，如果采用吊车直接吊装单元组件，应使吊车臂覆盖全部安装位置。

⑤ 点支撑玻璃幕墙的安装施工组织设计应包括以下内容。

a. 支撑钢结构的运输、现场拼装和吊装方案。

b. 拉杆、拉索体系预拉力的施加、测量、调整方案以及索杆的定位、固定方法。

c. 玻璃的运输、就位、调整及固定方案和胶缝的充填及质量保证措施。

⑥ 采用脚手架施工时，玻璃幕墙安装施工单位与土建工程施工单位协商幕墙施工所用脚手架方案。悬挂式脚手架宜为 3 层层高，落地式脚手架应为双排布置。

⑦ 玻璃幕墙的施工测量应符合下列要求：

a. 玻璃幕墙分格轴线的测量应与主体结构的测量相配合，其偏差应及时进行调整，不得积累。

b. 应按照设计要求对玻璃幕墙的安装定位进行校核，以便发现问题及时纠正。

c. 对于高层建筑的测量应在风力不大于 4 级时进行，以防止出现较大的误差。

⑧ 玻璃幕安装过程中，构件存放、搬运、吊装时不得碰撞和损坏；半成品应及时进行保护，对型材的保护膜也应采取保管措施。

⑨ 在安装镀膜玻璃时，镀膜层的朝向应符合设计要求。镀膜层不能暴露在室外，以免因外界原因破坏镀膜层。

⑩ 在进行焊接作业时，应采取可靠的保护措施，防止烧伤型材或玻璃镀膜。

（三）玻璃幕墙施工质量控制要点

1. 构件式玻璃幕墙安装质量控制要点

① 构件式玻璃幕墙立柱的安装应符合下列要求。

a. 立柱安装位置应准确，在正式安装前应进行复核，其安装轴线的偏差不应大于 2mm。

b. 相邻两根立柱安装标高偏差不应大于 3mm，同层立柱的最大标高偏差不应大于 5mm；相邻两根立柱固定点的距离偏差不应大于 2mm。

c. 立柱安装就位并经调整后，应及时加以固定。

② 构件式玻璃幕墙横梁的安装应符合下列要求。

a. 横梁应按设计要求安装牢固，如果设计中横梁和立柱间需要留有空隙，空隙的宽度应符合设计要求。

b. 同一根横梁两端或相邻两根横梁的水平标高偏差不应大于1mm。同层标高偏差：当一幅幕墙宽度不大于35m时，不应大于5mm；当一幅幕墙宽度大于35m时，不应大于7mm。

c. 当安装完一层高度时，应及时进行检查、校正和固定。

③ 构件式玻璃幕墙其他主要附件的安装应符合下列要求。

a. 防火和保温材料应按设计进行铺设，并要铺设平整、可靠固定，拼接处不应留缝隙。

b. 冷凝水排出管及其附件应与水平构件预留孔连接严密，与内衬板出水孔连接处应密封。

c. 玻璃幕墙的其他通气槽孔及雨水排出口等，应按设计要求进行施工，不得出现遗漏。各个封口应按设计要求进行封闭处理。

d. 玻璃幕墙在安装到位后应临时加以固定，在构件紧固后应将临时固定的螺栓及时拆除。

e. 玻璃幕墙采用现场焊接或高强螺栓紧固的构件，应在紧固后及时进行防锈处理。

④ 幕墙玻璃安装应按下列要求进行。

a. 玻璃在安装前应进行表面清洁。除设计中另有要求外，应将单片阳光控制镀膜玻璃的镀膜面朝向室内，非镀膜面朝向室外。

b. 应按规定型号选用固定玻璃的橡胶条，其长度宜比边框内槽口长1.5%～2.0%；橡胶条斜面断开后应拼成预定的设计角度，并应采用黏结剂将其黏结牢固；镶嵌应平整。

⑤ 铝合金装饰压板的安装，应表面平整、色彩一致，接缝应均匀严密。

⑥ 硅酮建筑密封胶不宜在夜晚、雨天打胶，打胶温度应符合设计要求和产品说明要求，打胶前应使打胶面清洁、干燥。

⑦ 构件式玻璃幕墙中硅酮建筑密封胶的施工应符合下列要求。

a. 硅酮建筑密封胶的施工厚度应大于3.5mm，施工宽度不宜小于施工厚度的2倍；较深的密封槽口底部，应采用聚乙烯发泡材料填塞。

b. 硅酮建筑密封胶在接缝内应两对面黏结，而不应三面黏结。

2. 单元式玻璃幕墙安装质量控制要点

① 单元式玻璃幕墙施工吊装机具准备应符合下列要求。

a. 应根据单元板块的实际情况选择适当的吊装机具，并与主体结构连接牢固。

b. 在正式吊装前，应对吊装机具进行全面质量和安全检验，试吊装合格后方可正式吊装。

c. 吊装机具在吊装中应对单元板块不产生水平分力，吊装的运行速度应可准确控制，并具有可靠的安全保护措施。

d. 在吊装机具运行的过程中，应具有防止单元板块摆动的措施，确保单元板块的安全。

② 单元构件的运输应符合下列要求。

a. 在正式运输前，应对单元板块进行顺序编号，并做好成品保护工作。

b. 在装卸及运输过程中，应采用有足够承载力和刚度的周转架，并采用衬垫弹性垫，保证板块相互隔开及相对固定，不得相互挤压和串动。

c. 对于超过运输允许尺寸的单元板块，应采取特殊的运输措施，不可勉强采用普通运输。

d. 单元板块在装入运输车时，应按照安装的顺序摆放平衡，不应造成板块或型材变形。

e. 在运输的过程中，应选择平坦的道路、适宜的行车速度，并将构件绑扎牢固，采取有效措施减小颠簸和震动。

③ 在场内堆放单元板块时应符合下列要求。

a. 应根据单元板块的实际情况，设置专用的板块堆放场地，并应有安全保护措施。

b. 单元板块应依照安装先出后进的原则按编号排列放置，不得无次序地乱堆乱放。

c. 单元板块宜存放在周转架上，而不能直接进行叠层堆放，同时也不宜频繁装卸。

④ 单元板块起吊和就位应符合下列要求。

a. 吊点和挂点均应符合设计要求，吊点一般情况下不应少于2个。必要时可增设吊点加固措施并进行试吊。

b. 在起吊单元板块时，应使各吊点均匀受力，起吊过程应保持单元板块平稳、安全。

c. 单元板块的吊装升降和平移，应确保单元板块不产生摆动，不撞击其他物体；同时保证板块的装饰面不受磨损和挤压。

d. 单元板块在就位时，应先将其挂在主体结构的挂点上，板块未固定前，吊具不得拆除。

⑤ 单元板块校正及固定应按下列规定进行。

a. 单元板块就位后，应及时进行校正，使其位置控制在允许偏差内。

b. 单元板块校正后，应及时与连接部位进行固定，并按规定进行隐蔽工程验收。

c. 单元板块固定经检查合格后，方可拆除吊具，并应及时清洁单元板块的槽口。

⑥ 安装施工中如果因故暂停安装，应将对插槽口等部位进行保护；安装完毕后的单元板块应及时进行成品保护。

3. 全玻璃幕墙安装质量控制要点

① 全玻璃幕墙在安装前，应认真清洁镶嵌槽；中途因故暂停施工时，应对槽口采取可靠的保护措施。

② 全玻璃幕墙在安装过程中，应随时检测和调整面板、玻璃肋的水平度和垂直度，使墙面安装平整。

③ 每块玻璃的吊夹应位于同一平面，吊夹的受力应均匀。

④ 全玻璃幕墙玻璃两边嵌入槽口深度及预留空隙应符合设计要求，左右空隙尺寸应相同。

⑤ 全玻璃幕墙的玻璃面积、重量均很大，吊装安装宜采用机械吸盘安装，并应采取必要的安全措施。

4. 点支承玻璃幕墙安装质量控制要点

① 点支承玻璃幕墙支承结构的安装应符合下列要求。

a. 钢结构安装过程中，制孔、组装、焊接和涂装等工序，均应符合现行国家标准《钢结构工程施工质量验收规范》（GB 50205—2001）中的有关规定。

b. 有型钢结构构件的吊装，应单独进行吊装设计，在正式吊装前应进行试吊，完全合格后方可正式吊装。

c. 钢结构在安装就位、调整合格后，应及时进行紧固，并应进行隐蔽工程验收。

d. 钢构件在运输、存放和安装过程中损坏的涂层及未涂装的安装连接部位，应按《钢结构工程施工质量验收规范》（GB 50205—2001）中的有关规定进行补涂。

② 张拉杆、索体系中，拉杆和拉索预拉力的施工应符合下列要求。

a. 钢拉杆和钢拉索安装时，必须按设计要求施加预拉力，并宜设置预拉力调节装置；预拉力宜采用测力计测定。采用扭力扳手施加预拉力时，应事先对扭力扳手进行标定。

b. 施加预拉力应以张拉力为控制量；拉杆、拉索的预拉力应分次、分批对称进行张拉；在张拉的过程中，应对拉杆、拉索的预拉力随时调整。

c. 张拉前必须对构件、锚具等进行全面检查，并应签发张拉通知单。张拉通知单应包括张拉日期、张拉分批次数、每次张拉控制力、张拉用机具、测力仪器及使用安全措施和注意事项，同时应建立张拉记录。

③ 支撑结构的安装允许偏差，应符合表9-9中的规定。

表 9-9　支撑结构的安装允许偏差

技术要求名称	允许偏差/mm	技术要求名称	允许偏差/mm
相邻两竖向构件间距	±2.5	爪座水平度	2
竖向构件垂直度	$l/1000$ 或 ≤5 l 为跨度	同层高度内爪座高低差：间距大于 35m 间距不大于 35m	7 5
相邻三竖向构件外表面平面度	5	相邻两爪座垂直间距	±2.0
相邻两爪座水平间距和竖向间距	±1.5	单个分格爪座对角线	4.0
相邻两爪座水平高低差	1.5	爪座端面平面度	6.0

二、金属幕墙工程施工质量控制

（一）金属幕墙加工质量控制要点

① 金属板材的品种、规格和色泽应符合设计要求；铝合金板材表面氟碳树脂的涂层厚度应符合设计要求。

② 金属板材所选用的材料应符合现行国家产品标准的规定，同时应有出厂合格证。金属板材加工允许偏差应符合表 9-10 中的规定。

表 9-10　金属板材加工允许偏差　　单位：mm

项　　目		允许偏差	项　　目		允许偏差
边长	≤2000	±2.0	对角线长度	≤2000	3.5
	>2000	±2.5		>2000	3.0
对边尺寸	≤2000	≤2.5	平面度		≤2/1000
	>2000	≤3.0			
折弯高度		≤1.0	孔的中心距		±1.5

③ 单层铝板的加工应符合下列规定。

a. 单层铝板进行折弯加工时，折弯外圆弧半径不应小于板材厚度的 1.5 倍。

b. 单层铝板加劲肋的固定可以采用电栓钉，但应确保铝板外表面不变形、不褪色，固定应当确保牢固。

c. 单层铝板的固定耳子应符合设计要求。固定耳子可以采用焊接、铆接或在铝板上直接冲压而成，并应位置准确、调整方便、固定牢固。

d. 单层铝板构件四周应采用铆接、螺柱或胶粘与机械连接相结合的形式固定，并应做到构件刚度满足、固定牢固。

④ 铝塑复合板的加工应符合下列规定。

a. 在切割铝塑复合板内层铝板和聚乙烯塑料时，应保留不小于 0.3mm 厚的聚乙烯塑料，并不得划伤外层铝板的内表面。

b. 在铝塑复合板加工的过程中，严禁与水接触。

c. 打孔、切口等外露的聚乙烯塑料及角缝，应采用中性硅酮耐候密封胶加以密封。

⑤ 蜂窝铝板的加工应符合下列规定。

a. 应根据组装要求决定切口的尺寸和形状，在切除铝芯时不得划伤蜂窝铝板外层铝板的内表面；各部位外层的铝板上，应保留 0.3~0.5mm 的铝芯。

b. 蜂窝铝板直角构件的加工，折角处应弯成圆弧状，角缝应采用硅酮耐候密封胶密封。

c. 蜂窝铝板大圆弧角构件的加工，圆弧部位应填充防火材料。

d. 蜂窝铝板边缘的加工，应将外层铝板折合 180°，并将铝芯包封。

⑥ 金属幕墙的女儿墙部分，应用单层铝板或不锈钢板加工成向内倾斜的盖顶。

⑦ 金属幕墙的吊挂件、安装件应符合下列规定。

a. 单元金属幕墙使用的吊挂件、支撑件，应当采用铝合金件或不锈钢件，并应具备一定可调整范围。

b. 单元金属幕墙的吊挂件与预埋件的连接应采用穿透螺栓；铝合金立柱的连接部位的局部壁厚不得小于 5mm。

（二）金属幕墙安装质量控制要点

① 在金属幕墙安装前，应对构件加工精度进行检验，检验合格后方可进行安装。

② 预埋件安装必须符合设计要求，安装牢固，严禁出现歪、斜、倾现象。安装位置偏差应控制在允许范围以内。

③ 幕墙立柱与横梁安装应严格控制水平度、垂直度以及对角线长度，在安装过程中应反复检查校核，达到要求后方可进行玻璃的安装。

④ 在进行金属板安装时，应拉线控制相邻玻璃面的水平度、垂直度及大面平整度；用木模板控制缝隙宽度，如有误差应均分在每一条缝隙中，防止误差产生积累。

⑤ 进行密封工作前应对密封面进行清扫，并在胶缝两侧的金属板上粘贴保护胶带，防止注胶时污染周围的板面；注胶应均匀、密实、饱满，胶缝表面应光滑；同时应注意注胶方法，防止气泡产生并避免浪费。

⑥ 在进行金属幕墙清扫时，应选用合适的清洗溶剂，清扫工具禁止使用金属物品，以防止损坏金属幕墙的金属板或构件表面。

三、石材幕墙工程施工质量控制

（一）石材幕墙加工质量控制要点

① 石材幕墙所用石板的加工质量应符合下列规定。

a. 石板的连接部位应无损坏、暗裂等质量缺陷；当其他部位的崩边尺寸不大于 5mm×20mm，或缺角不大于 20mm 时可修补后使用，但每层修补的石板块数不应大于 2%，且应当用于立面不明显部位。

b. 石板的长度、宽度、厚度、直角、异型角、半圆弧形状、异型材及花纹图案造型、石板的外形尺寸均应符合设计要求。

c. 石板外表面的色泽应符合设计要求，花纹图案应按照样板进行检查。石板的周围不得有明显的色差。

d. 当采用火烧石时，应按样板检查火烧后的均匀程度，火烧石不得有暗裂和崩裂等缺陷。

e. 石板应结合其组合形式，并在确定安装的基本形式后进行加工。为便于幕墙石板的顺利安装，石板在加工中应进行编号，石板的编号应同设计一致，不得因加工而造成顺序混乱。

f. 石板加工尺寸允许偏差应符合现行国家标准《天然花岗石建筑板材》（GB/T 18601—2009）的有关规定中一等品的要求。

② 钢销式安装的石板加工应符合下列规定。

a. 钢销的孔位应根据石板的大小而定，孔位距离边端不得小于石板厚度的 3 倍，也不得大于 180mm；钢销间距不宜大于 600mm；板材边长不大于 1.0m 时每边应设两个钢销，边长大于 1.0m 时应采用复合连接。

b. 石板的钢销孔深度宜为 22～33mm，孔的直径宜为 7mm 或 8mm，钢销的直径宜为 5mm 或 6mm，钢销的长度宜为 20～30mm。

c. 石板的钢销孔应当完整，不得有损坏或崩裂现象，孔内应光滑、顺直、洁净。

③ 通槽式安装的石板加工应符合下列规定。

a. 石板的通槽宽度宜为 6mm 或 7mm，不锈钢支撑板的厚度不宜小于 3.0mm，铝合金支撑板的厚度不宜小于 4.0mm。

b. 石板开槽后不得有任何损坏或崩裂缺陷，槽口应打磨成 45°倒角，槽内应光滑、洁净。

④ 短槽式安装的石板加工应符合下列规定。

a. 每块石板上下边应各开两个短平槽，短平槽的长度不应小于 100mm，在有效长度内槽深度不宜小于 15mm；开槽宽度宜为 6mm 或 7mm，不锈钢支撑板的厚度不宜小于 3.0mm，铝合金支撑板的厚度不宜小于 4.0mm。弧形槽的有效长度不应小于 80mm。

b. 两短槽边距离石板两端部的距离不应小于石板厚度的 3 倍且不应小于 85mm，也不应大于 180mm。

c. 石板开槽后不得有任何损坏或崩裂缺陷，槽口应打磨成 45°倒角，槽内应光滑、洁净。

⑤ 石板的转角宜采用不锈钢支撑件或铝合金型材专用件进行组装，并应符合下列规定。

a. 当采用不锈钢支撑件进行组装时，不锈钢支撑件的厚度不应小于 3.0mm。

b. 当采用铝合金型材专用件进行组装时，铝合金型材壁厚不应小于 4.0mm，连接部位的壁厚不应小于 5.0mm。

⑥ 单元石板幕墙的加工组装应符合下列规定。

a. 有防火要求的全石板幕墙单元，应将石板、防火板、防火材料按设计要求组装在铝合金框架上。

b. 有可视部分的混合幕墙单元，应将玻璃板、石板、防火板及防火材料按设计要求组装在铝合金框架上。

c. 幕墙单元内石板之间可采用铝合金 T 形连接件进行连接；T 形连接件的厚度应根据石板的尺寸及重量经计算后确定，且其最小厚度不应小于 4.0mm。

d. 幕墙单元内，边部石板与金属框架的连接，可采用铝合金 L 形连接件，L 形连接件的厚度应根据石板的尺寸及重量经计算后确定，且其最小厚度不应小于 4.0mm。

⑦ 石板经切割或开槽等工序后，均应将石屑用清水冲洗干净，石板与不锈钢挂件间应采用环氧树脂类石材专用结构胶黏结。

⑧ 已加工好质量合格的石板，应竖立存放于通风良好的仓库内，立放角度不应小于 85°。

（二）石材幕墙安装质量控制要点

① 石材幕墙安装前对构件加工精度应进行检验，达到设计要求及规范标准方可安装。

② 预埋件的安装必须符合设计要求，安装牢固可靠，不应出现歪、斜、倾的质量缺陷。安装位置的偏差应控制在允许范围以内。

③ 在石材板材安装时，应拉线控制相邻板材面的水平度、垂直度及大面平整度；用木模板控制缝隙的宽度，如出现误差应均分在每一条缝隙中，防止误差的积累。

④ 在进行密封工作前，应对要密封面进行认真清扫，并在胶缝两侧的石板上粘贴保护胶带，防止注胶时污染周围的板面；注胶应均匀、密实、饱满，胶缝表面应光滑；同时应注意采用正确的注胶方法，避免产生浪费。

⑤ 在对石材幕墙进行清扫时，应当选用合适的清洗溶剂，清扫工具禁止使用金属物品，以防止磨损石板表面或构件表面。

第三节　装饰幕墙工程验收质量控制

玻璃幕墙、金属幕墙、石材幕墙等分项工程的质量验收，是确保幕墙工程施工质量极其重要的环节。在进行工程质量验收中，应遵循现行国家标准《建筑装饰装修工程质量验收规范》（GB 50210—2001）中的规定。

一、玻璃幕墙工程验收质量控制

对于建筑高度不大于 150m、抗震设防烈度不大于 8 度的隐框玻璃幕墙、半隐框玻璃幕墙、明框玻璃幕墙、全玻幕墙及点支承玻璃幕墙工程，其工程质量验收按《建筑装饰装修工程质量验收规范》（GB 50210—2001）中的有关规定进行，其中相关强制性条文规定如下。

（一）玻璃幕墙工程质量验收的主控项目

玻璃幕墙工程质量验收的主控项目，如表 9-11 所列。

表 9-11 玻璃幕墙工程质量验收的主控项目

项次	质 量 要 求	检 验 方 法
1	玻璃幕墙工程所使用的各种材料、构件和组件的质量，应符合设计要求及国家现行产品标准和工程技术规范的规定	检查材料、构件、组件的产品合格证书、进场验收报告、性能检测报告和材料的复验报告
2	玻璃幕墙的造型和立面分格应符合设计要求	观察；尺量检查
3	玻璃幕墙使用的玻璃应符合下列要求： ①幕墙应使用安全玻璃，玻璃的品种、规格、颜色、光学性能及安装方向应符合设计要求； ②幕墙玻璃的厚度不应小于 6.0mm；全玻幕墙肋玻璃的厚度不应小于 12mm； ③幕墙的中空玻璃应采用双道密封；明框幕墙的中空玻璃应采用聚硫密封胶及丁基密封胶；隐框和半隐框幕墙的中空玻璃应采用硅酮结构密封胶及丁基密封胶；镀膜面应在中空玻璃的第 2 或第 3 面上； ④幕墙的夹层玻璃应采用聚乙烯醇缩丁醛（PVC）胶片干法加工合成的夹层玻璃；点支撑玻璃幕墙夹层玻璃的夹层胶片（PVC）厚度不应小于 0.76mm； ⑤钢化玻璃表面不得有损伤；8.0mm 的钢化玻璃应进行引爆处理； ⑥所有幕墙玻璃均应进行边缘处理	观察；尺量检查；检查施工记录
4	玻璃幕墙与主体结构连接的各种预埋件、连接件、紧固件必须安装牢固，其数量、规格、位置、连接方法和防腐处理应符合设计要求	观察；检查隐蔽工程验收记录和施工记录
5	各种连接件、紧固件的螺栓应有防松动措施；焊接连接应符合设计要求和焊接规范的规定	观察；检查隐蔽工程验收记录和施工记录
6	隐框和半隐框玻璃幕墙，每块玻璃下端应设置两个铝合金或不锈钢托条，其长度不应小于 100mm，厚度不应小于 2mm，托条外端应低于玻璃外表面 2mm	观察；检查施工记录
7	明框幕墙的玻璃安装应符合下列规定： ①玻璃槽口与玻璃的配合尺寸应符合设计要求知技术标准的规定； ②玻璃与构件不得直接接触，玻璃四周与构件凹槽底部应保持一定的空隙，每块玻璃下部应至少放置 2 块宽度与槽口宽度相同、长度不应小于 100mm 的弹性定位垫块；玻璃两边的嵌入量及空隙应符合设计要求； ③玻璃四周橡胶条的材质、型号应符合设计要求，镶嵌应平整，橡胶条长度应比边框内槽长 1.5%～2.0%，橡胶条在转角处应斜面断开，并应用黏结剂黏结牢固后嵌入槽内	观察；检查施工记录
8	高度超过 4m 的全玻幕墙应吊挂在主体结构上，吊夹具应符合设计要求；玻璃与玻璃、玻璃与玻璃肋之间的缝隙，应采用硅酮结构密封胶填嵌严密	观察；检查隐蔽工程验收记录和施工记录
9	点支承玻璃幕墙应采用带万向头的活动不锈钢爪，其钢爪间的中心距离应大于 250mm	观察；尺量检查
10	玻璃幕墙四周、玻璃幕墙内表面与主体结构之间的连接节点、各类变形缝、墙角的连接点应符合设计要求知技术标准的规定	观察；检查隐蔽工程验收记录和施工记录
11	玻璃幕墙应无渗漏	在易渗漏部位进行淋水检查
12	玻璃幕墙结构胶和密封胶的打注应饱满、密实、连续、无气泡，宽度和厚度应符合设计要求及技术标准的规定	观察；尺量检查；检查施工记录
13	玻璃幕墙开启窗的配件应齐全，安装应牢固，安装位置和开启方向、角度应正确；开启应灵活，关闭应严密	观察；手扳检查；开启和关闭检查
14	玻璃幕墙的防雷装置必须与主体结构的防雷装置可靠连接	观察；检查隐蔽工程验收记录和施工记录

（二）玻璃幕墙工程质量验收的一般项目

玻璃幕墙工程质量验收的一般项目，如表 9-12 所列。

表 9-12　玻璃幕墙工程质量验收的一般项目

项次	质量要求	检验方法
1	玻璃幕墙表面应平整、洁净；整幅玻璃的色泽应当均匀一致；玻璃表面不得有污染和镀膜损坏	观察
2	每平方米玻璃的表面质量和检验方法应符合表 9-10 的规定	
3	一个分格玻璃幕墙铝合金型材的表面质量和检验方法应符合表 9-11 的规定	
4	明框玻璃幕墙的外露框或压条应横平竖直，颜色、规格应符合设计要求，压条安装应牢固；单元玻璃幕墙的单元拼缝或隐框玻璃幕墙的分格玻璃拼缝应横平竖直、均匀一致	观察；手扳检查；检查进场验收记录
5	玻璃幕墙的密封胶缝应横平竖直、深浅一致、宽窄均匀、光滑顺直	观察；手摸检查
6	防火、保温材料填充饱满、均匀，表面应密实、平整	检查隐蔽工程验收记录
7	玻璃幕墙隐蔽节点的遮封装修应牢固、整齐、美观	观察；手扳检查
8	明框玻璃幕墙安装的允许偏差和检验方法应符合表 9-15 的规定	
9	隐框、半隐框玻璃幕墙安装的允许偏差和检验方法应符合表 9-16 的规定	

（三）玻璃幕墙工程质量验收的其他检验

玻璃幕墙中每平方米玻璃的表面质量和检验方法，如表 9-13 所列；一个分格铝合金型材的表面质量和检验方法，如表 9-14 所列；明框玻璃幕墙安装的允许偏差和检验方法，如表 9-15 所列；隐框、半隐框玻璃幕墙安装的允许偏差和检验方法，如表 9-16 所列。

表 9-13　每平方米玻璃的表面质量和检验方法

项次	项目	质量要求	检验方法
1	明显划伤和长度＞100mm 的轻微划伤	不允许	观察
2	长度≤100mm 的轻微划伤	≤8 条	用钢尺检查
3	擦伤总面积	≤500mm²	用钢尺检查

表 9-14　一个分格玻璃幕墙铝合金型材的表面质量和检验方法

项次	项目	质量要求	检验方法
1	明显划伤和长度＞100mm 的轻微划伤	不允许	观察
2	长度≤100mm 的轻微划伤	≤2 条	用钢尺检查
3	擦伤总面积	≤500mm²	用钢尺检查

表 9-15　明框玻璃幕墙安装的允许偏差和检验方法

项次	项目		允许偏差/mm	检验方法
1	幕墙垂直度	幕墙高度≤30m	10	用经纬仪检查
		30m＜幕墙高度≤60m	15	
		60m＜幕墙高度≤90m	20	
		幕墙高度＞90m	25	
2	幕墙水平度	幕墙幅宽≤35m	5	用水平仪检查
		幕墙幅宽＞35m	7	
3	构件直线度		2	用 2m 靠尺和塞尺检查
4	构件水平度	构件长度≤2m	2	用水平仪检查
		构件长度＞2m	3	
5	相邻构件		1	用钢尺检查
6	分格框对角线长度差	对角线长度≤2m	3	用钢尺检查
		对角线长度＞2m	4	

表 9-16　隐框、半隐框玻璃幕墙安装的允许偏差和检验方法

项次	项 目		允许偏差/mm	检验方法
1	幕墙垂直度	幕墙高度≤30m	10	用经纬仪检查
		30m＜幕墙高度≤60m	15	
		60m＜幕墙高度≤90m	20	
		幕墙高度＞90m	25	
2	幕墙水平度	层高≤3m	3	用水平仪检查
		层高＞3m	5	
3	幕墙表面平整度		2	用2m靠尺和塞尺检查
4	板材立面垂直度		2	用垂直检测尺检查
5	板材上沿水平度		2	用1m水平尺和钢直尺检查
6	相邻板材板角错位		1	用钢直尺检查
7	阳角方正		2	用直角检测尺检查
8	接缝直线度		3	拉5m线,不足5m的拉通线,用钢直尺检查
9	接缝高低差		1	用钢直尺和塞尺检查
10	接缝宽度		1	用钢直尺检查

二、金属幕墙工程验收质量控制

建筑高度不大于150m的金属幕墙工程,应当按照《建筑装饰装修工程质量验收规范》(GB 50210—2001)中的如下强制性条文规定进行质量验收。

（一）金属幕墙工程质量验收的主控项目

金属幕墙工程质量验收的主控项目,如表9-17所列。

表 9-17　金属幕墙工程质量验收的主控项目

项次	项 目	检验方法
1	金属幕墙工程所使用的各种材料和配件,应符合设计要求及国家现行产品标准和技术规范的规定	检查产品合格证书、性能检测报告、材料进场验收报告和材料的复验报告
2	金属幕墙的造型和立面分格应符合设计要求	观察;尺量检查
3	金属幕墙的品种、规格、颜色、光学性能及安装方向应符合设计要求	观察;检查进场验收报告
4	金属幕墙与主体结构上的预埋件、后置埋件的数量、位置及后置埋件的拉拔力必须符合设计要求	检查拉拔力检测报告和隐蔽工程验收记录
5	金属幕墙的金属框架立柱与主体结构预埋件的连接、立柱与横梁的连接、金属面板的安装必须符合设计要求,安装必须牢固	手扳检查;检查隐蔽工程验收记录
6	金属幕墙的防火、保温、防潮材料的设置应符合设计要求,并应密实、均匀、厚度一致	检查隐蔽工程验收记录
7	金属框架及连接件的防腐处理应符合设计要求	检查隐蔽工程验收记录和施工记录
8	金属幕墙的防雷装置必须与主体结构的防雷装置可靠连接	检查隐蔽工程验收记录
9	各类变形缝、墙角的连接点应符合设计要求知技术标准的规定	观察;检查隐蔽工程验收记录
10	金属幕墙的板缝注胶应饱满、密实、连续、均匀、无气泡,宽度和厚度应符合设计要求知技术标准的规定	观察;尺量检查;检查施工记录
11	金属幕墙应无渗漏	在易渗漏部位进行淋水检查

（二）金属幕墙工程质量验收的一般项目

金属幕墙工程质量验收的一般项目,如表9-18所列。

表 9-18　金属幕墙工程质量验收的一般项目

项次	项 目	检验方法
1	金属板表面应平整、洁净、色泽一致	观察
2	金属幕墙的压条应平直、洁净、接口严密、安装牢固	观察;手扳检查
3	金属幕墙的密封胶缝应横平竖直、深浅一致、宽窄均匀、光滑顺直	观察
4	金属幕墙上的滴水线、流水坡向应正确、顺直	观察;用水平尺检查
5	每平方米金属板的表面质量和检验方法应符合表9-16的规定	
6	金属幕墙安装的允许偏差和检验方法应符合表9-17的规定	

（三）金属幕墙工程质量验收的其他检验

金属幕墙中每平方米玻璃的表面质量和检验方法，如表 9-19 所列；金属幕墙安装的允许偏差和检验方法，如表 9-20 所列。

表 9-19　每平方米金属板的表面质量和检验方法

项次	项　目	质量要求	检验方法
1	明显划伤和长度＞100mm 的轻微划伤	不允许	观察
2	长度≤100mm 的轻微划伤	≤8 条	用钢尺检查
3	擦伤总面积	≤500mm^2	用钢尺检查

表 9-20　金属幕墙安装的允许偏差和检验方法

项次	项　目		允许偏差/mm	检验方法
1	幕墙垂直度	幕墙高度≤30m	10	用经纬仪检查
		30m＜幕墙高度≤60m	15	
		60m＜幕墙高度≤90m	20	
		幕墙高度＞90m	25	
2	幕墙水平度	层高≤3m	3	用水平仪检查
		层高＞3m	5	
3	幕墙表面平整度		2	用 2m 靠尺和塞尺检查
4	板材立面垂直度		2	用垂直检测尺检查
5	板材上沿水平度		2	用 1m 水平尺和钢直尺检查
6	相邻板材板角错位		1	用钢直尺检查
7	阳角方正		2	用直角检测尺检查
8	接缝直线度		3	拉 5m 线,不足 5m 的拉通线,用钢直尺检查
9	接缝高低差		1	用钢直尺和塞尺检查
10	接缝宽度		1	用钢直尺检查

三、石材幕墙工程验收质量控制

建筑高度不大于 100m、抗震设防烈度不大于 8 度的石材幕墙工程，应当按《建筑装饰装修工程质量验收规范》（GB 50210—2001）中的如下强制性条文规定进行质量验收。

（一）石材幕墙工程质量验收的主控项目

石材幕墙工程质量验收的主控项目，如表 9-21 所列。

表 9-21　石材幕墙工程质量验收的主控项目

项次	质 量 要 求	检 验 方 法
1	石材幕墙工程所用材料的品种、规格、性能和等级,应符合设计要求及国家现行产品标准和技术规范的规定;石材的弯曲强度不应小于 8.0MPa;吸水率应小于 0.8%;石材幕墙的铝合金件厚度不应小于 4.0mm,不锈钢挂件厚度不应小于 3.0mm	观察;尺量检查;检查产品合格证书、性能检测报告、材料进场验收记录和复验报告
2	石材幕墙的造型、立面分格、颜色、光泽、花纹和图案应符合设计要求	观察
3	石材孔、槽的数量、深度、位置、尺寸应符合设计要求	检查进场验收记录或施工记录
4	石材幕墙主体结构上的预埋件和后置埋件的数量、位置及后置埋件的拉拔力必须符合设计要求	检查拉拔力检测报告和隐蔽工程验收记录
5	石材幕墙的金属框架立柱与主体结构预埋件的连接、立柱与横梁的连接、连接件与金属框架的连接、连接件与石材面板的连接必须符合设计要求,安装必须牢固	手扳检查;检查隐蔽工程验收记录
6	金属框架及连接件的防腐处理应符合设计要求	检查隐蔽工程验收记录
7	石材幕墙的防雷装置必须与主体结构的防雷装置可靠连接	观察;检查隐蔽工程验收记录和施工记录

续表

项次	质 量 要 求	检 验 方 法
8	石材幕墙的防火、保温、防潮材料的设置应符合设计要求,并应密实、均匀、厚度一致	检查隐蔽工程验收记录
9	各种结构变形缝、墙角的连接点应符合设计要求知技术标准的规定	检查隐蔽工程验收记录和施工记录
10	石材表面和板缝的处理应符合设计要求	观察
11	石材幕墙的板缝注胶应饱满、密实、连续、均匀、无气泡,宽度和厚度应符合设计要求及技术标准的规定	观察;尺量检查;检查施工记录
12	石材幕墙应无渗漏	在易渗漏部位进行淋水检查

（二）石材幕墙工程质量验收的一般项目

石材幕墙工程质量验收的一般项目,如表 9-22 所列。

表 9-22　石材幕墙工程质量验收的一般项目

项次	质 量 要 求	检 验 方 法
1	石材幕墙表面应平整、洁净,无污染、缺损和裂痕;颜色和花纹应协调一致,无明显色差,无明显修痕	观察
2	石材幕墙的压条应平直、洁净、接口严密、安装牢固	观察;手扳检查
3	石材接缝应横平竖直、宽窄均匀;阴阳角石板压向应正确,板边合缝应顺直;凹凸线出墙厚度应一致,上下口应平直;石材面板上洞口、槽边应套割吻合,边缘应齐整	观察;尺量检查
4	石材幕墙的密封胶缝应横平竖直、深浅一致、宽窄均匀、光滑顺直	观察
5	石材幕墙上的滴水线、流水坡向应正确、顺直	观察;用水平尺检查
6	每平方米石材的表面质量和检验方法应符合表 9-23 的规定	
7	石材幕墙安装的允许偏差和检验方法应符合表 9-24 的规定	

（三）石材幕墙工程质量验收的其他检验

石材幕墙中每平方米玻璃的表面质量和检验方法,如表 9-23 所列;石材幕墙安装的允许偏差和检验方法,如表 9-24 所列。

表 9-23　石材幕墙中每平方米玻璃的表面质量和检验方法

项次	项　　目	质量要求	检验方法
1	明显划伤和长度＞100mm 的轻微划伤	不允许	观察
2	长度≤100mm 的轻微划伤	≤8 条	用钢尺检查
3	擦伤总面积	≤500mm²	用钢尺检查

表 9-24　石材幕墙安装的允许偏差和检验方法

项次	项　　目		允许偏差/mm		检 验 方 法
			光面	麻面	
1	幕墙垂直度	幕墙高度≤30m	10		用经纬仪检查
		30m＜幕墙高度≤60m	15		
		60m＜幕墙高度≤90m	20		
		幕墙高度＞90m	25		
2	幕墙水平度		3		用水平仪检查
3	板材立面垂直度		3		用垂直检测尺检查
4	板材上沿水平度		2		用 1m 水平尺和钢直尺检查
5	相邻板材板角错位		1		用钢直尺检查
6	幕墙表面平整度		2	3	用 2m 靠尺和塞尺检查
7	阳角方正		2	4	用直角检测尺检查
8	接缝直线度		3	4	拉 5m 线,不足 5m 的拉通线,用钢直尺检查
9	接缝高低差		1	—	用钢直尺和塞尺检查
10	接缝宽度		1	2	用钢直尺检查

第四节　装饰幕墙工程质量问题与防治措施

目前，幕墙作为建筑物的一种外墙装饰围护结构，在我国建筑工程中得到了广泛的应用，并取得了较好的装饰效果，受到人们的欢迎。但是，由于管理工作相对滞后，致使玻璃幕墙在工程质量方面存在着许多问题，影响其使用功能、装饰效果和使用寿命，应当引起足够的重视。

一、玻璃幕墙工程质量问题与防治措施

玻璃幕墙是一种构造较复杂、施工难度大、质量要求高、易出现质量事故的工程。在玻璃幕墙施工中，如果不按有关规范和标准进行施工，容易出现的质量问题很多，如预埋件强度不足、预埋件漏放和偏位、连接件与预埋件锚固不合格、构件安装接合处漏放垫片、产生渗漏水现象、防火隔层不符合要求、玻璃发生爆裂、无防雷系统等。

（一）幕墙预埋件强度不足

1. 质量问题

由于在进行幕墙工程的设计中，对预埋件的设计与计算重视不够，未有大样图或未按图纸制作加工，从而造成钢筋强度和长度不足、总截面积偏小、焊缝不饱满，导致预埋件用料和制作不规范，不仅严重影响预埋件的承载力，而且存在着安全隐患。

2. 原因分析

① 幕墙预埋件未进行认真设计和计算，预埋件的制作和采用材料达不到设计要求；当设计无具体要求时，没有经过结构计算来确定用料的规格。

② 选用的预埋件的材料质量不符合《玻璃幕墙工程技术规范》（JGJ 102—2003）中的有关规定。

③ 主体结构的混凝土强度等级偏低，预埋件不能牢固地嵌入混凝土中，间接地造成预埋件强度不足。

3. 预防措施

① 预埋件的数量、间距、螺栓直径、锚板厚度、锚固长度等，应按设计规定制作和预埋。如果设计中无具体规定，应按《玻璃幕墙工程技术规范》（JGJ 102—2003）中的有关规定进行承载力的计算。

② 选用适宜、合格的材料。预埋件所用的钢板应采用 Q235 钢板，钢筋应采用 I 级钢筋或 II 级钢筋，不得采用冷加工钢筋。

③ 直锚筋与锚板的连接，应采用 T 形焊方式；当锚筋直径不大于 20mm 时，宜采用压力埋弧焊，以确保焊接的质量。

④ 为确保预埋件的质量，预埋件加工完毕后，应当逐个进行检查验收，对于不合格者不得用于工程。

⑤ 在主体结构混凝土设计和施工时，必须考虑到预埋件的承载力，混凝土的强度必须满足幕墙工程的要求。

⑥ 对于先修建主体结构后改为玻璃幕墙的工程，当原有建筑主体结构混凝土的强度等级低于 C30 时，要经过计算后增加预埋件的数量。通过结构理论计算，确定螺栓的锚固长度、预埋方法，确保玻璃幕墙的安全度。

（二）幕墙预埋件漏放和偏位

1. 质量问题

由于各种原因造成幕墙在安装施工的过程中，出现预埋件数量不足、预埋位置不准备，

导致必须停止安装骨架和面板，采用再补埋预埋件的措施；或纠正预埋件位置后再安装。不仅严重影响幕墙的施工进度，有时甚至破坏主体结构。

2. 原因分析

① 在幕墙工程设计和施工中，对预埋件的设计和施工不重视，未经过认真计算和详细设计，没绘制正确可靠的施工图纸，导致操作人员不能严格照图施工。

② 预埋件具体施工人员责任心不强、操作水平较低，在埋设中不能准确放线和及时检查，从而出现幕墙预埋件漏放和偏位。

③ 在进行土建主体结构施工时，玻璃幕墙的安装单位尚未确定，很可能因无幕墙预埋件的设计图纸而无法进行预埋。

④ 建筑物原设计未考虑玻璃幕墙方案，而后来又采用玻璃幕墙外装饰，在结构件上没有预埋件。

⑤ 在建筑主体工程施工中，对预埋件没有采取固定措施，在混凝土浇注和振捣中发生移位。

3. 预防措施

① 幕墙预埋件在幕墙工程中承担全部荷载，并分别传递给主体结构。因此，在幕墙的设计过程中，要高度重视、认真对待、仔细计算、精心设计，并绘制出准确的图纸。

② 在进行预埋件施工之前，应按照设计图纸在安装墙面上进行放线，准确定出每个预埋件的位置；在正式施工时，要再次进行校核，无误后方可安装。

③ 幕墙预埋件的安装操作人员，必须具有较高的责任心和质量意识，应具有一定的操作技术水平；在安装的过程中，应及时对每个预埋件的安装情况进行检查，以便发现问题及时纠正。

④ 预埋件在正式埋设前，应向操作人员进行专项技术交底，以确保预埋件的安装质量。如交代预埋件的规格、型号、位置，以及确保预埋件与模板能接合牢固，防止振捣中不产生位移的措施等。

⑤ 凡是设计有玻璃幕墙的工程，在土建施工时就要落实安装单位，并提供预埋件的位置设计图。预埋件的预埋安装要有专人负责，并随时办理隐蔽工程验收手续。混凝土的浇筑既要细致插捣密实，又不能碰撞预埋件，以确保预埋件位置准确。

（三）连接件与预埋件锚固不合格

1. 质量问题

在幕墙面板安装的施工中，发现连接件与预埋件锚固十分困难，有的勉强锚固在一起也不牢固，甚至个别在硬性锚固时出现损坏。不仅严重影响幕墙的施工进度，而且也存在着不牢固的安全隐患。

2. 原因分析

① 在进行幕墙工程设计时，只注意幕墙主体的结构设计，而忽视幕墙连接件与预埋件的设计，特别没有注意到连接件与预埋件之间的衔接，从而造成连接件与预埋件锚固不合格。

② 在连接件与预埋件连接处理时，没有认真按设计大样图进行处理，有的甚至根本没有设计大样图，只凭以往的经验施工。

③ 连接件与预埋件锚固处的焊接质量不佳，达不到设计要求和《钢筋焊接及验收规程》（JGJ 18—2003）中的有关规定。

3. 预防措施

① 在设计玻璃幕墙时，要对各连接部位画出节点大样图，以便工人按图施工；对材料的规格、型号、焊缝等技术要求都应注明。

② 在进行连接件与预埋件之间的锚固或焊接时，应严格按《玻璃幕墙工程技术规范》（JGJ 102—2003）中的要求安装；焊缝的高度、长度和宽度，应通过设计计算确定。

③ 焊工应经过考核合格，持证上岗。连接件与预埋件锚固处的焊接质量，必须符合《钢筋焊接及验收规程》（JGJ 18—2003）中的有关规定。

④ 对焊接件的质量应进行检验，并应符合下列要求：a. 焊缝受热影响时，其表面不得有裂纹、气孔、夹渣等缺陷；b. 焊缝咬边的深度不得超过 0.5mm，焊缝两侧咬边的总长度不应超过焊缝长度的 10%；c. 焊缝几何尺寸应符合设计要求。

（四）幕墙有渗漏水现象

1. 质量问题

玻璃幕墙的接缝处及幕墙四周与主体结构之间有渗漏水现象，不仅影响幕墙的外观装饰效果，而且严重影响幕墙的使用功能。严重者还会损坏室内的装饰层，缩短幕墙的使用寿命。一旦渗漏水不易进行修补时，还存在着很大的危险性，后果非常严重。

2. 原因分析

① 在进行玻璃幕墙设计时，由于设计考虑不周，细部处理欠妥或不认真，很容易造成渗漏水问题。

② 使用质量不合格的橡胶条或过期的密封胶。橡胶条与金属槽口不匹配，特别是规格较小时，不能将玻璃与金属框的缝隙密封严密；玻璃密封胶液如超过规定的期限，其黏结力将会大大下降。

③ 密封胶液在注胶前，基层净化处理未达到标准要求，使得密封胶液与基层黏结不牢，从而使幕墙出现渗漏水现象。

④ 所用密封胶液的规格不符合设计要求，造成胶缝处厚薄不匀，从而形成水的渗透通道。

⑤ 幕墙内排水系统设计不当，或施工后出现排水不通畅或堵塞；或者幕墙的开启部位密封不良，橡胶条的弹性较差，五金配件缺失或损坏。

⑥ 幕墙周边、压顶铝合金泛水板搭接长度不足，封口不严，密封胶液漏注，均可造成幕墙出现渗漏水现象。

⑦ 在幕墙施工的过程中，未进行抗雨水渗漏方面的试验和检查，密封质量无保证。

3. 预防措施

① 幕墙结构必须安装牢固，各种框架结构、连接件、玻璃和密封材料等，不得因风荷载、地震、温度和湿度变化而发生螺栓松动、密封材料损坏等现象。

② 所用的密封胶的牌号应符合设计要求，并有相容性试验报告。密封胶液应在保质期内使用。硅酮结构密封胶液应在封闭、清洁的专用车间内打胶，不得在现场注胶；硅酮结构密封胶在注胶前，应按要求将基材上的尘土、污垢清除干净，注胶时速度不宜过快，以免出现针眼和堵塞等现象，底部应用无黏结胶带分开，以防三面黏结，出现拉裂现象。

③ 幕墙所用橡胶条，应当按照设计规定的材料和规格选用，镶嵌一定要达到平整、严密，接口处一定要用密封胶液填实封严；开启窗安装的玻璃应与幕墙在同一水平面上，不得出现有凹进现象。

④ 在进行玻璃幕墙设计时，应设计泄水通道，雨水的排水口应按规定留置，并保持内排水系统畅通，以便集水后由管道排出，使大量的水及时排除远离幕墙，减少水向幕墙内渗透的机会。

⑤ 在填嵌密封胶之前，要将接触处擦拭干净，再用溶剂揩擦后方可嵌入密封胶，厚度应大于 3.5mm，宽度要大于厚度的 2 倍。

⑥ 幕墙的周边、压顶及开启部位等处构造比较复杂，设计应绘制出节点大样图，以便

操作人员按图施工；在进行施工中，要严格按图进行操作，并应及时检查施工质量，凡有密封不良、材质较差等情况，应及时加以调整。

⑦ 在幕墙工程的施工中，应分层进行抗雨水渗漏性能的喷射水试验，检验幕墙的施工质量，发现问题及时调整解决。

（五）幕墙玻璃发生自爆碎裂

1. 质量问题

幕墙玻璃在幕墙安装的过程中，或者在安装后的一段时间内，玻璃在未受到外力撞击的情况下，出现自爆碎裂现象，不仅影响幕墙的使用功能和装饰效果，而且还具有下落伤人的危险性，必须予以更换和修整。

2. 原因分析

① 幕墙玻璃采用的原片质量不符合设计要求，在温度骤然变化的情况下，易发生自爆碎裂；或者玻璃的面积过大，不能适应热胀冷缩的变化。

② 幕墙玻璃在安装时，底部未按规定设置弹性铺垫材料，而是与构件槽底直接接触，受温差应力或振动力的作用而造成玻璃碎裂。

③ 玻璃材料试验证明，普通玻璃在切割后不进行边缘处理，在受热时因膨胀出现应力集中，容易产生自爆碎裂。

④ 隔热保温材料直接与玻璃接触或镀膜出现破损，使玻璃的中部与边缘产生较大温差，当温度应力超过玻璃的抗拉强度时，则会出现玻璃的自爆碎裂。

⑤ 全玻璃幕墙的底部使用硬化性密封材料，当玻璃受到挤压时，易使玻璃出现破损。

⑥ 幕墙三维调节消化余量不足，或主体结构变动的影响超过了幕墙三维调节所能消化的余量，也会造成玻璃的破裂。

⑦ 隐框式玻璃幕墙的玻璃间隙比较小，特别是顶棚四周底边的间隙更小，如果玻璃受到侧向压应力影响，则会造成玻璃的碎裂。

⑧ 在玻璃的交接处，由于弹性垫片漏放或太薄，或夹件固定太紧会造成该处玻璃的碎裂。

⑨ 幕墙采用的钢化玻璃，未进行钢化防爆处理，在一定的条件下也会发生玻璃自爆。

3. 预防措施

① 玻璃原片的质量应符合现行标准的要求，必须有出厂合格证。当设计必须采用大面积玻璃时，应采取相应的技术措施，以减小玻璃中央与边缘的温差。

② 在进行玻璃切割加工时，应按规范规定留出每边与构件槽口的配合距离。玻璃切割后，边缘应磨边、倒角、抛光处理完毕再加工。

③ 在进行幕墙玻璃安装时，应按设计规定设置弹性定位垫块，使玻璃与框有一定的间隙。

④ 要特别注意避免保温材料与玻璃接触，在安装完玻璃后，要做好产品保护，防止镀膜层破损。

⑤ 要通过设计计算确定幕墙三维调节的能力。如果主体结构变动或构架刚度不足，应根据实际情况和设计要求进行加固处理。

⑥ 对于隐框式玻璃幕墙，在安装中应特别注意玻璃的间隙，玻璃的拼缝宽度不宜小于 15mm。

⑦ 在夹件与玻璃夹接处，必须设置一定厚度的弹性垫片，以免刚性夹件同脆性玻璃直接接触受外力影响时，造成玻璃的碎裂。

⑧ 当玻璃幕墙采用钢化玻璃时，为防止玻璃产生自爆，应对玻璃进行钢化防爆处理。

（六）幕墙构件安装接合处漏放垫片

1. 质量问题

连接件与立柱之间，未按照规范要求设置垫片，或在施工中漏放垫片，这样构件在一定的条件下很容易产生电化学腐蚀，对整个幕墙的使用年限和使用功能有一定影响。

2. 原因分析

出现漏放垫片的主要原因有：一是在设计中不重视垫片的设置，忘记这个小部件；二是在节点设计大样图中未注明，施工人员未安装；三是施工人员责任心不强，在施工中漏放；四是施工管理人员检查不认真，没有及时检查和纠正。

3. 预防措施

① 为防止不同金属材料相接触时产生电化学腐蚀，标准《玻璃幕墙工程技术规范》（JGJ 102—2003）中规定，在接触部位应设置相应的垫片。一般应采用 1mm 厚的绝缘耐热硬质有机材料垫片，在幕墙设计中不可出现遗漏。

② 在幕墙立柱与横梁两端之间，为适应和消除横向温度变形及噪声的要求，在《玻璃幕墙工程技术规范》（JGJ 102—2003）中做出规定：在连接处要设置一面有胶一面无胶的弹性橡胶垫片或尼龙制作的垫片。弹性橡胶垫片应有 20%～35% 的压缩性，一般用邵尔 A 型 75～80 橡胶垫片，安装在立柱的预定位置，并应安装牢固，其接缝要严密。

③ 在幕墙施工的过程中，操作人员必须按设计要求放置垫片，不可出现漏放；施工管理人员必须认真进行质量检查，以便及早发现漏放，及时进行纠正。

（七）幕墙工程防火不符合要求

1. 质量问题

由于层间防火设计不周全、不合理，施工不认真、不精细，造成幕墙与主体结构间未设置层间防火；或未按要求选用防火材料，达不到防火性能要求，严重影响幕墙工程防火安全。

2. 原因分析

① 有的玻璃幕墙在进行设计时，对防火设计未引起足够重视，没有考虑设置防火隔层，造成设计方面的漏项，使玻璃幕墙无法防火。

② 有的楼层联系梁处没有设置幕墙的分格横梁，防火层的位置设置不正确，节点无设计大样图。

③ 采用的防火材料质量达不到规范的要求。

3. 预防措施

① 在进行玻璃幕墙设计时，千万不可遗漏防火隔层的设计。在初步设计对外立面分割时，应同步考虑防火安全的设计，并绘制出节点大样图，在图上要注明用料规格和锚固的具体要求。

② 在进行玻璃幕墙设计时，横梁的布置与层高相协调，一般每一个楼层就是一个独立的防火分区，要在楼面处设置横梁和防火隔层。

③ 玻璃幕墙的防火设计，除应当符合现行国家标准《建筑设计防火规范》（GB 50016—2006）和《高层民用建筑设计防火规范》（GB 50045—2005）中的有关规定外，还应符合下列规定。

a. 应根据防火材料的耐火极限决定防火层的厚度和宽度，并应在楼板处形成防火带。

b. 防火层应采取可靠的隔离措施。防火层的衬板应采用经过防腐处理、厚度不小于 1.5mm 的钢板，不得采用铝板。

c. 防火层中所用的密封材料，应当采用防火密封胶。

d. 防火层与玻璃不得直接接触，同时一块玻璃不应跨两个防火区。

④ 玻璃幕墙和楼层处、隔墙处的缝隙，应用防火或不燃烧材料填嵌密实，但防火层用的隔断材料等，其缝隙用防火保温材料填塞，表面缝隙用密封胶封闭严密。

⑤ 防火层施工应符合设计要求，幕墙窗间墙及窗槛墙的填充材料，应采用不燃烧材料，当外墙采用耐火极限不低于 1h 的不燃烧材料时，其墙内填充材料可采用难燃烧材料。防火隔层应铺设平整，锚固要确实可靠。防火施工后要办理隐蔽工程验收手续，合格后方可进行面板施工。

（八）幕墙安装无防雷系统

1. 质量问题

由于设计不合理或没有按设计要求施工，致使玻璃幕墙没有设置防雷均压环，或防雷均压环没有和主体结构的防雷系统相联通；或者接地电阻不符合规范要求，从而使幕墙存在着严重的安全隐患。

2. 原因分析

① 在进行玻璃幕墙设计时，根本没考虑到防雷系统，使这部分被遗漏，或者设计不合理，从而严重影响了玻璃幕墙的使用安全度。

② 有些施工人员不熟悉防雷系统的安装规定，无法进行防雷系统的施工，从而造成不安装或安装不合格。

③ 选用的防雷均匀环、避雷线、引下线、接地装置等的材料，不符合设计要求，导致防雷效果不能满足要求。

3. 预防措施

① 在进行玻璃幕墙工程的设计时，要有防雷系统的设计方案，施工中要有防雷系统的施工图纸，以便施工人员按图施工。

② 玻璃幕墙应每隔三层设置扁钢或圆钢防雷均压环，防雷均压环与主体结构防雷系统相连接，接地电阻应符合设计规范中的要求，使玻璃幕墙形成自身的防雷系统。

③ 对防雷均匀环、避雷线、引下线、接地装置等的用料、接头，都必须符合设计要求和《建筑物防雷设计规范》（GB 50057—2010）中的规定。

（九）玻璃四周泛黄，密封胶变色、变质

1. 质量问题

玻璃幕墙安装完毕或使用一段时间后，在玻璃四周出现泛黄现象，密封胶也出现变色和变质，不仅严重影响玻璃幕墙的外表美观，而且也存在着极大的危险性，应当引起高度重视。

2. 原因分析

① 当密封胶采用的是非中性胶或不合格胶时，呈酸碱性的胶与夹层玻璃中的 PVB 胶片、中空玻璃的密封胶和橡胶条接触，因为它们之间的相容性不良，使 PVB 胶片或密封胶泛黄变色，使橡胶条变硬发脆，影响幕墙的外观质量，甚至出现渗漏水现象。

② 幕墙采用的夹丝玻璃边缘未进行处理，使低碳钢丝因生锈而造成玻璃四周泛黄，严重时会使锈蚀产生膨胀，玻璃在膨胀力的作用下而碎裂。

③ 采用的不合格密封胶在紫外线的照射下，发生老化、变色和变脆，致使其失去密封防水的作用，从而又引起玻璃泛黄。

④ 在玻璃幕墙使用的过程中，由于清洁剂选用不当，对玻璃产生腐蚀而引起泛黄。

3. 预防措施

① 在玻璃幕墙安装之前，首先应做好密封胶的选择和试验工作。第一，应选择中性和合格的密封胶，不得选用非中性胶或不合格的密封胶；第二，对所选用的密封胶要进行与其他材料的相容性试验。待确定完全合格后，才能正式用于玻璃幕墙。

② 当幕墙采用夹丝玻璃时，在玻璃切割后，其边缘应及时进行密封处理，并作防锈处理，防止钢丝生锈而造成玻璃四周泛黄。

③ 清洗幕墙玻璃和框架的清洁剂，应采用中性清洁剂，并应做对玻璃等材料的腐蚀性试验，合格后方可使用。同时要注意，玻璃和金属框架的清洁剂应分别采用，不得错用和混用。清洗时应采取相应的隔离保护措施，清洗后及时用清水冲洗干净。

（十）幕墙的拼缝不合格

1. 质量问题

明框式玻璃幕墙出现外露框或压条有横不平、竖不直的缺陷，单元玻璃幕墙的单元拼缝或隐框式玻璃幕墙的分格玻璃拼缝存在缝隙不均匀、不平不直的质量问题，以上质量缺陷不但影响胶条的填嵌密实性，而且影响幕墙的外观质量。

2. 原因分析

① 在进行幕墙玻璃安装时，未对土建的标准标志进行复验，由于测量基准不准确，导致玻璃拼缝不合格。或者进行复验时，风力大于 4 级造成测量误差较大。

② 在进行幕墙玻璃安装时，未按规定要求每天对玻璃幕墙的垂直度及立柱的位置进行测量核对。

③ 玻璃幕墙的立柱与连接件在安装后未进行认真调整和固定，导致它们之间的安装偏差过大，超过设计和施工规范的要求。

④ 立柱与横梁安装完毕后，未按要求用经纬仪和水准仪进行校核检查、调整。

3. 预防措施

① 在玻璃幕墙正式测量放线前，应对总包提供的土建标准标志进行复验，经监理工程师确认后，方可作为玻璃幕墙的测量基准。对于高层建筑的测量应在风力不大于 4 级的情况下进行，每天定时对玻璃幕墙的垂直度及立柱位置进行测量核对。

② 玻璃幕墙的分格轴线的确定，应与主体结构施工测量轴线紧密配合，其误差应及时进行调整，不得产生积累。

③ 立柱与连接件安装后应进行调整和固定。它们安装后应达到如下标准：立柱安装标高差不大于 3mm；轴线前后的偏差不大于 2mm，左右偏差不大于 3mm；相邻两根立柱安装标高差不应大于 3mm，距离偏差不应大于 2mm，同层立柱的最大标高偏差不应大于 5mm。

④ 幕墙横梁安装应弹好水平线，并按线将横梁两端的连接件及垫片安装在立柱的预定位置，并应确实安装牢固。保证相邻两根横梁的水平高差不应大于 1mm，同层标高的偏差为当一幅幕墙的宽度小于或等于 35m 时，不应大于 5mm；当一幅幕墙的宽度大于 35m 时，不应大于 7mm。

⑤ 立柱与横梁安装完毕后，应用经纬仪和水准仪对立柱和横梁进行校核检查、调整，使它们均符合设计要求。

（十一）玻璃幕墙出现结露现象

1. 质量问题

玻璃幕墙出现结露现象，不仅影响幕墙外观装饰效果，而且还会造成通视较差、浸湿室内装饰和损坏其他设施。常见的幕墙结露现象主要有以下几方面。

① 中空玻璃的中空层出现结露，致使玻璃的通视性不好。

② 在比较寒冷的地区，当冬季室内外的温差较大时，玻璃的内表面出现结露现象。

③ 幕墙内没有设置结露水排放系统，结露水浸湿室内装饰或设施。

2. 原因分析

① 采用的中空玻璃质量不合格，尤其是对中空层的密封不严密，很容易使中空玻璃在中空层出现结露。

② 幕墙设计不合理，或者选材不当，没有设置结露水凝结排放系统。

3. 预防措施

① 对于中空玻璃的加工质量必须严格控制，加工制作中空玻璃要在洁净干燥的专用车间内进行；所用的玻璃、间隔橡胶条一定要干净、干燥，并安装正确，间隔条内要装入适量的干燥剂。

② 中空玻璃的密封要特别重视，要采用双道密封，密封胶要正确涂敷，厚薄均匀，转角处不得有漏涂缺损现象。

③ 幕墙设计要根据当地气候条件和室内功能要求，科学合理地确定幕墙的热阻，选用合适的幕墙材料，如在北方寒冷地区宜选用中空玻璃。

④ 如果幕墙设计允许出现结露现象，在幕墙结构设计中必须要设置结露水凝结排放系统。

二、金属幕墙工程质量问题与防治措施

金属板饰面幕墙施工涉及工种较多，工艺较复杂，施工难度大，加上金属板的厚度较小，加工和安装中易发生变形，因此，比较容易出现质量问题，不仅严重影响装饰效果，而且影响其使用功能。对金属幕墙出现的质量问题，应引起足够的重视，并采取措施积极进行防治。

（一）板面不平整，接缝不平齐

1. 质量问题

在金属幕墙工程完工检查验收时发现：板面之间有高低不平、板块中有凹凸不平、接缝不顺直、板缝有错牙等质量缺陷。这些质量问题严重影响金属幕墙的表面美观，同时对使用中的维修、清洗也会造成困难。

2. 原因分析

产生以上质量问题的原因很多，根据工程实践经验，主要原因包括以下几方面。

① 连接金属板面的连接件，未按施工规定要求进行固定，固定不够牢靠，在安装金属板时，由于施工和面板的作用，使连接件发生位移，自然会导致板面不平整、接缝不平齐。

② 连接金属板面的连接件，未按施工规定要求进行固定，尤其是安装高度不一致，使得金属板安装也会产生板面不平整、接缝不平齐。

③ 在进行金属面板加工的过程中，未按要求的规范进行加工，使金属面板本身不平整，或尺寸不准确；在金属板运输、保管、吊装和安装中，不注意对板面进行保护，从而造成板面不平整、接缝不平齐。

3. 预防措施

针对以上出现板面不平整、接缝不平齐的原因，可以采取以下防治措施。

① 确实按照设计和施工规范的要求，进行金属幕墙连接件的安装，确保连接件安装牢固平整、位置准确、数量满足。

② 严格按要求对金属面板进行加工，确保金属面板表面平整、尺寸准确、符合要求。

③ 在金属面板的加工、运输、保管、吊装和安装中，要注意对金属面板成品的保护，不使其受到损伤。

（二）密封胶开裂，出现渗漏问题

1. 质量问题

金属幕墙在工程验收或使用过程中，发现密封胶开裂的质量问题，产生气体渗透或雨水渗漏。不仅使金属幕墙的内外受到气体和雨水的侵蚀，而且会降低幕墙的使用寿命。

2. 原因分析

① 注胶部位未认真进行清理擦洗，由于不洁净就注胶，所以胶与材料黏结不牢，它们之间有一定的缝隙，使得密封胶开裂，出现渗漏问题。

② 由于胶缝的深度过大，结果造成三面黏结，从而导致密封胶开裂的质量问题，产生气体渗透或雨水渗漏。

③ 在注入的密封胶后，尚未完全黏结前，受到灰尘沾染或其他震动，使密封胶未能牢固黏结，造成密封胶与材料脱离而开裂。

3. 预防措施

① 在注密封胶之前，应对需黏结的金属板材缝隙进行认真清洁，尤其是对黏结面应特别重视，清洁后要加以干燥和保持。

② 在较深的胶缝中，应根据实际情况充填聚氯乙烯发泡材料，一般宜采用小圆棒形状的填充料，这样可避免胶造成三面黏结。

③ 在注入密封胶后，要认真进行保护，并创造良好环境，使其完全硬化。

（三）预埋件位置不准，横竖料难以固定

1. 质量问题

预埋件是幕墙安装的主要挂件，承担着幕墙的全部荷载和其他荷载，预埋件的位置是否准确，对幕墙的施工和安全关系重大。但是，在预埋件的施工中，由于未按设计要求进行设置，结果会造成预埋件位置不准备，必然会导致幕墙的横竖骨架很难与预埋件固定连接，甚至出现连接不牢、重新返工。

2. 原因分析

① 预埋件在进行放置前，未在施工现场进行认真复测和放线；或在放置预埋件时，偏离安装基准线，导致预埋件位置不准确。

② 预埋件的放置方法，一般是采用将其绑扎在钢筋上，或者固定在模板上。如果预埋件与模板、钢筋连接不牢，在浇筑混凝土时会使预埋件的位置变动。

③ 预埋件放置完毕后，未对其进行很好的保护，在其他工序施工中对其发生碰撞，使预埋件位置变化。

3. 预防措施

① 在进行金属幕墙设计时，应根据规范设置相应的预埋件，并确定其数量、规格和位置；在进行放置之前，应根据施工现场实际，对照设计图进行复核和放线，并进行必要调整。

② 在预埋件放置中，必须与模板、钢筋连接牢固；在浇筑混凝土时，应随时进行观察和纠正，以保证其位置的准确性。

③ 在预埋件放置完成后，应时刻注意对其进行保护。在其他工序的施工中，不要碰撞到预埋件，以保证预埋件不发生位移。

④ 如果混凝土结构施工完毕后，发现预埋件的位置发生较大的偏差，则应及时采取补救措施。补救措施主要有下列几种。

a. 当预埋件的凹入度超过允许偏差范围时，可以采取加长铁件的补救措施，但加长的长度应当进行控制，采用焊接加长的焊接质量必须符合要求。

b. 当预埋件向外凸出超过允许偏差范围时，可以采用缩短铁件的方法，或采用剔去原预埋件改用膨胀螺栓，将铁件紧固在混凝土结构上。

c. 当预埋件向上或向下偏移超过允许偏差范围时，则应修改立柱连接孔或用膨胀螺栓调整连接位置。

d. 当预埋件发生漏放时，应采用膨胀螺栓连接或剔除混凝土后重新埋设。绝不允许因漏而省的错误做法。

（四）胶缝不平滑充实，胶线扭曲不顺直

1. 质量问题

金属幕墙的装饰效果如何，不只是表现在框架和饰面上，胶缝是否平滑、顺直和充实，也是非常重要的方面。但是，在胶缝的施工中，很容易出现胶缝注入不饱满、缝隙不平滑、线条不顺直等质量缺陷，严重影响金属幕墙的整体装饰效果。

2. 原因分析

① 在进行注胶时，未能按施工要求进行操作，或注胶用力不均匀，或注胶枪的角度不正确，或刮涂胶时不连续，都会造成胶缝不平滑充实，胶线扭曲不顺直。

② 注胶操作人员未经专门培训，技术不熟练，要领不明确，也会使胶缝出现不平滑充实、胶线扭曲不顺直等质量缺陷。

3. 预防措施

① 在进行注胶的施工中，应严格按正确的方法进行操作，要连续均匀地注胶，要使注胶枪以正确的角度注胶，当密封胶注满后，要用专用工具将胶液刮密实和平整，胶缝的表面应达到光滑无皱纹的质量要求。

② 注胶是一项技术要求较高的工作，操作人员应经过专门的培训，使其掌握注胶的基本技能和质量意识。

（五）成品产生污染，影响装饰效果

1. 质量问题

金属幕墙安装完毕后，由于未按规定进行保护，结果造成幕墙成品发生污染、变色、变形、排水管道堵塞等质量问题，既严重影响幕墙的装饰效果，也会使幕墙发生损坏。

2. 原因分析

① 在金属幕墙安装施工的过程中，不注意对金属饰面的保护，尤其是在注胶中很容易产生污染，这是金属幕墙成品污染的主要原因。

② 在金属幕墙安装施工完毕后，未按规定要求对幕墙成品进行保护，在其他工序的施工中污染了金属幕墙。

3. 预防措施

① 在金属幕墙安装施工的过程中，要注意按操作规程施工和文明施工，并及时清除板面及构件表面上的黏附物，使金属幕墙安装时即成为清洁的饰面。

② 在金属幕墙安装完毕后，立即进行从上向下的清扫工作，并在易受污染和损坏的部位贴上一层保护膜或覆盖塑料薄膜，对于易受磕碰的部位应设置防护栏。

（六）铝合金板材厚度不足

1. 质量问题

金属幕墙的面板选用铝合金板材时，其厚度不符合设计要求，不仅影响幕墙的使用功能，而且还严重影响幕墙的耐久性。

2. 原因分析

① 承包商片面追求经济利益，选用的铝合金板材的厚度小于设计厚度，从而造成板材不合格，导致板材厚度不足而影响整个幕墙的质量。

② 铝合金板材进场后，未进行认真复验，其厚度低于工程需要，而不符合设计要求。

③ 铝合金板材生产厂家未按照国家现行有关规范生产，从而造成出厂板材不符合生产标准的要求。

3. 预防措施

铝合金面板要选用专业生产厂家的产品，在幕墙面板订货前要考察其生产设备、生产能力，并应有可靠的质量控制措施，确认原材料产地、型号、规格，并封样备查；铝合金面板进场后，要检查其生产合格证和原材料产地证明，均应符合设计和购货合同的要求，同时查验其面板厚度应符合下列要求。

①　单层铝板的厚度不应小于 2.5mm，并应符合现行国家标准《铝及铝合金轧制板材》（GB/T 3880—1997）中的有关规定。

②　铝塑复合板的上下两层铝合金板的厚度均应为 0.5mm，其性能应符合现行国家标准《铝塑复合板》（GB/T 17748—1999）中规定的外墙板的技术要求；铝合金板与夹心板的剥离强度标准值应大于 $7N/mm^2$。

③　蜂窝铝板的总厚度为 10～25mm，其中厚度为 10mm 的蜂窝铝板，其正面铝合金板厚度应为 1mm，背面铝合金板厚度为 0.5～0.8mm；厚度在 10mm 以上的蜂窝铝板，其正面铝合金板的厚度均应为 1mm。

（七）铝合金面板的加工质量不符合要求

1. 质量问题

铝合金面板是金属幕墙的主要装饰材料，对于幕墙的装饰效果起着决定性作用。如果铝合金面板的加工质量不符合要求，不仅会造成面板安装十分困难，接缝不均匀，而且还严重影响金属幕墙的外观质量和美观。

2. 原因分析

①　在金属幕墙的设计中，没有对铝合金面板的加工质量提出详细的要求，致使生产厂家对质量要求不明确。

②　生产厂家由于没有专用的生产设备，或者设备、测量器具没有定期进行检修，精度达不到加工精度要求，致使加工的铝合金面板质量不符合要求。

3. 预防措施

①　铝合金面板的加工应符合设计要求，表面氟碳树脂涂层厚度应符合规定。铝合金面板加工的允许偏差应符合表 9-25 中的规定。

表 9-25　铝合金板材加工允许偏差　　　　　单位：mm

项目		允许偏差	项目		允许偏差
边长	≤2000	±2.0	对角线长度	2000	2.5
	>2000	±2.5		2000	3.0
对边尺寸	≤2000	≤2.5	折弯高度		≤1.0
	>2000	≤3.0	平面度		≤2/1000
			孔的中心距		±1.5

②　单层铝板的加工应符合下列规定。

a. 单层铝板在进行折弯加工时，折弯外圆弧半径不应小于板厚的 1.5 倍。

b. 单层铝板加劲肋的固定可采用电栓钉，但应确保铝板外表面不应变色、褪色，固定应牢固。

c. 单层铝板的固定耳子应符合设计要求，固定耳子可采用焊接、铆接或在铝板上直接冲压而成，应当做到位置正确、调整方便、固定牢固。

d. 单层铝板构件四周边应采用铆接、螺栓或胶黏与机械连接相结合的形式固定，并应做到刚性好，固定牢固。

③　铝塑复合板的加工应符合下列规定。

a. 在切割铝塑复合板内层铝板与聚乙烯塑料时，应保留不小于 0.3mm 厚的聚乙烯塑料，并不得划伤外层铝板的内表面。

b. 蜂窝铝板的打孔、切割口等外露的聚乙烯塑料及角缝处，应采用中性硅酮耐候密封胶进行密封。

c. 为确保铝塑复合板的质量，在加工过程中严禁将铝塑复合板与水接触。

④ 蜂窝铝板的加工应符合下列规定。

a. 应根据组装要求决定切口的尺寸和形状。在切割铝芯时，不得划伤蜂窝板外层铝板的内表面；各部位外层铝板上，应保留 0.3~0.5mm 的铝芯。

b. 对于直角构件的加工，折角处应弯成圆弧状，蜂窝铅板的角部的缝隙处，应采用硅酮耐候密封胶进行密封。

c. 大圆弧角构件的加工，圆弧部位应填充防火材料。

d. 蜂窝铝板边缘的加工，应将外层铝板折合 180°，并将铝芯包封。

（八）铝塑复合板的外观质量不符合要求

1. 质量问题

铝塑复合板幕墙安装后，经质量验收检查发现板的表面有波纹、鼓泡、疵点、划伤、擦伤等质量缺陷，严重影响金属幕墙的外观质量。

2. 原因分析

① 铝塑复合板在加工制作、运输、贮存过程中，由于不认真细致或保管不善等，造成板的表面有波纹、鼓泡、疵点、划伤、擦伤等质量缺陷。

② 铝塑复合板在安装操作过程中，安装工人没有认真按操作规程进行操作，致使铝塑复合板的表面有波纹、鼓泡、疵点、划伤、擦伤等质量缺陷。

3. 预防措施

① 铝塑复合板的加工要在封闭、洁净的生产车间内进行，要有专用生产设备，设备要定期进行维修保养，并能满足加工精度的要求。

② 铝塑复合板安装的工人应进行岗前培训，应熟练掌握生产工艺，并严格按工艺要求进行操作。

③ 铝塑复合板的外观应非常整洁，涂层不得有漏涂或穿透涂层厚度的损伤。铝塑复合板正反面外不得有塑料的外露。铝塑复合板装饰面不得有明显压痕、印痕和凹凸等残迹。

铝塑复合板的外观缺陷应符合表 9-26 中的要求。

表 9-26　铝塑复合板缺陷允许范围

缺陷名称	缺陷规定	允许范围	
		优等品	合格品
波纹	—	不允许	不明显
鼓泡	≤10mm	不允许	不超过 1 个 / m^2
疵点	≤300mm	不超过 3 个 / m^2	不超过 10 个 / m^2
划伤	总长度	不允许	≤100mm^2 / m^2
擦伤	总面积	不允许	≤300mm^2 / m^2
划伤、擦伤总数	—	不允许	≤4 处
色差	色差不明显，若用仪器测量，$\Delta E \leqslant 2$		

三、石材幕墙工程质量问题与防治措施

石材是一种脆性硬质材料，其具有自重比较大、抗拉和抗弯强度低等缺陷，在加工和安装过程中容易出现各种各样的质量问题，对这些质量问题应当采取预防和治理的措施，积极、及时加以解决，以确保石材幕墙质量符合设计和规范的有关要求。

（一）石材板的加工制作不符合要求

1. 质量问题

石材幕墙所用的板材加工制作质量较差，出现板上用于安装的钻孔或开槽位置不准、数量不足、深度不够和槽壁太薄等质量缺陷，造成石材安装困难、接缝不均匀、不平整，不仅影响石材幕墙的装饰效果，而且还会造成石材板的破裂坠落。

2. 原因分析

① 在石材板块加工前，没有认真领会设计图纸中的规定和标准，从而加工出的石材板块成品不符合设计要求。

② 石材板块的加工人员技术水平较差，在加工前既没有认真划线，也没有按规程进行操作。

③ 石材幕墙在安装组合的过程中，没有按有关规定进行施工，也会使石材板块不符合设计要求。

3. 预防措施

① 幕墙所用石材板的加工制作应符合下列规定。

a. 在石材板的连接部位应无崩边、暗裂等缺陷；其他部位的崩边不大于 5mm×20mm 或缺角不大于 20mm 时，可以修补合格后使用，但每层修补的石材板块数不应大于 2%，且宜用于立面不明显部位。

b. 石材板的长度、宽度、厚度、直角、异型角、半圆弧形状、异形材及花纹图案造型、石材的外形尺寸等，均应符合设计要求。

c. 石材板外表面的色泽应符合设计要求，花纹图案应按预定的材料样板检查，石材板四周围不得有明显的色差。

d. 如果石材板块加工采用火烧石，应按材料样板检查火烧后的均匀程度，石材板块不得有暗裂、崩裂等质量缺陷。

e. 石材板块加工完毕后，应当进行编号存放。其编号应与设计图纸中的编号一致，以免出现混乱。

f. 石材板块的加工，既要结合其在安装中的组合形式，又要结合工程使用中的基本形式。

g. 石材板块加工的尺寸允许偏差，应当符合现行国家标准《天然花岗石建筑板材》（GB/T 18601—2009）中的要求。

② 钢销式安装的石材板的加工应符合下列规定。

a. 钢销的孔位应根据石材板的大小而定。孔位距离边缘不得小于石板厚度的 3 倍，也不得大于 180mm；钢销间距一般不宜大于 600mm；当边长不大于 1.0m 时，每边应设两个钢销，当边长大于 1.0m 时，应采用复合连接方式。

b. 石材板钢销的孔深度宜为 22～33mm，孔的直径宜为 7mm 或 8mm，钢销直径宜为 5mm 或 6mm，钢销长度宜为 20～30mm。

c. 石材板钢销的孔附近，不得有损坏或崩裂现象，孔径内应光滑洁净。

③ 通槽式安装的石材板的加工应符合下列规定。

a. 石材板的通槽宽度宜为 6mm 或 7mm，不锈钢支撑板的厚度不宜小于 3mm，铝合金支撑板的厚度不宜小于 4mm。

b. 石材板在开槽后，不得有损坏或崩裂现象，槽口应打磨成 45°的倒角；槽内应光滑、洁净。

④ 短槽式安装的石材板的加工应符合下列规定。

a. 每块石材板上下边应各开两个短平槽，短平槽的宽度不应小于 100mm，在有效长度内槽深度不宜小于 15mm；开槽宽度宜为 6mm 或 7mm；不锈钢支撑板的厚度不宜小于 3mm，铝合金支撑板的厚度不宜小于 4mm。弧形槽有效长度不应小于 80mm。

b. 两短槽边距离石材板两端部的距离，不应小于石材板厚度的 3 倍，且不应小于 85mm，也不应大于 180mm。

c. 石材板在开槽后，不得有损坏或崩裂现象，槽口应打磨成 45°的倒角；槽内应光滑、洁净。

⑤ 单元石材幕墙的加工组装应符合下列规定。

a. 有防火要求的石材幕墙单元，应将石材板、防火板及防火材料按设计要求组装在铝合金框架上。

b. 有可视部分的混合幕墙单元，应将玻璃板、石材板、防火板及防火材料按设计要求组装在铝合金框架上。

c. 幕墙单元内石材板之间可采用铝合金 T 形连接件进行连接，T 形连接件的厚度，应根据石材板的尺寸及重量经计算后确定，且最小厚度不应小于 4mm。

⑥ 幕墙单元内，边部石材板与金属框架的连接，可采用铝合金 L 形连接件，其厚度应根据石材板尺寸及重量经计算后确定，且其最小厚度不应小于 4mm。

⑦ 石材经切割或开槽等工序后，均应将加工产生的石屑用水冲洗干净，石材板与不锈钢挂件之间，应当用环氧树脂型石材专用结构胶黏剂进行黏结。

⑧ 已经加工好的石材板，应存放于通风良好的仓库内，立放的角度不应小于 85°。

（二）石材幕墙工程质量不符合要求

1. 质量问题

在石材幕墙质量检查中，其施工质量不符合设计和规范的要求，不仅其装饰效果比较差，而且其使用功能达不到规定，甚至有的还存在着安全隐患。由于石材存在着明显的缺点，所以对石材幕墙的质量问题应引起足够重视。

2. 原因分析

出现石材幕墙质量不合格的原因是多方面的，主要有：材料不符合要求、施工未按规范操作、监理人员监督不力等。此处详细分析的是材料不符合要求，这是石材幕墙质量不合格的首要原因。

① 石材幕墙所选用的骨架材料的型号、材质等方面，均不符合设计要求，特别是当用料断面偏小时，杆件会发生扭曲变形现象，使幕墙存在着安全隐患。

② 石材幕墙所选用的锚栓无产品合格证，也无物理力学性能测试报告，用于幕墙工程后成为不放心部件，一旦锚栓出现断裂问题，后果不堪设想。

③ 石材加工尺寸与现场实际尺寸不符，会造成以下两个方面的问题：一是石材板块根本无法与预埋件进行连接，造成费工、费时、费资金；二是勉强进行连接，在施工现场必须对石材进行加工，必然严重影响幕墙的施工进度。

④ 石材幕墙所选用的石材板块，未经严格的挑选和质量验收，结果造成石材色差比较大，颜色不均匀，严重影响石材幕墙的装饰效果。

3. 预防措施

针对以上分析的材料不符合要求的原因，在一般情况下可以采取如下防治措施。

① 石材幕墙的骨架结构，必须经具有相应资质等级的设计单位进行设计，有关部门一定按设计要求选购合格的产品，这是确保石材幕墙质量的根本。

② 设计中要明确提出对锚栓物理力学性能的要求，要选择正规厂家生产的锚栓产品，施工单位严格采购进货的检测和验货手续，严把锚栓的质量关。

③ 加强施工现场的统一测量、复核和放线，提高测量放线的精度。石材板块在加工前要绘制放样加工图，并严格按石材板块放样加工图进行加工。

④ 要加强到产地现场选购石材的工作，不能单凭小块石材样板来确定所用石材品种。在石材板块加工后要进行试铺配色，不要选用含氧化铁较多的石材品种。

（三）骨架安装不合格

1. 质量问题

石材幕墙施工完毕后，经质量检查发现骨架安装不合格，主要表现在：骨架竖料的垂直度、横料的水平度偏差较大。

2. 原因分析

① 在进行骨架测量中，由于测量仪器的偏差较大，测量放线的精度不高，会造成骨架竖料的垂直度、横料的水平度偏差不符合规范要求。

② 在骨架安装的施工过程中，施工人员未认真执行自检和互检制度，安装精度不能保证，从而造成骨架竖料的垂直度、横料的水平度偏差较大。

3. 预防措施

① 在进行骨架测量中，选用测量精度符合要求的仪器，提高测量放线的精度。

② 为确保测量的精度，对使用的测量仪器要定期送检，保证测量的结果符合石材幕墙安装的要求。

③ 在骨架安装的施工过程中，施工人员要认真执行自检和互检制度，这是确保骨架安装质量的基础。

（四）构件锚固不牢靠

1. 质量问题

在安装石材饰面完毕后，发现板块锚固不牢靠，用手搬动就有摇晃的感觉，使人存在着不安全的心理。

2. 原因分析

① 在进行锚栓钻孔时，未按锚栓产品说明书的要求进行施工，钻出的锚栓孔径过大，锚栓锚固牢靠比较困难。

② 挂件尺寸与土建施工的误差不相适应，则会造成挂件受力不均匀，个别构件锚固不牢靠。

③ 挂件与石材板块之间的垫片太厚，必然会降低锚栓的承载拉力，承载拉力较小时，则使构件锚固不牢靠。

3. 预防措施

① 在进行锚栓钻孔时，必须按锚栓产品说明书的要求进行施工。钻孔的孔径、孔深均应符合所用锚栓的要求。不能随意扩孔，不能钻孔过深。

② 挂件尺寸要能适应土建工程的误差，在进行挂件锚固前，就应当测量土建工程的误差，并根据此误差进行挂件的布置。

③ 确定挂件与石材板块之间的垫片厚度，特别不应使垫片太厚。对于重要的石材幕墙工程，其垫片的厚度应通过试验确定。

（五）石材缺棱和掉角

1. 质量问题

石材幕墙施工完毕后，经检查发现有些板块出现缺棱掉角，这种质量缺陷不仅对装饰效果有严重影响，而且在缺棱掉角处往往会产生雨水渗漏和空气渗透，会对幕墙的内部产生腐蚀，使石材幕墙存在着安全隐患。

2. 原因分析

① 石材是一种坚硬而质脆的材料，其抗压强度很高，一般为 $100\sim300\mathrm{MPa}$，但抗弯强度很低，一般为 $10\sim25\mathrm{MPa}$，仅为抗压强度的 $(1/10)\sim(1/12)$。在加工和安装中，很容易因碰撞而缺棱掉角。

② 由于石材抗压强度很低，如果在运输的过程中，石板的支点不当、道路不平、车速太快，则石板会产生断裂、缺棱、掉角等。

3. 预防措施

① 根据石材幕墙的实际情况，尽量选用脆性较低的石材，以避免因石材太脆而产生缺棱掉角。

② 石材的加工和运输尽量采用机具和工具，以解决人工在加工和搬运中，因石板过重造成破损棱角的问题。

③ 在石材板块的运输过程中，要选用适宜的运输工具、行驶路线，掌握合适的车速和启停方式，防止因颠簸和震动而损伤石材棱角。

（六）幕墙表面不平整

1. 质量问题

石材幕墙安装完毕后，经质量检查发现板面不平整，表面平整度允许偏差超过国家标准《建筑装饰装修工程质量验收规范》（GB 50210—2001）的规定，严重影响幕墙的装饰效果。

2. 原因分析

① 在石材板块安装之前，对板材的挂件未进行认真的测量复核，结果造成挂件不在同一平面上，在安装石材板块后必然造成表面不平整。

② 工程实践证明，幕墙表面不平整的主要原因，多数是由于测量误差、加工误差和安装误差积累所致。

3. 防治措施

① 在石材板块正式安装前，一定要对板材挂件进行测量复核，按照控制线将板材挂件调至同一平面上，然后再安装石材板块。

② 在石材板块安装施工中，要特别注意随时将测量误差、加工误差和安装误差消除，不可使这三种误差形成积累。

（七）幕墙表面有油污

1. 质量问题

幕墙表面被油漆、密封胶污染，这是石材幕墙最常见的质量缺陷。这种质量问题虽然对幕墙的安全性无影响，但严重影响幕墙表面的美观，因此，在幕墙施工中要加以注意，施工完毕后要加以清理。

2. 原因分析

① 石材幕墙所选用的耐候胶质量不符合要求，使用寿命较短，耐候胶形成流淌而污染幕墙表面。

② 在上部进行施工时，对下部的幕墙没有加以保护，下落的东西造成污染，施工完成后又未进行清理和擦拭。

③ 胶缝的宽度或深度不足，注胶施工时操作不仔细，或者胶液滴落在板材表面上，或者对密封胶封闭不严密而污染板面。

3. 防治措施

① 石材幕墙中所选用的耐候胶，一般应用硅酮耐候胶，应当柔软、弹性好、使用寿命长，其技术指标应符合行业标准《石材用建筑密封胶》（JC/T 883—2001）中的规定。

② 在进行石材幕墙上部施工时，对其下部已安装好的幕墙，必须采取措施（如覆盖）加以保护，尽量不产生对下部的污染。一旦出现污染，应及时进行清理。

③ 石材板块之间的胶缝宽度和深度不能太小，在注胶施工时要精心操作，既不要使溢出的胶污染板面，也不要漏封。

④ 石材幕墙安装完毕后，要进行全面的检查，对于污染的板面，要用清洁剂将幕墙表面擦拭干净，以清洁的表面进行工程验收。

（八）石板安装不合格

1. 质量问题

在进行幕墙安装施工时，由于石材板块的安装不符合设计和规范要求，从而造成石材板块破损的严重的质量缺陷，使幕墙存在极大的安全隐患。

2. 原因分析

① 刚性的不锈钢连接件直接同脆性的石材板接触，当受到受力的影响时，则会造成与不锈钢连接件接触部位的石板破损。

② 在石材板块安装的过程中，为了控制水平缝隙，常在上下石板间用硬质垫板控制，当施工完毕后垫板未及时撤除，造成上层石板的荷载通过垫板传递给下层石板，当超过石板固有的强度时，则会造成石板的破损。

③ 如果安装石板的连接件出现松动，或钢销直接顶到下层石板，将上层石板的重量传递给下层石板，当受到风荷载、温度应力或主体结构变动时，也会造成石板的损坏。

（九）预防措施

① 安装石板的不锈钢连接件与石板之间应用弹性材料进行隔离。石板槽孔间的孔隙应用弹性材料加以填充，不得使用硬性材料填充。

② 安装石板的连接件应当能独自承受一层石板的荷载，避免采用既托上层石板，同时又勾住下层石板的构造，以免上下层石板荷载的传递。当采用上述构造时，安装连接件弯钩或销子的槽孔应比弯钩、销子略宽和深，以免上层石板的荷载通过弯钩、销子顶压在下层石板的槽、孔底上，而将荷载传递给下层石板。

③ 在石板安装完毕后，应进行认真的质量检查，不符合设计要求的及时纠正，并将调整接缝水平的垫片撤除。

复习思考题

1. 玻璃幕墙所用的铝合金型材、建筑钢材、玻璃材料、密封材料和其他配件各有哪些质量要求？

2. 金属幕墙对所用材料的一般规定是什么？对金属材料、结构密封胶、铝合金型材等各有哪些质量要求？

3. 石材幕墙对石板材的质量要求是什么？对其他材料的质量要求包括哪些方面？

4. 玻璃幕墙在加工制作中，其整体质量应遵循哪些一般规定？玻璃幕墙施工的质量预控要点是什么？

5. 构件式、单元式、点支式和全玻幕墙在施工过程中各自的施工质量控制要点是什么？

6. 金属幕墙加工质量控制要点是什么？金属幕墙安装过程中质量控制要点是什么？

7. 石材幕墙加工质量控制要点是什么？石材幕墙安装过程中质量控制要点是什么？

8. 玻璃幕墙工程质量验收的主控项目和一般项目是什么？各自如何进行检验？

9. 金属幕墙工程质量验收的主控项目和一般项目是什么？各自如何进行检验？

10. 石材幕墙工程质量验收的主控项目和一般项目是什么？各自如何进行检验？

11. 玻璃幕墙工程常见的质量问题有哪些？各自如何进行防治？

12. 金属幕墙工程常见的质量问题有哪些？各自如何进行防治？

13. 石材幕墙工程常见的质量问题有哪些？各自如何进行防治？

第十章

装饰隔墙工程质量控制

【提要】本章主要介绍了装饰隔墙（隔断）工程常用材料的质量控制、施工过程中的质量控制、装饰隔墙（隔断）工程验收质量控制、装饰隔墙（隔断）工程质量问题与防治措施。通过对以上内容的学习，基本掌握装饰隔墙（隔断）工程在材料、施工和验收中质量控制的内容、方法和重点，为确保装饰隔墙（隔断）工程的施工质量打下良好基础。

建筑隔墙与隔断是室内进行分隔的结构形式之一，一般都是在主体结构完成后进行安装或砌筑而成的，不仅起着分隔建筑物内部空间的作用，而且还具有隔声、防潮、防火等功能。特别是轻质隔墙和各类隔断的涌现，充分体现出轻质隔墙和隔断具有设计灵活、墙身较窄、自重很轻、施工简易、使用方便等特点，已成为现代建筑墙体材料改革与发展的重要成果。

第一节　装饰隔墙工程常用材料的质量控制

隔墙依据其构造方式和所用材料不同，在实际工程中可分为骨架式隔墙、板材式隔墙、活动隔墙和玻璃隔墙四大类。

一、板材隔墙材料的质量控制

目前，在板材隔墙中常见的材料有加气混凝土板隔墙、增强石膏条板隔墙、增强水泥条板隔墙、轻质陶粒混凝土条板隔墙、预制混凝土板隔墙和泰柏板隔墙等。

1. 隔墙轻质板材的质量要求

① 原材料要求。生产隔墙板材的集料、胶凝材料、增强材料以及外加剂等原材料，其品质应符合现行的国家标准或行业标准的有关规定。用于室内轻质隔墙，不得采用对人体有害、性能不稳定及对环境造成污染的原材料，以及含有辐射污染的砂石材料和工业废渣等。

② 产品的质量。工程中采用隔墙板材的规格、品种、外观质量、尺寸允许偏差及技术性能等，应满足设计要求并符合国家标准或行业标准的有关规定。轻质条形墙板的主要规格尺寸要求，可参照表10-1中的规定。

表 10-1　轻质条形墙板的主要规格尺寸要求

项次	项　目	尺寸要求/mm
1	长度标志尺寸 L	为楼层高减去梁高或楼板厚度及技术处理空间尺寸,一般为 2400～4000,常取 2400～2800
2	宽度标志尺寸 B	宜按 100 递增,常取 600
3	厚度标志尺寸 T	最小为 60,宜按 10 递增,常取 60、90、100、120
4	空心条板孔洞的外壁厚度及孔间肋厚度	孔洞的最小外壁厚度不宜小于 15,且两边壁厚应一致,孔间的肋厚不宜小于 20

③ 门窗框板、过梁板成品材料的抗压强度,应大于或等于 7.5MPa。设置预埋件或连接部位 150mm 内的板材（及预制配件板）,应使用实心板预制材料。

④ 进入施工现场的条板,应有产品出厂合格证、板材质量检测资料,并应按有关标准的相应规定进行验收。

2. 钢丝网架夹芯板的质量要求

生产钢丝网架夹芯墙板的钢材、钢丝、芯材、集料、水泥、外加剂及水泥砂浆等原材料,均应符合现行国家标准的有关规定。

① 低碳钢丝的性能应符合表 10-2 中的规定；镀锌低碳钢丝应符合表 10-3 中的规定；钢网片应符合《镀锌电焊网》（QB/T 3897—1999）中的规定。钢丝网架、三维空间焊接钢丝网、钢网片架、钢板扩张网,也应符合有关标准的规定。

表 10-2　低碳钢丝的性能

钢丝直径/mm	抗拉强度/MPa	冷弯试验反复弯曲 180°/次	主要用途
2.00±0.05	≥550	≥6	可用于网片
2.20±0.05	≥550	≥6	可用于腹丝

表 10-3　镀锌低碳钢丝的性能指标

直径/mm	抗拉强度/MPa		冷弯试验反复弯曲 180°/次	镀锌层质量/(g/m²)
	A 级	B 级		
2.03±0.05	550～740	590～850	≥6	≥20

② 墙板芯材。矿棉：表观密度为 80～120kg/m³,半硬质矿棉板厚度为 40mm、50mm、60mm；膨胀珍珠岩条块：表观密度不大于 250kg/m³,热导率不大于 0.76W/（m·K）；聚苯乙烯塑料板条：表观密度为 （15±1）kg/m³,阻燃型,氧指数不小于 30,其他指标应符合《绝热用挤塑聚苯乙烯泡沫塑料》（GB/T 10801—2002）的规定。

③ 水泥。所用水泥应符合《通用硅酸盐水泥》（GB 175—2007/XG1—2009）的规定。

④ 集料。所用集料应符合《建筑用砂》（GB/T 14684—2001）和《建筑用卵石、碎石》（GB/T 14685—2001）的规定；砂应采用中砂,细度模数不低于 2.3。

⑤ 钢丝网架夹芯墙板所用的水泥砂浆。其强度等级应不低于 M10,并符合《砌体工程施工及验收规范》（GB 50203—2002）的规定；面层抹灰砂浆应符合设计要求。隔墙体的墙垫,宜采用 C20 细石混凝土。

3. 其他材料的质量要求

其他材料主要包括黏结材料、填充材料、防裂盖缝与密封材料、抹灰材料及安装配件等。

① 嵌缝密封材料和条板接缝黏结。如聚合物水泥浆、聚合物水泥砂浆、弹性黏结料、发泡密封胶,以及防裂盖缝材料等的技术要求,应符合设计要求及相应材料标准的有关规定。

② 填充材料。工程中作填充使用的细石混凝土或水泥砂浆,以及所采用的水泥、砂、石原料的技术性能要求,均应符合相应材料标准的规定。

③ 安装定位材料。应用于板材安装定位的斜楔,应采用三角形木楔；若采用垫块,可

用水泥砂浆制作。

④ 金属型材。工程中采用的铝合金或钢合金等金属型材，以及配合使用的其他配件等，应符合建筑用铝材、钢材标准的规定。

⑤ 条板墙面抹灰装饰材料。轻质条板墙体表面所采用的水泥砂浆，应与条板产品要求的材料相适应，并应符合设计要求及现行有关标准的规定。

二、骨架隔墙材料的质量控制

骨架隔墙是指那些以饰面板材固定于骨架两侧面，从而形成的一种轻质隔墙。骨架式隔墙一般由骨架和面层组成，大多以轻钢龙骨或铝合金龙骨为骨架，以石膏板、埃特板、玻璃纤维增强水泥板、纤维水泥加压平板及木质板为面板材料的隔墙。

1. 轻钢龙骨材料的质量要求

轻钢龙骨的技术要求，主要包括外观质量、角度允许偏差、内角半径、力学性能和尺寸允许偏差等方面。其具体要求应当分别符合表 10-4～表 10-8 中的规定。

表 10-4　轻钢龙骨的外观质量要求

缺陷种类	优等品	一等品	合格品
腐蚀、损伤、黑斑、麻点	不允许	无较严重的腐蚀、损伤、麻点。总面积不大于 $1cm^2$ 的黑斑，每米长度内不得多于 5 处	

表 10-5　轻钢龙骨角度允许偏差要求

成形角的最短边尺寸/mm	优等品	一等品	合格品
10～18	±1°15′	±1°30′	±2°00′
>18	±1°00′	±1°15′	±1°30′

表 10-6　轻钢龙骨内角半径要求　　　　　　　　　　　　　　　　单位：mm

钢板厚度≤	0.75	0.80	1.00	1.20	1.50
弯曲内角径(R)	1.25	1.50	1.75	2.00	2.25

表 10-7　吊顶轻钢龙骨的力学性能

项　　目		力学性能要求
静载试验	覆面龙骨	最大挠度不大于 10.0mm，残余变形不大于 2.0mm
	承载龙骨	最大挠度不大于 5.0mm，残余变形不大于 2.0mm

表 10-8　轻钢龙骨的尺寸允许偏差　　　　　　　　　　　　　　　　单位：mm

项　　目			优等品	一等品	合格品
长　　度				+30 −10	
覆面龙骨断面尺寸	底面尺寸	<30		±1.0	
		>30		±1.5	
	侧面尺寸		±0.3	±0.4	±0.5
其他龙骨断面尺寸	底面尺寸		±0.3	±0.4	±0.5
	侧面尺寸	<30		±1.0	
		>30		±1.5	
吊顶承载龙骨和覆面龙骨侧面和底面的平整度			1.0	1.5	2.0

2. 墙体罩面平板材料质量要求

① 罩面板材的品种、规格和技术性能，应符合设计要求和现行标准的相关规定。

② 生产罩面板材的原材料，如胶凝材料、增强材料、集料和外加剂等，均应符合现行标准的有关规定。不得采用对人体有害、污染环境的材料。

③ 墙体罩面采用的纸面石膏板，其技术要求应符合表 10-9 中的要求。

表 10-9 纸面石膏板的主要技术要求

项 目	长 度	宽 度	厚度/mm		楔形棱边深度	楔形棱边宽度	两对角线长度差
			9.5	≥12			
尺寸允许偏差/mm	0 −6	0 −3	±0.5	±0.6	0.6~1.9	30~80	≤5

单位面积质量及断裂荷载要求	板材厚度/mm	单位面积质量,不大于/(kg/m²)	断裂荷载,不低于/N	
			纵向	横向
	9.5	9.5	360	140
	12	12	500	180
	15	15	650	220
	18	18	800	270
	21	21	950	320
	25	25	1100	370

④ 墙体罩面采用的纤维增强水泥建筑平板的规格尺寸,应符合合格产品的要求;纤维增强低碱度水泥建筑平板的技术要求,应符合表 10-10 中的要求。

表 10-10 纤维增强低碱度水泥建筑平板的技术要求

项 目		技术指标		
		优等品	一等品	合格品
外观质量	板的正面	应平整、光滑、边缘整齐,不应有裂缝、孔洞		
	板的缺角(长×宽)	不能大于 30mm×30mm,且一张板的缺角不能多于 1 个		
	经加工的板	(1)边缘平直度、长或宽的偏差,不应大于 2mm/m; (2)边缘垂直度的偏差,不应大于 3mm/m		
	板的平整度偏差	不应大于 5mm		
尺寸允许偏差	长度/mm	±2	±5	±8
	宽度/mm	±2	±5	±8
	厚度/mm	±0.2	±0.5	±0.6
	厚度不均匀度	≤8%	≤10%	≤12%
物理力学性能	抗折强度/MPa		≥13.5	≥7.0
	吸水率/%		≤30	≤32
	抗冲击强度/(kJ/m³)		≥1.9	≥1.5
	密度/(g/cm³)		<1.8	<1.6

注:厚度不均匀度系指同块板厚度的极差除以公称厚度。

三、活动隔墙材料的质量控制

① 活动隔墙所用墙板、配件等材料的品种、规格、性能和木材的含水率,应符合设计及现行标准的规定。

② 有阻燃、防潮等特性要求的工程,材料应有相应性能等级的检测报告。

③ 骨架、罩面板材料等,在进场、存放、使用过程中应妥善管理,使其不变形、不受潮、不损坏、不污染。

四、玻璃隔墙材料的质量控制

① 玻璃隔墙工程所用材料的品种、规格、性能、图案和颜色应符合设计要求。玻璃应使用安全玻璃,其技术指标应符合《建筑用安全玻璃 第 1 部分:防火玻璃》(GB 15763.1—2009)、《建筑用安全玻璃 第 2 部分:钢化玻璃》(GB 15763.2—2005)、《建筑用安全玻璃 第 3 部分:夹层玻璃》(GB 15763.3—2009)和《建筑用安全玻璃 第 4 部分:均匀钢化玻璃》(GB 15763.4—2009)的规定。

② 玻璃隔墙所用的空心玻璃砖的规格和性能,应符合表 10-11 中的要求。

③ 铝合金建筑型材应符合《铝合金建筑型材》(GB/T 5237—2004)的规定;槽钢应符合《热轧槽钢尺寸、外形、重量及允许偏差》(GB/T 707—1988)的规定;钢筋应符合《钢筋混凝土用钢 第 1 部分:热轧光圆钢筋》(GB 1499.1—2008);《钢筋混凝土用钢 第 2 部分:热轧带肋钢筋》(GB 1499.2—2007/XG1—2009)的规定。

表 10-11　空心玻璃砖的规格和性能

规格/mm			抗压强度 /MPa	热导率 /[W/(m·K)]	单块质量 /kg	隔声量 /dB	透光率 /%
长度	宽度	高度					
190	190	180	6.0	2.35	2.4	40	81
240	115	80	4.8	2.50	2.1	45	77
240	240	80	6.0	2.30	4.0	40	85
300	90	100	6.0	2.55	2.4	45	77
300	190	100	6.0	2.50	4.5	45	81
300	300	100	7.5	2.50	6.7	45	85

④ 紧固材料膨胀螺栓、射钉、自攻螺钉、木螺钉和粘贴嵌缝料，应符合设计要求。

第二节　装饰隔墙工程施工质量控制

用各种玻璃或轻质罩面板拼装制成的隔墙，为达到墙体的功能完善和外形比较美观，必须有相应的骨架材料、嵌缝材料、接缝材料、吸声材料和隔声材料等进行配套，必须按照一定的构造要求和施工工艺施工。

一、板材隔墙施工质量控制

① 在板材安装前首先应进行弹出控制线，弹线必须准确，经复验合格后方可进行下道工序的施工。

② 隔墙位置处的楼地面应进行凿毛，并将废渣清扫干净，然后洒水湿润。

③ 安装条板应从门旁用整块板开始，收口处可根据需要随意锯开再拼装黏结，但不应设置在门边。

④ 安装前在条板的顶面和侧面满涂 108 胶水泥砂浆，先推紧侧面，再顶牢顶面，在条板下两侧各 1/3 处垫两组木楔，并用靠尺进行检查，然后在下端浇筑硬性细石混凝土。

⑤ 在安装石膏空心条板时，为了防止石膏条板板底端吸水，可先涂刷甲基硅醇钠溶液防潮涂料。

⑥ 用铝合金条板装饰墙面时，可用螺钉直接固定在结构层上，也可用锚固件悬挂或嵌卡的方法，将铝合金条板固定在墙筋上。

二、骨架隔墙施工质量控制

1. 隔断龙骨的安装要求

① 当选用支撑卡系列龙骨时，应先将支撑卡安装在竖向龙骨的开口上，卡距一般为 400～600mm，距龙骨两端的距离为 20～25mm。

② 当选用通贯系列龙骨时，高度低于 3m 的隔墙可安装一道；3～5m 时应安装两道；5m 以上时应安装三道。

③ 在门窗或特殊节点处，应使用附加龙骨，加强其安装应符合设计要求。

④ 隔断的下端如用木踢脚板覆盖，隔断的罩面板下端应离地面 20～30mm；如用大理石、水磨石板材做踢脚板，罩面板下端应与踢脚板上口齐平，接缝要严密。

2. 石膏条板的安装要求

① 石膏板应采用自攻螺钉进行固定。周边螺钉的间距不应大于 200mm，中间部分螺钉的间距不应大于 300mm。螺钉与板边缘的距离应为 10～15mm。

② 在安装石膏板时，应从板的中部开始向板的四边固定。钉头略进入板内，但不得损坏纸面；钉眼应用石膏腻子抹实抹平。

③ 石膏板应当按照框格尺寸裁割准确；就位时应将其与框格靠紧，但不得强力压入。

④ 隔墙端部的石膏板与周围的墙或柱应留有 3mm 的槽口。施铺罩面板时，应先在槽口处加注嵌缝膏，然后铺板并挤压嵌缝膏使面板与邻近表面接触紧密。

⑤ 在丁字形或十字形相接处，如果为阴角应用腻子嵌满，并贴上接缝带；如果为阳角应做护角。

3. 铝合金条板安装要求

用铝合金条板装饰墙面时，可用螺钉直接固定在结构层上，也可用锚固件悬挂或嵌卡的方法，将板固定在轻钢龙骨上，或将板固定在墙筋上。

4. 细部处理的质量要求

墙面安装胶合板时，阳角处应当做护角，以防止板边角损坏。阳角的处理应采用刨光起线的木质压条，以便提高其装饰效果。

三、活动隔墙施工质量控制

① 活动隔墙安装后，必须进行多次试验，达到能重复及动态使用，同时必须保证使用的安全性和灵活性。

② 推拉式活动隔墙的轨道必须平直，安装完毕后，应推拉平稳、操作灵活、无噪声，不得有弹跳和卡阻现象。

③ 在施工过程中，应做好成品保护，防止已施工完的地面、隔墙受到损坏。

四、玻璃隔墙施工质量控制

1. 玻璃隔墙工程施工质量控制

① 隔墙的放线应清晰，位置应准确。隔墙基层应平整、牢固；骨架边框的安装应符合设计和产品组合的要求；压条应与边框紧贴，不得弯曲、凸鼓；安装玻璃前应对骨架、边框的牢固程度进行检查，如有不牢固应进行加固；玻璃安装应符合《建筑装饰装修工程质量验收规范》（GB 50210—2001）中门窗工程的有关规定。

② 玻璃与固定框的结合不能太紧密，玻璃放入固定框时，应设置橡胶支撑垫块和定位块，支撑块的长度不得小于 50mm，宽度应等于玻璃厚度加上前后部余隙，厚度应等于边缘余隙。定位块的长度应不小于 25mm，宽度和厚度与支撑块相同。支撑垫块与定位块的安装位置，应距固定框槽角 1/4 边的位置处。

③ 固定压条通常用自攻螺钉固定，在压条与玻璃之间注入密封胶或嵌密封条。如果压条为金属槽条，且为了表面美观不得用自攻螺钉固定时，可采用先将木压条用自攻螺钉固定，然后用万能胶将金属槽条卡在木压条外，以达到装饰的目的。

④ 安装好的玻璃应平整、牢固，不得有任何松动现象；密封条与玻璃、玻璃槽口的接触应紧密、平整，并不得露在玻璃槽口的外面。

⑤ 用橡胶垫镶嵌的玻璃，橡胶垫应与裁口、玻璃及压条紧贴，并不得露在压条外面；密封胶与玻璃、玻璃槽口的边缘应黏结牢固，接缝应齐平。

⑥ 玻璃隔墙（断）安装完毕后，应在玻璃单侧或双侧设置护栏或摆放花盆等装饰物，或在玻璃表面，距地面 1500～1700mm 处设置醒目彩条或标志，以避免人体直接撞击玻璃。

2. 玻璃砖隔墙工程施工质量控制

玻璃砖墙宜以高度 1.5m 为一个施工段，待下部施工段胶结材料达到设计强度后再进行上部的施工。当玻璃砖墙面积过大时应增加支撑。玻璃砖墙的骨架应与结构连接牢固。玻璃砖应排列均匀整齐，表面平整，嵌缝的油灰或密封膏应饱满密实。

（1）实心玻璃砖的施工质量控制

① 首先摆底玻璃砖要按弹好的墙线砌筑。在砌筑墙两端的第一块玻璃砖时，将玻璃纤维毡或聚苯乙烯放入两端的边框内。玻璃纤维毡或聚苯乙烯随着砌筑高度的增加而放置，一直到顶对接。

② 在每砌筑完一层玻璃砖后，用透明塑料胶带将玻璃砖墙立缝贴封，然后向立缝内灌

入砂浆并捣实；玻璃砖墙层与层之间应放置双排钢筋网，钢筋搭接位置选在玻璃砖墙中央；最上一层玻璃砖砌筑在墙中间收头，顶部槽钢内放置玻璃纤维毡或聚苯乙烯；水平灰缝和竖向灰缝的厚度一般为 8～10mm。

③ 划缝应紧接立缝灌注砂浆后进行，划缝深度为 8～10mm，并要深浅一致，清扫干净。划缝 2～3h 后，即可进行勾缝，勾缝砂浆内掺入相当于水泥质量 2% 的石膏粉；砌筑砂浆应根据砌筑量，随时拌和，且其存放时间不得超过 3h。

（2）空心玻璃砖的施工质量控制

① 固定金属型材框用的镀锌钢膨胀螺栓直径不得小于 8mm，间距不得大于 500mm。用于 80mm 厚的空心玻璃的金属型材框，最小截面为 90mm×50mm×3mm；用于 100mm 厚的空心玻璃的金属型材框，最小截面为 108mm×50mm×3mm。

② 空心玻璃砖的砌筑砂浆强度等级应不低于 M5，一般宜采用白色硅酸盐水泥和粒径小于 3mm 的砂子拌制。

③ 室内空心玻璃砖隔墙的高度和长度均超过 1.5m 时，应在垂直方向上每两层空心玻璃砖水平设置 2 根直径 6mm 或 8mm 的钢筋；当隔墙只有高度超过 1.5m 时，可以只设置一根钢筋。

④ 在水平方向上，除错缝砌筑外，每 3 个缝至少垂直设置一根钢筋，钢筋每端伸入金属型材框的尺寸不得小于 35mm。最上层的空心玻璃砖应深入顶部的金属型材框中，深入尺寸不得小于 10mm，也不得大于 25mm。

⑤ 空心玻璃砖之间的接缝宽度不得小于 10mm，且不得大于 30mm。

空心玻璃砖与金属型材框两翼接触的部位应留有滑缝，且不得小于 4mm，腹面接触的部位应留有胀缝，且不得小于 10mm。滑缝和胀缝应用沥青毡和硬质泡沫塑料填充。金属型材框与建筑墙体和屋顶的结合部，以及空心玻璃砖砌体与金属型材框翼端的结合部应用弹性密封材料封闭。

第三节　装饰隔墙工程验收质量控制

隔墙与隔断都是具有分隔建筑空间的功能和装饰作用的非承重构件，它们的质量如何，不仅关系到其使用功能和装饰性，而且有时也关系到其安全性。隔墙工程质量控制应当遵循现行国家标准《建筑装饰装修工程质量验收规范》（GB 50210—2001）中的规定，严格按照各项要求进行检查和验收。

一、板材隔墙验收质量控制

对于复合轻质墙板、石膏空心条板、预制或现浇的钢丝网水泥板等板材隔墙工程的质量验收，每个检验批至少抽查 10%，并不得少于 3 间；不足 3 间应全数检查。

板材隔墙工程质量，应符合表 10-12 和表 10-13 的规定。

表 10-12　板材隔墙工程质量验收标准

项　目	项　次	质　量　要　求	检　验　方　法
主控项目	1	隔墙板的品种、规格、性能、颜色应符合设计要求；有隔声、隔热、阻燃、防潮等特殊要求的工程，板材应有相应性能等级的检验报告	观察；检查产品合格证书、进场验收记录和性能检测报告
	2	安装隔墙板材所需预埋件、连接件的位置、数量及连接方法应符合设计要求	观察；尺量检查；检查隐蔽工程验收记录
	3	隔墙板安装必须牢固；现制钢丝网水泥隔墙与周边墙体的连接方法应符合设计要求，并应连接牢固	观察；手扳检查
	4	隔墙板材所用接缝材料的品种及接缝方法应符合设计要求	观察；检查产品合格证书和施工记录

续表

项　目	项次	质　量　要　求	检　验　方　法
一般项目	5	隔墙板的安装应当垂直、平整、位置正确，板材不应当有裂缝或缺损等质量缺陷	观察；尺量检查
	6	板材隔墙的表面应当平整光滑、色泽一致、十分洁净，接缝应当均匀、顺直	观察；手摸检查
	7	隔墙上的孔洞、槽、盒，应当位置正确、切割方正，边缘应当非常整齐	观察
	8	板材隔墙安装的允许偏差和检验方法应符合表 10-13 的规定	

注：本表根据《建筑装饰装修工程质量验收规范》(GB 50210—2001) 中的有关规定条文编制。

表 10-13　板材隔墙安装的允许偏差和检验方法

项　次	项　　目	允许偏差/mm				检　验　方　法
		复合轻质墙板		石膏空心板	钢丝网水泥板	
		金属夹芯板	其他复合板			
1	立面垂直度	2	3	3	3	用 2m 垂直检测尺检查
2	表面平整度	2	3	3	3	用 2m 靠尺和塞尺检查
3	阴阳角方正	3	3	3	4	用直角检测尺检查
4	接缝高低差	1	2	2	3	用钢直尺和塞尺检查

二、骨架隔墙验收质量控制

采用轻钢龙骨、木龙骨等为骨架，以纸面石膏板、人造木板、水泥纤维板等为墙面板的隔墙工程，每个检验批至少抽查 10%，并不得少于 3 间；不足 3 间应全数检查。

骨架式轻质隔墙工程质量，应符合表 10-14 和表 10-15 的规定。

表 10-14　骨架隔墙工程质量验收标准

项目	项次	质　量　要　求	检　验　方　法
主控项目	1	骨架隔墙所用龙骨、配件、墙面板、填充材料及嵌缝材料的品种、规格、性能和木材的含水率应符合设计要求；有隔声、隔热、阻燃、防潮等特殊要求的工程，板材应有相应性能等级的检验报告	观察；检查产品合格证书、进场验收记录、性能检测报告和复验报告
	2	骨架隔墙工程边框龙骨必须与基体结构连接牢固，并应平整、垂直、位置正确	观察；尺量检查；检查隐蔽工程验收记录
	3	骨架隔墙中龙骨间距和构件连接方法应符合设计要求；骨架内设备管线的安装、门窗洞口等部位加强龙骨应安装牢固、位置正确，填充材料的设置应符合设计要求	检查隐蔽工程验收记录
	4	木龙骨及木墙面板的防火和防腐处理应符合设计要求	检查隐蔽工程验收记录
	5	骨架隔墙的墙面板应安装牢固，无脱层、翘曲、折裂及缺损	观察；手扳检查
	6	墙面板所用接缝材料的品种及接缝方法应符合设计要求	观察
一般项目	7	骨架隔墙表面应平整光滑、色泽一致、洁净，接缝应均匀、顺直	观察；手摸检查
	8	骨架隔墙上的孔洞、槽、盒应位置正确、套割方正，边缘应整齐	观察
	9	骨架隔墙	轻敲检查；检查隐蔽工程验收记录
	10	骨架隔墙安装的允许偏差和检验方法应符合表 10-15 的规定	

表 10-15　骨架隔墙安装的允许偏差和检验方法

项　次	项　目	允许偏差/mm		检验方法
		纸面石膏板	人造木板水泥纤维板	
1	立面垂直度	3	4	用 2m 垂直检测尺检查
2	表面平整度	3	3	用 2m 靠尺和塞尺检查
3	阴阳角方正	3	3	用直角检测尺检查
4	接缝直线度	—	3	拉 5m 线，不足 5m 拉通线，用钢直尺检查
5	压条直线度	—	3	拉 5m 线，不足 5m 的拉通线，用钢直尺检查
6	接缝高低差	1	1	用钢直尺和塞尺检查

三、活动隔墙验收质量控制

各种活动隔墙工程，每个检验批至少要抽查 20%，并不得少于 6 间；不足 6 间时应全数检查。

活动式轻质隔墙工程质量，应符合表 10-16 和表 10-17 的规定。

表 10-16　活动隔墙工程质量验收标准

项目	项次	质 量 要 求	检 验 方 法
主控项目	1	活动隔墙所用墙板、配件等材料的品种、规格、性能和木材的含水率应符合设计要求；有阻燃、防潮等特殊要求的工程，板材应有相应性能等级的检验报告	观察；检查产品合格证书、进场验收记录、性能检测报告和复验报告
	2	活动隔墙轨道必须与基体结构连接牢固，并应位置正确	尺量检查；手扳检查
	3	活动隔墙用于组装、推拉和制动的构配件必须安装牢固，并应位置正确，推拉必须安全、平稳、灵活	尺量检查；手扳检查；推拉检查
	4	活动隔墙制作方法、组合方式应符合设计要求	观察
一般项目	5	活动隔墙表面应色泽一致、平整光滑、洁净，线条应顺直、清晰	观察；手摸检查
	6	活动隔墙上的孔洞、槽、盒应位置正确、套割方正，边缘应整齐	观察；尺量检查
	7	活动隔墙推拉应无噪声	推拉检查
	8	活动隔墙安装的允许偏差和检验方法应符合表 10-17 的规定	

表 10-17　活动隔墙安装的允许偏差和检验方法

项 次	项 目	允许偏差/mm	检 验 方 法
1	立面垂直度	3	用 2m 垂直检测尺检查
2	表面平整度	2	用 2m 靠尺和塞尺检查
3	接缝直线度	3	拉 5m 线，不足 5m 的拉通线，用钢直尺检查
4	接缝高低差	2	用钢直尺和塞尺检查
5	接缝宽度	2	用钢直尺检查

四、玻璃隔墙验收质量控制

玻璃砖、玻璃板隔墙工程，每个检验批至少抽查 20%，并不得少于 6 间；不足 6 间时应全数检查。玻璃隔墙工程质量，应符合表 10-18 和表 10-19 的规定。

表 10-18　玻璃隔墙工程质量验收标准

项目	项次	质 量 要 求	检 验 方 法
主控项目	1	玻璃隔墙工程所用材料的品种、规格、性能、图案和颜色应符合设计要求；玻璃板隔墙应使用安全玻璃	观察；检查产品合格证书、进场验收记录和性能检测报告
	2	玻璃砖隔墙的砌筑和玻璃板隔墙的安装方法应符合设计要求	观察
	3	玻璃砖隔墙砌筑中埋设的拉结筋必须与基体结构连接牢固，并应位置正确	观察；尺量检查；检查隐蔽工程验收记录
	4	玻璃板隔墙的安装必须牢固；玻璃板隔墙胶垫的安装应正确	观察；手推检查；检查施工记录
一般项目	5	玻璃隔墙表面应色泽一致、平整洁净、清晰美观	观察
	6	玻璃隔墙接缝应横平竖直，玻璃应无裂痕、缺损和划痕	观察
	7	玻璃板隔墙嵌缝及玻璃砖隔墙勾缝应密实平整、均匀顺直、深浅一致	观察
	8	玻璃隔墙安装的允许偏差和检验方法应符合表 10-19 的规定	

表 10-19　玻璃隔墙安装的允许偏差和检验方法

项次	项目	允许偏差/mm		检验方法
		玻璃砖	玻璃板	
1	立面垂直度	3	2	用 2m 垂直检测尺检查
2	表面平整度	3	—	用 2m 靠尺和塞尺检查
3	阴阳角方正	—	2	用直角检测尺检查
4	接缝直线度	—	2	拉 5m 线，不足 5m 的拉通线，用钢直尺检查
5	接缝高低差	3	2	用钢直尺和塞尺检查
6	接缝宽度	—	1	用钢直尺检查

第四节　装饰隔墙工程质量问题与防治措施

工程实践证明，由于隔墙都是非承重墙，一般都是在主体结构完成后，在施工现场进行安装或砌筑，因此隔墙板与结构的连接是工程质量的关键，必须将上部、中部和下部三个部位与结构主体连接牢固，它不仅关系到使用功能的问题，而且还关系到安全问题。至于隔墙板与板之间的连接，装修后易出现的各种质量通病，应当采取有效措施予以防范和治理，以保证隔墙工程的质量。

一、加气混凝土条板隔墙质量问题与防治措施

加气混凝土板材是用钙质和硅质材料作为基本原料，用铝粉作为引（发）气剂，经过混合、成型、蒸压养护等工序制成的一种多孔轻质板材，为增强板材的强度和抗裂性，板内配有单层钢筋网片。这种板材可用于工业与民用建筑非承重分户隔墙。

（一）隔墙板与结构连接不牢

1. 质量问题

在加气混凝土条板安装完毕后，发现黏结砂浆涂抹不均匀、不饱满，板与板、板与主体结构之间有缝隙，稍用力加以摇晃有松动感。

2. 原因分析

① 黏结砂浆质量不符合要求。主要表现在：砂浆原材料质量不好，水泥强度等级不高或过期，砂中含泥量超过标准，砂浆配合比不当或计量不准确；搅拌不均匀，或一次搅拌量过多，使用时间超过 2h，严重降低了黏结强度。

② 黏结面处理不符合要求。主要表现在：黏结面清理不干净，表面上有妨碍黏结的浮尘、油污等；黏结面表面过于光滑，与砂浆不能牢固黏结在一起；在黏结面上砂浆涂抹不均匀、不饱满。

③ 加气混凝土条板本身过于干燥，在安装前没有进行预先湿润，使得很快将砂浆中的水分吸入体内，黏结砂浆因严重快速失水而强度大幅度下降。

④ 在加气混凝土条板的安装中，没有严格按照施工规范中要求的工艺去施工，结果造成条板安装质量不符合要求。

3. 防治措施

① 在加气混凝土条板安装之前，对条板的上下两个端面、结构顶面、地面、墙面（或柱面）等结合部位，应当用钢丝刷子认真对黏结面进行清刷，将油污、浮尘、碎渣等清理干净。凡是突出的砂浆、混凝土渣等必须进行剔除，并用毛刷蘸水稍加湿润。

② 条板采用正确的连接方法，这是确保连接牢固的根本措施。根据工程实践，加气混凝土条板上部与结构连接，有的靠板面预留角铁，用射钉钉入顶板进行连接；有的靠黏结砂浆与结构连接，条板的下端先用经过防腐处理、宽度小于板面厚度的木楔顶紧，然后再填入坍落度不大于 20mm 的细石混凝土。如果木楔未经防腐处理，等条板下端的细石混凝土硬

化 48h 以上时撤除，并用细石混凝土填塞木楔孔。

③ 加气混凝土条板在安装时，应在条板的上端涂抹一层 108 胶水泥砂浆，其配合比为：水泥：细砂：108 胶：水＝1：1：0.2：0.3，或者水泥：砂＝1：3 并加适量的 108 胶水溶液。水泥砂浆的厚度一般为 3mm，然后将条板按线立于预定位置上，用撬棍将板撬起，将条板顶部与顶板底面贴紧挤严，条板的一侧与主体结构或已安装好的另一块条板贴紧，并在条板下部用木楔顶紧，将撬棍撤出，条板即临时固定，然后再填入坍落度不大于 20mm 的 C20 细石混凝土。

④ 如果木楔已经过防腐处理可不撤出，未进行防腐处理的木楔，等条板下面的细石混凝土凝固具有一定强度后撤出（一般为 48h），再用细石混凝土将木楔孔填实。黏结应严密平整，并将挤出的黏结砂浆刮平、刮净，再认真检查一下砂浆是否饱满。

⑤ 严格控制黏结砂浆原材料的质量及设计配合比，达到材料优良、配比科学、计量准确的基本要求；黏结砂浆要随用随配，使用时间在常温下不得超过 2h。黏结砂浆的参考配合比见表 10-20。

表 10-20　黏结砂浆参考配合比

序号	配　合　比	序号	配　合　比
1	水泥：细砂：108 胶：水＝1：1：0.2：0.3	4	水泥：108 胶：珍珠岩粉：水＝1：0.15：0.03：0.35
2	水泥：砂＝1：3，加适量 108 胶水溶液	5	水玻璃：磨细矿渣粉：细砂＝1：1：2
3	磨细矿渣粉：中沙＝1：2 或 1：3 加适量水玻璃		

⑥ 在加气混凝土板与板之间，最好采用 108 胶水泥砂浆黏结，拼缝一定要严密，以挤出砂浆为宜，缝隙宽度不得大于 5mm，挤出的水泥砂浆应及时清理干净。在沿板缝上、下各 1/3 处，按 30°角斜向打入铁销或铁钉，以加强隔墙的整体性和刚度。

⑦ 要做好成品保护工作。刚刚安装好的加气混凝土条板要用明显的标志加以提示，防止在进行其他作业时对其产生碰撞。尤其是用黏结砂浆固定的条板，在砂浆硬化之前，绝对不能对其产生扰动和振动。

（二）抹灰面层出现裂缝

1. 质量问题

加气混凝土条板安装完毕并抹灰后，在门洞口上角及沿缝产生纵向裂缝，在管线和穿墙孔周围产生龟纹裂缝，在面层上产生干缩裂缝。

以上所述各种裂缝均出现在饰面的表面，不仅严重影响饰面的美观，而且还易使液体顺着裂缝渗入，造成对加气混凝土条板的损坏。

2. 原因分析

① 门洞口上方的小块加气混凝土块，在两旁条板安装后才嵌入，条板两侧的黏结砂浆被加气混凝土块碰掉，使板缝间的黏结砂浆不饱满，抹灰后易在此处产生裂缝。

② 由于抹灰基层处理不平整，使灰层厚薄不均匀，厚度差别较大时，在灰浆干燥硬化的过程中，则产生不等量的收缩，从而出现裂缝。

③ 由于计划不周或施工顺序安排错误，在抹灰完成后管线穿墙而需要凿洞，墙体由于受到剧烈冲击振动而产生不规则裂缝。

④ 冬春两季进行抹灰施工时，由于温度变化较大、风干收缩较快，从而引起墙体出现裂缝。

3. 防治措施

① 条板安装应当尽量避免后塞门框的做法，使门洞口上方小块板能顺墙面进行安装，以此来改善门框与加气混凝土条板的连接。

② 加气混凝土条板的安装质量要求要符合一般抹灰的标准，严格按照国家标准《建筑装饰装修工程质量验收规范》（GB 50210—2001）中一般抹灰工程质量标准和检验方法进行施工。

③ 在挑选加气混凝土条板时，要注意选用厚薄一致、表面状况大致相同的板，并应控制抹灰的厚度，水泥珍珠岩砂浆不得超过 5mm，水泥砂浆或混合砂浆不得超过 10mm。

④ 要科学合理地安排施工综合进度计划，在墙面上需要进行凿洞钻眼穿管线工作，应当在抹灰之前全部完成，这样可避免对抹灰层产生过大的振动。

⑤ 为避免抹灰风干过快及减少对墙体的振动，在室内装修阶段应关闭门窗，加强养护和保护，减少碰撞和振动。

（三）隔墙表面不平整

1. 质量问题

加气混凝土条板隔墙是由若干条板拼接而成的，如果板材缺棱掉角，特别在接缝处出现错台，表面的不平整度超过允许值，则出现隔墙表面不平整、不美观的现象，直接影响加气混凝土条板隔墙的装饰效果。

2. 原因分析

① 板材制作尺寸和形状不规矩，偏差比较大；或在吊运过程中吊具使用不当，损坏了板面和棱角。

② 加气混凝土条板在安装时，因为位置不合适需要用撬棍进行撬动，由于未使用专用撬棍而将条板棱角磕碰损伤。

3. 防治措施

① 在加气混凝土条板装车、卸车和现场存放时，应采用专用吊具或用套胶管的钢丝绳轻吊轻放，运输和现场存放均应侧立堆放，不得叠层平放。

② 在加气混凝土条板安装前，应当按照设计要求在顶板、墙面和地面上弹好墙板位置线，安装时以控制线为准，接缝要平顺，不得有错台。

③ 在条板进行加工的过程中，要选用加工质量合格的机具，条板的切割面应平整垂直，特别是门窗口边侧必须保持平直。

④ 在加气混凝土条板安装前，要认真进行选板，如有缺棱掉角的、表面凹凸不平的，应用与加气混凝土材性相同的材料进行修补，未经修补的条板或表面有酥松缺陷的板，一律不得用于隔墙工程。

⑤ 在加气混凝土条板安装中，如果位置不合适需要移动，应当用带有横向角钢的专用撬棍，以防止对条板产生损坏。

（四）门框固定不牢

1. 质量问题

在加气混凝土条板固定后，门框与加气混凝土条板间的塞灰，由于受到外力振动而出现裂缝或脱落，致使门框松动脱开，久而久之加气混凝土条板之间也会出现裂缝。

2. 原因分析

① 由于采用后塞入的方法安装门框，容易造成塞灰不能饱满密实，再加上抹完黏结砂浆后未及时钉钉子，已凝结的砂浆被振动开裂，从而失去其挤压固定作用，使门框出现松动现象。

② 刚安装完毕的门框或条板，未能进行一定时间的养护和保护，在砂浆尚未达到强度前受到外力碰撞，使门框产生松动。

3. 防治措施

① 在加气混凝土条板安装的同时，应按照设计安装顺序立好门框，门框和板材应采用

黏结固定与钉子固定相结合的方法。即预先在条板上，门框上、中、下留木砖的位置，钻上深为 100mm、直径为 25～30mm 的洞，将洞内渣沫吹干净，用水湿润后将相同尺寸的圆木蘸 108 胶水泥浆钉入洞眼中，在安装门窗框时，将木螺丝拧进圆木内，也可以用扒钉、胀管螺栓等方法固定门框。

② 隔墙门窗洞口处的过梁，可用加气混凝土板材按具体尺寸要求进行切割，加气混凝土隔墙门窗洞口过梁的处理，可分为倒八字构造、正八字构造和一侧为钢筋混凝土柱构造。

③ 如果门框采取后填塞的方法进行固定，门框四周余量不超过 10mm。

④ 在门框塞入灰浆和抹黏结砂浆后，要加强对其进行养护和保护，尽量避免或减少对墙体的振动，待达到设计强度后才可进行下一工序的施工。

⑤ 采用后塞口的方法固定门框，所用的灰浆的收缩量要小，灰浆的稠度不得太稀，填塞一定要达到饱满密实。

二、石膏空心板隔墙质量问题与防治措施

石膏空心板隔墙在建筑装饰工程中常见的有四种，即石膏珍珠岩空心板、石膏硅酸盐空心板、磷石膏空心板和石膏空心板。这些石膏空心板材具有质量轻、强度高、隔声、隔热、防火等优良性能，可以进行锯、刨、钻加工。这是在隔墙工程中提倡应用的一种板材。

（一）板材受潮，强度下降

1. 质量问题

由于石膏空心条板主要是以石膏为强度组分，构造上又都是空心的，所以这种板材吸水比较快，如果在运输途中或现场堆放时受潮，其强度降低十分明显。如珍珠岩石膏空心板浸水 2h，饱和含水率为 32.4%，其抗折强度将下降 47.4%。如果板材长期受潮，墙板很容易出现缺棱掉角、强度不足等破坏，严重影响石膏空心板的使用。

2. 原因分析

① 石膏空心板在制造厂家露天堆放受潮，或在运输途中和施工现场未覆盖防潮用具而受潮。

② 由于工序安排不当，使石膏空心板受潮；或受潮的板材没有干透就急于安装，并进行下一道工序，使板内水分不易蒸发，导致板材强度严重下降。

3. 预防措施

① 石膏空心板在制造、运输、贮存和现场堆放中，都必须将防止石膏空心板潮湿当作一项重要任务，必须采取切实可行的防雨和地面防潮措施。

② 石膏空心板在场外运输时，宜采用车厢宽度大于 2m、长度大于板长的车辆，板材必须捆紧绑牢；装车时应将两块板正面朝里，成对垂直堆放，板材间不得夹有硬质杂物，板的下面应加垫方木，距板两端一般为 500～700mm。人工搬运时要轻抬轻放，防止碰撞。

③ 板材露天堆放时，应选择地势较高、平坦坚实的场地搭设平台，平台距地面不小于 300mm，其上面再满铺一层防潮油毡，堆垛周围用苫布遮盖。

④ 石膏空心板在现场以及运输的过程中，堆置高度不应大于 1m，堆垛之间要有空隙，垫木间的间距不应大于 600mm。

⑤ 石膏空心板的安装工序要科学安排、合理布置，要先做好地面（防潮）工程，后安装石膏空心板，板材的底部要用对拔楔将其垫起，用踢脚板将其封闭，防止地面潮气对板材产生不良影响。

⑥ 石膏空心板材品种很多，其吸水和吸潮的性质也各不相同，要根据石膏空心板隔墙的使用环境和要求，正确选择合适的石膏空心板。

（二）条板与结构连接不牢

1. 质量问题

由于石膏空心条板与楼底板、承重墙或柱、地面局部连接不牢固，从而出现裂缝或松动现象，不仅影响隔墙的美观，而且影响隔墙的使用。

2. 原因分析

① 石膏空心条板的板头不方正，或采用下楔法施工时，仅在板的一面用楔，而与楼板底面接缝不严。

② 石膏空心板与外墙板（或柱子）黏结不牢，从而出现裂缝。

③ 在预制楼板或地面上，没有进行凿毛处理，或清扫工作不彻底，表面有灰土等杂质，致使不能牢固黏结。另外，板下填塞的细石混凝土坍落度过大、填塞不密实，也会造成墙板与地面连接不牢。

3. 预防措施

① 在进行条板切割时，要按照规定弹线找方正，确保底面与地面、顶面与楼板底面接触良好。

② 在使用下楔法架立条板时，要在板宽两边距 50mm 处各设一组木楔，使条板均匀垂直向上挤严黏实。

③ 条板安装后要进行检查，对于不合格的应及时纠正，其垂直度应控制在小于 5mm，平整度小于 4mm。然后将板底面和地面打扫干净，并洒水进行湿润，用配合比为水：水泥：中砂：细石＝0.4：1：2：2 的细石混凝土填嵌密实，稍收水后分两次压实，湿养护不少于 7d。

④ 条板与承重墙的连接处，可以采取以下措施进行处理。划好条板隔墙的具体位置，用垂线弹于承重墙面上；弹线范围内的墙面用水泥砂浆（水泥：水＝1：2.5）粉抹平整，经过湿养护硬化后再安装条板。墙面与板侧面接触处要涂刷一层胶黏剂，条板与墙面要挤密实。

（三）条板安装后出现板缝开裂

1. 质量问题

在相邻两块条板的接缝处，有时会出现两道纵向断续的发丝裂缝，不仅影响隔墙表面的美观，而且影响隔墙的整体性。

2. 原因分析

① 石膏空心条板制作完毕后，贮存期不足 28d，其收缩尚未完全结束，在安装后由于干缩而出现板缝开裂。

② 由于勾缝材料选用不当，如石膏空心板使用混合砂浆勾缝，因两种材料的收缩性不同，而出现板缝开裂。

③ 石膏空心条板拼板缝不紧密或嵌缝不密实，也会产生收缩裂缝。

3. 预防措施

① 石膏空心条板制作后要在厂家贮存 28d 以上，让其在充足的时间内变形，安装后再让其干燥收缩，然后再进行嵌缝。

② 将石膏空心条板裂缝处刨出宽度为 40mm、深度为 4mm 的槽，并打扫洗刷干净，然后刷 108 胶溶液（108 胶：水＝1：4）一遍，抹聚合物水泥浆（108 胶：水：水泥＝1：4：10）一遍，再贴上一条玻璃纤维网格布条，最后用聚合物水泥浆抹至与板面平齐。

③ 正确进行石膏空心条板接缝的处理。将石膏空心条板接缝的两侧打扫干净，刷上一遍 108 胶水溶液，抹聚合物水泥浆进行拼接；板缝两侧刨出宽 40mm、深 4mm 的槽；在槽内刷一遍 108 胶水溶液，抹厚度为 1mm 的聚合物水泥浆；然后将裁剪好的玻璃纤维网格布

条贴在槽中；再用聚合物水泥浆涂抹与板面平齐。

④ 在进行"T"形条板接缝时，在板面弹好单面安装控制线，将接缝的板面打扫清理干净；在板面与板侧处刷一遍108胶水溶液，再抹聚合物水泥浆拼接密实。当条板产生收缩裂缝时，在两侧的阴角处抹一遍聚合物水泥浆，再贴玻璃纤维网格布。

⑤ 采用嵌密封胶法也可以预防板缝开裂。即板缝在干燥后，沿垂直缝刨成深度为6mm的"V"形槽，打扫干净后嵌入与条板颜色相同的柔性密封胶。

（四）石膏空心板接缝勾缝材料不当

1. 质量问题

石膏空心板之间的接缝是非常重要的施工部位，如果石膏空心板的接缝材料选择不当，会在接缝处出现微细的裂缝，不仅影响石膏空心板墙体饰面的美观，而且直接影响隔墙的稳定性和安全性。

2. 原因分析

① 如果选用的勾缝材料不当，两种材料的性能不同，其收缩性也不同，从而导致在相邻两块板的接缝处出现发丝裂缝。

② 在接缝处施工时，未按照施工规范进行操作，导致接缝间的材料填充不密实，在干燥过程中则会出现裂缝。

③ 在接缝处施工完毕后，未按照施工要求进行养护，导致接缝材料因养护条件不满足而出现裂缝。

3. 预防措施

① 石膏空心板接缝处应选择适宜的材料。根据工程实践证明，石膏空心板间安装拼接的黏结材料，可选用1号石膏型胶黏剂（见表10-21）或108胶水泥砂浆。108胶水泥砂浆的配合比为：108胶水∶水泥∶砂＝1∶1∶3或1∶2∶4。在拼接施工中从板缝挤出的胶结材料应及时清除干净。

表 10-21 石膏型胶黏剂及腻子技术性能与配合比

项　目	技术指标		
	1号石膏型胶黏剂	2号石膏型胶黏剂	石膏腻子
抗剪强度/MPa	≥1.5	≥2.0	
抗压强度/MPa	—	—	≥2.5
抗折强度/MPa	—	—	≥1.0
黏结强度/MPa	≥1.0	≥2.0	≥0.2
凝结时间/h	初凝(0.5～1.0)	初凝(0.5～1.0)	终凝 3.0
配合比	KF80-1胶∶石膏粉＝ 1.0∶1.5～1.7	水∶KF80-2粉＝ 1.0∶1.5～1.7	石膏∶粉珍珠岩＝1∶1 用108胶溶液(15%～20%) 拌和成稀糊状
用　途	用于条板与条板的拼缝,条板 顶端与主体结构的黏结	用于条板上预留吊挂件、构配 件黏结和条板预埋作补平	用于条板墙面的修补和找平

② 勾缝材料必须与石膏空心板材本身的成分相同。待板缝挤出的胶结材料刮净后，用2号石膏型胶黏剂抹平并粘贴宽度100mm的网状防裂胶带，再用掺108胶的水泥砂浆在胶带上涂一遍，待水泥砂浆晾干后，然后用2号石膏型胶黏剂粘贴50～60mm宽玻璃纤维布，用力刮平、压实，将胶黏剂与玻璃纤维布中的气泡赶出，最后用石膏腻子分两遍刮平，使玻璃纤维布埋入腻子层中。

③ 在进行石膏空心板接缝处操作时，一定要严格按现行施工规范施工，将接缝处的材料填充密实，并在规定的条件下养护，防止因施工质量较差、养护条件不满足而出现裂缝。

④ 阴阳转角和门窗框边缝处，宜用2号石膏型胶黏剂粘贴200mm宽玻璃纤维布，然后

用石膏腻子分两遍刮平，总厚度控制在 3mm。

（五）搁板承托件及挂件松动

1. 质量问题

条板隔墙上的搁板承托件及吊挂件出现松动或脱落，不仅直接影响饰面的装饰效果，而且对墙体的稳定不利。

2. 原因分析

① 采用黏结方法固定的搁板承托件和挂件，因板材过于松软，抗拉和抗剪强度较低，负荷后易产生松动或脱落。

② 安装承托件和挂件的方法不当，如有的所用螺钉规格偏小，有的打洞的位置不合适，与孔板的孔壁接触面少，常造成受力后产生松动或脱落。

3. 预防措施

① 采用黏结方法固定搁板承托件及挂件时，应当选用比较坚硬、抗拉和抗剪强度较高的板材，以防止负荷后产生松动现象。

② 安装搁板承托件和挂件应采用正确的方法，一是打洞的位置要准确，二是固定所用的螺栓规格要适宜，千万不要偏小。

（六）门侧条板面出现裂缝

1. 质量问题

在门扇开启的一侧出现弧形裂缝，但这种裂缝很不规则，长短不一，有的甚至使板材出现贯通裂缝而被破坏。

2. 原因分析

① 石膏空心条板板侧强度与密实性均比较差，条板的厚度不够；或与门框连接节点达不到标准，由于门的开闭频繁振动而产生裂缝。

② 有的门扇开关的冲击力过大，特别是具有对流条件的居室门，在风压力和风吸力的作用下，其冲击力更大，强烈的振动引起门侧条板面出现裂缝。

3. 预防措施

① 应根据工程的实际情况，认真研究门边加强的具体条件，从而改善门框与条板的连接，使门框与条板连接牢固。

② 针对隔墙的实际运用情况，选用抗冲击、韧性好的条板，特别应注意条板的强度和密实性一定要满足要求。

③ 在条板安装后，要加强对成品的保护，防止产生较大的冲击力，以免影响条板的正常使用和安装质量。

（七）门框与结构固定不牢

1. 质量问题

由于门框与结构固定不牢，门框出现松动和脱开，从而使隔墙出现松动摇晃，有的呈现出倾斜，有的则产生裂缝，严重者影响正常使用。

2. 原因分析

① 由于未按照规范进行操作，导致隔墙边框与结构主体固定不牢固，立撑、横撑没有和边框很好地连接。

② 在设计或施工过程中，由于门框骨架的龙骨尺寸偏小，材料质量较差，不能满足与结构连接的需要，从而导致门框与结构固定不牢。

③ 门框下槛被断开，固定门框的竖筋断面尺寸偏小，或者门框上部没有设置"人"字撑，使门框刚度不足而导致固定不牢。

④ 由于施工中未进行详细的施工组织设计，门的安装工序安排不当，致使边框没有固

定牢固。

3. 预防措施

① 门框的上部、下部要与顶面、地面固定牢固。如果两端为砖墙，门框的上部和下部横框，伸入墙体的长度不得少于120mm，伸入的部分应当进行防腐处理，并确实固定牢固；如果两端为混凝土柱或墙，应预埋木砖或预埋件固定。如无预埋件，可用射钉、钢钉、膨胀螺栓等方法进行连接，或用高分子黏结剂粘牢。

② 选用的木龙骨规格不宜太小，一般不应小于40mm×70mm，木龙骨的材质要符合设计要求。凡是有腐朽、劈裂、扭曲、多节疤的木材不得用于主龙骨；木材的含水率不得大于12%。

③ 正确掌握木龙骨的安装顺序。一般应按照先下横楞、上横楞，再立左右靠墙立竖楞，竖楞要和预埋木砖钉牢，中间空隙要用木片垫平。如无木砖时，要用膨胀螺栓固定，也可在砖缝中扎木楔钉牢。然后再立竖龙骨，划好间距，上下端要顶紧横楞，校正好垂直度，用钉斜向钉牢。

④ 遇有门框因下横楞在门框外边断开，门框两边要用优质木材加大截面，伸入地面以下30mm，上面与梁、楼板底顶牢的竖楞，以及楞与门框钉牢，或用对销螺栓拧牢，门框上梃要设置"人"字撑。

三、预制混凝土板隔墙质量问题与防治措施

在高层建筑的住宅工程中，厨房、卫生间、浴室、阳台隔板等，这些非承重墙适宜采用预制钢筋混凝土板隔墙。这种做法既减少了施工现场的湿作业，又增加了使用面积。但是，在工程施工中也会出现很多质量缺陷，必须进行正确认识和采取一定的预防措施。

（一）预制钢筋混凝土板出现板缝开裂

1. 质量问题

在隔墙板安装完毕后，隔墙板与顶板之间、隔墙板与隔墙校之间、隔墙板与侧面墙体连接处，因勾缝砂浆黏结不牢，出现板缝开裂，不仅影响隔墙表面美观，而且影响隔墙的整体性和使用。

2. 原因分析

① 预制钢筋混凝土隔墙板设计的构造尺寸不当，由于施工误差，墙体混凝土标高控制不准确，有的隔墙上口顶住楼板，需要进行剔凿；有的隔墙则上口不到楼板，造成上部缝隙过大；结构墙体位置偏差较大，造或隔墙板与墙体间缝隙过大等。以上这些均可能出现板缝开裂。

② 在预制钢筋混凝土隔墙板的生产中，由于工艺较差、控制不严，出现尺寸误差过大，造成隔墙板与顶板、隔墙板与墙体间的缝隙过大或过小。

③ 勾缝砂浆配合比不当、计量不准确、搅拌不均匀、强度比较低，均可以产生板缝开裂；如果缝隙较大，没有分层将勾缝砂浆嵌入密实，或缝隙太小不容易将勾缝砂浆嵌入密实；勾缝砂浆与顶板或与结构墙体黏结不牢，均可以出现板缝开裂。

3. 防治措施

① 准确设计和制作隔墙板，确保板的尺寸精确，这是避免或减少出现板缝开裂的基本措施。在一般情况下，隔墙板的高度以按房间高度净空尺寸预留2.5cm空隙为宜，隔墙板与墙体间每边预留1cm空隙为宜。

② 预先测量定线、校核隔墙板尺寸，努力提高施工精度，保证标高及墙体位置准确，使隔墙板形状无误、尺寸准确、位置正确、空隙适当、安装顺利。

③ 采用适宜的勾缝砂浆和正确的勾缝方法，确保勾缝的质量。勾缝砂浆宜采用配合比为1∶2（水泥∶细砂）水泥砂浆，采用的水泥强度等级不得小于32.5MPa，并按用水量的

20％掺入108胶。勾缝砂浆的流动性要好，但不宜太稀。勾缝砂浆应当分层嵌入捻实，不要一次将缝塞满。

④ 要加强对已完成隔墙成品的保护。在勾缝砂浆凝结硬化的期间，要满足其硬化时所需要的温度和湿度，要特别加强其初期的养护。在正式使用前，不能对隔墙产生较大的振动和碰撞。

（二）门框固定不牢靠

1. 质量问题

预制钢筋混凝土安装后，出现门框边勾缝砂浆处有断裂、脱落现象，甚至因门的松动使整个墙面的连接处出现裂缝，从而造成门框固定不牢靠。

2. 原因分析

① 预留木砖原来含水率较高，经过一段时间干燥产生收缩，从而造成松动；在安装门扇后，关闭碰撞造成门口松动。

② 门口预留洞口的尺寸余量过大，自然形成门框两边缝隙过大，勾缝砂浆与混凝土墙黏结不好；或者黏结砂浆强度等级太低，配合比设计不当，砂浆原材料不良，当门扇碰撞振动时会造成勾缝砂浆的断裂、脱落。

3. 预防措施

① 门是频繁开启和经常振动的构件，在一般情况下，预制钢筋混凝土板隔墙的门框与结构墙体的固定，应当采用预埋件连接固定的方法，而不能单纯依靠水泥砂浆黏结进行固定。

② 对于质量要求较高的隔墙工程，应当采用改进门框的固定方法。可在隔墙板门洞的上、中、下三处预埋铁件（预埋件外皮与混凝土板外皮平齐），木门框的相应位置用螺丝固定扁铁（扁铁应当插进门框内，扁铁的外表面与门框外表面平齐），安装门框后，将隔墙板预埋件与门框上的扁铁焊牢。

③ 门洞口的预留尺寸要适宜，应使勾缝砂浆与混凝土墙板能够良好黏结，但此预留尺寸既不要过大，也不能太小，工程实践证明，以门框两边各留1cm缝隙为宜。

④ 门框处应设置压条或贴脸，将门框与隔墙板相接的缝隙盖上，既增加美观，又保护缝隙。

⑤ 严格控制勾缝砂浆的质量，以确保勾缝砂浆与墙板的黏结力。勾缝砂浆应当采用配合比为1∶2的水泥砂浆，并掺入相当于用水量80％～90％的108胶。在勾缝砂浆拌制中，计量要准确，搅拌要均匀，配制后要在2h内用完。勾缝砂浆应当分层捻实、抹平。

⑥ 如果原设计不理想，门框边缝隙在3cm以上，则需要在缝内加一根直径为6mm的立筋，并与预埋件点焊，用细石混凝土捻实、抹平。细石混凝土中应掺加相当于用水量20％的108胶，以增加其黏结强度。

（三）隔墙板断裂、翘曲或尺寸不准确

1. 质量问题

预制钢筋混凝土隔墙板出现断裂，一般在5cm厚的隔墙板中发生较多；5cm厚隔墙板中的"刀把板"易在中部产生横向断裂；质量低劣的隔墙板在安装后出现表面不平整，或发生翘曲。这些质量问题，既影响美观，又影响使用，甚至造成破坏。

2. 原因分析

① 在一般情况下，厚度为5cm的隔墙板常采用单层配筋，构造不合理，本身刚度差，当采用台座生产，在吊离台座时薄弱部位容易产生裂缝，尤其是"刀把板"中部易产生横向断裂。

② 如果厚度为5cm的隔墙板采用双向 $\phi4@120\sim150\text{mm}$ 的配筋，由于墙的厚度较小，

面积较大，刚度较差，也容易出现断裂现象。

③ 钢筋混凝土隔墙板在加工制作中不精心，结果造成尺寸不准确，板面发生翘曲，安装后墙面不平整。

3. 防治措施

① 采用台座生产的预制钢筋混凝土隔墙板的厚度，至少应在 7cm 以上，只有在采用成组立模立式生产时，预制隔墙板的厚度才可采用 5cm。

② 钢筋混凝土隔墙板，一般宜采用双向直径为 4mm、间距为 200mm 双层点焊的网片，这样虽然增加了钢筋的用量，但大大加强了隔墙板的刚度，避免了在生产、运输和施工中出现折断。

③ 提高预制隔墙板加工质量，搞好混凝土配合比设计和配筋计算，保证构件尺寸准确。采用台座法生产时，必须待构件达到规定强度后再吊离台座，避免构件产生裂缝和翘曲。

④ 预制钢筋混凝土隔墙板的强度等级一般不得低于 C20，采用的水泥强度等级不宜低于 32.5MPa，并应采用抗裂性良好的水泥品种。

⑤ 由于钢筋混凝土隔墙板是一种薄壁板，其抗折和抗剪强度较低，如果放置方式不当，很容易产生裂缝、翘曲和变形，所以应当采用架子进行立放。

（四）预埋件移位或焊接不牢

1. 质量问题

由于种种原因结构墙体或隔墙板中的预埋件产生移位，焊件中的焊缝高度和厚度不足，而产生焊接不牢。

2. 原因分析

① 预埋件没有按照规定方法进行固定，只是用铅丝简单地绑扎，在其他因素的影响下，则可产生移位；当墙体浇筑混凝土时，如果振捣方法不当，预埋件也会产生较大的移位。

② 预埋件产生移位后，用钢筋头进行焊接，焊缝高度和厚度不符合要求，从而造成焊接不牢。

③ 预埋件构造设计或制作不合理，在浇筑混凝土时预埋件产生移位。

3. 预防措施

① 预制钢筋混凝土隔墙板与结构墙体、隔墙板之间的预埋件位置必须准确，并按照设计或焊接规范要求焊接牢固。

② 在浇筑完墙体混凝土后，在墙体的相应位置进行打眼，用 108 胶水泥砂浆把预埋件埋入墙体内，这是一种简单易行、能确保预埋件位置准确的好方法，但对于结构墙体有一定的损伤。

③ 隔墙板上的预埋件应制作成设计要求的形状，预埋件的高度应为墙板的厚度减去保护层厚度，这种形状的预埋件浇筑混凝土时不会产生移位。

④ 精心设计，精心施工，每个环节都应加强责任心，特别是焊缝的高度、长度和宽度，一定要按照设计的要求去做。

四、木质骨架板材隔墙质量问题与防治措施

木龙骨木板材隔墙是以木方为骨架，两侧面用纤维板、刨花板、木丝板、胶合板等作为墙面材料组成的轻质隔墙，可以广泛用于工业与民用建筑非承重分隔墙。

木板条隔墙是对木龙骨木板材隔墙加以改进，是以方木为骨架，两侧面钉木板条后再在板条上抹灰而形成的轻质隔墙，也可用于工业与民用建筑非承重分隔墙。

（一）墙面粗糙，接头不严

1. 质量问题

龙骨装订板的一面未刨光找平，板材厚薄不均匀，或者板材受潮后变形，或者木材松软

产生边棱翘起，从而造成墙面显得粗糙、凹凸不平。

2. 原因分析

① 木龙骨的含水率过大，超过规范规定的 12%，在干燥后产生过大变形，或者在室内抹灰时龙骨受潮变形，或者施工中木龙骨被碰撞变形未经修理就铺钉面板，以上这些均会造成墙面粗糙、接头不严。

② 施工工序发生颠倒，如先铺设面板，后进行室内抹灰，由于室内水分增大，使铺设好的面板受潮，从而出现边棱翘起、脱层等质量问题。

③ 在选择面板时没有考虑防水防潮，表面比较粗糙又未再认真加工，板材厚薄不均匀，也未采取补救措施，铺钉到木龙骨上后则出现凹凸不平、表面粗糙的现象。

④ 钉板的顺序颠倒，应当按先下后上进行铺钉，结果因先上后下压力变小，使板间拼接不严或组装不规格，从而造成表面不平整。

⑤ 在板材铺设完毕修整时，由于铁冲子过粗，冲击时用力过大，结果造成因面板钉子过稀，钉眼冲得太大，造成表面凹凸不平。

3. 防治措施

① 要选择优质的材料，这是保证木龙骨木板材隔墙质量的根本。龙骨一般宜选红白松木，含水率不得大于 12%，并应做好防腐处理。板材应根据使用部位选择相应的面板，面板的质量应符合有关规定，对于选用的纤维板需要进行防潮处理。面板的表面应当光滑，当表面过于粗糙时，应用刨子刨一遍。

② 所有木龙骨铺钉板材的一面均应刨光，龙骨应严格按照控制线进行组装，做到尺寸一致，找方找直，交接处要十分平整。

③ 安排工序时要科学合理，先钉龙骨后再进行室内抹灰，最后待室内湿度不大时再钉板材。在铺钉板材之前，应认真进行一遍检查，如果龙骨发生干燥变形或被碰撞变形，应修理后再铺钉面板。

④ 在铺钉面板时，如果发现面板厚薄不均匀，应以厚板为准，在薄板背面加以衬垫，但必须保证垫实、垫平、垫牢，面板的正面应当刮直刨平。

⑤ 面板铺钉应从下面一个角开始，逐块向上钉设，并以竖向铺钉为好。板与板的接头宜加工成坡棱，如为留缝做法时，面板应当从中间向两边由下而上铺钉，接头缝隙以 5～8mm 为宜，板材分块大小要按照设计要求，拼缝应位于木龙骨的立筋或横撑上。

⑥ 修整钉子的铁冲子端头应磨成扁头，并与钉帽大小一样，在铺设前将钉帽预先砸扁（对纤维板不必砸扁），顺木纹钉入面板表面内 1mm 左右，钉子的长度应为面板厚度的 3 倍。钉子的间距不宜过大或过小，纤维板一般为 100mm，其他板材为 150mm。钉木丝板时，在钉帽下应加镀锌垫圈。

（二）隔墙与结构或骨架固定不牢

1. 质量问题

隔墙在安装完毕后，门框产生松动脱开，隔墙板产生松动倾斜，不仅严重影响表面美观，而且严重影响其使用。

2. 原因分析

① 门框的上下槛和主体结构固定不牢靠，立筋横撑没有与上下槛形成一个整体，因此，只要稍有振动和碰撞，隔墙就会出现变形或松动。

② 选用的木龙骨的断面尺寸太小，不能承受正常设计荷载；或者木材材质太差，有斜纹、节疤、虫眼、腐朽等缺陷；或木材的含水率超过 12%，在干缩时很容易产生过大变形。

③ 安装顺序和方法不对，先安装了竖向龙骨，并将上、下槛断开，不能使木龙骨成为

一个整体。

④ 门口处的下槛被断开，两侧立筋的断面尺寸未适当加大，门窗框上部未加钉人字撑，均能造成隔墙与骨架固定不牢。

3. 防治措施

① 上、下槛一定要与主体结构连接牢固。如果两端为砖墙，上、下槛插入砖墙内的长度不得少于12cm，伸入部分应当做防腐处理；如果两端为混凝土墙柱，应预留木砖，并应加强上、下槛和顶板、底板的连接，可采取预留铅丝、螺栓或后打胀管螺栓等方法，使隔墙与结构紧密连接，形成一个整体。

② 对于木龙骨的选材要严格把关，这是确保质量的根本。凡有腐朽、劈裂、扭曲、节疤等疵病的木材不得使用，作为木板材隔墙木龙骨的用料尺寸，应不小于40mm×70mm。

③ 合理地安装龙骨的固定顺序，一般应先下槛、后上槛、再立筋，最后钉水平横撑。立筋的间距一般掌握在40～60cm之间，安装一定要垂直，两端顶紧上、下槛，用钉子斜向钉牢。靠墙立筋与预留木砖的空隙应用木垫垫实并钉牢，以加强隔墙的整体性。

④ 如果遇到有门口，因下槛在门口处被断开，其两侧应用通天立筋，下端应卧入楼板内嵌实，并应加大其断面尺寸至80mm×70mm，或将2根40mm×70mm的方木并用。在门窗框的上部加设人字撑。

（三）木板材隔墙细部做法不规矩

1. 质量问题

隔墙板与墙体、顶板交接处不直不顺，门框与面板不交圈，接头不严密不顺直，踢脚板出墙不一致，接缝处有翘起现象。

2. 原因分析

① 出现细部做法不规矩的原因，主要是因为在隔墙安装施工前，对于细部的做法和要求交代不清楚，操作人员不了解质量标准。

② 虽然在安装前对细部做法有明确交代，但因操作人员工艺水平较低，或者责任心较差，也会产生隔墙细做法不规矩。

3. 防治措施

① 在隔墙安装前应认真熟悉图纸，多与设计人员进行协商，了解每一个细部构造的组成和特点，制订细部构造处理的具体方案。

② 为了防止潮湿空气由边部侵入墙内引起边沿翘起，应在板材四周接缝处加钉盖缝条，将其缝隙盖严实。根据板材不同，也可采用四周留缝的做法，缝隙的宽度为10mm左右。

③ 门口处的构造应根据墙的厚度而确定，当墙厚度等于门框厚度时，可以加贴脸；当墙厚度小于门框厚度时，应当加压条。

④ 在进行隔墙设计和施工时，对于分格的接头位置应特别注意，应尽量避开视线敏感范围，以免影响隔墙的美观。

⑤ 当采用胶接法施工时，所用胶不能太稠或过多，要涂刷均匀，接缝时要用力挤出多余的胶，否则易产生黑纹。

⑥ 如果踢脚板为水泥砂浆，下边应当砌筑两层砖，在砖上固定下槛；上口抹平，面板直接压到踢脚板上口；如果踢脚板为木质材料，应当在钉面板后再安装踢脚板。

（四）抹灰面层开裂、空鼓、脱落

1. 质量问题

木板条隔墙在抹灰后，随着时间的推移抹灰层出现开裂、空鼓、脱落的质量缺陷，不仅影响隔墙的装饰效果，而且影响隔墙的使用功能。时间长久，再加上经常振动，还会出现抹灰层成片下落。

2. 原因分析

① 采用的板条规格过大或过小，或板条的材质不好，或铺钉的方法不对（如板条间隔、错头位置、对头缝隙大小等）。

② 采用的钢丝网过薄或搭接过厚，网孔过小，钉得不牢、不平，搭接长度不够，不严密，均可以造成抹灰面层开裂、空鼓和脱落。

③ 抹灰砂浆配合比不当，操作方法不正确，各抹灰层之间间隔时间控制不好，抹灰后如果养护条件较差，不能与木板条牢固地黏结，也很容易形成抹灰面层开裂、空鼓和脱落。

3. 防治措施

① 用于木板条隔墙的板条最好采用红松、白松木材，不得用腐朽、劈裂、节疤的材料。板条的规格尺寸要适宜，其宽度为 20～30mm、厚度为 3～5mm，间距以 7～10mm 为宜，当采用钢丝网时应为 10～12mm。两块板条接缝应设置于龙骨之上，对头缝隙不得小于5mm，板条与龙骨相交处不得少于 2 颗钉子。

② 板条的接头应分段错开，每段长度以 50cm 左右为宜，以保证墙面的完整性。板条表面应平整，用 2m 靠尺进行检查，其表面凹凸度不超过 3mm，以避免或减少因抹灰层厚薄不均而产生裂缝。

如果铺设钢丝网，除板条间隔稍加大一些外，钢丝网厚度应不超出 0.5mm，网孔一般为 20mm×20mm，并要求固定平整、牢固，不得有鼓肚现象。钢丝网的接头应错开，搭接长度一般不得少于 200mm，在其搭接头上面应加钉一排钉子，严防钢丝网产生边角翘起。

③ 在板条铺设完成后、正式抹灰开始前，板条铺设和固定的质量应经有关质检部门和抹灰班组检验，合格后方准开始抹灰。

（五）木板条隔墙出现裂缝或翘曲

1. 质量问题

在木板条隔墙抹灰完成后，门口墙边或顶棚处产生裂缝或翘边，不仅影响隔墙的美观，而且影响使用功能。

2. 原因分析

① 在木板条隔墙施工之前，有关技术人员未向操作人员进行具体的技术交底，致使操作人员对细部的做法不明白，施工中无法达到设计要求。

② 在木板条隔墙的施工中，操作人员未按照施工图纸施工，对一些细部未采取相应的技术措施。

③ 具体操作人员工艺水平不高，或者责任心不强，对施工不认真去做，细部不能按设计要求去做。

3. 防治措施

① 首先应当认真地熟悉施工图纸，搞清楚各细部节点的具体做法，针对薄弱环节采取相应的技术措施。

② 与需要抹灰的墙面（如砖墙或加气混凝土墙）相接处，应加设钢板网，每侧卷过去应不少于 150mm。

③ 与不需要抹灰的墙面相接处，可采取加钉小压条的方法，以防止出现裂缝和翘边现象。

④ 与门口交接处，也可加贴脸或钉小压条。

（六）木龙骨选用的材料不合格

1. 质量问题

由于制作木龙骨所用的材料未严格按设计要求进行选材，导致龙骨的材质很差，规格尺寸过小，在安装后使木龙骨产生劈裂、扭曲、变形，不仅致使木龙骨与结构固定不牢，甚至出现隔墙变形，既影响隔墙的质量，又不符合耐久性要求。

2. 原因分析

产生木龙骨选用材料不合格的原因，主要有以下几个方面：一是在进行木龙骨设计时，未认真进行力学计算，只凭经验选择材料；二是在进行木龙骨制作时，未严格按设计规定进行选材，而是选用材质较差、规格较小的材料，在安装后产生一些质量缺陷。

3. 预防措施

① 在进行木龙骨设计时，必须根据工程实际进行力学计算，通过计算选择适宜的材料，不可只凭以往设计经验来选择材料。

② 木质隔墙的木龙骨应采用质地坚韧、易于"咬钉"、不腐朽、无严重节疤、斜纹很少、无翘曲的红松或白松树种制作，黄花松、桦木、柞木等易变形的硬质树种不得使用。木龙骨的用料尺寸一般不小于 40mm×70mm。

③ 制作木龙骨的木材，应当选用比较干燥的材料，对于较湿的木材应采取措施将其烘干，木材的含水率不宜大于 15%。

④ 制作木龙骨的木材防腐及防火的处理，应符合设计要求和《木结构工程施工质量验收规范》（GB 50206—2002）中的有关规定。

⑤ 接触砖石或混凝土的木龙骨和预埋木砖，必须进行防腐处理，所用的铁钉件必须进行镀锌，并办理相关的隐蔽工程验收手续。

五、轻钢龙骨石膏板隔墙质量问题与防治措施

轻钢龙骨石膏板隔墙是以薄壁镀锌钢带或薄壁冷轧退火卷带为原材料，经过冲压、冲弯而成的轻质型钢为骨架，两侧面用纸面石膏板或纤维石膏板作为墙面材料，在施工现场组装而成的轻质隔墙。

这种材料的隔墙具有自重较轻、厚度较薄、装配化程度高、全为干作业、易于施工等特点，可以广泛用于工业与民用建筑的非承重分隔墙。

（一）隔墙板与结构连接处有裂缝

1. 质量问题

轻钢龙骨石膏板隔墙安装后，隔墙板与墙体、顶板、地面连接处有裂缝，不仅影响隔墙表面的装饰效果，而且影响隔墙的整体性。

2. 原因分析

① 由于轻钢龙骨是以薄壁镀锌钢带制成，其强度虽高，但刚度较差，容易产生变形；有的通贯横撑龙骨、支撑卡装得不够，致使整片隔墙骨架没有足够的刚度，当受到外力碰撞时出现裂缝。

② 隔墙板与侧面墙体及顶部相接处，由于没有黏结 50mm 宽玻璃纤维带，只用接缝腻子进行找平，致使在这些部位出现裂缝。

3. 防治措施

① 根据设计图纸测量放出隔墙位置线，作为施工的控制线，并引测到主体结构侧面墙体及顶板上。

② 将边框龙骨（包括沿地龙骨、沿顶龙骨、沿墙龙骨、沿柱龙骨）与主体结构固定，固定前先铺一层橡胶条或沥青泡沫塑料条。边框龙骨与主体结构连接，采用射钉或电钻打眼安装膨胀螺栓。其固定点间距，水平方向不大于 80cm，垂直方向不大于 100cm。

③ 根据设计的要求，在沿顶龙骨和沿地龙骨上分挡画线，按分挡位置准确安装竖龙骨，竖龙骨的上端、下端要插入沿顶和沿地龙骨的凹槽内，翼缘朝向拟安装罩面板的方向。调整竖向龙骨的垂直度，定位后用铆钉或射钉进行固定。

④ 安装门窗洞口的加强龙骨后，再安装通贯横撑龙骨和支撑卡。通贯横撑龙骨必须与

竖向龙骨的冲孔保持在同一水平面上，并卡紧牢固，不得出现松动，这样可将竖向龙骨撑牢，使整片隔墙骨架有足够的强度和刚度。

⑤ 石膏板的安装，两侧面的石膏板应错位排列，石膏板与龙骨采用十字头自攻螺丝进行固定，螺丝长度一层石膏板用 25mm，两层石膏板用 35mm。

⑥ 与墙体、顶板接缝处黏结 50mm 宽玻璃纤维，再分层刮腻子，以避免出现裂缝。

⑦ 隔墙下端的石膏板不应直接与地面接触，应当留有 10～15mm 的缝隙，用密封膏嵌封严密，要严格按照施工工艺进行操作，才能确保隔墙的施工质量。

（二）门口上角墙面易出现裂缝

1. 质量问题

在轻钢龙骨石膏板隔墙安装完毕后，门口两个上角出现垂直裂缝，裂缝的长度、宽度和出现的早晚有所不同，严重影响隔墙的外表美观。

2. 原因分析

① 当采用复合石膏板时，由于预留缝隙较大，后填入的 108 胶水泥砂浆不严不实，且收缩量较大，再加上门扇振动，在使用阶段门口上角出现垂直裂缝。

② 在龙骨接缝处嵌入以石膏为主的脆性材料，在门扇撞击力的作用下，嵌缝材料与墙体不能协同工作，也容易出现这种裂缝。

3. 防治措施

要特别注意对石膏板的分块，把石膏板面板接缝与门口立缝错开半块板的尺寸，这样可避免门口上角墙面出现裂缝。

（三）轻钢龙骨与主体结构连接不牢

1. 质量问题

轻钢龙骨是隔墙的骨架，其与主体结构连接得如何，对隔墙的使用功能和安全稳定有很大影响。

2. 原因分析

① 轻钢龙骨与主体结构的连接，未按照设计要求进行操作，特别是沿地、沿顶、沿墙龙骨与主体结构的固定点间距过大，轻钢龙骨则会出现连接不牢的现象。

② 在制作轻钢龙骨和进行连接固定时，选用的材料规格、尺寸和质量等不符合设计要求时，也会因此而造成连接不牢。

③ 轻钢龙骨出现一定变形，有的通贯横撑龙骨、支撑卡安装得数量不够等，致使整个轻钢龙骨的骨架没有足够的刚度和强度，也容易出现连接不牢的质量问题。

3. 预防措施

① 在制作和安装轻钢龙骨时，必须选用符合设计的材料和配件，不允许任意降低材料的规格和尺寸，不得将劣质材料用于轻钢龙骨的制作和安装。

② 当设计采用水泥、水磨石和大理石等踢脚板时，在隔墙的下端应浇筑 C20 混凝土墙垫；当设计采用木板或塑料板等踢脚板时，则隔墙的下端可直接搁置于地面。安装时先在地面或墙垫层及顶面上按位置线铺设橡胶条或沥青泡沫塑料，再按规定间距用射钉或膨胀螺栓，将沿地、沿顶和沿墙的龙骨固定于主体结构上。

③ 射钉的中心距离一般按 0.6～1.0m 布置，水平方向不大于 0.8m，垂直方向不大于 1.0m。射钉射入基体的最佳深度：混凝土基体为 22～32mm，砖砌基体为 30～35mm。龙骨的接头要对齐顺直，接头两端 50～100mm 处均应设置固定点。

④ 将预先切好长度的竖向龙骨对准上下墨线，依次插入沿地、沿顶龙骨的凹槽内，翼缘朝向拟安装的板材方向，调整好垂直度及间距后，用铆钉或自攻螺钉进行固定。竖向龙骨的间距按设计要求采用，一般宜控制在 300～600mm 范围内。

⑤ 在安装门窗洞口的加强龙骨后，再安装通贯横撑龙骨和支撑卡。通贯横撑龙骨必须与竖向龙骨撑牢，使整个轻钢龙骨的骨架有足够的刚度和强度。

⑥ 在安装隔墙的罩面板前，应检查轻钢龙骨安装的牢固程度、门窗洞口、各种附墙设备、管线安装和固定是否符合设计要求，如果有不牢固之处，应采取措施进行加固，经检查验收合格后，才可进行下一道工序的操作。

复习思考题

1. 板材隔墙工程中所用的轻质板材、钢丝网架夹心板和其他材料的质量要求各包括哪些方面？具体要求是什么？

2. 骨架隔墙工程中所用的轻钢龙骨、罩面平板材料的质量要求各是什么？

3. 活动隔墙工程中所用的材料的质量要求各是什么？

4. 玻璃隔墙工程中所用的玻璃、铝合金型材等的质量要求各是什么？

5. 板材隔墙工程施工质量控制要点有哪些方面？

6. 骨架隔墙工程施工质量控制要点有哪些方面？

7. 活动隔墙工程施工质量控制要点有哪些方面？

8. 玻璃隔墙工程施工质量控制要点有哪些方面？

9. 板材隔墙工程质量验收的主控项目和一般项目各是什么？各自如何进行检验？

10. 骨架隔墙工程质量验收的主控项目和一般项目各是什么？各自如何进行检验？

11. 活动隔墙工程质量验收的主控项目和一般项目各是什么？各自如何进行检验？

12. 玻璃隔墙工程质量验收的主控项目和一般项目各是什么？各自如何进行检验？

13. 加气混凝土条板隔墙的常见质量问题有哪些？各自如何进行防治？

14. 石膏空心板隔墙的常见质量问题有哪些？各自如何进行防治？

15. 预制混凝土板隔墙的常见质量问题有哪些？各自如何进行防治？

16. 木骨架板材隔墙的常见质量问题有哪些？各自如何进行防治？

17. 轻钢龙骨石膏板隔墙的常见质量问题有哪些？各自如何进行防治？

第十一章

装饰细部工程质量控制

【提要】 本章主要介绍了装饰细部工程常用材料的质量控制、施工过程中的质量控制、装饰细部工程验收质量控制、装饰细部工程质量问题与防治措施。通过对以上内容的学习，基本掌握装饰细部工程在材料、施工和验收中质量控制的内容、方法和重点，为确保装饰细部工程的施工质量打下良好基础。

装饰细部工程是建筑装饰工程的重要组成部分，大多数都处于室内的显要位置，对于改善室内环境、美化空间起着非常重要的作用。工程实践充分证明，装饰细部工程不仅是一项技术性要求很高的工艺，而且还要具有独特欣赏水平和较高的艺术水平。

第一节 装饰细部工程常用材料的质量控制

装饰细部工程虽然是结构主体的装饰性工程，但其所用的材料却涉及面非常广泛。不仅需要黑色金属和有色金属，而且还需要很多非金属材料；不仅需要水硬性胶凝材料，而且还需要气硬性胶凝材料；不仅需要有机材料，而且还需要无机材料。不管采用何种材料，其规格、性能、型号和其他方面，均应符合现行的国家和行业标准。

一、橱柜工程材料的质量控制

① 橱柜制作与安装所用材料的材质和规格、木材的阻燃性能等级和含水率、花岗石的放射性及人造木板的甲醛含量等，均应符合设计要求及国家现行标准的有关规定。

② 木方料。木方料是装饰细部工程制作骨架的基本材料，应选用木质较好、无腐朽、不潮湿、无扭曲变形的合格材料，其含水率不得大于12%。

③ 胶合板。胶合板应选用不潮湿并无胶脱开裂的板材；饰面胶合板应选用木纹流畅、色泽纹理一致、无疤痕、无脱胶空鼓、装饰性较好的板材。

④ 配件。根据装饰细部的连接方式选择相应的五金配件，如拉手、铰

链、镶边条等；并按装饰细部的造型与色彩选择五金配件，以适应各种彩色装饰细部的使用。

二、窗帘盒、窗台板和散热器罩材料的质量控制

① 窗帘盒制作与安装所使用的材料和规格，木材的阻燃性能等级和含水率（含水率不大于 12%）、人造木板的甲醛含量等，均应符合设计要求及国家现行标准的有关规定。

② 窗台板制作与安装所使用的材料和规格，木材的阻燃性能等级和含水率（含水率不大于 12%）、人造木板的甲醛含量等，均应符合设计要求及国家现行标准的有关规定。

③ 散热器罩制作与安装所使用的材料和规格，木材的阻燃性能等级和含水率、人造木板的甲醛含量等，均应符合设计要求及国家现行标准的有关规定。制作暖气罩的龙骨材料应符合设计要求。

④ 木龙骨及饰面材料应符合细木装修的标准，材料无缺陷，含水率低于 12%；胶合板的含水率低于 8%。

⑤ 木方料。木方料是装饰细部工程制作骨架的基本材料，应选用木质较好、无腐朽、不潮湿、无扭曲变形的合格材料，其含水率不得大于 12%。

⑥ 防腐剂、油漆、钉子和其他各种小五金的质量必须符合设计要求。

三、门窗套材料的质量控制

① 门窗套制作与安装所用的材料的材质、规格、花纹和颜色、木材的阻燃性能等级和含水率、人造木板的甲醛含量等，均应符合设计要求及国家现行标准的有关规定。

② 门窗套制作与安装所用的木材应采用干燥的材料，其含水率不得大于 12%；腐朽、虫蛀、有节疤的木材不能使用。

③ 胶合板应选用不潮湿并无胶脱开裂的板材；饰面胶合板应选用木纹流畅、色泽纹理一致、无疤痕、无脱胶空鼓、装饰性较好的板材。

④ 木龙骨基层木材的含水率必须控制在 12% 以内，但也不宜小于 8%（否则吸水后容易产生变形）；在安装前一般将木材提前运到现场，放置 10d 以上，使木材含水率与现场湿度相吻合。

四、栏杆和扶手材料的质量控制

① 护栏和扶手制作与安装所用的材料的材质、规格、数量和木材、塑料的阻燃性能等应符合设计要求。

② 木制扶手一般应选用硬杂木加工或选购成品，其树种、规格、尺寸、形状应符合设计要求。选用的木材应纹理顺直、颜色一致，不得有腐朽、节疤、裂缝、扭曲等缺陷；含水率不得大于 12%。弯头料一般采用扶手料，以 45°角断面相接，断面特殊的木扶手按设计要求备弯头料。

③ 胶黏剂。一般多用聚醋酸乙烯（乳胶）等胶黏剂，其质量应符合设计要求。尤其是胶黏剂中总挥发性有机化合物（TVOC）和苯限量必须符合现行标准的规定。

④ 玻璃栏板用材质量要求，应符合下列规定。

a. 玻璃。由于玻璃在栏板构造中既是装饰构件又是受力构件，需具有防护功能及承受推、靠、挤等外力作用的能力，所以应采用安全玻璃，单层钢化玻璃的厚度一般为 12mm。由于钢化玻璃不能在施工现场裁割，所以应根据设计尺寸在厂家订制，要特别注意尺寸准确、排块合理。

b. 扶手材料。扶手是玻璃栏板的收口和稳固连接构件，其材质影响到使用功能和栏板的整体装饰效果。因此扶手的造型与材质需要与室内其他装饰一并设计。目前所使用的玻璃栏板扶手材料主要是不锈钢圆管、黄铜圆管和高级木料三种。

五、花饰工程材料的质量控制

① 花饰工程所用的材料主要有水泥砂浆花饰、混凝土花饰、木制花饰、金属花饰、塑料花饰和石膏花饰，其品种、规格、材质、颜色、式样等应符合设计要求。

② 胶黏剂、螺栓、螺钉、焊接材料、贴砌的粘贴材料等，其品种、规格和性能应符合设计要求和国家有关规范的规定。胶黏剂中总挥发性有机化合物（TVOC）不得大于 750g/L，游离甲醛不得大于 1.0g/kg。

第二节　装饰细部工程施工质量控制

装饰细部工程不仅是一项技术性要求很高的工艺，而且还要具有独特欣赏水平和较高的艺术水平。因此，装饰细部工程的施工，要做到精心细致、位置准确、接缝严密、花纹清晰、颜色一致，每个环节和细部都要符合规范的要求，这样才能起到衬托装饰效果的作用。

一、橱柜工程施工质量控制

① 在装配橱柜时应注意构件的部位和正反面，需要涂胶的部位必须涂刷均匀，并及时将装配中挤出的胶液擦拭干净。采用锤击装配时，应将构件的锤击部位垫上木块，锤击不能过猛。如果装配拼合不严，应找出原因后采取相应措施纠正，切不可硬打。

② 当用膨胀螺栓固定吊橱时，膨胀螺栓不得安装在多孔砖或加气砌块上。当遇到上述情况时应事先采取妥善的预埋件处理措施，预埋件或后置埋件的数量、规格、位置应符合设计要求，确保使用过程的安全。

③ 安装后橱柜的造型、尺寸、颜色、安装位置，配件的品种、规格、数量，均应符合设计要求。橱柜安装必须牢固，配件应齐全。

二、窗帘盒、窗台板和散热器罩施工质量控制

① 在安装窗帘盒的墙体上或过梁上预埋 2～3 个木砖或螺栓，木砖和螺栓均应进行防腐处理。如用燕尾扁钢时，应在砌墙时留洞后埋设。

② 窗帘盒安装时距离窗口的尺寸应由设计规定，但两端边应高低一致，离窗洞距离一致，盒身与墙面垂直。在同一房间内同标高的窗帘盒应拉线找平找齐，使其标高一致。

③ 安装窗台板时，其出墙与两侧伸出窗洞以外的长度要求一致，在同一房间内，安装标高应相同，并各自保持水平。宽度大于 150mm 的窗台板，拼合时应穿暗带。

④ 散热器罩可采用实木板上、下刻孔的做法，也可采用胶合板、硬质纤维板、硬木条等制作成格片，还可采用木雕装饰等。

为便于散热器及管道的维修，散热器罩既要安装牢固，又要摘挂方便，因此与主体连接宜采用插装、挂接和钉接等方法。

三、门窗套施工质量控制

① 根据门窗洞口的实际尺寸，先用木方料制成木龙骨架。一般骨架分为三片，两侧各一片。每片两根立杆，当筒子板宽度大于 500mm 需要拼缝时，中间应适当增加立杆。

② 横撑间距根据筒子板厚度决定。当面板厚度为 10mm 时，横撑间距不大于 40mm；板厚为 5mm 时，横撑间距不大于 300mm。横撑间距必须与预埋件间距位置对应。

③ 木龙骨架直接用圆钉钉成，并将朝外的一面刨光。其他三面涂刷防腐剂与防火剂。

④ 为了防潮，龙骨架与墙之间应干铺一层油毡，龙骨架必须牢固、方整。

⑤ 面板的颜色和木纹应进行挑选，近似者在同一个房间使用。接缝应避开视线位置，同时注意木纹是否通顺，接头应留在横撑上。

⑥ 当使用厚板作为面板时，为防止板面产生变形弯曲，可在板背面做宽为 10mm，深度为 5～8mm，间距为 100mm 的卸力槽。

⑦ 板面与木龙骨间要涂胶。固定板面所用钉子的长度为面板厚度的 3 倍，间距一般为 100mm，钉帽砸扁后冲进木材面层 1～2mm。

⑧ 筒子板的里侧要装进门、窗框预先做好的凹槽里。外侧要与墙面齐平，割角一定要严密方正。

四、护栏和扶手施工质量控制

① 在制作木扶手前，先按设计要求做出扶手横断面的足尺样板，将扶手底刨平直后，定出其中线，在其两端对好样板划出断面，刨出底部木槽，槽深一般为 3～4mm，槽宽应根据铁板而定，但不得超过 40mm。

② 制作扶手的弯头前，应做足尺样板。把弯头的整料先规方，用样板进行画线，锯成雏形毛料，但应注意毛料应比实际尺寸大 10mm 左右，然后按样板进行加弯头。

③ 安装木扶手由下往上依次进行。首先按设计要求做好起步点的弯头；再接着安装扶手。固定木扶手的木螺钉应拧紧，螺钉头应进入木表面，螺钉间距不宜大于 400mm。

④ 当木扶手断面宽度或高度超过 70mm 时，如在施工现场进行斜面拼缝，最好也加做暗木榫进行加固。

⑤ 木扶手末端与墙或柱的连接必须牢固，不能简单地将木扶手伸入墙内，因为水泥砂浆不能与木扶手牢固结合，水泥砂浆的收缩裂缝会使木扶手入墙部分产生松动。

⑥ 沿墙木扶手的安装方法，与以上所述基本相同。由于连接扁钢不是连续的，所以在固定预埋铁件和安装连接件时，必须拉通线找准位置，并且不能松动。

⑦ 所有木扶手安装好后，要对所有构件的连接进行仔细检查，木扶手的拼接要平顺光滑，对于不平整的地方要进行刨光处理，再用砂纸打磨光滑，然后刮腻子补色，最后按设计要求进行刷漆。

五、花饰工程施工质量控制

① 预制花饰安装前应将基层或基体认真清理干净，处理平整，并检查基底是否符合安装花饰的要求，若不符合应采取措施进行处理。

② 在预制花饰安装前，应按设计要求确定安装位置线。即按设计位置由测量配合，弹出花饰位置中心线及分块的控制线。

③ 花饰安装必须选择适当的固定方法及粘贴材料。注意胶黏剂的品种、性能必须符合设计要求，特别要防止粘贴不牢，造成开黏而脱落。

④ 水泥砂浆花饰和水泥水刷石花饰，宜采用水泥砂浆或聚合物水泥砂浆进行粘贴。

⑤ 石膏花饰一般宜用石膏灰或水泥浆进行粘贴。

⑥ 木制花饰和塑料花饰可采用胶黏剂进行粘贴，也可以采用钉固方法进行安装。

⑦ 金属花饰一般宜用螺钉进行固定，也可以根据构造选用焊接方法进行安装。

⑧ 预制混凝土花饰或浮面花饰制品，应用 1∶2 的水泥砂浆砌筑，拼块之间用钢销子系固，并与结构连接牢固。

⑨ 质量较大的花饰采用螺钉固定方法安装。安装时将花饰预留孔对准结构预埋固定件，用铜或镀锌炽钉适量加以拧紧，花饰图案应精确吻合，固定后用 1∶1 的水泥砂浆将安装孔堵严，表面用同花饰颜色一样的材料修饰，不得有明显的痕迹。

⑩ 质量大、体积大的花饰采用螺栓固定法安装。安装时将花饰预留孔对准安装位置的

预埋螺栓，按设计要求基层与花饰表面规定的缝隙尺寸，用螺母或垫块固定，并加临时支撑。花饰图案应精确，对缝应吻合。

⑪ 花饰与墙面间隙的两侧和底面用石膏临时堵住，待石膏凝固后，用 1∶2 的水泥砂浆分层灌入花饰与墙面的缝隙中，由下而上每次灌 100mm 左右，下层终凝后再灌上一层。灌缝砂浆达到强度后才能拆除支撑，清除周边临时堵缝的石膏，并进行修饰。

⑫ 大重型金属花饰宜采用焊接固定方法安装。根据设计构造，采用临时固挂的方法后，按设计要求先找正位置，焊接点应受力均匀，焊接质量应满足设计及有关规范的要求。

⑬ 花饰安装完毕后应加强对成品的保护，采取相应措施保持已安装好花饰的完好、洁净，防止出现撞击和损坏。

第三节　装饰细部工程验收质量控制

细部工程在建筑装饰装修工程中，虽然是主体结构的表面装饰或辅助工程，对主体结构的安全性影响不大，但对于装饰效果却起着极其重要的作用。因此，在装饰装修工程施工中，应当十分注意细部工程的施工质量，使其达到设计和有关规范的要求。

一、橱柜工程验收质量控制

根据国家标准《建筑装饰工程质量验收规范》（GB 50210—2001）中的有关规定，位置固定的壁柜、吊柜等橱柜制作与安装工程的质量验收，应当符合以下规定。

对于位置固定的壁柜、吊柜等橱柜制作与安装工程的质量验收，每个检验批至少抽查 3 间（处），不足 3 间（处）时，应当全数进行检查。

橱柜制作与安装工程的质量验收标准，如表 11-1 所列；橱柜安装的允许偏差和检验方法，如表 11-2 所列。

表 11-1　橱柜制作与安装工程的质量验收标准

项目	项次	质 量 要 求	检 验 方 法
主控项目	1	橱柜制作与安装所用材料的材质和规格、木材的燃烧性能等级和含水率、花岗石的放射性及人造木板的甲醛含量应符合设计要求及国家现行标准的有关规定	观察；检查产品合格证书、进场验收记录、性能检测报告和复验报告
	2	橱柜安装预埋件或后置埋件的数量、规格、位置应符合设计要求	检查隐蔽工程验收记录和施工记录
	3	橱柜的造型、尺寸、安装位置、制作和固定方法应符合设计要求；橱柜安装必须牢固	观察；尺量检查；手扳检查
	4	橱柜配件的品种、规格应符合设计要求；配件应齐全，安装应牢固	观察；手扳检查；检查进场验收记录
一般项目	5	橱柜的抽屉和柜门开关应灵活、回位应正确	观察；开启和关闭检查
	6	橱柜表面应平整、洁净、色泽一致，不得有裂缝、翘曲及损坏	观察
	7	橱柜裁口应顺直，拼缝应严密	观察
	8	橱柜安装的允许偏差和检验方法应符合表 11-2 的规定	

表 11-2　橱柜安装的允许偏差和检验方法

项次	项　目	允许偏差/mm	检 验 方 法
1	外形尺寸	3	用钢尺检查
2	立面垂直度	2	用 1m 垂直检测尺检查
3	门与框架的平行度	2	用钢尺检查

二、窗帘盒、窗台板和散热器罩验收质量控制

根据国家标准《建筑装饰工程质量验收规范》（GB 50210—2001）中的有关规定，窗帘

盒、窗台板和散热器罩制作与安装工程的质量验收，应当符合以下规定。

对于窗帘盒、窗台板和散热器罩制作与安装工程的质量验收，每个检验批至少抽查 3 间（处），不足 3 间（处）时，应当全数进行检查。

窗帘盒、窗台板和散热器罩制作与安装工程的质量验收标准，如表 11-3 所列；窗帘盒、窗台板和散热器罩安装的允许偏差和检验方法，如表 11-4 所列。

表 11-3　窗帘盒、窗台板和散热器罩制作与安装工程的质量验收标准

项目	项次	质 量 要 求	检 验 方 法
主控项目	1	窗帘盒、窗台板和散热器罩制作与安装所用材料的材质和规格、木材的燃烧性能等级和含水率、花岗石的放射性及人造木板的甲醛含量应符合设计要求及国家现行标准的有关规定	观察；检查产品合格证书、进场验收记录、性能检测报告和复验报告
	2	窗帘盒、窗台板和散热器罩的造型、规格、尺寸、安装位置和固定方法应符合设计要求；窗帘盒、窗台板和散热器罩的安装必须牢固	观察；尺量检查；手扳检查
	3	窗帘盒配件的品种、规格应符合设计要求；配件应齐全，安装应牢固	观察；检查进场验收记录
一般项目	4	窗帘盒、窗台板和散热器罩表面应平整、洁净、线条顺直、接缝严密、色泽一致，不得有裂缝、翘曲及损坏	观察
	5	窗帘盒、窗台板和散热器罩与墙面、窗框的衔接应严密，密封胶缝应顺直、光滑	观察
	6	窗帘盒、窗台板和散热器罩安装的允许偏差和检验方法应符合表 11-4 的规定	

表 11-4　窗帘盒、窗台板和散热器罩安装的允许偏差和检验方法

项次	项　目	允许偏差/mm	检 验 方 法
1	水平度	2	用 1m 水平尺和塞尺检查
2	上口、下口直线度	3	拉 5m 线，不足 5m 的拉通线，用钢直尺检查
3	两端距窗洞口长度差	2	用钢直尺检查
4	两端出墙厚度差	3	8 用钢直尺检查

三、门窗套验收质量控制

对于门窗套的制作与安装工程的质量验收，每个检验批至少抽查 3 间（处），不足 3 间（处）时，应当全数进行检查。

门窗套的制作与安装工程的质量验收标准，如表 11-5 所列；门窗套安装的允许偏差和检验方法，如表 11-6 所列。

表 11-5　门窗套的制作与安装工程的质量验收标准

项目	项次	质 量 要 求	检 验 方 法
主控项目	1	门窗套制作与安装所用材料的材质、规格、花纹和颜色、木材的燃烧等级和含水率、花岗石的放射性及人造木板的甲醛含量应符合设计要求及国家现行标准的有关规定	观察；检查产品合格证书、进场验收记录、性能检测报告和复验报告
	2	门窗套的造型、尺寸和固定方法应符合设计要求，安装必须牢固	观察；尺量检查；手扳检查
一般项目	3	门窗套表面应平整、洁净、线条顺直、接缝严密、色泽一致，不得有裂缝、翘曲及损坏	观察
	4	门窗套安装的允许偏差和检验方法应符合表 11-6 的规定	

表 11-6　门窗套安装的允许偏差和检验方法

项次	项　目	允许偏差/mm	检 验 方 法
1	正、侧面垂直度	3	用 1m 垂直检测尺检查
2	门窗套上口水平度	1	用 1m 水平检测尺和塞尺检查
3	门窗套上口直线度	3	拉 5m 线，不足 5m 的拉通线，用钢直尺检查

四、栏杆和扶手验收质量控制

根据国家标准《建筑装饰工程质量验收规范》（GB 50210—2001）中的有关规定，护栏和扶手制作与安装工程的质量验收，应当符合以下规定。

对护栏和扶手制作与安装工程的质量验收，每个检验批的护栏和扶手应当全部进行检查。

护栏和扶手制作与安装工程的质量验收标准，如表 11-7 所列；护栏和扶手安装的允许偏差，如表 11-8 所列。

表 11-7 护栏和扶手制作与安装工程的质量验收标准

项目	项次	质 量 要 求	检 验 方 法
主控项目	1	护栏和扶手制作与安装所使用材料的材质、规格、数量和木材、塑料的燃烧性能等级应符合设计要求	观察；检查产品合格证书、进场验收记录和性能检测报告
	2	护栏和扶手的造型、规格、尺寸及安装位置应符合设计要求	观察；尺量检查；检查进场验收记录
	3	护栏和扶手安装预埋件的数量、规格、位置以及护栏与预埋件的连接节点应符合设计要求	检查隐蔽工程验收记录和施工记录
	4	护栏高度、栏杆间距、安装位置必须符合设计要求；护栏安装必须牢固	观察；尺量检查；手扳检查
	5	护栏玻璃应使用公称厚度不小于 12mm 的钢化玻璃或钢化夹层玻璃；当护栏一侧距楼地面为 5m 及以上时，应使用钢化夹层玻璃	观察；尺量检查；检查产品合格证书和进场验收记录
一般项目	6	护栏和扶手转角弧度应符合设计要求；接缝应严密，表面应光滑，色泽应一致，不得有裂缝、翘曲及损坏	观察；手摸检查
	7	护栏和扶手安装的允许偏差和检验方法应符合表 11-8 的规定	

注：本表第 4 项为强制性条文。

表 11-8 护栏和扶手安装的允许偏差和检验方法

项次	项 目	允许偏差/mm	检 验 方 法
1	护栏垂直度	3	用 1m 垂直检测尺检查
2	栏杆间距	3	用钢尺检查
3	扶手直线度	4	拉通线，用钢直尺检查
4	扶手高度	3	用钢尺检查

五、花饰工程验收质量控制

根据国家标准《建筑装饰工程质量验收规范》（GB 50210—2001）中的有关规定，混凝土、石材、木材、塑料、金属、玻璃、石膏等花饰的质量验收，应当符合以下规定。

混凝土、石材、木材、塑料、金属、玻璃、石膏等花饰制作与安装工程的质量验收，室外每个检验批应当全部进行检查；室内每个检验批至少抽查 3 间（处），不足 3 间（处）时应当全数进行检查。

混凝土、石材、木材、塑料、金属、玻璃、石膏等花饰制作与安装工程的质量验收标准，如表 11-9 所列；花饰安装的允许偏差和检验方法，如表 11-10 所列。

表 11-9 花饰制作与安装工程的质量验收标准

项目	项次	质 量 要 求	检 验 方 法
主控项目	1	花饰制作与安装所用材料的材质、规格应符合设计要求	观察；检查产品合格证书和进场验收记录
	2	花饰的造型、尺寸应符合设计要求	观察；尺量检查
	3	花饰的安装位置和固定方法必须符合设计要求，安装必须牢固	观察；尺量检查；手扳检查
一般项目	4	花饰表面应洁净，接缝应严密吻合，不得有歪斜、裂缝、翘曲及损坏	观察
	5	花饰安装的允许偏差和检验方法应符合表 11-10 的规定	

表 11-10　花饰安装的允许偏差和检验方法

项次	项　目		允许偏差/mm		检　验　方　法
			室内	室外	
1	条型花饰的水平度或垂直度	每米	1	2	拉线和用 1m 垂直检测尺检查
		全长	3	6	
2	单独花饰中心位置偏移		10	15	拉线和用钢直尺检查

第四节　装饰细部工程质量问题与防治措施

装饰细部工程是建筑装饰工程中的重要组成部分,其施工质量如何不仅直接影响着整体工程的装饰效果,而且也影响主体结构的使用寿命。

但是,在制作与安装的过程中,由于材料不符合要求、制作水平不高、安装偏差较大等方面的原因,会出现或存在着这样那样的质量问题。因此,应当严格按照有关规定进行认真制作与安装,当出现质量问题后,应采取措施加以解决。

一、橱柜工程质量问题与防治措施

橱柜是室内不可缺少的体积较大的用具,在室内占有一定空间并摆放于比较显眼的部位,其施工质量如何,对室内整体的装饰效果有直接影响,对使用者也有直接的利益关系。因此,对橱柜在制作与安装中出现的质量问题,应采取技术措施及时加以解决。

(一) 橱柜的内夹板变形,甚至霉变腐朽

1. 质量问题

当橱窗安装完毕在使用一段时间后,经质量检查发现有如下质量问题:①内夹板出现过大变形,严重影响橱柜的美观;②个别内夹板出现霉变腐朽。

2. 原因分析

① 用于橱柜装修的木材含水量过高,木材中的水分向外蒸发,使内夹板吸收一定量的水分,从而造成因内夹板受潮而变形。

② 在室内装饰工程施工中,墙面和地面采用现场湿作业,当墙面和地面尚未干透时,就开始安装橱柜,墙面和地面散发的水分被木装修材料吸收,由于木装修长期处于潮湿状态,则会引起内夹板变形,甚至发生霉变腐朽。

③ 在橱柜内设置有排水管道,由于管道封口不严或地面一直处于潮湿状态,使大量水分被落地橱柜的木质材料所吸收,时间长久则会出现变形和霉变腐朽。

④ 由于墙体中含有一定量的水分,所以要求靠近墙面的木质材料均要进行防腐处理。如果此处的木质材料未作防腐处理,很容易使木材吸湿而霉变腐朽。

⑤ 如果制作橱柜的木材含水量比较高,再加上木质材料靠墙体部分的水分不易散发,则会使橱柜的局部出现霉变腐朽。

3. 防治措施

① 制作橱柜所用木材的含水率必须严格控制。一般在我国南方空气湿度比较高的地区,所用木材的含水率应控制在 15% 以下;在北方地区或供暖地区,所用木材的含水率应控制在 12% 左右。

② 在需要安装橱柜的墙面和地面处,必须待墙面和地面基本干燥后进行。在安装橱柜之前,要认真检查测定安装部位的含水情况,不符合要求时,不得因为要加快施工进度而勉强进行安装。

③ 在安装橱柜之前,应根据橱柜的具体位置,确定橱柜与墙面和地面接触的部位。对

这些易受潮湿变形和霉变腐朽之处，在木材的表面涂刷防腐剂。

④ 设置于橱柜内的排水管道接口应当非常严密，不得出现水分外溢现象。对于水斗、面盆的四周，要用密封胶进行密封，以防用水时溢出的水沿着缝隙渗入木质材料。

⑤ 橱柜安装于墙面和地面上后，如果水分渗入木质材料内，特别是橱柜内部不通风的地方，水分不易散发。为防止木质材料吸水，对橱柜内的夹板等木质材料表面应涂刷油漆。

（二）橱柜的门产生变形

1. 质量问题

有些橱柜的门扇在使用一段时间后，产生门扇弯曲变形，启闭比较困难，甚至有的根本无法开关，严重影响使用。

2. 原因分析

① 制作橱柜门扇所用的木材，其含水率过高或过低，均会引起过大变形。如果木材的含水率过低，木材吸水后会发生膨胀变形；如果木材的含水率过高，木材中的水分散发后会产生收缩变化。

② 橱柜的门扇正面涂刷油漆，但其内侧却未涂刷油漆，未刷油漆一面的木质材料，会因单面吸潮而使橱柜门扇弯曲变形。此外，由于普通的橱柜门扇比较薄，薄木板经不起外界的环境影响，很容易产生变形。

③ 由于制作橱柜门扇的木材选用不当，木材本身的材质所致，木门的含水率随着温度变化而导致门扇变形。

3. 防治措施

① 在制作橱柜时，要根据所在地区严格控制木材的含水率。一般在我国南方空气湿度比较高的地区，所用木材的含水率应控制在15％左右；在北方和比较干燥的地区，所用木材的含水率应控制在12％左右，但一般不应低于8％，以免木材吸潮后影响橱柜门的开关。

② 橱柜门刷油漆的目的是为了保护木材免受外界环境对其的影响，因此橱柜门的内外侧乃至门的上、下帽顶面，均要涂刷均匀的油漆。如果橱柜门的表面粘贴塑料贴面，也应当全面粘贴。

③ 橱柜门扇的厚度不得太小，一般不宜小于20mm。制作橱柜门扇的材料宜采用细木工板、多层夹板，当采用木板时，应选用优质、变形小的木材，而避免使用易变形的木材（如水曲柳）和木材的边缘部位。

（三）壁橱门玻璃碎裂

1. 质量问题

在壁橱门的玻璃安装后，在开关的过程中稍微用力则出现玻璃碎裂，甚至有个别玻璃还会自行破碎。这些质量问题不仅影响壁橱的使用功能，而且还会伤人。

2. 原因分析

① 在进行玻璃安装时，玻璃与门扇槽底、压条之间没有设置弹性材料隔离，而是将玻璃直接与槽口接触。由于缺少弹性减震的垫层，玻璃受到震动时容易出现破裂。

② 安装的玻璃不符合施工标准的要求，玻璃松动或钉子固定得太紧，当门扇开关震动时就容易造成玻璃的破裂。

③ 玻璃裁割的尺寸过大，边部未留出一定的空隙，在安装玻璃时相对应的边直接顶到门扇的槽口，或者安装时硬性嵌入槽内，当环境温度发生变化，由于温差玻璃产生变形，玻璃受到挤压而破损。

④ 由于开关用力过猛或其他原因，钢化玻璃产生自爆，从而出现粉碎性的破裂。

3. 防治措施

① 在裁割壁橱门上的玻璃时，应根据测量的槽口尺寸每边缩小 3mm，使玻璃与槽口之间有一定的空隙，以适应玻璃变形的需要。

② 在安装玻璃时，应使用弹性材料（如油灰、橡胶条、密封胶等）填充，使玻璃与门扇槽口、槽底之间隔离，并且处于弹性固定状态，以避免碰撞而造成玻璃的破裂。

③ 钢化玻璃在进行钢化处理之前，应预先磨边、倒棱和倒角，因为钢化玻璃的端部和边缘部位抵抗外力的能力较差，经磨边、倒棱和倒角处理的钢化玻璃安装到门扇上后，可以防止玻璃边缘的某一点受刚性挤压而破裂。

二、栏杆和扶手质量问题与防治措施

栏杆与扶手是现代高层建筑中非常重要的组成部分，不仅代表着整个建筑的装修档次，而且关系到在使用过程中的安全。因此，在栏杆与扶手的施工中，要特别注意按照《建筑装饰装修工程质量验收规范》（GB 50210—2001）中的标准去做，对于施工中容易出现的质量问题应加以预防。

（一）木扶手质量不符合设计要求

1. 质量问题

在木扶手安装完毕后，经质量检查发现如下问题：①木材的纹理不顺直，同一楼中扶手的颜色不一致；②个别木扶手有腐朽、节疤、裂缝和扭曲现象；③弯头处的处理不美观；④木扶手安装不平顺、不牢固。

2. 原因分析

① 未认真挑选质量优良、色泽一致、纹理顺直的木材，进行木扶手的制作；在安装木扶手时，也没有仔细进行搭配和预拼。结果造成木扶手安装后，形成纹理不顺直，颜色不一致。

② 在进行木扶手制作时，对所用木材未严格把关，使得制作出的扶手表面有腐朽和节疤等问题。

③ 由于制作木扶手所用的木材含水率过高，尤其是大于 12％时，木扶手安装后散发水分，很容易造成扶手出现裂缝和扭曲。

④ 对于木扶手的转弯处的木扶手弯头，未按照转弯的实际情况进行割配；在进行木扶手安装时，未按照先预装弯头、再安装直段的顺序操作，结果使弯头与直段衔接不自然、不美观。

⑤ 在扶手安装之前，未对栏杆的顶部标高、位置、坡度进行认真校核，如果有不符合要求之处，安装扶手后必然造成扶手表面不平顺。

⑥ 木扶手安装不牢固的主要原因有：与支撑固定件的连接螺钉数量不足，连接螺钉的长度不够，大断面扶手缺少其他固定措施。

3. 防治措施

① 严格挑选制作木扶手所用的木材，不能用腐朽、节疤、斜纹的木材，应选用材质较硬、纹理顺直、色泽一致、花纹美丽的木材。如果购买木扶手成品，应当严把质量关，按设计要求进行采购。

② 严格控制制作木扶手所用木材的含水率，南方地区不宜超过 15％，北方及干燥地区不宜超过 12％。

③ 要根据转弯处的实际情况配好起步弯头，弯头应用扶手料进行割配，即采用割角对缝黏结的方法。在进行木扶手预装时，先预装起步弯头及连接第一段扶手的折弯弯头，再配上折弯之间的直线扶手。

④ 在正式安装木扶手之前，应当对各栏杆的顶部标高、位置、楼梯的坡度、栏杆形成

的坡度等进行复核，使栏杆的安装质量必须完全符合设计要求，这样安装的木扶手才能达到平顺、自然、美观。

⑤ 在栏杆和扶手分段检查无误后，进行扶手与栏杆上固定件的安装，用木螺丝拧紧固定，固定间距应控制在 400mm 以内，操作时应在固定点处先将扶手钻孔，再将木螺丝拧入。对于大于 70mm 断面的扶手接头配置，除采用黏结外，还应在下面作暗榫或用铁件配合。

（二）栏杆存在的质量问题

1. 质量问题

栏杆是扶手的支撑，是影响室内装修效果最明显的部件，在施工中存在的主要质量问题有：①栏杆的高度不符合设计要求；②栏杆排列不整齐、不美观；③栏杆之间的间距不同；④金属栏杆的焊接表面不平整。

2. 原因分析

① 在栏杆设计或施工中，未严格遵守现行国家标准《民用建筑设计通则》（GB 50352—2005）中的有关规定，将栏杆的高度降低。

② 在进行土建工程施工时，未严格按设计图纸要求预埋固定栏杆的铁件；在安装栏杆时也未进行复核和调整，结果造成栏杆排列不整齐、不美观，甚至出现栏杆标高、坡度不符合设计要求，影响扶手的安装质量。

③ 在安装栏杆时，未认真测量各栏杆之间的间距，结果造成栏杆分配不合理，间距不相等。

④ 在进行金属栏杆焊接时，未按照焊接施工规范操作，焊缝的高度和宽度不符合设计要求，造成表面有焊瘤、焊痕和高低不平。

3. 防治措施

① 栏杆高度应从楼地面或屋面至栏杆扶手顶面垂直高度计算，栏杆的高度应超过人体重心高度，才能避免人体靠近栏杆时因重心外移而坠落。在国家标准《民用建筑设计通则》（GB 50352—2005）中规定：当临空高度在 24m 以下时，栏杆高度不应低于 1.05m；当临空高度在 24m 及 24m 以上（包括中高层住宅）时，栏杆高度不应低于 1.10m。在施工中应严格遵守这一规定。

② 在进行土建工程施工中，对于楼梯部位的栏杆预埋件，其位置、规格、数量、高程等，必须完全符合设计图纸中的规定；在正式安装栏杆之前，必须对栏杆预埋件进行全面检查，确认无误时才可开始安装，并且要做到安装一根，核对一根。

③ 在进行金属栏杆安装时，必须用计量精确的钢尺，按设计图纸标注的尺寸，准确确定栏杆之间的间距。

④ 在进行金属栏杆焊接连接时，要严格按照行业标准《建筑钢结构焊接技术规程》（JGJ 81—2002）中的规定操作。

三、花饰工程质量问题与防治措施

花饰是装饰细部工程中的重要组成，起着点缀和美化的作用。花饰有石膏制品花饰、预制混凝土花饰、水泥石碴制品花饰、金属制品花饰、塑料制品花饰和木制品花饰等，花样繁多，规格齐全。在室内装饰工程中，一般多采用石膏制品花饰和木制品花饰，其他品种花饰可作为室外花饰。

石膏制品花饰属于脆性材料，在运输、贮存、安装和使用中都要特别小心，做到安装牢固、接缝顺直、表面清洁、不显裂缝、色调一致、无缺棱掉角。如果发现有质量缺陷，应及时进行维修。

（一）花饰制品安装固定方法不当

1. 存在质量现象

花饰按其材质不同，有石膏花饰、水泥砂浆花饰、混凝土花饰、塑料花饰、金属花饰和木制花饰等；花饰按其重量和大小不同，有轻型花饰和重型花饰等。如果花饰安装不牢固，不仅影响其使用功能和寿命，而且还有很大的危险性。

2. 产生原因分析

① 在进行花饰制品安装固定时，没有按照所选用的花饰制品的材质、形状和重量，来选择相应的固定方法，这是使花饰制品安装不牢固的主要原因。

② 在进行花饰正式安装固定前，未预先对需要安装固定的花饰进行弹线和预排列，造成在安装固定中施工不顺利、安装无次序、固定不牢靠。

③ 花饰制品安装固定操作的人员，对花饰安装技术不熟练、方法不得当，特别是采用不合适的固定方法，将更加无法保证安装质量。

3. 防治维修方法

① 按照设计要求的花饰品种、规格、形状和重量，确定适宜的安装固定方法，选择合适的安装固定材料。对于不符合要求的安装固定材料，必须加以更换。

② 在花饰正式安装固定前，应在拼装平台上按设计图案做好安装样板，经检查鉴定合格后进行编号，作为正式安装中的顺序号；并在墙面上按设计要求弹好花饰的位置中心线和分块的控制线。

③ 根据花饰制品的材质、品种、规格、形状和重量，来选择相应的固定方法。在工程中常见的安装固定方法有以下几种。

a. 粘贴法安装　粘贴法安装一般适用于轻型花饰制品，粘贴的材料根据花饰材料的品种而选用。如水泥砂浆花饰和水刷石花饰，可采用水泥砂浆或聚合物水泥砂浆粘贴；石膏花饰，可采用快粘粉粘贴；木制花饰和塑料花饰，可采用胶黏剂粘贴。必要时，再用钉子、钢销子、螺钉等与结构加强连接固定。

b. 螺钉固定法安装　螺钉固定法适用于较重的花饰制品的安装，安装时将花饰预留孔对准结构预埋固定件，用镀锌螺钉适量拧紧固定，花饰的图案应对齐、精确、吻合，固定后用配合比为 1:1 的水泥砂浆将安装孔眼堵严，最后表面用同花饰颜色一样的材料进行修饰，使花饰表面不留痕迹。

c. 螺栓固定法安装　螺栓固定法适用于重量大、大体形的花饰制品的安装，安装时将花饰预留孔对准安装位置的预埋螺栓，用螺母和垫板固定并加临时支撑，花饰图案应清晰、对齐，接缝应吻合、齐整，基层与花饰表面留出缝，用 1:2 的水泥砂浆分层进行灌缝，由下往上每次灌 100mm 高度，下层砂浆终凝后再灌上一层砂浆，灌缝砂浆达到设计强度后拆除临时支撑。

d. 焊接固定法安装　焊接固定法适用于重量大、大体形的金属花饰制品的安装，安装时根据花饰块体的构造，采用临时悬挂固定的方法，按设计要求找准位置进行焊接，焊接点应受力均匀，焊接质量应满足设计及有关规范的要求。

④ 对于不符合设计要求和施工规范标准的，应根据实际情况采用不同的维修方法。如不符合质量要求的花饰，要进行更换；凡是影响花饰工程安全的，尤其是在室内外上部空间的，必须重新进行安装固定，直至完全符合有关规定为止。

（二）花饰安装的位置不符合要求

1. 存在质量现象

花饰安装完毕后，经检查发现：花饰的安装位置不符合设计要求，导致花饰偏离、图案紊乱、花纹不顺，严重影响花饰装饰的观感效果，有时甚至造成大部返工，使工程造价提高。

2. 产生原因分析

① 在花饰安装固定前，未对需要进行安装花饰的部位进行测量复核，结果造成实际工程与设计图纸有一定差别，必然会影响到花饰位置的准确性。

② 在结构施工的过程中，对安装花饰所应埋设的预埋件或预留孔洞未进行反复校核，结果造成基层预埋件或预留孔位置不正确，则造成花饰的位置不符合要求。

③ 在花饰正式安装固定前，未按设计在基层上弹出花饰位置中心线和分块控制线，或复杂分块花饰未预先拼装和编号，导致花饰安装就位不正确，图案吻合不精确。

3. 防治维修方法

① 在结构施工的过程中，要重视安装花饰基层预埋件或预留孔工作，要做到：安装预设前应进行测量复核，施工中要随时进行检查和校核，发现预埋件或预留孔位置不正确或遗漏，应立即采取补救措施。一般可采用打膨胀螺栓的方法。

② 在花饰正式安装固定前，应认真按设计要求在基层上弹出花饰位置的中心线，分块安装花饰的还应弹出分块控制线。

③ 对于复杂分块花饰的安装，应对其规格、色调等进行检验和挑选，并按设计图案在平台上拼装，经预检验合格后进行编号，作为正式安装的顺序号，安装时花饰图案应精确吻合。

④ 对于个别位置不符合设计要求的花饰，应将其拆除重新进行安装；对于位置差别较大影响装饰效果的花饰，应全部拆除后返工。

（三）花饰安装不牢固并出现空鼓

1. 存在质量现象

花饰安装完毕后，经质量检查发现：不仅花饰安装不牢固，而且有空鼓等质量缺陷，存在着严重的安全隐患。

2. 产生原因分析

① 由于在基层结构的施工中，对预埋件或预留孔洞不重视，导致其位置不正确、安装不牢固，必然造成花饰与预埋件连接不牢固。

② 在花饰安装前，未按施工要求对基层进行认真清理和处理，结果使基层不清洁、不平整，抹灰砂浆不能与花饰牢固地黏结。

③ 花饰的安装方法未根据其材质和轻重等进行选择，造成花饰安装不牢、空鼓。

3. 防治维修方法

① 在基层结构施工的过程中，必须按设计要求设置预埋件或预留孔洞，并做到位置正确、尺寸准确、埋设牢固。在花饰安装前应进行测量复核，发现预埋件或预留孔洞位置不正确、埋设不牢、出现遗漏时；应采取修整和补救措施。

② 如果花饰采用水泥砂浆等材料进行粘贴，在粘贴前必须认真处理基层，做到表面平整、清洁、粗糙，以利于花饰与基层接触紧密、粘贴牢固。

③ 花饰应与预埋在基层结构中的锚固件连接牢固，在安装中必须按施工规范进行认真操作，不允许有晃动和连接不牢等现象。

④ 在抹灰基层上安装花饰时，必须待抹灰层达到要求的强度后进行，不允许在砂浆未硬化时进行安装。

⑤ 根据花饰的材质和轻重选择适宜的安装固定方法，安装过程中和安装完毕后均应进行认真检查，发现问题及时解决。

⑥ 对于少量不牢固和空鼓现象，可根据不同程度采取相应方法（如补浆、钉固等）进行处理。但对于重量大、体形大的花饰，如果有空鼓和不牢固现象必须重新进行安装，以防

止出现坠落而砸伤人。

（四）花饰运输和贮存不当而受损

1. 存在质量现象

室内花饰大多数是采用脆性材料而制成的，如石膏花饰、混凝土花饰和水泥石碴花饰等，在花饰制作、运输和贮存的过程中，如果制作不精细、运输和贮存不注意，均会出现表面污染、缺棱掉角等质量问题，将严重影响花饰图案质量、线条清晰，使花饰的整体观感不符合设计要求。

2. 产生原因分析

① 在水泥花饰制品的制作过程中，其浇筑、振捣和养护不符合施工要求，造成花饰制作粗糙，甚至形状不规则、尺寸不准确、表面不平整。

② 在花饰运输的过程中，选用的运输工具不当、道路不平整、搁置方法不正确，结果造成花饰出现断裂、线条损坏、缺棱掉角。

③ 在花饰贮存的过程中，由于堆放方法和地点不当，或贮存中不注意保护，造成花饰出现污染和损伤。

3. 防治维修方法

① 严格按设计要求选择花饰，进场后要仔细进行检查验收，其材质、规格、图案等应符合设计要求，凡有缺棱掉角、线条不清晰、表面污染的花饰，应作退货处理。

② 对于水泥、石膏类花饰的制作，一定要按照施工规范的要求进行操作，做到形状规则、尺寸准确、表面平整、振捣密实、养护充分。

③ 加强花饰装卸和运输过程中的管理，运输时要妥善包装，避免受到剧烈的振动；要选择适宜的运输工具和道路，防止出现悬臂和颠簸；装饰时要轻拿轻放，选好受力的支撑点，防止晃动、碰撞损坏和磨损花饰。

④ 花饰在贮存时要垫放平稳，堆放方式合理，悬臂的长度不宜过大，堆放的高度不宜过高，并要防止日光暴晒、雨淋和受潮。

⑤ 在花饰的运输和贮存过程中，尤其在未涂饰油漆之前，要保持花饰的表面清洁，以免造成涂饰时的困难，或无法清理干净而影响花饰的观感质量。

⑥ 对于不符合设计要求的花饰，绝不准用于工程中。对于已安装的花饰，缺陷不太明显并可修补者可进行修理，个别缺陷明显不合格者可采取更换的方法。

（五）水泥花饰安装操作不符合要求

1. 存在质量现象

水泥类花饰是重量较大的一种花饰，其安装是否牢固关系重大。由于在安装中未按施工规范操作，从而造成花饰安装不牢固，存在严重安全隐患。

2. 产生原因分析

① 水泥花饰在安装前对基层未进行认真清理，表面未预先洒水湿润，致使花饰与基层不能牢固地黏结。

② 在水泥花饰进行粘贴时，其背面未将浮灰和隔离剂等污物清理干净，也未进行润水处理，使花饰与基层的黏结力较差。

③ 在水泥花饰进行粘贴时，粘贴用的水泥砂浆抹得不均匀或有漏抹，或者砂浆填充不密实，或水泥砂浆的黏结强度不足。

④ 在夏季施工时未遮阴防暴晒，冬季施工时未采取保温防冻措施，未按水泥砂浆和混凝土的特性操作，使花饰的黏结力减弱或破坏，从而存在严重的安全隐患。

3. 防治维修方法

① 在水泥花饰安装前，首先应对基层进行认真处理，使基层表面平整、粗糙、清洁，

并用清水进行湿润。

②　在水泥花饰安装时，将水泥花饰背面的浮灰和隔离剂等污物清理干净，并事先洒水进行湿润。

③　严格控制水泥砂浆的配合比，确保砂浆的配制质量，在粘贴花饰时要抹均匀，不得出现漏抹，并要做到随涂抹、随粘贴。

④　水泥花饰粘贴后，要分层填塞砂浆，砂浆必须密实饱满。

⑤　夏季施工要注意遮阴防暴晒，并按时洒水养护；冬季施工要注意保温防冻，防止黏结砂浆在硬化前受冻。

⑥　水泥类花饰是属于较重的物体，如果不按施工规范要求操作，会有很大的安全隐患，对人的安全有很大威胁，因此对于水泥花饰安装不牢固的情况，必须拆除后重新进行安装。

（六）石膏花饰安装中常见质量缺陷

1. 存在质量现象

石膏花饰本身存在着翘曲变形和厚薄不一等质量缺陷，安装后花饰的拼装接缝处不平，不仅严重影响花饰的装饰效果，而且也影响黏结牢固性。

2. 产生原因分析

①　石膏花饰在进场时未认真检查验收，在正式安装前也未经仔细挑选，使用的花饰有翘曲变形和厚薄不一等质量问题。

②　在进行石膏花饰安装固定时，没有按照施工规范中的要求进行操作，造成花饰没有找平、找直，安装质量不符合设计要求。

③　石膏花饰的安装常采用快粘粉或胶黏剂粘贴，这些黏结材料均需要一定的凝固时间，如果在黏结材料未凝固前，石膏花饰受到碰撞，则会出现位置变化和粘贴不牢。

④　拼装接缝之间所用的腻子，一般是施工单位自己配制，如果腻子的配比不准，或配好后存放时间过长，都会造成石膏花饰拼装接缝不平、缝隙不均、黏结不牢等，严重影响装饰观感效果和黏结牢固性。

3. 防治维修方法

①　石膏花饰进场后应认真进行检查验收，其花饰规格、形状、颜色和图案等均应符合设计要求，对翘曲变形大、线条不清晰、表面有污染、规格不符合和缺棱掉角者，必须作退货处理，不能用于工程。

②　在石膏花饰安装前，应认真处理和清理基层，使基层表面平整、干净，并仔细检查基底是否符合安装花饰的要求。对于不符合花饰安装要求的基层，应重新进行清理和处理。

③　在石膏花饰安装前，事先应认真对花饰进行挑选，达到规格、形状、颜色和图案统一，并在拼装台上试组装，对于翘曲变形大、厚薄不一致、缺陷较严重的花饰应剔除，把误差接近组合后进行编号。

④　在石膏花饰安装时，应认真按施工规范进行操作，必须做到线条顺直、接缝平整，饰面调整完毕后再进行固定。

⑤　采用快粘粉或胶黏剂粘贴的石膏花饰，要加强对成品的保护工作，在未凝固前应避免碰撞花饰。

⑥　配制石膏腻子应选用正确的配合比，计量要准确，拌制要均匀，填缝要密实，并要在规定的时间内用完。

⑦　对于不符合设计要求的石膏花饰，应当进行更换；对于不平整和不顺直的接缝，要进行调整；对于碰撞位移的花饰，要重新进行粘贴。

四、窗帘盒、窗台板和散热器质量问题与防治措施

窗帘盒、窗台板和散热器罩，在建筑工程室内装饰中虽是细小装饰部件，但由于它们处于比较明显的部位，如果施工中存在质量问题，不仅影响其装饰效果，而且也影响其使用功能。

（一）窗帘盒的位置不准确，产生形状变形

1. 质量问题

窗帘盒安装完毕后，经检查发现有如下质量问题：安装位置偏离，不符合施工图纸中的规定，不仅严重影响其装饰性，而且对使用也有影响；另外，还存在着弯曲、变形和接缝不严密等质量缺陷，同样也影响窗帘盒的美观和使用。

2. 原因分析

① 产生窗帘盒安装位置不准确的原因很多，主要有：在安装前没有认真审核施工图纸，找准窗帘盒的准确位置；在安装前没按有关规定进行放线定位，使安装没有水平基准线；在安装过程中没有认真复核，造成安装出现一定的偏差；具体施工人员的技术水平较低，不能确保安装质量。

② 制作窗帘盒的木材不合格，尤其是木材的含水率过高，安装完毕在水分蒸发后，产生干缩变形。

③ 窗帘盒的尺寸较大，而所用的制作材料较小，结果造成在窗帘盒自重和窗帘的下垂作用下而出现弯曲变形。

3. 防治措施

① 在进行窗帘盒安装前，应采取措施找准水平基准线，使安装有一个基本的依据。通长的窗帘盒应以其下口为准拉通线，将窗帘盒两端固定在端板上，并与墙面垂直。如果室内有多个窗帘盒安装，应按照相同标高通线进行找平，并各自保持水平，两侧伸出窗洞口以外的长度应一致。

② 在制作木质窗帘盒时，应选用优质不易开裂变形的软性木材，尤其是木材的含水率必须低于12%。对于含水率较高的木材，必须经过烘烤将含水率降低至合格后才能使用。同时，木材在其他方面的指标，应符合设计要求。

③ 窗帘盒的尺寸应当适宜，其长度和截面尺寸必须通过计算确定。窗帘盒顶盖板的厚度一般不小于15mm，以便安装窗帘轨道，并不使其产生弯曲变形。

（二）窗台板有翘曲，高低有偏差

1. 质量问题

窗台板安装后，经质量检查发现有如下质量问题：①窗台板挑出墙面的尺寸不一致，两端伸出窗框的长度不相同；②窗台板两端高低有偏差；③窗台板的板面不平整，出现翘曲现象。

2. 原因分析

① 窗框抹灰时未按规定进行操作，结果造成抹灰厚度不一致，表面不平整。在安装窗台板时，对所抹的灰层未进行找平，从而使窗台板高低有偏差。

② 在安装窗台板时，未在窗台面上设置中心线，没有根据窗台和窗台板的尺寸对称安装，从而导致窗台板两端伸出窗框的长度不相同。

③ 在安装窗框时，由于粗心大意、控制不严，窗框与墙面之间就已经存在着偏差，这样则必然使窗台板挑出墙面的尺寸不一致。

④ 在制作窗台板时，所用的木材含水率过高，窗台板安装后，由于水分的蒸发导致干缩产生翘曲变形。

3. 防治措施

① 在制作木质窗台板时，应当选择干燥的木材，其含水率不得大于12%，其厚度不小

于 20mm。当窗台板的宽度大于 150mm 时，一般应采用穿暗带拼合的方法，以防止板的宽度过大而产生翘曲。

② 在进行窗框安装时，其位置必须十分准确，距离墙的尺寸完全一致，两侧抹灰应当相同，这样才能从根本上避免出现高低偏差。

③ 在安装窗台板时，应当用水平仪进行找平，不允许出现倒泛水问题。在正式安装之前，对窗台板的水平度还应再次复查，两端的高低差应控制在 2mm 范围内。

④ 在同一房间（尤其同一面墙上）内，应按相同的标高安装窗台板，并各自保持水平。两端伸出窗洞的长度应当一致。

（三）散热器罩的质量问题

1. 质量问题

散热器罩安装后，经质量检查发现有如下质量问题：①散热器罩安装不密实，缝隙过大，很不美观；②散热器罩上的隔条间距不同，色泽有差异，有些隔条出现翘曲现象，严重影响其装饰效果。

2. 原因分析

① 在制作散热器罩之前，未认真仔细地测量散热器洞口的尺寸，使得制作后的散热器罩的尺寸不合适。尤其是尺寸较小时，则产生缝隙过大，安装后既不美观，也不牢靠。

② 散热器罩上的隔条，既是热量散发的通道，也是散热器罩上的装饰。在制作时，由于未合理安排各隔条的位置、未认真挑选制作用的木料，很容易造成色泽不同、间距不同的质量问题，对其使用和装饰均有影响。

③ 如果散热器罩中的隔条出现翘曲或活动现象，这是制作所用木材的含水率过大所致，在内部水分蒸发后，必然出现干缩变形。

3. 防治措施

① 必须在散热器洞口抹灰完成，并经验收合格后再测量洞口的实际尺寸。在制作散热器罩之前，应再次复查一下洞口尺寸，确实无误后再下料制作。

② 制作散热器罩时必须选用优质木材，一是木材的含水率不得超过 12%；二是对含水率过大的木材必须进行干燥处理；三是同一个房间内的散热器罩，最好选用同一种木材；四是对木材一定要认真选择和对比。

③ 根据散热器洞口尺寸，科学设计散热器罩，尤其是对散热器罩的边框和隔条要合理分配，使其达到较好的装饰效果。

五、门窗套质量问题与防治措施

门窗套的制作与安装，应做到安装牢固、平直光滑、棱角方正、线条顺直、花纹清晰、颜色一致、表面精细、整齐美观。在制作与安装的过程中，由于各种原因可能会出现这样那样的质量问题，应认真检查、及早发现、及时维修。

（一）木龙骨安装中的质量问题

1. 存在质量现象

木龙骨是墙体与门窗套的连接构件，如果木龙骨与墙体固定不牢，或者制作木龙骨的木材含水率过大，或者木龙骨受潮变形，或者面板不平、不牢，均会影响门窗套的装饰质量，给门窗套的施工带来很大困难。

2. 产生原因分析

① 没有按照设计要求预埋木砖或木砖的间距过大，或者预埋的木砖不牢固，致使木龙骨与墙体无法固定或固定不牢。

② 在混凝土墙体进行施工时，预留门窗洞口的位置不准确，或在浇筑中因模板变形，

洞口尺寸有较大偏差，在配制木龙骨时又没有进行适当处理，给以后安装筒子板、贴脸板造成很大困难。

③ 制作木龙骨的木料含水率过大或龙骨内未设置防潮层，或木龙骨在安装后受到湿作业影响，木龙骨产生翘曲变形，使面板安装不平。

④ 由于木龙骨排列不均匀，使铺设的面层板材出现不平或松动现象，影响门窗套的装饰质量。

3. 防治维修方法

① 在木龙骨安装前，应对安装门窗套洞口的尺寸、位置、垂直度和平整度进行认真复核，对于不符合要求的应采取措施进行纠正，以便木龙骨的正确安装。

② 在复核和纠正门窗套洞口后，还应检查预埋的木砖是否符合木龙骨安装的位置、尺寸、数量等方面的要求。如果木砖的位置不符合要求应予以补设，当墙体为普通黏土砖墙时，可在墙体上钻孔塞入木楔，然后用圆钉进行固定；当墙体为水泥混凝土时，可用射钉进行固定。

③ 制作木龙骨应选用合适的木材，其含水率不得大于 15％，厚度不应小于 20mm，并且不得有腐朽、节疤、劈裂和扭曲等弊病。

④ 在进行木龙骨安装时，要注意木龙骨必须与每块木砖固定牢固，每一块木砖上要钉两枚钉子，钉子应上下斜角错开。木龙骨的表面应刨光，其他三面要涂刷防腐剂。

⑤ 如果是因为门窗套洞口的质量问题，必须将木龙骨拆除纠正门窗套洞口的缺陷，然后重新安装木龙骨；如果木龙骨与墙体固定不牢，可根据实际补加钉子；如果木龙骨因含水率过大而变形，轻者可待变形完成后进行维修，重者应重新制作、安装。

（二）木门窗套存在的质量缺陷

1. 存在质量现象

木门窗套安装完毕后，经质量检查存在：木纹错乱、色差较大、板面污染、缝隙不严等缺陷，严重影响木门窗套的装饰效果。

2. 产生原因分析

① 对于制作门窗套的材料未进行认真挑选，其颜色、花纹和厚薄不协调，或者挑选中操作粗心，导致木纹错乱、色差过大，致使制作的木门窗套很难达到颜色均匀、木纹通顺的美观效果。

② 当采用人造五层胶合板作面板时，胶合板的板面发生透胶，或安装时板缝剩余胶液未清理干净，在涂刷清油后即出现黑斑、黑纹等污染。

③ 门窗框没有按照设计要求裁口或打槽，使门窗套板的正面直接粘贴在门窗框的背面，盖不住缝隙，从而造成结合不严密。

3. 防治维修方法

① 木门窗套所用的木材含水率应不大于 12％，胶合板的厚度一般应当不小于 5mm。如果用原木板材作面板时，厚度不应小于 15mm，背面应设置变形槽，企口板的宽度不宜大于 100mm。

② 在木门窗套粘贴前，应认真挑选制作材料，尤其是面层板材要纹理顺直、颜色均匀、花纹相似。木材不得有节疤、扭曲、裂缝等弊病，在同一个房间内所用的木材，其树种、颜色和花纹应一致。

③ 当使用切片板材时，尽量要将花纹木心对上，一般花纹大者安装在下面，花纹小者安装在上面，防止出现倒装。为合理利用板材，颜色和花纹好的用在迎面，颜色稍差的用在较隐蔽的部位。

④ 要掌握门窗套的正确安装顺序，一般应先安装顶部，找平后再安装两侧。为粘贴牢

固，门窗框要有裁口或打槽。

⑤ 在安装门窗套的贴脸时，先量出横向所需要的长度，两端放出 45°角，锯好刨平，紧贴在樘子上冒头钉牢，然后再配置两侧的贴脸。贴脸板最好盖上抹灰墙面 20mm，最少也不得小于 10mm。

⑥ 贴脸下部要设置贴脸墩，贴脸墩的厚度应稍微厚于踢脚板的厚度；当不设置贴脸墩时，贴脸板的厚度不能小于踢脚板，以避免踢脚板出现冒出。

⑦ 门筒子板的接缝一般在离地 1.2m 以下，窗筒子板的接缝在 2.0m 以上，接头应在龙骨上。接头处应采用抹胶并用钉子固定，固定木板的钉子长度约为面板厚度的 2.0～2.5 倍，钉子的间距一般为 100mm，钉子的帽要砸扁，顺着木纹冲入面层 1～2mm。

⑧ 对于扭曲变形过大的门窗套，必须将其拆除重新进行安装；对于个别色差较大和木纹错乱的，可采取对不合格产品更换的办法；对于出现的不影响使用功能和整体美观的缺陷，可采取不拆除而维修的方法解决。

（三）贴脸接头安装的质量问题

1. 存在质量现象

贴脸板一般是采用多块板材拼接而成，如果接头位置和处理不符合要求，会造成接缝明显而影响装饰质量；在固定贴脸板时，如果固定方法不符合设计要求，也会影响贴脸板的装饰效果。

2. 产生原因分析

① 在进行贴脸板安装时，采用简单的齐头对接方式，这种方式很难保证接缝的严密，当门窗框发生变形或受温度影响时，则会出现错槎或接缝明显。

② 在制作或采购贴脸板时，对其树种、材质、规格、质量和含水率等，未进行严格检查，安装后由于各种原因而出现接头处的缺陷。

③ 在进行贴脸板安装固定时，钉子不按要求砸扁处理，而是采用普通钉入固定的方式随意钉入，结果造成钉眼过大、端头劈裂或钉帽外露等，也会严重影响贴脸板的装饰效果。

3. 防治维修方法

① 贴脸板进场后要按设计要求检查验收，其树种、材质、规格、质量和含水率等，必须满足设计要求，并且不能有死节、翘曲、变形、变色、开裂等缺陷。

② 贴脸在水平及垂直方向应采用整条板，一般情况下不能有接缝，在转角处应按照角度的大小制成斜角相接，不准采用简单的齐头对接方式。

③ 固定贴脸板的钉帽应当砸扁，其宽度要略小于钉子的直径。钉子应顺着木纹深入板面，深度一般为 1mm 左右，钉子的长度应为板厚的 2.0 倍，钉子的间距为 100～150mm。对于比较坚硬的木料，应先用木钻钻孔，然后再用钉子固定。

④ 在做好割角接头后，应当进行预拼装，对不合格之处修理找正，使接头严密、割角整齐、外观美观。

⑤ 对于影响装饰效果的齐头对接贴脸板，应当拆除重新安装；对于未处理好的钉帽，可起下后再进行砸扁处理。

复习思考题

1. 装饰橱柜制作和安装所用材料（配件）的质量要求是什么？
2. 窗帘盒、窗台板和散热器罩制作和安装所用材料的质量要求是什么？
3. 门窗套制作和安装所用材料的质量要求是什么？
4. 护栏和扶手制作和安装所用材料的质量要求是什么？

5. 花饰工程制作和安装所用材料的质量要求是什么？

6. 装饰橱柜施工质量控制的要点包括哪些方面？

7. 窗帘盒、窗台板和散热器罩施工质量控制的要点包括哪些方面？

8. 门窗套施工质量控制的要点包括哪些方面？

9. 护栏和扶手施工质量控制的要点包括哪些方面？

10. 花饰工程施工质量控制的要点包括哪些方面？

11. 装饰橱柜施工常见质量问题有哪些？各自如何进行防治？

12. 窗帘盒、窗台板和散热器罩施工常见的质量问题有哪些？各自如何进行防治？

13. 门窗套施工常见的质量问题有哪些？各自如何进行防治？

14. 护栏和扶手施工常见的质量问题有哪些？各自如何进行防治？

15. 花饰工程施工常见的质量问题有哪些？各自如何进行防治？

第十二章

建筑装饰工程污染的控制

【提要】本章主要介绍了室内空气质量、室内环境污染的基本概念，正确认识室内环境质量的理论和方法；着重介绍了装饰装修工程中室内环境污染控制规范和控制室内环境装饰装修污染的要点。通过对以上内容的学习，初步了解室内空气质量和室内环境污染方面的基本知识，掌握室内装饰装修环境污染控制的现行规范，熟知控制室内装饰装修污染的要点。

随着人们的环境意识、环保意识和健康意识的迅速提高，身体健康与室内环境的关系也越来越受到人们的重视。人一生的大部分时间是在室内度过的，室内环境质量与人的健康具有非常密切的关系，但因建筑装饰装修和各种新型建筑装修材料的运用造成的居住环境污染，以及污染物质对人体健康造成的侵害急剧增多，民用建筑室内环境污染问题日益突出。

第一节　装饰装修工程污染基本知识

室内环境污染物的主要种类及其来源根据国内外对室内环境污染进行的研究表明，室内环境污染物的主要来源主要有以下 4 个方面：室外大气和地质环境的污染、室内建筑装修材料及家具释放物的污染、烹调及燃烧产物的污染和人体的新陈代谢及各种生活废弃物的挥发成分的污染。由此可见，了解装饰装修工程污染基本知识、清醒地认识装饰装修环境污染的危害、采取各种有效的控制措施是十分必要的。

一、室内空气质量的基本概念

室内环境污染问题是从室内空气质量的概念引发出来的，室内空气质量的概念是 20 世纪 70 年代后期，西方一些国家才正式提出的。1976 年，国际上一些发达国家的工业卫生学家，开始调查室内空气质量问题，随着室内空气质量问题持续增加，已成为重要的职业健康影响因素，并引起各国的普遍重视。

大量的研究证明，当建筑物中的化学和生物污染物达到一定程度，就会出现室内空气质量问题，对建筑物使用者产生很多不利的影响，如出现头痛、干咳、恶心、疲累、胸闷、鼻塞、困倦、头昏眼花、皮肤湿疹、眼睛干痒等不舒服的感觉。

在最近几年中，越来越多的科学证据证明，居室和其他建筑物里的空气污染程度，要比快速工业化的城市室外污染还严重。有的研究还指出，人在室内的活动时间约占90％，因此，多数人在室内遭受的健康危险比室外多。

随着社会经济的发展和人民群众生活水平的不断提高，室内装饰装修已经成为人们改善生活条件、提高生活质量的重要手段。人们在追求居室完美的同时，也把一些装饰材料中大量的挥发性物质悄悄带到了人们生活的空间。人们在经历了"煤烟污染"和"光化学污染"的危害之后，目前正处于装饰装修污染之中，这是一个值得引起高度重视的问题。

二、室内环境质量问题的提出

室内空气质量（简称IAQ）的定义是经过多年演变而来的。最初，人们把室内空气质量几乎完全等价为一系列污染物浓度的指标；经过实践证明，这种纯客观的定义已不能完全涵盖室内空气质量（IAQ）的内容。于是，对室内空气质量（IAQ）的定义进行了不断发展。

在1989年召开的国际室内空气质量讨论会上，丹麦哥本哈根大学教授P. O. Fanger提出，质量反映了满足人们要求的程度，如果人们对空气满意，就说明高质量，反之就是低质量。英国的CIBSE认为：如果室内少于50％的人能察觉到任何气味，少于20％的人感觉不舒服，少于10％的人感到黏膜刺激，并且少于5％的人在很短的时间内感到烦躁，可认为此时的室内空气质量是可以接受的。

以上两种室内空气质量定义的共同点，是将室内空气质量完全变成人的主观感受，这是达到可接受的室内空气质量的必要而非充分条件。但是，有些气体（如一氧化碳、氡等）没有气味，不会被人主观感受到，却对人的危害很大，因此仅用感受到的室内空气质量是不够的。

1996年，美国供暖、制冷和空调工程师协会（ASHRAE）在新的通风标准62-1989R中，提出了"可接受的IAQ"和"感受到的可接受IAQ"等概念。其中，"可接受的IAQ"定义为：空调房间内绝大多数人没有对室内空气表示不满意，并且空气中没有已知污染物达到了可能对人体健康产生严重威胁的浓度；"感受到的可接受IAQ"定义为：空调房间内绝大多数人没有因为异味或刺激气味而表示不满意。

1999年，我国室内装饰协会率先在国内成立第一家专业的室内环境污染监测中心，第一次提出了"室内环境污染"的概念，并且专业从事面向社会的室内环境检测治理服务。

室内环境污染是指人们为了在室内生活和工作的需要，引入了能释放有害物质，并且会导致室内空气中化学、生物和物理等有害物质增加的污染源，从而使室内环境中的污染物在数量和种类上不断增加，并引起在室内环境中人们一系列不适症状的现象。

三、正确认识室内的环境质量

人们对室内环境质量的认识经历了一个很长的时间，虽然人们在研究工作场所、从事不同工种和预防职业病方面，已经开始对室内环境质量有了初步的了解，并且知道特定环境污染物与疾病的关系，但涉及的领域非常狭窄。随着建筑结构的封闭化和室内人员的增多，所暴露出的室内环境污染问题也越来越严重，人们开始认识到室内环境质量的重要性。

世界卫生组织公布的《2002年世界卫生报告》中指出："尽管空气污染物主要存在于室外，但人们长期生活在室内，因此人们受到的污染主要来源于室内空气污染。居室环境对人的日常生活有着重大影响，居室的选址、设计、建设及传统的烹调和取暖造成的室内环境污染都会对人类健康产生重大影响。"

报告中特别提到居室装饰使用含有有害物质的材料会加剧室内污染程度，这些污染尤其对儿童和妇女产生不利影响。目前发展中国家有近 200 万例死亡可能由室内污染所致，全球约 4% 的疾病与室内环境有关。

2004 年，在田天津举办的第七届国际建筑与城市环境技术研讨会上，来自日本、美国、丹麦、韩国等 10 余所大学的专家教授，就室内环境污染问题进行了广泛讨论。其中，丹麦的环境专家范格教授向新华社记者说，在中国和印度等一些发展中国家和地区，室内空气污染程度比过去 15 年翻了一番，每天大约有 5000 人死于室内空气污染。

美国科学家在 20 世纪 80 年代末的一项调查中表明，室内有害污染物的浓度比室外高，有的甚至高达 100 倍。我国有关部门在 1994 年的一次调查中也发现，城市室内空气污染程度比室外严重，有的超过室外的 56 倍。现已查明，受污染的室内空气中除了人们熟知的有毒有害物质外，还有 30 多种致癌物质，主要有多环芳烃及衍生物、重金属、石棉和放射性氡等。

室内环境质量的恶化可以产生很多不良的后果，对人体健康造成很大危害，不仅使人们感觉身体不适，而且会影响工作效率，使整个社会经济受到损失。根据美国的调查显示，由于室内环境质量而导致总经济成本的损失，每年高达 47 亿～54 亿美元。据世界银行统计，我国每年由于室内空气污染引起的超额死亡数可达 11.1 万人。仅 1995 年，我国因室内环境污染危害健康所导致的经济损失高达 107 亿美元。

正是由于室内环境污染使人类和社会经济造成如此重大的损失，因此对室内环境质量的改善则成为一个迫切需要解决的问题。研究室内环境中各种污染物的毒理作用、如何对室内环境质量进行合理评估、对室内环境污染采取有效治理措施等问题，已成为近期有关专家的研究热点和重点。

确定室内空气质量的严格标准，以确保人类健康和生存环境良好是非常重要的，特别是现代人在室内花费 90% 以上的时间，对此显得更加重要。

第二节　装饰装修室内环境污染的危害

随着我国人们生活水平的提高，家用燃料的消耗和菜肴烹调量不断增加，大量能够挥发出有毒有害物质的建筑、装饰材料和家用化学品、消费品进入家庭，使室内有害物质的种类和数量明显增多，从而加重了室内空气的污染。

现代建筑物多为密闭型，室内空调系统中恒定的湿度、温度有益于微生物的繁殖。为了节省能源，有的楼宇和民用住宅降低通风量，导致含有有毒有害化学物质、细菌及病毒的空气在室内循环，进一步增加了对人体的危害。因此，高度重视室内环境污染的危害，是关系到使用者健康和生命的大问题。

一、室内环境污染物的分类

根据国家现行标准《室内空气质量标准》（GB/T 18883—2002）中的规定，室内空气污染物质按照其性质进行区分，可分为化学污染、放射性污染、物理污染和生物污染 4 类。

（一）化学污染

化学污染主要来自包括建筑、装饰装修、家具、化妆用品、厨房燃烧和室内化学用品等，它们释放或排放出来的包括氨、氮氧化物、硫氧化物、碳氧化物等无机污染物及甲醛、苯、二甲苯等在内的有机污染物。目前人类使用的化学物质多达数十万种，并不断有新的化学合成物质出现，因此这类污染物是环境的主要污染来源，对人体健康的威胁最大、影响面最广。目前我国城乡公共场所和家庭中的主要污染是化学性污染，常见的有化学性有害气体，包括甲醛、苯、氨和挥发性有机物等污染物。

（二）放射性污染

放射性污染主要来自从建筑和装饰装修材料中释放出的氡气及其衰变子体，还有由石材制成的成品，如大理石、洁具、地板等释放出的 γ 射线。放射性物质氡污染是目前我国建筑污染的主要问题，一些家庭装饰装修也可以产生，现已被列入国家民用建筑工程室内环境污染控制指标。

（三）物理污染

物理污染主要包括噪声污染、室内灯光照明不足或过亮、电磁辐射（紫外线、微波）、电离辐射（各种有害放射性物质）等造成对人体健康的危害。室内环境中的物理污染来自两个方面：一方面是室外环境进入室内的污染；另一方面是室内环境自身的污染。如室内环境的装饰、陈设、家具、照明、色彩等，如果设计和安装不合理，人们长时间在室内生活和工作，都可能对人体的健康造成伤害，成为危害健康的室内环境物理污染。

另外，一些室内环境中的物理性指标虽不应该称之为污染，但是也与人们的健康息息相关，如室内温度、湿度、新风量等。

（四）生物污染

室内空气生物污染是影响室内空气品质的一个重要因素，主要包括细菌、真菌（包括真菌孢子）、花粉、病毒、生物体有机成分等。室内生物污染对人类的健康有很大危害，可以引起各种疾病，如各种呼吸道传染病、哮喘、建筑物综合征等。

目前，也有一些专家把物理污染与放射性污染合并为一类，统称为物理性污染。把室内环境污染物分为化学性污染物、物理性污染物和生物性污染物 3 个大类。

二、室内环境污染危害的特点

室内环境污染物不仅来源广泛、种类繁多、对人体的危害程度大，而且作为现代人生活工作的主要场所，在现代的建筑设计中越来越多地考虑能源的有效利用，使其与外界的通风换气逐步减少，在这种情况下室内与室外就变成两个相对不同的环境，因此室内环境污染有其自身的一些特点，主要表现在以下 6 个方面。

① 影响范围广。室内环境污染不同与特定的工矿企业环境，包括居室环境、办公室环境、交通工具内环境、娱乐场所环境和医院、疗养院环境等，因其所涉及的人群数量大，几乎包括了整个年龄组，所以影响范围相当广泛。

② 接触时间长。人的一生至少有 90% 的时间是在室内度过的，当人们长期生活在有污染的室内环境中时，污染物对人体的作用时间也就相应增加了。它们各有不同的生物学效应，对人体的危害也是多种多样的，既有可能有局部作用（局部刺激），又有可能有全身毒害（全身性中毒）；既有可能有特异作用，又有可能有非特异作用，甚至可产生远期危害（遗传性影响）。

③ 污染物浓度高。很多室内环境特别是刚刚装修完毕的室内环境，污染物从各种装修材料中释放出来的量较大，并且在通风换气不充分的条件下不能及时排放出去，大量的污染物长期滞留在室内，使得室内污染物浓度很高，严重时可超过室外的几十倍之多。

④ 污染物种类多。室内环境污染有物理性污染、化学性污染、生物性污染和放射性污染等，特别是化学性污染，其中不仅有无机物污染，而且还有更为复杂的有机物污染，其种类可达到上千种，并且这些污染物又可以重新发生作用产生新的污染物，时常同时综合作用于人体。因此，在研究环境与人群健康的关系时，应考虑多种污染物的联合作用、相加作用、协同作用或拮抗作用。

⑤ 污染物排放周期长。对于从装修材料中释放出来的污染物，尽管在通风充足的条件下，它还是能不停地从材料中释放，有试验表明甲醛的释放时间可达十几年之久。而对于放射性污染，其危害的时间更长。低浓度短时间接触不会对人体健康产生明显影响，而长时间

接触对人体健康的潜在危害则不容忽视。

⑥ 危害表现时间不一。试验证明，有的污染物在短期内就可对人体产生极大的危害，而有的则潜伏期很长，如放射性污染其潜伏期可达几十年。

老、弱、病、残、幼，他们自身的抵抗力最弱，最容易受到有害物质的侵害，这一人群称为敏感人群。有些人群接触某种有害因子的机会比其他人群多，摄入量比普通人群要高得多，这种人群称为高危险人群。也可以把敏感人群和高危人群统称为高危险人群。

三、室内环境污染对健康的影响

在室内环境中，人类的健康在身体和心理上的双重反应非常独特和复杂。人们一般都知道在污染环境和健康之间存在着定性关系，但有关定量数据方面的科学依据很不清楚。试验和实践证明，来自室内的空气污染物质对健康的影响，表现的时间往往有很大的差别。

（一）即时的影响

室内污染物对人的影响，有的一次或多次室内空气污染后立即表现出来，如眼睛、鼻子和咽喉的刺激，头痛、头昏眼花和疲倦，哮喘、过敏性肺炎和发烧等一些疾病的症状。这些立即表现的症状，通常是短期且可治疗的，有时如果能确定污染源，通过除去污染源就可得到治疗。

对室内的空气污染物质可能的即时反映，主要取决于以下因素：年龄和身体状况是两个重要的影响因素；一个人是否对某种污染物质有反应，取决于其敏感性，在很大程度上是因人而异的，如某些人对生物污染物质刺激敏感，而某些人对化学污染物质刺激敏感。

某些由室内空气污染引起的即时反映症状，与感冒或其他病菌引起的疾病很类似，此时很难确定这些症状是否由室内空气污染造成。基于这一原因，注意症状发生的时间和地点是非常重要的。如果离开室内这个环境，症状就消退或消失，室内空气污染则成为引起的因素。

（二）长期的影响

有时对人体健康的影响可能在遭受室内空气污染数年之后，或者长期、反复遭受室内空气污染后出现。这些影响引发一些呼吸器官疾病、心脏病和癌症，有的可能是非常严重的或致命的。尽管普遍认为室内空气污染物质对人体健康产生许多危害，但至今人们还不能确定污染物浓度达到多少，以及污染持续多长时间才能产生明显的危害，同时人们遭受到室内空气污染危害后也会有不同的反应。

很少有人了解由于长期处于化学药品的混合物中对健康的影响，即使知道室内典型的空气污染包括很多种污染物，但人们很少知道由这些污染物混合后所产生的相互作用，对人体健康产生的危害更大。

一些损害健康的后果可能是暴露于污染物中数年出现的也可能是暴露于污染物之后很长时间或反复暴露于污染物中产生的，因此可将这种对健康的损害称为长期影响。长期的健康影响与室内空气污染物有关。

第三节　装饰装修室内环境污染控制规范

随着人们居住条件的改善，新旧房屋进行室内装修越来越普遍，装修的规模不断扩大，由此带来的室内环境污染问题也越来越突出，引起了党和政府的高度重视。如何使建筑装修尽快走向标准化、法制化的道路，这是摆在世界各国前面的重要课题。

一、我国对室内环境污染工作的重视

建筑装修和家具用具对室内环境造成严重污染问题，引起我国党和政府及有关部门的高度重视，在国务院领导的亲自批示和指导下，在国家质量监督检验检疫总局和国家

标准化管理委员会的组织下，近年来我国陆续制定和发布了一系列控制室内环境污染的标准和规范。

2001 年 7 月 6 日，贯彻国务院领导的指示，国家质量监督检验检疫总局和国家标准化管理委员会正式启动室内环境相关标准的制定工作。国家标准化管理委员会组织卫生、环保、建筑、室内装饰、建材、林业、化工、轻工等行业专家，在认真学习国际先进标准的基础上，确定进行《室内空气质量标准》、《民用建筑工程室内环境污染控制规范》和 10 项《室内装饰装修材料有害物质限量》等国家标准的起草工作，在较短的时间内完成了室内装饰装修材料有害物质限量 10 项强制性国家标准草案，并组织有专家和单位审查通过。

2001 年 11 月 26 日，由国家质量监督检验检疫总局发布，建设部起草的《民用建筑工程室内环境污染控制规范》和 10 项《室内装饰装修材料有害物质限量》等国家标准，提出了对氡、游离甲醛、苯、氨、总挥发性有机物 5 项污染物指标的浓度限制，对市场上使用比较普遍的 10 种室内装饰装修材料有害物质进行限量控制，于 2002 年 1 月 1 日正式实施。

2002 年 12 月，经过各方面专家的共同努力，国家质量监督检验检疫总局、卫生部和国家环境保护总局发布了我国第一部《室内空气质量标准》，并于 2003 年 3 月 1 日正式实施。

二、《室内空气质量标准》的控制指标

《室内空气质量标准》中引入室内空气质量概念，明确提出"室内空气应无毒、无害、无异常臭味"的要求。其中规定的控制项目包括化学性、物理性、生物性和放射性污染。规定控制的化学性污染物质不仅包括人们熟悉的甲醛、苯、氨、氡等污染物质，还有可吸入颗粒物、二氧化碳、二氧化硫等 13 项化学性污染物质。

《室内空气质量标准》中的主要控制指标和依据见表 12-1。

表 12-1 《室内空气质量标准》中的主要控制指标和依据

参数类别	参数名称	标准值	备注
物理性	温度/℃	22～28	夏季空调
		16～24	冬季采暖
	相对湿度/%	40～80	夏季空调
		30～60	冬季采暖
	空气流速/(m/s)	0.30	夏季空调
		0.20	冬季采暖
	新风量/[m³/(h·人)]	30	
化学性	二氧化硫(SO_2)/(mg/m³)	0.50	1h均值
	二氧化氮(NO_2)/(mg/m³)	0.24	1h均值
	一氧化碳(CO)/(mg/m³)	10	1h均值
	二氧化碳(CO_2)/%	0.10	日平均值
	氨(NH_3)/(mg/m³)	0.20	1h均值
	臭氧(O_3)/(mg/m³)	0.16	1h均值
	甲醛(HCHO)/(mg/m³)	0.10	1h均值
	苯(C_6H_6)/(mg/m³)	0.11	1h均值
	甲苯(C_7H_8)/(mg/m³)	0.20	1h均值
	二甲苯(C_8H_{10})/(mg/m³)	0.20	1h均值
	苯并[a]芘[B(a)P]/(mg/m³)	1.0	日均值
	可吸入颗粒(PM_{10})/(mg/m³)	0.15	日均值
	总挥发性有机物(TVOC)/(mg/m³)	0.60	8h均值
生物性	细菌总数/(cfu/m³)	2500	依据仪器定
放射性	氡(Rn)/(Bq/m³)	400	年平均值(行动水平)

三、室内装修后环境污染控制标准

① 根据国家标准《住宅装饰装修工程施工规范》（GB 50327—2001）中规定，控制的室内环境污染物为氡、甲醛、氨、苯和总挥发性有机物（TVOC）。

② 住宅装饰装修室内环境污染控制除应符合《住宅装饰装修工程施工规范》（GB 50327—2001）规范外，还应符合《民用建筑工程室内环境污染控制规范》（GB 50325）（2006 年版）等现行国家标准的规定。设计、施工应选用低毒性、低污染的装饰装修材料。

③ 对室内环境污染控制有要求的，可按有关规定对以上两条内容全部或部分进行检测，其污染物浓度限值应当符合表 12-2 的要求。

表 12-2 住宅装饰装修后室内环境污染物浓度限值

室内环境污染物	浓度限值	室内环境污染物	浓度限值
氡/(Bg/m³)	≤200	氨/(mg/m³)	≤0.20
甲醛/(mg/m³)	≤0.08	总挥发有机物 TVOC/(mg/m³)	≤0.50
苯/(mg/m³)	≤0.09		

第四节 控制室内装饰装修污染的要点

近年来，由于我国经济建设的飞速发展和人民生活水平的提高，人们的住房条件得到极大改善。据有关部门统计，2005 年全国室内装修和建材总费用突破 6500 亿元人民币，2010 年已超过 12000 亿人民币。在人们住房条件得到改善的同时，由于装饰装修造成的室内环境污染成为城市家庭的一个突出问题。因此，如何控制室内装饰装修的污染，是建筑装饰装修设计和施工中必须解决的问题。

一、科学合理地设计控制装饰装修污染

1. 从设计控制室内装修污染的重要性

我国现行标准《民用建筑工程室内环境污染控制规范》（GB 50325）（2006 年版）中，贯彻了装饰装修工程全过程控制的原则。装修工程设计是控制室内污染的第一步，在设计中较好地贯彻执行规范提出的要求，将有利于其他工作的顺利进行。因此，工程设计阶段的工作做得如何，关系到贯彻《民用建筑工程室内环境污染控制规范》的全过程。

我国在过去的建筑装修中，未把控制室内环境污染作为设计的重要条件。在《民用建筑工程室内环境污染控制规范》中给设计内容增加了很多新内容：如根据民用建筑的分类，选用符合环境要求的建筑装饰材料；工程竣工验收要进行室内现场检测，指标超过现行标准，不允许投入使用等。

对于装饰装修的设计人员来说，民用建筑控制环境污染要求是一个新问题。目前，有些设计人员对新的设计要求和有关知识还不熟悉，缺少专门的研究和实践。作为设计人员，如果对室内环境污染控制不了解，则很难适应现代建筑设计的要求，不可避免地会发生这样那样的问题。

2. 室内装修设计控制污染的要点

作为装修设计人员，在正式开始设计前，要熟悉将进行室内装修设计的建筑物状况，特别对已使用过的建筑物，应详细了解通风情况如何、现有室内环境污染状况、有无必要对现有情况进行测试等。在了解情况的基础上，再考虑在新装修工程中如何除掉原有污染，怎样避免新的污染。根据工程实践证明，室内装修设计控制污染主要包括以下要点。

① 合理计算室内空间的承载量。由于目前市场上的各种装饰材料都会释放出一些有害

气体，即使是符合国家室内装饰装修材料有害物质限量标准的材料，在一定承载量的室内空间中，也会造成有害物质超标的情况。

② 选用环保型建筑装修材料。选用既适合于工程需要，又符合有关要求的建筑装修材料，是室内装修设计的重要任务之一，也是室内装修设计中控制室内环境污染的中心环节。在室内装修设计中，必须按照《民用建筑工程室内环境污染控制规范》（2006 年版）中对装修材料的限值要求，在设计文件中注明其级别和性能指标，以便工程施工时施工单位遵照执行。

③ 搭配各种装修材料的使用量。在装修工程选材设计中，应根据工程实际各种装修材料的使用量来确定，是避免某种有害物质超标的有效措施。如地面装修工程在室内装修中比例较大，若选用单一材料会造成室内空气中某种有害物质超标。

④ 保持室内有一定的新风量。按照《室内空气质量标准》（GB/T 18883—2002）中的要求，室内新风量应保持每人每小时 $30m^3$。通风是消除室内环境污染的有效方法，在装修设计中，一定要按照建筑通风的规范要求进行。特别是在大开间改为小开间的装修设计中，对小开间通风状况要重新计算，凡达不到建筑设计通风要求的，必须采取相应的措施，保证室内新风量的要求。

⑤ 为其他污染源留好提前量。室内产生环境污染是多方面，是各种污染物质在室内空气中的累加，不仅主要来自室内装修工程，而且还有家具、用具和其他装饰品等各方面。因此，在进行室内装修设计中，要考虑到购买家具、用具和其他装饰品，这些物品中也会释放有害气体，从而造成室内污染物质超标。

3. 室内装修环保设计包括的内容

① 民用室内装修要按照简洁、实用、环保、经济的原则进行设计，不应当单纯追求高档、华丽、昂贵，更不应设计既浪费资源、造价较高，又影响生活舒适、人体健康的项目。

② 在进行装修设计时，要充分利用最新的科研成果，降低能源的消耗量。民用室内装修设计应是节能型设计，要尽可能选用节能型装饰材料，如节能型门窗、节水型坐便器、节能型灯具等；要尽量利用自然光进行室内采光；要利用装饰提高室内空气对流速度；利用绿色植物等提高室内空气质量等。

③ 在进行装修设计时，要充分考虑到资源综合利用的问题。如要把水的二次利用固定化、专业化，设计出能二次利用的设备和设施；要设计出分类回收各种废弃物的存贮地点，如回收废旧电池、废旧金属、废纸等的器具的设计与制作；在照明控制和家电控制上，也要便于居住者的操控，做到方便、合理使用家用电器等。

④ 在装修选材方面，要尽量选用对资源依赖性小的材料。要选用资源利用率高的材料，如复合木地板代替实木地板；选用可再生利用的材料，如玻璃、铁艺件和铝扣板等；要选用低资源消耗的复合型材料，如塑料管材、纤维密度板等。应尽量避免使用资源消耗高的原木、石材等。

⑤ 在装修选材方面，要严格选用环保安全型材料，要以国家环保无毒认证、环境标态产品认证和 ISO14000 认证为选材依据。在无认证的材料中，选用不含甲醛的胶黏剂、不含苯的稀料、不含纤维的石膏板材、不含甲醛的大芯板和贴面板等，都可以提高装修后的室内空气质量水平。

⑥ 抓好施工现场的资源控制与管理工作，要制订切实可行的措施，降低水电资源的消耗，避免产生浪费。要及时回收一切可以回收的物资，如废旧的钉子、用过的刷子、散乱的纸张、木材的料头、旧包装箱具等，这些均应在施工中统一进行收集。

⑦ 加强施工现场的管理，降低施工中粉尘、噪声、废气、废水对环境的污染和破坏，

做好施工人员生活垃圾、工程垃圾的及时、科学的消纳工作。

二、注意施工工艺控制装饰装修污染

装修工程实践证明，在整个施工过程中，可通过工艺手段对建筑装饰材料进行处理，以减少对室内环境的污染。如对木制板材表面及端面采取有效的覆盖处理措施，控制室内木制板材在空气中的暴露面积，从而可以减少板材中残留的和未参与反应的挥发性有机物向周围环境的释放等。

在室内装修中，要注意选择符合室内环境要求且不会造成室内环境污染的施工工艺，这也是防止室内环境污染的一个重要方面。室内环境检测中心近几年检测发现，由于施工工艺不合理造成的室内环境污染问题比较突出。

目前，在装饰装修工程中比较大的工艺问题主要有三个方面。

（1）地板铺装方面的问题　实木地板和复合地板下面铺装衬板是一种传统的施工工艺，但是现在采用这个工艺造成室内环境污染的情况十分普遍，主要原因是铺装在地板下面的大芯板和其他人造板都含有甲醛，无法进行封闭处理和通风处理，而且使用面积比较大。另外，有的施工方采用低档材料，更加剧了室内有害物质的排放，造成不易清除的室内甲醛污染。

（2）墙面涂饰方面的问题　按照国家规范要求，进行墙面涂饰工程施工时，首先要进行基层处理，涂刷界面剂，以防止墙面脱皮或裂缝。可有些施工方是采用涂刷清漆进行基层处理的工艺，而且大多选用了低档清漆，在清漆涂刷时又加入了大量的稀释剂，造成了室内严重的苯污染，因为是被封闭在腻子和墙漆内，所以会长时间在室内挥发，不易清除。

（3）人造板制品封边问题　在室内装修中，进行饰面人造木板拼接施工时，除芯板E1类外，应对其断面及无饰面部位进行密封处理。人造板制品封边的要求包括两个方面。

① 饰面人造板的无饰面部分散发甲醛的量要比饰面部位高，因此在人造板安装中，应对其无饰面部位进行密封，以减少甲醛的散发。

② 进行饰面人造板拼接施工时，除芯板E1类外，应对其断面进行密封处理。人造木板的端（断）面是释放甲醛的主要部位。有关刨花板试验证明，端面散发甲醛的能力是平面的2倍左右。因此，对饰面人造板的断面部位进行密封处理，可以有效减少甲醛的散发量。

三、选择环保材料控制装饰装修污染

1. 室内装饰装修材料有害物质限量标准

为了防止有毒的建筑装饰材料对人体健康的危害，国家质量监督检验检疫总局、国家标准化管理委员会修订了《室内装饰装修材料有害物质限量》10项强制性国家标准。这10项强制性国家标准，基本上规范了室内装饰装修材料中氨、甲醛、挥发性有机化合物（VOC）、苯、甲苯、二甲苯、游离甲苯二异氰酸酯（DTI）、氯乙烯单体、苯乙烯单体和可溶性铅、镉、铬、汞、砷等有害元素的限量指标。10种室内装饰装修材料有害物质限量见表12-3。

表 12-3　10种室内装饰装修材料有害物质限量

名　称	标　准　号	控　制　项　目
1. 人造板及其制品中甲醛释放限量	GB 18580—2001	甲醛
2. 溶剂型木器涂料中有害物质限量	GB 18581—2001	挥发性有机化合物（VOC）/(g/L) 苯/% 甲苯和二甲苯总和/% 重金属（限色漆）/(mg/kg) 游离甲苯二异氰酸酯（TDI）/%

续表

名　称	标准号	控制项目
3. 内墙涂料中有害物质限量	GB 18582—2001	挥发性有机化合物（VOC）/（g/L）
		游离甲醛/（g/kg）
		重金属/（mg/kg）
4. 胶黏剂中有害物质限量	GB 18583—2001	游离甲醛/（g/kg）
		苯/%
		甲苯＋二甲苯/（g/kg）
		甲苯二异氰酸酯/（g/kg）
		总挥发性有机物/（g/L）
5. 木家具中有害物质限量	GB 18584—2001	甲醛释放量/（mg/L）
		重金属（限色漆）/（mg/kg）
6. 壁纸中的有害物质限量	GB 18585—2001	重金属（或其他）元素/（mg/kg）
		氯乙烯单体/（mg/kg）
		甲醛/（mg/kg）
7. 聚氯乙烯卷材地板中有害物质限量	GB 18586—2001	发泡类卷材地板中挥发物的限量
		非发泡类卷材地板中挥发物的限量
8. 地毯、地毯垫及地毯胶黏剂有害物质释放限量	GB 18587—2001	总挥发性有机物（TVOC）/[mg/（m² · h）]
		甲醛/[mg/（m² · h）]
		苯乙烯/[mg/（m² · h）]
		4-苯基环己烯
9. 混凝土外加剂中释放氨的限量	GB 18588—2001	氨/%
10. 建筑材料放射性核素限量	GB 6566—2001	放射性核素含量

2. 加强装饰装修材料进场有害物质检验

国家标准《民用建筑工程室内环境污染控制规范》（2006 年版）中规定：民用建筑工程中所采用的建筑装修材料，必须有放射性指标检测报告，并应符合设计要求和本规范的规定。产品出厂仅凭一个产品合格证书而没有检测报告，很难看出产品的性能指标是否符合设计要求。为确保装饰材料质量符合国家标准的要求，应当加强装饰装修材料进场有害物质检验。

① 加强现场验收的装饰装修材料的检测报告检查。不同产品的出厂检测报告的时间有效性应进行确认，如人造木板、涂料、人造地板砖、天然石材产品等，要根据生产配方变化而按批次进行产品出厂检测。也就是说，如果检测报告所显示的时间明显不合适，可以提出质量疑问。另外，不同的检测项目所要求的方法不同，只有从检测报告上可以看出检测方法是否符合标准要求，对于不符合标准要求的检测报告，应不予承认。

② 加强对天然花岗岩的检查。《民用建筑工程室内环境污染控制规范》（2006 年版）中规定：民用建筑工程室内饰面采用的天然花岗岩石材，当总面积大于 200m² 时，应对不同产品分别进行放射性指标的复验。不同产地、不同厂家的石材产品，性能指标可能相差很大，因此也应分别进行放射性指标复验。

③ 加强对人造板甲醛释放量的检查。民用建筑工程室内装修中所采用的人造木板及锦面人造木板，必须具有游离甲醛含量或游离甲醛释放量检测报告。当室内装饰装修采用某一种人造木板及锦面人造木板面积大于 500m² 时，应对不同产品分别进行游离甲醛含量或游离甲醛释放量的复验。生产厂家经常根据用户要求变换生产配方和生产工艺，其散发游离甲醛的情况会有差别，因此随生产配方和生产工艺的变化，应当提供相应的板材检测报告。

④ 加强油漆涂料的有害物质检查。民用建筑工程室内装修中所采用的水性涂料、水性胶黏剂、水性处理剂等，必须有总挥发性有机物（TVOC）和游离甲醛含量的检测报告；溶剂型涂料、溶剂型胶黏剂等，必须有总挥发性有机物（TVOC）、苯、游离甲苯二异氰酸酯

（TDI）含量的检测报告，并应符合设计要求和《民用建筑工程室内环境污染控制规范》（2006 年版）规定。

⑤ 装饰装修材料有害物质检测单位资格认定。建筑装修材料的检测项目不全或对检测结果有疑问时，必须将材料送有资格的检测机构进行检测。尤其是当建设单位、施工单位、材料供应单位对材料质量产生争议时，求助于有检测资格的检测单位进行检验，并按照检测结果评价，这是带有仲裁性质的检验，是确保材料质量的可靠保障。

四、加强装修施工过程中的污染控制

在民用建筑工程室内装修施工中，不应使用苯、甲苯、二甲苯和汽油等材料，进行除油和清除旧油漆作业，这是《民用建筑工程室内环境污染控制规范》（2006 年版）中对施工过程本身安全提出要求的三项条款之一。

严格地讲，施工过程中室内施工现场的污染问题，纯粹属于生产场所的污染控制管理问题，但考虑到施工过程的连续性、施工人员的身体健康和施工防火安全等方面，严格禁止用苯、甲苯、二甲苯和汽油等材料作业。

规模较大的室内装修施工，一般不宜在采暖期进行，如确实需要施工，要严格控制室内环境污染问题。装修施工完成后，应打开门窗通风换气，留出一段时间散发有毒有害物，不要急于使用。

复习思考题

1. 室内空气质量的定义是什么？室内空气质量理论是如何发展的？怎样正确认识室内空气质量问题？

2. 室内环境污染物如何进行分类？各类污染物对室内空气质量有什么影响？

3. 室内环境污染危害的主要特点是什么？对人体健康主要有哪些方面的影响？

4. 我国政府对室内环境污染工作是如何重视的？《室内空气质量标准》中的主要控制指标和依据是什么？

5. 室内装饰装修有哪些现行的标准？装修后对环境污染的控制具体指标是什么？

6. 在室内装饰装修设计中科学合理地控制室内环境污染的要点是什么？

7. 在室内装饰装修施工工艺的选择上如何控制室内环境污染？

8. 在室内装饰装修材料的选择上如何控制室内环境污染？

9. 在室内装饰装修的施工过程中如何控制室内环境污染？

参 考 文 献

[1] 中国建筑工程总公司编．建筑装饰装修工程施工质量标准．北京：中国建筑工业出版社，2007．

[2] 杨天佑编著．简明装饰装修施工与质量验收手册．北京：中国建筑工业出版社，2004．

[3] 贾中池主编．建筑装饰装修工程．北京：中国电力出版社，2010．

[4] 徐占发、王衍祯主编．装饰装修施工．武汉：华中科技大学出版社，2010．

[5] 《装饰装修工程监理手册》编写组编．装饰装修工程监理手册．北京：机械工业出版社，2006．

[6] 宋广生主编．装饰装修污染监测与控制．北京：化学工业出版社，2009．

[7] 吴贤国，曾文杰编．建筑装饰工程施工技术．北京：机械工业出版社，2003．

[8] 北京土木建筑学会主编．装饰装修工程施工技术质量控制实例手册．北京：中国电力出版社，2008．

[9] 李继业，邱秀梅主编．建筑装饰施工技术．北京：化学工业出版社，2010．

[10] 刘经强主编．装饰隔墙与隔断工程．北京：化学工业出版社，2009．

[11] 李继业主编．装饰幕墙工程．北京：化学工业出版社，2009．

[12] 刘念华主编．装饰裱糊与软包工程．北京：化学工业出版社，2009．

[13] 刘经强主编．涂饰工程．北京：化学工业出版社，2009．

[14] 李继业主编．装饰细部工程．北京：化学工业出版社，2009．

[15] 刘念华主编．地面装饰工程．北京：化学工业出版社，2009．

[16] 王春堂主编．装饰抹灰工程．北京：化学工业出版社，2008．

[17] 何茂农主编．地面装饰工程．北京：化学工业出版社，2008．

[18] 王玉峰主编．装饰饰面工程．北京：化学工业出版社，2009．

[19] 张峰主编．装饰吊顶工程．北京：化学工业出版社，2009．

[20] 北京城建集团主编．建筑装饰装修工程施工工艺标准．北京：中国计划出版社，2004．

[21] 建筑装饰工程手册编写组．建筑装饰工程手册．北京：机械工业出版社，2002．

[22] 山西建筑工程（集团）总公司编．建筑装饰装修工程施工工艺标准．太原：山西科学技术出版社，2007．

[23] 北京土木建筑学会主编．装饰装修工程施工技术·质量控制·实例手册．北京：中国电力出版社，2008．

[24] 彭圣浩主编．建筑工程质量通病防治手册．北京：中国建筑工业出版社，2002．

[25] 陆平，黄燕生主编．建筑装饰材料．北京：化学工业出版社，2006．

[26] 宋文章等编．如何选用居室装饰材料．北京：化学工业出版社，2000．

[27] 万治华主编．建筑装饰装修构造与施工技术．北京：化学工业出版社，2006．

[28] 李继业主编．建筑及装饰工程质量问题与防治措施．北京：中国建材工业出版社，2005．